电子工程与计算机科学系列 EECS

电路理论基础教学指导

田社平 ◎编著

内容提要

本书是与《电路理论基础》(田社平编著)配套的教学指导书。全书分12章,次序安排与《电路理论基础》一致。每章均包括教学要求、重点和难点、典型例题和习题选解。教学要求部分阐明对每章教学内容的基本要求;重点和难点部分根据教学实践指出了学习中应注意的问题;典型例题部分为一些对掌握电路基本概念、基本原理和基本方法具有帮助作用的例题;习题选解部分则为读者提供了教材中大部分习题的解题思路和解题过程,尽可能帮助读者理清思路,引导读者深入思考和掌握电路理论的基本内容。

本书包含3个附录:附录A简要介绍MATLAB语言及其在电路分析中的应用;附录B简要介绍Multisim使用方法及其在电路分析中的应用;附录C为《电路理论基础》中的电路应用实例列表,以供读者查阅。

本书可作为高等学校电气信息类专业师生的教学参考书,也可作为报考硕士研究生考前系统复习的参考用书。

图书在版编目(CIP)数据

电路理论基础教学指导/田社平编著.—上海:上海交通大学出版社,2017
ISBN 978-7-313-15110-0

Ⅰ.①电… Ⅱ.①田… Ⅲ.①电路理论—高等学校—教学参考资料
Ⅳ.①TM13

中国版本图书馆CIP数据核字(2016)第129427号

电路理论基础教学指导

编　著:田社平
出版发行:上海交通大学出版社　　地　址:上海市番禺路951号
邮政编码:200030　　电　话:021-64071208
出 版 人:郑益慧
印　制:上海颛辉印刷厂　　经　销:全国新华书店
开　本:787mm×1092mm　1/16　　印　张:21.5
字　数:542千字
版　次:2017年1月第1版　　印　次:2017年1月第1次印刷
书　号:ISBN 978-7-313-15110-0/TM
定　价:48.00元

前　言

本书是上海交通大学出版社出版的普通高等教育本科规划教材《电路理论基础》的配套教学指导书，本书可供高等学校电气信息类专业师生作为电路课程的教学参考书使用，也可供准备参加硕士研究生入学考试的学生作为考前复习的辅导书使用。

本书内容分12章，次序安排与《电路理论基础》一致。每章包括如下四个部分：

教学要求：主要根据教育部高等学校电子信息科学与电气信息类基础课程教学指导分委员会所制订的“电路理论基础”教学基本要求，结合作者的教学实践，阐明对每章内容要求掌握的不同程度，可供教师在电路课程教学中参考。

重点和难点：结合作者的教学实践，指出每章内容中应重点掌握的知识以及容易出错的地方，提示读者在学习过程中应注意的地方。

典型例题：结合作者的教学实践，给出一些对掌握电路基本概念、基本原理和基本方法具有帮助的典型性例题。这些例题一般在解题方法上具有较明显的特点，同时也往往是读者在进行电路分析中容易忽视的。

习题选解：提供了教材中大部分习题的求解方法。在解题过程中尽可能帮助读者理清思路，引导读者深入思考和掌握课程的基本内容。建议读者在解题之前应独立思考解题的方法，待完成解答后再对照、比较习题选解，这样有利于牢固掌握相关的电路知识。通过给出的习题解答，可以检验读者解答习题的正确度。

本书还包含3个附录：附录A简要介绍MATLAB语言及其在电路分析中的应用；附录B简要介绍Multisim使用方法及其在电路分析中的应用；附录C为《电路理论基础》中的电路应用实例列表，以供读者查阅。

本书根据作者在电路课程教学过程中积累的资料编写整理完成。在编写过程中，参考了诸多国内外电路理论方面的教材和教学指导书，作者所在的课程组对本书的编写给予了极大的帮助，在此一并表示感谢。

本书的编写是电路理论课程建设的一部分，缺点和不足之处欢迎广大读者批评指正。作者的Email地址为：sptian@sjtu. edu. cn。

作　者

2016年5月

目　录

绪　论

0.1

电(electricity)是一种物理现象。从工程技术观点看,电又是一种广泛使用的能量形式和重要的信息载体,它在日常生活、工农业生产、科学研究以及国防等各个方面都有非常广泛的应用。电力系统通过大规模地产生、传输和转换电能,构成了现代化工业生产、日常生活电气化等方面的基础;电具有携带信息的能力,通过对电信号进行处理和变换,可以得到人们所需要的信息,如日常的电话通信、计算机间的信息交流等;电还是控制其他形式能量最有效的手段,如电通过电机可以控制机械设备的运转等。电的能量形式和信号形式是电的应用的两大基本形式。

电的理论基础是**电磁学**(electromagnetics)和**电子学**(electronics)。1600 年,英国物理学家吉伯特(W. Gilbert)在《论磁》一书中首次讨论了电与磁,他被世人称为电学之父。1800 年,意大利物理学家伏特(A. Volta)发明了伏打电池,它能够把化学能不断地转变为电能,维持单一方向的电流持续流动,并形成了电路,电磁现象开始付诸实际应用。1820 年,丹麦物理学家奥斯特(H. C. Oersted)通过实验发现了电流的磁效应,在电与磁之间架起了一座桥梁,打开了近代电磁学的突破口。1831 年,英国物理学家法拉第(M. Faraday)发现了电磁感应现象。1864 年,英国科学家麦克斯韦(J. C. Maxwell)总结了当时所发现的种种电磁现象的规律,提出了一组关于电和磁共同遵守的数学方程,即麦克斯韦方程,他预言空间一定存在电磁波,为电路理论奠定了坚实的基础。有关电的应用也几乎是同时并进的,如电报发明于 1837 年;电话发明于 1875 年;1882 年,直流高压输电试验成功,标志电气化时代的到来;无线电发明于 1894 年,从此开始了无线电通信的时代。

19 世纪末,洛伦兹(H. A. Lorentz)建立了古典电子理论,推动了电子技术的迅速发展。1906 年出现了电子三极管。1925 年,英国的贝尔德(J. L. Baird)首先发明电视。1936 年,黑白电视机就正式问世了。1946 年,第一台电子计算机在美国宾夕法尼亚大学莫尔电子工程学院研制成功。1947 年,贝尔实验室的布拉丁(W. Bratain)、巴丁(J. Bardeen)和肖克利(W. Shockley)发明了晶体管,随后很快就应用于通信、电视、计算机等领域,促进了电气和电子工程技术的飞速发展。

从 20 世纪 30 年代开始,电路理论已成为一门独立的学科。从历史上看,1827 年,德国物理学家欧姆(G. S. Ohm)提出了欧姆定律,它是最早总结出的电路定理。18 年后,德国科学家基尔霍夫(G. R. Kirchhoff)发表了基尔霍夫定律,这成为电路分析最基本的依据。一般认为,电路理论的发展大体上经历了三个阶段:

(1) 从 18 世纪 20 年代开始到 20 世纪 30 年代,电路理论被看成电磁学的一个分支,此阶段可看作电路理论的萌芽和生成时期。

(2) 从20世纪30年代开始到60年代初,伴随着电力系统、通信系统和控制系统的发展,电路理论逐步成熟,形成一门独立的学科,通常称为传统电路理论或经典电路理论阶段。

(3) 从20世纪60年代至今,电路理论又经历了一次重大的变革。此阶段为现代电路理论的开创与发展时期。在这一时期,电路理论从原来研究线性、时不变、无源、双向元件的*RLC*电路理论,向研究非线性的、时变的、有源的、非互易的电路理论发展。同时,矩阵、抽象空间、拓扑、广义函数论、泛函分析等数学工具在电路理论中的运用,使这一学科在理论上的完备性和逻辑上的严密性达到完美。电路理论发展的大事记如表0.1所示。

表0.1　电路理论发展大事记

年份	成果完成者	成果内容
1827	欧姆	提出著名的欧姆定律,此为电路理论发展的起点
1832	亨利	发现自感现象
1843	惠斯通	惠斯通电桥
1845	基尔霍夫	电路的基尔霍夫定律
1847	基尔霍夫	采用拓扑分析法分析电路
1853	亥姆霍兹	首次使用等效电源原理分析电路
1873	麦克斯韦	确立节点分析法和网孔分析法的原理
1883	戴维南	戴维南定理
1894	施泰因梅茨	将复数理论应用于电路分析与计算,建立相量法
1899	肯内利	解决T-Π形电路的等效变换
1904	拉塞尔	提出对偶原理
1911	海维赛德	提出阻抗的概念,建立正弦稳态电路分析方法
1918	福特斯库	提出三相对称分量法
1918	巴尔的摩	提出电气滤波的概念,1920年瓦格纳发明实用的滤波电路
1920	坎贝尔	提出理想变压器的概念
1921	布里辛格	提出四端网络及黑箱概念
1924	福斯特	提出电抗定理
1926	卡夫穆勒	提出瞬态响应的概念
1927	布莱克	提出负反馈放大器原理
1933	诺顿	诺顿定理
1948	特勒根	提出回转器理论,1964年施诺依用晶体管实现了回转器
1952	特勒根	特勒根定理
1971	蔡少棠	提出忆阻器的概念,2008年忆阻器由惠普实验室的工程师在实验室制得

0.2

在电路理论的形成和发展过程中,许多杰出的电路科学家作出了不可或缺的重大贡献。我们在学习电路理论、享受电带给我们生活便利的时候,不应忘记这些电路科学家的贡献。他们的生活和工作经历对我们也有很好的启迪作用。

1) 欧姆:欧姆定律的发现者

欧姆(Georg Simon Ohm, 1789—1854年),德国物理学家。1827年欧姆在《动电电路的数学研究》一书中，把他的实验规律总结成公式：$S=\gamma E$，其中 S 表示电流，E 表示电动力，即导线两端的电势差，γ 为导线对电流的传导率，其倒数即为电阻。这就是著名的欧姆定律。

欧姆生于德国巴伐利亚一个贫困的家庭，但他热爱电学研究，最终发现了欧姆定律。他于1841 年被英国皇家学会授予 Copley 勋章，1849 年被慕尼黑大学聘为物理学教授。为了纪念他，电阻的单位被命名为欧姆。

2）基尔霍夫：电路理论基石的奠定者

基尔霍夫(Gustav Robert Kirchhoff，1824—1887 年)，德国物理学家。1845 年，21 岁的他发表了第一篇论文，提出了稳恒电路网络中电流、电压、电阻关系的两条电路定律，即著名的基尔霍夫电流定律(KCL)和基尔霍夫电压定律(KVL)。基尔霍夫电路定律和欧姆定律一起，构成了电路理论的基石。

此外，基尔霍夫计算出电子信号在无阻抗电线中的传播速度等于光速(1857 年)；提出了热辐射中的基尔霍夫热辐射定律(1859 年)；与化学家本生合作创立了光谱化学分析法，从而发现了元素铯和铷(1861 年)。因此，他在工程、化学和物理学领域享有盛誉。

3）特勒根：特勒根定理的提出者

特勒根(Bernard D. H. Tellegen，1900—1990 年)，荷兰电气工程师，五极管与回转器的发明者，以提出电路理论中的特勒根定理而闻名。特勒根定理是电路网络分析理论中最重要的理论之一，它给出了遵守基尔霍夫电路定律的电路之间的一个简单关系。

1953 年特勒根获澳大利亚无线电工程师学院授予的终身荣誉会员，1973 年因电路理论方面的杰出的创造性成就，包括发明回转器而赢得 IEEE 爱迪生奖，1960 年当选荷兰皇家科学院的成员。他持有 41 项美国专利。

4）戴维南：戴维南定理的提出者

戴维南(Léon Charles Thévenin，1857—1926 年)，法国电信工程师。出生于法国莫城，1876 年毕业于巴黎综合理工学院。1882 年成为综合高等学院的讲师，让他对电路测量问题有了浓厚的兴趣。在研究了基尔霍夫电路定律以及欧姆定律后，他发现了著名的戴维南定理，用于计算更为复杂电路上的电流。该定理于 1883 年发表在法国科学院刊物上，文仅一页半，是在直流电源和电阻的条件下提出的，然而，由于其证明所带有的普遍性，实际上它适用于当时未知的其他情况。

5）诺顿：诺顿定理的提出者

诺顿(Edward Lawry Norton，1898—1983 年)，美国工程师。生于美国缅因州洛克兰市，1917 年至 1919 年在美国海军服役，1922 年获得电机工程系学士学位，1925 年获得哥伦比亚大学电机工程系硕士学位。诺顿于 1926 年在贝尔实验室的一个技术报告中提出了戴维南定理的对偶定理——诺顿定理。

据诺顿在贝尔实验室的同事说，诺顿是一位机电天才。除了在贝尔实验室的工作外，诺顿还参与了 Vector Co. 公司的电唱机设计。正是由于这些实际工作的需要，激发了诺顿提出诺顿定理来帮助他设计电唱机。

6）施泰因梅茨：相量法的创始者

施泰因梅茨(Charles Proteus Steinmetz，1865—1923 年)，德国-奥地利数学家和工程师，美国艺术与科学学院院士。1865 年 4 月 9 日生于德国的布雷斯劳(今波兰的弗罗茨瓦夫)。1889 年迁居美国。他出生即有残疾，自幼受人嘲弄，但他意志坚强，刻苦学习，1882 年进入布雷斯劳大学就读。1888 年入苏黎世联邦综合工科学校深造。1892 年 1 月，在美国电机工程师学会会议上，施泰因梅茨提交了两篇论文，提出了计算交流电机的磁滞损耗的公式，这是当时交流电研究方面的顶尖成果。随后，他又创立了相量法，这是计算交流电路的一种实用方法，并在1893年向国际电工会议报告，受到热烈欢迎并得到迅速推广。他于1901年担任美国电气工程师协会主席，该协会即为后来的IEEE。他一生获近200项专利，涉及发电、输电、配电、电照明、电机、电化学等领域。

7）法拉第：电磁学的奠基者

法拉第(Michael Faraday，1791—1867年)，英国物理学家、化学家，也是著名的自学成才的科学家。生于萨里郡纽因顿一个贫苦铁匠家庭，仅上过小学。1831年，他作出了关于电力场的关键性突破，永远改变了人类文明。法拉第是英国著名化学家戴维的学生和助手，他的发现奠定了电磁学的基础。1831年10月17日，法拉第首次发现电磁感应现象，在电磁学方面作出了伟大贡献。

1824年1月当选皇家学会会员，1825年2月任皇家研究所实验室主任，1833—1862年任皇家研究所化学教授。1846年荣获伦福德奖章和皇家勋章。在众多领域中作出惊人成就，堪称刻苦勤奋、探索真理、不计个人名利的典范。爱因斯坦曾高度评价法拉第："对于我们，迈克尔·法拉第的一些概念，可以说是同我们母亲的奶一起吮吸来的，他的伟大和大胆难以估量"。

8）麦克斯韦：电磁学的集大成者

麦克斯韦(James Clerk Maxwell，1831—1879年)，英国物理学家、数学家。经典电动力学的创始人，统计物理学的奠基人之一。麦克斯韦最著名的贡献是"麦克斯韦方程"。

麦克斯韦生前没有享受到他应得的荣誉，因为他的科学思想和科学方法的重要意义直到20世纪科学革命来临时才充分体现出来。麦克斯韦逝世那一年正好爱因斯坦出生。后来爱因斯坦曾高度评价麦克斯韦的工作："在我求学的时代，最着迷的是麦克斯韦理论"；"特殊的相对论起源于麦克斯韦的电磁场方程"；麦克斯韦的工作"是自牛顿以来，物理学最深刻和最富有成果的工作"。

0.3

2010年，英国《新科学家》杂志曾评选出了历史上11项"看起来不行却最终改变了世界"的科学，其中包括陀螺仪、复数概念、飞机、数字通信等，而其中排在首位的就是每天都伴随我们的电。

在电路理论及其应用的发展过程中，电路理论呈现出一幅波澜壮阔、五彩斑斓的历史画卷。电路定论和电路应用相互促进、齐头并进。各种电效应、电现象相继发现，各种电动装置被发明。在这些发现和发明的产生过程中，也产生了无数的充满戏剧性和趣味性的历史故事，这些故事似乎冲淡了电路理论的技术性，而增添了电路理论的人文性。下面略举数例加以说明。

(1) 1831年法拉第发现了可以用磁场来发电，在一次讲座中，一位贵妇人问他"您的发明看起来很有趣，可是实际有什么用呢?"，法拉第回答"新生婴儿有什么用呢"，这成为了经典的名言。不出法拉第所料，在短短四五十年后，19世纪七八十年代美国费城博览会和法国巴黎博览会上，爱迪生的灯泡、留声机，西门子的发电机，贝尔的电话先后展示在了人们的面前，电力作为一种新的能源，走进了人们的日常生活。

从这里可以看出，同任何一门理论一样，电路理论也有一个萌芽、发展、壮大的过程，也存在一个被人们逐渐接受的过程。

(2) 电路历史上曾发生过著名的使用直流还是交流的“电流之战”：在19世纪后叶，美国曾发生过一场关于是使用直流电还是使用交流电的“电流之战”，论战的一方是直流电的发明者、大发明家的爱迪生，另一方是发明了交流电，解决了直流电难以远距离传输问题的特斯拉。爱迪生为了维护自己的利益，阻止交流电的使用，不惜散布各种言论，认为高压交流系统对公众有危险。但历史的潮流是无法抗拒的，在其后的几年里，交流电的发展和应用迅速扩大，它逐渐地占领了用户市场。特斯拉和西屋公司用交流电点燃了芝加哥世博会的90 000盏电灯，宣告了电流之战的胜利。此后，特斯拉不畏惧默默无闻，拒绝与爱迪生共同获得诺贝尔奖，他不畏贫穷，将交流电专利免费赠与公众，专心科学实验，为世界留下近1 000页专利。献身真理，这就是特斯拉的态度。

否定之否定，随着技术的进步，作为解决高电压、大容量、长距离输电和异步联网重要手段的直流输电技术越来越受到广泛的应用。20世纪初，由于直流电机串接运行复杂，而高电压大容量直流电机存在换向困难等技术问题，使直流输电在技术和经济上都不能与交流输电相竞争，因此进展缓慢。20世纪50年代后，电力需求日益增长，远距离、大容量输电线路不断增加，电网扩大，交流输电受到同步运行稳定性的限制，在一定条件下的技术经济比较结果表明，采用直流输电更为合理，且比交流输电有较好的经济效益和优越的运行特性。1950年苏联建成一条长43公里、电压200千伏、输送功率为3万千瓦的直流试验线路。1954年，瑞典把高压直接输电技术应用于高特兰岛到瑞典本土的海底电缆，总长96公里、电压100千伏、送电容量2万千瓦。1961年，英法两国采用海底电缆，建成100千伏、16万千瓦、总长65公里的直流输电线路。我国高压直流输电技术起步较晚但发展迅速，预计到2020年，我国将建成15个特高压直流输电工程，并成为世界上拥有直流输电工程最多、输送线路最长、容量最大的国家。

从这里可以看出，科学技术的发展是曲折的，但又呈现出螺旋式向前发展的态势，一套理论要在实际中得到应用必须要有各种技术因素的支撑。

(3) 1971年L. O. Chua根据电路元件端口变量间关系的结构完整性，提出了存在直接关联电荷和磁链的第四类基本的无源电路元件——忆阻元件，并阐述了忆阻系统和忆阻元件在电路中的潜在用途。但当时这一重大发现没能引起足够的重视，因为并没有真正的无源忆阻元件被制造出来。直到2008年惠普实验室成功制作出了基于金属和金属氧化物的纳米尺度的忆阻元件，并建立了忆阻元件的微分数学模型，使得忆阻元件的研究成为热门。

这里体现了一种科学研究的规律，即运用逻辑推理的方法可以预测未知的事物或规律，而这新的认识又反过来指导人们的科学研究。预测忆阻的论文题名为《Memristor—the missing circuit element》，而发现忆阻的论文题名为《The missing memristor found》，两者一呼一应，时间相隔37年之久，让人感叹科学家进行科学研究的严谨、坚韧和解决科学问题后的喜悦。

0.4

电路理论的发展呈现出一幅壮美图景，而电路理论本身也蕴含着其固有的内在美。

1) 电路名称之人文美

“电路”之名，由“电”和“路”两个汉字组成。从名称看，电路之名兼具科学与人文之美。电，是指电路这门科学研究的对象。路，是指研究电路的形式与方法。电，具有科学性，它指电子、电力、电现象等，而“路”是一个在社会和生活中应用广泛的汉字。按照《现代汉语词典》（第五版），路的常用含义有：①道路，如水路、陆路、铁路；②路程，如路遥知马力；③途径、门路，如生路；④条理，如思路，心路；⑤路线，如网路，邮路。电路之“路”指路径、路线，因此可以将电路理解为“[电气器件互连而成的]**电**[的通]**路**”。可以说，电路这一名称非常简洁、准确地指出了电路的基本含义，而学习、理解电路的过程也与“路”密切相关，如学习电路的途径、理解电路的思路等都与“路”有关。

从电路之名，也容易让人想到文学作品中对“路”的描述。鲁迅先生说：“世上本没有路，走的人多了也便成了路”。这句话的意思很明白，凡事都不是一定要有先例可循才可以进行，人需要探索精神。

“山重水复疑无路，柳暗花明又一村”。读着如此流畅绚丽、开朗明快的诗句，仿佛可以看到诗人在青翠可掬的山峦间漫步，清碧的山泉在曲折溪流中汩汩穿行，草木愈见浓茂，蜿蜒的山径也愈益依稀难认。正在迷惘之际，突然看见前面花明柳暗，几间农家茅舍，隐现于花木扶疏之间，诗人顿觉豁然开朗(其喜形于色的兴奋之状，可以想象)。同样，学习电路遇到问题多思考多观察，往往峰回路转惊喜连连。

“曲径通幽处，禅房花木深”。曲曲折折的小路，通向幽静的地方，僧人们的房舍掩映在花草树林中。诗人为我们形象地描绘了山寺幽深、清寂的景色。学习电路亦需要静心揣摩。

电桥，也是一种电路。桥，也是路的一种。由电桥之名，不禁让人想到“一桥飞架南北，天堑变通途”的雄伟宏图，展现眼前。想到“车到山前必有路，船到桥头自然直”，对待任何困难，都要泰然处之，坦然面对。

2）电路理论之简洁美

电路理论内容丰富、结构严谨，具备简洁之美。作为电路理论的基石，KCL 和 KVL 可用两句简明的语句加以描述，或者用两个简单的式子加以表达，形式极具美感。电路理论中许多方法、定理大多描述简洁，公式表达上也十分简明。如戴维南定理可简述为：任何线性含独立电源一端口电阻电路，可以用一个电压源与一个电阻的串联组合来等效。用一句话就表达出定理的内涵。又如，串联电阻分压公式可表示为 $u_k=\dfrac{R_k}{\sum\limits_{j=1}^{n}R_j}u$，形式非常简单。

更令人不可思议的是当我们从电阻电路进入正弦稳态电路，KCL/KVL、欧姆定律、参数关系呈现惊人的简洁美。正弦交流稳态电路的表达式只要在直流基础上，电压电流用相量、电阻用阻抗、电导用导纳替换就可以表示了，何其简洁！

简洁美有利于内容的理解和记忆，她也是一切科学的基本特征。

3）对称美

对称既是几何学的一个基本法则，又是美学的一个基本要素。几何学中有众多的轴对称、中心对称图形，它们是绘画艺术中对称美的来源。对称可以产生结构或形式上的美感。古今中外不少伟大的画家都善于将对称之美运用到绘画艺术中。中外很多古代建筑、教堂、庙宇、宫殿等也都以“对称”为美作为基本要素。

构成电路的基本单位——电路元件，其许多符号就具有对称的形式，如电阻、电容、电感、理想变压器、理想回转器等。正是这种对称性，既展示了电路元件符号的形式美，又展示了利用这些元件构成的电路的形式美。

在众多的电路中，也有许多结构对称的例子。电路结构的对称，是实现电路功能的需要，同时也展示了电路形式美。仪表放大器电路是一种典型的采用对称结构的电路，其在电路的输入端采用了完全对称的结构，使仪表放大器具有高共模抑制比、高输入阻抗、低噪声、低线性误差、低失调电压及漂移、低输入偏置电流等优点，在数据采集、传感器信号放大、高速信号调节、医疗仪器和高档音响设备等方面得到了广泛的应用。

4）对偶美

对偶是一种普遍现象。所谓对偶，就是相对应的两件事或物。对偶具有形式上的美感，如文学作品中运用的对偶句、日常生活中的春联等，它们都讲究对仗工整，遣词典雅，寓意深刻，规格严谨，从而使人赏心悦目，美感油然而生。

在电路中，对偶是一种普遍规律。电路的对偶指出了如果对电路中某一现象、关系式、定理的表述是成立的，那么将表述中的概念（变量、参数、元件、结构等）用其对偶因素置换所得的对偶表述也一定是成立的。利用对偶性可以帮助我们在理解一种电路现象的情况下快速、准确地认识其对偶现象，从而简化电路的分析。电路中的对偶例子可以说是俯拾皆是、举不胜举。

5）科学美

科学研究是探索自然、社会和人本身的奥秘，发现新现象，揭示和认识新规律，积累新知识；它侧重于理性的抽象、分析、演绎和概括。自然科学的重大发现不仅是科学家以严谨的科学态度，严格的科学方法，敏锐的思维和认真的观察，对自然现象和规律进行探索的结果，而且还和科学家的个性、爱好、人际关系有关，其中很重要的一方面是对美的爱好和认识。科学美和艺术美一样，属于广义的社会文化美，它是审美存在的一种高级形式。

在科学研究时总要使研究问题简化，提出模型，通常可以提出几个加以选择，有选择就会有判断，符合美学原则（包括简单、对称等）的模型往往是符合客观真实的模型。在电路中，通常把呈现主导的单一电磁性质的电路元件称为理想电路元件。虽然没有任何一种特殊的实际部/器件只呈现一种电磁性质，而能把其他电磁性质排除在外，但由于任何一个实际部/器件，在电流或电压作用下都只可能包含有能量的消耗、电场能量的储存和磁场能量的储存等三种基本效应，所以对单一电磁性质进行建模，从而得到电阻、电容、电感等电路元件是一种符合客观实际、具有科学美的建模方法。

受控电源的建模也是对实际电路器件如晶体三极管、运算放大器等的一种理想反映，其模型体现了一种对称的形式美。受控源的控制变量包括电压、电流，受控变量亦是如此，两种排列组合，就得到了四种受控电源。

理想运算放大器也是一种有趣的、极具美感的电路元件，其美体现在化繁为简。我们知道，实际的运放内部电路结构复杂，一般含有数十、数百、数千甚至更多的电子元器件，但理想运算放大器却用一个非常简单的电路符号和电压-电流关系加以高度概括。含运放的电路千千万万，但其分析万变不离其宗：运放的虚短、虚断特性。这里就体现了一种建模抽象美、简单美。

爱美之心，人皆有之。美从精神上愉悦人、感染人，陶冶情操、激发情感、启迪思想，引起人的爱慕和追求，使人精神振奋、心情舒畅，甚至陶醉其中。美要靠人去发现、去欣赏，没有人去发现和欣赏，羞答答的玫瑰也只能静悄悄地开放。只有深入挖掘电路之美，才能充分展示电路之魅力。

0.5

电路理论是一个体系完整的知识领域。从方法论上看,电路理论的命题在传统上主要分为两类:电路分析和电路综合。如图 0.1 所示,在特定的激励(也称为输入)下求一个给定电路的响应(也称为输出),这类问题谓之电路分析;在特定的激励下为了要达到预期的响应,而来研究如何构成一个电路,这类问题谓之电路综合。

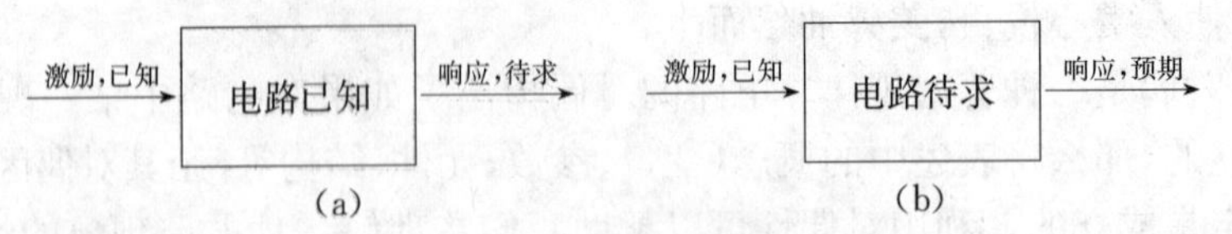

图 0.1　电路分析与电路综合示意图

在《电路理论基础》一书中已介绍电路理论的一些基础知识,主要内容是电路分析,如图 0.2 所示。如果读者能够借助《电路理论基础》及本书对掌握电路理论的基本概念、基本术语、常用元件、基本原理、基本方法、工程应用和仿真技能有所帮助,并由此对电路理论产生进一步研究的兴趣,那正是作者所期望的。

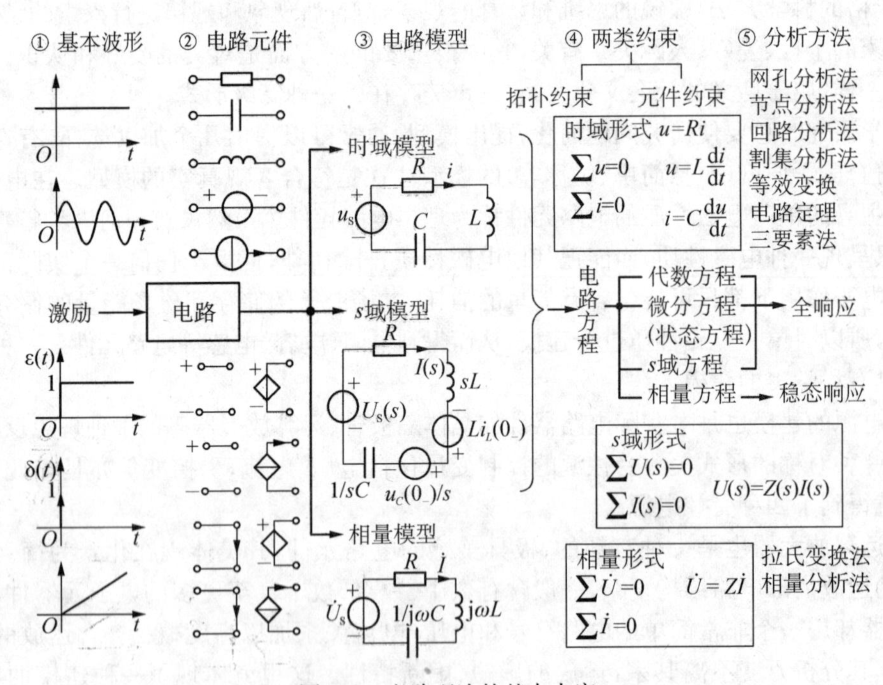

图 0.2　电路理论的基本内容

0.6

电路理论的学习包括电路基本概念、基本原理和基本方法的掌握,以及实验验证、设计和综合研究等能力的培养,对于电路理论的初学者,包括在校的大学生,担心学不好电路理论,认为电路知识神秘莫测、高不可攀，从而产生恐惧心理，是完全不必要的。

如果在学习过程中遇到一点困难就产生厌学甚至放弃的行为，是由于在学习过程中，不了解电路理论的自身特点，没有掌握正确的学习方法。学习电路理论虽然要以高等数学、工程数学和大学物理等先修知识为基础，但电路理论本身也有着自己的特点，这要求我们在学习方法上要有所调整，适应电路理论的内在规律。

对于电路理论的初学者，特别是在校的大学生，如何学好电路理论呢？

(1) 建立系统概念，把握电路理论的基本内容，充分重视对基本概念的理解。

电路理论在长期的演变发展中，形成了完整的理论体系和知识框架，并且在高等教育中被广泛接受和采用。电路分析的主要目的之一就是对于一个给定的电路及其激励，求出电路的响应(电路变量或功率等参数)，进而分析电路的各种特性，从而为电路综合或电路设计提供理论基础。从电路的特性上电路可以分为电阻电路、动态电路和正弦稳态电路等几大类。从电路的响应上看，电路的响应有零输入响应、零状态响应、自由响应(瞬态响应)和强制响应(稳态响应)等，针对不同的响应，可以采用不同的分析方法。不论选择和采用何种书籍、教材和辅导资料，都应以知识点体系和框架为纲，弄清基本概念、基本规律、基本定理等，通过系统化的学习，实现对电路知识内容的掌握。

在学习电路理论的过程中，会出现比较多的概念、公式等，应积极思考这些概念和公式本身所代表的物理含义。通过抓住这些概念、公式的物理本质，就可加深对电路的理解和应用。

(2) 通过归纳总结，融会贯通地掌握电路分析方法。

电路理论的内容包含了电气信息类各专业领域的基础内容，覆盖面广，内容丰富。在对不同电路、电路现象、电路功能分析的过程中，应该有针对性地选择合适的分析方法。例如，电路理论中的相量分析法和复频域分析法，都可以求解正弦稳态电路，但具体到求解过程中，相量变换法相对简便，而拉普拉斯变换是更具普适性的变换方法。因此，在学习电路分析方法的时候，应善于归纳总结，了解各种分析方法的本质和相互之间的差异，做到融会贯通、心中有数。

又如，电路是以电路模型为分析对象的，在电路中包括各种各样的电路模型。从分析域加以区分，在电路中电路模型包括电阻电路模型(时域)、动态电路模型(时域)、相量域模型和 s 域模型。在教学实践中，一般以分析电阻电路模型开始，以 s 域模型的分析结束。通过比较这些电路模型，有利于对电路的总体把握和对电路模型的正确理解。例如，所有线性电路都满足叠加原理，但用相量法分析动态电路时，如果多个激励的频率不同，则针对不同的频率，必须使用不同的相量域模型。

(3) 通过类比，加深对电路知识的理解。

类比是一种获取知识和理解知识的好方法。在电路的学习中，对电路的基本概念、基本原理和基本方法进行类比，往往可加深对电路知识的理解，收到事半功倍的效果。在电路知识中可以类比的例子比比皆是。

例如，受控源是一类二端口电路元件，它不是严格意义上的电源。但是，受控源是有源元件，它具有与独立源相似的某些性质，例如它可以向电路提供功率或能量，尽管该功率或能量来自于其他电源。另外，在进行电路分析(如列写电路方程或等效变换)时，受控源作为一种电路模型，可以“看作”独立源，按照处理独立源的方式类似处理。

采用类比的方法，可以帮助理解和掌握对偶原理、对偶元件和对偶电路等知识内容。通过比较戴维南定理和诺顿定理、特勒根定理与复功率守恒、T 形电路与 Π 形电路的等效变换等，可加深对相关定理和概念的理解。

(4) 理论联系实际,培养工程意识。

在电路学习中应充分重视电路实验操作技能的学习。实验研究和计算机仿真不仅可以巩固所学习的理论、拓展知识面,而且可以使学生树立严肃认真的科学作风、形成理论联系实际的工程观点,培养学生的实验研究能力、应用设计能力、现代化工具使用能力和创新意识等。通常在学习电路的过程中,会有相应的实践环节,在实验验证和研究过程中,可以更好地理解电路理论知识与工程实际之间的联系与差别,可以通过理论知识指导研究应用中的电路设计与分析,也可以通过实践加深对电路理论的认识和理解。

(5) 自主实践练习,温故而知新。

学习是以学生为主体的认知实践过程,学生的学习和实践应保持自觉性,通过不断的学习、复习、练习和动手实践,不断加深对电路知识的掌握,不断对所学习的知识产生新的认识和理解,检验学习成果,实现自我综合评价和认识。

(6) 主动交流沟通,清除知识盲点。

学习的过程中,总会遇到问题和困难,要有足够的思想准备和正确的认识,主动与同学和教师交流,决不允许自己有知识盲点和误区,这样才能学好电路这门课程。

(7) 认真完成适量习题。

完成习题,是掌握一门课程知识行之有效的方法。在解题的过程中,通过思考、选择合适的分析方法,是锻炼逻辑思维、加深电路分析方法理解、巩固电路知识的过程。认真完成适量的电路习题是完全必要的,也是可能的。本书提供了各种常见的电路习题类型,让读者熟悉、掌握各种电路习题的求解方法,从而熟练掌握电路分析的各种方法。

0.7

本绪论的目的在于对电路理论的历史、内容、特点、学习方法等作一简要叙述,以期引起读者的注意和兴趣。读文至此,读者也许会说:文中所述内容有好些还不明白呢。这是一件十分自然的事情。辩证地看,有问题是一件好事。有问题,才有可能激发出探究电路理论的好奇心和欲望,才有可能保持学习电路理论的兴趣。相信在学习过程中再回过头来阅读此绪论,一定会有不一样的收获和体会。

让我们满怀信心踏上电路理论探究之旅吧!

1 电路的基本概念及基本规律

1.1 教学要求

(1) 建立电路模型的概念,了解电路集中化的判据。掌握电压、电流、功率、能量等概念。理解电压、电流参考方向的含义及设置参考方向的必要性。

(2) 掌握基尔霍夫定律的含义,能够熟练和准确地应用 KCL 和 KVL 列写电路方程。

(3) 熟练掌握二端电路元件、二端口电路元件及其 VCR。

1.2 重点和难点

1) 电路变量及其参考方向

(1) 对于电路分析的初学者,必须深刻理解和熟练掌握电压和电流的参考方向。为电压和电流规定参考方向并不难,难点在于必须记住在对电路进行分析、计算时都必须规定参考方向,否则无法列写电路方程,也无法判断电路方程的正确性以及确定未知量的实际方向。

(2) 电路规律及公式大多是在关联参考方向下给出的,因此在分析电路时一般应取电压和电流为关联参考方向。

2) 功率

电路或元件的功率计算比较简单,难点在于功率状态的判断。要正确判断功率状态,必须正确理解功率的计算方法。当电压和电流关联参考方向时,$p=ui$,而当电压和电流非关联参考方向时,$p=-ui$。此时如 $p>0$,则电路或元件吸收功率;如 $p<0$,则电路或元件发出功率。

3) 基尔霍夫定律

(1) 基尔霍夫定律是电路分析的基础,定律的内容虽然简单,但要完全掌握并能灵活加以应用需要一个过程。在本章中,读者需要深刻理解定律描述的对象及其规律:KCL 描述的是集中参数电路中与某一节点相关的各支路电流之间的约束关系;KVL 描述的是集中参数电路中与某一闭合回路相关的各支路电压之间的约束关系。

(2) 在满足集中参数假设的情况下,KCL、KVL 与元件性质无关,是列写电路方程的依据。在应用 KCL、KVL 时应注意灵活性,KCL 可应用于任一闭合面;KVL 可应用于包括假想回路在内的任一回路。

4) 电路元件

(1) 电路理论中的所有电路元件都是理想的数理模型,它们是根据实际的电路器件加以概括总结而得到的。本章介绍电路分析中常用的电路元件，除独立源外，电路元件可分为两类，一类是基本元件，包括电阻元件、电容元件、电感元件和受控源；一类是非基本元件，包括理想运算放大器、理想变压器、耦合电感等，这些元件的模型都可由基本元件来构成。

(2) 掌握电路元件的 VCR 是学习电路元件的重点。电路元件的 VCR 给出了电路的元件约束，也是列写电路方程的依据。

5) 元件有源性与无源性的判别

对初学者来说，元件有源性与无源性的判别是一个难点。一个电路元件为无源元件的充要条件是：对任意的 $t \geqslant -\infty$，该元件吸收的能量满足 $w(-\infty, t) \geqslant 0$。对电阻电路元件而言，电路元件为无源元件的充要条件可表述为：对任意的 $t \geqslant -\infty$，该元件吸收的功率满足 $p(t) \geqslant 0$。

1.3 典型例题

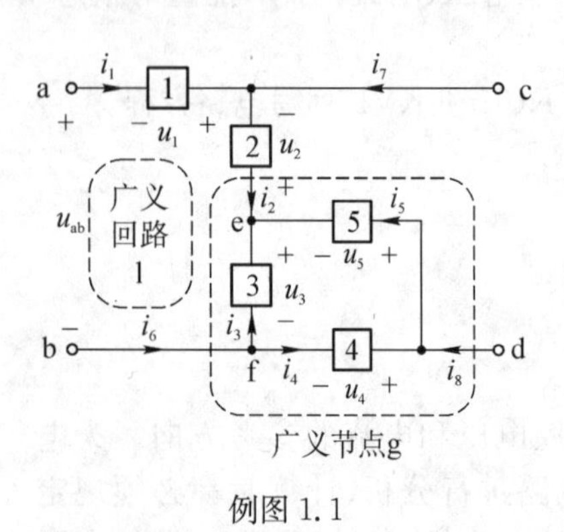

例图 1.1

例 1.1 例图 1.1 为某电路中的一部分，已知 $i_1=-1\text{ A}$，$i_2=4\text{ A}$，$i_6=-6\text{ A}$，$u_1=u_4=4\text{ V}$，$u_2=u_3=-4\text{ V}$。试确定图中的 i_7、i_8、u_5 和 u_{ab}。

【分析】 此题不涉及元件的 VCR，运用 KCL、KVL 即可求解。应注意求解过程中的双重符号问题：在列写 KCL、KVL 方程时各项前的符号取决于电流、电压的参考方向；在代入数值时，每项电流、电压本身还有一套符号。求某段开路电压(如 u_{ab})时，可以应用广义 KVL 计算，亦可直接计算从 a 至 b 任一路径上的所有电压降的代数和。

【解】 (1) 求 i_7、i_8。对节点 e 列 KCL 方程，得

$$i_1+i_7-i_2=0$$

解得

$$i_7=i_2-i_1=4-(-1)\text{A}=5\text{ A}$$

对例图 1.1 中广义节点 g 列 KCL 方程，得

$$i_2+i_6+i_8=0$$

解得

$$i_8=-i_2-i_6=-4-(-6)\text{A}=2\text{ A}$$

(2) 求 u_5、u_{ab}。对元件 3、4、5 构成的回路列 KVL 方程，从点 e 出发，顺时针方向绕行一周，可得

$$-u_5+u_4-u_3=0$$

解得

$$u_5=u_4-u_3=4-(-4)\text{V}=8\text{ V}$$

求 u_{ab} 时可以将 a、b 两端点之间设想有一条虚拟的支路，该支路两端的电压为 u_{ab}。如例图 1.1 所示，由节点 a 经过节点 e、f、b 再回到节点 a 就构成一个虚拟的闭合回路 l，也称广义回路。对广义回路 l 应用 KVL，可得

$$-u_1-u_2+u_3-u_{ab}=0$$

解得 $u_{ab}=-u_1-u_2+u_3=-4-(-4)+(-4)\text{V}=-4\text{ V}$

该电压亦为从 a 至 b 路径上的所有电压降的代数和。

例 1.2 试求如例图 1.2 所示电路中的未知电压和未知电流，并判断各元件是吸收功率还是发出功率。

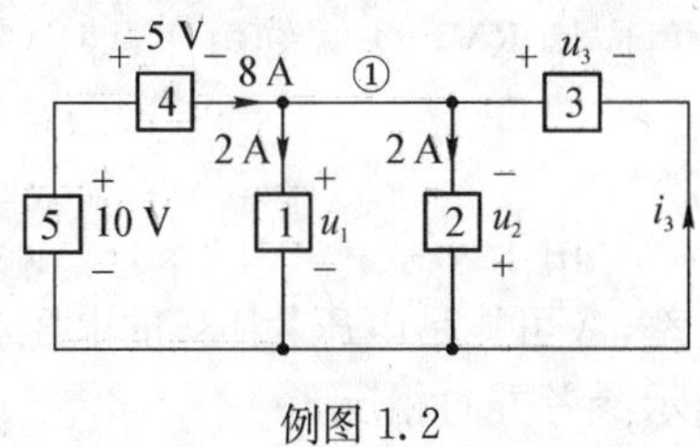

例图 1.2

【分析】 电压和电流是电路分析中最基本的变量，计算电压和电流时除了要注意它们的大小之外，还必须注意它们的参考方向，参考方向是电路分析初学者容易忽视的概念，应引起重视。功率是导出量，在计算时必须注意电压、电流的参考方向是否关联，在电压、电流参考方向关联的情况下，功率等于电压、电流之积，否则，功率等于电压、电流之积的负值。如果一段电路或一个元件功率的数值为正，则该段电路或该元件吸收功率，否则为发出功率。在应用 KCL 时应注意合理选择节点或闭合面，在应用 KVL 时应注意合理选择回路，以便于求解电流或电压变量。

【解】 先应用 KVL 求未知电压，对左边网孔，有

$$10-(-5)-u_1=0$$

解得

$$u_1=15\text{ V}$$

对中间网孔列写 KVL 方程，得到 $u_2=-u_1=-15\text{ V}$

对右边网孔列写 KVL 方程，得到 $u_3=-u_2=15\text{ V}$

再求未知电流。对节点①列写 KCL 方程，得

$$-8+2+2-i_3=0$$

解得

$$i_3=-4\text{ A}$$

最后计算各元件的功率：

元件 1： $p_1=2u_1=30\text{ W}$ （吸收功率）

元件 2： $p_2=-2u_2=30\text{ W}$ （吸收功率）

元件 3： $p_3=-u_3i_3=-15\times(-4)\text{ W}=60\text{ W}$ （吸收功率）

元件 4： $p_4=-5\times 8=-40\text{ W}$ （发出功率）

元件 5： $p_5=-10\times 8=-80\text{ W}$ （发出功率）

对例图 1.2 所示电路，可以验证满足特勒根定理，即

$$p_1+p_2+p_3+p_4+p_5=0$$

例 1.3 试求如例图 1.3 所示电路中标示的未知电压和未知电流。如 A 为一元件，确定其为何种元件。

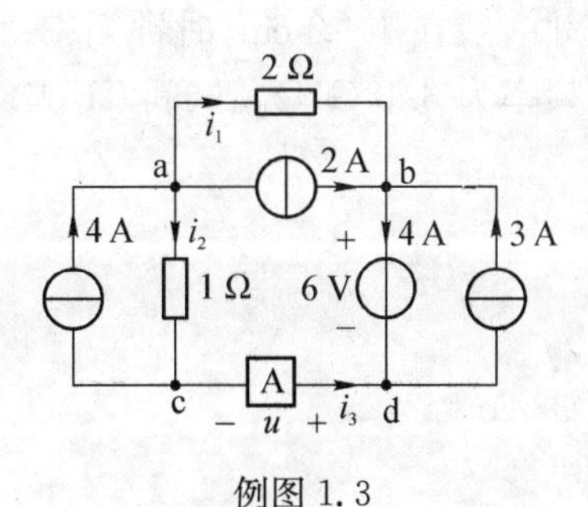

例图 1.3

【分析】 要判断电路中某个元件的类型和参数值，可先求出该元件的电压、电流值，再根据电压、电流的参考方向确定其是吸收功率还是发出功率。若元件吸收功率，则该元件可以是电阻，根据欧姆定律可求出电阻值，也可以是理想电压源或理想电流源；若元件发出功率，则该元件可以是理想电压源或理想电流源。

【解】 先应用 KCL 求未知电流。

节点 b：　$2+3+i_1=4 \Rightarrow i_1=-1\ \text{A}$

节点 a：　$i_1+i_2+2=4 \Rightarrow i_2=3\ \text{A}$

节点 c：　$i_2=4+i_3 \Rightarrow i_3=-1\ \text{A}$

再应用 KVL 求未知电压，即

$$2i_1+6+u-i_2=0 \Rightarrow u=-1\ \text{V}$$

由于 $ui_3=(-1)\times(-1)=1\ \text{W}>0$，且电压、电流参考方向非关联，因此元件 A 发出功率，A 可能是电压为 1 V 的电压源，也可能是电流为 1 A 的电流源，其参考方向均与例图 1.3 所示参考方向相反。

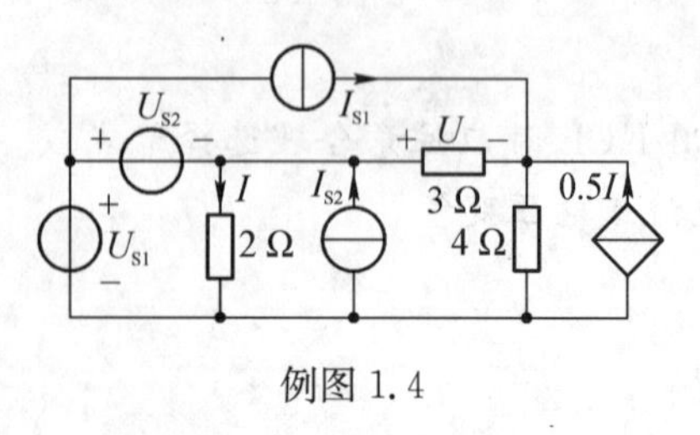

例图 1.4

例 1.4 如例图 1.4 所示电路，试问电压 U 的大小与哪些独立源有关？

【分析】 可先求出电压 U 的表达式，再判断 U 与独立源的关系。

【解】 对例图 1.4 所示电路，由 KVL 及欧姆定律求得

$$I=(U_{S1}-U_{S2})/2$$

又 3 Ω 上的电流为 $I_{3\Omega}=U/3$（方向向右），4 Ω 上的电流为 $I_{4\Omega}=(U_{S1}-U_{S2}-U)/4$（方向向下），由 KCL 得

$$I_{S1}+I_{3\Omega}+0.5I=I_{4\Omega}$$

将 I、$I_{3\Omega}$、$I_{4\Omega}$的表达式代入上式解得

$$U=-(12/7)I_{S1}$$

因此电压 U 的大小仅与理想电流源 I_{S1} 有关。

1.4 习题选解

电路与电路图

1.1 中央处理单元（CPU）是计算机系统的核心部件。随着微电子工艺的发展，CPU 芯片的尺寸越来越小，工作的时钟频率越来越高。早期 CPU 的尺寸一般在 1～2 cm，时钟频率为数十兆赫至数百兆赫，而现代某 CPU 的尺寸约为 1 cm，时钟频率为 3.8 GHz。试问 CPU 中的电路能否用集中参数模型来表示？

解

对早期 CPU，取 $d=2\ \text{cm}$，$f=900\ \text{MHz}$，则有

$$\lambda=\frac{c}{f}=\frac{3\times10^8}{900\times10^6}\ \text{m}=0.33\ \text{m}=33\ \text{cm}$$

可以认为，该波长远大于 CPU 的尺寸，因此可用集中参数模型来表示 CPU 中的电路。

对现代 CPU，$d=1\ \text{cm}$，取 $f=3.8\ \text{GHz}$，则有

$$\lambda = \frac{c}{f} = \frac{3 \times 10^8}{3.8 \times 10^9}\ \text{m} = 0.079\ \text{m} = 7.9\ \text{cm}$$

可以认为，该波长与 CPU 的尺寸可以比拟，因此不可用集中参数模型来表示 CPU 中的电路。

1.2　试问一调频接收机用一根 2 m 长的馈线和它的天线连接，如果接收机调到200 MHz时，天线端出现的瞬时电流为 $i = I_0 \sin(4\pi \times 10^8 t)$ A，试问接收机输入端的瞬时电流是否与天线端相等？该馈线能否用集中参数模型来表示？为什么？

解

信号从天线端经馈线传输到接收机输入端所需的时间为

$$\Delta t = \frac{2}{3 \times 10^8}\ \text{s}$$

则接收机输入端的瞬时电流为

$$i = I_0 \sin[4\pi \times 10^8 (t - \Delta t)]\ \text{A}$$

所以，接收机输入端的电流和天线端的瞬时电流不相等。

又因为

$$\lambda = \frac{c}{f} = \frac{3 \times 10^8}{2 \times 10^8}\ \text{m} = 1.5\ \text{m}$$

即信号波长为 1.5 m。由于馈线长度为 2 m，馈线的长度和信号的波长可比拟，所以该馈线不能用集中参数模型来表示。

电路变量

1.3　题图 1.3(a)为一段电路支路，假设流经该支路的正电荷量 q 随时间 t 的变化规律如题图 1.3(b)所示，试画出 $t > 0$ 时电流 i 的波形，并指出 $t = 0.5$ s 和 $t = 2$ s 时电流 i 的实际方向。

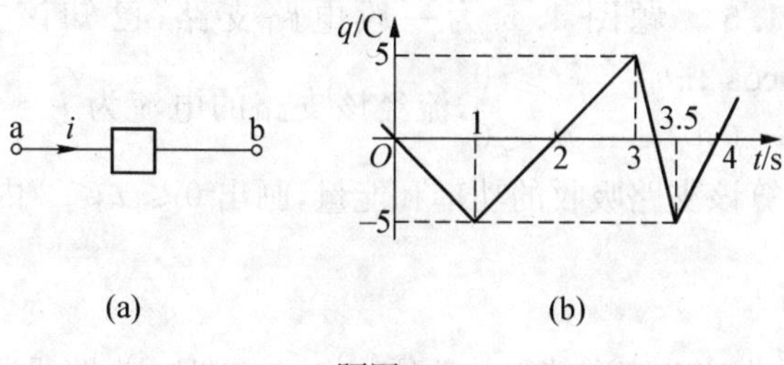

题图 1.3

解

当 $t > 0$ 时，电荷量 q 随时间 t 的变化规律可表示为

$$q = \begin{cases} -5t, & 0 < t \leqslant 1\ \text{s} \\ 5t - 10, & 1\ \text{s} < t \leqslant 3\ \text{s} \\ -20t + 65, & 3\ \text{s} < t \leqslant 3.5\ \text{s} \\ 10t - 40, & t > 3.5\ \text{s} \end{cases}$$

由电流的定义可得

$$i=\frac{\mathrm{d}q}{\mathrm{d}t}=\begin{cases}-5, & 0<t\leqslant 1\ \mathrm{s}\\ 5, & 1\ \mathrm{s}<t\leqslant 3\ \mathrm{s}\\ -20, & 3\ \mathrm{s}<t\leqslant 3.5\ \mathrm{s}\\ 10, & t>3.5\ \mathrm{s}\end{cases}$$

$t>0$ 时电流 i 的波形如题图 1.3.1 所示。$t=0.5\ \mathrm{s}$ 时 $i(0.5)=-5\ \mathrm{A}$,电流的实际方向为由 b 流向 a;$t=2\ \mathrm{s}$ 时 $i(2)=5\ \mathrm{A}$,电流的实际方向为由 a 流向 b。

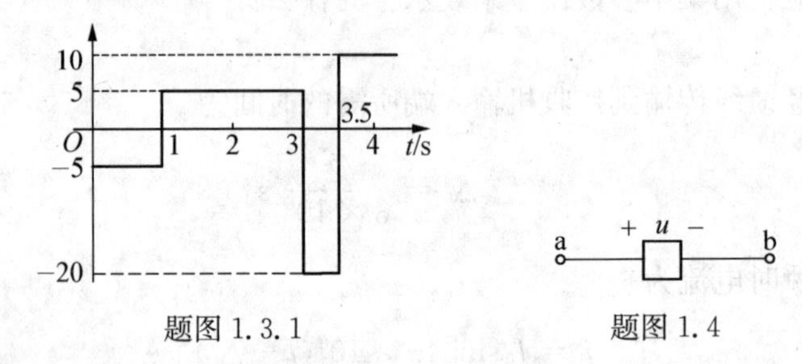

题图 1.3.1　　题图 1.4

1.4　题图 1.4 为一段电路支路,假设移动 2 C 的正电荷从某参考点到 a 点,电场能增加了 10 J;移动 2 C 的负电荷从某参考点到 b 点,电场能增加了 20 J,试求电压 u 的大小。

解

移动 2 C 的正电荷从某参考点到 a 点,电场能增加了 10 J,说明电场力作功−10 J。移动 2 C的负电荷从某参考点到 b 点,电场能增加了 20 J,说明移动 2 C 的正电荷从某参考点到 b 点时,电场力作功 20 J。因此移动 2 C 的正电荷从 a 点到 b 点,电场力作功 20 J − (−10 J) = 30 J。因此由电压的定义可得

$$u=\frac{30\ \mathrm{J}}{2\ \mathrm{C}}=15\ \mathrm{V}$$

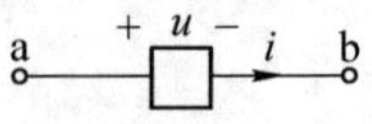

a　+ u −　i　b

题图 1.5

1.5　题图 1.5 为一段电路支路,已知该支路两端电压为 $u=\begin{cases}200\cos 2\pi t\ \mathrm{V}, & t\geqslant 0\\ 0, & t<0\end{cases}$,流经该支路的电流为 $i=\begin{cases}20\cos 2\pi t\ \mathrm{A}, & t\geqslant 0\\ 0, & t<0\end{cases}$,试计算该支路吸收的功率和能量,画出 $0\leqslant t\leqslant 3$ 内功率和能量关于 t 的函数图形。

解

当 $t<0$ 时,支路吸收的功率和能量均为零。当 $t\geqslant 0$ 时,支路吸收的功率为

$$\begin{aligned}p=ui&=200\cos 2\pi t\times 20\cos 2\pi t\\ &=4\,000\cos^2 2\pi t=4\,000\,\frac{1+\cos 4\pi t}{2}\\ &=2\,000(1+\cos 4\pi t)\ \mathrm{W}\end{aligned}$$

支路吸收的能量为

$$w(t)=\int_0^t p(t)\,\mathrm{d}t=\int_0^t 2\,000(1+\cos 4\pi t)\,\mathrm{d}t=2\,000\left(t+\frac{1}{4\pi}\sin 4\pi t\right)\mathrm{J}。$$

$0\leqslant t\leqslant 3$ 内功率和能量关于 t 的函数图形分别如题图 1.5.1 所示。

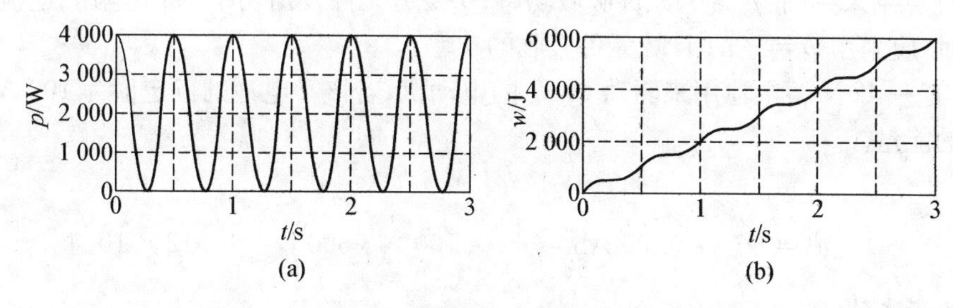

题图 1.5.1

1.6 试按题图 1.6 所示的参考方向和数值，指出各元件中电压和电流的实际方向。计算各元件中的功率，并说明元件是吸收功率还是发出功率。

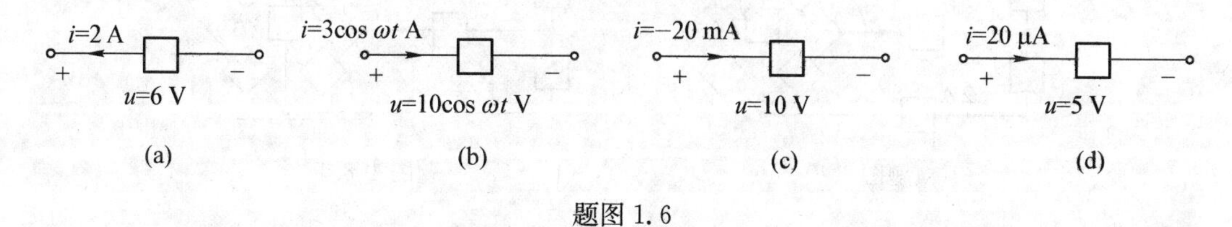

题图 1.6

解

(a) 电压、电流的实际方向和图示方向一致。电流、电压的参考方向为非关联参考方向，因此

$$P_{\mathrm{a}}=-ui=-6\times 2\ \mathrm{W}=-12\ \mathrm{W}$$

该元件发出功率。

(b) 当 $2k\pi-\dfrac{\pi}{2}\leqslant \omega t\leqslant 2k\pi+\dfrac{\pi}{2}$ 时，电流、电压的实际方向和图示方向一致；当 $2k\pi+\dfrac{\pi}{2}<\omega t<2k\pi+\dfrac{3\pi}{2}$ 时，电流、电压的实际方向和图示方向相反。电流、电压的参考方向为关联参考方向，因此

$$P_{\mathrm{b}}=ui=10\cos\omega t\times 3\cos\omega t=30\cos^{2}\omega t\ \mathrm{W}$$

该元件吸收功率。

(c) 电流的实际方向和图示方向相反，而电压的实际方向和图示方向一致。电流、电压的参考方向为关联参考方向，因此

$$P_{\mathrm{c}}=ui=-20\times 10^{-3}\times 10\ \mathrm{W}=-0.2\ \mathrm{W}$$

该元件发出功率。

(d) 电流、电压的实际方向和图示方向一致。电流、电压的参考方向为关联参考方向，因此

$$P_{\mathrm{d}}=ui=20\times 10^{-6}\times 5\ \mathrm{W}=10^{-4}\ \mathrm{W}$$

该元件吸收功率。

电路元件的电流和电压的参考方向可以任意指定。为方便分析，一般取电压与电流参考方向为关联参考方向。计算元件是否吸收功率时，在电压、电流取关联参考方向的情况下，按

$p=ui$ 的计算结果判断：$p>0$，元件吸收功率；$p<0$，元件发出功率。如果电压、电流取非关联参考方向时，应采用 $p=-ui$ 计算元件吸收的功率。

1.7 有一 42 V 蓄电池用来驱动 60 W 的电动机，若该蓄电池的额定值为 100 Ah，试求蓄电池存储的能量。

解

$$w=42\ \text{V}\times 100\ \text{Ah}=42\times 100\times 3\,600\ \text{J}=1.512\times 10^{7}\ \text{J}$$

基尔霍夫定律

1.8 电路如题图 1.8 所示，试求电流 I。

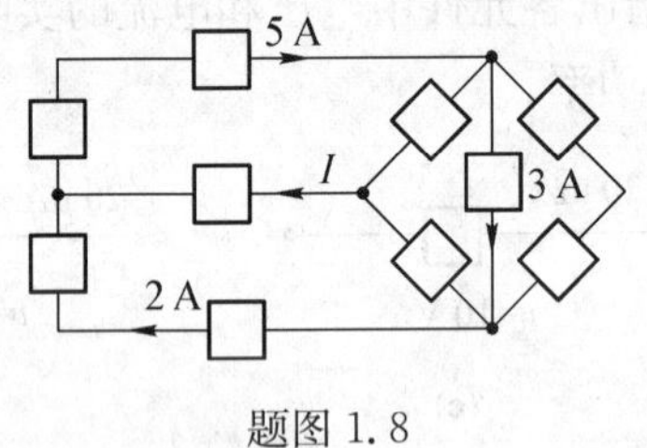

题图 1.8

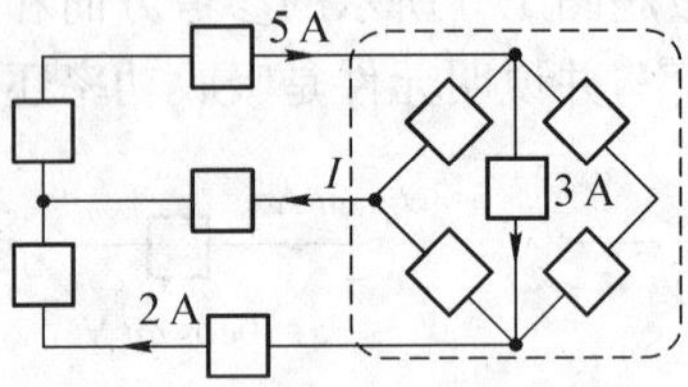

题图 1.8.1

解

对题图 1.8.1 所示电路中的闭合面列写 KCL 方程，得

$$i+2-5=0\Rightarrow i=3\ \text{A}$$

1.9 电路如题图 1.9 所示，试求电流 i_1、i_2。

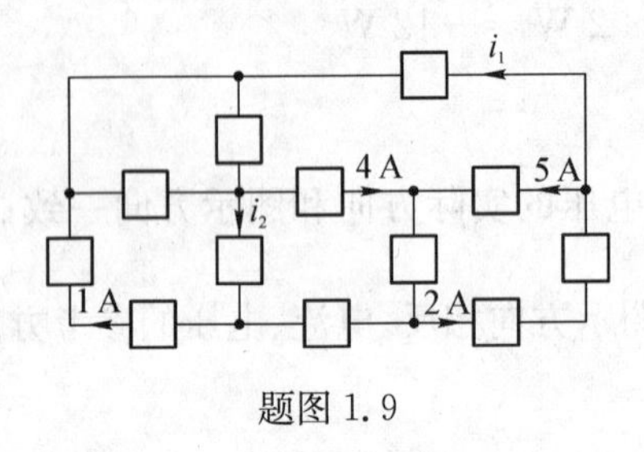

题图 1.9

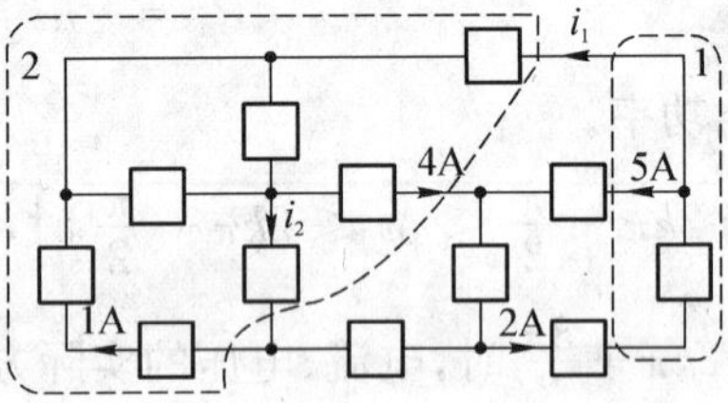

题图 1.9.1

解

在题图 1.9 中作闭合面 1、2 如题图 1.9.1 所示。对闭合面 1 列写 KCL 方程得

$$i_1+5-2=0\quad 解得\quad i_1=-3\ \text{A}$$

对闭合面 2 列写 KCL 方程得

$$-i_1+4+i_2-1=0\quad 解得\quad i_2=-6\ \text{A}$$

1.10 在题图 1.10 所示电路中，已知 $u_1=1\ \text{V}$，$u_2=2\text{e}^{-t}\ \text{V}$，$u_3=4\sin t\ \text{V}$，试求电压 u_4。

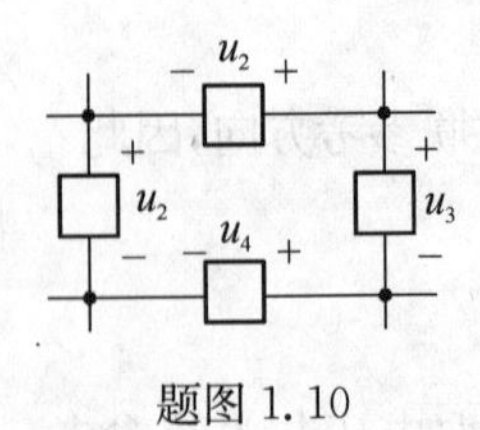

题图 1.10

解

由 KVL 得

$$-u_1-u_2+u_3+u_4=0$$

因此电压 u_4 为 $$u_4 = u_1 + u_2 - u_3 = (1 + 2e^{-t} - 4\sin t)\ \text{V}$$

1.11 如题图 1.11 所示汽车照明电路简化模型，有 3 个并联的灯泡 A、B 和 C。灯泡 A 点亮时的功率为 36 W，B 点亮时的功率为 24 W，C 点亮时的功率为 14.4 W。试求：(1)流过每个灯泡的电流；(2)电源输出电流 I；(3)电源输出的功率及所有元件吸收的总功率；(4)题图 1.11(b)中使 15 A 的保险丝熔断的 A 灯泡的最少个数。

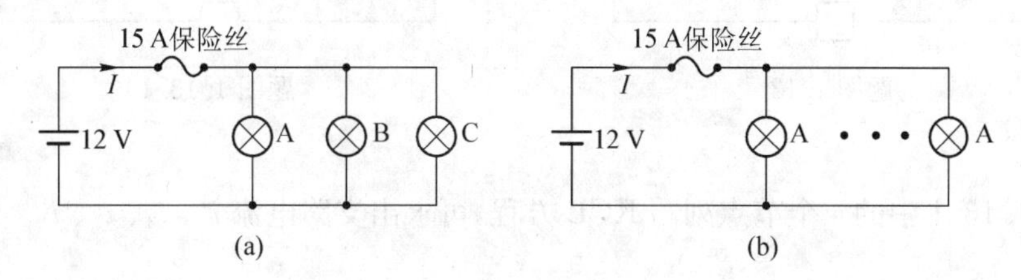

题图 1.11

解

(1) $I_A = \dfrac{P_A}{u_S} = \dfrac{36}{12}\ \text{A} = 3\ \text{A}$(方向向下)

$I_B = \dfrac{P_B}{u_S} = \dfrac{24}{12}\ \text{A} = 2\ \text{A}$(方向向下)

$I_C = \dfrac{P_C}{u_S} = \dfrac{14.4}{12}\ \text{A} = 1.2\ \text{A}$(方向向下)

(2) $I = I_A + I_B + I_C = (3 + 2 + 1.2)\ \text{A} = 6.2\ \text{A}$

(3) $P_{源} = -u_S \cdot I = (-12) \times 6.2\ \text{W} = -74.4\ \text{W}$

$P_{元件} = (36 + 24 + 14.4)\ \text{W} = 74.4\ \text{W}$

(4) 假设需要 n 个灯泡，则有 $3\ \text{A} \times n \geqslant 15\ \text{A} \Rightarrow n \geqslant 5$

1.12 在题图 1.12 所示电路中，部分支路电压已经标出。试尽可能多地确定未标出电压的大小。

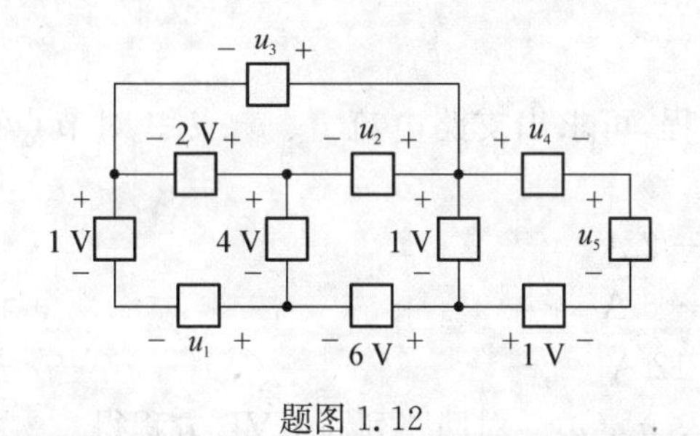

题图 1.12　　　　题图 1.12.1

解

由题图 1.12.1 中的三个回路可分别确定 u_1、u_2、u_3。对回路列写 KVL 方程得

回路 1：$-1 - 2 + 4 + u_1 = 0$　　解得　$u_1 = -1\ \text{V}$

回路 2：$1 + 6 - 4 - u_2 = 0$　　解得　$u_2 = 3\ \text{V}$

回路 3：$2 + u_2 - u_3 = 0$　　解得　$u_3 = 5\ \text{V}$

u_4、u_5 不能确定。

1.13 在题图 1.13 所示电路中，已标示部分支路电流。试尽可能多地确定未标出电流的

大小。

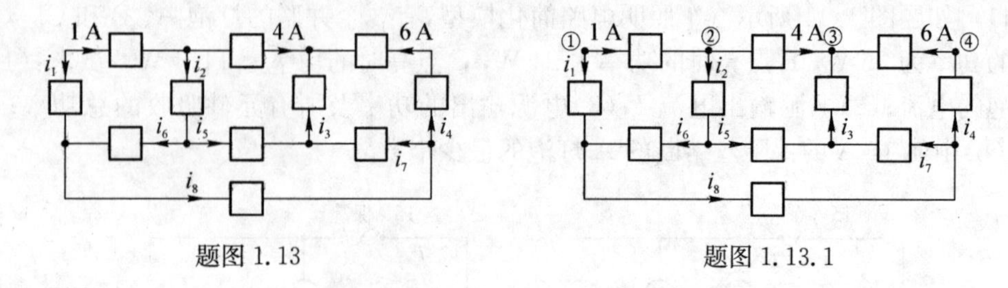

题图 1.13　　　　题图 1.13.1

解

对题图 1.13.1 中的 4 个节点列写 KCL 方程，可求出支路电流 i_1、i_2、i_3、i_4。对节点列写 KCL 方程得

①：$1+i_1=0$　　　解得　$i_1=-1\text{ A}$

②：$-1+4+i_2=0$　　　解得　$i_2=-3\text{ A}$

③：$-4-6+i_3=0$　　　解得　$i_3=10\text{ A}$

④：$6-i_4=0$　　　解得　$i_4=6\text{ A}$

其他未知电流不能确定。

1.14　在题图 1.14 所示电路中，已标出部分支路电压和电流。试确定未标出的电压和电流的大小，并计算所有支路吸收的功率之和。

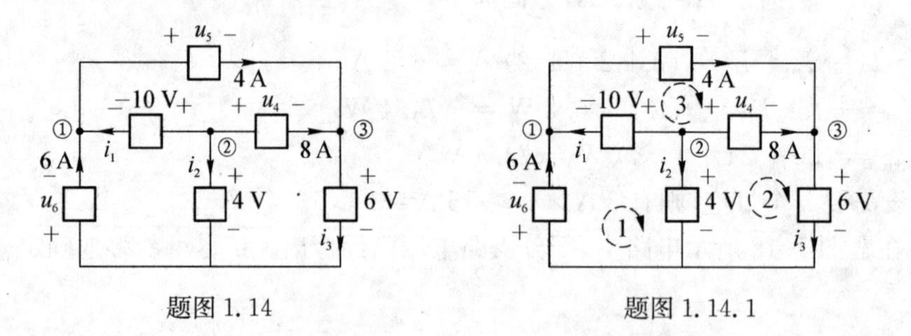

题图 1.14　　　　题图 1.14.1

解

对题图 1.14.1 中的 3 个节点列写 KCL 方程，可求出支路电流 i_1、i_2、i_3。对节点列写 KCL 方程得

①：$-6+4-i_1=0$　　　解得　$i_1=-2\text{ A}$

②：$i_1+8+i_2=0$　　　解得　$i_2=-6\text{ A}$

③：$-4-8+i_3=0$　　　解得　$i_3=12\text{ A}$

由题图 1.14.1 中的三个回路可分别确定 u_4、u_5、u_6。对回路列写 KVL 方程得

回路 1：$u_6-(-10)+4=0$　解得　$u_6=-14\text{ V}$

回路 2：$-4+u_4+6=0$　解得　$u_4=-2\text{ V}$

回路 3：$-10+u_5-u_4=0$　解得　$u_5=8\text{ V}$

所有支路吸收的功率之和为

$$\sum_{k=1}^{6}p_k=\sum_{k=1}^{6}u_k i_k=-10\times(-2)+4\times(-6)+6\times12+(-2)\times8$$
$$+8\times4+(-14)\times6=0$$

二端电路元件

1.15 已知题图 1.15(a)、(b)所示元件的伏安特性曲线如题图 1.15(c)所示，试确定元件 1 和元件 2 是什么元件。

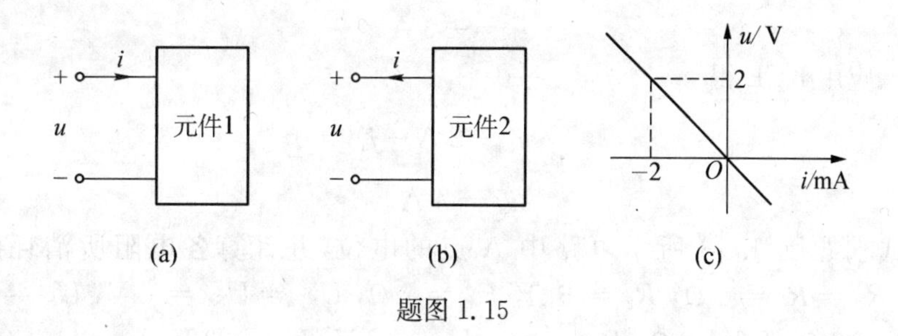

题图 1.15

解

对元件 1，u、i 为关联参考方向，$u = Ri$，$R = \dfrac{u}{i} = \dfrac{2}{-2\times10^{-3}}\,\Omega = -1\ \text{k}\Omega$

对元件 2，u、i 为非关联参考方向，$u = -Ri$，$R = -\dfrac{u}{i} = -\dfrac{2}{-2\times10^{-3}}\,\Omega = 1\ \text{k}\Omega$

1.16 试求题图 1.16 所示电路中的 I_1 和 I_2。

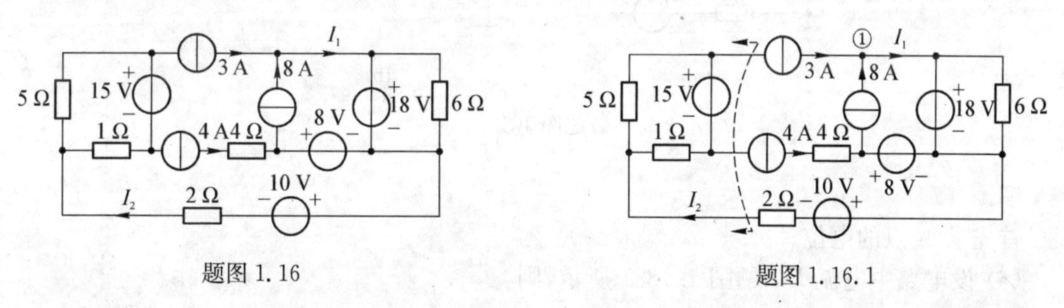

解

I_1 可以根据 KCL 直接得出，即

$$I_1 = 8 + 3\ \text{A} = 11\ \text{A}$$

为求 I_2，可作一个如题图 1.16.1 所示的割集面，则有

$$I_2 = 3 + 4\ \text{A} = 7\ \text{A}$$

1.17 试求题图 1.17 所示电路中的 i_1 和 i_3。

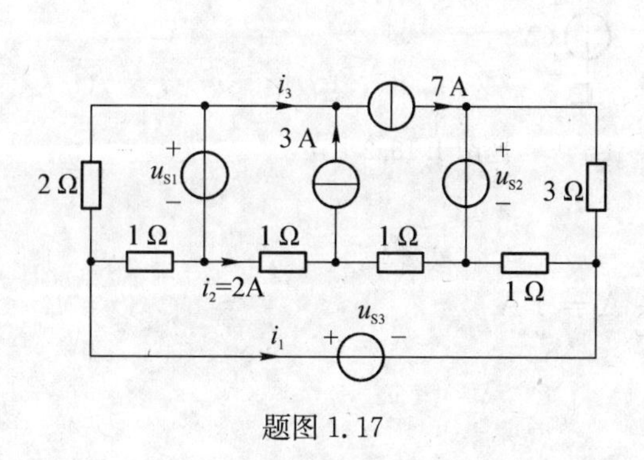

题图 1.17

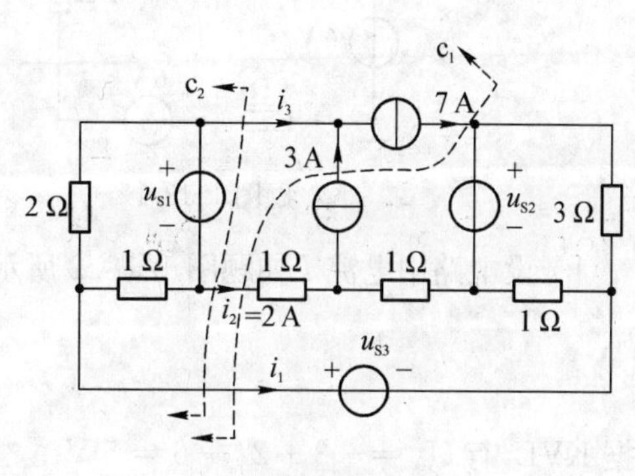

题图 1.17.1

解

作割集 c_1、c_2 如题图 1.17.1 所示，对割集 c_1 应用 KCL 得

$$-7\,\text{A}+3\,\text{A}-2\,\text{A}-i_1=0$$

解得
$$i_1=-6\,\text{A}$$

对割集 c_2 应用 KCL 得

$$-i_3-2\,\text{A}-i_1=0$$

解得
$$i_3=4\,\text{A}$$

1.18 试求题图 1.18 所示电路中 A 点的电位，并计算各电阻所消耗的功率。题图 1.18(a) 中 $R_1=R_3=1\,\Omega$，$R_2=6\,\Omega$，$R_4=2\,\Omega$，$U_{S1}=U_{S3}=6\,\text{V}$，$U_{S2}=24\,\text{V}$。题图 1.18(b) 中 $R_1=4\,\Omega$，$R_2=2\,\Omega$，$R_3=1\,\Omega$，$U_{S1}=6\,\text{V}$，$U_{S2}=3\,\text{V}$。

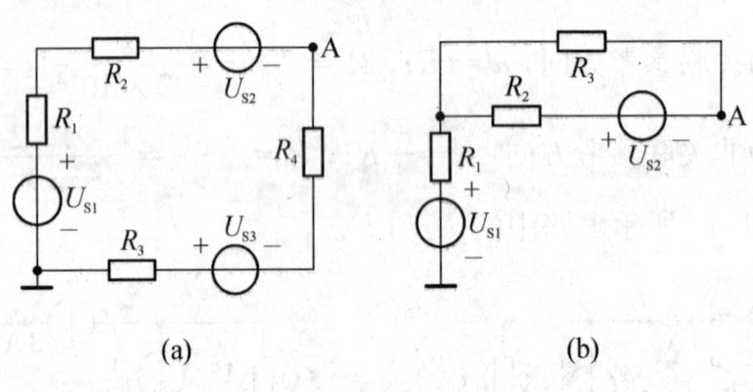

题图 1.18

解

首先求 A 点的电位。

(a) 设电路中电流 I 如题图 1.18.1 所示，则

$$I=\frac{24-6-6}{6+2+1+1}\,\text{A}=\frac{12}{10}\,\text{A}=1.2\,\text{A}$$

根据 KVL，有 $U_A=-24+6I+I+6=-9.6\,\text{V}$

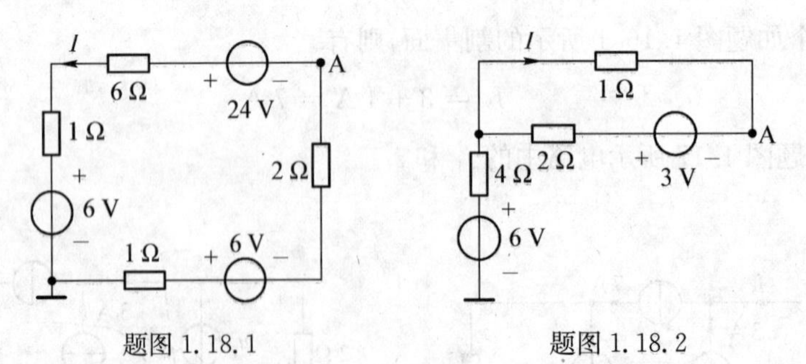

题图 1.18.1　　　　题图 1.18.2

(b) 设电路中电流 I 如题图 1.18.2 所示，则

$$I=\frac{3}{1+2}\,\text{A}=1\,\text{A}$$

根据 KVL，有 $U_A=-3+2I+6=5\,\text{V}$

再求各电阻所消耗的功率：

(a) $p_{R3} = p_{R1} = I^2R_1 = 1.2^2 \times 1\ \text{W} = 1.44\ \text{W}$

$p_{R2} = I^2R_2 = 1.2^2 \times 6\ \text{W} = 8.64\ \text{W}$

$p_{R4} = I^2R_4 = 1.2^2 \times 2\ \text{W} = 2.88\ \text{W}$

(b) $p_{R3} = I^2R_3 = 1 \times 1\ \text{W} = 1\ \text{W}$

$p_{R2} = I^2R_2 = 1 \times 2\ \text{W} = 2\ \text{W}$

$p_{R1} = 0^2 \times R_2 = 0$

1.19　电路如题图 1.19 所示，试求电流 i_{cd} 和两理想电压源的功率。

解

(1) 为了求 i_{cd}，要先求出 i_{ac}、i_{bc}、i_{ec}。对于节点 a，有

$$i_{ac} = 2-1\ \text{A} = 1\ \text{A},\ i_{bc} = 3/1\ \text{A} = 3\ \text{A},\ i_{ec} = 4/1\ \text{A} = 4\ \text{A}$$

所以　$i_{cd} = i_{ac} + i_{bc} + i_{ec} = 1+3+4\ \text{A} = 8\ \text{A}$

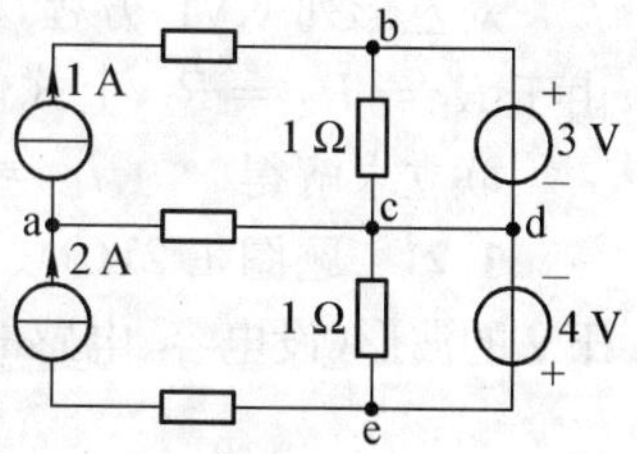

(2) 为了求理想电压源的功率，要先求出其中的电流 i_{db} 和 i_{de}。

题图 1.19

对于节点 b，有　$i_{db} = i_{ba} + i_{bc} = -1+3\ \text{A} = 2\ \text{A}$

对于节点 e，有　$i_{de} = i_{ea} + i_{ec} = 2+4\ \text{A} = 6\ \text{A}$

由于 i_{db} 和 3 V 电压源的电压是非关联参考方向，所以 3 V 电压源发出的功率为

$$p_{3\text{V}} = u_{bd}i_{db} = 3 \times 2\ \text{W} = 6\ \text{W}$$

同理，4 V 电压源发出的功率为

$$p_{4\text{V}} = u_{ed}i_{de} = 4 \times 6\ \text{W} = 24\ \text{W}$$

1.20　如题图 1.20 所示的电路，在以下两种情况下，试尽可能多地确定其他各电阻中的未知电流。(1) R_1，R_2，R_3 不定；(2) $R_1 = R_2 = R_3$。

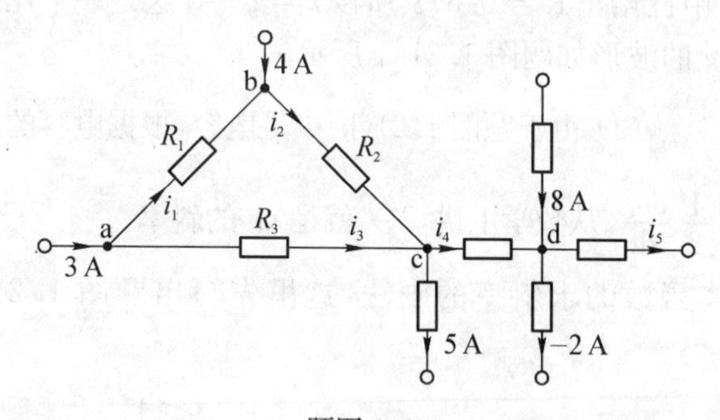

题图 1.20

解

(1) R_1，R_2，R_3 不定时，i_1，i_2，i_3 无法确定。为了求 i_4，作闭合面将整个△形包围，由 KCL，有

$$3+4-5-i_4 = 0$$

解得 $$i_4 = 2\ \text{A}$$

对节点 d,列写 KCL 方程得

$$i_4 + 8 - i_5 - (-2) = 0$$

解得 $$i_5 = 12\ \text{A}$$

(2) 当 $R_1 = R_2 = R_3$ 时,可求出 i_1、i_2、i_3。

对节点 a、b,列写 KCL 方程得

$$3 - i_1 - i_3 = 0,\ 4 + i_1 - i_2 = 0$$

对△形列 KVL 方程,得 $$R_1 i_1 + R_2 i_2 - R_3 i_3 = 0$$

由于 $R_1 = R_2 = R_3$,上式化简为 $$i_1 + i_2 - i_3 = 0$$

联立求解得 $i_1 = (-1/3)\ \text{A},\ i_2 = (11/3)\ \text{A},\ i_3 = (10/3)\ \text{A}$

1.21 题图 1.21(a)、(b)、(c)中的端口电压 u 分别如题图 1.21(d)所示,试求每种情况下 i 的波形(设电容、电感的初始储能为零)。

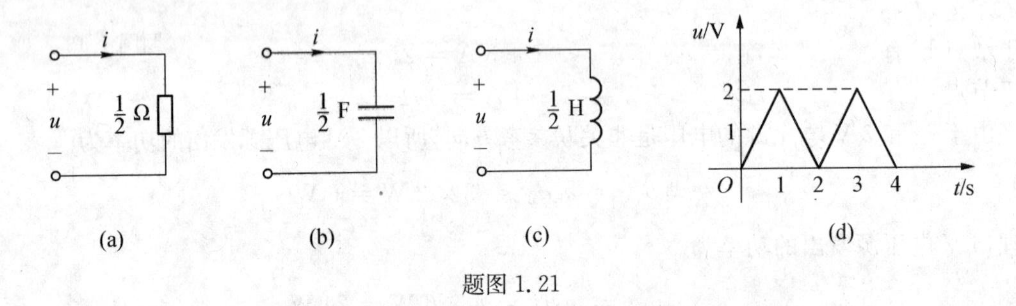

题图 1.21

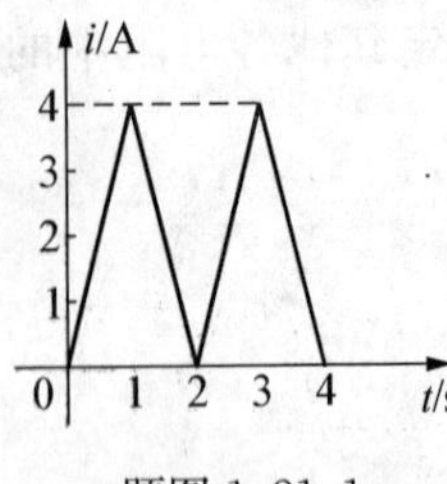

题图 1.21.1

解

(1) 由于题图 1.21(a)中是电阻元件,根据欧姆定律 $i = u/R$,题目中已给出 $R = 0.5\ \Omega$,所以 $i = 2u\ \text{A}$。这是一个比例关系,故可直接画出 i 的波形如题图 1.21.1 所示。

(2) 由于题图 1.21(b)中是电容,根据电容的 VCR,有 $i_C = C\dfrac{\mathrm{d}u_C}{\mathrm{d}t} = \dfrac{1}{2}\dfrac{\mathrm{d}u_C}{\mathrm{d}t}$。从数学上讲,$\dfrac{\mathrm{d}u_C}{\mathrm{d}t}$ 就是 u_C 的斜率。

为了便于掌握基本函数的求斜率的画法,这里先写出题图 1.21(d)波形的数学表达式为

$$u = \begin{cases} 2t, & 0 \leqslant t \leqslant 1 \\ 4 - 2t, & 1 < t \leqslant 2 \\ 2t - 4, & 2 < t \leqslant 3 \\ 8 - 2t, & 3 < t \leqslant 4 \\ 0, & t > 4 \end{cases}$$

因此

$$i=\begin{cases}1, & 0\leqslant t\leqslant 1\\ -1, & 1<t\leqslant 2\\ 1, & 2<t\leqslant 3\\ -1, & 3<t\leqslant 4\\ 0, & t>4\end{cases}$$

相应的电流波形如题图 1.21.2 所示。

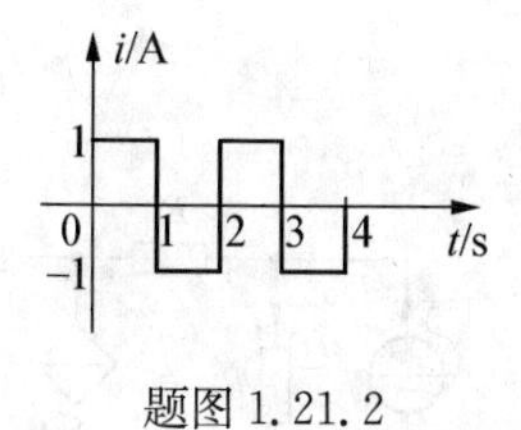

题图 1.21.2

(3) 由于题图 1.21(c)中是电感,根据电感的 VCR,有 $i_L=\frac{1}{L}\int_0^t u_L(t)\mathrm{d}t=2\int_0^t u_L(t)\mathrm{d}t$,于是

$$i=2\int_0^t u(t)\mathrm{d}t$$

当 $t<0$ 时　$i=0$

当 $0\leqslant t<1$ 时　$i=2\int_0^t 2t\mathrm{d}t=2t^2$

当 $1\leqslant t<2$ 时　$i=2\int_0^1 2t\mathrm{d}t+2\int_1^t(4-2t)\mathrm{d}t=2+2\int_1^t 4\mathrm{d}t-2\int_1^t 2t\mathrm{d}t$

$$=2+8(t-1)-2t^2+2=-2t^2+8t-4$$

当 $2\leqslant t<3$ 时　$i=2\int_0^1 2t\mathrm{d}t+2\int_1^2(4-2t)\mathrm{d}t+2\int_2^t(2t-4)\mathrm{d}t$

$$=2t^2\big|_0^1-2t^2\big|_1^2+8t\big|_1^2+2t^2\big|_2^t-8t\big|_2^t$$

$$=2-6+8+2t^2-8-8t+16=2t^2-8t+12$$

当 $3\leqslant t<4$ 时　$i=2\int_0^1 2t\mathrm{d}t+2\int_1^2(4-2t)\mathrm{d}t+2\int_2^3(2t-4)\mathrm{d}t+2\int_3^t(8-2t)\mathrm{d}t$

$$=2t^2\big|_0^1+(8t-2t^2)\big|_1^2+(2t^2-8t)\big|_2^3+(16t-2t^2)\big|_3^t$$

$$=2+8-6+10-8+16t-48-2t^2+18$$

$$=-2t^2+16t-24$$

当 $t\geqslant 4$ 时　$i=2\int_0^1 2t\mathrm{d}t+2\int_1^2(4-2t)\mathrm{d}t+2\int_2^3(2t-4)\mathrm{d}t+2\int_3^4(8-2t)\mathrm{d}t+2\int_4^t 0\mathrm{d}t$

$$=2t^2\big|_0^1+(8t-2t^2)\big|_1^2+(2t^2-8t)\big|_2^3+(16t-2t^2)\big|_3^4$$

$$=2+8-6+10-8+16-14$$

$$=8$$

电流的波形如题图 1.21.3 所示。

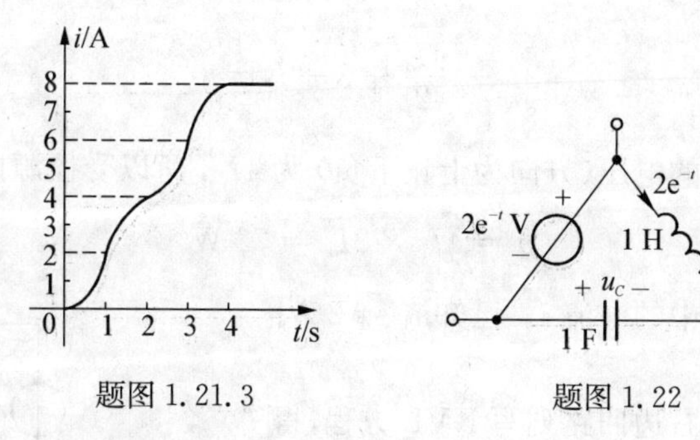

题图 1.21.3　　题图 1.22

1.22　试求题图 1.22 所示电路中的电流 i。

解

取电容电压、电流为关联参考方向如题图 1.22 所示，由 KVL 求得

$$u_C = -2e^{-t} + L\frac{d(2e^{-t})}{dt} = -2e^{-t} + (-2e^{-t})\ V = -4e^{-t}\ V$$

又由 KCL 可得

$$i = 2e^{-t} + C\frac{du_C}{dt} = 2e^{-t} + 4e^{-t}\ A = 6e^{-t}\ A$$

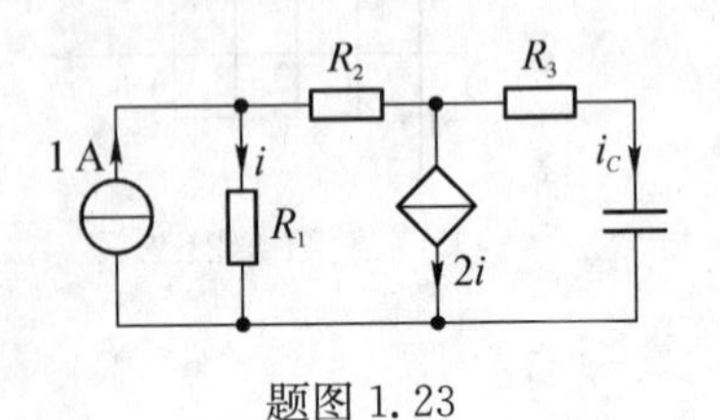

题图 1.23

1.23 如题图 1.23 所示电路，已知 $i_C = 100e^{-100t}$ A，试求电流 i。

解

列写 KCL 方程，得

$$1 - i - 2i - i_C = 0$$

解得 $$i = [1/3 - (100/3)e^{-100t}]\ A$$

二端口电路元件

1.24 试求题图 1.24 所示电路中的 I_2。

解

对于题图 1.24 电路的右边网孔列 KVL 方程得

$$3I_1 + 6I_1 = 0$$

解得 $$I_1 = 0$$

所以 $$I_2 = (18/6)\ A = 3\ A$$

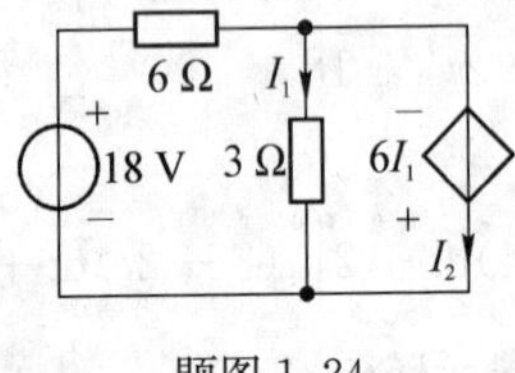

题图 1.24

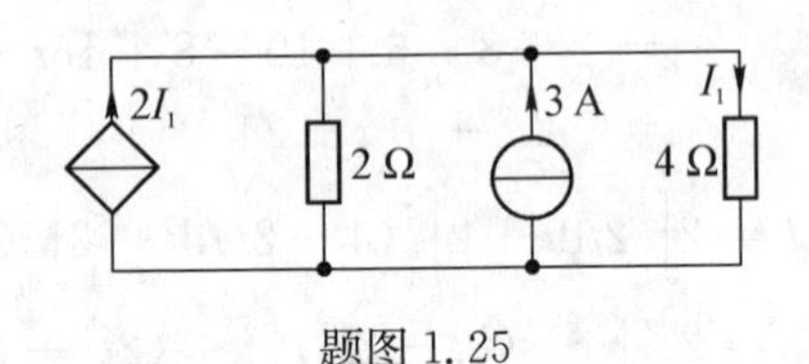

题图 1.25

1.25 试求题图 1.25 中受控源提供的功率。

解

列 KCL 方程，得

$$2I_1 - \frac{4I_1}{2} + 3 - I_1 = 0$$

解得 $I_1 = 3$ A。受控源两端的电压（方向为上正下负）为 $4I_1$，所以受控源提供（发出）的功率为

$$p = 4I_1 \times 2I_1 = 72\ W$$

1.26 试求题图 1.26 中的电流 i。已知 $i_1 = 2$ A。

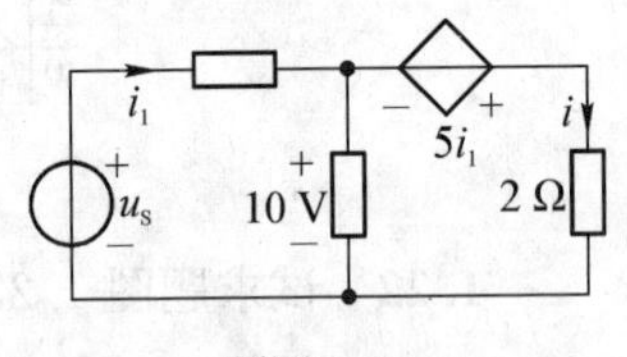

题图 1.26

解

对于题图 1.26 电路的右边回路列写 KVL 方程，得

$$-5i_1+2i-10=0$$

解得 $$i=\frac{10+5i_1}{2}=\frac{10+5\times 2}{2}\text{ A}=10\text{ A}$$

1.27 电路如题图 1.27 所示，试求电流 i、i_1。

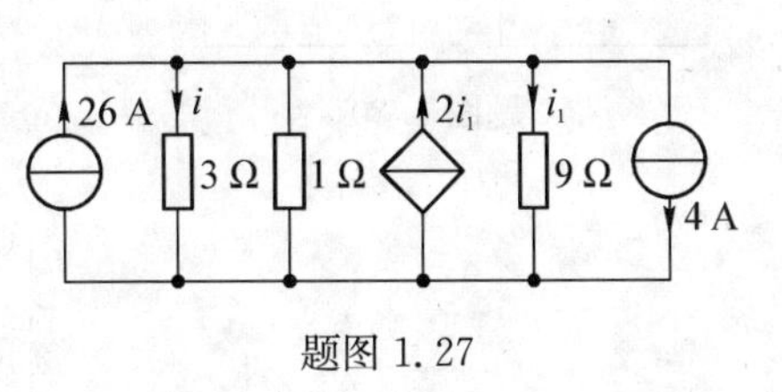

题图 1.27

解

由欧姆定律和 KVL 可知，流经 1 Ω 电阻的电流为 $3i/1=3i$（方向向下）。列写 KCL 方程得

$$26-i-3i+2i_1-i_1-4=0$$

对 3 Ω、9 Ω 回路列写 KVL 方程得

$$3i-9i_1=0$$

联立求解上述方程组得

$$i=6\text{ A},\ i_1=2\text{ A}$$

1.28 电路如题图 1.28 所示，试求输出电压 U_o 和输出电流 I_o。

解

由题图电路可得

$$I_1=\frac{1}{2}\text{ A}=0.5\text{ A},\ I_2=\frac{3I_1}{3}=\frac{3\times 0.5}{3}\text{ A}=0.5\text{ A}$$

于是 $$I_o=5I_2=2.5\text{ A}$$

$$U_o=2I_o=2.5\times 2\text{ V}=5\text{ V}$$

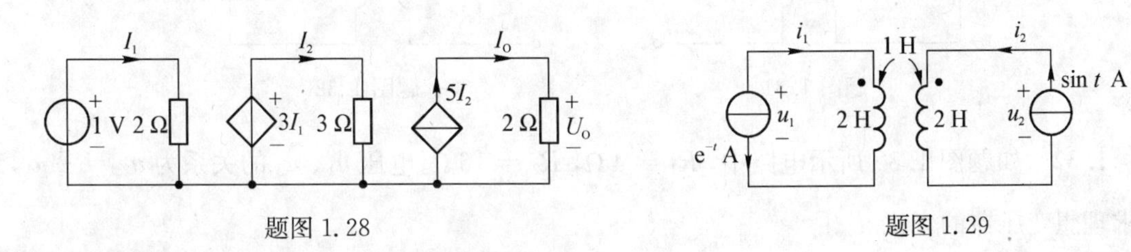

题图 1.28　　题图 1.29

1.29 如题图 1.29 所示电路，试求电压 u_1 和 u_2。

解

由互感元件的 VCR，得

$$\begin{cases}u_1=L_1\dfrac{\mathrm{d}i_1}{\mathrm{d}t}+M\dfrac{\mathrm{d}i_2}{\mathrm{d}t}=2\times\dfrac{\mathrm{d}(-\mathrm{e}^{-t})}{\mathrm{d}t}+1\times\dfrac{\mathrm{d}(\sin t)}{\mathrm{d}t}\\ u_2=M\dfrac{\mathrm{d}i_1}{\mathrm{d}t}+L_2\dfrac{\mathrm{d}i_2}{\mathrm{d}t}=1\times\dfrac{\mathrm{d}(-\mathrm{e}^{-t})}{\mathrm{d}t}+2\times\dfrac{\mathrm{d}(\sin t)}{\mathrm{d}t}\end{cases}$$

化简得

$$\begin{cases}u_1=(2\mathrm{e}^{-t}+\cos t)\text{ V}\\ u_2=(\mathrm{e}^{-t}+2\cos t)\text{ V}\end{cases}$$

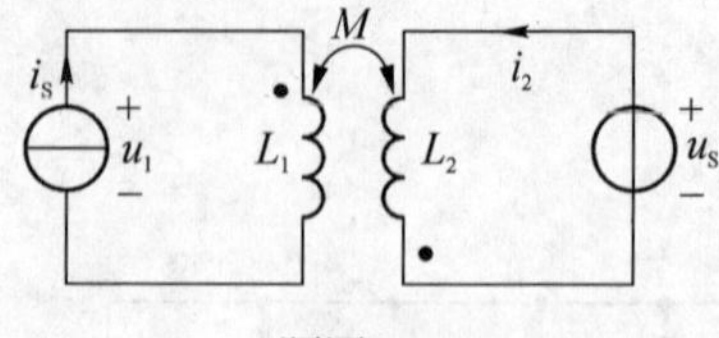

题图 1.30

1.30 如题图 1.30 所示电路中，已知 $i_S = 0.6e^{-10t}$ A，$u_S = 10te^{-20t}$ V，$L_1 = 0.2$ H，$L_2 = 0.1$ H，$M = 0.08$ H。求电压 u_1。

解

由互感元件的 VCR，得

$$\begin{cases} 0.2 \times \dfrac{di_S}{dt} - 0.08 \times \dfrac{di_2}{dt} = u_1 \\ 0.1 \times \dfrac{di_2}{dt} - 0.08 \times \dfrac{di_S}{dt} = u_S \end{cases}$$

消去 $\dfrac{di_2}{dt}$ 得
$$u_1 = -0.8u_S + (0.2 - 0.064)\frac{di_S}{dt}$$

将 u_S 及 i_S 代入得
$$u_1 = (-8te^{-20t} - 0.816e^{-10t})\ \text{V}$$

1.31 如题图 1.31 所示电路中，已知 $i_S = e^{-t}\sin t$ A，$L_1 = 2$ H，$L_2 = 1$ H，$M = 1$ H。试求电压 u_1、u_2。

解

由互感元件的端口特性方程，得

$$\begin{cases} u_1 = L_1 \dfrac{di_S}{dt} = 2 \times \dfrac{d(\sin te^{-t})}{dt}\ \text{V} = (2\cos te^{-t} - 2\sin te^{-t})\ \text{V} \\ u_2 = M\dfrac{di_S}{dt} = \dfrac{d(\sin te^{-t})}{dt}\ \text{V} = (\cos te^{-t} - \sin te^{-t})\ \text{V} \end{cases}$$

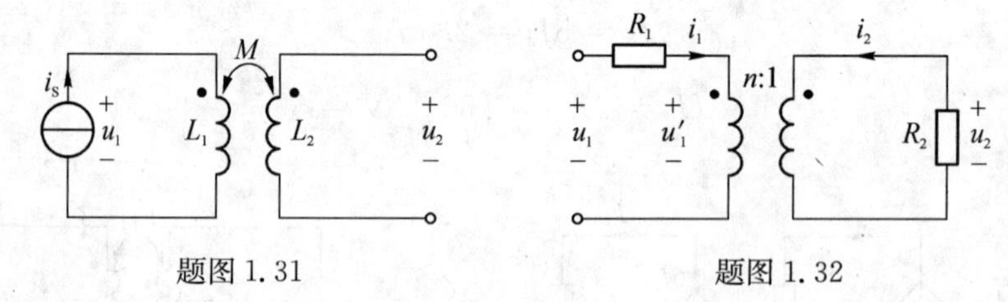

题图 1.31　　题图 1.32

1.32 如题图 1.32 所示电路中，$R_1 = 4\ \Omega$，$R_2 = 16\ \Omega$，电压 u_1、u_2 的关系为 $u_2 = \dfrac{4}{5}u_1$，试求理想变压器的变比 n。

解

由理想变压器特性方程可知

$$\begin{cases} u_1' = nu_2 \\ i_1 = -\dfrac{1}{n}i_2 = -\dfrac{1}{n} \times \left(-\dfrac{u_2}{16}\right) \end{cases}$$

列变压器原边回路 KVL 方程，得

$$u_1 = 4i_1 + u_1' = 4i_1 + nu_2$$

考虑到 $u_2 = \dfrac{4}{5}u_1$，可得

$$u_1 = \left(\frac{1}{4n} + n\right)u_2 = \frac{4}{5} \times \left(\frac{1}{4n} + n\right)u_1$$

解得 $n=1$ 或 $n=1/4$。

1.33 试求题图 1.33 所示电路中的电流 i_1 和 i_2。已知 $R_1=20\ \Omega$, $R_2=5\ \Omega$, $U_S=80\ \text{V}$。

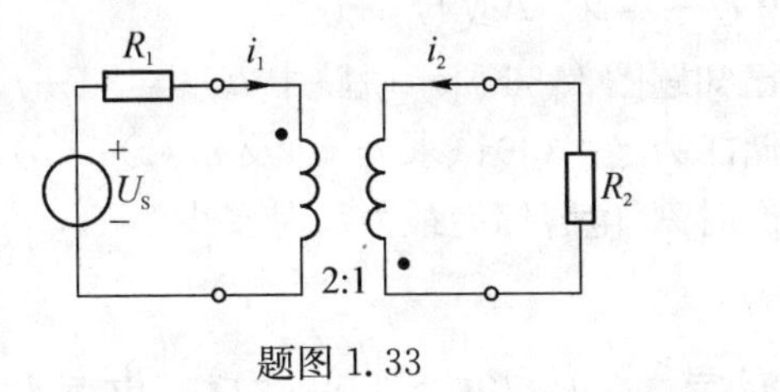

题图 1.33

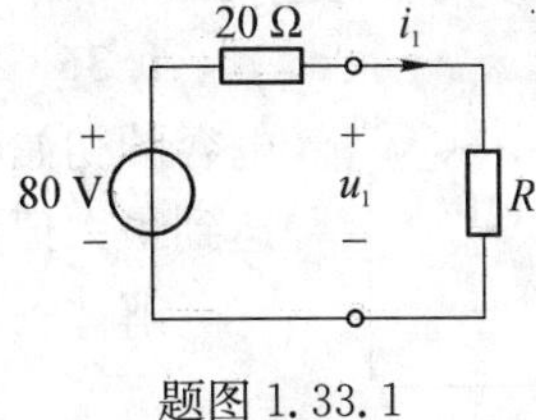

题图 1.33.1

解

根据理想变压器变换电阻的性质，题图 1.33 所示电路可变换为题图 1.33.1 所示。

其中
$$R=n^2R_2=2^2\times5\ \Omega=20\ \Omega$$
由 KCL 有
$$80-20i_1-Ri_1=0$$
解得
$$i_1=2\ \text{A}$$
又由理想变压器的电压-电流关系，可求出
$$i_2=ni_1=4\ \text{A}$$

综合

1.34 试求题图 1.34 所示电路中的电压 U。

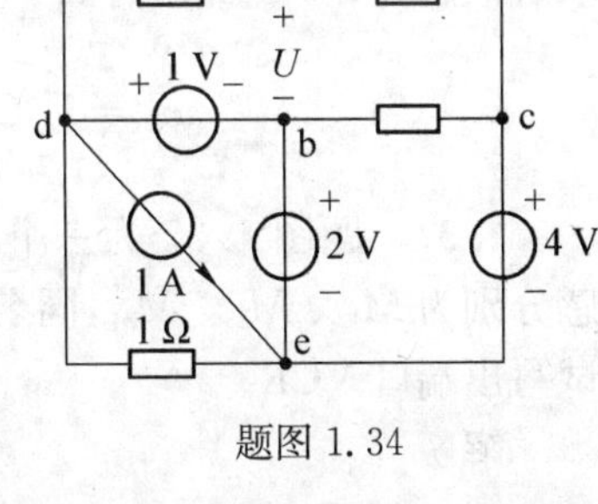

题图 1.34

解

对回路 bceb 应用 KVL，得 $U_{bc}=(2-4)\ \text{V}=-2\ \text{V}$

对回路 dacbd 应用 KVL，得 $U_{dc}=(1-2)\ \text{V}=-1\ \text{V}$

又由欧姆定律，得 $U_{dc}=2\times I_{da}+3\times I_{da}$，解得 $I_{da}=-0.2\ \text{A}$

再由欧姆定律，得 $U_{da}=2\times I_{da}=-0.4\ \text{V}$

最后，由 KVL，得 $U=1-U_{da}=1.4\ \text{V}$

1.35 已知题图 1.35 所示电路中 2 Ω 所消耗的功率是 4 Ω 所消耗的功率的 2 倍，试求理想电压源 U 的值。

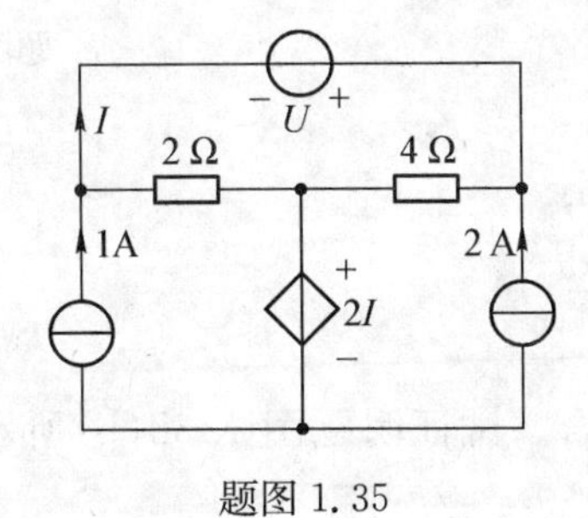

题图 1.35

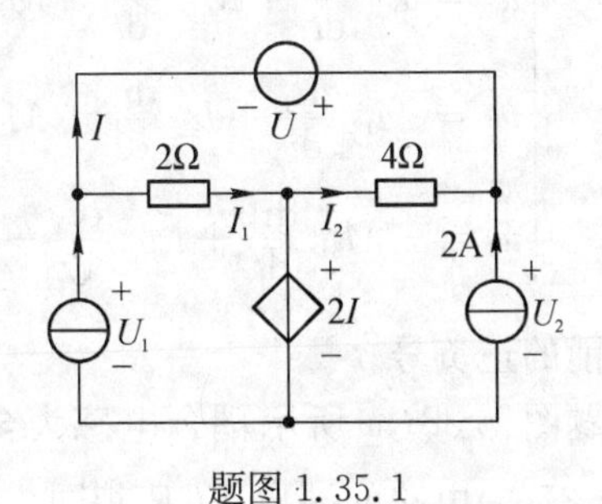

题图 1.35.1

解

标出有关电压、电流及参考方向如题图 1.35.1 所示。由题意，得
$$2I_1^2=2\times4I_2^2\Rightarrow I_1=\pm2I_2$$

列写 KCL、KVL 方程：

KCL $\qquad I+I_1=1,\ I+I_2+2=0$

KVL $\qquad 2I+2I_1=U_1,\ 4I_2+U_2=2I,U+U_1-U_2=0$

联立求解上述方程,解得 $I_1=2-U/6,\ I_2=-U/6-1$

将 $I_1=\pm 2I_2$ 代入上述两式中,解得 $U=-24$ V 或 $U=0$。

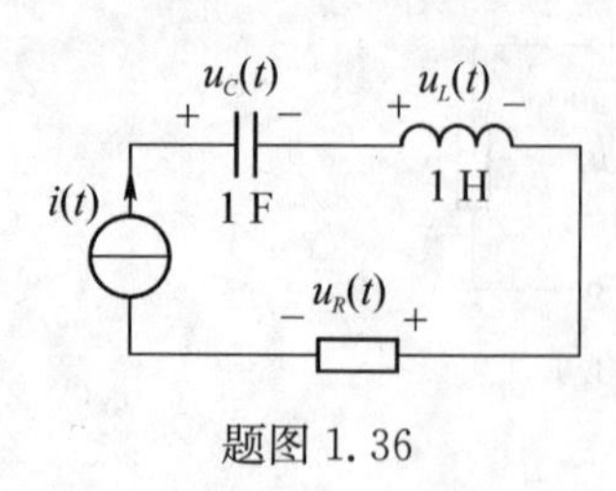

题图 1.36

1.36 已知题图 1.36 所示电路中 $i(t)=(1-t)\mathrm{e}^{-t}$ A $\quad t\geqslant 0$,电容的初始储能为零。(1)试求 $u_C(t)$ 及 $u_L(t)$;(2)试求电容储能达到最大值的时刻,电容储能最大值是多少?

解

$$(1)\ u_C(t)=\frac{1}{C}\int_0^t i(\tau)\mathrm{d}\tau=\int_0^t(1-\tau)\mathrm{e}^{-\tau}\mathrm{d}\tau=t\mathrm{e}^{-t}\ \mathrm{V}$$

$$u_L(t)=L\frac{\mathrm{d}i(t)}{\mathrm{d}t}=\frac{\mathrm{d}}{\mathrm{d}t}(1-t)\mathrm{e}^{-t}=(t-2)\mathrm{e}^{-t}\ \mathrm{V}$$

$$(2)\ w_C(t)=\frac{1}{2}Cu_C^2(t)=\frac{1}{2}t^2\mathrm{e}^{-2t}$$

当 $\frac{\mathrm{d}w_C(t)}{\mathrm{d}t}=0$ 时,储能达到最大值,即

$$\frac{\mathrm{d}}{\mathrm{d}t}\left(\frac{1}{2}t^2\mathrm{e}^{-2t}\right)=t\mathrm{e}^{-2t}-t^2\mathrm{e}^{-2t}=0$$

取有效解 $t=1$ s,此时有 $u_C(1)=\mathrm{e}^{-1}=0.3679$ V,得到电容最大储能为

$$w_C=\frac{1}{2}Cu_C^2=\left[\frac{1}{2}\times 1\times(0.3679)^2\right]\mathrm{J}=6.77\times 10^{-2}\ \mathrm{J}$$

1.37 题图 1.37 为三个电感组成的耦合电感,它们之间互感分别为 M_{12}、M_{23}、M_{31},同名端用符号“*、·、#”标示如图。试写出端口 VCR。

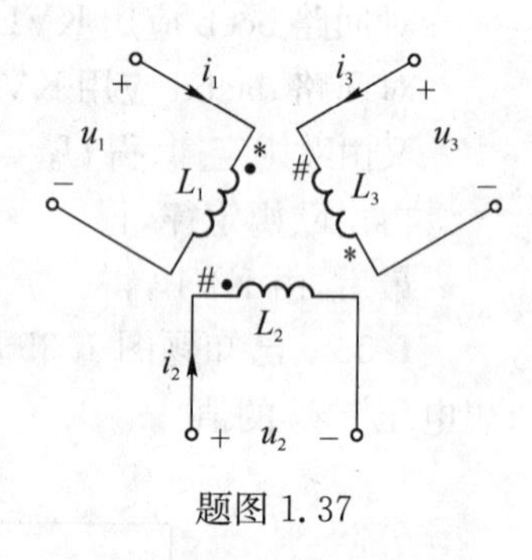

题图 1.37

解

端口 VCR 为

$$\begin{cases}u_1=L_1\dfrac{\mathrm{d}i_1}{\mathrm{d}t}+M_{12}\dfrac{\mathrm{d}i_2}{\mathrm{d}t}-M_{31}\dfrac{\mathrm{d}i_3}{\mathrm{d}t}\\ u_2=M_{12}\dfrac{\mathrm{d}i_1}{\mathrm{d}t}+L_2\dfrac{\mathrm{d}i_2}{\mathrm{d}t}+M_{23}\dfrac{\mathrm{d}i_3}{\mathrm{d}t}\\ u_2=-M_{31}\dfrac{\mathrm{d}i_1}{\mathrm{d}t}+M_{23}\dfrac{\mathrm{d}i_2}{\mathrm{d}t}+L_3\dfrac{\mathrm{d}i_3}{\mathrm{d}t}\end{cases}$$

须注意各互感前的正负号。

1.38 如题图 1.38(a)所示耦合电感为全耦合。试证明题图 1.38(b)所示电路的端口 VCR 与题图 1.37(a)电路的端口 VCR 相同。图中 $n=\sqrt{L_1/L_2}$。

证明

由题图 1.38(b)可知

$$u_1=L_1\frac{\mathrm{d}i_{L1}}{\mathrm{d}t}=L_1\frac{\mathrm{d}}{\mathrm{d}t}(i_1-i_1')$$

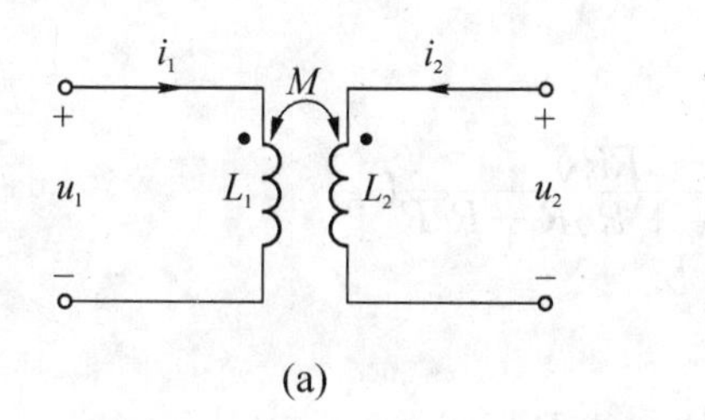

(a)

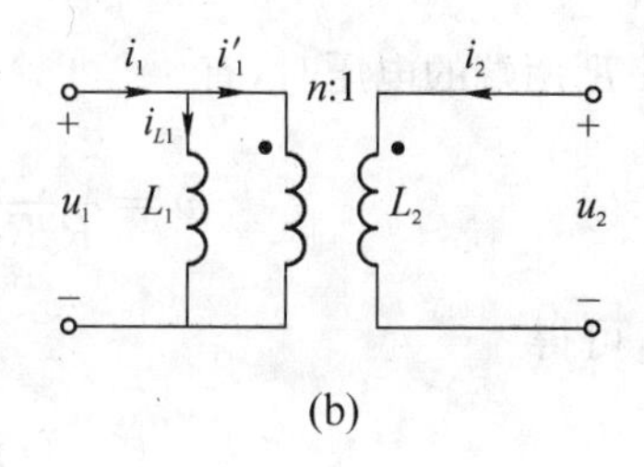

(b)

题图 1.38

将理想变压器元件方程 $i_1'=-i_2/n$ 代入上式，得

$$u_1=L_1\frac{\mathrm{d}}{\mathrm{d}t}(i_1+i_2/n)=L_1\frac{\mathrm{d}i_1}{\mathrm{d}t}+\sqrt{L_1L_2}\frac{\mathrm{d}i_2}{\mathrm{d}t}$$

又由理想变压器特性可得

$$u_2=\frac{1}{n}u_1=\sqrt{L_1L_2}\frac{\mathrm{d}i_1}{\mathrm{d}t}+L_2\frac{\mathrm{d}i_2}{\mathrm{d}t}$$

上面两式正好是题图 1.38(a)全耦合电感（$M=\sqrt{L_1L_2}$）的端口 VCR，故两者相同。

1.39　电阻测量电路　为了测量电阻 R 的电阻值，可采用如题图 1.39 所示的电路，其中 R_0 为标准电阻，已知；R 为待测电阻，未知；U_S 为直流电源。测量过程为：先用普通万用表测量 R_0 两端的电压 u_0，再用同一只万用表测量 R 两端的电压 u。假设万用表的内阻为 R_V，试求电阻 R 的表达式。

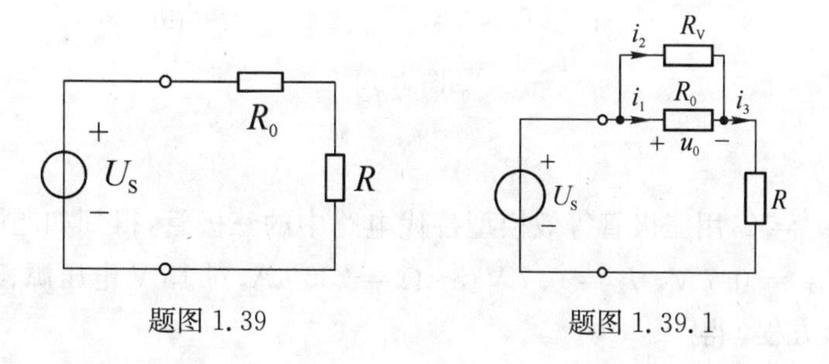

题图 1.39　　题图 1.39.1

解

测量 R_0 两端的电压 u_0 的电路如题图 1.39.1 所示。列写两个网孔的 KVL 方程，得

$$\begin{cases}U_S-R_0i_1-Ri_3=0\\R_0i_1-R_Vi_2=0\end{cases}$$

列写 KCL 方程，得

$$-i_1-i_2+i_3=0$$

联立上述三个方程，解得

$$i_1=\frac{R_V}{R_0R_V+R_VR+R_0R}U_S$$

因此

$$u_0=R_0i_1=\frac{R_0R_V}{R_0R_V+R_VR+R_0R}U_S$$

同理,测量 R 两端的电压时,有

$$u=\frac{RR_{\mathrm{V}}}{R_0R_{\mathrm{V}}+R_{\mathrm{V}}R+R_0R}U_{\mathrm{S}}$$

上面两式相比,可得

$$R=\frac{u}{u_0}R_0$$

1.40 晶体三极管放大电路的静态工作点 在晶体三极管放大电路中,为了使三极管在正常工作时对输入信号进行正确的放大,电路必须建立合适的静态工作点(指当输入信号为零时,晶体管基极电流 I_{B}、集电极电流 I_{C}、be 间电压 U_{BE}、ce 间电压 U_{CE})。如题图 1.40(a)所示为一晶体三极管放大电路,其中晶体三极管的等效模型如题图 1.40(b)所示,$U_{\mathrm{on}}=0.7\ \mathrm{V}$,$\beta=80$。试求电路的静态工作点。

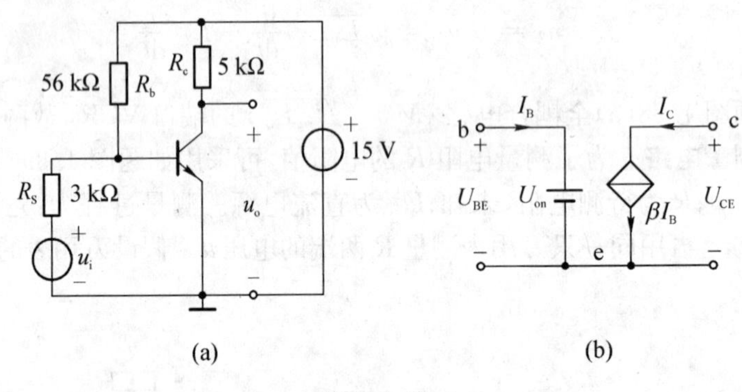

题图 1.40

解

令输入电压 $u_{\mathrm{i}}=0$,用三极管等效模型替代电路中的三极管,得到如题图 1.40.1 所示电路。由电路可知 $U_{\mathrm{BE}}=0.7\ \mathrm{V}$,$I_2=0.7\ \mathrm{V}/3\ \mathrm{k\Omega}=233\ \mu\mathrm{A}$。对 15 V 电压源、56 kΩ、3 kΩ 组成的回路列写 KVL 方程,得

$$56\times10^3I_1+3\times10^3I_2=15$$

解得

$$I_1=\frac{15-3\times10^3\times233\times10^{-6}}{56\times10^3}\ \mathrm{A}=255\ \mu\mathrm{A}$$

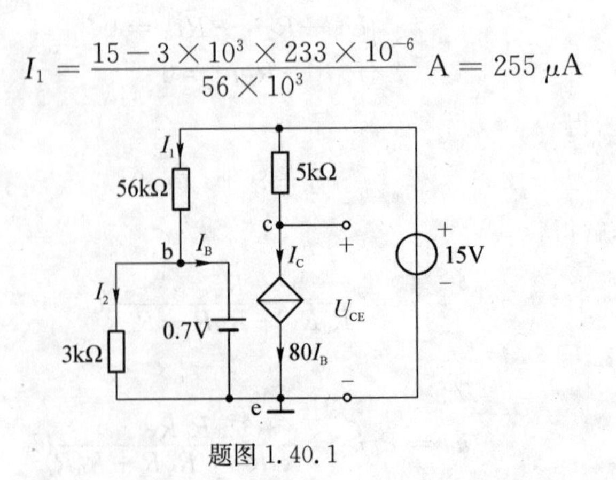

题图 1.40.1

对节点 b 列写 KCL 方程，得

$$I_B = I_1 - I_2 = 22\ \mu A$$

从而有

$$I_C = 80 I_B = 1.76\ mA$$
$$U_{CE} = 15 - 5 \times 10^3 I_C = 6.20\ V$$

2 电路的基本分析方法

2.1 教学要求

(1) 理解支路分析法的原理;熟练掌握节点分析法、回路分析法(包括网孔分析法)的原理及用观察方法列写回路方程、节点方程的规则。

(2) 熟练掌握含运放电阻电路的分析。

2.2 重点和难点

1) 回路分析法与网孔分析法

列写回路方程或网孔方程时应注意以下几点:

(1) 注意不能忽略无伴电流源两端的电压。对无伴电流源支路,在选择回路时可适当处理,或者采用广义网孔分析法,或者使无伴电流源支路仅包含于一个回路,可使分析简化。

(2) 把与理想电压源并联的元件看成开路处理。

(3) 将受控源按独立源处理,并用回路电流表示其控制量。

2) 节点分析法

列写节点方程时应注意以下几点:

(1) 应注意不能忽略流经无伴电压源的电流。对无伴电压源支路,或者采用广义节点分析法,或者选择无伴电压源的一端为参考节点,可使分析简化。

(2) 把与理想电流源串联的元件看成短路处理。

(3) 将受控源按独立源处理,并用节点电压表示其控制量。

3) 运放及含运放电阻电路的分析

应注意理解运放的输入-输出特性,如果含运放电阻电路采用负反馈连接,运放一般工作在线性区。将运放的模型理想化,得到理想运放。理想运放工作在线性区时,具有"虚短"、"虚断"特性。

对含理想运放的电阻电路,一般用节点法分析比较合适,分析时应注意:

(1) 应充分运用运放的"虚短"、"虚断"特性。

(2) 对运放的输出端一般不列写节点电压方程,除非要求流经运放输出端的电流。

2.3 典型例题

例 2.1 如例图 2.1 所示电路,已知 $R=6\,\Omega$,试求理想电压源和理想电流源发出的功率。

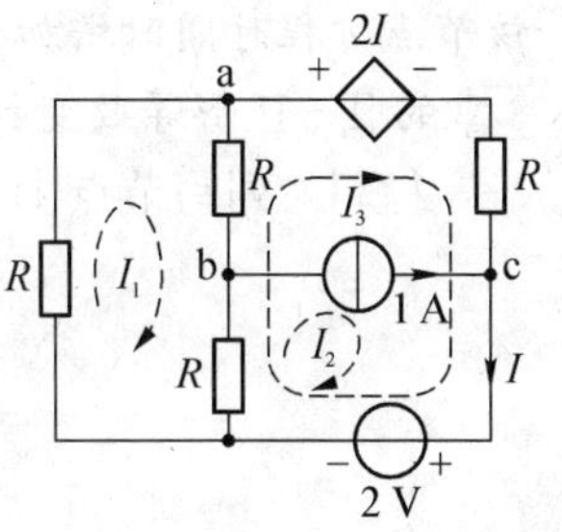

【分析】 此题有多种求解方法。由于存在一个无伴电流源和一个无伴电压源，故采用回路法可选择无伴电流源只包含在一个回路中时，只需列写 2 个回路电流方程；采用节点法可选择无伴电压源的一端作为参考点时，只需列写 2 个节点电压方程；考虑到受控源为受控电压源形式，故选用回路分析法较为便利。另外，本题中存在一个电阻值相等的 Π 形电路，故应用第 3 章的 Π－T 形等效变换，也可以方便地求解化简后的电路。

例图 2.1

【解 1】 回路分析法。设回路及其方向如例图 2.1 所示，则可列出回路方程如下：

$$\begin{cases} 3RI_1 - RI_2 - 2RI_3 = 0 \\ -2RI_1 + RI_2 + 3RI_3 = -2I - 2 \\ I_2 = 1 \\ I = I_3 + 1 \end{cases}$$

代入已知数据解得

$$I_1 = 0,\ I_3 = -0.5\ \text{A},\ I = 0.5\ \text{A}$$

电源发出的功率为

$$P_{US} = -U_S I = -2 \times 0.5\ \text{W} = -1\ \text{W}$$

$$P_{IS} = I_S[2 + R \times (I_2 + I_3 - I_1)] = 1 \times [2 + 6 \times (1 - 0.5 - 0)]\ \text{W} = 5\ \text{W}$$

【解 2】 节点分析法。标定参考节点和独立节点如例图 2.1 所示，则可列出节点方程如下：

$$\begin{cases} \left(\frac{1}{R} + \frac{1}{R} + \frac{1}{R}\right)U_a - \frac{1}{R}U_b - \frac{1}{R}U_c = \frac{2I}{R} \\ -\frac{1}{R}U_a + \left(\frac{1}{R} + \frac{1}{R}\right)U_b = -1 \\ -\frac{1}{R}U_a + \frac{1}{R}U_c = 1 - I \\ U_c = 2 \end{cases}$$

代入已知数据解得

$$U_a = 0,\ U_b = -3\ \text{V},\ I = 0.5\ \text{A}$$

电源发出的功率为

$$P_{US} = -U_S I = -2 \times 0.5\ \text{W} = -1\ \text{W}$$

$$P_{IS} = I_S(U_c - U_b) = 1 \times [2 - (-3)]\ \text{W} = 5\ \text{W}$$

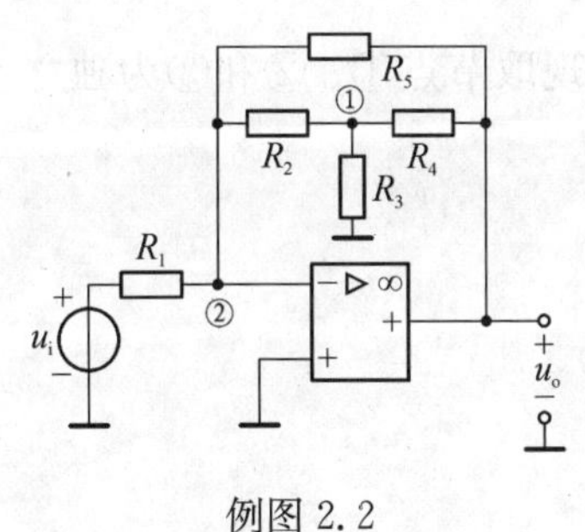

例图 2.2

例 2.2 电路如例图 2.2 所示，已知 $R_1 = R_2 = R_4 = 1\ \text{k}\Omega$，$R_3 = 100\ \Omega$，$R_5 = 12\ \text{k}\Omega$，试求电压增益 u_o/u_i。

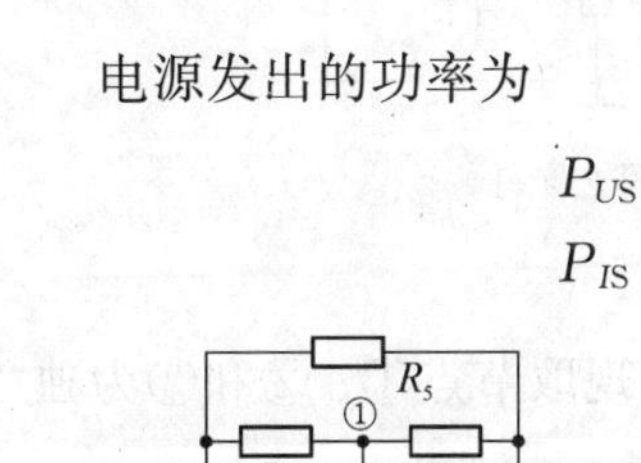

【分析】 含运放电阻电路是电路中的一大类型，本书主要讨论运放工作于线性区的电路，其重要特点是运放具有“虚短”、“虚断”特性，分析时必须有效地利用该特性。分析这类电路的基本方法是节点分析法，即针对电路中的独立节点列写 KCL 方程。一般对运放的输出节点不列写节点方程，因为列写

该节点方程时同时增加了一个运放输出电流未知量。本例电路中含T形网络,故也可应用第3章的T-Π形等效变换来求解。

【解】 列写节点①、②的方程得

$$\begin{cases}\left(\dfrac{1}{R_2}+\dfrac{1}{R_3}+\dfrac{1}{R_4}\right)u_{n1}-\dfrac{1}{R_2}u_{n2}-\dfrac{1}{R_4}u_o=0\\-\dfrac{1}{R_2}u_{n1}+\left(\dfrac{1}{R_1}+\dfrac{1}{R_2}\right)u_{n2}-\dfrac{1}{R_1}u_i-\dfrac{1}{R_5}u_o=0\end{cases}$$

由运算放大器“虚断”的概念,$u_{n2}=0$,上述方程可简化为

$$\begin{cases}\left(\dfrac{1}{R_2}+\dfrac{1}{R_3}+\dfrac{1}{R_4}\right)u_{n1}-\dfrac{1}{R_4}u_o=0\\-\dfrac{1}{R_2}u_{n1}-\dfrac{1}{R_1}u_i-\dfrac{1}{R_5}u_o=0\end{cases}$$

代入参数,方程两边同乘1 000得

$$\begin{cases}(1+10+1)u_{n1}-u_o=0\\-u_{n1}-u_i-u_o/12=0\end{cases}$$

消去u_{n1},得

$$u_o=-6u_i$$

电压增益u_o/u_i为-6。

2.4 习题选解

支路分析法

2.1 如题图2.1所示电路,已知:$R_1=R_2=1\,\Omega$,$R_3=2\,\Omega$,$u_{S4}=8\text{ V}$,$u_{S5}=7\text{ V}$,试用支路电流法求各支路中的电流和电压。

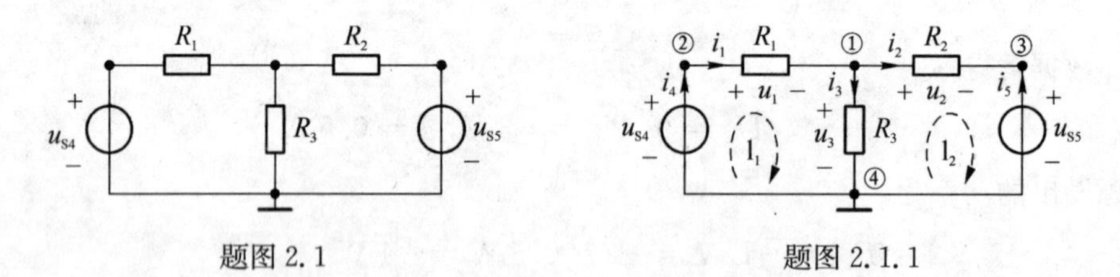

题图2.1　　题图2.1.1

解

题图2.1电路共有5条支路、4个节点。如题图2.1.1所示,现取节点①、②和③为独立节点,节点④为参考节点。

根据KCL,对独立节点①、②和③写出节点方程为

$$\begin{cases}-i_1+i_2+i_3=0\\i_1-i_4=0\\-i_2-i_5=0\end{cases}$$

取题图 2.1.1 所示的两个独立回路 l_1 和 l_2，并以顺时针方向为两回路的方向。对这两个独立回路写出 KVL 方程得

$$\begin{cases} u_1 + u_3 - u_{S4} = 0 \\ u_2 + u_{S5} - u_3 = 0 \end{cases}$$

根据各元件(包括理想电压源)上电压、电流的参考方向，可写出诸元件的电压-电流关系为

$$\begin{cases} u_1 = R_1 i_1 = i_1 \\ u_2 = R_2 i_2 = i_2 \\ u_3 = R_3 i_3 = 2i_3 \\ u_{S4} = 8 \\ u_{S5} = 7 \end{cases}$$

将这些电压-电流关系代入 KVL 方程中，得

$$\begin{cases} i_1 + 2i_3 = 8 \\ i_2 - 2i_3 = -7 \end{cases}$$

联立 KCL 方程和 KVL 方程，得到 5 个只含支路电流的独立方程，即

$$\begin{cases} -i_1 + i_2 + i_3 = 0 \\ i_1 - i_4 = 0 \\ -i_2 - i_5 = 0 \\ i_1 + 2i_3 = 8 \\ i_2 - 2i_3 = -7 \end{cases}$$

运用求解代数方程的方法如消元法、克莱姆法则法或矩阵求逆法等可以得到上述方程组的解为

$$\begin{cases} i_1 = i_4 = 2\ \text{A} \\ i_2 = -i_5 = -1\ \text{A} \\ i_3 = 3\ \text{A} \end{cases}$$

将所得 i_1、i_2 和 i_3 分别代入电压-电流关系方程中的前 3 个方程便可求出

$$\begin{cases} u_1 = 2\ \text{V} \\ u_2 = -1\ \text{V} \\ u_3 = 6\ \text{V} \end{cases}$$

在所得解中支路电流中 i_2 和支路电压中 u_2 为负值，说明其实际方向与参考方向相反。

2.2 用支路电压法求解习题 2.1。

解

习题 2.1 的解答已列出电路的 KCL 和 KVL 方程。根据各元件(包括理想电压源)上电压、电流的参考方向，以电压为变量，可写出诸元件的电压-电流关系为

$$\begin{cases} i_1 = u_1/R_1 = u_1 \\ i_2 = u_2/R_2 = u_2 \\ i_3 = u_3/R_3 = u_3/2 \\ u_{S4} = 8\text{ V} \\ u_{S5} = 7\text{ V} \end{cases}$$

将这些电压-电流关系代入 KCL、KVL 方程中，得

$$\begin{cases} -u_1 + u_2 + u_3/2 = 0 \\ u_1 - i_4 = 0 \\ -u_2 - i_5 = 0 \\ u_1 + u_3 - 8 = 0 \\ u_2 + 7 - u_3 = 0 \end{cases}$$

必须注意，对于理想电压源，其支路电压为已知，而其支路电流未知，因此必须以理想电压源的端电流 i_4 和 i_5 作为变量列方程。求解上述方程组得

$$\begin{cases} u_1 = 2\text{ V} \\ u_2 = -1\text{ V} \\ u_3 = 6\text{ V} \\ i_4 = 2\text{ A} \\ i_5 = 1\text{ A} \end{cases}$$

将 u_1、u_2、u_3 代入电阻的电压-电流关系，即可得到 i_1、i_2、i_3 为

$$\begin{cases} i_1 = 2\text{ A} \\ i_2 = -1\text{ A} \\ i_3 = 3\text{ A} \end{cases}$$

与习题 2.1 的计算结果相同。

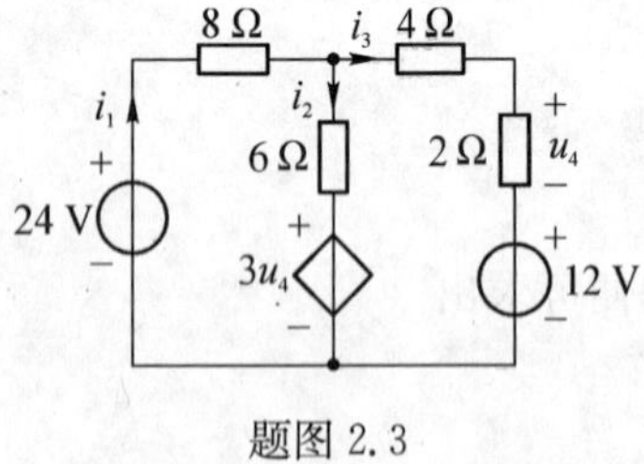

题图 2.3

2.3 试用支路电流法求题图 2.3 所示电路中的电流 i_1、i_2、i_3。

解

对题图 2.3 电路中上面的节点列写 KCL 方程，得

$$-i_1 + i_2 + i_3 = 0$$

对两个网孔列写 KVL 方程，得

$$\begin{cases} 8i_1 + 6i_2 + 3u_4 - 24 = 0 \\ -6i_2 + (4+2)i_3 - 3u_4 + 12 = 0 \end{cases}$$

上述方程中包含受控源的控制电压 u_4。为此，用支路电流来表示该电压，即

$$u_4 = 2i_3$$

联立求解上述四个方程，得

$$i_1 = (12/7)\text{ A},\ i_2 = 2\text{ A},\ i_3 = (-2/7)\text{ A}$$

回路分析法

2.4　试用回路分析法求题图 2.4 电路中的 u_1、u_2。

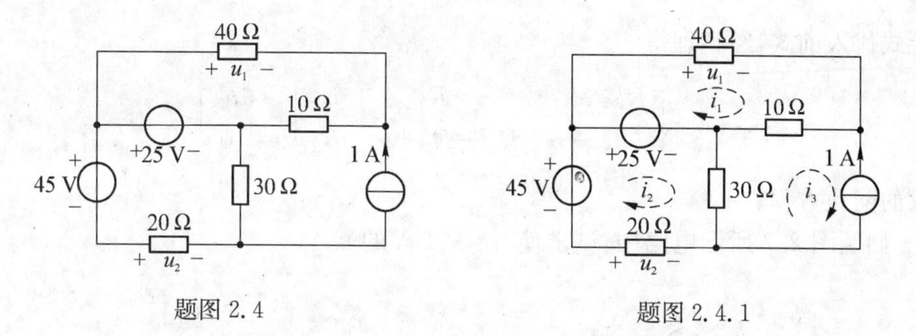

题图 2.4　　　　题图 2.4.1

解

设回路(网孔)电流及其参考方向如题图 2.4.1 所示。列写网孔方程为

$$\begin{cases}(10+40)i_1-10i_3=25\\(20+30)i_2-30i_3=45-25\\i_3=-1\end{cases}$$

解得

$$i_1=0.3\ \text{A},\ i_2=-0.2\ \text{A}$$

$$u_1=40i_1=12\ \text{V},\ u_2=-20i_2=4\ \text{V}$$

2.5　试用回路分析法求题图 2.5 电路中的 u_{ab} 和 4 Ω 电阻中的电流 i。

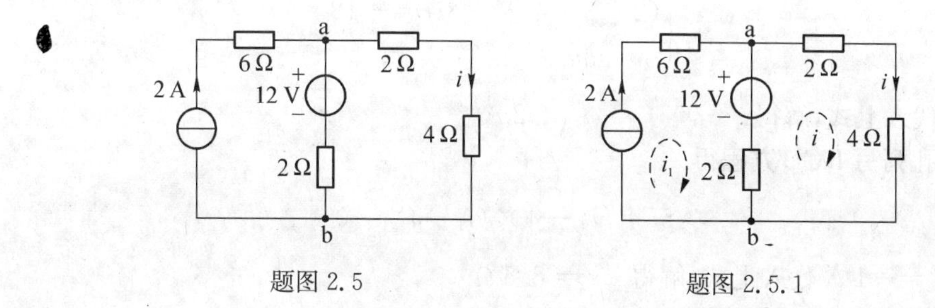

题图 2.5　　　　题图 2.5.1

解

设网孔电流及其参考方向如题图 2.5.1 所示。列写网孔方程为

$$\begin{cases}i_1=2\\-2i_1+(2+2+4)i=12\end{cases}$$

解得

$$i=2\ \text{A}$$

于是

$$u_{ab}=(2+4)i=12\ \text{V}$$

2.6　试列出题图 2.6 所示电路的网孔方程。

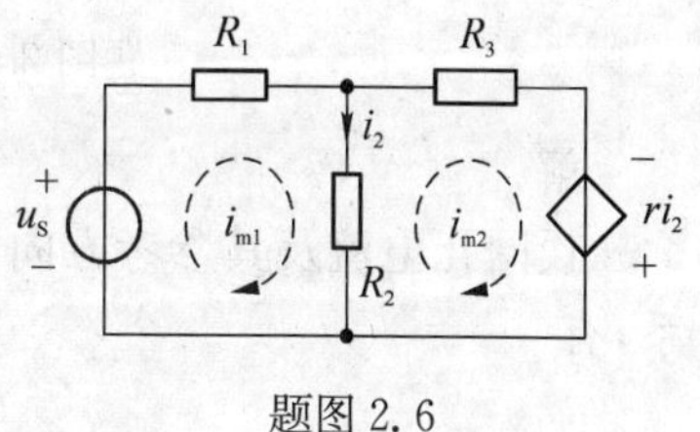

题图 2.6

解

首先将受控源当作独立源来处理，于是，应用观察法写出电路的方程为

$$\begin{pmatrix}R_1+R_2 & -R_2\\-R_2 & R_2+R_3\end{pmatrix}\begin{pmatrix}i_{m1}\\i_{m2}\end{pmatrix}=\begin{pmatrix}u_S\\ri_2\end{pmatrix}$$

然后再用网孔电流来表示受控源的控制变量，即

$$i_2 = i_{m1} - i_{m2}$$

将上式代入前式，经整理得

$$\begin{bmatrix} R_1 + R_2 & -R_2 \\ -R_2 - r & R_2 + R_3 + r \end{bmatrix} \begin{bmatrix} i_{m1} \\ i_{m2} \end{bmatrix} = \begin{bmatrix} u_S \\ 0 \end{bmatrix}$$

即为待求的网孔方程。

2.7 如题图 2.7 所示电路中，试求使 $i = -1\ \text{A}$ 的 r。

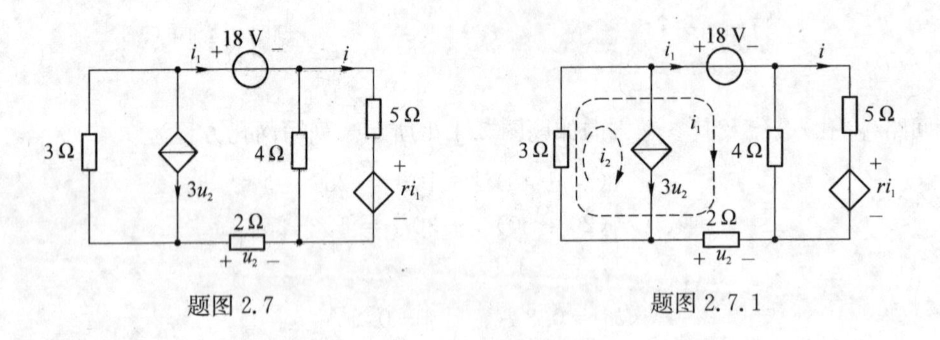

题图 2.7 题图 2.7.1

解

选取回路电流如题图 2.7.1 所示，列写回路方程为

$$\begin{cases} (2+3+4)i_1 + 3i_2 = -18 \\ i_2 = 3u_2 \end{cases}$$

将 $u_2 = -2i_1$ 代入上式，解得 $i_1 = 2\ \text{A}$

对右边网孔列写 KCL 方程得

$$5i + ri_1 - 4 \times (i_1 - i) = 0$$

将 $i_1 = 2\ \text{A}$、$i = -1\ \text{A}$ 代入上式，解得 $r = 8.5\ \Omega$

2.8 试用回路分析法求题图 2.8 所示电路中的 u_2。

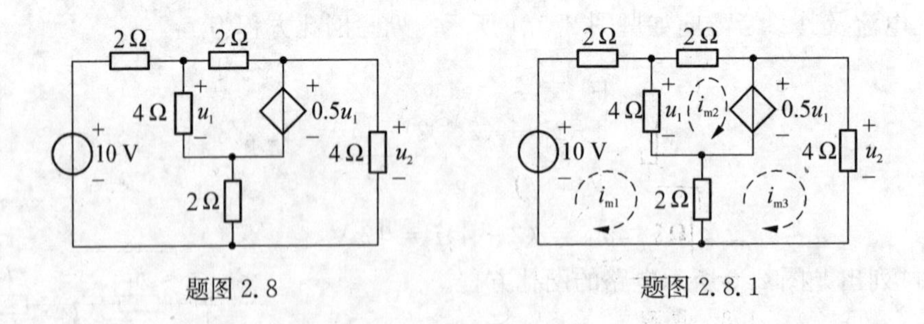

题图 2.8 题图 2.8.1

解

设网孔电流及其参考方向如题图 2.8.1 所示，列网孔方程，并补充控制量与网孔电流的关系，有

$$\begin{cases}(2+4+2)i_{m1}-4i_{m2}-2i_{m3}=10\\ -4i_{m1}+(2+4)i_{m2}=-0.5u_1\\ -2i_{m1}+(2+4)i_{m3}=0.5u_1\\ u_1=4(i_{m1}-i_{m2})\end{cases}$$

联立上述方程求解得
$$i_{m1}=2\text{ A},\ i_{m2}=i_{m3}=1\text{ A}$$
最后求得
$$u_2=4i_{m3}=4\text{ V}$$

2.9 试用回路分析法求题图 2.9 所示电路中支路电流 i_1、i_2 和 i_3。

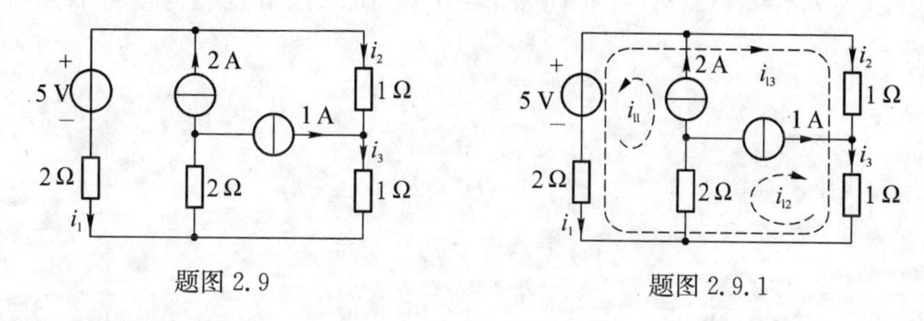

题图 2.9　　　题图 2.9.1

解

适当选取独立回路，使理想电流源仅包含在一个回路中。设回路电流的参考方向如题图 2.9.1 所示。写出回路方程为

$$\begin{cases}i_{l1}=2\\ i_{l2}=1\\ -2i_{l1}+i_{l2}+4i_{l3}=5\end{cases}$$

由上式的第三个方程解得 $i_{l3}=2\text{A}$，从而得到各支路电流为

$$\begin{cases}i_1=i_{l1}-i_{l3}=0\\ i_2=i_{l3}=2\text{ A}\\ i_3=i_{l2}+i_{l3}=3\text{ A}\end{cases}$$

2.10 在一个有三个网孔的电路中，若网孔电流 i_1 可由下式求得，试求该电路的一种可能的形式。

$$i_1=\frac{\begin{vmatrix}2&0&-1\\-1&5&-3\\0&-3&4\end{vmatrix}}{\begin{vmatrix}5&0&-1\\0&5&-3\\-1&-3&4\end{vmatrix}}$$

解

由网孔电流 i_1 的解形式可列写该电路可能的网孔方程为

$$\begin{cases}5i_1-i_3=2\\ 5i_2-3i_3=-1\\ -i_1-3i_2+4i_3=0\end{cases}$$

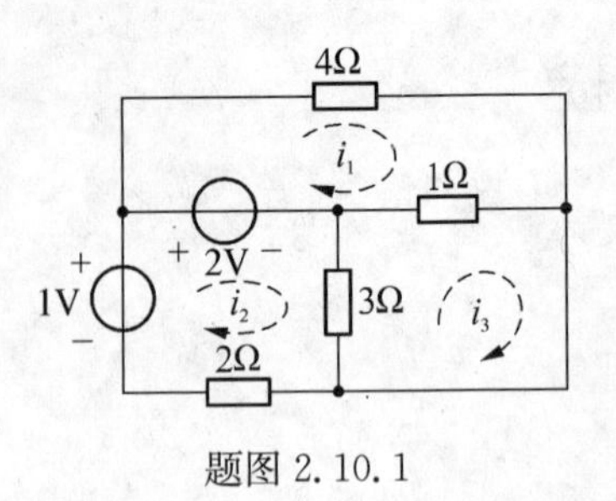

题图 2.10.1

由该方程可以推得：网孔 1 与网孔 2 不存在互电阻；网孔 1 与网孔 3 之间有 1 Ω 的电阻；网孔 2 与网孔 3 之间有 3 Ω 的电阻；网孔 1 的自电阻为 5 Ω、网孔 2 的自电阻为 5 Ω、网孔 3 的自电阻为 4 Ω；如果网孔 1 与网孔 2 之间的公共电压源为 2 V，则一种可能的电路形式如题图 2.10.1 所示。

节点分析法

2.11 在题图 2.11 所示电路中，以节点④参考节点时，各节点电压为 $u_{n1}=8\text{ V}$, $u_{n2}=5\text{ V}$, $u_{n3}=1\text{ V}$。试求以节点①为参考节点时的各节点电压。

解

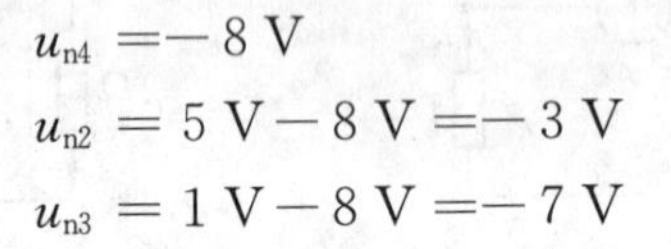

$$u_{n4}=-8\text{ V}$$
$$u_{n2}=5\text{ V}-8\text{ V}=-3\text{ V}$$
$$u_{n3}=1\text{ V}-8\text{ V}=-7\text{ V}$$

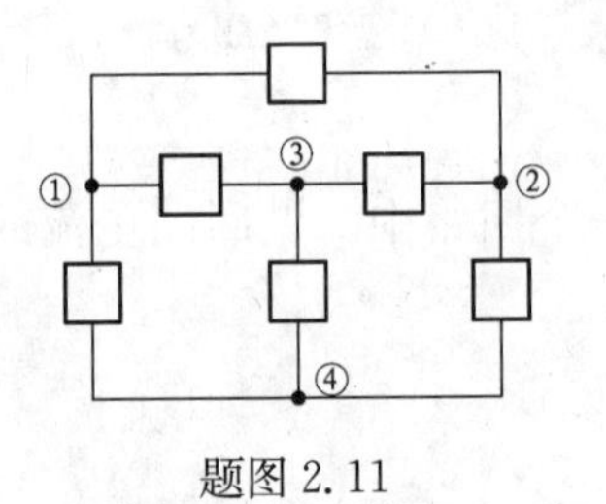

题图 2.11

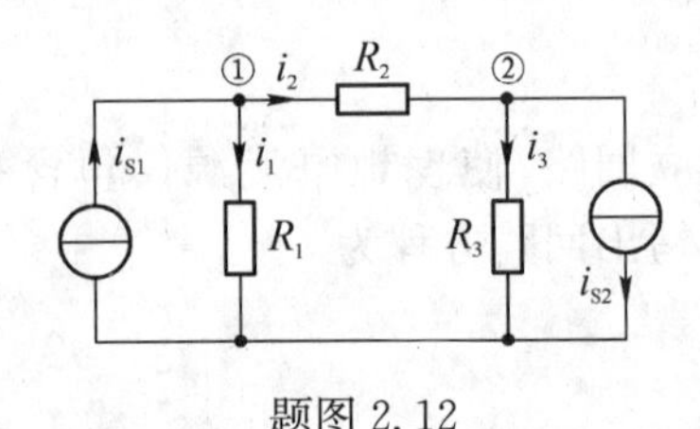

题图 2.12

2.12 试用节点分析法求题图 2.12 电路中的 i_1、i_2、i_3。已知 $R_1=3\,\Omega$, $R_2=R_3=2\,\Omega$, $i_{S1}=4\text{ A}$, $i_{S2}=1\text{ A}$。

解

选定 R_1、R_2 的连接点为参考节点，列写节点①、②节点电压方程为

$$\begin{cases}\left(\dfrac{1}{R_1}+\dfrac{1}{R_2}\right)u_1-\dfrac{1}{R_2}u_2=i_{S1}\\ -\dfrac{1}{R_2}u_1+\left(\dfrac{1}{R_2}+\dfrac{1}{R_3}\right)u_2=-i_{S2}\end{cases}$$

代入具体参数，解得 $u_1=6\text{ V}$, $u_2=2\text{ V}$

由节点电压可求得各电流为 $i_1=u_1/R_1=2\text{ A}$, $i_2=(u_1-u_2)/R_2=2\text{ A}$, $i_3=u_2/R_3=1\text{ A}$

2.13 试列出题图 2.13 所示电路的节点方程。

解

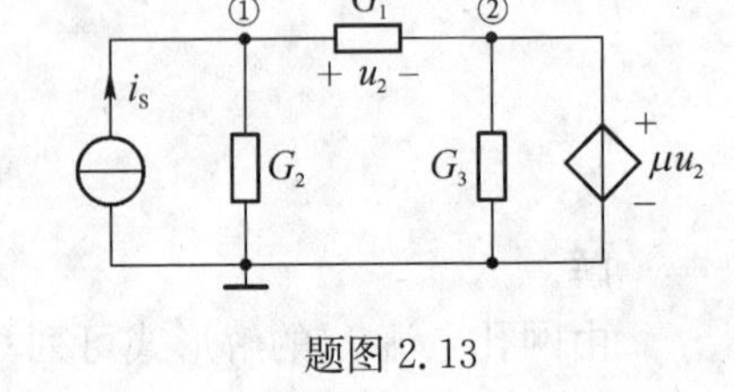

题图 2.13

将受控源看作独立源，列出图示电路节点①、②的方程为

$$\begin{cases}(G_1+G_2)u_{n1}-G_1u_{n2}=i_S\\ u_{n2}=\mu u_2\end{cases}$$

用节点电压表示受控源的控制变量，即

$$u_2=u_{n1}-u_{n2}$$

将上式代入电路方程，并经过整理后得

$$\begin{bmatrix} G_1+G_2 & -G_1 \\ -\mu & 1+\mu \end{bmatrix}\begin{bmatrix} u_{n1} \\ u_{n2} \end{bmatrix}=\begin{bmatrix} i_S \\ 0 \end{bmatrix}$$

此式即为所求节点方程。

2.14 题图 2.14 所示电路中，已知 $G_1G_2=G^2$，试用节点分析法求：(1) u_2/u_1；(2) $R_{ab}=u_1/i_1$。

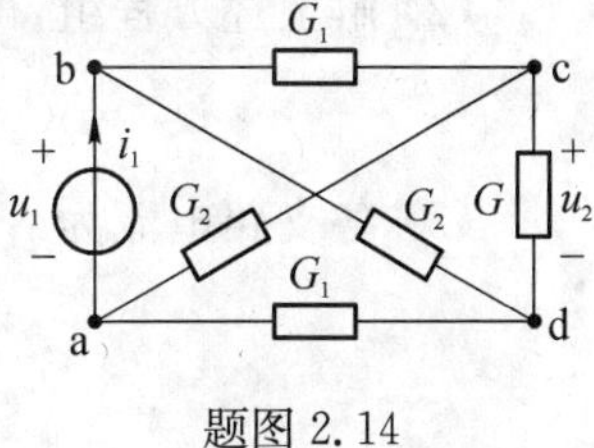

题图 2.14

解

(1) 选定节点 a 为参考节点，列写独立节点 b、c、d 的节点方程为

$$\begin{cases} u_b=u_1 \\ -G_1u_b+(G_1+G_2+G)u_c-Gu_d=0 \\ -G_2u_b-Gu_c+(G_1+G_2+G)u_d=0 \end{cases}$$

联立方程求解得

$$u_c=\frac{(G_1+G_2)u_1}{G_1+G_2+2G},\ u_d=\frac{(G_2+G)u_1}{G_1+G_2+2G}$$

于是

$$\frac{u_2}{u_1}=\frac{u_c-u_d}{u_1}=\frac{G_1-G_2}{G_1+G_2+2G}$$

将 $G_1G_2=G^2$ 代入上式得

$$\frac{u_2}{u_1}=\frac{\sqrt{G_1}-\sqrt{G_2}}{\sqrt{G_1}+\sqrt{G_2}}$$

(2) 首先求电流 i_1，得

$$i_1=i_{bc}+i_{bd}$$

而

$$i_{bc}=G_1(u_1-u_c)=\frac{G_1(G_2+G)}{G_1+G_2+2G}u_1,\ i_{bd}=G_2(u_1-u_d)=\frac{G_1+G_2+G}{G_1+G_2+2G}u_1$$

所以

$$i_1=\frac{2G_1G_2+(G_1+G_2)G}{G_1+G_2+2G}u_1$$

将 $G_1G_2=G^2$ 代入上式有 $i_1=Gu_1$，于是

$$R_{ab}=\frac{u_1}{i_1}=\frac{1}{G}$$

2.15 试用节点分析法求题图 2.15 所示电路的各支路电流。

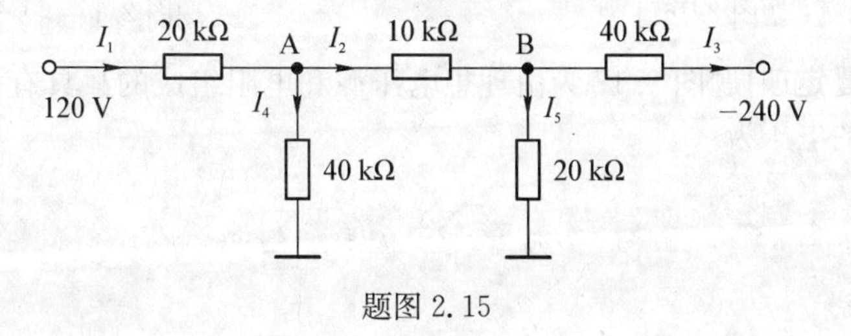

题图 2.15

解

(1) 列写节点方程为

$$\begin{cases}-\dfrac{120}{20\times10^3}+\left(\dfrac{1}{20\times10^3}+\dfrac{1}{40\times10^3}+\dfrac{1}{10\times10^3}\right)U_A-\dfrac{1}{10\times10^3}U_B=0\\-\dfrac{1}{10\times10^3}U_A+\left(\dfrac{1}{10\times10^3}+\dfrac{1}{20\times10^3}+\dfrac{1}{40\times10^3}\right)U_B+\dfrac{240}{40\times10^3}=0\end{cases}$$

(2) 解上述方程组,得

$$U_A=(240/11)\ \text{V}=21.82\ \text{V},\ U_B=(-240/11)\ \text{V}=-21.82\ \text{V}$$

(3) 各支路电流为

$$\begin{cases}I_1=(120-U_A)/(20\times10^3)=4.91\ \text{mA}\\I_2=(U_A-U_B)/(10\times10^3)=4.36\ \text{mA}\\I_3=(U_B+240)/(40\times10^3)=5.45\ \text{mA}\\I_4=U_A/(40\times10^3)=0.546\ \text{mA}\\I_5=U_B/(20\times10^3)=-1.09\ \text{mA}\end{cases}$$

2.16 已知电路的节点方程为

$$\begin{cases}1.75u_{n1}-u_{n2}-0.25u_{n3}=0.5\\-u_{n1}+2.5u_{n2}-u_{n3}=0\\-0.25u_{n1}-u_{n2}-2.25u_{n3}=0\end{cases}$$

试画出一种可能的电路。

解

观察节点方程,可知:节点①、②间接有公共电阻 1 Ω;节点②、③间接有公共电阻 1 Ω;节点①、③间接有公共电阻 4 Ω;节点②与参考节点间接有电阻 2 Ω、节点③与参考节点间接有电阻 1 Ω、节点①与参考节点间接有 1 V 电压源与电阻 2 Ω 的串联支路。一种可能的电路如题图 2.16.1 所示。

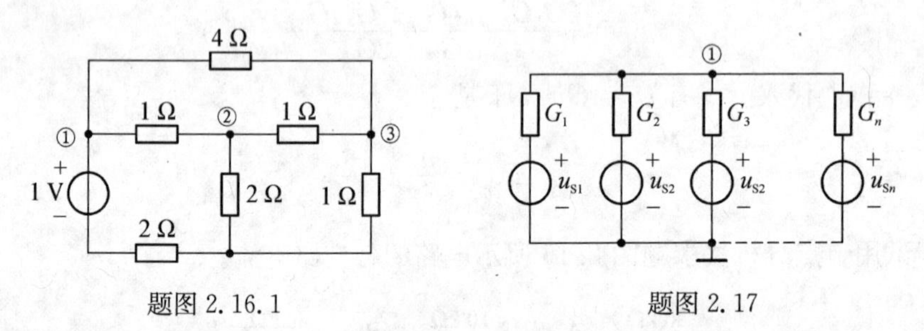

题图 2.16.1　　　　题图 2.17

2.17 (弥尔曼定理)题图 2.17 为由理想电压源和电阻组成的只具有一个独立节点的电路,试证明节点①的电压为

$$u_{n1}=\sum_{k=1}^{n}G_ku_{Sk}\Big/\sum_{k=1}^{n}G_k$$

证明

直接列写节点①的节点方程为

$$\left(\sum_{k=1}^{n}G_k\right)u_{n1}=\sum_{k=1}^{n}G_ku_{Sk}$$

解得节点电压 u_{n1} 即为结论。

含运算放大器的电阻电路分析

2.18　电路如题图 2.18 所示，试求输出电压 u_o 和电流增益 i_L/i_1。

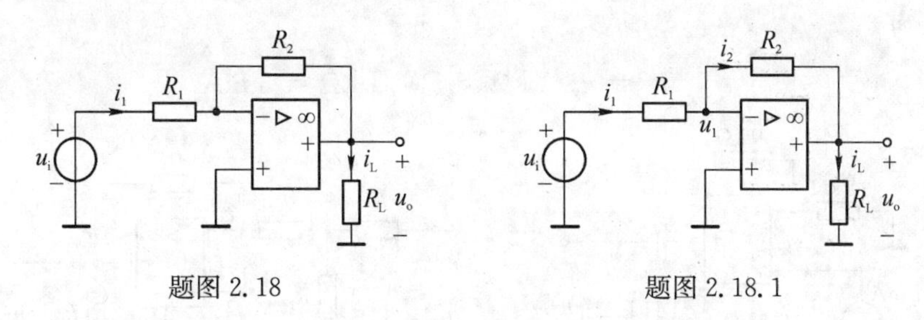

题图 2.18　　　　题图 2.18.1

解

如题图 2.18.1 所示，由运算放大器"虚短"、"虚断"的概念，$u_1=0$，$i_1=i_2$，因此对反相输入端有

$$u_i=R_1i_1$$

得到

$$i_1=u_i/R_1$$

又

$$u_o=-R_2i_2=-R_2i_1=-\frac{R_2}{R_1}u_i$$

得到电流增益 i_L/i_1 为

$$\frac{i_L}{i_1}=\frac{u_o/R_L}{u_i/R_1}=-\frac{R_2}{R_1}\frac{R_1}{R_L}=-\frac{R_2}{R_L}$$

2.19　在线电阻测量电路　一个孤立的电阻，可通过万用表直接测量其电阻值。当电阻接入电路(如焊接在电路板上)，如果希望测量其电阻值，则可将其从电路板上焊下来，然后用万用表进行测量。但这样可能会破坏电路板。如题图 2.19 所示电路提供了一种不用焊下电阻的在线测量电阻值的方法，假设待测电阻 R 与 R_1、R_2 相连在电路板上，测量时只需将连接节点 a、b、c 引出按图示接线，测量输出电压 U_o。试求电阻 R 的表达式。

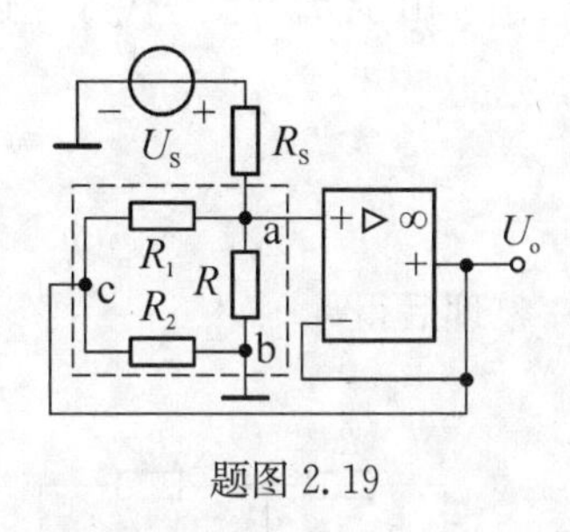

题图 2.19

解

由题图 2.19 电路可知，运放的接法为电压跟随器形式，因此 $U_o=U_a$。这说明节点 a、c 等电位，流经 R_1 的电流为零，又由运放同相端"虚断"，因此

$$U_a=\frac{R}{R+R_S}U_S$$

将 $U_o=U_a$ 代入，得到

$$R=\frac{U_o}{U_S-U_o}R_S$$

2.20　电路如题图 2.20 所示，试求输出电压 u_o 和输出电流 i_L。

解

电路为同相比例放大器接法。由运算放大器"虚断"的概念，可知同相输入端电压为

$0.5\ \text{k}\Omega \times 1\ \text{mA} = 0.5\ \text{V}$。输出电压 u_o 为

$$u_o = \left(1 + \frac{9\ \text{k}\Omega}{1\ \text{k}\Omega}\right) \times 0.5\ \text{V} = 5\ \text{V}$$

输出电流 i_L 为

$$i_L = u_o / 1\ \text{k}\Omega = 5\ \text{V}/1\ \text{k}\Omega = 5\ \text{mA}$$

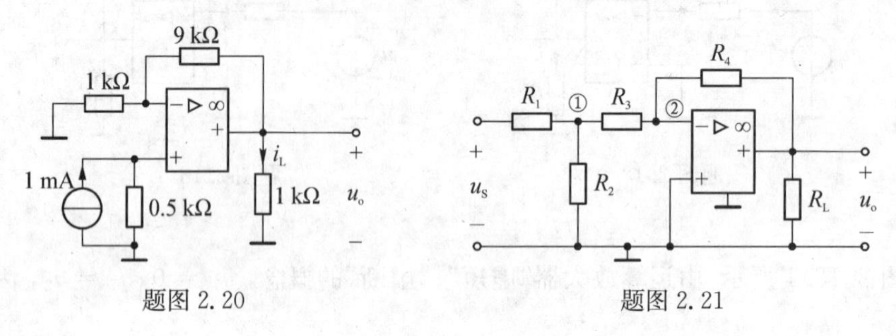

题图 2.20　　题图 2.21

2.21　试求题图 2.21 所示电路的输出电压与输入电压之比 u_o/u_S。

解

采用节点电压法。如题图 2.21 所示选取独立节点①和②，列出电压方程

$$\left(\frac{1}{R_1} + \frac{1}{R_2} + \frac{1}{R_3}\right)u_{n1} - \frac{1}{R_3}u_{n2} = \frac{u_S}{R_1}$$

$$-\frac{1}{R_3}u_{n1} + \left(\frac{1}{R_3} + \frac{1}{R_4}\right)u_{n2} - \frac{1}{R_4}u_o = 0$$

由于 $u_{n2} = 0$，代入上述方程中得，$u_{n1} = -\frac{R_3}{R_4}u_o$，故有

$$\left(\frac{1}{R_1} + \frac{1}{R_2} + \frac{1}{R_3}\right)\left(-\frac{R_3}{R_4}u_o\right) = \frac{u_S}{R_1}$$

整理后得

$$\frac{u_o}{u_S} = -\frac{R_2R_4}{R_1R_2 + R_2R_3 + R_3R_1}$$

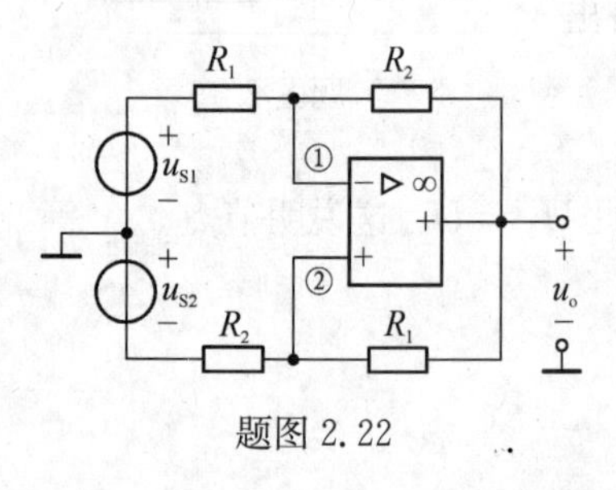

题图 2.22

2.22　试求如题图 2.22 所示电路的输出电压 u_o 与输入电压 u_{S1}、u_{S2} 之间的关系。

解

采用节点电压法分析。如题图 2.22 所示选取独立节点①和②，列出节点电压方程，为

$$\begin{cases}(G_1 + G_2)u_{n1} - G_2u_o = G_1u_{S1} \\ (G_1 + G_2)u_{n2} - G_1u_o = -G_2u_{S2}\end{cases}$$

由于 $u_{n1} = u_{n2}$，代入上式，解得 u_o 为

$$u_o = \frac{G_1u_{S1} + G_2u_{S2}}{G_1 - G_2} = \frac{R_2u_{S1} + R_1u_{S2}}{R_2 - R_1}$$

综合

2.23　万用表量程切换电路　“万用表”是万用电表的简称，它是当前电子、电工、仪器、仪

表和测量领域大量使用的一种基本测量工具。如题图 2.23 所示为用于测量直流电压的量程切换电路，其中 U_i 为被测直流电压，根据直流电压的大小，开关 S 可在触点 a、b、c、d、e 之间切换，得到输出电压 U_o，该电压接入后级电路进行进一步处理。为便于后级电路处理，一般要求 U_o 不大于某一量值，这里假定 $|U_o| \leqslant 0.2\,\text{V}$。取 $R_1 = 1\,\text{k}\Omega$，试求 $R_2 \sim R_5$ 的大小。

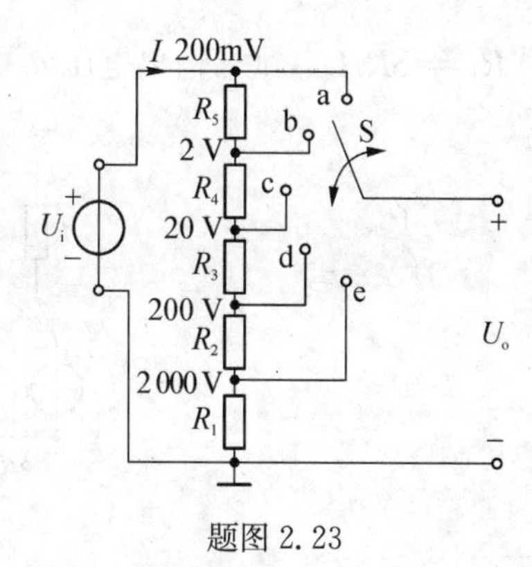

题图 2.23

解

由题图 2.23 可知，当接入被测电压时，电流 I 为

$$I = \frac{U_i}{R_1 + R_2 + R_3 + R_4 + R_5}$$

触点 a、b、c、d、e 分别与点 o 相接时输出电压 U_o 分别为

$$U_{oa} = U_i$$

$$U_{ob} = (R_1 + R_2 + R_3 + R_4)I = \frac{R_1 + R_2 + R_3 + R_4}{R_1 + R_2 + R_3 + R_4 + R_5}U_i \tag{a}$$

$$U_{oc} = (R_1 + R_2 + R_3)I = \frac{R_1 + R_2 + R_3}{R_1 + R_2 + R_3 + R_4 + R_5}U_i \tag{b}$$

$$U_{od} = (R_1 + R_2)I = \frac{R_1 + R_2}{R_1 + R_2 + R_3 + R_4 + R_5}U_i \tag{c}$$

$$U_{oe} = R_1 I = \frac{R_1}{R_1 + R_2 + R_3 + R_4 + R_5}U_i \tag{d}$$

为满足 $U_o \leqslant 0.2\,\text{V}$ 的要求，当开关 S 分别切换到与触点 b、c、d、e 相接时，由式(a) ~ 式(d) 可得各电阻值应满足如下关系式，即

$$0.2 = \frac{R_1 + R_2 + R_3 + R_4}{R_1 + R_2 + R_3 + R_4 + R_5} \times 2 \tag{e}$$

$$0.2 = \frac{R_1 + R_2 + R_3}{R_1 + R_2 + R_3 + R_4 + R_5} \times 20 \tag{f}$$

$$0.2 = \frac{R_1 + R_2}{R_1 + R_2 + R_3 + R_4 + R_5} \times 200 \tag{g}$$

$$0.2 = \frac{R_1}{R_1 + R_2 + R_3 + R_4 + R_5} \times 2\,000 \tag{h}$$

如果取 $R_1 = 1\,\text{k}\Omega$，则由式(e) ~ 式(g) 可算得 $R_2 = 9\,\text{k}\Omega$，$R_3 = 90\,\text{k}\Omega$，$R_4 = 900\,\text{k}\Omega$，$R_5 = 9\,\text{M}\Omega$。

2.24 DAC 电路 题图 2.24 为实现 DAC 的一种电路。该电路的核心为接入运算放大器的电阻网络，称为权电阻解码网络。每条电阻支路通过开关与理想电压源 U_S 或与地接通，当 $d_i = 1(i = 0,1,2,3)$ 时，电阻支路与理想电压源接通；当 $d_i = 0(i = 0,1,2,3)$ 时，电阻支路接地。图中开关的接法对应的二进制代码可表示为“1101”，相应的十进制数字为 13。已知

$R_1 = 8R/U_S$，试求输出电压 u_o 与 $d_i(i=0,1,2,3)$ 之间的关系。

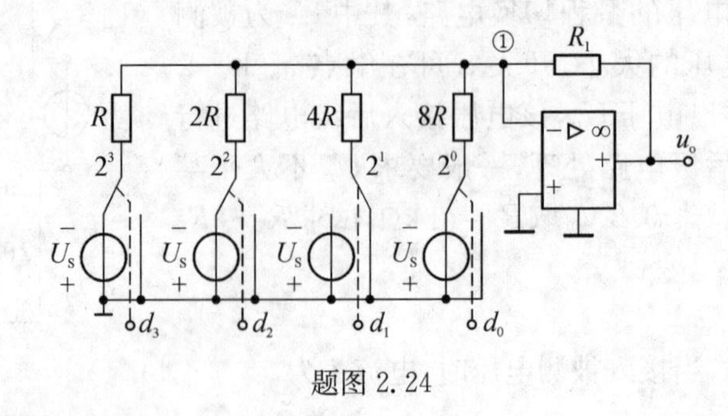

题图 2.24

解

用节点分析法分析上述电路，并设节点①的电压为 u_{n1}。用运算放大器"虚断"的概念，对节点①列写节点方程可得

$$\left(\frac{1}{R}+\frac{1}{2R}+\frac{1}{4R}+\frac{1}{8R}+\frac{1}{R_1}\right)u_{n1}+\frac{d_3U_S}{R}+\frac{d_2U_S}{2R}+\frac{d_1U_S}{4R}+\frac{d_0U_S}{8R}-\frac{u_o}{R_1}=0$$

用运算放大器"虚短"的概念，有 $u_{n1}=0$，因此有

$$\frac{d_3U_S}{R}+\frac{d_2U_S}{2R}+\frac{d_1U_S}{4R}+\frac{d_0U_S}{8R}-\frac{u_o}{R_1}=0$$

求解上述方程，得输出电压

$$u_o=\frac{R_1U_S}{8R}(2^3\times d_3+2^2\times d_2+2^1\times d_1+2^0\times d_0)$$

上式表明，模拟输出电压 u_o 与二进制数字输入信号成正比。

将 $R_1=8R/U_S$ 代入上式，得到

$$u_o=2^3\times d_3+2^2\times d_2+2^1\times d_1+2^0\times d_0$$

对题图 2.24 所示电路，$d_3d_2d_1d_0=1101$，因此有

$$u_o=2^3\times 1+2^2\times 1+2^1\times 0+2^0\times 1\ \text{V}=13\ \text{V}$$

即输出的电压值与输入的二进制数字所表示的十进制数值完全相同。

2.25 题图 2.25 为两个运算放大器构成的放大电路，试求输出电压与输入电压之比 u_o/u_S。

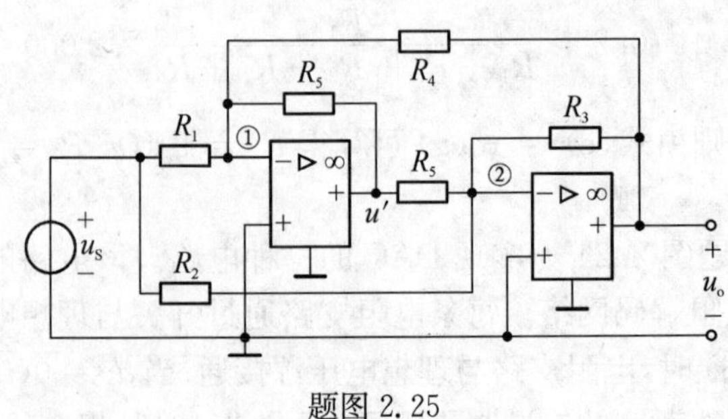

题图 2.25

解

对节点①、②列出节点电压方程，并利用“虚短”、“虚断”的概念，可得

$$\begin{cases}\dfrac{u_S}{R_1}+\dfrac{u'}{R_5}+\dfrac{u_o}{R_4}=0\\ \dfrac{u_S}{R_2}+\dfrac{u'}{R_5}+\dfrac{u_o}{R_3}=0\end{cases}$$

从以上两个方程消去 u'，得

$$\frac{u_S}{R_1}-\frac{u_S}{R_2}=\frac{u_o}{R_3}-\frac{u_o}{R_4}$$

即

$$\frac{u_o}{u_S}=\frac{G_1-G_2}{G_3-G_4}$$

2.26 试求如题图 2.26 所示电路的输出电压与输入电压之比 u_o/u_1。

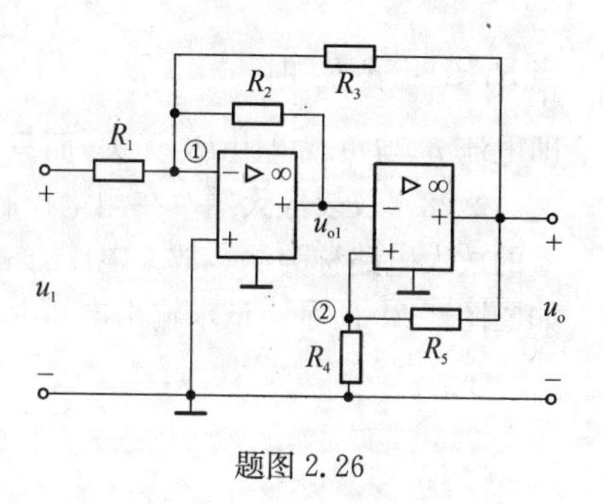

题图 2.26

解

采用节点电压法求解。独立节点①和②的选取如题图 2.26 所示，列出节点电压方程

$$\left(\frac{1}{R_1}+\frac{1}{R_2}+\frac{1}{R_3}\right)u_{n1}-\frac{1}{R_2}u_{o1}-\frac{1}{R_3}u_o=\frac{u_1}{R_1}\quad(1)$$

$$\left(\frac{1}{R_4}+\frac{1}{R_5}\right)u_{n2}-\frac{1}{R_5}u_o=0\quad(2)$$

由于 $u_{n1}=0$，$u_{o1}=u_{n2}$，又由方程(2)得

$$u_{n2}=\frac{R_4}{R_4+R_5}u_o$$

将以上关系式均代入到式(1)中，有

$$-\frac{R_4}{R_2(R_4+R_5)}u_o-\frac{1}{R_3}u_o=\frac{u_1}{R_1}$$

故

$$\frac{u_o}{u_1}=-\frac{R_2R_3(R_4+R_5)}{R_1(R_2R_4+R_2R_5+R_3R_4)}$$

本题求解中，u_{o1} 只是一个中间变量，由于它在第一个运放的输出端，故无须对它列出节点电压方程。

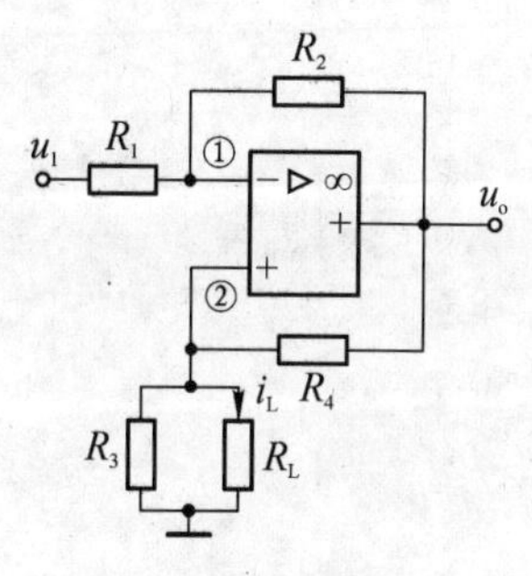

题图 2.27

2.27 如题图 2.27 所示电路，若满足 $R_1R_4=R_2R_3$，试证明电流 i_L 仅决定于 u_1 而与负载电阻 R_L 无关。

证明

采用节点电压法分析。如题图 2.27 所示选取独立节点①和②，列出节点电压方程

$$\left(\frac{1}{R_1}+\frac{1}{R_2}\right)u_{n1}-\frac{1}{R_2}u_o=\frac{u_1}{R_1}$$

$$\left(\frac{1}{R_3}+\frac{1}{R_4}+\frac{1}{R_L}\right)u_{n2}-\frac{1}{R_4}u_o=0$$

由于 $u_{n1}=u_{n2}$，代入以上方程中，整理得

$$u_o=R_4\left(\frac{1}{R_3}+\frac{1}{R_4}+\frac{1}{R_L}\right)u_{n2}$$

$$\left(\frac{1}{R_1}+\frac{R_4}{R_2R_3}+\frac{R_4}{R_2R_L}\right)u_{n2}=\frac{u_1}{R_1}$$

故
$$u_{n2}=\frac{R_2R_3R_L}{(R_2R_3-R_1R_4)R_L-R_1R_3R_4}u_1$$

又因为
$$i_L=\frac{u_{n2}}{R_L}=\frac{R_2R_3}{(R_2R_3-R_1R_4)R_L-R_1R_3R_4}u_1$$

当 $R_1R_4=R_2R_3$ 时
$$i_L=\frac{u_{n2}}{R_L}=-\frac{R_2}{R_1R_4}u_1$$

即电流 i_L 与负载电阻 R_L 无关，而只与 u_1 有关。

2.28 仪表放大器 在测量控制系统中，用来放大传感器输出的微弱电压、电流或电荷信号的放大电路称为测量放大电路，亦称仪表放大器。典型的三运放仪表放大器基本电路形式如题图 2.28 所示。试求输出电压 u_o 与输入电压 u_1、u_2 之间的关系。

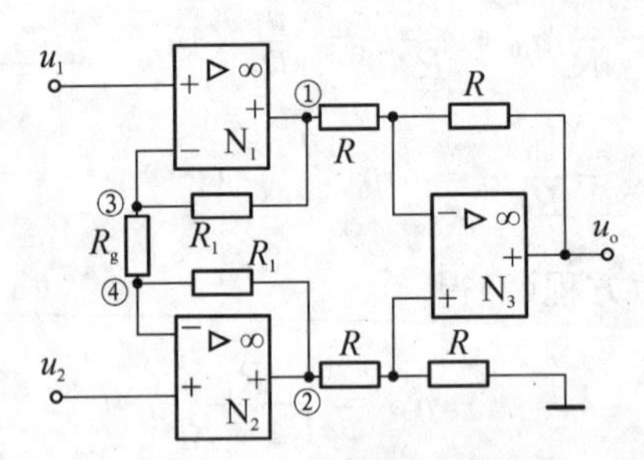

题图 2.28 三运放型仪表放大器

解

由教材中例 2.5.3 可知

$$u_o=A_d(u_{n2}-u_{n1})=u_{n2}-u_{n1}$$

列写节点③、④的方程，得

$$\begin{cases}-\dfrac{1}{R_1}u_{n1}+\left(\dfrac{1}{R_1}+\dfrac{1}{R_g}\right)u_{n3}-\dfrac{1}{R_g}u_{n4}=0\\ -\dfrac{1}{R_1}u_{n2}-\dfrac{1}{R_g}u_{n3}+\left(\dfrac{1}{R_1}+\dfrac{1}{R_g}\right)u_{n4}=0\end{cases}$$

求解上述方程，解得

$$\begin{cases}u_{n1}=\left(1+\dfrac{R_1}{R_g}\right)u_{n3}-\dfrac{R_1}{R_g}u_{n4}=0\\ u_{n2}=-\dfrac{R_1}{R_g}u_{n3}+\left(1+\dfrac{R_1}{R_g}\right)u_{n4}=0\end{cases}$$

上面两式相减，得

$$u_{n2}-u_{n1}=\left(1+\frac{2R_1}{R_g}\right)(u_{n4}-u_{n3})$$

由运放的"虚短"得

$$u_{n3}=u_1,\ u_{n4}=u_2$$

最后得到

$$u_o=u_{n2}-u_{n1}=\left(1+\frac{2R_1}{R_g}\right)(u_2-u_1)$$

与一般运算放大器构成的放大电路相比，仪表放大器具有电路结构对称、抗干扰能力强的优点。

2.29　虚地发生器　手持式设备一般采用一组电池(源)供电工作，但有时需要双电源为设备中的器件供电。如题图2.29所示电路可以由单电源产生双电源为负载 R_{L1}、R_{L2} 提供能量，其中 $R_S \gg R_{L1}$，$R_S \gg R_{L2}$。试说明 $u_1=U_S/2$，$u_2=-U_S/2$。

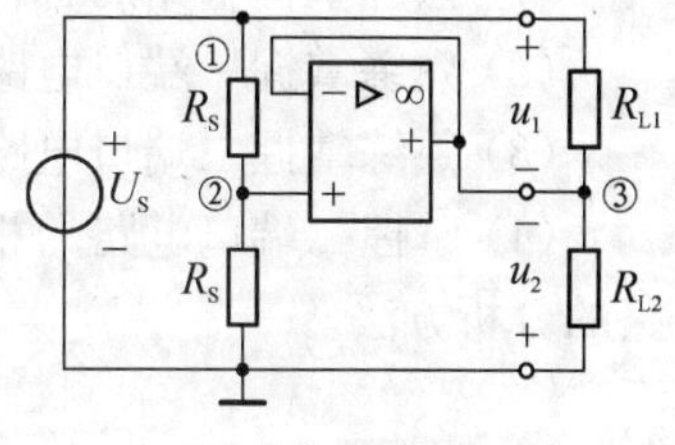

题图 2.29

解　由运放的"虚断"特性，易知

$$u_{n2}=\frac{R_S}{R_S+R_S}U_S=\frac{1}{2}U_S$$

又由运放的"虚短"特性，可得 $u_{n3}=u_{n2}=U_S/2$，因此 $u_2=-u_{n3}=-U_S/2$。而

$$u_1=u_{n1}-u_{n3}=U_S/2$$

3 电路的端口分析

3.1 教学要求

(1) 熟练掌握电路的各种等效变换方法。

(2) 熟练掌握一端口电路端口特性及等效电路的分析方法。

(3) 熟练掌握二端口电路不含独立源时的方程及其参数,以及各种参数之间的换算关系。

(4) 掌握二端口电路的相互连接的计算;掌握二端口电路的等效电路,具有端接二端口电路的分析方法。

3.2 重点和难点

1) 电路的等效变换

(1) 等效变换的概念是本章的重点之一,只有理解等效变换,尤其是“对外电路等效”的含义,才能正确处理各种情况下的等效变换问题。

(2) 在进行戴维南电路和诺顿电路相互等效变换时应注意:①变换前后两种电源的参考方向;②如果与理想电压源串联的电阻为零,则不存在诺顿电路;③如果与理想电流源并联的电阻为无穷大,则不存在戴维南电路。

(3) 在进行独立源常见连接方式的等效变换时应注意:①只有大小相等、极性相同的理想电压源才能并联;②只有大小相等、方向相同的理想电流源才能串联;③理想电压源与任何可连接支路并联,都可对外等效为理想电压源;④理想电流源与任何可连接支路串联,都可对外等效为理想电流源。

(4) 对含受控源电路可类似于含独立源电路那样进行等效变换,但应注意,在变换过程中不能将受控源的控制变量变换掉。

(5) 电容并联时如各电容的初始电压相等,则并联等效电容的初始电压与各电容的初始电压相同;如各电容的初始电压不等,则在并联的瞬间,各电容上的电荷将重新分配,使各电容的初始电压相等,等效电容的初始电压为该初始电压。电感串联时如各电感的初始电流相等,则串联等效电感的初始电流与各电感的初始电流相同;如各电感的初始电流不等,则在串联的瞬间,各电感上的磁通链将重新分配,使各电感的初始电流相等,等效电感的初始电流为各电感串联后的初始电流。

2) 端口特性分析

端口特性分析的重点是掌握二端口电路各种形式参数方程的列写以及参数的含义,能熟练地应用各种参数方程分析二端口电路。

(1) 求取二端口电路的各种参数矩阵可用所学到的各种电路分析方法。对于结构简单的二端口电路，一般直接列写电路的 KCL、KVL 方程，并尽量使电路方程中出现二端口电路的端口电流和端口电压，对这些方程作适当变形后整理成相应形式参数方程的标准形式；对于比较复杂的二端口电路，求 $\boldsymbol{R}$ 矩阵时多采用回路分析法，求 $\boldsymbol{G}$ 矩阵时多采用节点分析法。

(2) 采用实验方法测量 $\boldsymbol{R}$、$\boldsymbol{G}$、$\boldsymbol{H}$、$\boldsymbol{H}'$ 矩阵时必须熟练掌握参数矩阵中各元素的含义，例如，求 r_{21}，说明是电压与电流之比，下标"21"指分子为 u_2，分母为 i_1，且测量的条件为端口 2 开路，即 $i_2=0$。

(3) 二端口电路的互连除级连不需进行连接有效性(不破坏相应的端口条件)检验外，其他连接方式都应进行连接有效性检验，只有在有效连接的情况下，相应的互连公式才成立。

3.3 典型例题

例 3.1 求例图 3.1(a)、(b)的等效电路(理想电压源与电阻相串联)。

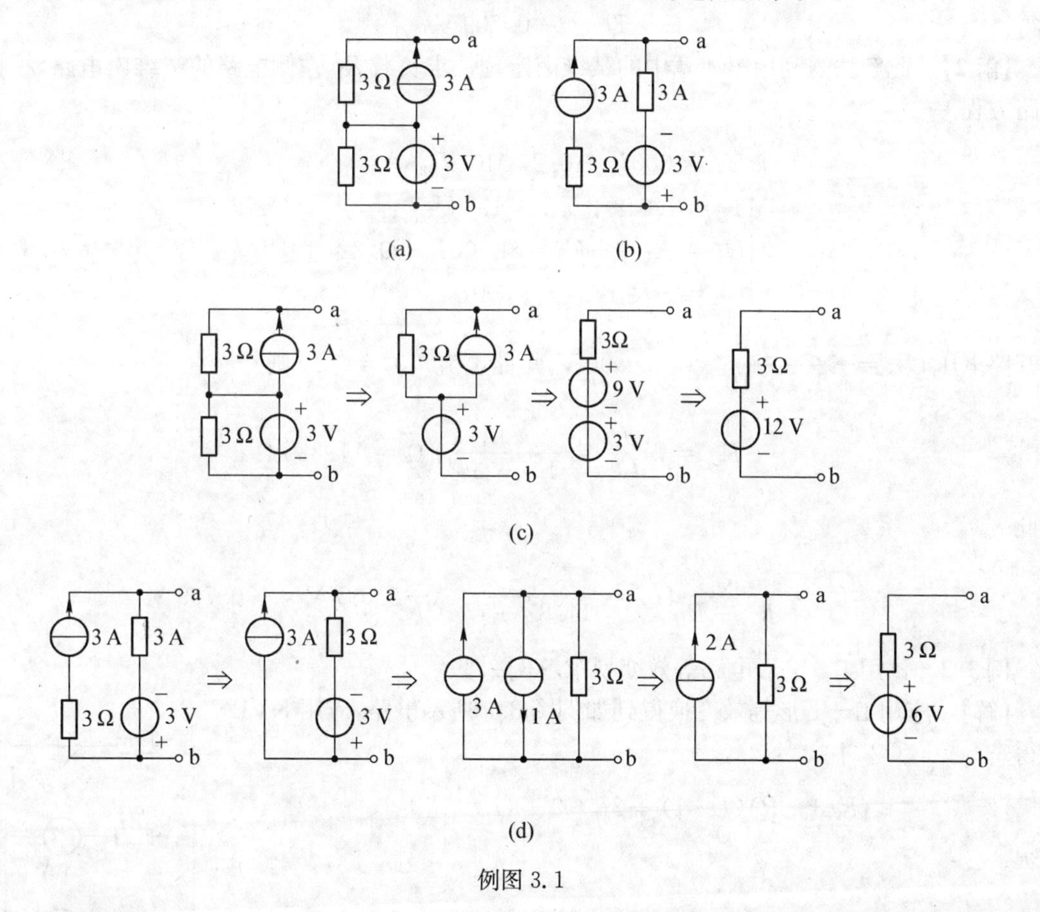

例图 3.1

【分析】 对例图 3.1(a)等效变换时应注意对外电路而言，一个理想电压源与其他元件并联的模型可等效为该电压源；对例图 3.2(b)等效变换时应注意对外电路而言，一个理想电流源与其他元件串联的模型可等效为该电流源。

【解】 例图 3.1(a)电路的等效变换过程如例图 3.1(c)所示；例图 3.1(b)电路的等效变换

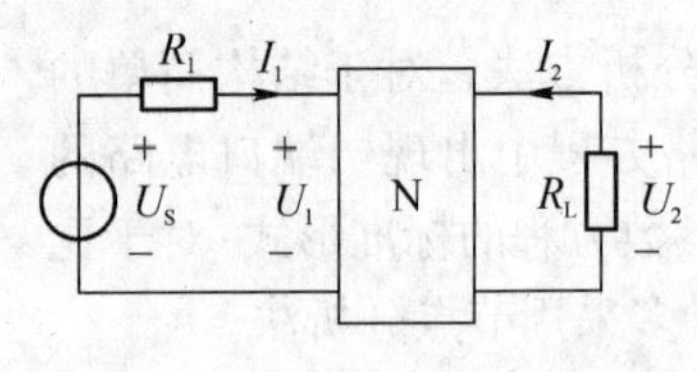

例图 3.2

过程如例图 3.1(d)所示。

例 3.2 如例图 3.2 所示电路，二端口电路 N 的混合参数矩阵 $\boldsymbol{H}=\begin{bmatrix}300 & 0.2\times10^{-3}\\100 & 0.1\times10^{-3}\end{bmatrix}$, $U_S=10\,\text{mV}$, $R_1=1\,\text{k}\Omega$, $R_L=1\,\text{k}\Omega$。试求负载电压 U_2。

【分析】 本例可列出二端口电路的参数方程和端接方程，联立求解，也可先求出负载左侧的戴维南电路，然后求解。

【解 1】 根据已知的 $\boldsymbol{H}$ 参数，有二端口电路的参数方程和端接方程

$$\begin{cases}U_1=300I_1+0.2\times10^{-3}U_2\\I_2=100I_1+0.1\times10^{-3}U_2\\U_S=R_1I_1+U_1=1\,300I_1+0.2\times10^{-3}U_2\\U_2=-R_LI_2=-1\,000I_2\end{cases}$$

解得

$$U_2=-0.709\text{ V}$$

【解 2】 此解法需利用第 4 章中的戴维南定理。求负载 R_L 左侧电路的戴维南电路，根据电路方程

$$\begin{cases}U_1=300I_1+0.2\times10^{-3}U_2\\I_2=100I_1+0.1\times10^{-3}U_2\\U_S=R_1I_1+U_1=1\,300I_1+0.2\times10^{-3}U_2\\U_2=-R_LI_2=-1\,000I_2\end{cases}$$

有开路电压 $U_{2o}=-\dfrac{U_S}{1.1\times10^{-3}}=-9.09\text{ V}$，短路电流 $I_{2SC}=\dfrac{U_S}{13}$，则

$$R_{eq}=-\frac{U_{2o}}{I_{2SC}}=\frac{13}{1.1\times10^{-3}}\,\Omega=11.82\text{ k}\Omega$$

因此

$$U_2=\frac{R_L}{R_{eq}+R_L}U_{2o}=\frac{1}{11.82+1}\times(-9.09)\text{ V}=-0.709\text{ V}$$

例 3.3 试用 Π－T 形电路等效变换求解例 2.1。

【解】 应用 Π－T 形等效变换得到如例图 3.3 所示电路，应用 KVL 可得

$$(R/3+R)(I-1)+2I+2+(R/3)I=0$$

解得

$$I=0.5\text{ A}$$

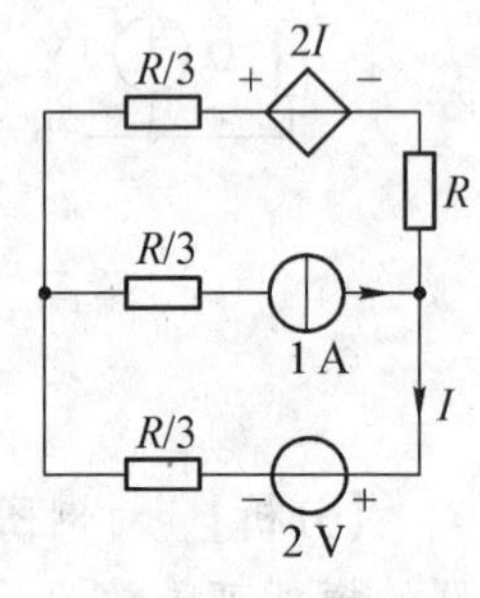

例图 3.3

则电源供出的功率为

$$P_{US}=-U_SI=-2\times0.5\text{ W}=-1\text{ W}$$

$$P_{IS}=I_S\times[2+(R/3)I+(R/3)\times1]=1\times(2+2\times0.5+2\times1)\text{ W}=5\text{ W}$$

例3.4 例图 3.4 为理想变压器和二端口电路 N_b 级联的电路。已知虚框所示整个二端口 a 参数矩阵满足 $a_{11}a_{22}-a_{12}a_{21}=1$。设 11′ 端口接入电压 $U_1=100\text{ V}$，当 $R_L\to\infty$ 时，$I_2=-20\text{ A}$，$U_2=20\text{ V}$；当 $R_L=0$ 时，$I_2=-20\text{ A}$，求：(1) 整个二端口的传输参数矩阵；(2) N_b 的传输参数矩阵。

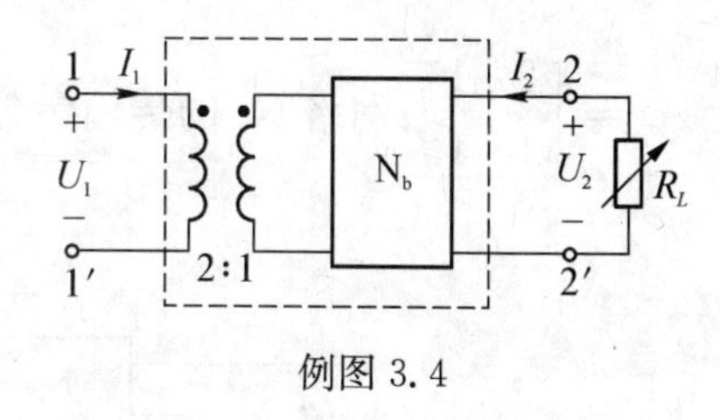

例图 3.4

【分析】 此题可先由已知条件求得整个二端口的传输参数矩阵 $\boldsymbol{A}$，并由互易条件知 a 参数中只有 3 个参数是独立的；再由 $\boldsymbol{A}=\boldsymbol{A}_1\boldsymbol{A}_b$ 可求得 N_b 的传输参数矩阵 $\boldsymbol{A}_b$，其中 $\boldsymbol{A}_1$ 为理想变压器的传输参数矩阵。

【解】 (1) 对整个二端口网络的传输方程为

$$\begin{cases}U_1=a_{11}U_2+a_{12}(-I_2)\\I_1=a_{21}U_2+a_{22}(-I_2)\end{cases}$$

由已知条件，当 22′开路 ($I_2=0$) 时有

$$\begin{cases}100=20a_{11}\\2=20a_{21}\end{cases}$$

解得

$$a_{11}=5,\ a_{21}=0.1$$

由已知条件，当 22′短路 ($U_2=0$) 时有 $100=20a_{12}$，解得

$$a_{12}=5$$

根据 a 参数矩阵满足 $a_{11}a_{22}-a_{12}a_{21}=1$，解得

$$a_{22}=0.3$$

即得整个二端口的传输参数矩阵为

$$\boldsymbol{A}=\begin{bmatrix}5 & 5\ \Omega\\0.1\ \text{S} & 0.3\end{bmatrix}$$

(2) 整个二端口网络为两个二端口网络的级联，则有

$$\boldsymbol{A}=\boldsymbol{A}_1\boldsymbol{A}_b$$

其中，根据理想变压器的端口特性有

$$\boldsymbol{A}_1=\begin{bmatrix}n & 0\\0 & \dfrac{1}{n}\end{bmatrix}=\begin{bmatrix}2 & 0\\0 & \dfrac{1}{2}\end{bmatrix}$$

可得 N_b 的传输参数矩阵为

$$\boldsymbol{A}_b=\boldsymbol{A}_1^{-1}\boldsymbol{A}=\begin{bmatrix}2 & 0\\0 & 0.5\end{bmatrix}^{-1}\begin{bmatrix}5 & 5\\0.1 & 0.3\end{bmatrix}=\begin{bmatrix}0.5 & 0\\0 & 2\end{bmatrix}\begin{bmatrix}5 & 5\\0.1 & 0.3\end{bmatrix}=\begin{bmatrix}2.5 & 2.5\ \Omega\\0.2\ \text{S} & 0.6\end{bmatrix}$$

例3.5 两个双口无源电阻网络连接如例图 3.5 所示。已知网络 N_a 的传输参数矩阵为

$A_a = \begin{bmatrix} 2 & 1 \\ 1 & 1 \end{bmatrix}$；网络 N_b 的传输参数矩阵为 $A_b = \begin{bmatrix} 1 & 2 \\ 1 & 3 \end{bmatrix}$。试求 $I_S = 1\,A$, $R = 1\,\Omega$ 时的 U_R。

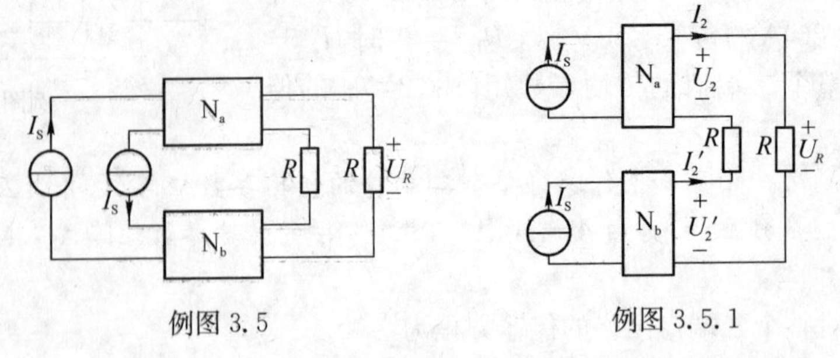

例图 3.5　　例图 3.5.1

【分析】 首先将例图 3.5 等效为如例图 3.5.1 所示电路，然后利用端口分析法求解。

【解】 如例图 3.5.1 所示，对网络 N_a，有

$$I_S = U_2 + I_2$$

对网络 N_b，有

$$I_S = U_2' + 3I_2'$$

由输出口的端接条件得

$$I_2 = I_2',\ U_2 = 2RI_2 - U_2'$$

将已知数据代入以上各式得

$$\begin{cases} I = U_2 + I_2 \\ I = U_2' + 3I_2' = U_2' + 3I_2 \\ U_2 = 2I_2 - U_2' \end{cases}$$

解之得 $I_2 = \frac{1}{3}\,A$，所以

$$U_R = RI_2 = 1 \times \frac{1}{3}\,V = \frac{1}{3}\,V$$

3.4　习题选解

一端口电路的端口特性

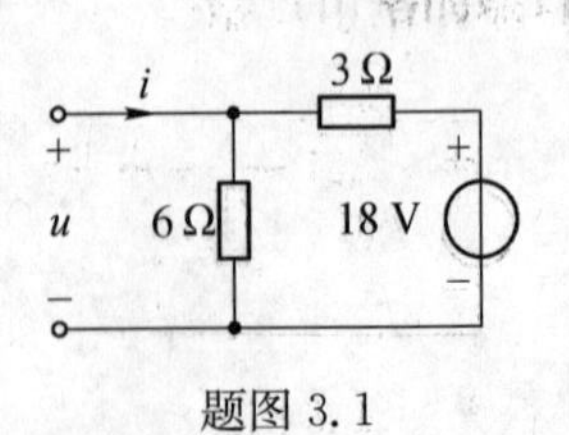

题图 3.1

3.1　试求如题图 3.1 所示电路端口 VCR。

解

列写上端节点方程，得

$$(1/3 + 1/6)u - (1/3) \times 18 = i$$

整理，得

$$u = 2i + 12$$

3.2　试求如题图 3.2 所示电路端口 VCR。

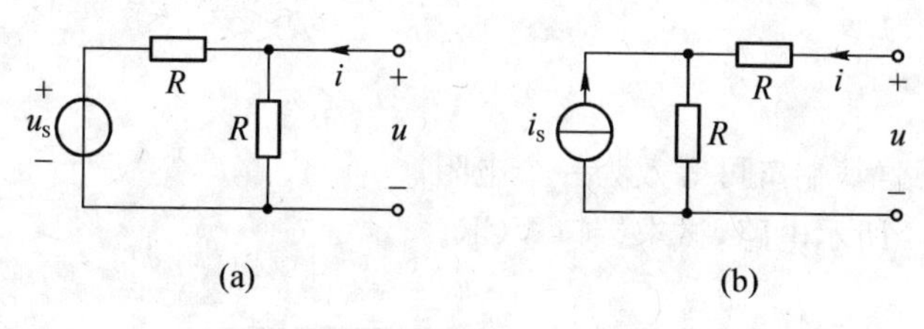

题图 3.2

解

(a) 用外加电压源的方法求端口 VCR，如题图 3.2.1(a)所示，$i_1 = u/R$，对回路列写 KVL 方程得

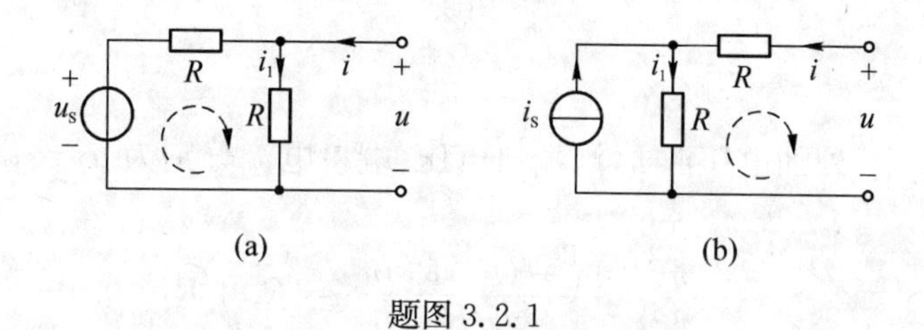

题图 3.2.1

$$-u_S - R(i - i_1) + Ri_1 = 0$$

将 i_1 代入得端口 VCR 为

$$u = u_S/2 + (R/2)i$$

(b) 用外加电压源的方法求端口电压-电流关系，如题图 3.2.1(b)所示，$i_1 = i + i_S$，对回路列写 KVL 方程得

$$-Ri_1 - Ri + u = 0$$

将 i_1 代入得端口 VCR 为

$$u = 2Ri + Ri_S$$

3.3 试求如题图 3.3 所示电路端口 VCR。

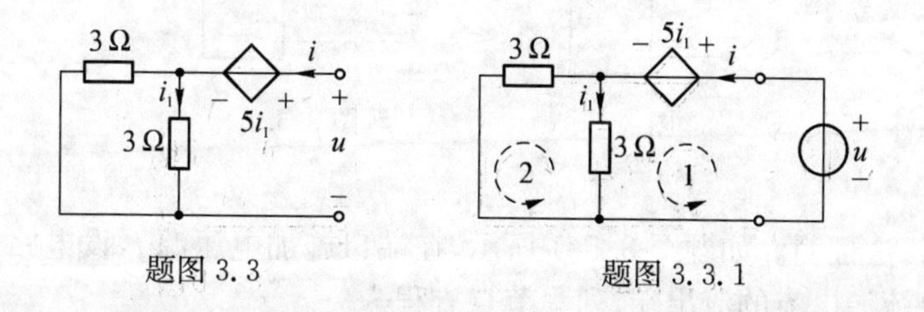

题图 3.3　　　　题图 3.3.1

解

用外加电压源的方法求端口 VCR，如题图 3.3.1 所示。对回路 1、2 列写 KVL 方程得

$$\begin{cases} -u + 5i_1 + 3i_1 = 0 \\ 3(i - i_1) - 3i_1 = 0 \end{cases}$$

消去 i_1 得端口 VCR 为

$$u = 4i$$

可见,对该一端口电路,其端口可等效为一个电阻。

3.4 如题图 3.4 所示电路,试求端口 VCR。

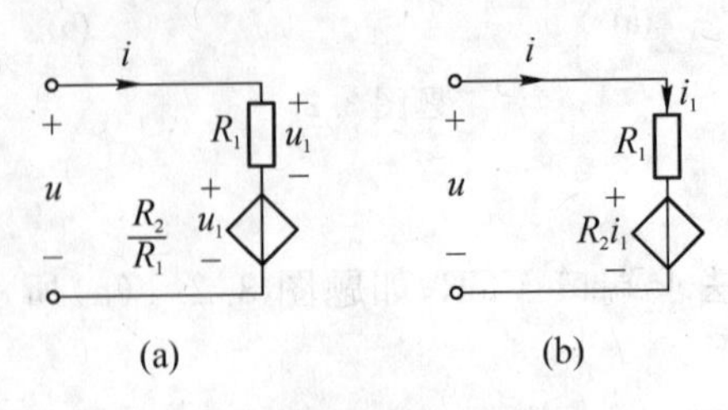

题图 3.4

解

在题图 3.4(a)中,外加电压源 u,则端口电压、端口电流分别为 $u = u_1 + R_2u_1/R_1$, $i = u_1/R_1$, 因此有

$$\frac{u}{i} = \frac{u_1 + (R_2/R_1)u_1}{u_1/R_1} = R_1 + R_2$$

得到端口 VCR 为

$$u = (R_1 + R_2)i$$

同理,在题图 3.4(b)中,外加理想电流源 i,则端口电压、端口电流分别为 $u = R_1i_1 + R_2i_1$, $i = i_1$, 因此有

$$\frac{u}{i} = \frac{R_1i_1 + R_2i_1}{i_1} = R_1 + R_2$$

得到端口 VCR 为

$$u = (R_1 + R_2)i$$

3.5 如题图 3.5 所示一端口电路,电路 N 仅由线性非时变电阻组成,试证明端口 VCR 具有 $u = Ai$ 的形式,其中 A 为常数。

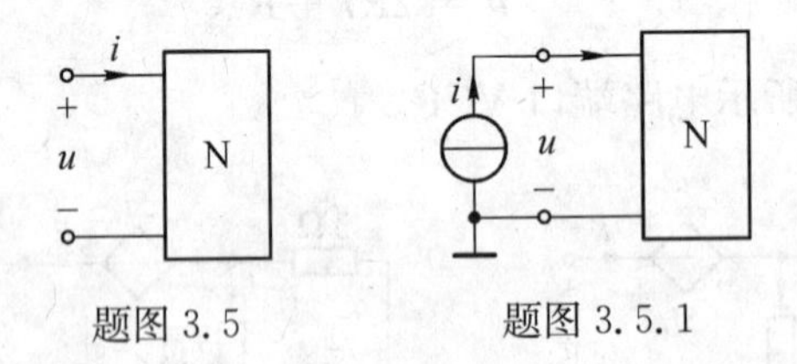

题图 3.5　　题图 3.5.1

证明

采用节点分析法证明。如题图 3.5.1 所示,在端口施加电压源 i,设电路包含 n 个独立节点,第 n 个节点电流源电流的流出端,列写节点方程为

$$\begin{bmatrix} G_{11} & G_{12} & \cdots & G_{1n} \\ G_{21} & G_{22} & \cdots & G_{2n} \\ \vdots & \vdots & \ddots & \vdots \\ G_{n1} & G_{n2} & \cdots & G_{nn} \end{bmatrix} \begin{bmatrix} u_{n1} \\ u_{n2} \\ \vdots \\ u \end{bmatrix} = \begin{bmatrix} 0 \\ 0 \\ \vdots \\ i \end{bmatrix}$$

假设 $\Delta=\begin{bmatrix} G_{11} & G_{12} & \cdots & G_{1n} \\ G_{21} & G_{22} & \cdots & G_{2n} \\ \vdots & \vdots & \ddots & \vdots \\ G_{n1} & G_{n2} & \cdots & G_{nn} \end{bmatrix} \neq 0$，则有

$$u=\frac{\begin{vmatrix} G_{11} & G_{12} & \cdots & 0 \\ G_{21} & G_{22} & \cdots & 0 \\ \vdots & \vdots & \ddots & \vdots \\ G_{n1} & G_{n2} & \cdots & i \end{vmatrix}}{\Delta}=Ai$$

得证。

3.6　负电阻电路　实现负电阻的电路如题图 3.6 所示，假定运放工作在线性区，试求端口等效电阻 R_{eq} 并与例 3.2.4 中的实现电路进行比较。

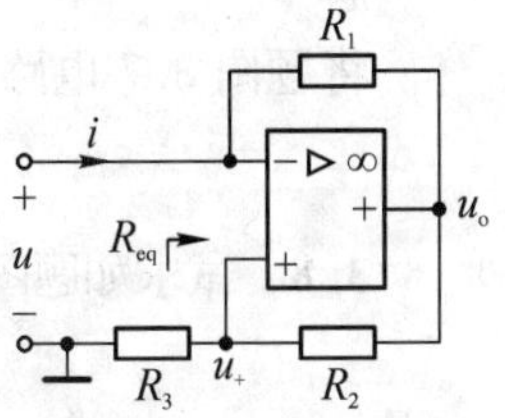

题图 3.6

解

由运放“虚短”、“虚断”特性及分压关系有

$$u_{+}=u=\frac{R_3}{R_2+R_3}u_o$$

对运放同相端，由“虚断”特性有

$$i=\frac{u-u_o}{R_1}$$

由上面两式可得

$$u=\frac{R_3}{R_2+R_3}(u-R_1 i)$$

经整理，得到从输入端看进去的等效电阻为

$$R_{eq}=\frac{u}{i}=-\frac{R_3}{R_2}R_1$$

显然，由于 R_1、R_2、R_3 都是正电阻，因此 R_{eq} 小于零，为一负电阻。

当运放工作在线性区时，本题电路和例 3.2.4 电路的端口特性是一致的。如果运放工作在非线性区，则两者的工作特性不同。假设运放输出饱和电压为 U_{sat}，则本题电路的端口特性如题图 3.6.1(a)所示，而例 3.2.4 电路的端口特性如题图 3.6.1(b)所示。

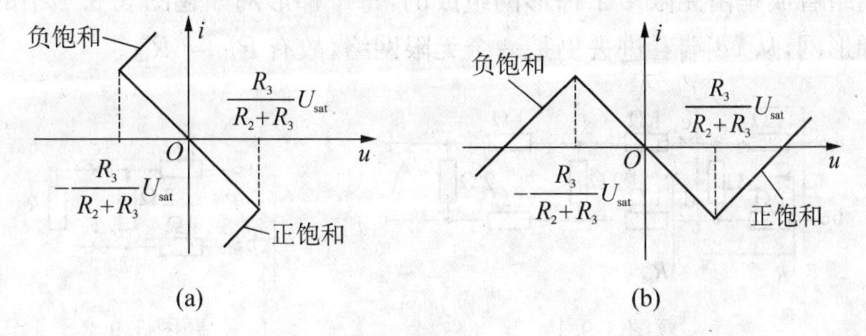

题图 3.6.1

一端口电路的等效变换

3.7 试求如题图 3.7 所示一端口电路的等效电阻 R_{ab}。已知 $R_1 = 5\,\Omega$, $R_2 = 20\,\Omega$, $R_3 = 15\,\Omega$, $R_4 = 7\,\Omega$, $R_5 = R_6 = 6\,\Omega$。

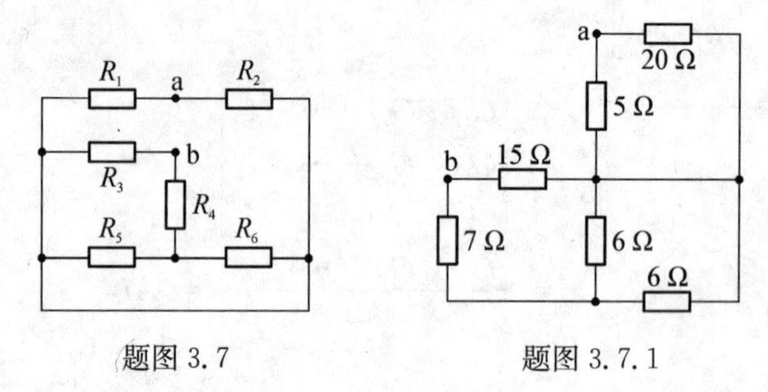

题图 3.7　　题图 3.7.1

解

将题图 3.7 电路改画为题图 3.7.1 所示电路，利用电阻串并联求得

$$R_{ab} = [5 \,/\!/\, (7 + 6 \,/\!/\, 6) + 5 \,/\!/\, 20]\,\Omega = 10\,\Omega$$

3.8 试求如题图 3.8 所示一端口电路的等效电阻 R_{ab}。已知 $R_1 = 12\,\Omega$, $R_2 = 6\,\Omega$, $R_3 = 4\,\Omega$。

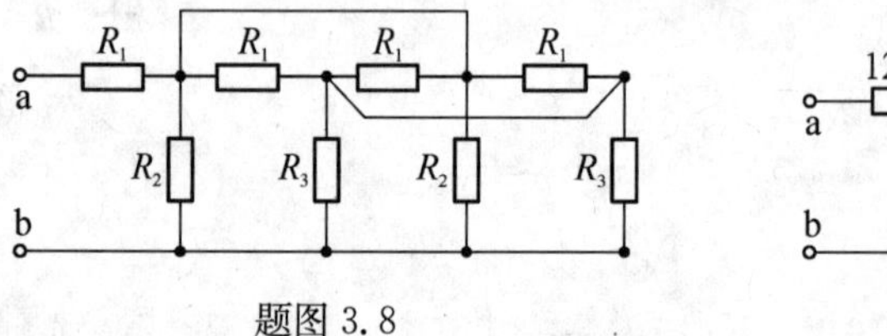

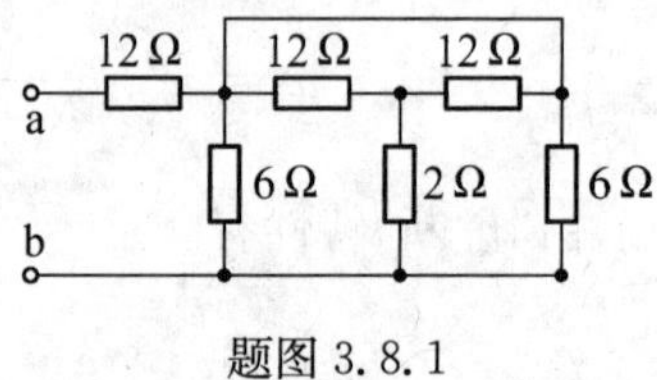

题图 3.8　　题图 3.8.1

解

用等效变换方法将题图 3.8 变换为题图 3.8.1，利用电阻串并联可求得

$$R_{ab} = 14\,\Omega$$

3.9 题图 3.9 为一无限阶梯电路，已知 $R_1 = 1\,\Omega$, $R_2 = 2\,\Omega$。试求其端口的等效电阻 R_{ab}。

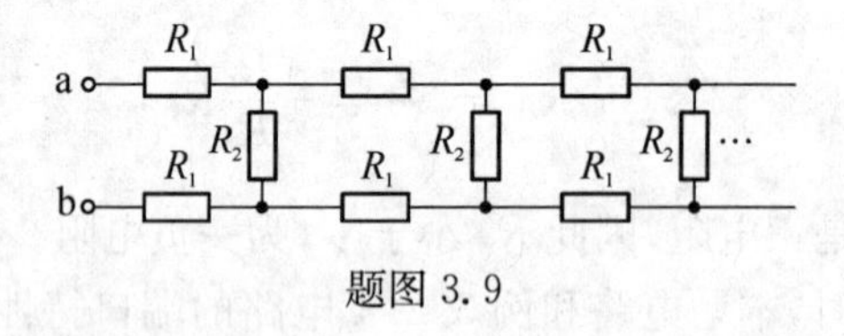

题图 3.9

解

将无限网络看成是由无限多个梯形网组成的，每个梯形网如题图 3.9.1 中的虚线框所示，去掉第一个梯形网，从 cd 端看进去仍是一个无限网络，故有 $R_{ab} = R_{cd}$。

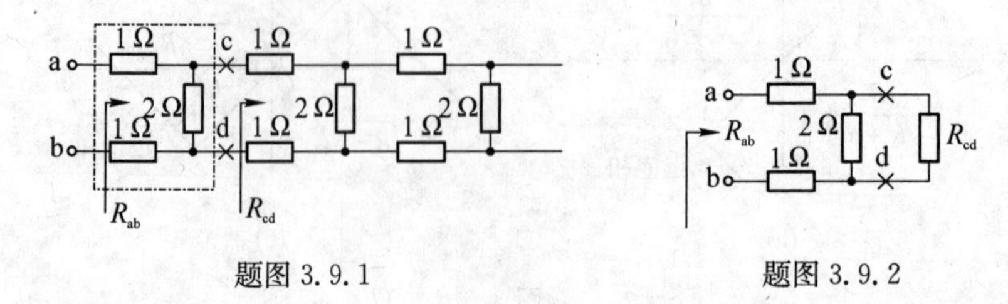

题图 3.9.1　　题图 3.9.2

作出题图 3.9.1 的等效电路如题图 3.9.2 所示。

可得关系式

$$\begin{cases} R_{ab} = R_{cd} \\ R_{ab} = 1 + \dfrac{2R_{cd}}{2+R_{cd}} + 1 \end{cases}$$

解得 $$R_{ab} = 3.236\ \Omega$$

3.10 如题图 3.10 所示电路，试用电阻串并联等效计算 a、c 两端点间的等效电阻 R_{ac}。使用电阻串并联等效能否计算出等效电阻 R_{ab}、R_{bc}？试说明你的理由。

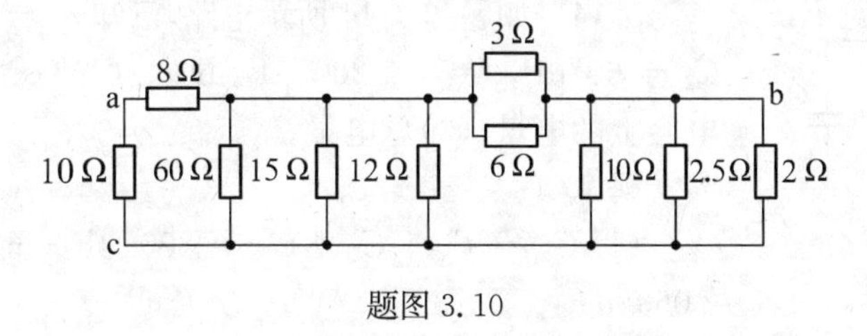

题图 3.10

解

等效电阻 R_{ac} 为

$$\begin{aligned} R_{ac} &= 10 /\!/ \{8+[60 /\!/ 15 /\!/ 12 /\!/ (6 /\!/ 3+10 /\!/ 2.5 /\!/ 2)]\}\ \Omega \\ &= 10 /\!/ \{8+[60 /\!/ 15 /\!/ 12 /\!/ 3]\}\ \Omega = 10 /\!/ \{8+2\}\ \Omega = 5\ \Omega \end{aligned}$$

使用串并联电阻等效可以计算出等效电阻 R_{bc} 但不能计算 R_{ab}，因为从电路的 ab 端看进去并不是电阻的串联和并联的组合。

3.11 如题图 3.11 所示电路，已知 $I_S = 7$ A，试计算电流 I。

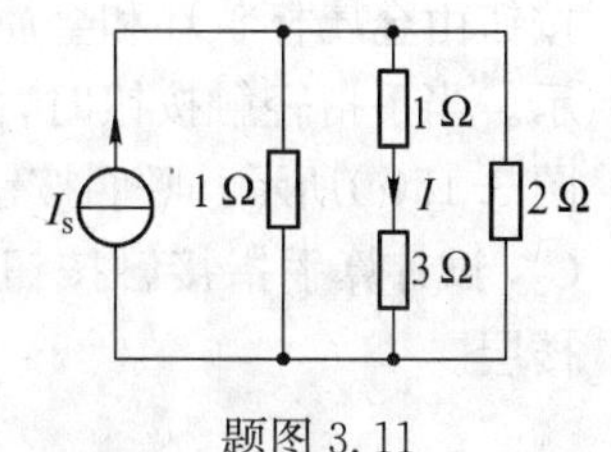

题图 3.11

解

由分流公式得

$$I = \frac{1/(3+1)}{1+1/(3+1)+1/2} I_S = \frac{1/4}{1+1/4+1/2} I_S = \frac{1}{7} \times 7\ \text{A} = 1\ \text{A}$$

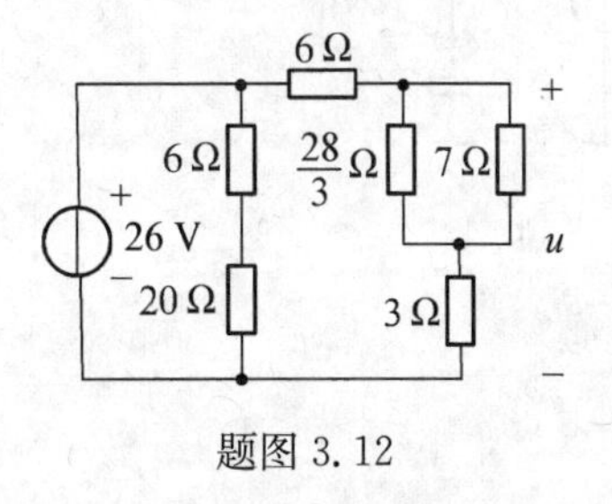

题图 3.12

3.12 试求题图 3.12 电路中的电压 u。

解

电压 u 的大小为

$$u = 26 \times \frac{\frac{28}{3} /\!/ 7+3}{6+\frac{28}{3} /\!/ 7+3}\ \text{V} = 26 \times \frac{4+3}{6+4+3}\ \text{V} = 14\ \text{V}$$

3.13 如题图 3.13 所示电路，已知 $u_S = 60$ V，$C_1 = 200\ \mu\text{F}$，$C_2 = 50\ \mu\text{F}$，$C_3 = 10\ \mu\text{F}$。试求：(1) 总等效电容 C_{eq}；(2) 每个电容上的电量及总电量；(3) 每个电容两端的电压。

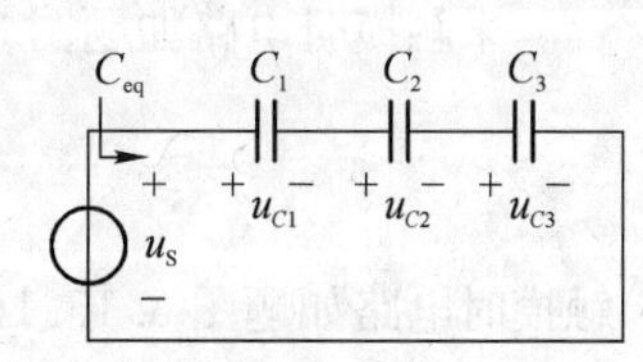

题图 3.13

解

(1) $$\frac{1}{C_{eq}} = \frac{1}{C_1} + \frac{1}{C_2} + \frac{1}{C_3} = \frac{1}{200 \times 10^{-6}} + \frac{1}{50 \times 10^{-6}} +$$

$$\frac{1}{10\times10^{-6}}=0.125\times10^{6}$$

因此
$$C_{eq}=\frac{1}{0.125\times10^{6}}=8\ \mu F$$

(2) $q=q_1=q_2=q_3=C_{eq}u_S=(8\times10^{-6})\times60=480\ \mu C$

(3) $u_{C1}=\frac{q_1}{C_1}=\frac{480\times10^{-6}}{200\times10^{-6}}\ V=2.4\ V$, $u_{C2}=\frac{q_2}{C_2}=\frac{480\times10^{-6}}{50\times10^{-6}}\ V=9.6\ V$,

$u_{C3}=\frac{q_3}{C_3}=\frac{480\times10^{-6}}{10\times10^{-6}}\ V=48\ V$

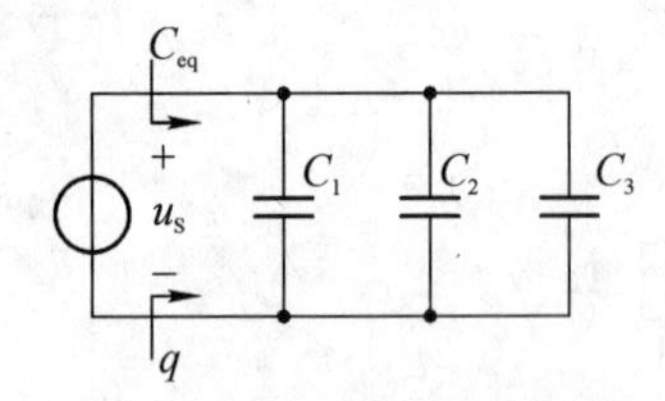

题图 3.14

3.14 如题图 3.14 所示电路,已知 $u_S=48\ V$, $C_1=800\ \mu F$, $C_2=60\ \mu F$, $C_3=1\,200\ \mu F$。试求:(1)总等效电容 C_{eq};(2)每个电容上的电量;(3)总电量。

解

(1) $C_{eq}=C_1+C_2+C_3=800\ \mu F+60\ \mu F+1\,200\ \mu F=2\,060\ \mu F$

(2) $q_1=C_1u_S=(800\times10^{-6})\times48\ C=38.4\ mC$

$q_2=C_2u_S=(60\times10^{-6})\times48\ C=2.88\ mC$

$q_3=C_3u_S=(1\,200\times10^{-6})\times48\ C=57.6\ mC$

(3) $q=q_1+q_2+q_3=38.4\ mC+2.88\ mC+57.6\ mC=98.88\ mC$

3.15 电梯呼叫按钮(电容接近开关) 电梯呼叫按钮的外形如题图 3.15(a)所示,每一按钮由金属杯状环和金属平板构成电容的两极,电极由绝缘膜覆盖。模型如题图 3.15(b)所示。当手指轻触按钮时,由于手指比绝缘膜导电性更好,从而形成另一接地的电极,模型如题图 3.15(c)所示。呼叫按钮的原理电路如题图 3.15(d)所示,C 为一固定电容。假设 $C=C_1=C_2$,试计算手指接触按钮前后的电压 $u(t)$。电梯控制系统将根据 $u(t)$ 的变化确定运行到的楼层。

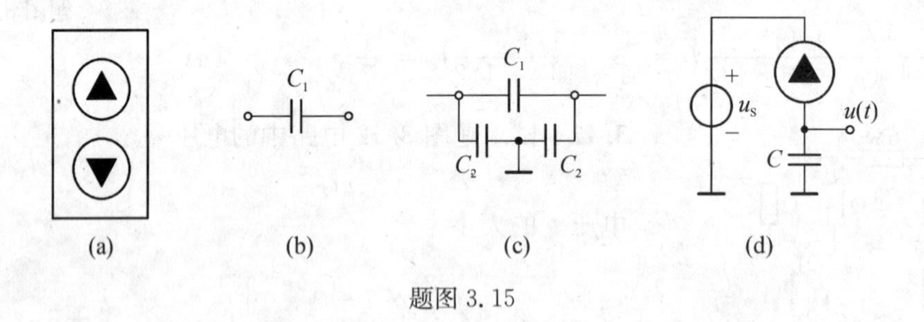

题图 3.15

解

未触摸时电路如题图 3.15.1(a)所示。

$$u(t)=\frac{C_1}{C_1+C}u_S=\frac{1}{2}u_S$$

触摸时电路如题图 3.15.1(b)所示。

$$u(t)=\frac{C_1}{C_1+C\,/\!/\,C_2}u_S=\frac{1}{3}u_S$$

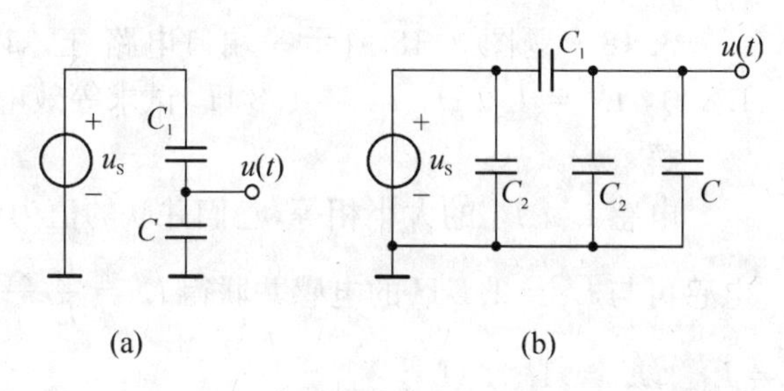

题图 3.15.1

3.16 如题图 3.16 所示电路,试求端口的等效电感 L_{eq} 和等效电容 C_{eq}。

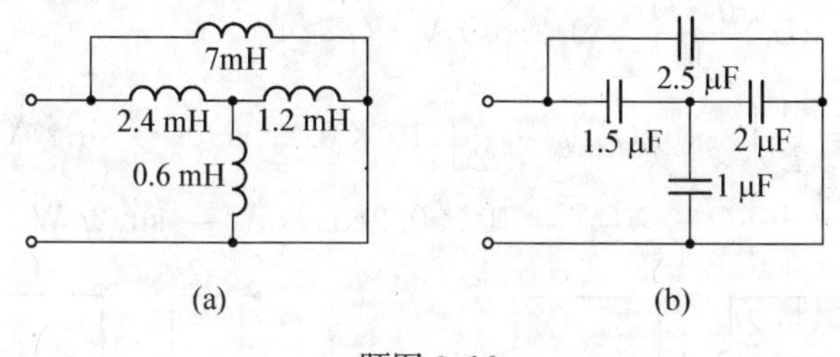

题图 3.16

解

(a) $1.2\ \text{mH} \mathbin{/\!/} 0.6\ \text{mH} = \dfrac{1.2\times 0.6}{1.2+0.6}\ \text{mH} = 0.4\ \text{mH}$

$$L_{eq} = 7\ \text{mH} \mathbin{/\!/} (2.4+0.4)\ \text{mH} = \frac{7\times 2.8}{7+2.8}\ \text{mH} = 2\ \text{mH}$$

(b) $1\ \mu\text{F} + 2\ \mu\text{F} = 3\ \mu\text{F}$

$$C_{eq} = 2.5\ \mu\text{F} + \frac{1.5\times 3}{1.5+3}\ \mu\text{F} = (2.5+1)\ \mu\text{F} = 3.5\ \mu\text{F}$$

3.17 如题图 3.17 所示电路,当 $i_S = 10\cos 2t\ \text{mA}(t\geqslant 0)$ 时,试求从电源看进去的等效电容 C_{eq} 和 u。

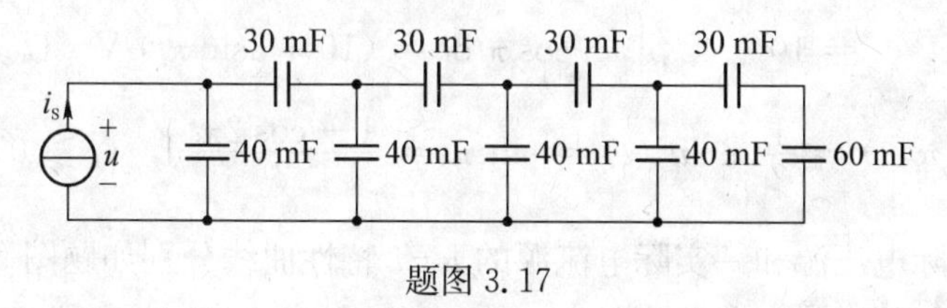

题图 3.17

解

由于 $40 + 30 \mathbin{/\!/} 60 = 40 + 20 = 60\ \text{mF}$,由题图 3.17 可知等效电容为

$$C_{eq} = 60\ \text{mF}$$

理想电流源两端的电压为

$$u(t) = \frac{1}{C_{eq}}\int_{-\infty}^{t} i_S(t)\,\text{d}t = \frac{1}{60\times 10^{-3}}\int_{0}^{t} 10\cos 2t \times 10^{-3}\,\text{d}t = \frac{1}{12}\sin 2t\ \text{V}$$

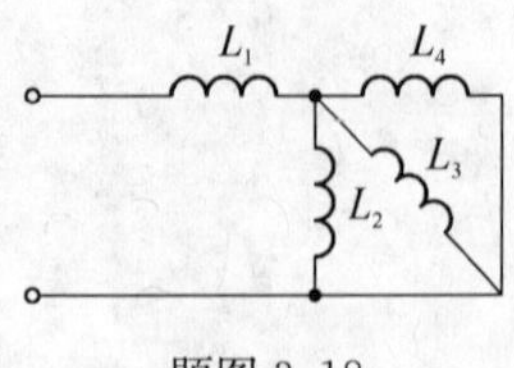

题图 3.18

3.18 题图 3.18 所示一端口电路，已知 $L_1 = 0.56\ \mathrm{H}$，$L_2 = 1.2\ \mathrm{H}$，$L_3 = 1.2\ \mathrm{H}$，$L_4 = 1.8\ \mathrm{H}$。试求等效电感 L_{eq}。

解

电感 L_2、L_3 的大小相等，它们并联的值为 $L' = 0.6\ \mathrm{H}$，0.6 H 的电感再与 $L_4 = 1.8\ \mathrm{H}$ 的电感并联得 $L'' = \dfrac{L' \times L_4}{L' + L_4} = 0.45\ \mathrm{H}$，电感 L_1 与电感 L'' 串联，得 $L_{eq} = L_1 + L'' = 1.01\ \mathrm{H}$。

3.19 如题图 3.19 所示电路，已知 $i_S = \sin t\ \mathrm{A}(t \geqslant 0)$，试求电流 i 及受控源提供的瞬时功率。

解

$$u(t) = L_1 \frac{\mathrm{d}i_S(t)}{\mathrm{d}t} = 0.2\cos t\ \mathrm{V} \quad (t \geqslant 0)$$

$$i(t) = \frac{1}{L_2}\int_{-\infty}^{t} 10u(t)\mathrm{d}t = \frac{1}{2}\int_{0}^{t} 10 \times 0.2\cos t\mathrm{d}t = \sin t\ \mathrm{A} \quad (t \geqslant 0)$$

$$p(t) = 10u(t) \times i(t) = 10 \times 0.2\cos t\sin t = \sin 2t\ \mathrm{W} \quad (t \geqslant 0)$$

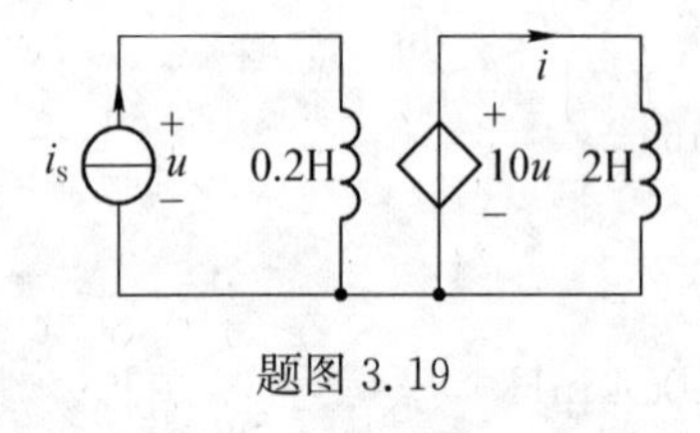

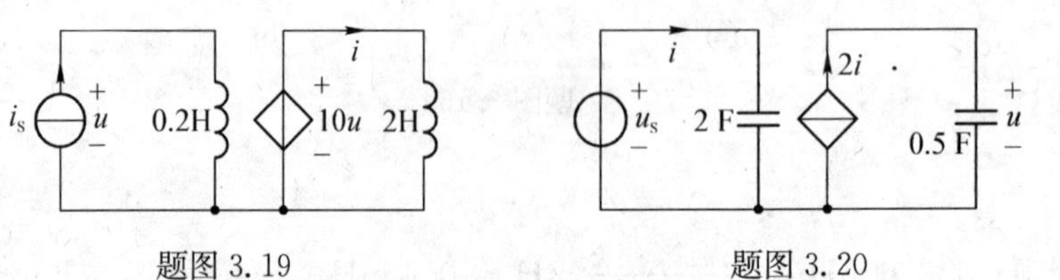

题图 3.19　　题图 3.20

3.20 如题图 3.20 所示电路，已知 $u_S = \sin \pi t\ \mathrm{V}(t \geqslant 0)$，$u(0) = 10\ \mathrm{V}$，当 $t = 0$ 时，2 F 电容的电压为 0，试求电压 u 及 2 F 电容存储的能量。

解

$$i = 2 \times \frac{\mathrm{d}u_S(t)}{\mathrm{d}t} = 2 \times \frac{\mathrm{d}}{\mathrm{d}t}(\sin \pi t) = 2\pi\cos \pi t\ \mathrm{A} \quad (t \geqslant 0)$$

$$u(t) = \frac{1}{0.5} \times \int_{-\infty}^{t} 2i(t)\mathrm{d}t = u(0) + \frac{1}{0.5}\int_{0}^{t} 2i(t)\mathrm{d}t$$

$$= 10 + 4 \times \int_{0}^{t} 2\pi\cos \pi t\mathrm{d}t = (10 + 8\sin \pi t)\ \mathrm{V} \quad (t \geqslant 0)$$

$$w(t) = \frac{1}{2} \times 2u^2(t) = \sin^2 \pi t = \frac{1 - \cos 2\pi t}{2}\ \mathrm{J} \quad (t \geqslant 0)$$

3.21 有一实际电压源和一实际电流源的 u - i 特性曲线分别如题图 3.21(a)、(b)所示。试求两电源的大小和其内阻。

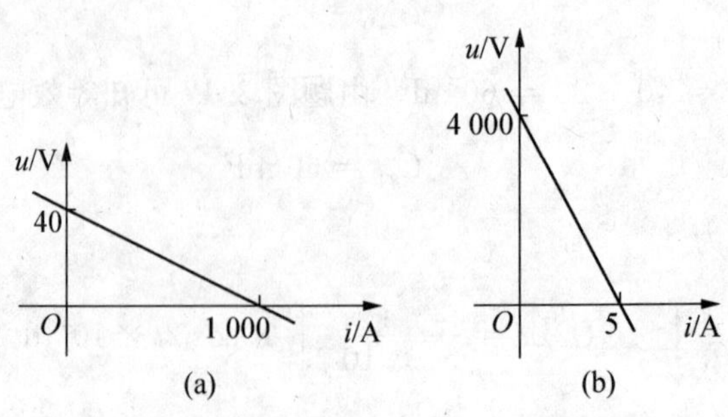

题图 3.21

解

(a) 理想电压源电压为 $u_S = 40\ \text{V}$;理想电压源内阻为 $R_S = \frac{40}{1\,000}\ \Omega = 0.04\ \Omega$。

(b) 理想电流源电流为 $i_S = 5\ \text{A}$;理想电流源内阻为 $R_S = \frac{4\,000}{5}\ \Omega = 800\ \Omega$。

3.22 试用等效变换求题图 3.22 所示电路的戴维南电路。

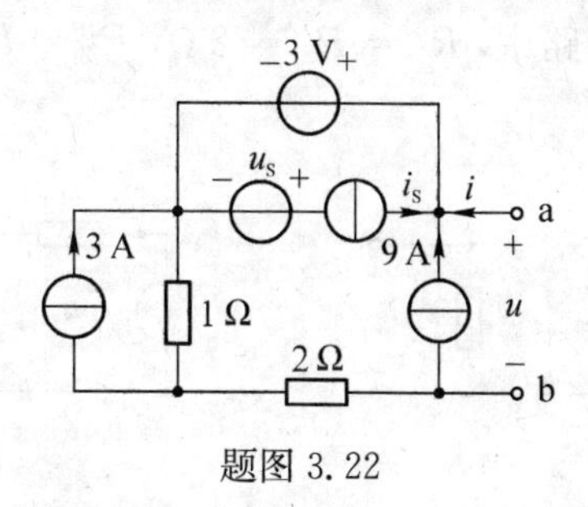

题图 3.22

解

用画等效电路的作图方法求取。求解过程如题图 3.22.1 所示。

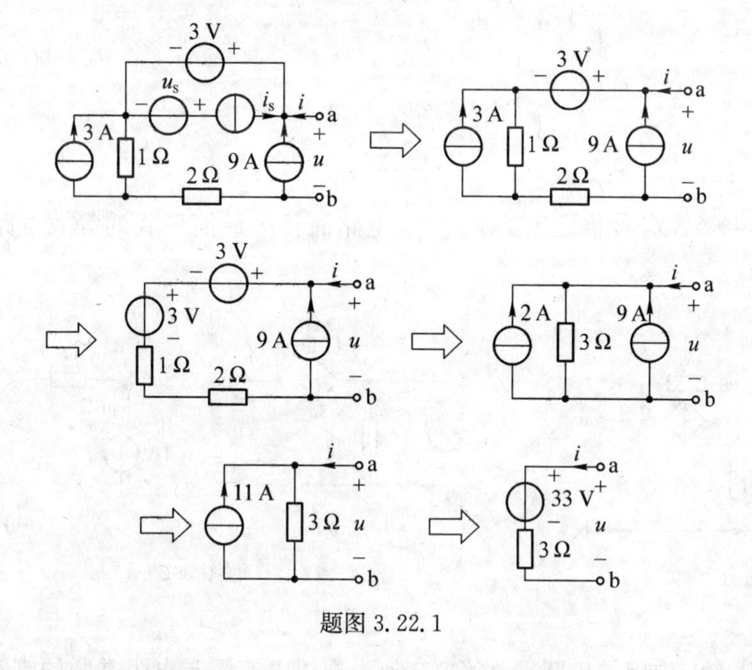

题图 3.22.1

3.23 试用等效变换求题图 3.23 所示电路中的电流 i。

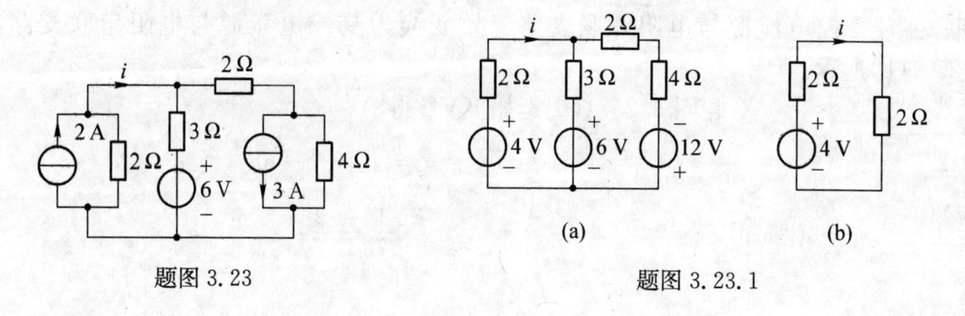

题图 3.23　　题图 3.23.1

解

先将两个有伴电流源变换为有伴电压源，如题图 3.23.1(a)所示，再将右边的两个有伴电压源变换为有伴电流源，再进一步等效为 2 Ω 电阻，如题图 3.23.1(b)所示，因此

$$i=\frac{4}{2+2}\,\mathrm{A}=1\,\mathrm{A}$$

3.24 在题图 3.24 所示电路中，$R_1=R_2=2\,\Omega$，$R_3=R_4=1\,\Omega$，试用电路的等效变换求电压比 u_o/u_S。

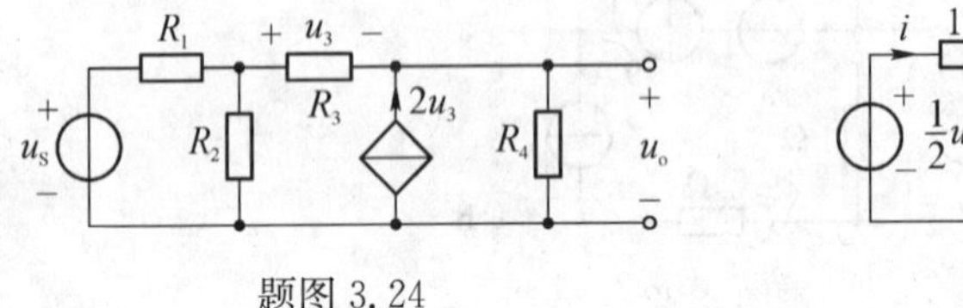

题图 3.24

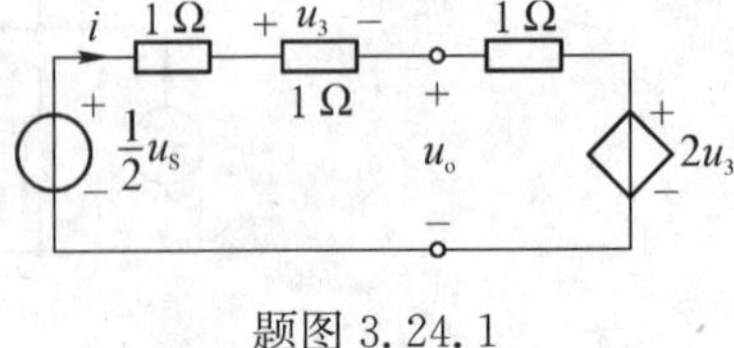

题图 3.24.1

解

原电路可等效为题图 3.24.1 所示电路，列回路 KVL 方程

$$\begin{cases}(1/2)\times u_S-1\times i-u_3-1\times i-2u_3=0\\ u_3=1\times i\\ u_o=1\times i+2u_3\end{cases}$$

可得

$$\frac{u_o}{u_S}=\frac{3}{10}$$

3.25 试用等效变换，将题图 3.25 所示电路简化为最简形式的等效电路。已知 $R_1=R_2=R_3=2\,\Omega$，$U_S=2\,\mathrm{V}$。

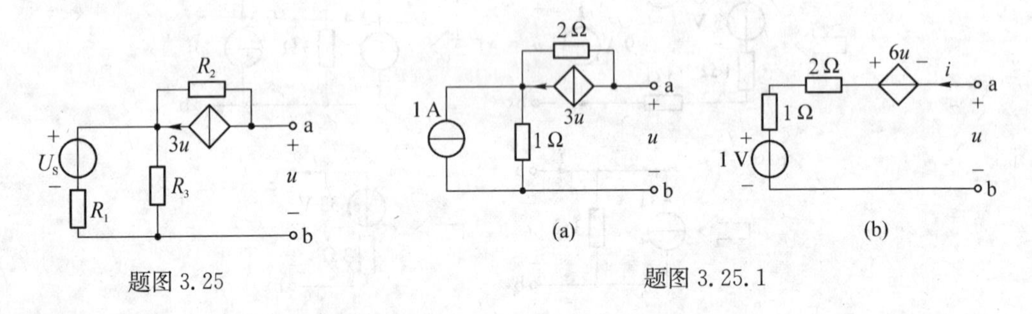

题图 3.25　　　题图 3.25.1

解

将 2 V 电压源与电阻的串联支路等效变换为理想电流源与电阻并联的支路，与 2 Ω 电阻并联，如题图 3.25.1(a)所示。再将 1 A 电流源与电阻并联支路等效变换为理想电压源与电阻串联支路，受控电流源与电阻并联支路等效变换为受控电压源与电阻串联支路，如题图 3.25.1(b)所示。

对题图 3.25.1(b)运用 KVL 得

$$u=1+3i-6u$$

化简得

$$u=\frac{1}{7}+\frac{3}{7}i$$

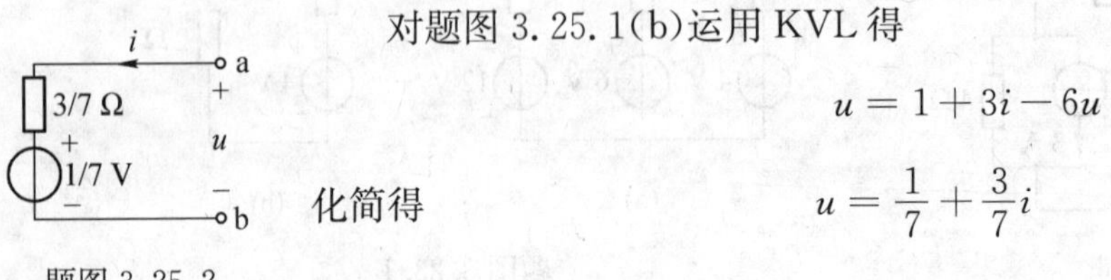

题图 3.25.2

因此最简等效电路如题图 3.25.2 所示。

3.26 如题图 3.26 所示电路的每条支路的电导已标出，试求端口等效电导 G_{ab}。

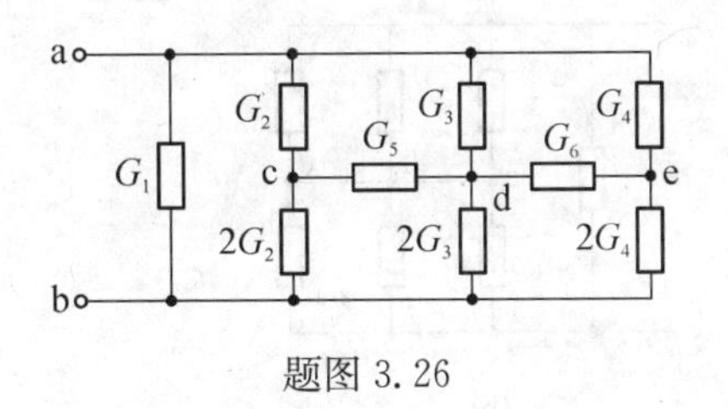

题图 3.26

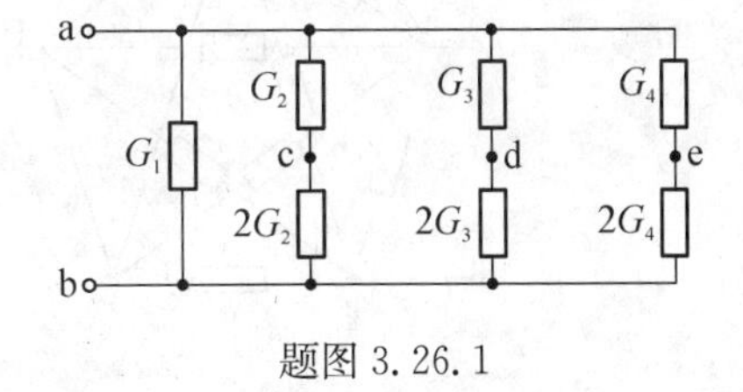

题图 3.26.1

解

题图 3.26 所示的电路没有对称性，要判断同电压节点或零电流支路存在一定的困难。分析题图 3.26 电路，发现如果断开 G_5 支路和 G_6 支路，如题图 3.26.1 所示，在 a、b 两端施加一电源（理想电压源、理想电流源均可），可以看出节点 c、d、e 具有相等的节点电压，即 $u_{cd} = u_{de} = 0$，由欧姆定律可知，如果在节点 c、d 间和 d、e 接入电阻支路，则该支路必为零电流支路，因此 G_5 支路和 G_6 支路为零电流支路，可以断开。因此等效电导为

$$G_{ab} = G_1 + \frac{2}{3}(G_2 + G_3 + G_4)$$

由于节点 c、d、e 具有相等的节点电压，因此节点 c、d、e 之间可以短接，这将得到同样的结果。

3.27 如题图 3.27 所示电路，试求端口等效电阻 R_{ab}。

解

题图 3.27 所示的电路没有对称性，但如果在端口 ab 施加电源激励，则可知节点 c、d 为等电位点，节点 e、f 为等电位点，因此节点 c、d 和节点 e、f 可以分别短接。等效电阻为

$$R_{ab} = 2 /\!/ 2 + 6 /\!/ 6 /\!/ (1 /\!/ 1 + 4 /\!/ 4 + 1 /\!/ 1) + 2 /\!/ 2 = 3.5\ \Omega$$

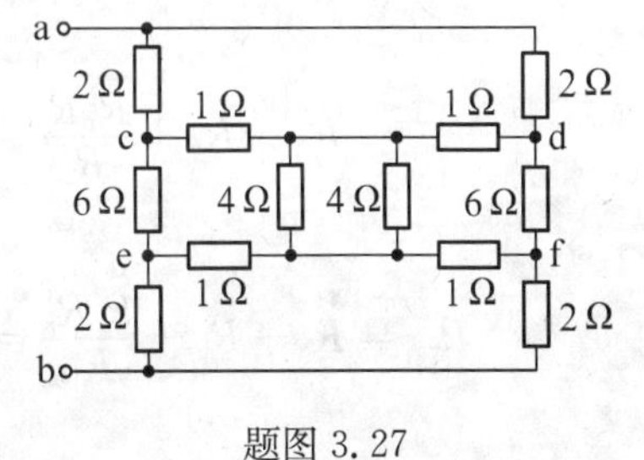

题图 3.27

3.28 试求题图 3.28 所示电路的输入电阻 R_{ab}，图中未标示的电阻值均为 1 Ω。

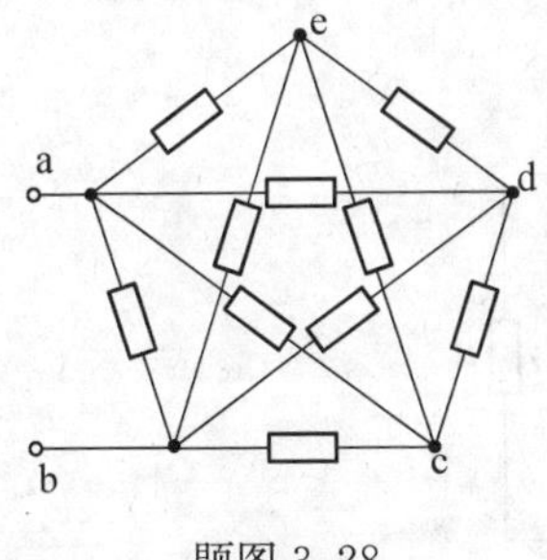

题图 3.28

解

如果在 a、b 两端施加一电源（理想电压源、理想电流源均可），可以看出节点 c、d、e 对节点 a、b 具有相同的拓扑结构，具有相等的节点电压，可以短接，如题图 3.28.1(a)所示。将题图 3.28.1(a)改画为如题图 3.28.1(b)所示的电路，可知从 a、b 两端看进去的等效电阻为

$$R_{ab} = \frac{1 \times \left(\frac{1}{3} + \frac{1}{3}\right)}{1 + \left(\frac{1}{3} + \frac{1}{3}\right)}\ \Omega = 0.4\ \Omega$$

由于节点 c、d、e 具有相等的节点电压，因此支路 ce、de、cd 也为零电流支路，可以将三个支路断开，将得到同样的结果。

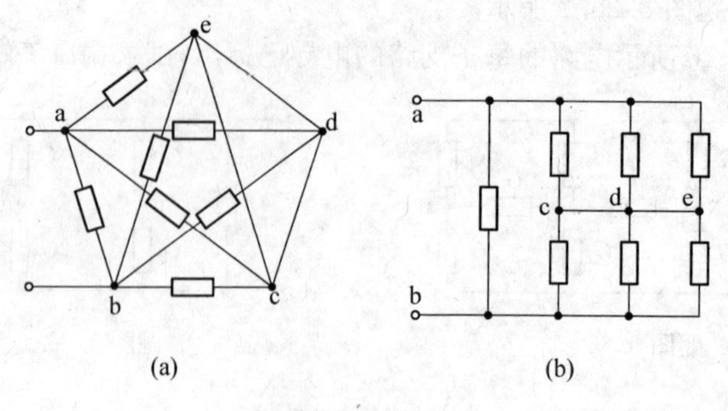

题图 3.28.1

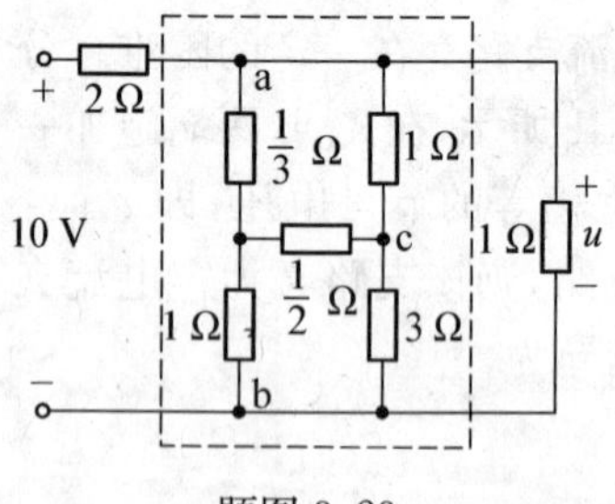

题图 3.29

3.29 如题图 3.29 所示电路,试求电压 u。

解

将题图 3.29 上虚线框内的部分先进行简化。把电阻值为 1/3 Ω、1/2 Ω 和 1 Ω 的三个电阻所接成的 T 形连接变换成 Π 形连接,Π 形连接的三个电阻分别为

$$R_{ab}=R_a+R_b+\frac{R_aR_b}{R_c}=\left(\frac{1}{3}+1+\frac{\frac{1}{3}\times 1}{\frac{1}{2}}\right)\Omega=\left(\frac{1}{3}+1+\frac{2}{3}\right)\Omega=2\ \Omega$$

$$R_{bc}=R_b+R_c+\frac{R_bR_c}{R_a}=\left(1+\frac{1}{2}+\frac{1\times\frac{1}{2}}{\frac{1}{3}}\right)\Omega=\left(1+\frac{1}{2}+\frac{2}{3}\right)\Omega=3\ \Omega$$

$$R_{ca}=R_c+R_a+\frac{R_cR_a}{R_b}=\left(\frac{1}{2}+\frac{1}{3}+\frac{\frac{1}{2}\times\frac{1}{3}}{1}\right)\Omega=\left(\frac{1}{2}+\frac{1}{3}+\frac{1}{6}\right)\Omega=1\ \Omega$$

电路如题图 3.29.1(a)所示,虚线框内电路部分可以用串、并联进一步简化为一个电阻 1 Ω的电阻,得到题图 3.29.1(b)所示电路,由此电路很容易求出

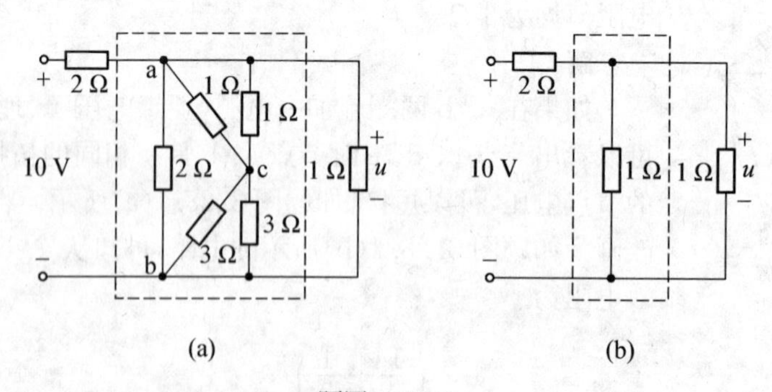

题图 3.29.1

$$u=\frac{0.5}{2+0.5}\times 10\ \text{V}=2\ \text{V}$$

3.30 题图 3.30 所示为一个带有负载的桥——T 形电路，试求 a、b 端的入端电阻 R_{ab}。

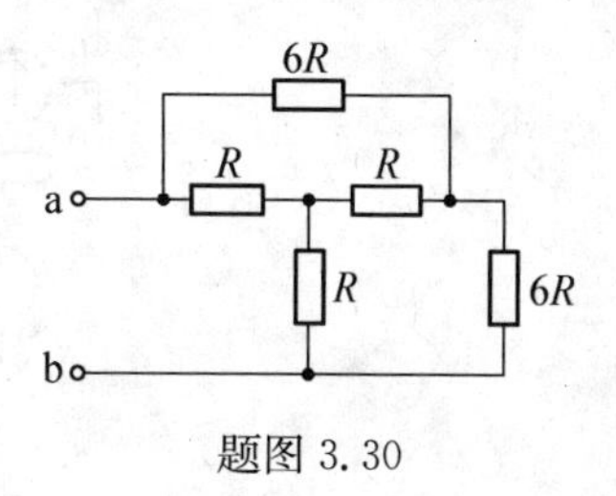

题图 3.30

解

把题图 3.30 电路中 T 形连接的三个电阻变换成 Π 形连接，则原电路可变成如题图 3.30.1(a)所示电路。

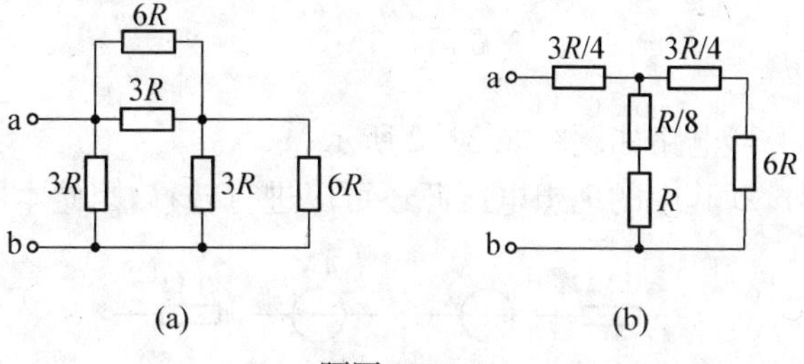

题图 3.30.1

同样，把题图 3.30 电路中 Π 形连接的三个电阻变成 T 形连接会得到如题图 3.30.1(b)所示电路。从题图 3.30.1(a)可得

$$R_{ab} = (3R) /\!/ [(6R) /\!/ (3R) + (6R) /\!/ (3R)] = \frac{12}{7}R$$

从题图 3.30.1(b)可得

$$R_{ab} = \frac{3}{4}R + \left(\frac{1}{8}R + R\right) /\!/ \left(\frac{3}{4}R + 6R\right) = \frac{12}{7}R$$

本题两种简化方法的计算结果相同，在电路分析中可选择有利于简化分析的 T－Π 等效变换，本题中将 T 形连接变换成 Π 形连接较为简单。

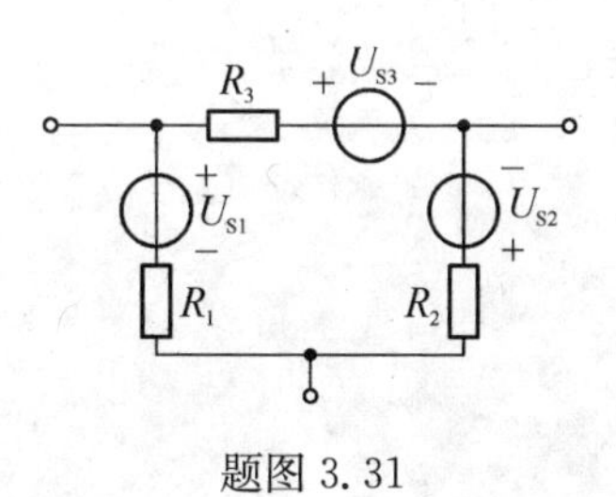

题图 3.31

3.31 试求题图 3.31 所示 Π 形电路的 T 形等效电路。已知 $R_1 = 1\,\Omega$, $R_2 = 2\,\Omega$, $R_3 = 3\,\Omega$, $U_{S1} = 2\,V$, $U_{S2} = 6\,V$, $U_{S3} = 3\,V$。

解

具体变换过程如题图 3.31.1 所示。

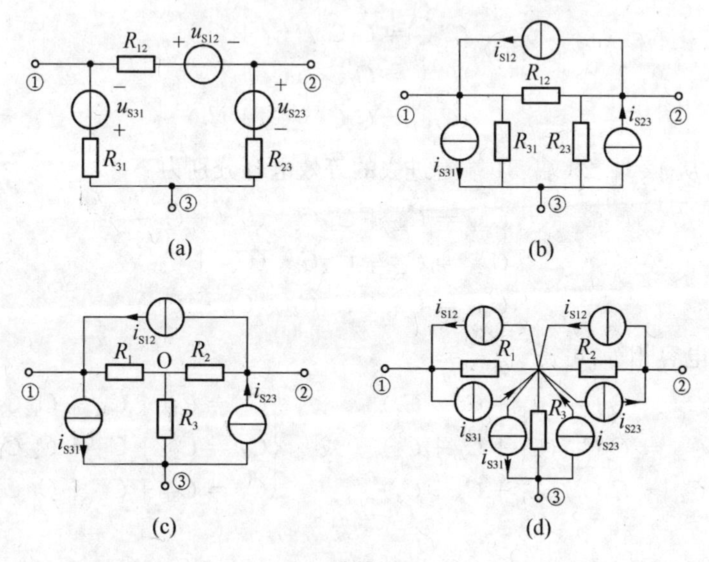

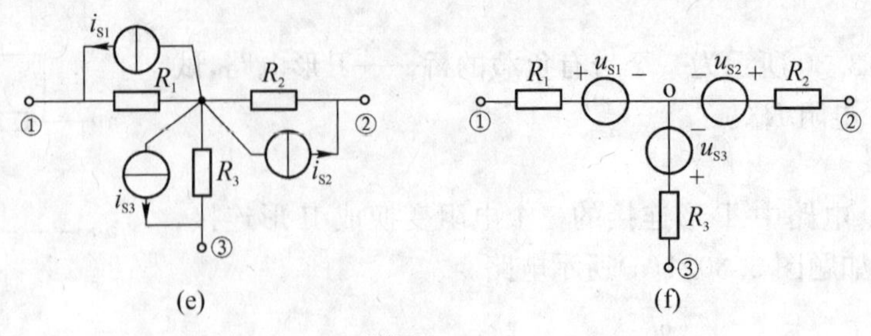

题图 3.31.1

代入具体数值，等效的 T 形电路如题图 3.31.2 所示。

仔细分析题图 3.31.2，其中的理想电压源还可以进行转移，因此本题答案不唯一。

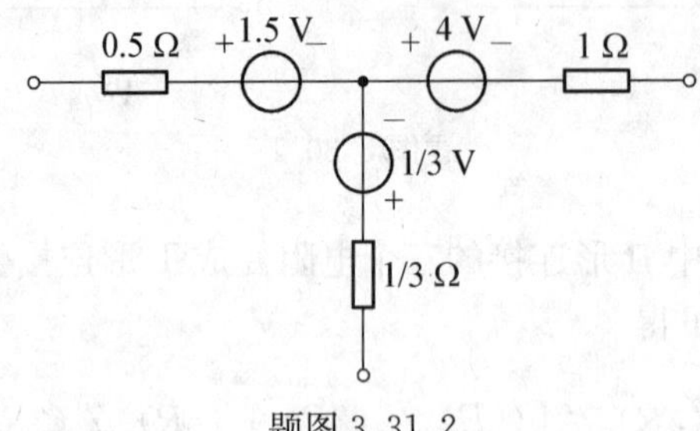

题图 3.31.2

3.32 试推导题图 3.32 所示电路的 T－Π 电容电路的等效变换公式，设电容的初始电压为零。

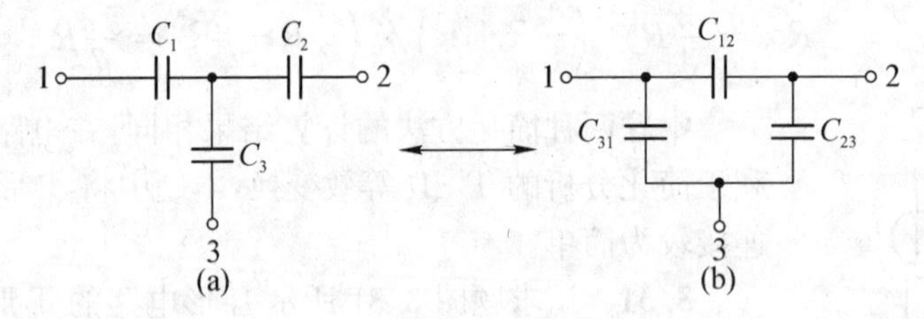

题图 3.32

解

对题图 3.32(a)，从 12 端、23 端、31 端看进去的等效电容分别为

$$\begin{cases} C_{e12} = C_1C_2/(C_1+C_2) \\ C_{e23} = C_2C_3/(C_2+C_3) \\ C_{e31} = C_3C_1/(C_3+C_1) \end{cases}$$

对题图 3.32(b)，从 12 端、23 端、31 端看进去的等效电容分别为

$$\begin{cases} C_{e12} = C_{12}+C_{31}C_{23}/(C_{31}+C_{23}) \\ C_{e23} = C_{23}+C_{12}C_{31}/(C_{12}+C_{31}) \\ C_{e31} = C_{31}+C_{12}C_{23}/(C_{12}+C_{23}) \end{cases}$$

由对应端口等效电容相等，可得

$$\begin{cases} C_{12} = C_1C_2/(C_1+C_2+C_3) \\ C_{23} = C_2C_3/(C_1+C_2+C_3) \\ C_{31} = C_3C_1/(C_1+C_2+C_3) \end{cases} \quad 或 \quad \begin{cases} C_1 = C_{12}+C_{31}+C_{12}C_{31}/C_{23} \\ C_2 = C_{23}+C_{12}+C_{23}C_{12}/C_{31} \\ C_3 = C_{31}+C_{23}+C_{31}C_{23}/C_{12} \end{cases}$$

3.33 试推导题图 3.33 所示电路的 T－Π 电感电路的等效变换公式，设电感的初始电流为零。

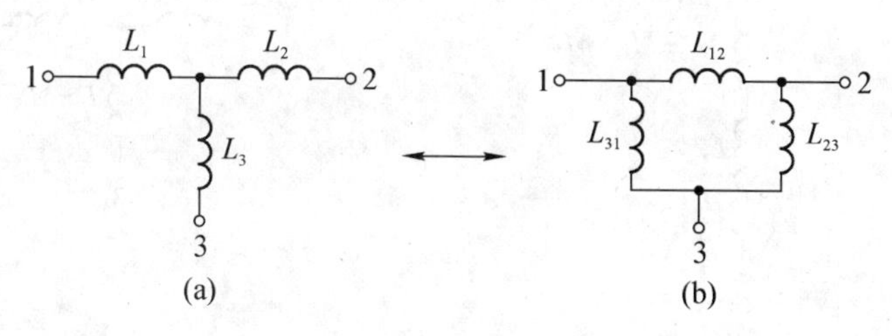

题图 3.33

解

对题图 3.33(a)，从 12 端、23 端、31 端看进去的等效电感分别为

$$\begin{cases} L_{e12} = L_1 + L_2 \\ L_{e23} = L_2 + L_3 \\ L_{e31} = L_3 + L_1 \end{cases}$$

对题图 3.33(b)，从 12 端、23 端、31 端看进去的等效电感分别为

$$\begin{cases} L_{e12} = L_{12}(L_{23} + L_{31})/(L_{12} + L_{23} + L_{31}) \\ L_{e23} = L_{23}(L_{12} + L_{31})/(L_{12} + L_{23} + L_{31}) \\ L_{e31} = L_{31}(L_{12} + L_{23})/(L_{12} + L_{23} + L_{31}) \end{cases}$$

由对应端口等效电感相等，可得

$$\begin{cases} L_{12} = L_1 + L_2 + L_1L_2/L_3 \\ L_{23} = L_2 + L_3 + L_2L_3/L_1 \\ L_{31} = L_3 + L_1 + L_3L_1/L_2 \end{cases} \quad 或 \quad \begin{cases} L_1 = L_{31}L_{12}/(L_{12} + L_{23} + L_{31}) \\ L_2 = L_{12}L_{23}/(L_{12} + L_{23} + L_{31}) \\ L_3 = L_{23}L_{31}/(L_{12} + L_{23} + L_{31}) \end{cases}$$

3.34 试推导题图 3.34 所示三端耦合电感的去耦等效电路。

解

对题图 3.34 电路，先去除互感 M_{12}，得到如题图 3.34.1(a)所示的等效电路，进一步去除互感 M_{23}、M_{31}，分别得到如题图 3.34.1(b)、(c)所示的等效电路，最后得到如题图 3.34.1(d)所示的等效电路。

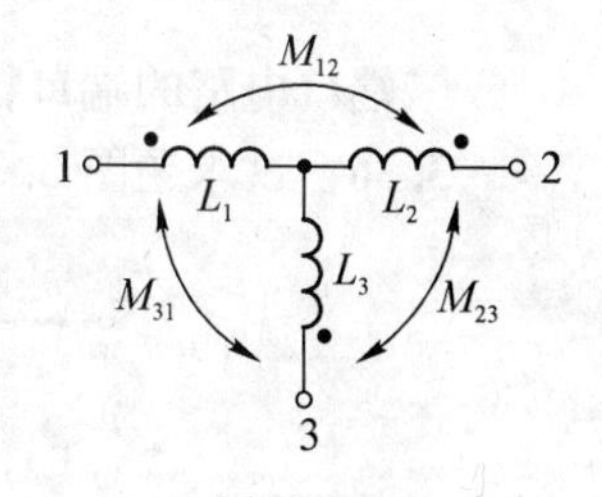

题图 3.34

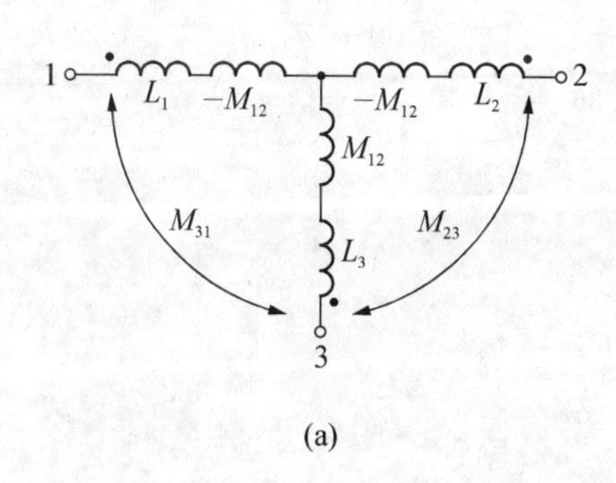

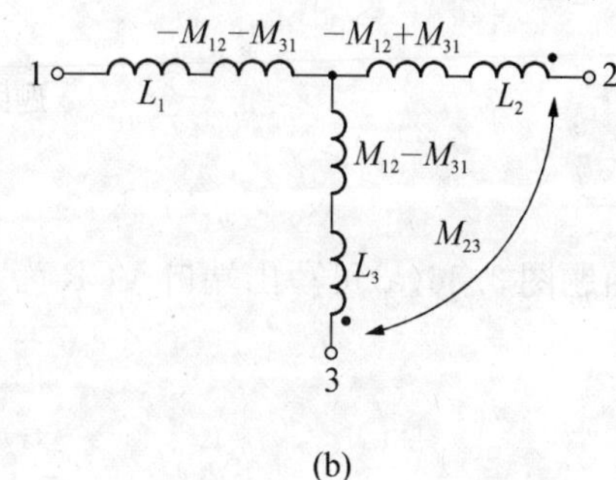

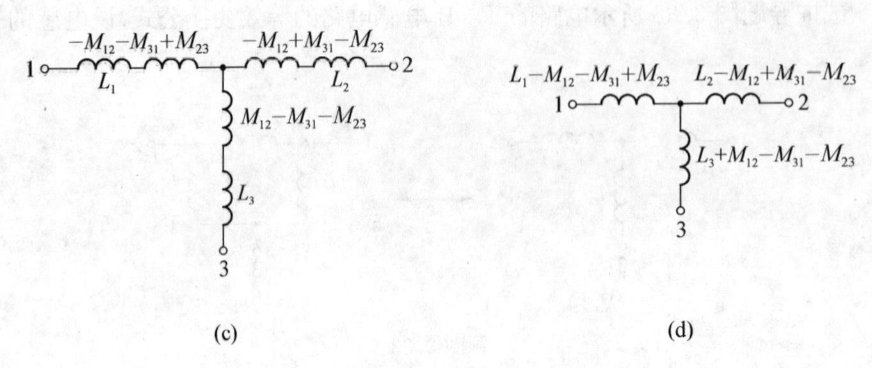

题图 3.34.1

3.35 如题图 3.35 所示电路，已知耦合电感 $L_1 = 4$ H，$L_2 = 3$ H，$M = 2$ H，试求从 ab 端看进去的等效电感。

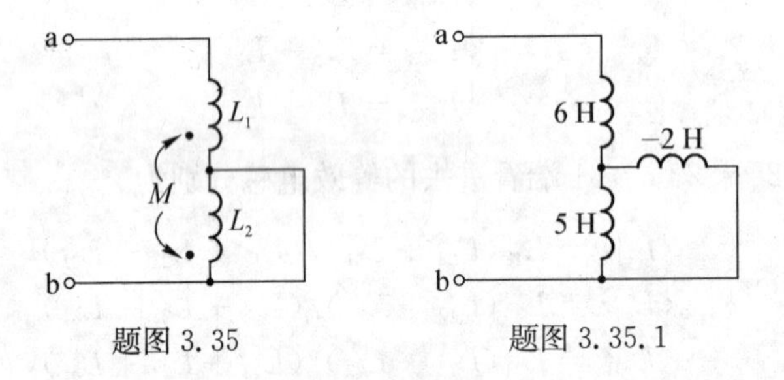

题图 3.35　　　　题图 3.35.1

解

利用耦合电感的 T 形去耦等效变换，得到题图 3.35.1 所示的电路，从 ab 端看进去的等效电感为

$$L_{ab} = 6 + \frac{5 \times (-2)}{5-2}\ \text{H} = \frac{8}{3}\ \text{H}$$

二端口电路的端口特性

3.36 试求题图 3.36 所示二端口电路的 r 参数矩阵和 g 参数矩阵。

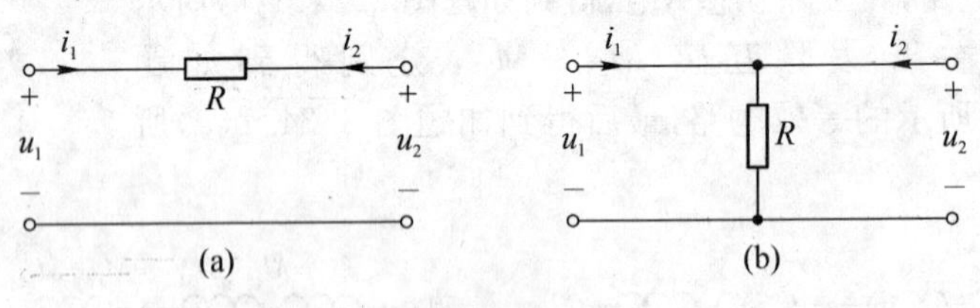

题图 3.36

解

(a) 由题图 3.36(a)可写出端口 VCR 为

$$\begin{cases} u_1 = Ri_1 + u_2 \\ i_1 = -i_2 \end{cases}$$

将上式表示为

$$\begin{cases} i_1 = (1/R)u_1 - (1/R)u_2 \\ i_2 = -(1/R)u_1 + (1/R)u_2 \end{cases}$$

因此 g 参数矩阵为$\boldsymbol{G} = \begin{bmatrix} 1/R & -1/R \\ -1/R & 1/R \end{bmatrix}$。由于该 g 参数矩阵不存在逆矩阵,因此 r 参数矩阵不存在。

(b) 由题图 3.36(b)可写出端口 VCR 为

$$\begin{cases} u_1 = u_2 \\ u_1 = R(i_1 + i_2) \end{cases}$$

将上式表示为

$$\begin{cases} u_1 = Ri_1 + Ri_2 \\ u_2 = Ri_1 + Ri_2 \end{cases}$$

因此 r 参数矩阵为$\boldsymbol{R} = \begin{bmatrix} R & R \\ R & R \end{bmatrix}$。由于该 r 参数矩阵不存在逆矩阵,因此 g 参数矩阵不存在。

3.37 试求题图 3.37 所示二端口的 g 参数矩阵。

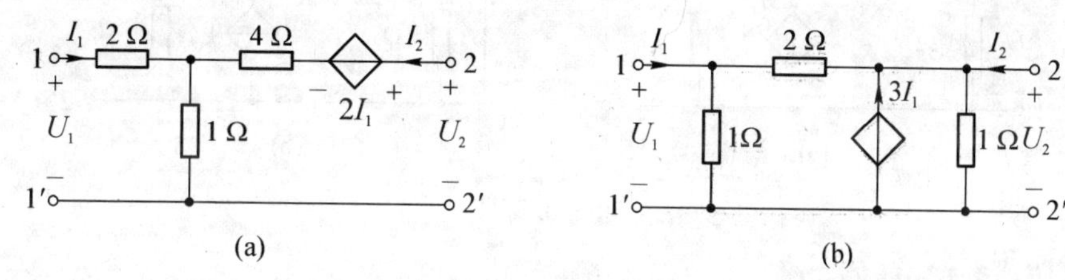

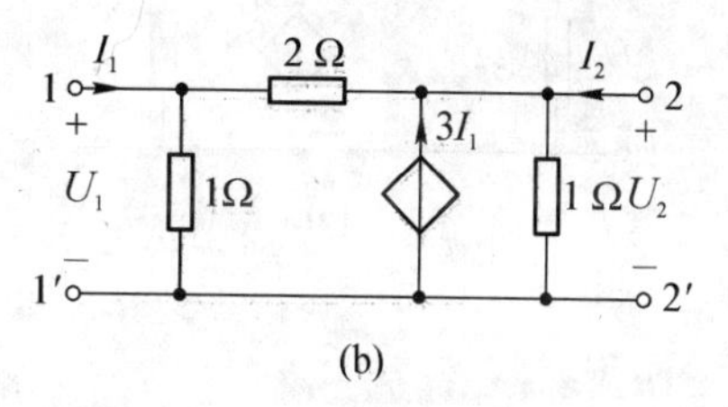

题图 3.37

解

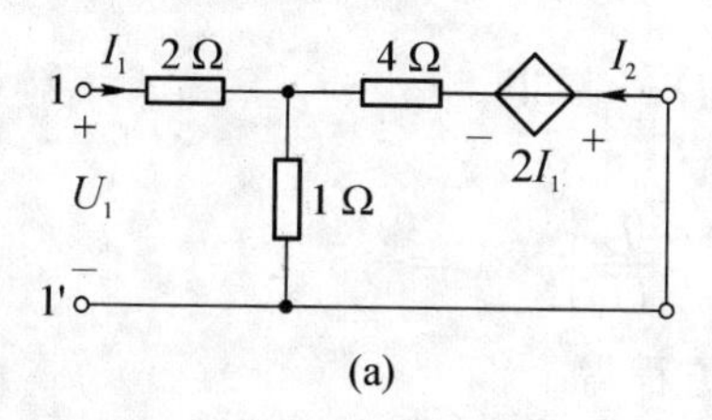

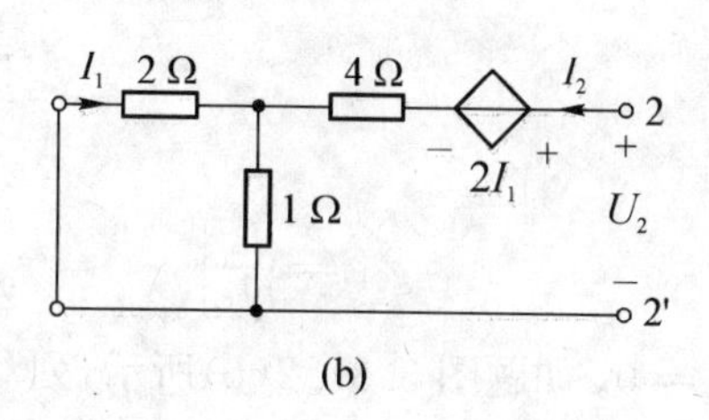

题图 3.37.1

对题图 3.37(a),令 $U_2 = 0$,如题图 3.37.1(a)所示,列写电路方程得

$$U_1 = 2 \times I_1 + 1 \times (I_1 + I_2)$$
$$(I_1 + I_2) \times 1 = -4I_2 - 2I_1$$

解方程得 $I_1 = \frac{5}{12}U_1$,$I_2 = -\frac{1}{4}U_1$,因此

$$g_{11} = \left.\frac{I_1}{U_1}\right|_{U_2=0} = \frac{5}{12}$$
$$g_{21} = \left.\frac{I_2}{U_1}\right|_{U_2=0} = -\frac{1}{4}$$

令 $U_1=0$，如题图 3.37.1(b)所示，列写电路方程得

$$U_2=2I_1+4I_2+1\times(I_1+I_2)$$
$$(I_1+I_2)\times 1=-2I_1$$

解方程得 $I_1=-\frac{1}{12}U_2$，$I_2=\frac{1}{4}U_2$，因此

$$g_{12}=\left.\frac{I_1}{U_2}\right|_{U_1=0}=-\frac{1}{12}$$
$$g_{22}=\left.\frac{I_2}{U_2}\right|_{U_1=0}=\frac{1}{4}$$

所以题图 3.37(a)电路的 g 参数矩阵为 $\boldsymbol{G}=\begin{bmatrix}\frac{5}{12} & -\frac{1}{12}\\ -\frac{1}{4} & \frac{1}{4}\end{bmatrix}$

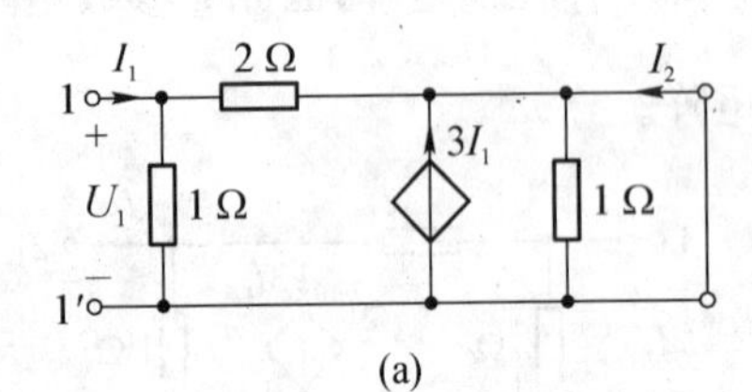

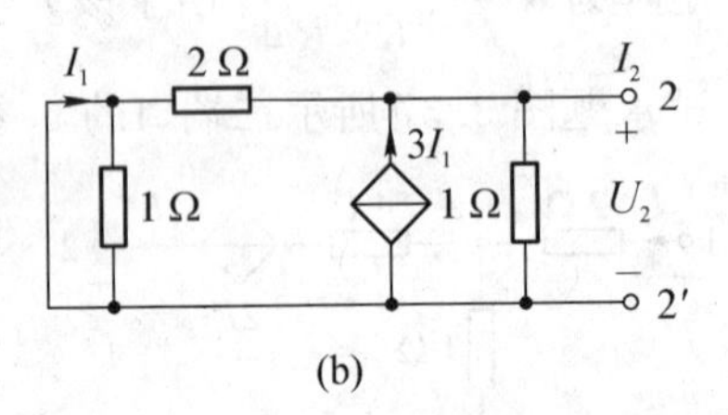

题图 3.37.2

对题图 3.37(b)，令 $U_2=0$，如题图 3.37.2(a)所示，列写电路方程得

$$I_1=\frac{U_1}{1}+\frac{U_1}{2}=\frac{3}{2}U_1$$
$$I_2=-\frac{U_1}{2}-3I_1=-5U_1$$

所以 $$g_{11}=\left.\frac{I_1}{U_1}\right|_{U_2=0}=\frac{3}{2},\ g_{21}=\left.\frac{I_2}{U_1}\right|_{U_2=0}=-5$$

令 $U_1=0$，如题图 3.37.2(b)所示，列写电路方程得

$$I_1=-\frac{U_2}{2}$$
$$I_2=\frac{U_2}{1}+\frac{U_2}{2}-3I_1=3U_2$$

所以 $$g_{12}=\left.\frac{I_1}{U_2}\right|_{U_1=0}=-\frac{1}{2},\ g_{22}=\left.\frac{I_2}{U_2}\right|_{U_1=0}=3$$

可得题图 3.37(b)电路的 g 参数矩阵为 $\boldsymbol{G}=\begin{bmatrix}\frac{3}{2} & -\frac{1}{2}\\ -5 & 3\end{bmatrix}$

3.38 晶体三极管小信号模型 题图 3.38(a)为晶体三极管，题图 3.38(b)为其小信号模型，试求该二端口电路模型的 h 参数矩阵。

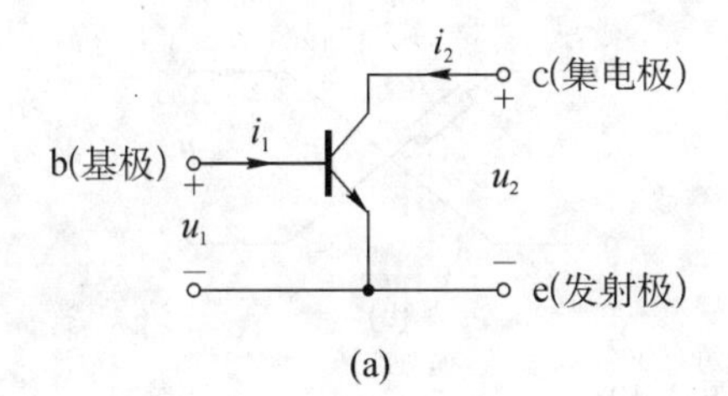

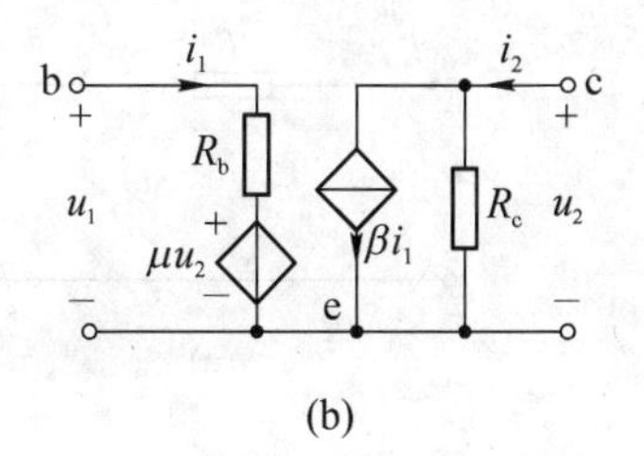

题图 3.38

解

对题图 3.38(b)的输入端口运用 KVL 得

$$u_1 = R_b i_1 + \mu u_2$$

对题图 3.38(b)的输出端口运用 KCL 得

$$i_2 = \beta i_1 + (1/R_c) u_2$$

由 h 参数矩阵的定义可得

$$\boldsymbol{H} = \begin{bmatrix} R_b & \mu \\ \beta & 1/R_c \end{bmatrix}$$

3.39 题图 3.39 所示含理想运算放大器二端口电路，试求该二端口的电阻参数矩阵 $\boldsymbol{R}$。

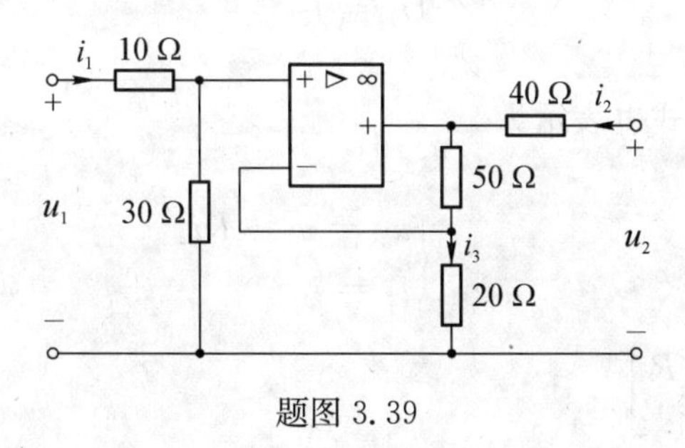

题图 3.39

解

利用运放的“虚短”和“虚断”性质，根据题图 3.39 可得

$$30 i_1 = 20 i_3$$

列写输入、输出回路的 KVL 方程，得

$$\begin{cases} u_1 = 40 i_1 \\ u_2 = 40 i_2 + 70 i_3 = 105 i_1 + 40 i_2 \end{cases}$$

于是有

$$\boldsymbol{R} = \begin{bmatrix} 40 & 0 \\ 105 & 40 \end{bmatrix} \Omega$$

3.40 试求题图 3.40 所示二端口电路的 a 参数矩阵和 a' 参数矩阵。

解

(a) 由题图 3.40(a)可写出端口 VCR 为

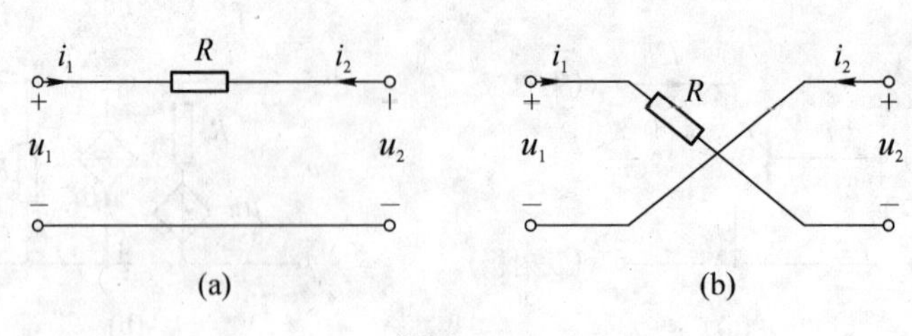

题图 3.40

$$\begin{cases} u_1 = u_2 - Ri_2 \\ i_1 = -i_2 \end{cases}$$

a 参数矩阵 $\begin{bmatrix} 1 & R \\ 0 & 1 \end{bmatrix}$。上式也表示为

$$\begin{cases} u_2 = u_1 - Ri_1 \\ i_2 = -i_1 \end{cases}$$

得到 a' 参数矩阵为 $\begin{bmatrix} 1 & R \\ 0 & 1 \end{bmatrix}$。

(b) 由题图 3.40(b)可写出端口 VCR 为

$$\begin{cases} u_1 = u_2 + Ri_2 \\ i_1 = i_2 \end{cases}$$

a 参数矩阵 $\begin{bmatrix} 1 & -R \\ 0 & 1 \end{bmatrix}$。上式也表示为

$$\begin{cases} u_2 = u_1 + Ri_1 \\ i_2 = i_1 \end{cases}$$

得到 a' 参数矩阵为 $\begin{bmatrix} 1 & -R \\ 0 & 1 \end{bmatrix}$。

3.41 已知二端口电路的 r 参数为 $r_{11} = 40\ \Omega$，$r_{12} = 10\ \Omega$，$r_{21} = 20\ \Omega$，$r_{22} = 20\ \Omega$，试求该二端口电路的其他 5 种参数矩阵。

解

已知 $\boldsymbol{R} = \begin{bmatrix} 40 & 10 \\ 20 & 20 \end{bmatrix} \Omega$，由《电路理论基础》表 3.5.2 得

$$\boldsymbol{G} = \begin{bmatrix} 1/30 & -1/60 \\ -1/30 & 1/15 \end{bmatrix} \text{S},\ \boldsymbol{H} = \begin{bmatrix} 30\ \Omega & 0.5 \\ -1 & 0.05\ \text{S} \end{bmatrix},\ \boldsymbol{H}' = \begin{bmatrix} 0.025\ \text{S} & -0.25 \\ 0.5 & 15\ \Omega \end{bmatrix}$$

$$\boldsymbol{A} = \begin{bmatrix} 2 & 30\ \Omega \\ 0.05\ \text{S} & 1 \end{bmatrix},\ \boldsymbol{A}' = \begin{bmatrix} 2 & 60\ \Omega \\ 0.1\ \text{S} & 4 \end{bmatrix}$$

具有端接的二端口电路

3.42 在题图 3.42 所示电路中，已知二端口电路的 $\boldsymbol{R} = \begin{bmatrix} 10 & 15 \\ 5 & 20 \end{bmatrix} \Omega$，$R_S = 100\ \Omega$。试

求当负载 $R_L = 25\,\Omega$ 时，输出电压与输入电压之比 u_2/u_S。

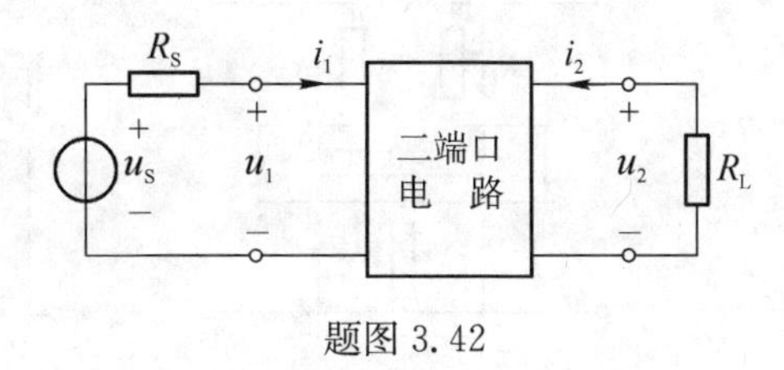

题图 3.42

解

可以直接运用电路转移电压比的公式(见《电路理论基础》表 3.6.1)来求。

$$R_i = \frac{r_{11}R_L + \Delta_r}{r_{22} + R_L} = \frac{10\times 25 + (10\times 20 - 5\times 15)}{20+25}\,\Omega = \frac{25}{3}\,\Omega$$

$$A_u = \frac{r_{21}R_L}{r_{11}R_L + \Delta_r} = \frac{5\times 25}{10\times 25 + (10\times 20 - 5\times 15)} = \frac{1}{3}$$

$$H_u = \frac{u_2}{u_S} = A_u\frac{R_i}{R_S + R_i} = \frac{1}{3}\times\frac{\frac{25}{3}}{\frac{25}{3}+100} = \frac{1}{39}$$

3.43 如题图 3.43 所示电路中 N 为某晶体管放大器，其中 h 参数矩阵为 $\boldsymbol{H} = \begin{bmatrix} 10^3\ \Omega & 10^{-4} \\ 100 & 10^{-5}\ \text{S} \end{bmatrix}$，已知 $u_S = 10\,\text{mV}$，$R_f = R_L = 1\,\text{k}\Omega$，试求输出电压 u_o。

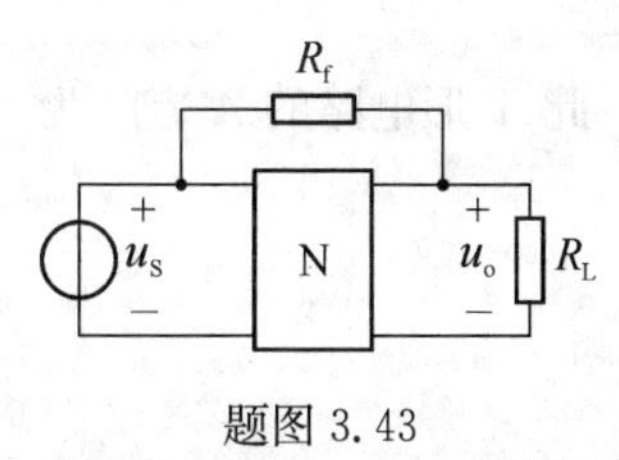

题图 3.43

解

列写 N 的 VCR 为

$$\begin{cases} u_S = 10^3 i_1 + 10^{-4} u_o \\ i_2 = 100 i_1 + 10^{-5} u_o \end{cases}$$

对输出端节点列写 KCL 方程

$$\frac{u_o}{R_L} + i_2 + \frac{u_o - u_S}{R_f} = 0$$

代入参数值，联立求解得

$$u_o = -0.495\ \text{V}$$

二端口电路的互连

3.44 题图 3.44(a)所示 T 形二端口电路可看作两个二端口电路的串联，如题图3.44(b)所示，也可看作三个二端口电路的级联，如题图 3.44(c)所示，试用题图 3.44(b)、(c)求题图 3.44(a)所示 T 形二端口电路的 $\boldsymbol{R}$ 矩阵和 $\boldsymbol{A}$ 矩阵。已知 $R_1 = 1\,\Omega$，$R_2 = 3\,\Omega$，$R_3 = 2\,\Omega$。

解 由题图 3.44(b)求 $\boldsymbol{R}$ 矩阵。对题图 3.44(b)，不难求得

$$\boldsymbol{R}_1 = \begin{bmatrix} R_1 & 0 \\ 0 & R_2 \end{bmatrix} = \begin{bmatrix} 1 & 0 \\ 0 & 3 \end{bmatrix}\Omega,\ \boldsymbol{R}_2 = \begin{bmatrix} R_3 & R_3 \\ R_3 & R_3 \end{bmatrix} = \begin{bmatrix} 2 & 2 \\ 2 & 2 \end{bmatrix}\Omega$$

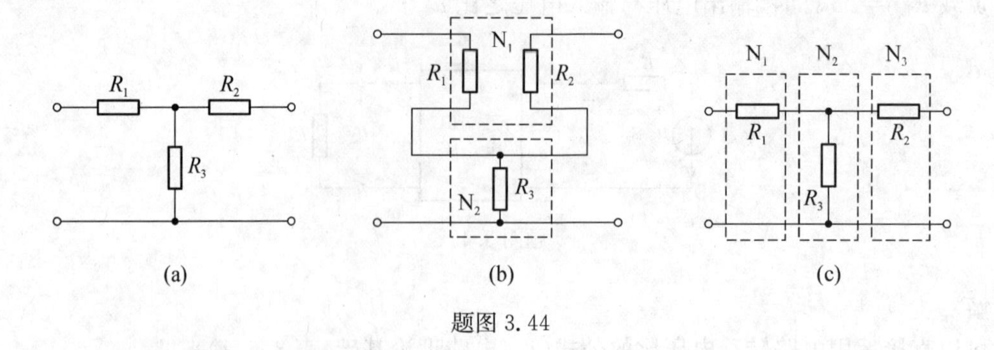

题图 3.44

此 T 形电路的 $\boldsymbol{R}$ 矩阵为

$$\boldsymbol{R}=\boldsymbol{R}_1+\boldsymbol{R}_2=\begin{bmatrix}R_1+R_3 & R_3\\ R_3 & R_2+R_3\end{bmatrix}=\begin{bmatrix}3 & 2\\ 2 & 5\end{bmatrix}\Omega$$

再由题图 3.44(c)求 $\boldsymbol{A}$ 矩阵。对题图 3.44(c),不难求得

$$\boldsymbol{A}_1=\begin{bmatrix}1 & R_1\\ 0 & 1\end{bmatrix}=\begin{bmatrix}1 & 1\\ 0 & 1\end{bmatrix},\ \boldsymbol{A}_2=\begin{bmatrix}1 & 0\\ \dfrac{1}{R_3} & 1\end{bmatrix}=\begin{bmatrix}1 & 0\\ \dfrac{1}{2} & 1\end{bmatrix},\ \boldsymbol{A}_3=\begin{bmatrix}1 & R_2\\ 0 & 1\end{bmatrix}=\begin{bmatrix}1 & 3\\ 0 & 1\end{bmatrix}$$

此 T 形电路的 $\boldsymbol{A}$ 矩阵为

$$\boldsymbol{A}=\boldsymbol{A}_1\boldsymbol{A}_2\boldsymbol{A}_3=\begin{bmatrix}1\dfrac{1}{2} & 5\dfrac{1}{2}\ \Omega\\ \dfrac{1}{2}\ \mathrm{S} & 2\dfrac{1}{2}\end{bmatrix}$$

3.45 题图 3.45(a)所示电路可看作题图 3.45(b)所示两个二端口电路的并联,试用题图 3.45(b)求题图 3.45(a)所示电路的 $\boldsymbol{G}$ 矩阵。

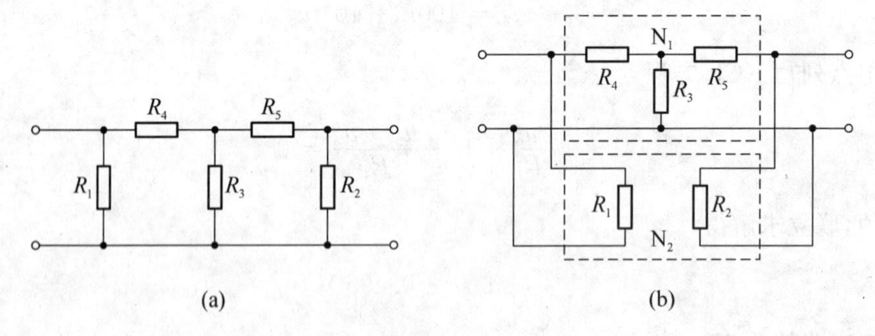

题图 3.45

解 经判定这种并联是满足有效性测试的,所以对此题可用公式

$$\boldsymbol{G}=\boldsymbol{G}_1+\boldsymbol{G}_2$$

来求取 $\boldsymbol{G}$ 矩阵。

题图 3.45(b)中 T 形电路 N_1 的开路电阻矩阵为

$$\boldsymbol{R}_1 = \begin{bmatrix} R_3 + R_4 & R_3 \\ R_3 & R_3 + R_5 \end{bmatrix}$$

对矩阵 $\boldsymbol{R}_1$ 求逆，得到 $\boldsymbol{G}_1$ 为

$$\boldsymbol{G}_1 = \begin{bmatrix} \dfrac{R_3 + R_5}{R_3R_4 + R_3R_5 + R_4R_5} & -\dfrac{R_3}{R_3R_4 + R_3R_5 + R_4R_5} \\ -\dfrac{R_3}{R_3R_4 + R_3R_5 + R_4R_5} & \dfrac{R_3 + R_4}{R_3R_4 + R_3R_5 + R_4R_5} \end{bmatrix}$$

不难从 N_2 中求得

$$\boldsymbol{G}_2 = \begin{bmatrix} 1/R_1 & 0 \\ 0 & 1/R_2 \end{bmatrix}$$

于是有

$$\boldsymbol{G} = \begin{bmatrix} \dfrac{1}{R_1} + \dfrac{R_3 + R_5}{R_3R_4 + R_3R_5 + R_4R_5} & -\dfrac{R_3}{R_3R_4 + R_3R_5 + R_4R_5} \\ -\dfrac{R_3}{R_3R_4 + R_3R_5 + R_4R_5} & \dfrac{1}{R_2} + \dfrac{R_3 + R_4}{R_3R_4 + R_3R_5 + R_4R_5} \end{bmatrix}$$

此题也可利用级联公式来求解，但因需要进行参数换算，而显得过于烦琐。

3.46 试求题图 3.46 所示二端口电路的传输矩阵 **A** 的各个参数。

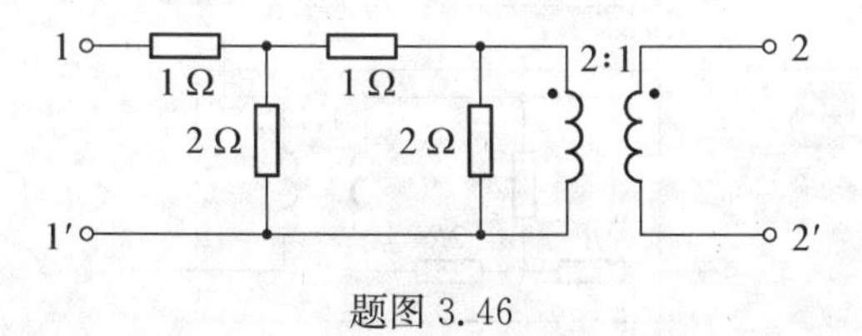

题图 3.46

解

题图 3.46 所示二端口电路可看成由三个二端口电路级联而成，如题图 3.46.1(a)所示。对 N_1，如题图 3.46.1(b)所示，有端口方程

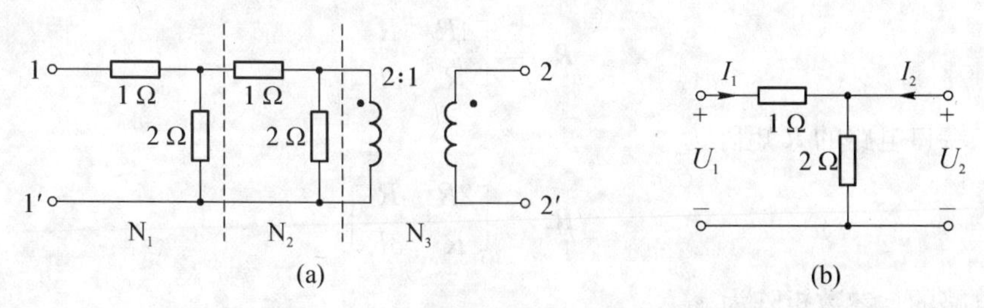

题图 3.46.1

$$\begin{cases} U_1 = I_1 + 2(I_1 + I_2) \\ U_2 = 2(I_1 + I_2) \end{cases}$$

整理可得
$$\begin{cases} U_1 = 1.5U_2 + (-I_2) \\ I_1 = 0.5U_2 + (-I_2) \end{cases}$$

有
$$\boldsymbol{A}_1=\begin{bmatrix}1.5 & 1\\0.5 & 1\end{bmatrix}$$

且
$$\boldsymbol{A}_2=\boldsymbol{A}_1=\begin{bmatrix}1.5 & 1\\0.5 & 1\end{bmatrix}$$

同理,对 N_3,有方程$\begin{cases}U_1=2U_2\\I_1=-\dfrac{1}{2}I_2\end{cases}$,可得 $\boldsymbol{A}_3=\begin{bmatrix}2 & 0\\0 & \dfrac{1}{2}\end{bmatrix}$。因此

$$\boldsymbol{A}=\boldsymbol{A}_1\boldsymbol{A}_2\boldsymbol{A}_3=\begin{bmatrix}\dfrac{11}{2} & \dfrac{5}{4}\,\Omega\\\dfrac{5}{2}\,\mathrm{S} & \dfrac{3}{4}\end{bmatrix}$$

即
$$a_{11}=\frac{11}{2},\ a_{12}=\frac{5}{4}\,\Omega,\ a_{21}=\frac{5}{2}\,\mathrm{S},\ a_{22}=\frac{3}{4}$$

3.47 题图 3.47 所示二端口电路,由两个子二端口电路串联而成,试求总二端口电路的 r 参数矩阵。

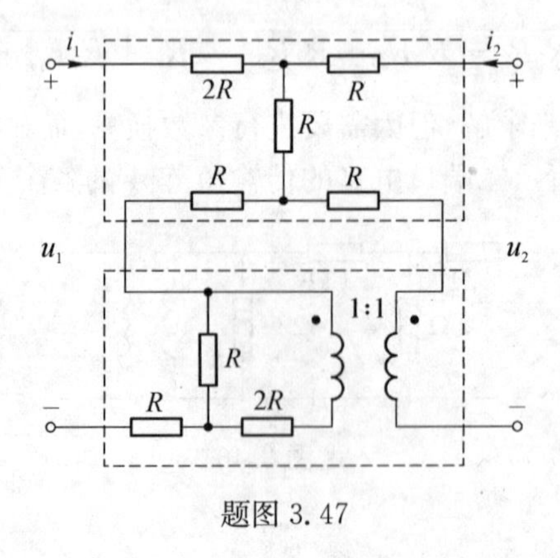

题图 3.47

解

题图 3.47 电路情况符合串联连接的有效性测试,其上边虚框二端口电路的 $\boldsymbol{R}$ 矩阵为

$$\boldsymbol{R}_1=\begin{bmatrix}4R & R\\R & 3R\end{bmatrix}$$

下边虚框二端口电路的 $\boldsymbol{R}$ 矩阵为

$$\boldsymbol{R}_2=\begin{bmatrix}2R & R\\R & 3R\end{bmatrix}$$

总二端口电路的 r 参数矩阵为

$$\boldsymbol{R}=\boldsymbol{R}_1+\boldsymbol{R}_2=\begin{bmatrix}6R & 2R\\2R & 6R\end{bmatrix}$$

3.48 负反馈放大电路 通过二端口电路的互连可构成所谓的负反馈放大电路,即将输出的一部分反馈到输入端。题图 3.48 所示为采用串-并联连接方式的负反馈放大电路的原理图,其中 N_1 为前向通路,N_2 为反馈通路。试求电路的电压增益 u_o/u_S。

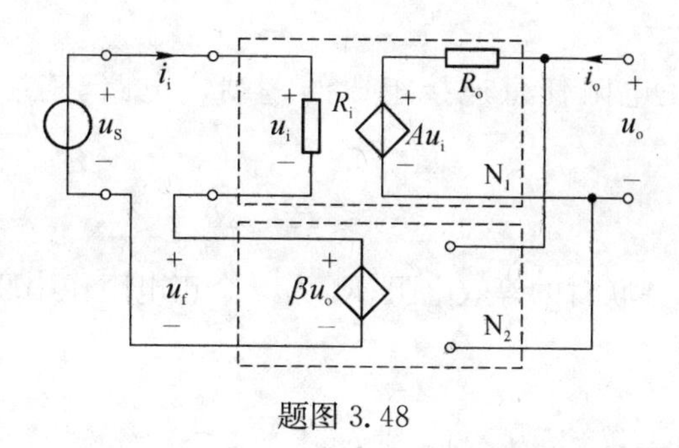

题图 3.48

解 1

题图 3.48 电路情况符合串-并联连接的有效性测试，N_1 的 VCR 满足

$$\begin{cases} u_i = R_i i_i \\ u_o = R_o i_o + A u_i \end{cases}$$

亦即

$$\begin{cases} u_i = R_i i_i + 0 \times u_o \\ i_o = (-AR_i/R_o) i_i + (1/R_o) u_o \end{cases}$$

得到 N_1 的 $\boldsymbol{H}$ 矩阵为

$$\boldsymbol{H}_1 = \begin{bmatrix} R_i & 0 \\ -AR_i/R_o & 1/R_o \end{bmatrix}$$

类似地，可推导出 N_2 的 $\boldsymbol{H}$ 矩阵为

$$\boldsymbol{H}_2 = \begin{bmatrix} 0 & \beta \\ 0 & 0 \end{bmatrix}$$

因此，总二端口电路的 h 参数矩阵为

$$\boldsymbol{H} = \boldsymbol{H}_1 + \boldsymbol{H}_2 = \begin{bmatrix} R_i & \beta \\ -AR_i/R_o & 1/R_o \end{bmatrix}$$

查表，可得电路的电压增益 u_o/u_S 为

$$H_u = A_u = -\frac{h_{21} R_L}{h_{11} + R_L \Delta_h} \overset{R_L \to \infty}{=} -\frac{h_{21}}{\Delta_h} = \frac{AR_i/R_o}{R_i/R_o + A\beta R_i/R_o} = \frac{A}{1 + A\beta}$$

解 2

注意到输出端电流 $i_o = 0$，直接列写 KVL 方程，得

$$\begin{cases} u_S = u_i + \beta u_o \\ u_o = A u_i \end{cases}$$

消去 u_i，可得电路的电压增益 u_o/u_S 为

$$H_u = \frac{A}{1 + A\beta}$$

综合

3.49 由 n 个线性正电阻任意连接组成的一端口电路，其端口的等效电阻为 R，试证明：

$$R_p \leqslant R \leqslant R_s$$

式中：R_p 为 n 个正电阻作并联时的等效电阻；R_s 为 n 个正电阻作串联时的等效电阻（提示：可利用功率守恒性质）。

证明

若电路两端施加电压源 u_S，电路吸收功率为

$$\frac{u_S^2}{R} = \sum_{k=1}^{n} \frac{u_k^2}{R_k}$$

式中：u_k 为任一电阻 R_k 的电压。由于 $|u_S| \geqslant |u_k|$

因此
$$u_S^2 \geqslant u_k^2$$

有
$$\frac{u_S^2}{R} \leqslant \sum_{k=1}^{n} \frac{u_S^2}{R_k}$$

因此
$$\frac{1}{R} \leqslant \sum_{k=1}^{n} \frac{1}{R_k} = \frac{1}{R_p}$$

故得
$$R_p \leqslant R$$

若电路两端施加理想电流源 i_S，电路吸收功率为

$$Ri_S^2 \leqslant \sum_{k=1}^{n} R_k i_S^2$$

由于 $|i_S| \geqslant |i_k|$，所以 $i_S^2 \geqslant i_k^2$

因此
$$Ri_S^2 = \sum_{k=1}^{n} R_k i_k^2$$

有
$$R \leqslant \sum_{k=1}^{n} R_k = R_s$$

因此
$$R \leqslant R_s$$

故得
$$R_p \leqslant R \leqslant R_s$$

3.50 试求题图 3.50 所示电路的戴维南电路和诺顿电路，并绘出伏安特性曲线。

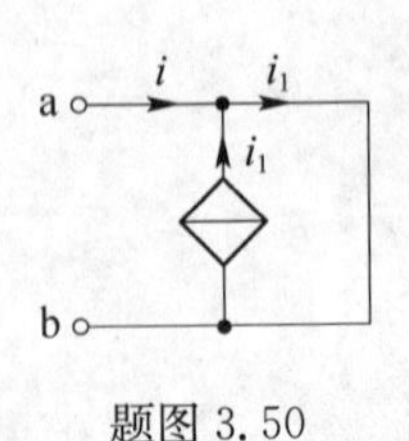

题图 3.50

解

(1) 因 ab 端被导线短路，所以开路电压 u_{OC} 为 $u_{OC} = 0$。

(2) 等效电阻 $R_{ab} = 0$。

(3) 短路电流 $i_{SC} = i_1 - i_1 = 0$。

该电路既无戴维南电路，也无诺顿电路。

3.51 题图 3.51 所示电路中所有电阻均为 1 Ω,试计算 2 V 电压源的功率。

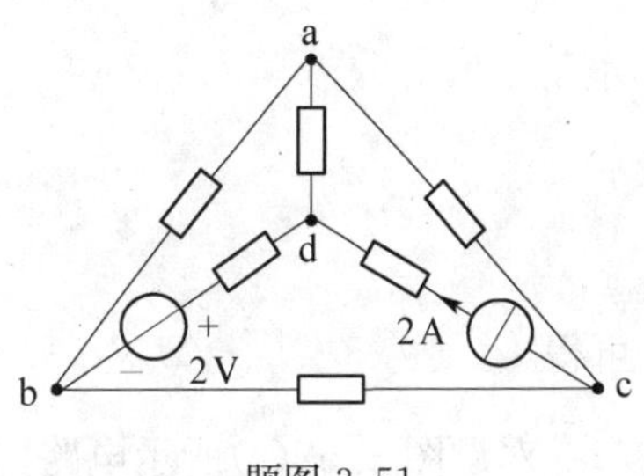

题图 3.51

解

将题图电路逐步等效变换为题图 3.51.1(a)~(d)所示电路。由题图 3.51.1(d)可得理想电压源吸收的功率为

$$p = 2 \times \frac{8/3 - 2}{1 + 5/3}\ \mathrm{W} = 0.5\ \mathrm{W}$$

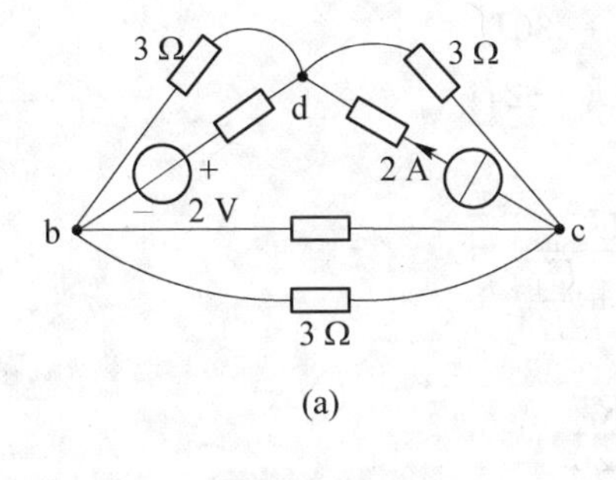

(a)

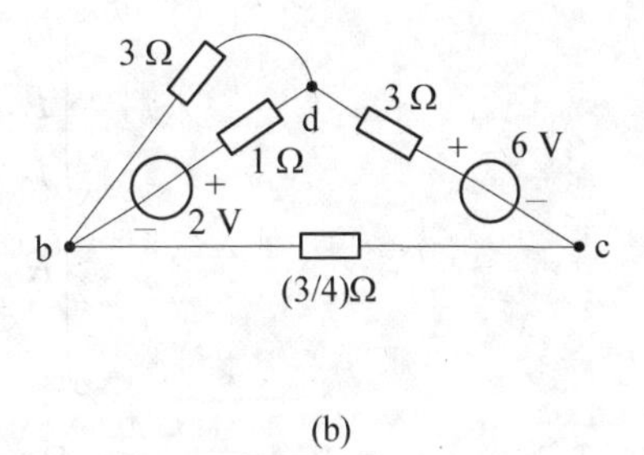

(b)

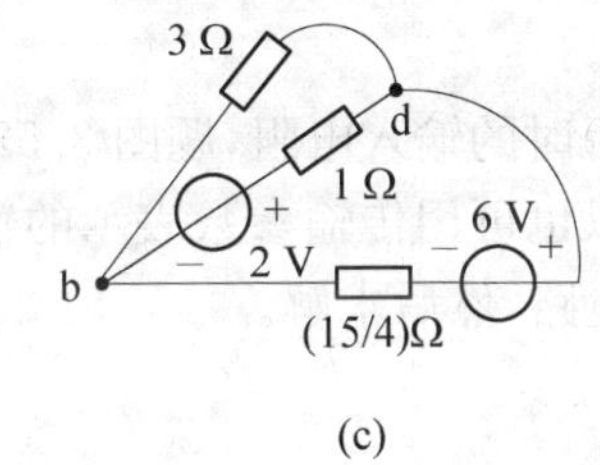

(c)

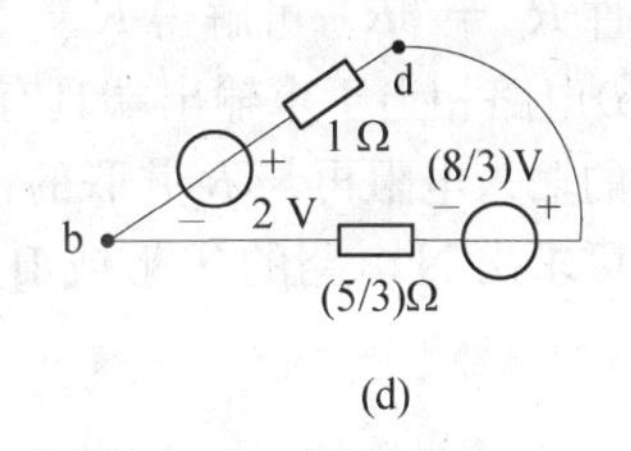

(d)

题图 3.51.1

3.52 题图 3.52(a)所示线性电阻无源二端口电路 N_R,其传输方程为

$$\begin{cases} U_1 = 2U_2 - 30I_2 \\ I_1 = 0.1U_2 - 2I_2 \end{cases}$$

其中 U_1、U_2 单位为伏,I_1、I_2 单位为安。电阻 R 并联在输出端(见题图 3.52(b))时的输入电阻等于该电阻并联在输入端(见题图 3.52(c))时的输入电阻的 6 倍,试求该电阻 R。

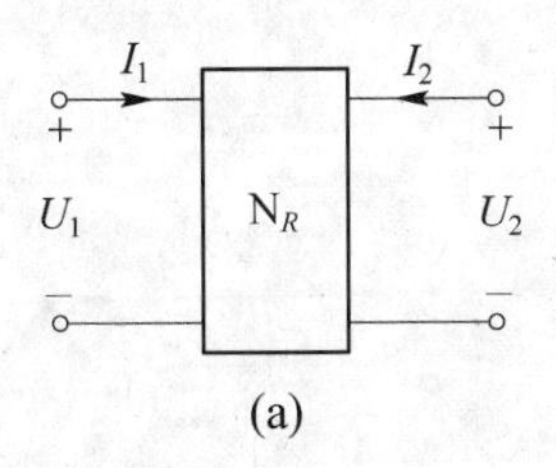

(a)

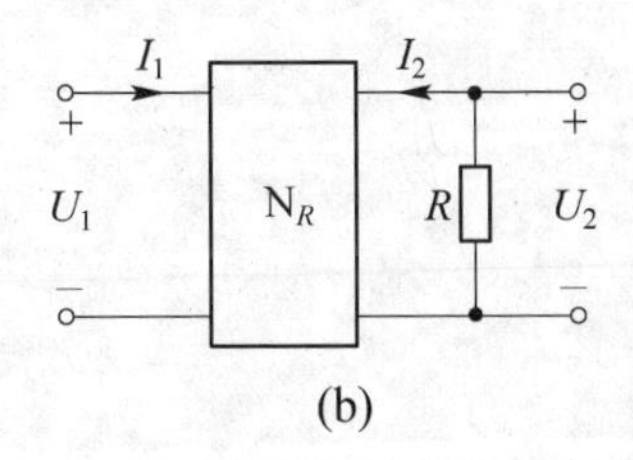

(b)

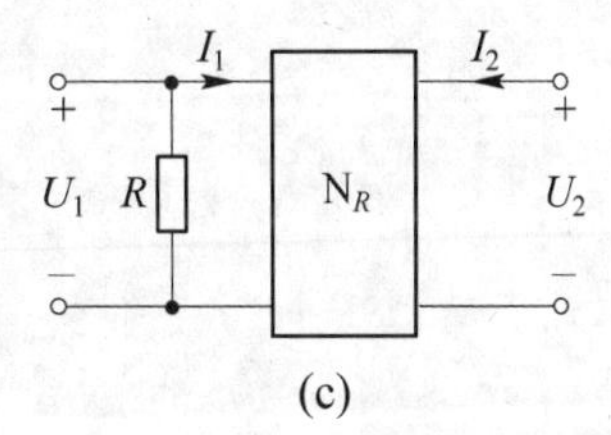

(c)

题图 3.52

解

对题图 3.52(b)所示电路,当电阻 R 并联在输出端时,设输入电阻为 R_1,有电路方程

$$\begin{cases} U_1 = 2U_2 - 30I_2 \\ I_1 = 0.1U_2 - 2I_2 \\ U_2 = -RI_2 \\ R_1 = U_1/I_1 \end{cases}$$

可得
$$R_1 = \frac{2R + 30}{0.1R + 2}$$

对题图 3.52(c)所示电路，当电阻 R 并联在输入端时，设输入电阻为 R_2，有电路方程

$$\begin{cases} U_1 = 2U_2 - 30I_2 \\ I_1 = 0.1U_2 - 2I_2 \\ I_2 = 0 \\ R_2 = \dfrac{U_1}{I_1 + \dfrac{U_1}{R}} \end{cases}$$

可得
$$R_2 = \frac{20R}{R + 20}$$

根据已知条件 $R_2 = 6R_1$，可解得 $R = 3\ \Omega$。

题图 3.52(b)电路相当于求输出端具有端接电阻时的输入电阻，题图 3.52(c)电路相当于求输出端开路时的输入电阻再与 R 并联的情况，所以也可用传输参数表示的输入电阻公式直接求解。本题也可求出 N 电路的 T 形或 Π 形等效电路，然后求解。

4 电路定理

4.1 教学要求

熟练掌握齐次定理、叠加定理、替代定理、戴维南定理、诺顿定理、最大功率传输定理、特勒根定理、互易定理、对偶原理的内容、适用条件以及在电路分析中的应用。

4.2 重点和难点

本章介绍了多个电路定理，其中重点是叠加定理和戴维南定理。叠加定理不仅适用于线性电路的分析，更重要的是利用它可推导出线性电路的一些重要定理和引出一些重要的电路分析方法。戴维南定理在电路分析中极为有用，它为电路的简化和分析计算提供了有效的方法。

1）齐次定理和叠加定理

齐次定理和叠加定理是线性电路两个相互独立的定理，反映了线性电路的基本特征，即线性电路同时满足齐次性和叠加性。在应用时应注意以下几点：

(1) 在应用齐次定理时，应注意激励是指独立源，并且必须在电路具有唯一解的条件下才能成立。如果电路含有多个激励，应注意所有激励（理想电压源和理想电流源）都同时变为原来的 a 倍（a 为实数）时，响应（电压和电流）才同样变为原来的 a 倍，否则将导致错误的结果。

(2) 叠加定理适用于线性电路，不适用于非线性电路。

(3) 在进行叠加的各分电路中，不作用的理想电压源置零，就是将理想电压源用短路代替；不作用的理想电流源置零，就是将理想电流源用开路代替。电路中所有电阻都不予变动，受控源仍保留在各分电路中。

(4) 注意各分电路中的电压和电流所取的参考方向是否与原电路相同，从而在进行叠加时，决定各分量前的“＋”、“－”号。

功率不满足叠加定理。

2）替代定理

替代定理指出：对已知支路的替代并不会改变电路其他部分的 KCL、KVL 约束关系，从而不改变整个电路的电压和电流。在应用时应注意以下几点：

(1) 替代定理要求替代前后的电路都必须有唯一解。

(2) 应用替代定理时必须已知端口电压或端口电流，当被替代电路 N_2 发生变化时，其端口电压或端口电流也会发生相应变化，从而要求替代的理想电压源或理想电流源也相应改变。

(3) 替代定理中所指的被替代电路 N_2，应与 N_2 以外的电路不存在耦合关系。例如，受控源支路和控制支路不应分属于被替代支路和被替代支路以外的电路。

(4) 替代定理对线性和非线性电路均成立。被替代电路可以是单一元件支路，也可以是由复杂电路构成的一端口电路。

(5) 除被替代的部分发生变化外，电路的其余部分在替代前后必须保持完全相同。

3) 戴维南定理和诺顿定理

戴维南定理和诺顿定理也称为等效电源定理。应用这两个定理的关键是求戴维南电路的开路电压 u_{OC} 和戴维南等效电阻 R_o 以及诺顿电路的短路电流 i_{SC} 和诺顿等效电导 G_o。

求开路电压 u_{OC} 和短路电流 i_{SC} 时，可根据电路的特点选择合适的电路分析方法来求取。等效电阻 R_o 和等效电导 G_o 互为倒数，其求解常让初学者感到难以掌握，下面介绍几种常用计算方法：

(1) 对于不含受控源的一端口电路，将内部独立源置零，通过电阻串、并联以及 T－Π 电路等效变换求等效电阻。

(2) 对于含受控源的一端口电路，将内部独立源置零，采用《电路理论基础》3.2 节介绍的“外加电源法”求等效电阻。

(3) 开路短路法：对于含源一端口电路，在其内部电源保持不变的情况下，求出开路电压 u_{OC} 和短路电流 i_{SC}，则 $R_o = u_{OC}/i_{SC}$。

(4) 对一端口电路直接求其端口特性，如其端口特性为 $u = Ai + B$，则 $R_o = A$。

4) 特勒根定理

与基尔霍夫定律一样，特勒根定理反映了电路的互连性质，与电路元件的性质无关。它和 KCL、KVL 的关系是：三者之中任意两者可推出第三者。特勒根定理的应用对象是拓扑结构完全相同的两个电路(如两电路的对应元件也相同，也简化为一个电路)，应用时应取支路电压、支路电流的参考方向为关联参考方向。

5) 互易定理

互易定理的适用范围比较狭窄，它一般只适用于线性非时变无源电路。在应用时，不仅要注意变量的类别(电压或电流)和数值大小，还要注意它们的参考方向。

应用互易定理可导出互易二端口电路的参数矩阵所满足的条件，由此可直接判断其是否满足互易性。

4.3 典型例题

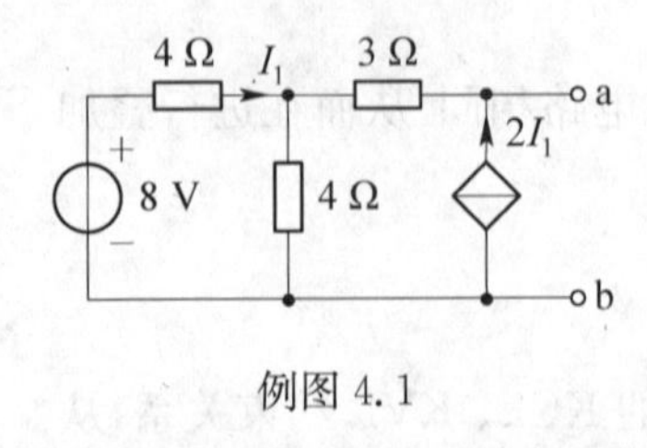

例图 4.1

例 4.1 求例图 4.1 所示电路的戴维南等效电路和诺顿等效电路。

【分析】 此题的难点在于求解含受控源电路的等效内阻。一般用开-短路法或外加电源法求解，注意用开-短路法时独立源保留，而用外加电源法时需将独立源置零。

【解 1】 开-短路法。先求开路电压 U_{OC}。开路时电路如例图 4.1.1(a)所示，由 KVL 可列方程

$$4I_1 + 4(I_1 + 2I_1) - 8 = 0$$

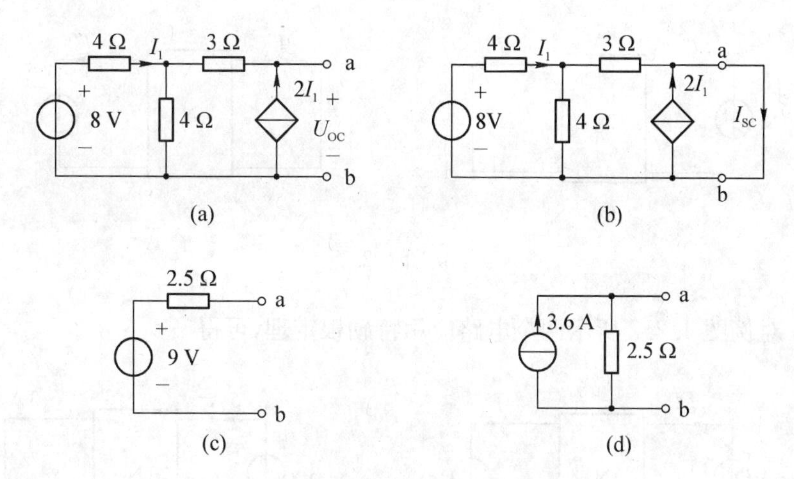

例图 4.1.1

解得
$$I_1 = 0.5\ \text{A}$$
故得
$$U_{OC} = 3 \times 2I_1 + 4 \times (2I_1 + I_1) = 9\ \text{V}$$

再求短路电流 I_{SC}。短路时电路如例图 4.1.1(b)所示。

$$I_{SC} = \frac{4}{4+3}I_1 + 2I_1 = \frac{18}{7}I_1 = \frac{18}{7}\left(\frac{16}{4+(4\ /\!/\ 3)}\right)\text{A} = 3.6\ \text{A}$$

最后求得等效内阻为

$$R_{eq} = \frac{U_{OC}}{I_{SC}} = \frac{9}{3.6}\ \Omega = 2.5\ \Omega$$

由此得戴维南等效电路和诺顿等效电路分别如例图 4.1.1(c)和例图 4.1.1(d)所示。

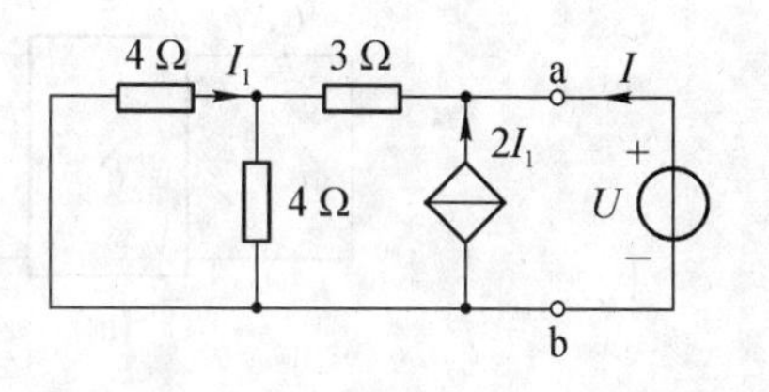

例图 4.1.2

【解 2】 采用外加电源法求等效内阻。如例图 4.1.2 所示,将原理想电压源置零,并在 ab 端口外加理想电压源,可求得等效内阻为

$$R_{eq} = \frac{U}{I} = \frac{-4I_1 - 3 \times 2I_1}{-4I_1} = 2.5\ \Omega$$

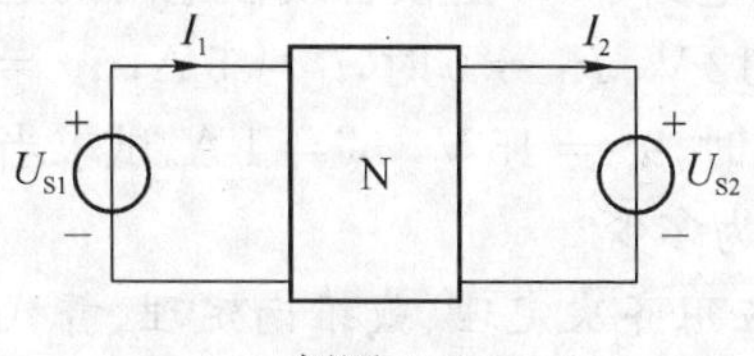

例图 4.2

例 4.2 例图 4.2 所示二端口电路 N 为仅含线性电阻电路。已知当 $U_{S1} = 3\ \text{V}$, $U_{S2} = 0$ 时, $I_1 = 5\ \text{A}$, $I_3 = 3\ \text{A}$。试求当 $U_{S1} = U_{S2} = 6\ \text{V}$ 时, I_1 为多少?

【分析】 此题有多种解法,几乎涵盖了第 4 章的所有电路基本定理。

【解 1】 应用叠加定理,两电源单独作用下的分电路如例图 4.2.1 所示。由已知条件知 $U_{S1} = 3\ \text{V}$, $U_{S2} = 0$ 时 $I_1 = 5\ \text{A}$, $I_2 = 3\ \text{A}$。根据齐次性原理,当 $U_{S1} = 6\ \text{V}$ 时,可得 $I_1' = 10\ \text{A}$, $I_2' = 6\ \text{A}$。又因为 N 为互易电路,由互易定理(形式一)有 $I_1'' = -I_2' = -6\ \text{A}$(负号是因为 U_{S2} 反极性互易,则电流反号)。因此当 $U_{S1} = 6\ \text{V}$, $U_{S2} = 6\ \text{V}$ 时,根据叠加定理得

$$I_1 = I_1' + I_1'' = (10-6)\ \text{A} = 4\ \text{A}$$

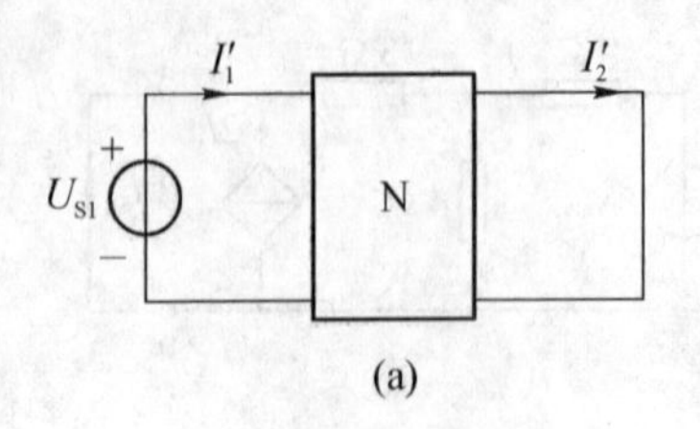

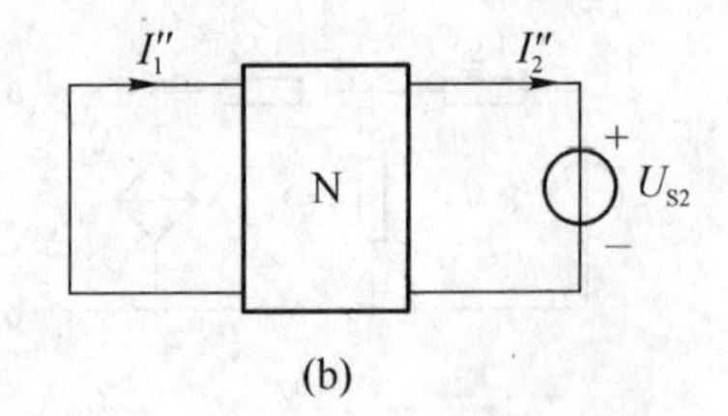

例图 4.2.1

【解 2】 对例图 4.2.2 所示两个电路应用特勒根定理，可得

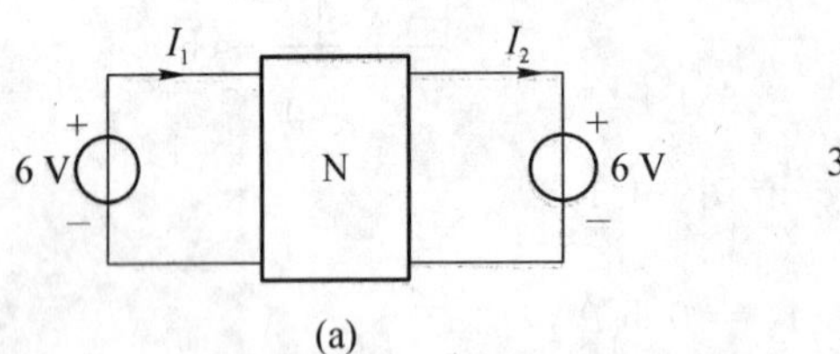

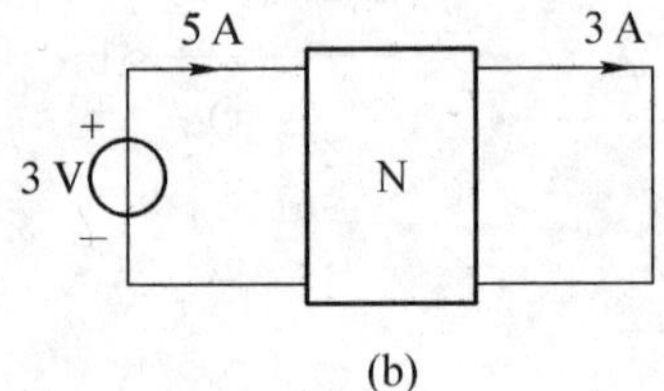

例图 4.2.2

$$6\times(-5)+6\times3=3\times(-I_1)+0\times I_2$$

解得

$$I_1=4\text{ A}$$

【解 3】 对已知电路例图 4.2.2(b)应用互易和齐次定理可得电路例图 4.2.3(a)，这样可求得例图 4.2.2(a)电路从右边端口向右看进去的诺顿等效电路，其参数为 $R_{eq}=(3/5)\ \Omega=0.6\ \Omega$，短路电流 $I_{SC}=6$ A，如例图 4.2.3(b) 所示，从而解得 $I_1=4$ A。

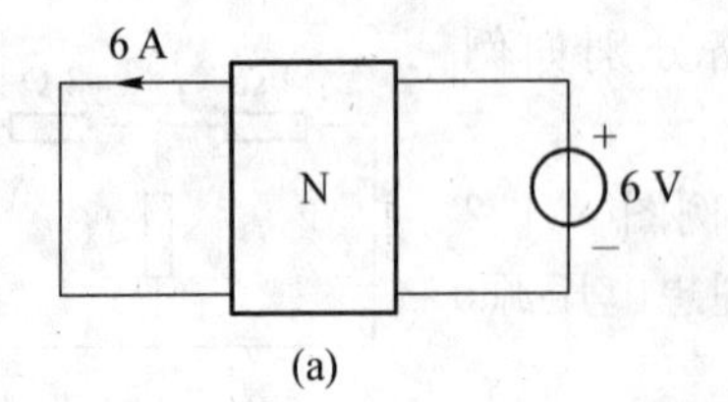

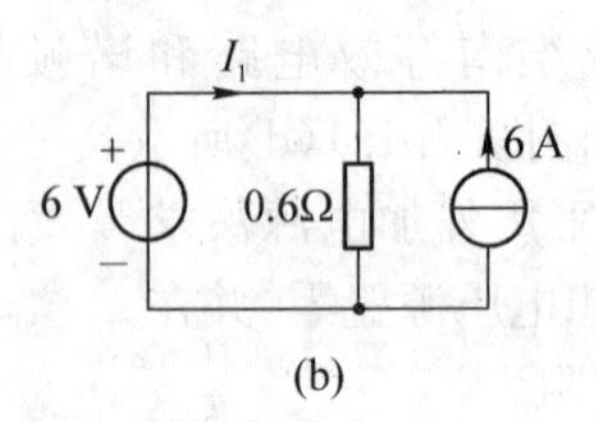

例图 4.2.3

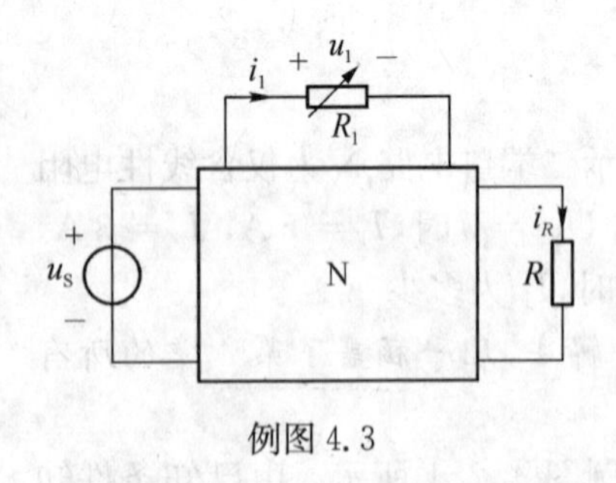

例图 4.3

例 4.3 例图 4.3 所示电路中，N 是仅含线性电阻的电路，R_1 可变。已知当 $u_S=12$ V，$R_1=0$ 时，$i_1=5$ A，$i_R=4$ A；当 $u_S=18$ V，R_1 开路时，$u_1=15$ V，$i_R=1$ A。试求当 $u_S=6$ V，$R_1=3\ \Omega$ 时 i_R 为多少？

【分析】 此题需综合应用齐次定理、戴维南定理、替代定理和叠加定理求解。

【解】 因为 N 是仅含线性电阻的电路，所以例图 4.3 所示电路满足齐次定理。由已知条件知，在电阻 R_1 短路、$u_S=12$ V 时，$i_1=5$ A。根据齐次性定理得，在电阻 R_1 短路，$u_S=6$ V 时，$i_1=2.5$ A。又在电阻 R_1 开路、$u_S=18$ V 时，$u_1=15$ V。根据齐次性定理得，在电阻 R_1 开路、$u_S=6$ V 时，$u_1=5$ V。

根据上述两组数据和戴维南定理，当 $u_S=6$ V 时，将电阻 R_1 去掉后，从其两端看进去的整体电路可等效为例图 4.3.1(a) 所示的电路。当 $u_S = 6\ \text{V}$，$R_1 = 3\ \Omega$ 时电路可等效为例图 4.3.1(b) 所示的电路，从而可求得 $i_1 = 1\ \text{A}$。

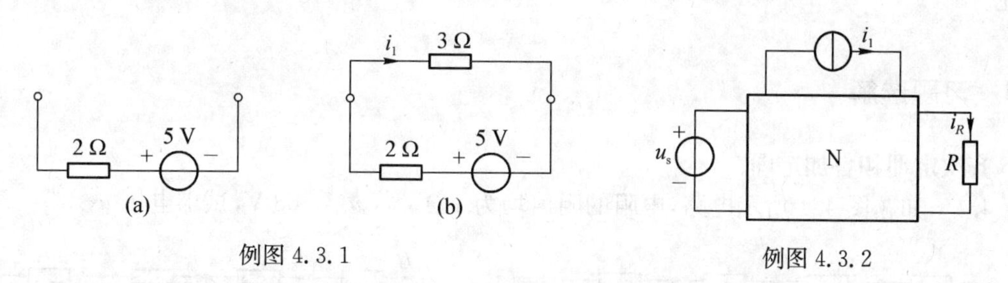

例图 4.3.1 例图 4.3.2

应用替代定理用电流为 i_1 的理想电流源替代电阻 R_1 支路，如例图 4.3.2 所示，根据叠加定理有

$$i_R = k_1 u_S + k_2 i_1$$

由已知条件当 $u_S = 12\ \text{V}$，$i_1 = 5\ \text{A}$ 时，$i_R = 4\ \text{A}$；当 $u_S = 18\ \text{V}$，$i_1 = 0$ 时，$i_R = 1\ \text{A}$ 可得

$$\begin{cases} 4 = 12k_1 + 5k_2 \\ 1 = 18k_1 \end{cases}$$

解得

$$k_1 = 1/18,\ k_2 = 2/3$$

最后求得当 $u_S = 6\ \text{V}$，$R_1 = 3\ \Omega$ 时，有

$$i_R = [(1/18) \times 6 + (2/3) \times 1]\ \text{A} = 1\ \text{A}$$

例 4.4 如例图 4.4 所示电路由支路 1、2 和互易二端口电路 N 组成。通过测定在两种不同情况下电路的 u_1、i_1、u_2、i_2 和 $\hat{u}_1$、$\hat{i}_1$、$\hat{u}_2$、$\hat{i}_2$，试证明：$u_1 \hat{i}_1 + u_2 \hat{i}_2 = \hat{u}_1 i_1 + \hat{u}_2 i_2$。

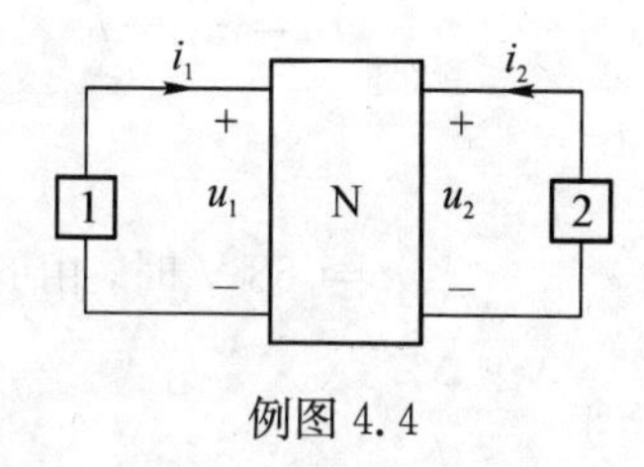

例图 4.4

【分析】 此题最直观的证法是采用特勒根定理，这是因为所给条件涉及两个相同拓扑结构的电路(即同一电路)。但由于题给条件 N 是一个互易二端口，因此亦可利用二端口参数矩阵来辅助证明。

【证明】 不失一般性，采用开路电阻矩阵表示 N 的端口特性，即 N 的开路电阻矩阵为 $\boldsymbol{R} = \begin{bmatrix} r_{11} & r_{12} \\ r_{21} & r_{22} \end{bmatrix}$。则 N 的二端口网络的端口电压、电流满足

$$\begin{cases} u_1 = r_{11} i_1 + r_{12} i_2 \\ u_2 = r_{21} i_1 + r_{22} i_2 \end{cases},\ \begin{cases} \hat{u}_1 = r_{11} \hat{i}_1 + r_{12} \hat{i}_2 \\ \hat{u}_2 = r_{21} \hat{i}_1 + r_{22} \hat{i}_2 \end{cases}$$

由上式可得

$$\begin{aligned} u_1 \hat{i}_1 + u_2 \hat{i}_2 - (\hat{u}_1 i_1 + \hat{u}_2 i_2) &= (r_{11} i_1 + r_{12} i_2) \hat{i}_1 + (r_{21} i_1 + r_{22} i_2) \hat{i}_2 - \\ &\quad (r_{11} \hat{i}_1 + r_{12} \hat{i}_2) i_1 - (r_{21} \hat{i}_1 + r_{22} \hat{i}_2) i_2 \\ &= (r_{12} - r_{21})(\hat{i}_1 i_2 - i_1 \hat{i}_2) \end{aligned}$$

显然，如果 N 为互易二端口网络，则有 $r_{12} = r_{21}$，从而上式右边为零，即有

$$u_1\hat{i}_1+u_2\hat{i}_2=\hat{u}_1i_1+\hat{u}_2i_2$$

得证。

4.4 习题选解

齐次定理和叠加定理

4.1 如题图 4.1 所示电路，电阻的阻值均为 1 Ω。若 $u_i=68$ V，试求电压 u_o。

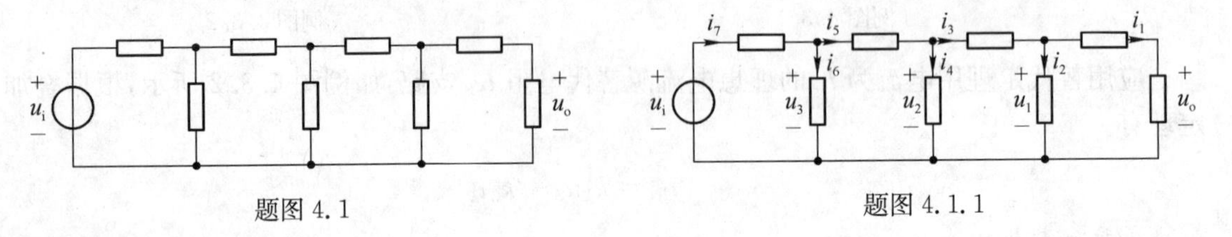

题图 4.1　　　　题图 4.1.1

解

采用倒推法。标出支路电压、电流如题图 4.1.1 所示，假定 $u_o=1$ V，则此时

$$i_1=\frac{1\ \text{V}}{1\ \Omega}=1\ \text{A},\ u_1=u_o\times2=2\ \text{V},\ i_2=\frac{u_1}{1}=2\ \text{A},\ i_3=i_1+i_2=3\ \text{A}$$

$$u_2=u_1+i_3\times1=5\ \text{V},\ i_4=\frac{u_2}{1}=5\ \text{A},\ i_5=i_4+i_3=8\ \text{A}$$

$$u_3=u_2+i_5\times1=(5+8)\ \text{V}=13\ \text{V},\ i_6=\frac{u_3}{1}=13\ \text{A},\ i_7=i_5+i_6=21\ \text{A}$$

$$u_i=u_3+i_7\times1=(13+21)\ \text{V}=34\ \text{V}$$

当 $u_i=68$ V 时，由齐次定理得

$$u_o=\frac{68}{34}\times1\ \text{V}=2\ \text{V}$$

4.2 题图 4.2 所示电路，试求输出电压 u_o。若要使输出电压 u_o 的值达到 u_S 的值，则激励电压源 u_S 的电压应为多少？

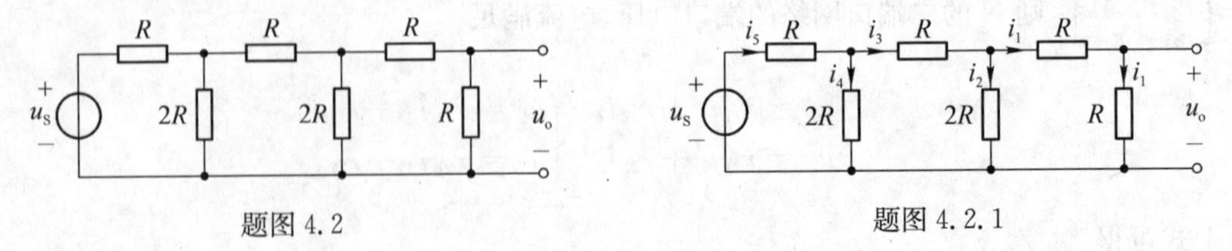

题图 4.2　　　　题图 4.2.1

解

标出各支路电流，如题图 4.2.1 所示。由 KCL、KVL 及欧姆定律可得

$$i_2=\frac{(R+R)i_1}{2R}=i_1,\ i_3=i_1+i_2=2i_1$$

$$i_4=\frac{2Ri_2+Ri_3}{2R}=2i_1,\ i_5=i_3+i_4=4i_1$$

由 KVL 得

$$u_S = 2Ri_4 + Ri_5 = 8Ri_1$$

因此输出电压 u_o 为

$$u_o = Ri_1 = u_S/8$$

当 $u_o = u_S$ 时，输出电压是原来的8倍，根据齐次定理，激励也是原来的8倍，因此激励理想电压源电压应为 $8u_S$。

4.3 如题图 4.3 所示电路，试求网络函数 i/u_S。若 $u_S = 8$ V，试求电流 i。

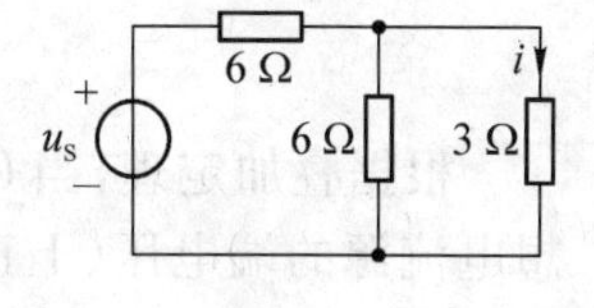

题图 4.3

解

$$i = \frac{6}{6+3} \times \frac{u_S}{6+6 \mathbin{/\!/} 3} = \frac{1}{12}u_S$$

网络函数 i/u_S 为 $$\frac{i}{u_S} = \frac{1}{12}\text{ S}$$

当 $u_S = 8$ V 时， $$i = \frac{1}{12} \times 8\text{ A} = \frac{2}{3}\text{ A}$$

4.4 如题图 4.4 所示电路，试运用叠加定理求电压 u_o。

解

理想电压源单独作用时： $$u'_o = \frac{3}{6+3} \times 12\text{ V} = 4\text{ V}$$

理想电流源单独作用时： $$u''_o = 3\ \Omega \times \frac{6}{6+3} \times 6\text{ A} = 12\text{ V}$$

得 $$u_o = (4+12)\text{ V} = 16\text{ V}$$

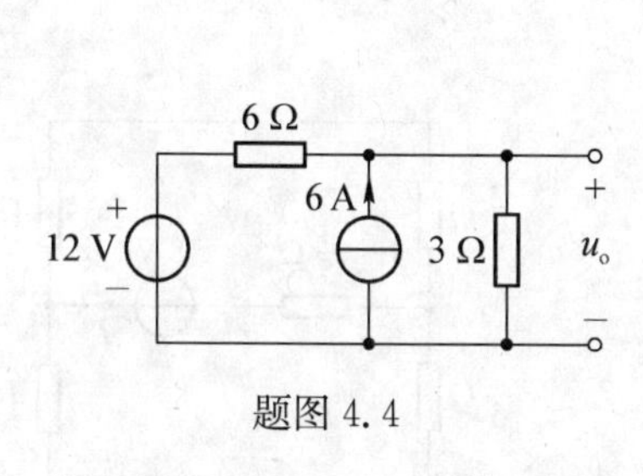

题图 4.4

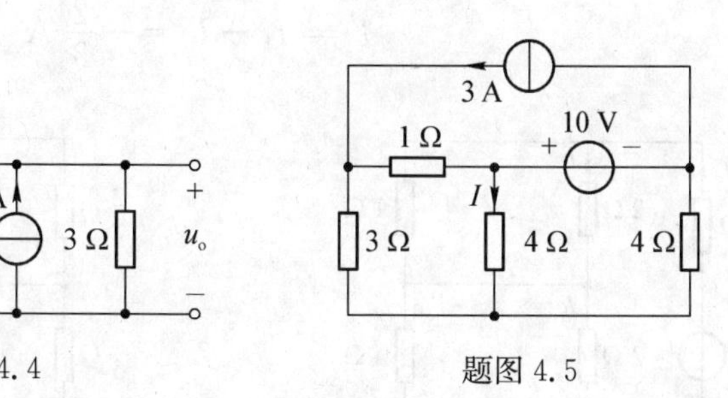

题图 4.5

4.5 如题图 4.5 所示电路，试运用叠加定理求电流 I。

解

3 A 电流源单独作用时，有

$$I_1 = -\frac{3}{3+1+4 \mathbin{/\!/} 4} \times \frac{4}{4+4}\text{ A} = -\frac{1}{4}\text{ A}$$

10 V 电压源单独作用时，有

$$I_2 = \frac{1+3}{4+1+3} \times \frac{10}{(1+3) \mathbin{/\!/} 4+4} = \frac{5}{6}\text{ A}$$

因此

$$I = I_1 + I_2 = (7/12)\ \text{A}$$

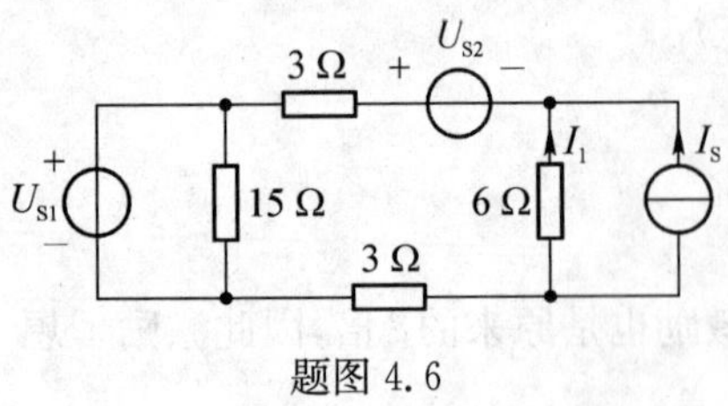

题图 4.6

4.6 如题图 4.6 所示电路，当 $I_S = 0$ 时，$I_1 = 2$ A。当 $I_S = 8$ A 时，试求理想电流源供出的功率。

解

已知 U_{S1}、U_{S2} 作用而 I_S 不作用时，$I_1 = 2$ A。由题图 4.6 电路可知，当 $I_S = 8$ A 单独作用时，有

$$I_1 = -8 \times \frac{6}{6+6}\ \text{A} = -4\ \text{A}$$

根据叠加定理，当 U_{S1}、U_{S2} 与 $I_S = 8$ A 均作用时，$I_1 = -4\ \text{A} + 2\ \text{A} = -2$ A。此时理想电流源的端电压（上正下负）为 $2 \times 6\ \text{V} = 12$ V，因此，理想电流源供出的功率为 $8 \times 12 = 96$ W。

由于叠加定理不适用于功率的计算，因此理想电流源提供的功率不能在理想电流源单独作用时计算。理想电流源提供的功率须在理想电压源与理想电流源均作用时予以考虑。

4.7 试求题图 4.7 所示电路中的电流 I。

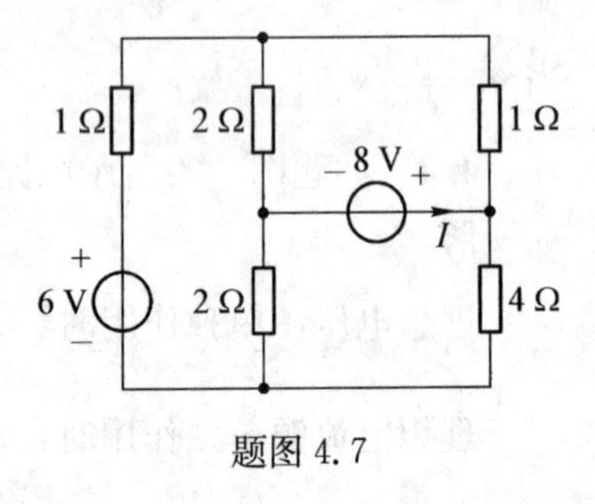

题图 4.7

解

运用叠加定理求解。6 V 电压源单独作用时，如题图 4.7.1(a)所示，有

$$I_3 = \frac{6}{1 + 2 /\!/ 1 + 2 /\!/ 4}\ \text{A} = 2\ \text{A}$$

于是 $I_1 = \frac{1}{2+1} \times I_3 = \frac{2}{3}$ A，$I_2 = \frac{4}{2+4} \times I_3 = \frac{4}{3}$ A

$$I' = I_1 - I_2 = -\frac{2}{3}\ \text{A}$$

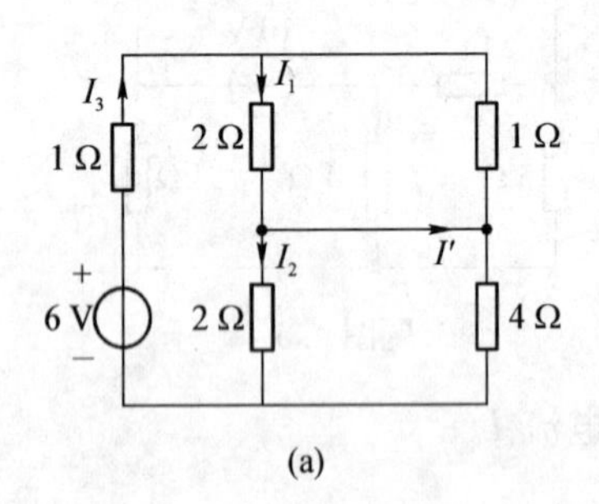

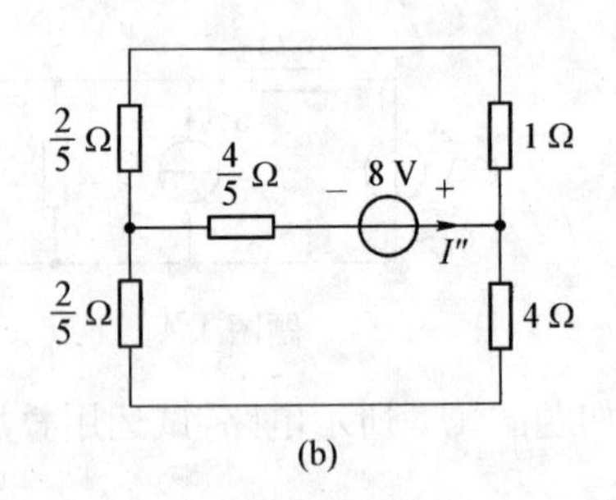

题图 4.7.1

8 V 电压源单独作用时，将电路左边三个电阻等效为 T 形连接，如题图 4.7.1(b)所示，有

$$I'' = \frac{8}{4/5 + (1 + 2/5) /\!/ (4 + 2/5)}\ \text{A} = 4.3\ \text{A}$$

于是
$$I = I' + I'' = 3.63\ \text{A}$$

4.8 如题图 4.8 所示电路，试运用叠加定理求电压 u_o。

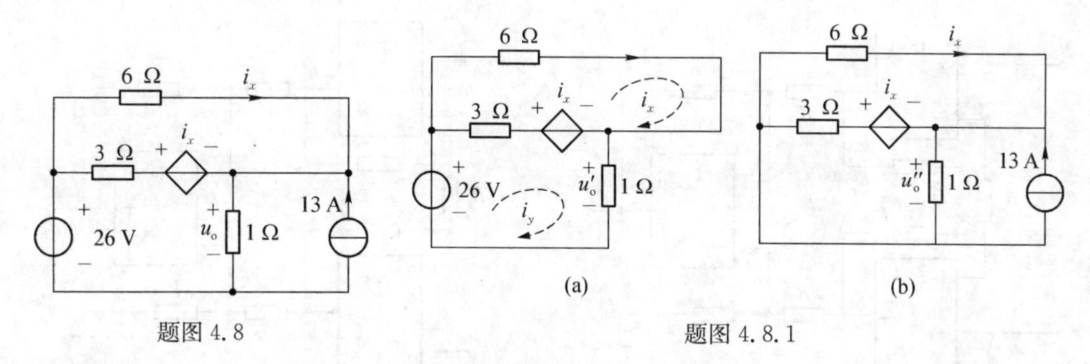

题图 4.8　　　　题图 4.8.1

解

理想电压源单独作用时,如题图 4.8.1(a)所示。采用回路法进行分析。

$$\begin{cases}(6+3)i_x-3i_y=i_x\\-3i_x+(3+1)i_y=26-i_x\end{cases}$$

解得

$$i_y=8\text{ A}$$

$$u_o'=1\times i_y=8\text{ V}$$

理想电流源单独作用时,如题图 4.8.1(b)所示。采用节点法进行分析。

$$\begin{cases}\left(\dfrac{1}{6}+\dfrac{1}{3}+1\right)u_o''=13-\dfrac{i_x}{3}\\i_x=-\dfrac{u_o''}{6}\end{cases}$$

解得

$$u_o''=9\text{ V}$$

$$u_o=u_o'+u_o''=(8+9)\text{ V}=17\text{ V}$$

4.9 试用叠加定理求解如题图 4.9 所示差分放大器的输出电压 u_o。注意与例 2.5.3 比较。

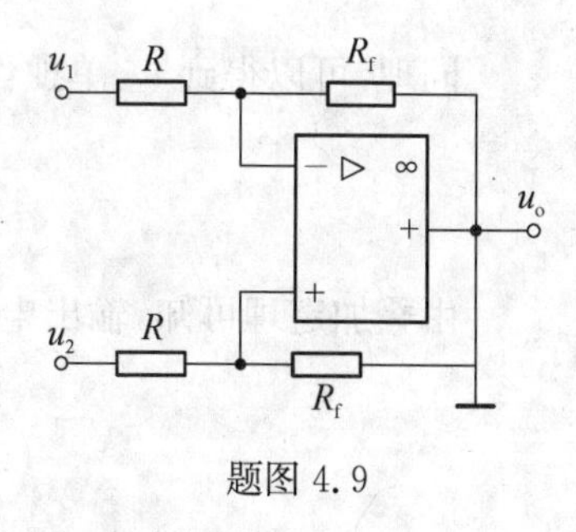

题图 4.9

解 题图 4.9 电路有两个理想电压源激励 u_1 和 u_2。当 u_1 单独作用时,电路为反相放大器,其输出为

$$u_o'=-\frac{R_f}{R}u_1$$

当 u_2 单独作用时,电路为同相放大器,其输出为

$$u_o''=\left(1+\frac{R_f}{R}\right)\frac{R_f}{R+R_f}u_2=\frac{R_f}{R}u_2$$

电路的输出电压 u_o 为

$$u_o=u_o'+u_o''=\frac{R_f}{R}(u_2-u_1)$$

4.10 试用叠加定理求题图 4.10 所示仪表放大器的输出电压 u_o。注意与习题 2.28 比较。

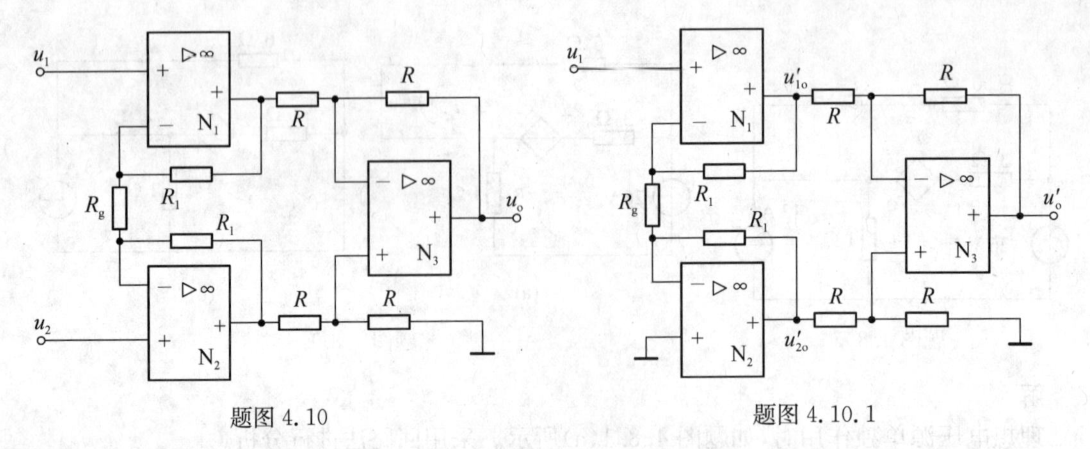

题图 4.10　　　　题图 4.10.1

解　题图 4.10 所示电路有两个理想电压源激励，画出 u_1 单独作用的分电路如题图 4.10.1所示。对于题图 4.10.1，运用“虚短”、“虚断”的概念，有

$$\frac{u'_{1o}-u_1}{R_1}=\frac{u_1-0}{R_g}=\frac{0-u'_{2o}}{R_1}$$

由上式可解得

$$u'_{1o}=\left(1+\frac{R_1}{R_g}\right)u_1$$

$$u'_{2o}=-\frac{R_1}{R_g}u_1$$

利用习题 4.9 的结果，容易得到

$$u'_o=\frac{R}{R}(u'_{2o}-u'_{1o})=-\left(1+\frac{2R_1}{R_g}\right)u_1$$

同理，可以得到 u_2 单独作用时分电路的输出

$$u''_o=\left(1+\frac{2R_1}{R_g}\right)u_2$$

由叠加定理可知，输出电压 u_o 为

$$u_o=u'_o+u''_o=\left(1+\frac{2R_1}{R_g}\right)(u_2-u_1)$$

4.11　如题图 4.11 所示电路，试求输出电压 u_o 与输入电压 u_1、u_2、u_3 的关系。

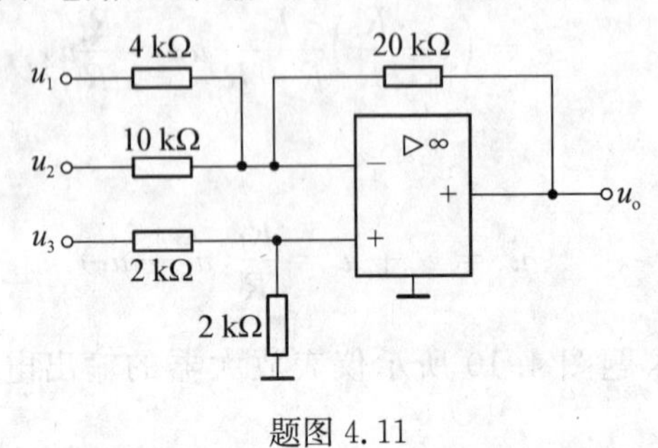

题图 4.11

解

利用叠加定理求解。当 u_1 单独作用时的分电路如题图 4.11.1 所示，此时 $u_2=0$，$u_3=0$，电路为一反相放大器，输出电压为

$$u_o' = -\frac{20}{4}u_1 = -5u_1$$

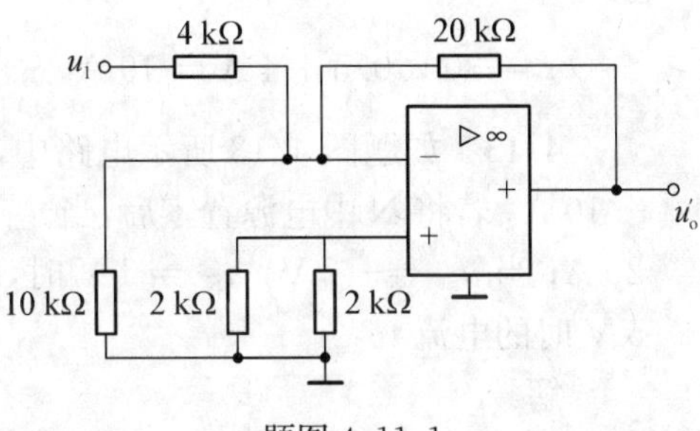

题图 4.11.1

同理，当 u_2 单独作用时，$u_1=0$，$u_3=0$，有

$$u_o'' = -\frac{20}{10}u_2 = -2u_2$$

当 u_3 单独作用时，$u_1=0$，$u_2=0$，有

$$\frac{2}{2+2}u_3 = \frac{4 /\!/ 10}{4 /\!/ 10+20}u_o''' = \frac{1}{8}u_o'''$$

即
$$u_o''' = 4u_3$$

最后得出输出电压为

$$u_o = u_o' + u_o'' + u_o''' = -5u_1 - 2u_2 + 4u_3$$

4.12 如题图 4.12 所示电路中，$u_{S1}=20\text{ V}$，$u_{S2}=30\text{ V}$，当开关 S 在位置 1 时，电流 $i=4\text{ A}$；当开关 S 合向位置 2 时，电流 $i=-6\text{ A}$。试求开关 S 合向 3 时的电流 i。

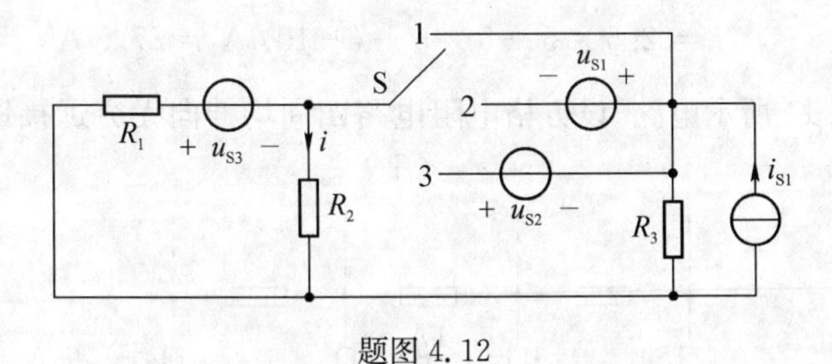

题图 4.12

解

将电源分为两组，与开关相连的理想电压源为一组，其他为一组，根据叠加定理有

$$i = ku_S + b$$

式中：u_S 表示与开关相连的理想电压源，参考方向为左正右负；b 表示仅由 u_{S3} 和 i_{S1} 共同作用时产生的电流。当 S 在位置 1 时，表示 $u_S=0$ 时，$i=4\text{ A}$，有

$$4 = b$$

当S在位置2时，$u_S = -u_{S1} = -20\ V$，$i = -6\ A$，

$$-6 = -20k + b = -20k + 4$$

解得
$$k = 0.5$$

当S在位置3时，$u_S = u_{S2} = 30\ V$，

$$i = 30 \times 0.5 + 4\ A = 19\ A$$

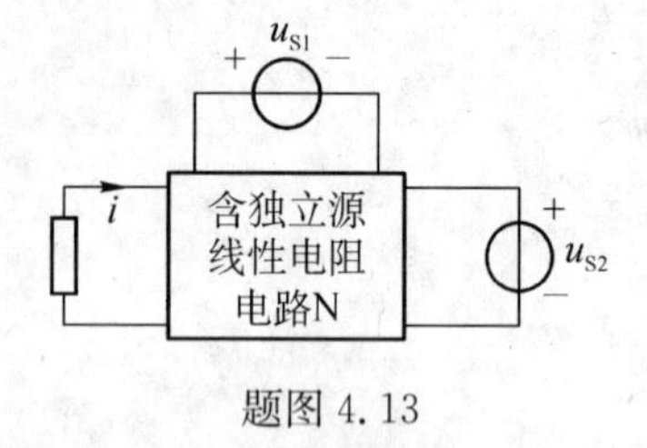

题图 4.13

4.13 如题图4.13所示电路中，当 $u_{S1} = u_{S2} = 0$ 时，$i = -10\ A$。若将N中电源置零后，当 $u_{S1} = 2\ V$，$u_{S2} = 3\ V$ 时，$i = 20\ A$；当 $u_{S1} = -2\ V$，$u_{S2} = 1\ V$ 时，$i = 0$。试求当 $u_{S1} = u_{S2} = 5\ V$ 时的电流 i。

解

将N中电源置零后，根据叠加定理有

$$i = au_{S1} + bu_{S2}$$

代入已知条件得方程

$$\begin{cases} 20 = 2a + 3b \\ 0 = -2a + b \end{cases}$$

解得
$$a = 2.5,\ b = 5$$

当N中独立源起作用时，i 由 u_{S1}、u_{S2} 及N中的电源共同作用产生，根据叠加定理有

$$i = au_{S1} + bu_{S2} + c = 2.5u_{S1} + 5u_{S2} + c$$

当 $u_{S1} = u_{S2} = 0$ 时，$i = -10\ A$，由该条件可得

$$c = -10$$

所以，当 $u_{S1} = u_{S2} = 5\ V$ 时，有

$$i = 2.5 \times 5 + 5 \times 5 + (-10)\ A = 27.5\ A$$

4.14 如题图4.14所示电路，设方格电阻电路四周均伸向无穷远接地，所有未标识的电阻均为1 Ω，试求电流 i。

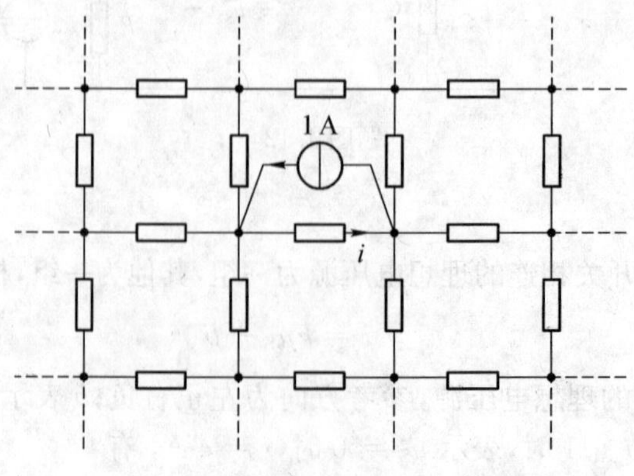

题图 4.14

解 将1 A电流源分裂为两个1 A电流源的串联，两理想电流源的连接点接地，如题图4.14.1所示。由叠加定理，当左边1 A电流源单独作用时，流经ab两端的电流为0.25 A（方向与i相同，由电阻分布的对称性而得），同理，当右边1 A电流源单独作用时，流经ab两端的电流也为0.25 A。因此待求电流i为0.5 A。

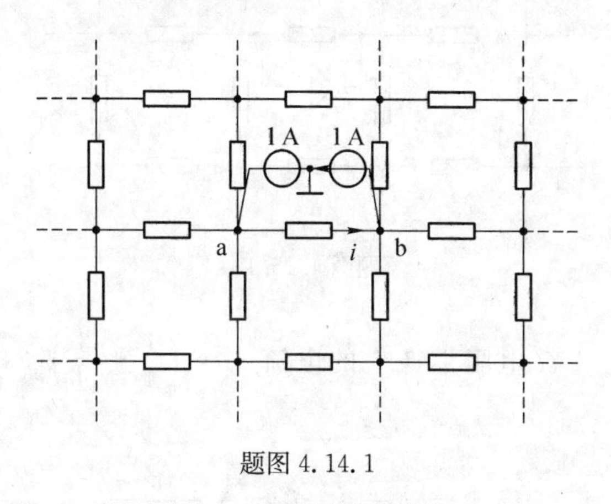

题图 4.14.1

4.15 如题图4.15所示电路，方格电阻电路四周均伸向无穷远接地，所有未标识的电阻均为1 Ω，试求流经(1/3) Ω电阻的电流i。

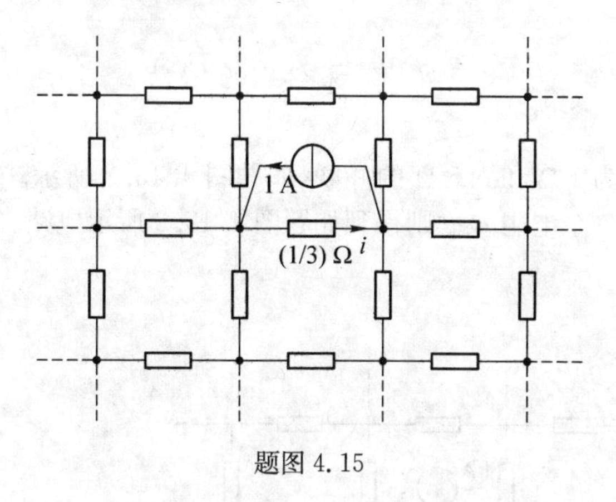

题图 4.15

解1

将$\frac{1}{3}$ Ω电阻等效为一个1 Ω电阻与一个受控电流源$2i_1$并联（其VCR为$u=\frac{1}{3}i$，取关联参考方向，见题图4.15.1），其中i_1为该1 Ω电阻上的电流；将1 A电流源分解为两个1 A电流源的串联，两理想电流源的连接点接地，如题图4.15.1所示。显然待求电流i满足

$$i = i_1 + 2i_1 = 3i_1$$

由于i_1为固定值（待求），因此可将受控电流源$2i_1$看作理想电流源。根据叠加定理，先求左边1 A电流源在1 Ω电阻上产生的电流i_1'，此时右边1 A电流源和电流源$2i_1$均置零（开路）。由于整个电阻电路为一对称电路，易知$i_1'=1/4$ A。同样，右边1 A电流源在1 Ω电阻上产生的电流$i_1''=1/4$ A。

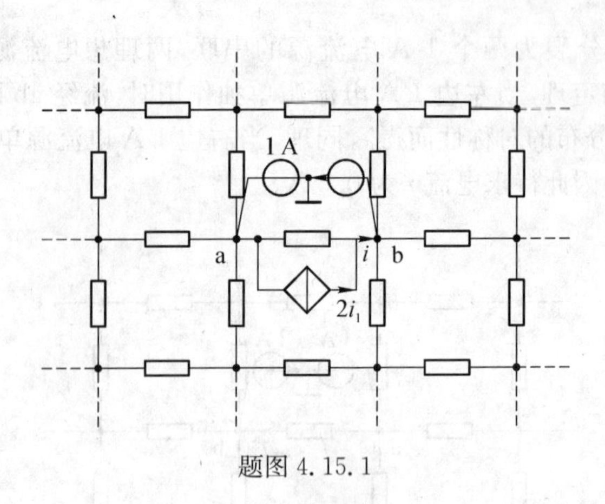

题图 4.15.1

同理，电流源 $2i_1$ 在 1 Ω 电阻上产生的电流 $i_1''' = \left(\frac{1}{4}+\frac{1}{4}\right)\times(-2i_1) = -i_1$。由叠加定理

$$i_1 = i_1' + i_1'' + i_1''' = \frac{1}{4}+\frac{1}{4}-i_1$$

可求得

$$i_1 = \frac{1}{4}\ \mathrm{A}$$

因此，

$$i = 3i_1 = \frac{3}{4}\ \mathrm{A} = 0.75\ \mathrm{A}$$

解 2

将 1/3 Ω 电阻等效为 1 Ω 和 0.5 Ω 的并联，如题图 4.15.2 所示。将 ab 两点间的无穷对称方格电阻电路等效为一个电阻 R_{ab}，则得到如题图 4.15.3 所示电路。由习题 4.14 的计算结果可知

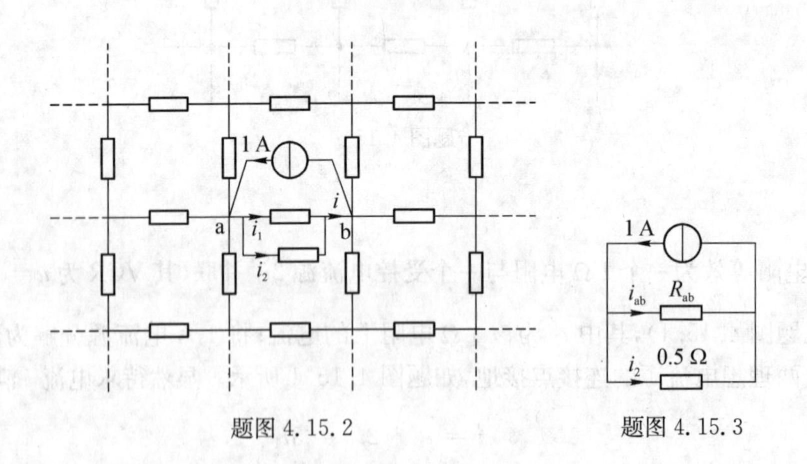

题图 4.15.2　　题图 4.15.3

$$R_{ab} = \frac{1\ \Omega\times 0.5\ \mathrm{A}}{1\ \mathrm{A}} = 0.5\ \Omega$$

因此由分流公式得

$$i_{ab} = i_2 = \frac{0.5}{0.5+0.5}\times 1\ \mathrm{A} = 0.5\ \mathrm{A}$$

又由习题 4.14 的计算结果可知，流经无穷对称方格电阻电路中 ab 两点 1 Ω 电阻的电流 i_1 为

$$i_1 = i_{ab}/2 = 0.25\ \text{A}$$

从而
$$i = i_1 + i_2 = 0.75\ \text{A}$$

替代定理

4.16 在题图 4.16 所示电路中，已知 $I_x = 0.5\ \text{A}$，试用替代定理求 R_x。已知 $R_1 = 6\ \Omega$，$R_2 = 3\ \Omega$，$R_3 = R_4 = 2\ \Omega$，$R_5 = 3\ \Omega$，$U_S = 5\ \text{V}$。

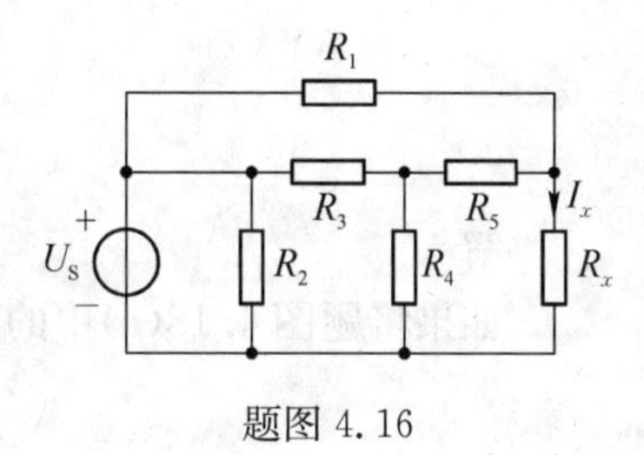

题图 4.16

解 用电流为 I_x 的理想电流源替代 R_x 支路，由理想电压源转移，得题图 4.16.1(a)所示电路。对题图 4.16.1(a)所示电路进行等效变换，得题图 4.16.1(b)所示电路。

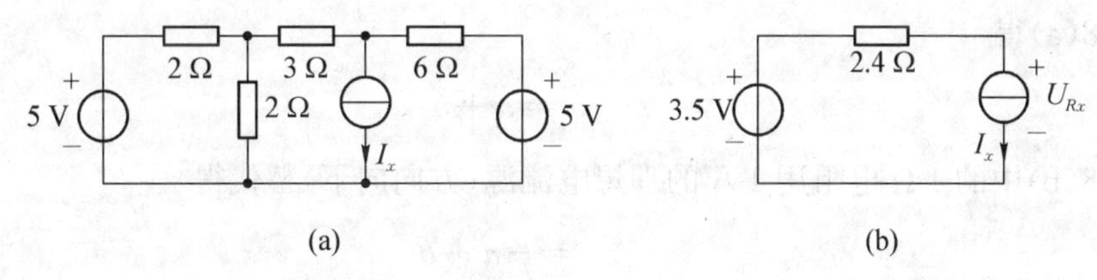

题图 4.16.1

根据 KVL，求得
$$U_{Rx} = (3.5 - 2.4 \times 0.5)\ \text{V} = 2.3\ \text{V}$$

于是
$$R_x = \frac{U_{Rx}}{I_x} = \frac{2.3}{0.5}\ \Omega = 4.6\ \Omega$$

本题还可采用戴维南定理求解。将 R_x 以外的电路等效为戴维南电路，利用题给条件，可得到同样的结果。

4.17 如题图 4.17 所示电路，已知 $R_1 = 1\ \Omega$，$R_2 = 2\ \Omega$，$R_3 = 3\ \Omega$，$U_S = 5\ \text{V}$，一端口电路 N 的电压-电流关系为 $u = 2i + 18$。试用替代定理求电路中各支路电流。

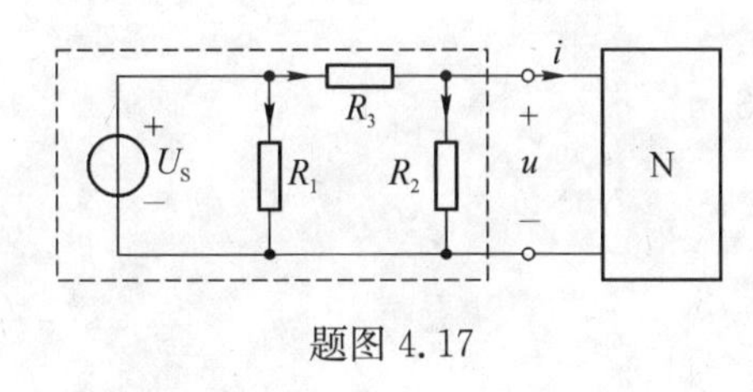

题图 4.17

解

题图 4.17 虚框内电路的 VCR 满足(节点方程)

$$\left(\frac{1}{3} + \frac{1}{2}\right)u - \frac{1}{3} \times 5 = -i$$

即
$$u = 2 - 1.2i$$

联立 N 的电压-电流关系
$$u = 2i + 18$$

解得
$$u = 8\ \text{V},\ i = -5\ \text{A}$$

以 8 V 的电压源替代电路 N，得

$$i_{2\Omega} = (8/2)\ \text{A} = 4\ \text{A},\ i_{1\Omega} = (5/1)\ \text{A} = 5\ \text{A},\ i_{3\Omega} = [(5-8)/3]\ \text{A} = -1\ \text{A}$$

电流方向如图所示。

4.18 根据题图 4.18(a)、(b)的数据，试用替代定理求题图 4.18(c)中的电压 u。

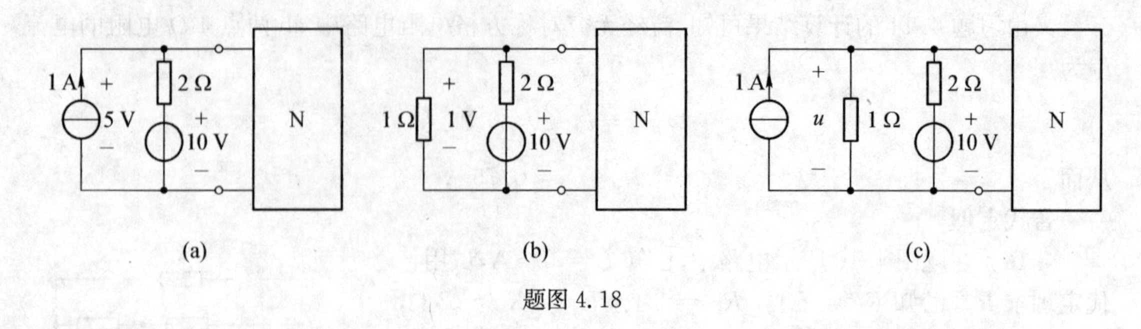

题图 4.18

解

如果将题图 4.18(a)中的 1 A 电流源替代为 i_S 的电流源，则电流源两端的电压 u 满足

$$u = ai_S + b$$

由题图 4.18(a)得

$$5 = a + b$$

将题图 4.18(b)中的 1 Ω 电阻用 1 A 的理想电流源(方向向下)替代得

$$1 = -a + b$$

由上面两式解得

$$a = 2,\ b = 3$$

将题图 4.18(c)中的 1 Ω 电阻用电流为 u 的理想电流源(方向向下)替代，与 1 A 的理想电流源并联得 $1-u$ 的理想电流源，于是

$$u = 2(1-u) + 3$$

解得

$$u = \frac{5}{3}\,\text{V}$$

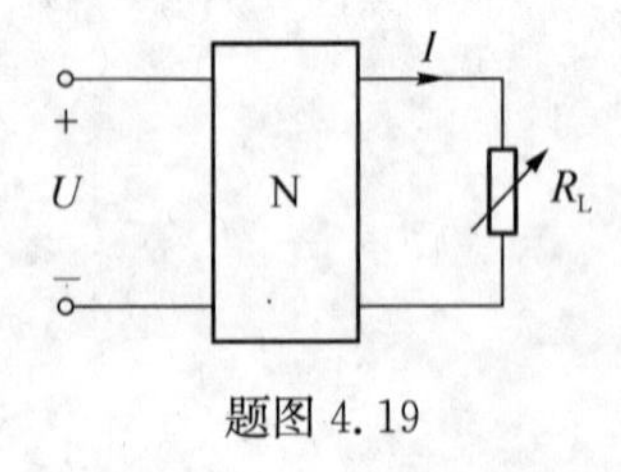

题图 4.19

4.19 含独立源的线性电阻电路 N 如题图 4.19 所示。当改变 N 外电阻 R_L 时，电路中各处电压和电流都将随之改变，当 $I = 1$ A，$U = 8$ V；$I = 2$ A，$U = 10$ V，试求 $U = 18$ V时的 I。

解

对电阻 R_L 可应用替代定理，用理想电流源替代，于是由叠加定理，可设

$$U = hI + b$$

代入已知条件，有

$$\begin{cases} 8 = b + h \times 1 \\ 10 = b + h \times 2 \end{cases}$$

解得 $b=6$，$h=2$。于是当 $U=18$ V 时有 $18=6+2I$，解得 $I=6$ A。

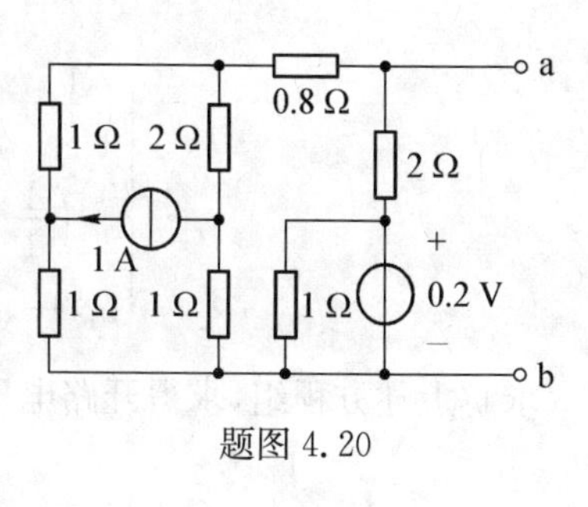

题图 4.20

戴维南定理和诺顿定理

4.20 试求题图 4.20 所示电路的戴维南电路。

解 将原电路分成左右两部分，先求出左面部分电路的戴维南电路，然后求出整个电路的戴维南电路，如题图4.20.1所示。

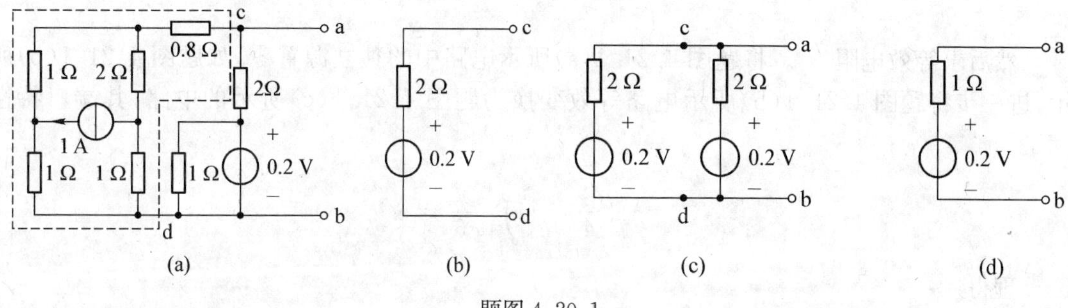

题图 4.20.1

如题图 4.20.1(a)所示，虚框部分电路的戴维南电路如题图 4.20.1(b)所示，原电路可等效为题图 4.20.1(c)，最后得到戴维南电路如题图 4.20.1(d)所示。

在求戴维南电路的过程中，本身就可以应用戴维南定理，即将较为复杂的电路划分为相对简单的几个子电路，先求出每个子电路的戴维南电路，再求原电路的戴维南电路，这样可使分析过程更加简捷。

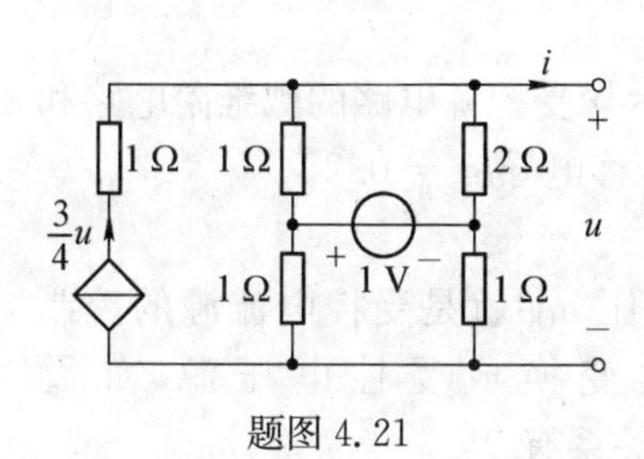

题图 4.21

4.21 试求题图 4.21 所示电路的戴维南电路。

解 首先求开路电压 u_{OC}。可以用前面介绍的支路分析法、网孔分析法、节点分析法、叠加定理等电路分析方法求解。这里采用节点分析法来求解，如题图 4.21.1(a)所示。节点①的电压即为开路电压 u_{OC}，节点②、③构成一广义节点，列出节点方程为

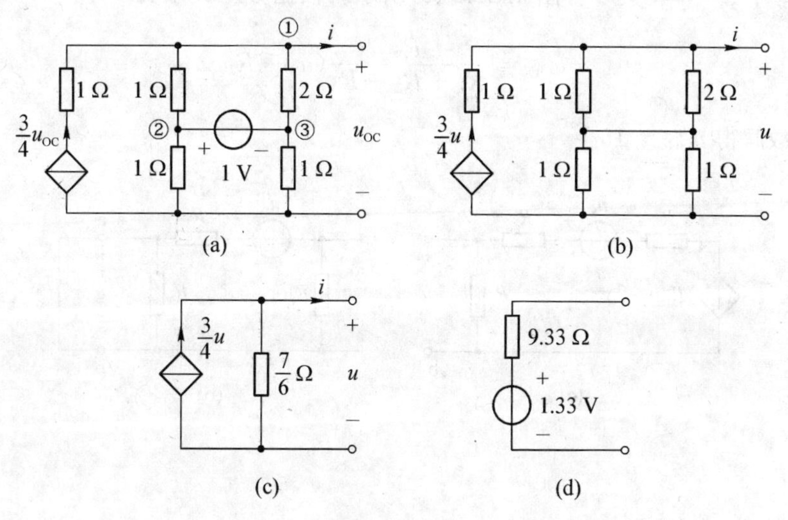

题图 4.21.1

$$\begin{cases}\left(\frac{1}{1}+\frac{1}{2}\right)u_{OC}-\frac{1}{1}\times u_{n2}-\frac{1}{2}\times u_{n3}=\frac{3}{4}u_{OC}\\-\left(\frac{1}{1}+\frac{1}{2}\right)u_{OC}+\left(\frac{1}{1}+\frac{1}{1}\right)u_{n2}+\left(\frac{1}{1}+\frac{1}{2}\right)u_{n3}=0\\u_{n2}-u_{n3}=1\end{cases}$$

求解上述方程组,求得开路电压为

$$u_{OC}=\frac{4}{3}\text{ V}\approx 1.33\text{ V}$$

然后求等效电阻 R_o。将题图 4.21.1(a)所示电路中的独立源置零,如题图 4.21.1(b)所示,进一步将题图 4.21.1(b)所示电路等效变换为题图 4.21.1(c)所示的电路,其端口特性满足

$$\left(\frac{3}{4}u-i\right)\times\frac{7}{6}=u$$

经整理得

$$u=-\frac{28}{3}i$$

因此等效电阻 R_o 为

$$R_o=-\frac{u}{i}=\frac{28}{3}\,\Omega\approx 9.33\,\Omega$$

戴维南电路如题图 4.21.1(d)所示。

4.22 试求题图 4.22 所示含受控源电路的戴维南电路和诺顿电路。图中 $u_S=12$ V,转移电导 $g=0.2$。

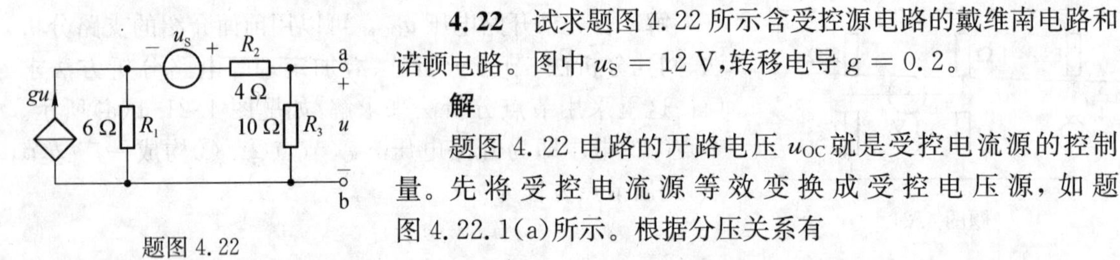

题图 4.22

解

题图 4.22 电路的开路电压 u_{OC} 就是受控电流源的控制量。先将受控电流源等效变换成受控电压源,如题图 4.22.1(a)所示。根据分压关系有

$$u_{OC}=\frac{R_3}{R_1+R_2+R_3}(u_S+R_1gu_{OC})$$

代入已知参数解得 $u_{OC}=15$ V。

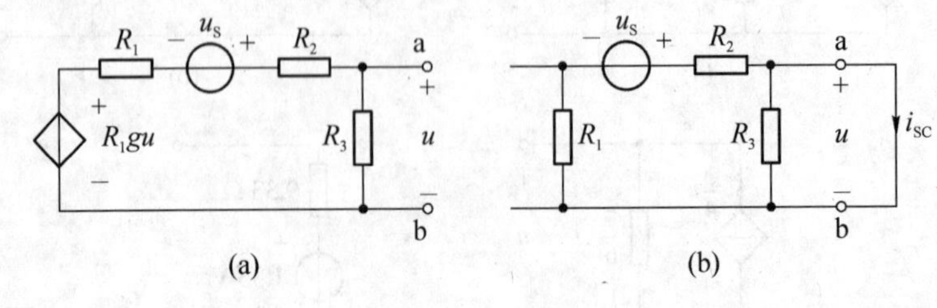

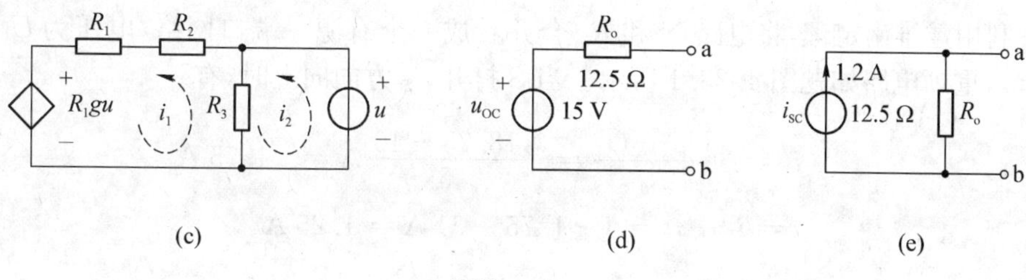

题图 4.22.1

求取等效电阻 R_o 可采用以下两种方法：

(1) 先求题图电路 a、b 端的短路电流 i_{SC}。a、b 端口被短接后端口电压 $u=0$，受控电流源等效于开路，如题图 4.22.1(b)所示。因此

$$i_{SC}=\frac{u_S}{R_1+R_2}=1.2\ \text{A}$$

$$R_o=\frac{u_{OC}}{i_{SC}}=12.5\ \Omega$$

(2) 先将题图电路中 u_S 置零，然后在 a、b 端施加理想电压源 u，如题图 4.22.1(c)所示。按图中选定的网孔电流，求得网孔方程

$$\begin{bmatrix}R_1+R_2+R_3 & -R_3\\ -R_3 & R_3\end{bmatrix}\begin{bmatrix}i_1\\ i\end{bmatrix}=\begin{bmatrix}-R_1gu\\ u\end{bmatrix}$$

代入具体参数

$$\begin{bmatrix}20 & -10\\ -10 & 10\end{bmatrix}\begin{bmatrix}i_1\\ i\end{bmatrix}=\begin{bmatrix}-1.2u\\ u\end{bmatrix}$$

解得

$$i=\frac{20-12}{100}u=0.08u$$

等效电阻为

$$R_o=\frac{u}{i}=12.5\ \Omega$$

最后将求得的戴维南电路和诺顿电路分别示于题图 4.22.1(d)和题图 4.22.1(e)。

4.23 如题图 4.23 所示电路，$U_1=10$ V，$R_1=5\ \Omega$，$i_S=3$ A，N 为有源一端口电路，R_2 未知，当 S 打开时，测得 $U_{ab}=18.75$ V；现将 i_S 反向，测得 $U_{ab}=7.5$ V。试求当 S 合上时(且 i_S 方向仍向上)U_{ab} 的大小。

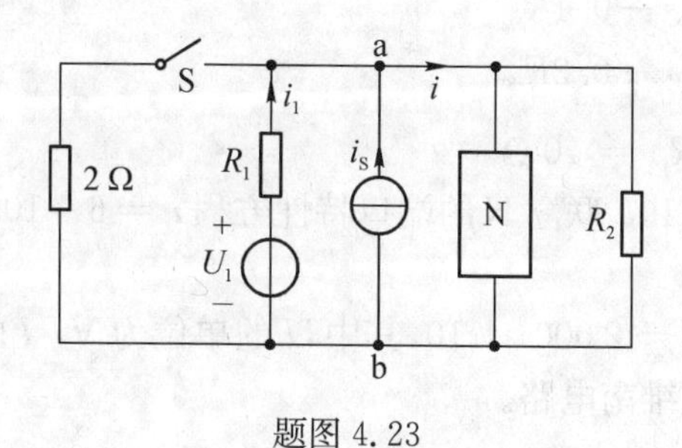

题图 4.23

题图 4.23.1

解 利用戴维南定理,将电路 N 和 R_2 合并看成一个有源一端口网络,电压为 U_{OC},等效内阻为 R_{eq},重画电路如题图 4.23.1 所示。当 S 打开,i_S 方向向上时,有

$$i_1 = -\frac{U_{ab} - U_1}{R_1} = -\frac{18.75 - 10}{5}\ \text{A} = -1.75\ \text{A}$$

$$i = i_1 + i_S = (-1.75 + 3)\ \text{A} = 1.25\ \text{A}$$

而由 KVL 得
$$U_{ab} = R_{eq} i + U_{OC}$$
即
$$18.75 = 1.25 R_{eq} + U_{OC}$$

同理,当 S 打开,i_S 方向向下时

$$i_1 = -\frac{U_{ab} - U_1}{R_1} = -\frac{7.5 - 10}{5}\ \text{A} = 0.5\ \text{A}$$

$$i = i_1 - i_S = (0.5 - 3)\ \text{A} = -2.5\ \text{A}$$

由 $U_{ab} = R_{eq} i + U_{OC}$ 得
$$7.5 = -2.5 R_{eq} + U_{OC}$$
解得
$$R_{eq} = 3\ \Omega,\ U_{OC} = 15\ \text{V}$$

对题图 4.23.1,当 S 合上时,以 b 为参考节点,列写 a 点节点电压方程,得

$$\left(\frac{1}{2} + \frac{1}{R_1} + \frac{1}{R_{eq}}\right) U_{ab} = \frac{U_1}{R_1} + i_S + \frac{U_{OC}}{R_{eq}}$$

解得
$$U_{ab} = 9.68\ \text{V}$$

4.24 如题图 4.24(a)所示,当可变电阻 R 处于某一位置时测得 $u = 5\ \text{V}$, $i = 0.1\ \text{A}$;当可变电阻 R 处于另一位置时测得 $u = 4\ \text{V}$, $i = 0.2\ \text{A}$。现将 N 接入题图 4.24(b)电路中,试求电压 u。

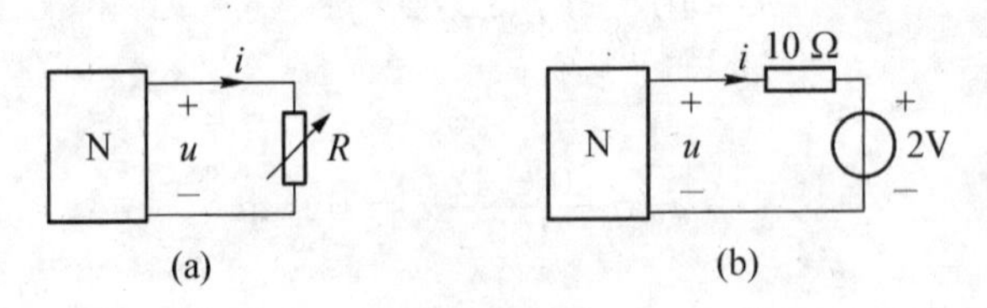

题图 4.24

解

将 N 等效为戴维南电路,等效电阻为 R_{eq},开路电压为 u_{OC},则

$$u = -R_{eq} i + u_{OC}$$

代入给定数据

$$\begin{cases} 5 = u_{OC} - 0.1 R_{eq} \\ 4 = u_{OC} - 0.2 R_{eq} \end{cases}$$

联立求解得
$$u_{OC} = 6\ \text{V},\ R_{eq} = 10\ \Omega$$

对题图 4.24(b),列写 KVL 方程得 $u = 2 + 10i$,联立 N 的端口特性方程 $u = 6 - 10i$,解得 $u = 4\ \text{V}$。

4.25 题图 4.25 所示电路的伏安关系为 $U = 2\,000 I + 10$,其中 U 的单位为 V, I 的单位为 A, $I_S = 2\ \text{mA}$。试求一端口含源网络 N 的戴维南电路。

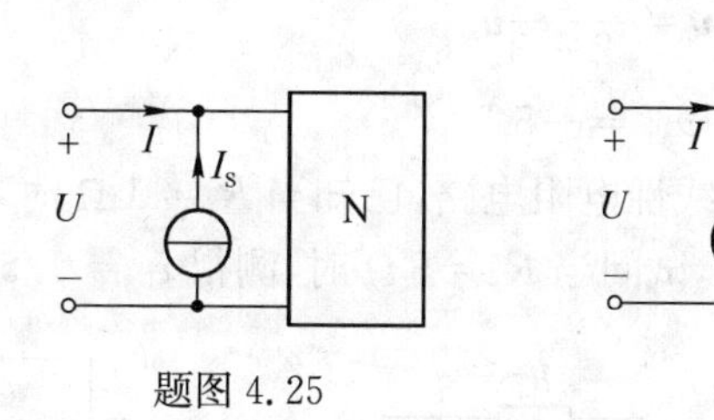

题图 4.25　　题图 4.25.1

解　根据戴维南定理，一端口含源网络 N 可等效为一个理想电压源 U_{OC} 和一个电阻 R_{eq} 的串联组合，如题图 4.25.1 的虚线框内所示。由题图 4.25.1 可得

$$\begin{aligned} U &= R_{eq}(I+I_S)+U_{OC} \\ &= R_{eq}(I+2\times10^{-3})+U_{OC} \end{aligned}$$

由已知条件得

$$U = 2\times10^3 I + 10$$

比较上述两式可得

$$\begin{cases} R_{eq}I = 2\times10^3 I \\ 2\times10^{-3}\times R_{eq}+U_{OC} = 10 \end{cases}$$

求得

$$\begin{cases} R_{eq} = 2\times10^3\ \Omega = 2\ \text{k}\Omega \\ U_{OC} = 6\ \text{V} \end{cases}$$

4.26　如题图 4.26(a)所示电路中，线性非时变电路 N_1、N_2 级联后与 R 相连，测得 $R=0$ 时，$i=0.2$ A；$R=50\ \Omega$ 时，$i=0.1$ A。又将 R 换成题图 4.26(b)所示一端口电路，试求电压 u_{ab}。

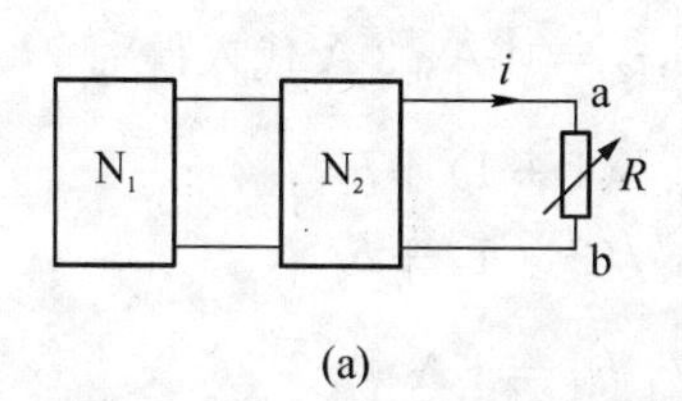

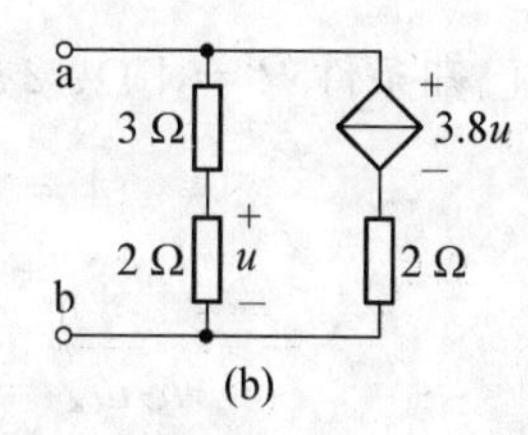

题图 4.26

解　根据戴维南定理，将 R 左边电路等效为理想电压源 u_{OC} 和电阻 R_o 的串联电路，于是

$$u_{ab} = u_{OC} - R_o i$$

代入数值有

$$\begin{cases} 0 = u_{OC} - 0.2R_o \\ 50\times0.1 = u_{OC} - 0.1R_o \end{cases}$$

联立求解得

$$u_{OC} = 10\ \text{V},\ R_o = 50\ \Omega$$

将 R 换成题图 4.26(b)所示一端口电路，利用节点法有

$$u_{ab} = \frac{u_{OC}/R_o + 3.8u/2}{1/R_o + 1/(2+3) + 1/2}$$

又 $$u = \frac{2}{2+3}u_{ab}$$

联立方程求解得 $$u_{ab} = -5\text{ V}$$

4.27 如题图 4.27 所示,N 为含源线性电阻电路,已知当 $R = 1\,\Omega$ 时,$i_1 = 0.5\text{ A}$, $i_2 = 4\text{ A}$;当 $R = 2\,\Omega$ 时,$i_1 = 1\text{ A}$, $i_2 = 3\text{ A}$。试问当 $R = 5\,\Omega$ 时,测得 $i_1 = 1.5\text{ A}$, i_2 为多少?

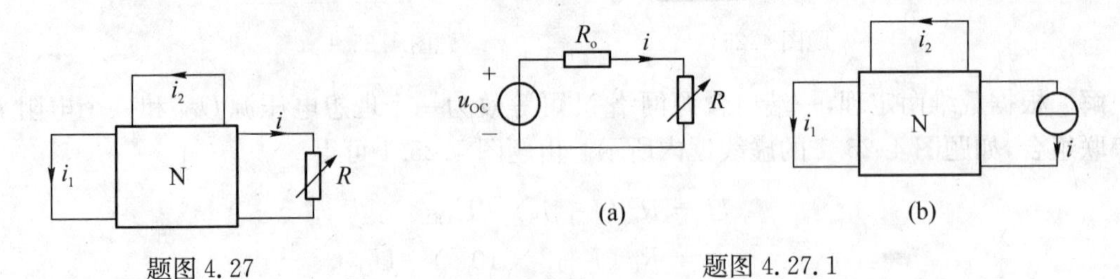

题图 4.27　　题图 4.27.1

解 将 R 左边部分等效为戴维南电路,如题图 4.27.1(a)所示,电流 i 为

$$i = u_{OC}/(R + R_o)$$

用理想电流源 i 替代电阻 R,如题图 4.27.1(b)所示,由叠加定理可知

$$\begin{cases} i_1 = h_1 u_{OC}/(R + R_o) + b_1 \\ i_2 = h_2 u_{OC}/(R + R_o) + b_2 \end{cases}$$

将已知条件 $R = 1\,\Omega$、$2\,\Omega$、$5\,\Omega$ 时,$i_1 = 0.5\text{ A}$、1 A、1.5 A 代入得

$$\begin{cases} 0.5 = h_1 u_{OC}/(1 + R_o) + b_1 \\ 1 = h_1 u_{OC}/(2 + R_o) + b_1 \\ 1.5 = h_1 u_{OC}/(5 + R_o) + b_1 \end{cases}$$

解得 $$R_o = 1\,\Omega$$

将 $R_o = 1\,\Omega$ 及已知条件 $R = 1\,\Omega$、$2\,\Omega$ 时,$i_2 = 4\text{ A}$、3 A 代入得

$$\begin{cases} 4 = h_2 u_{OC}/(1 + 1) + b_2 \\ 3 = h_2 u_{OC}/(2 + 1) + b_2 \end{cases}$$

解得 $$h_2 u_{OC} = 6\text{ V},\ b_2 = 1\text{ A}$$

当 $R = 5\,\Omega$ 时, i_2 为

$$i_2 = h_2 u_{OC}/(R + R_o) + b_2 = [6/(5+1) + 1]\text{ A} = 2\text{ A}$$

4.28 试求题图 4.28 所示同相放大器输出端口的戴维南和诺顿等效电路。

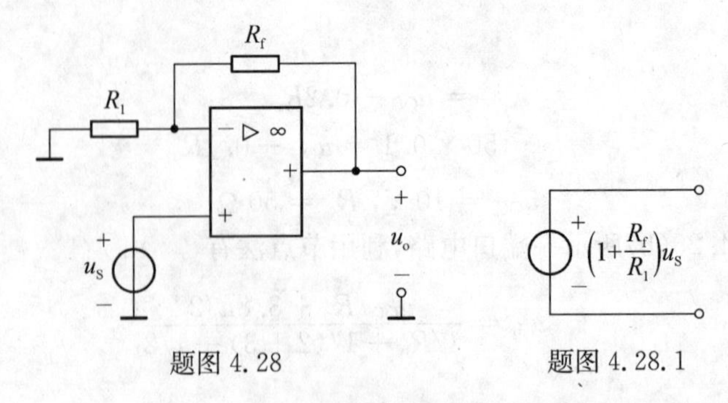

题图 4.28　　题图 4.28.1

解

题图 4.28 电路的开路输出电压为

$$u_{OC} = u_o = \left(1 + \frac{R_f}{R_1}\right) u_S$$

输出端口等效电阻为 0。因此戴维南等效电路如题图 4.28.1 所示。诺顿等效电路不存在。

4.29　采用梯形电阻电路的 DAC 电路　在习题 2.24 中介绍了利用权电阻解码网络构成的 DAC 电路，如题图 4.29 所示电路则采用梯形电阻网络构成 DAC 电路。试求输出电压 u_o 与 $d_i(i = 0, 1, 2, 3)$ 之间的关系。

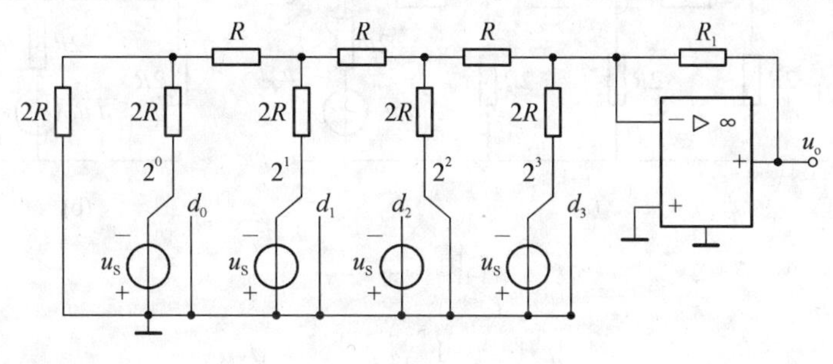

题图 4.29

解

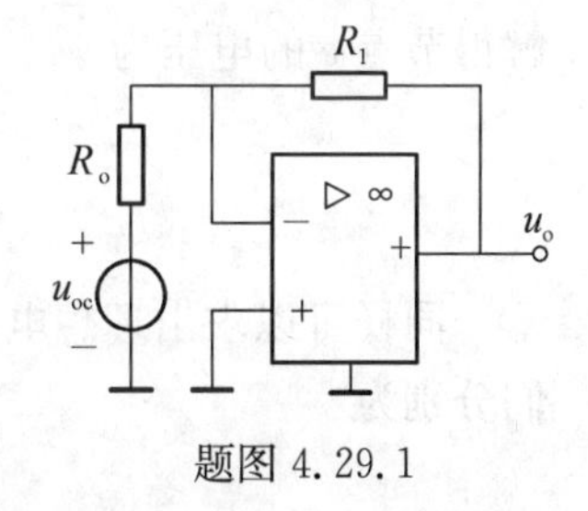

题图 4.29.1

可以应用本章所介绍的电路定理来分析上述电路。为了分析方便，将 $R-2R$ 梯形电阻电路用等效的戴维南电路替代，如题图 4.29.1 所示。该电路是一反相比例放大电路，其输出电压为

$$u_o = -\frac{R_1}{R_o} u_{OC} \tag{1}$$

式中：u_{OC}、R_o 分别为 $R-2R$ 梯形电阻电路的开路电压和等效电阻。

将 $R-2R$ 梯形电阻电路中开关与理想电压源 u_S 或地接通，并用数字量 $d_i(i = 0, 1, 2, 3)$ 表示，得到题图 4.29.2(a)所示的电路，其戴维南电路如题图 4.29.2(b)所示。

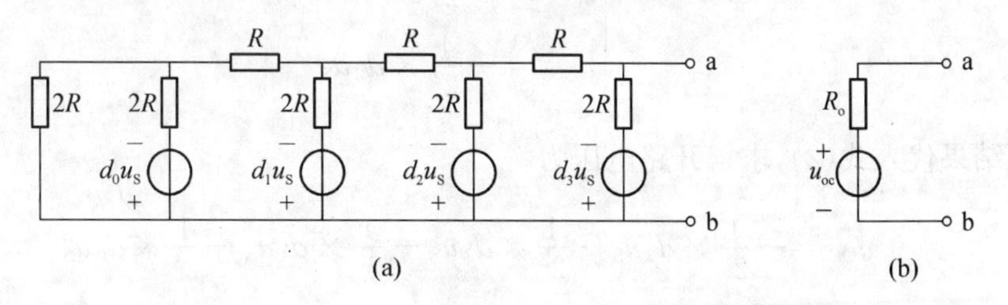

题图 4.29.2

为了求出等效电阻 R_o，将题图 4.29.2(a)所示电路中的所有理想电压源置零，得到题图 4.29.3 所示的电路，它是一电阻串、并联电路，其等效电阻为 $R_o = R$。

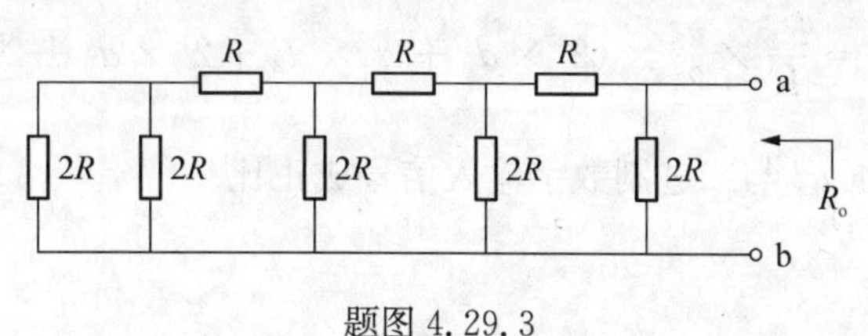

题图 4.29.3

可以用叠加定理来求解开路电压 u_{OC}。由叠加定理，u_{OC}可表示为

$$u_{OC} = u_{OC3} + u_{OC2} + u_{OC1} + u_{OC0} \tag{2}$$

式中：$u_{OCi}(i=0,1,2,3)$ 分别为理想电压源 $d_i u_S(i=0,1,2,3)$ 单独作用时在 R-$2R$ 梯形电阻电路端口处产生的电压。

理想电压源 $d_3 u_S$ 单独作用时的电路如题图 4.29.4(a)所示，将理想电压源-电阻串联支路左边的电阻电路简化，得到题图 4.29.4(b)所示的电路。列节点 c 的电压方程，得

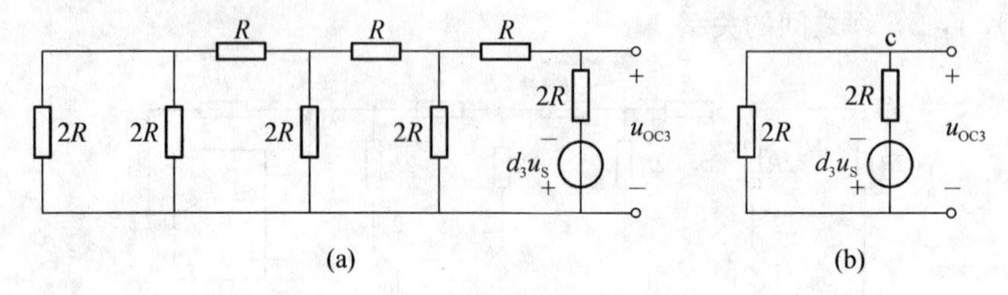

题图 4.29.4

$$\left(\frac{1}{2R} + \frac{1}{2R}\right)u_{OC3} = -\frac{d_3 u_S}{2R}$$

解得节点 c 的电压为

$$u_{OC3} = -\frac{1}{2} \times d_3 u_S$$

同样可以求出理想电压源 $d_i u_S(i=0,1,2)$ 单独作用时产生的电压 $u_{OCi}(i=0,1,2)$，它们分别为

$$\begin{cases} u_{OC0} = -\dfrac{1}{2^4} \times d_0 u_S \\ u_{OC1} = -\dfrac{1}{2^3} \times d_1 u_S \\ u_{OC2} = -\dfrac{1}{2^2} \times d_2 u_S \end{cases}$$

将上述结果代入式(2)，求得开路电压为

$$\begin{aligned} u_{OC} &= -\frac{1}{2^1} \times d_3 u_S - \frac{1}{2^2} \times d_2 u_S - \frac{1}{2^3} \times d_1 u_S - \frac{1}{2^4} \times d_0 u_S \\ &= -\frac{u_S}{2^4} \times (2^3 \times d_3 + 2^2 \times d_2 + 2^1 \times d_0 + 2^0 \times d_0) \end{aligned}$$

将 R_o、u_{OC}代入式(1)，经整理求得输出电压为

$$u_o = \frac{R_1}{R} \times \frac{u_S}{2^4} \times (2^3 \times d_3 + 2^2 \times d_2 + 2^1 \times d_0 + 2^0 \times d_0)$$

上式表明，模拟输出电压 u_o 与二进制数字输入信号成正比。

进一步，如果取

$$R_1 = \frac{2^4 \times R}{u_S}$$

则有

$$u_o = 2^3 \times d_3 + 2^2 \times d_2 + 2^1 \times d_1 + 2^0 \times d_0$$

对题图 4.29 所示电路，$d_3 d_2 d_1 d_0 = 1011$，因此有

$$u_o = 2^3 \times 1 + 2^2 \times 0 + 2^1 \times 1 + 2^0 \times 1 = 11\ \text{V}$$

即输出的电压值与输入的二进制数字所表示的十进制数值完全相同。

4.30 试求题图 4.30 所示电路的诺顿电路。

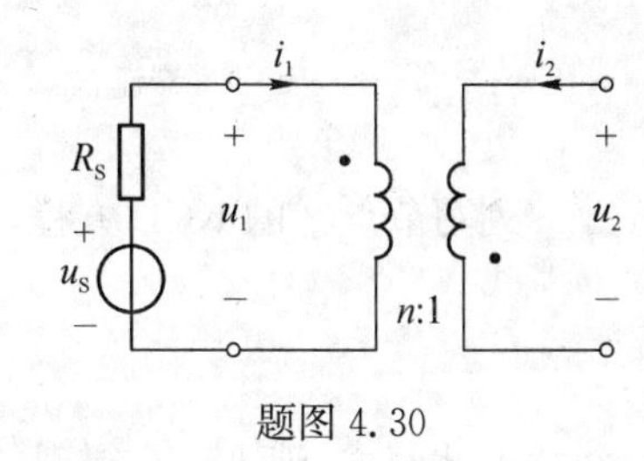

题图 4.30

解

将题图 4.30 电路输出端短路，如题图 4.30.1(a)所示，则有 $u_2' = 0$。由理想变压器的 VCR 得

$$u_2' = -\frac{1}{n} u_1' = -\frac{1}{n}(u_S - R_S i_1') = 0$$

解得

$$i_1' = \frac{u_S}{R_S}$$

因此，得到输出端短路电流为

$$i_{SC} = i_2' = n i_1' = \frac{n u_S}{R_S}$$

将题图 4.30 所示电路中理想电压源置零，由理想变压器的电阻变换性质，从输出端口看进去的等效电阻为

$$R_o = \left(\frac{1}{n}\right)^2 R_S = \frac{R_S}{n^2}$$

诺顿电路如题图 4.30.1(b)所示。

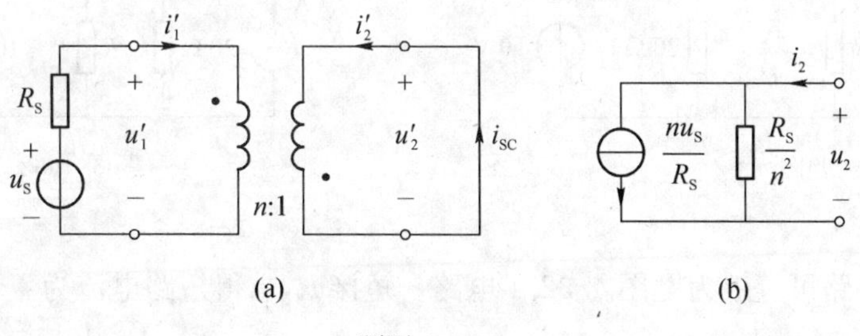

题图 4.30.1

4.31 改进的 Howland 电流泵 如题图 4.31 所示为一种适用于接地负载的电压-电流转换电路。试证明当 $R_4/R_3 = (R_{2A} + R_{2B})/R_1$ 时，电路的输出电流 i_o 与负载电阻 R_L 无关。

证明 由《电路理论基础》教材例 4.3.5 可知，当从 R_L 两端看出去的诺顿等效电导为零，则输出电流 i_o 与负载电阻 R_L 无关。用外加电源法求诺顿等效电导。如题图 4.31.1 所示，则有

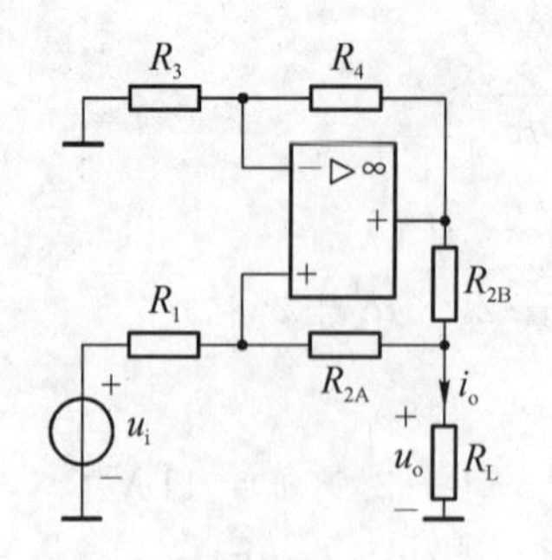

题图 4.31

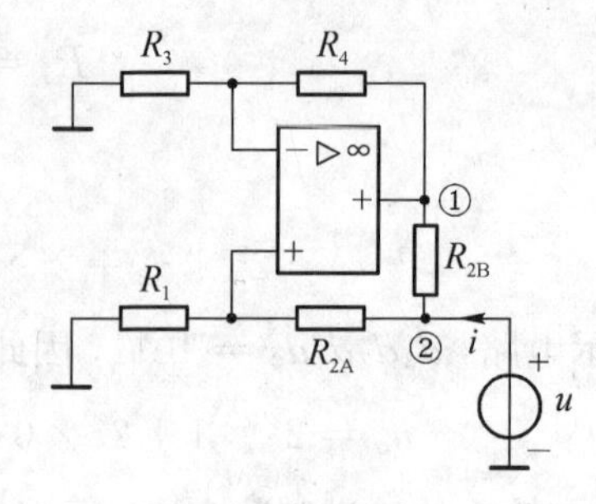

题图 4.31.1

$$u_- = \frac{R_3}{R_3 + R_4} u_{n1} = u_+ = \frac{R_1}{R_1 + R_{2A}} u$$

列写节点②的 KCL 方程，有

$$\frac{u}{R_1 + R_{2A}} = \frac{u_{n1} - u}{R_{2B}} + i$$

联立上述两式，消去 u_{n1}，得到

$$i = \frac{R_3 R_{2A} - R_1 R_4 + R_3 R_{2B}}{R_3 R_{2B}(R_1 + R_{2A})} u$$

令诺顿等效电导为零，亦即

$$\frac{R_3 R_{2A} - R_1 R_4 + R_3 R_{2B}}{R_3 R_{2B}(R_1 + R_{2A})} = 0 \Rightarrow \frac{R_4}{R_3} = \frac{R_1}{R_{2A} + R_{2B}}$$

此时，电路的输出电流 i_o 与负载电阻 R_L 无关。

最大功率传输定理

4.32 如题图 4.32 所示电路中，R 为多大时，它吸收的功率最大？试求此最大功率。

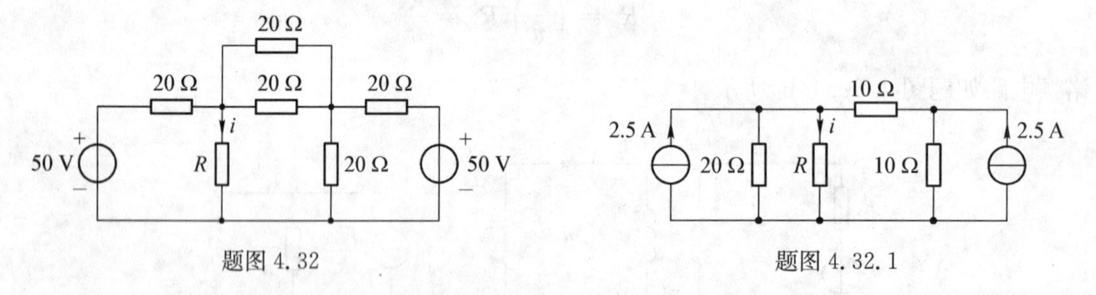

题图 4.32　　　　题图 4.32.1

解

题图 4.32 电路可等效为题图 4.32.1 电路。短接 R，求得短路电流为

$$i_{SC} = (2.5/2 + 2.5)\ \text{A} = 3.75\ \text{A}$$

断开 R，将独立源置零，则从 R 断开处看进去的等效电阻为

$$R_{eq} = (20/2)\ \Omega = 10\ \Omega$$

当 $R = R_{eq} = 10\ \Omega$ 时，它吸收最大功率，最大功率为

$$p_{max} = (3.75/2)^2 R = 35.16\ \text{W}$$

4.33 试求题图 4.33 所示电路中 R_L 所获得的最大功率。

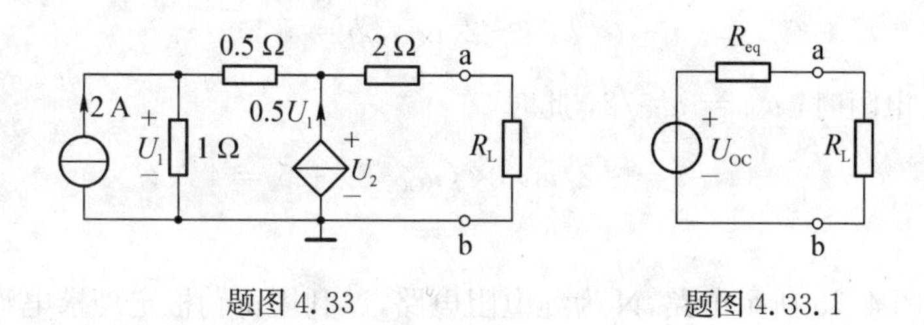

题图 4.33　　题图 4.33.1

解

将 R_L 以外的电路看成二端有源网络，并等效为戴维南等效电路，如题图 4.33.1 所示。利用节点电压法对题图 4.33 求等效电路的参数，有

$$\begin{cases}\left(1+\dfrac{1}{0.5}\right)U_1-\dfrac{1}{0.5}U_2=2\\-\dfrac{1}{0.5}U_1+\left(\dfrac{1}{0.5}+\dfrac{1}{2+R_L}\right)U_2=0.5U_1\end{cases}$$

为了求 a、b 端口网络的开路电压，可令 $R_L\to\infty$，解上述方程组得

$$U_2=U_{OC}=5\ \text{V}$$

为了求 a、b 端口网络的输入电阻，可令 $R_L=0$，解上述方程组得

$$U_2=2\ \text{V}$$

所以短路电流为

$$I_{SC}=\frac{U_2}{2}=\frac{2}{2}\ \text{A}=1\ \text{A}$$

输入电阻为

$$R_{eq}=\frac{U_{OC}}{I_{SC}}=\frac{5}{1}\ \Omega=5\ \Omega$$

当 $R_L=R_{eq}=5\ \Omega$ 时，R_L 能获得最大功率，此功率为

$$p_{L\max}=\frac{U_{OC}^2}{4R_{eq}}=\frac{5^2}{4\times 5}\ \text{W}=1.25\ \text{W}$$

4.34 如题图 4.34 所示电路，N 为含独立源电阻电路，当 a、b 端开路时，$i=3$ A；当 a、b 端短路时，$i=5$ A；当 a、b 端接 2 Ω 电阻时，该电阻刚好获得最大功率，试求此时的电流 i。

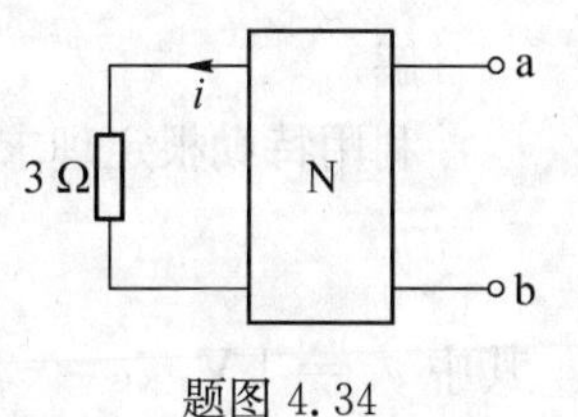

题图 4.34

解

由题意，当 a、b 端接 2 Ω 电阻时，该电阻刚好获得最大功率，说明从 a、b 端向左看去的戴维南等效电阻为 2 Ω，假设 a、b 端的开路电压为 U_{OC}。由叠加定理，有

$$i=ku_{ab}+b$$

由已知条件，得

$$\begin{cases}3=ku_{OC}+b\\5=k\times 0+b\end{cases}$$

解得

$$k=-2/u_{OC},\ b=5$$

当 a、b 端接 2 Ω 电阻时，$u_{ab}=u_{OC}/2$，此时

$$i=-2/u_{OC}\times(u_{OC}/2)+5=4\ \text{A}$$

特勒根定理

4.35 如题图 4.35 所示电路，N 为纯电阻电路，试利用特勒根定理求电流 i。

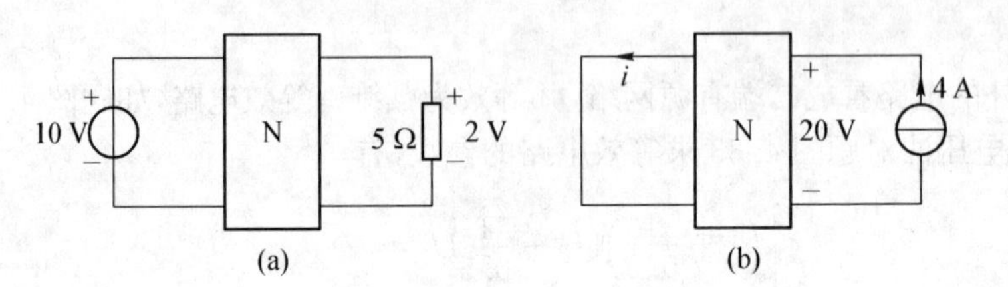

题图 4.35

解

由特勒根定理可列写如下方程

$$10\times i+2\times(-4)=0\times i_{10\text{ V}}+20\times(2/5)$$

解得 $$i=1.6\ \text{A}$$

4.36 如题图 4.36 所示，N 仅由电阻组成，已知题图 4.36(a)中 $u_1=1\text{V}$，$i_2=0.5\text{ A}$，试求题图 4.36(b)中的 $\hat{i}_1$。

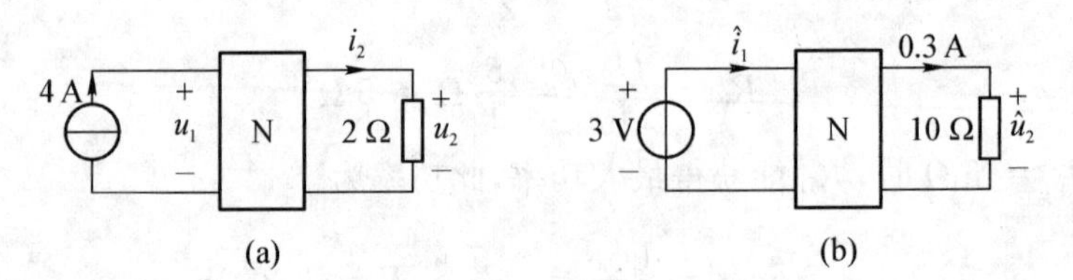

题图 4.36

解

利用特勒根定理求解。列出

$$u_1(-\hat{i}_1)+u_2\hat{i}_2=\hat{u}_1 i_1+\hat{u}_2 i_2$$

其中 $u_1=1\text{ V}$，$i_1=-4\text{ A}$，$u_2=2\times0.5\text{ V}=1\text{ V}$，$i_2=0.5\text{ A}$，$\hat{u}_1=3\text{ V}$，$\hat{u}_2=10\times0.3=3\text{ V}$，$\hat{i}_2=0.3\text{ A}$，代入上式得

$$\hat{i}_1=10.8\ \text{A}$$

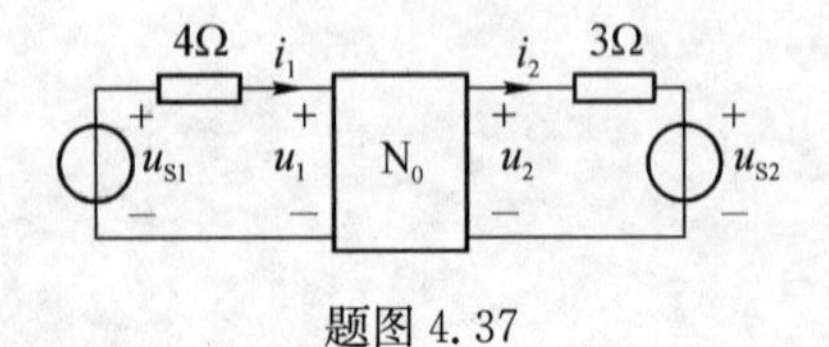

题图 4.37

4.37 如题图 4.37 所示电路，N_0 为无源电阻电路，已知：当 $u_{S1}=5\text{ V}$，$u_{S2}=0$ 时，$i_1=1\text{ A}$，$i_2=0.5\text{ A}$；当 $u_{S1}=0$，$u_{S2}=20\text{ V}$ 时，$i_2=-2\text{ A}$。试求 u_{S1} 和 u_{S2} 共同作用时各电源发出的功率。

解

根据已知条件可得,在第一种情况下

$$u_1 = u_{S1} - 4i_1 = (5-4)\ \text{V} = 1\ \text{V},\ i_1 = 1\ \text{A}$$

$$u_2 = 3i_2 + u_{S2} = (3\times 0.5+0)\ \text{V} = 1.5\ \text{V},\ i_2 = 0.5\ \text{A}$$

在第二种情况下

$$\hat{u}_1 = \hat{u}_{S1} - 4\hat{i}_1 = 0 - 4\hat{i}_1 = -4\hat{i}_1$$

$$\hat{u}_2 = 3\hat{i}_2 + \hat{u}_{S2} = [3\times(-2)+20]\ \text{V} = 14\ \text{V},\ \hat{i}_2 = -2\ \text{A}$$

由特勒根定理,得

$$u_1(-\hat{i}_1) + u_2\hat{i}_2 = \hat{u}_1(-i_1) + \hat{u}_2 i_2$$

代入上述条件得到

$$1\times(-\hat{i}_1) + 1.5\times(-2) = (-4\hat{i}_1)\times(-1) + 14\times 0.5$$

解得
$$\hat{i}_1 = -\frac{10}{5}\ \text{A} = -2\ \text{A}$$

利用叠加定理可以解得 u_{S1} 和 u_{S2} 共同作用下每个电源中的电流,然后得到各个电源发出的功率,即

u_{S1} 发出的功率为

$$P_{uS1} = u_{S1}(i_1 + \hat{i}_1) = 5\times(1-2)\ \text{W} = -5\ \text{W}$$

u_{S2} 发出的功率为

$$P_{uS2} = -u_{S2}(i_2 + \hat{i}_2) = -20\times(0.5-2)\ \text{W} = 30\ \text{W}$$

4.38 如题图 4.38 所示电路,N_R 为电阻电路,已知 $R_1 = 1\,\Omega$, $R_2 = 2\,\Omega$, $R_3 = 3\,\Omega$, $u_{S1} = 18\ \text{V}$,当 u_{S1} 作用,$u_{S2} = 0$ 时,测得 $u_1 = 9\ \text{V}$, $u_2 = 4\ \text{V}$;又当 u_{S1} 和 u_{S2} 共同作用时,测得 $u_3 = -30\ \text{V}$,试求 u_{S2} 之值。

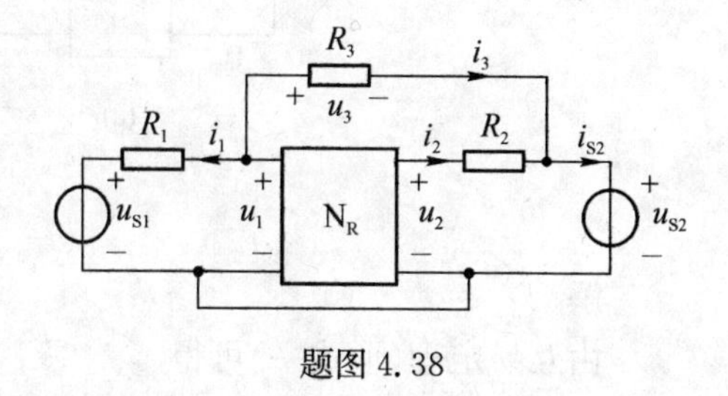

题图 4.38

解

对网络进行两次测量,其拓扑结构不变,故可用特勒根定理求解。

由第一次测量所得的数据

$$u_{S1} = 18\ \text{V},\ u_{S2} = 0,\ u_1 = 9\ \text{V},\ u_2 = 4\ \text{V}$$

可以求出相关参数

$$i_1 = \frac{u_1 - u_{S1}}{R_1} = \frac{9-18}{1}\ \text{A} = -9\ \text{A}$$

$$u_3 = u_1 = 9\ \text{V}$$

$$i_{S2} = i_2 + i_3 = \frac{u_2}{R_2} + \frac{u_3}{R_3} = \left(\frac{4}{2} + \frac{9}{3}\right)\ \text{A} = 5\ \text{A}$$

由第二次测量所得的数据

$$\hat{u}_{S1} = u_{S1} = 18\ \text{V},\ \hat{u}_3 = -30\ \text{V}$$

可以求出相关参数

$$\hat{u}_1 = \hat{u}_3 + \hat{u}_{S2} = -30 + \hat{u}_{S2}$$

$$\hat{i}_1 = \frac{\hat{u}_1 - \hat{u}_{S1}}{R_1} = \frac{-30 + \hat{u}_{S2} - 18}{1} = -48 + \hat{u}_{S2}$$

根据特勒根定理

$$u_1 \hat{i}_1 + u_{S2} \hat{i}_{S2} + \sum_{k=3}^{b} u_k \hat{i}_k = \hat{u}_1 i_1 + \hat{u}_{S2} i_{S2} + \sum_{k=3}^{b} \hat{u}_k i_k$$

对于线性电阻电路,有

$$\sum_{k=3}^{b} u_k \hat{i}_k = \sum_{k=3}^{b} \hat{u}_k i_k$$

则
$$u_1 \hat{i}_1 + u_{S2} \hat{i}_{S2} = \hat{u}_1 i_1 + \hat{u}_{S2} i_{S2}$$

代入数据则可得

$$9 \times (-48 + \hat{u}_{S2}) + 0 \times \hat{i}_{S2} = (-30 + \hat{u}_{S2}) \times (-9) + \hat{u}_{S2} \times 5$$

解得
$$\hat{u}_{S2} = 54\ \text{V}$$

故 u_{S2} 的值为 54 V。

互易定理

4.39 如题图 4.39 所示电路,N 为互易二端口电路,试根据图示条件求电压 $\hat{U}_S$。

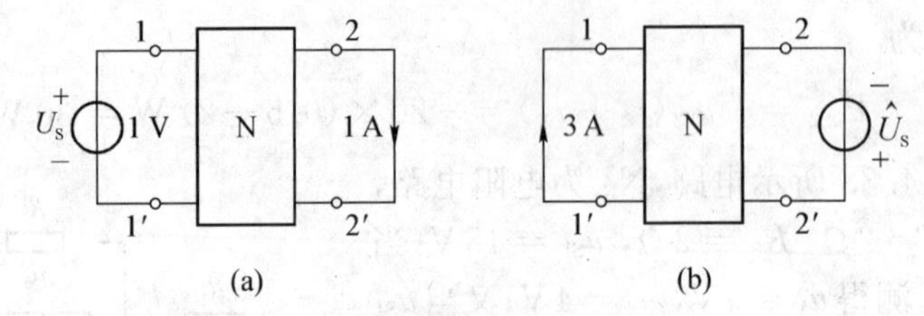

题图 4.39

解

由互易定理(形式一)可得

$$\frac{1\ \text{A}}{U_S} = \frac{-3\ \text{A}}{-\hat{U}_S}$$

解得
$$\hat{U}_S = 3\ \text{V}$$

4.40 如题图 4.40 所示电路,N 为互易性(满足互易定理)电路。试根据图中已知条件计算电阻 R。

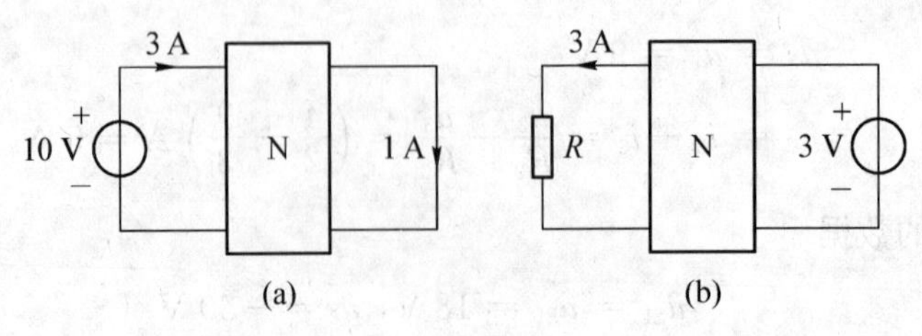

题图 4.40

解 1

应用特勒根定理求解。当 N 为互易性网络时，题图 4.40 电路的端口电压、电流(取一致参考方向)满足

$$u_1\hat{i}_1+u_2\hat{i}_2=\hat{u}_1 i_1+\hat{u}_2 i_2$$

将 $u_1=10\ \text{V}$, $i_1=-3\ \text{A}$, $u_2=0$, $i_2=1\ \text{A}$, $\hat{u}_1=3R$, $\hat{u}_2=3\ \text{V}$, $\hat{i}_1=3\ \text{A}$ 代入上式，解得

$$R=-3\ \Omega$$

解 2

应用诺顿定理求解。要计算 R，可先求出电阻 R 外电路的诺顿等效电路。由题图 4.40 可知，$R_{eq}=(10/3)\ \Omega$，再由互易定理知，$i_{SC}/3=1/10$，即 $i_{SC}=(3/10)\ \text{A}$。由题图 4.40.1 电路，有

$$i_{SC}=3+\frac{3R}{R_{eq}}$$

求得
$$R=-3\ \Omega$$

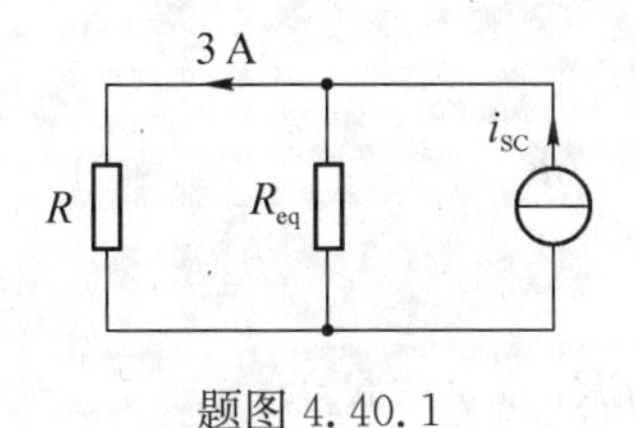

题图 4.40.1

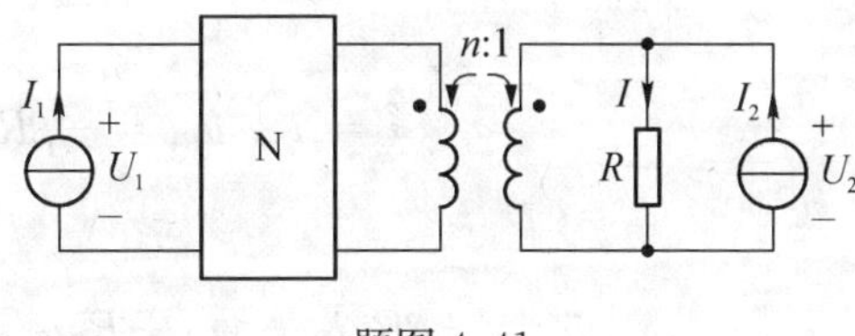

题图 4.41

4.41 电路如题图 4.41 所示，N 仅由二端线性电阻组成，$R=2\ \Omega$。当 $I_1=6\ \text{A}$, $I_2=0$ 时，$I=2\ \text{A}$。求当 $I_1=0$, $I_2=18\ \text{A}$ 时的电压 U_1。

解

由已知条件，当 $I_1=6\ \text{A}$, $I_2=0$ 时，$U_2=RI=2\times2\ \text{V}=4\ \text{V}$

由互易定理，当 $I_1=0$, $I_2=6\ \text{A}$ 时，$U_1=4\ \text{V}$

则由齐次定理，当 $I_1=0$, $I_2=18\ \text{A}$ 时，电压为

$$U_1=\frac{18}{6}\times4\ \text{V}=12\ \text{V}$$

4.42 如题图 4.42 所示的电路，已知 $R_1=R_2=R_3=1\ \Omega$，试问 β 与 γ 取何种关系时此电路是互易电路。

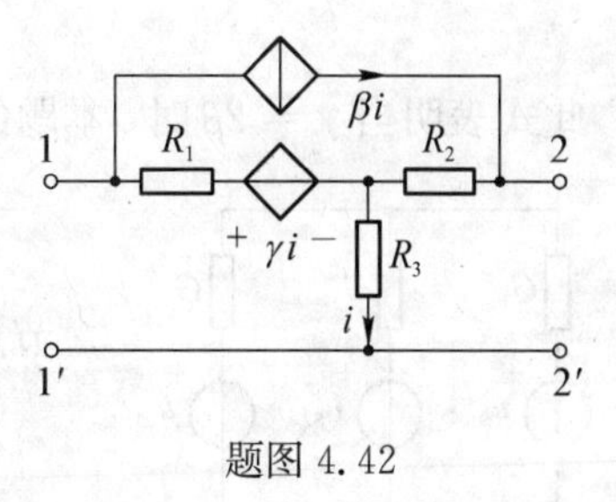

题图 4.42

解

对互易电路来说互易定理成立。如果题给电路是互易电路，则根据互易定理形式二从题图 4.42.1(a)算出的 u_2 应与从题图 4.42.1(b)算出的 $\hat{u}_1$ 相等。

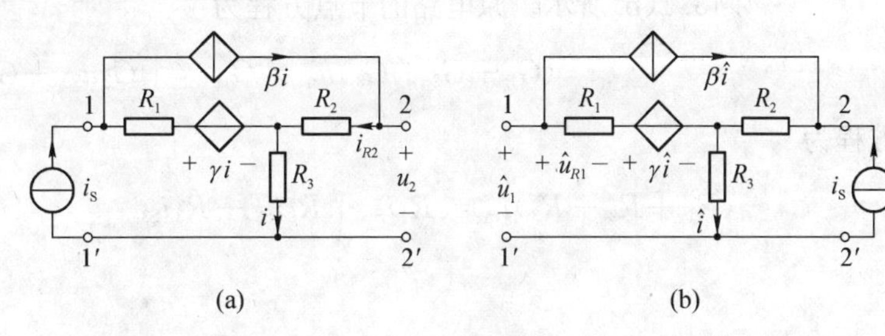

题图 4.42.1

由题图 4.42.1(a)可知

$$u_2 = R_2 i_{R2} + R_3 i = \beta R_2 i + R_3 i = (\beta R_2 + R_3) i$$

又因为

$$i = i_S$$

所以有

$$u_2 = (\beta R_2 + R_3) i_S$$

将 R_2、R_3 的值代入,得

$$u_2 = (\beta + 1) i_S$$

由题图 4.42.1(b)可知

$$\hat{u}_1 = \hat{u}_{R1} + \gamma \hat{i} + R_3 \hat{i}$$

又因为

$$\hat{i} = i_S,\ \hat{u}_{R1} = -\beta R_1 \hat{i} = -\beta R_1 i_S$$

所以

$$\hat{u}_1 = -\beta R_1 i_S + \gamma i_S + R_3 i_S = (-\beta R_1 + \gamma + R_3) i_S$$

将 R_1、R_3 的值代入上式,得

$$\hat{u}_1 = (-\beta + \gamma + 1) i_S$$

由于 u_2 应等于 $\hat{u}_1$,所以有

$$-\beta + \gamma + 1 = \beta + 1$$

从上式可得

$$\gamma = 2\beta$$

此式表明当 $\gamma = 2\beta$ 时,本题的电路尽管含有受控源,但却是互易电路。

对偶原理

4.43 试画出题图 4.43 所示电路的对偶电路,比较该电路的节点方程和对偶电路的网孔方程。

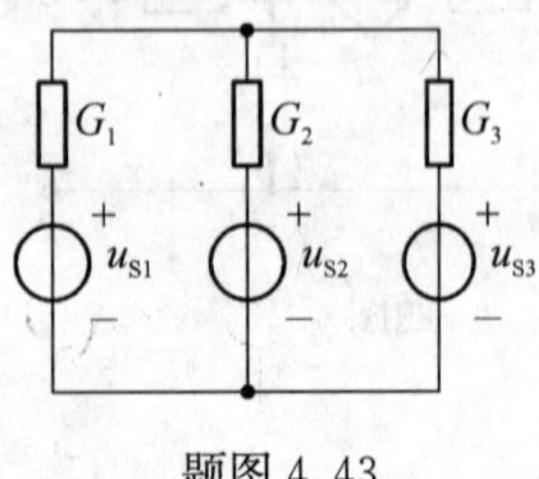

题图 4.43

解

画出互易电路的过程如题图 4.43.1(a)所示,互易电路如题图 4.43.1(b)所示。原电路的节点方程为

$$(G_1 + G_2 + G_3) u_n = G_1 u_{S1} + G_2 u_{S2} + G_3 u_{S3}$$

对偶电路的网孔方程为

$$(R_1 + R_2 + R_3) i_m = R_1 i_{S1} + R_2 i_{S2} + R_3 i_{S3}$$

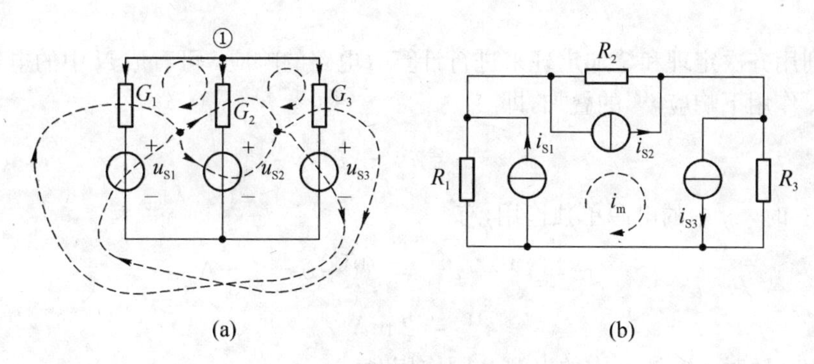

题图 4.43.1

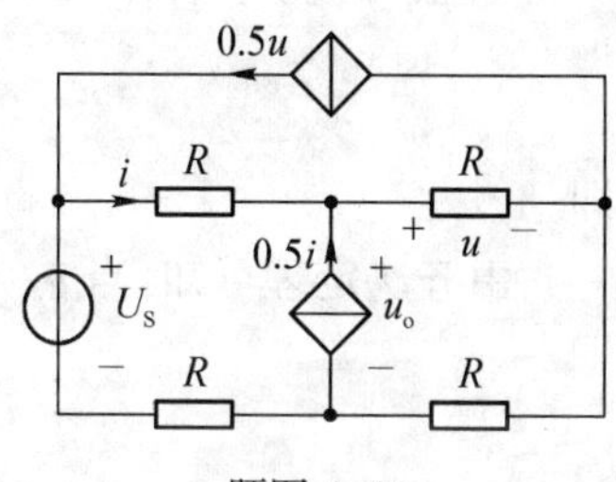

题图 4.44

4.44 试画出题图 4.44 所示电路的对偶电路，并列出该对偶电路的节点方程。已知 $R=1\ \Omega$，$U_S=12\ V$。

解

取网孔电流如题图 4.44.1(a)所示，可画出相应的对偶电路及其节点如题图 4.44.1(b)所示。

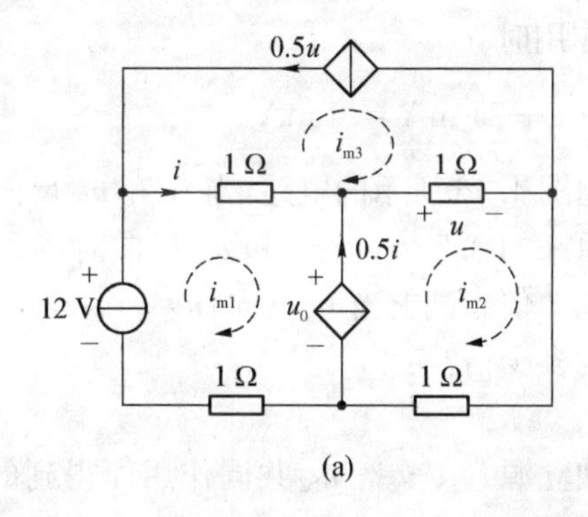

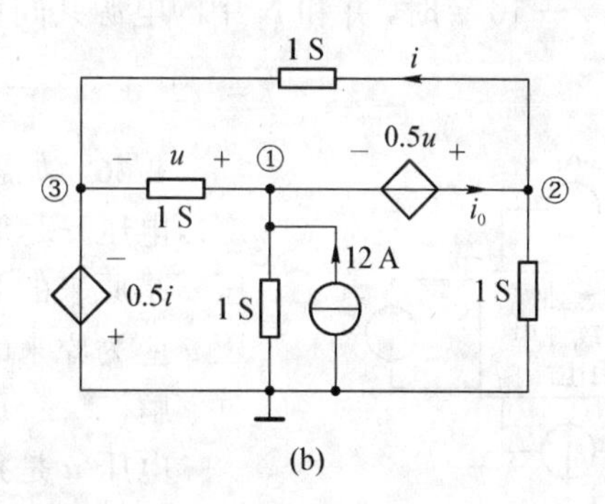

题图 4.44.1

对题图 4.44.1(b)所示的对偶电路，节点方程为

$$\begin{cases}(1+1)u_{n1}-u_{n3}=12-i_0\\(1+1)u_{n2}-u_{n3}=i_0\\u_{n3}=-0.5i\end{cases}$$

列写补充方程为

$$u_{n2}-u_{n1}=0.5u$$
$$u_{n1}-u_{n3}=u$$
$$u_{n2}-u_{n3}=1\times i$$

综合

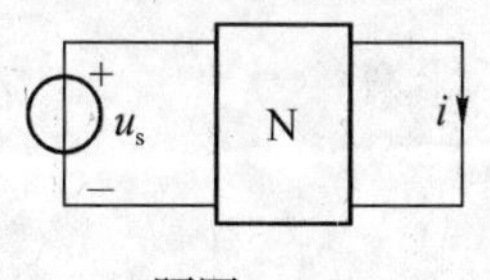

题图 4.45

4.45 如题图 4.45 所示电路，N 为线性含独立源电路，已知 $u_S=0$ 时，$i=2\ mA$；当 $u_S=20\ V$ 时，$i=-2\ mA$，求 $u_S=-10\ V$ 时的电流 i。

解

本题可利用齐次定理和叠加定理来进行计算。电路的响应 i 可看成 N 中的电源作用下的响应 $i^{(1)}$ 和 u_S 作用下响应 $i^{(2)}$ 的叠加，即

$$i = i^{(1)} + i^{(2)}$$

当 $u_S = 0$ 时，N 中的电源单独作用，有

$$i = i^{(1)} + i^{(2)} = i^{(1)} + 0 = 2\ \mathrm{mA}$$

即
$$i^{(1)} = 2\ \mathrm{mA}$$

当 $u_S = 20\ \mathrm{V}$ 时，并和 N 中的电源共同作用时

$$i = i^{(1)} + i^{(2)} = 2 + i^{(2)} = -2\ \mathrm{mA}$$

即
$$i^{(2)} = -4\ \mathrm{mA}$$

由齐次定理可知，当 $u_S = -10\ \mathrm{V}$ 单独作用时

$$i^{(3)} = -\frac{1}{2}i^{(2)} = -\frac{1}{2}\times(-4)\ \mathrm{mA} = 2\ \mathrm{mA}$$

所以当 $u_S = -10\ \mathrm{V}$ 时，并和 N 中的电源共同作用时

$$i = i^{(1)} + i^{(3)} = (2+2)\ \mathrm{mA} = 4\ \mathrm{mA}$$

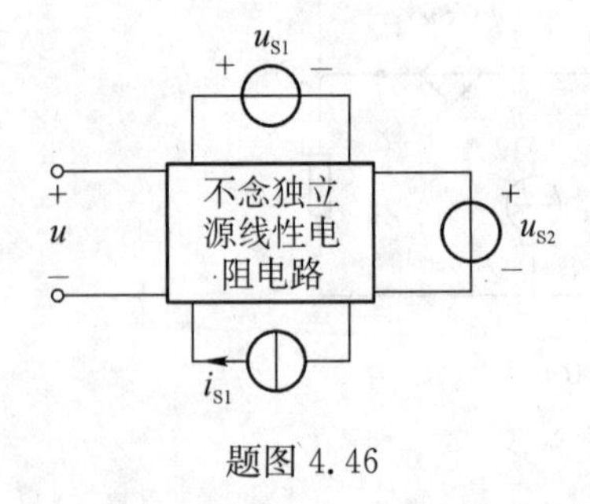

题图 4.46

4.46 如题图 4.46 所示的电路，当 i_{S1} 和 u_{S1} 反向时（u_{S2} 不变），电压 u 是原来的 0.5 倍；当 i_{S1} 和 u_{S2} 反向时（u_{S1} 不变），电压 u 是原来的 0.3 倍。试求当 i_{S1} 反向（u_{S1}、u_{S2} 均不变）时，电压 u 应为原来的多少倍？

解

电压 u 是独立源 i_{S1}、u_{S1}、u_{S2} 共同作用而得到的响应，根据叠加定理可得

$$u = \alpha i_{S1} + \beta u_{S1} + \gamma u_{S2}$$

当 i_{S1} 和 u_{S1} 反向时（u_{S2} 不变）时，有

$$u' = -\alpha i_{S1} - \beta u_{S1} + \gamma u_{S2}$$

$$\frac{u'}{u} = \frac{-\alpha i_{S1} - \beta u_{S1} + \gamma u_{S2}}{\alpha i_{S1} + \beta u_{S1} + \gamma u_{S2}} = 0.5$$

同理，当 i_{S1} 和 u_{S2} 反向时（u_{S1} 不变）时，有

$$\frac{u''}{u} = \frac{-\alpha i_{S1} + \beta u_{S1} - \gamma u_{S2}}{\alpha i_{S1} + \beta u_{S1} + \gamma u_{S2}} = 0.3$$

上面两式相加得
$$\frac{-2\alpha i_S}{\alpha i_{S1} + \beta u_{S1} + \gamma u_{S2}} = 0.8$$

当 i_{S1} 反向（u_{S1}、u_{S2} 均不变）时，有

$$\frac{u'''}{u}=\frac{-\alpha i_{S1}+\beta u_{S1}+\gamma u_{S2}}{\alpha i_{S1}+\beta u_{S1}+\gamma u_{S2}}=\frac{-2\alpha i_S+\alpha i_{S1}+\beta u_{S1}+\gamma u_{S2}}{\alpha i_{S1}+\beta u_{S1}+\gamma u_{S2}}$$

$$=\frac{-2\alpha i_S}{\alpha i_{S1}+\beta u_{S1}+\gamma u_{S2}}+1=0.8+1=1.8$$

4.47 如题图 4.47 所示电路,N 为含源二端口电路,已知 $R_1=R_2=10\,\Omega$, $R_3=6\,\Omega$, $R_4=3\,\Omega$, $U=U_0/24$,试求 R。

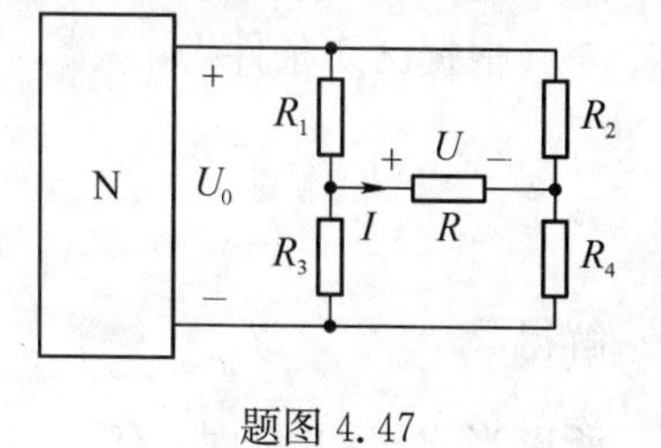

题图 4.47

解

首先用理想电压源 U_0 替代 N,用理想电压源 U 替代 R。当 U_0 单独作用时

$$U_{R1}=\frac{5}{7}U_0,\ U_{R3}=\frac{2}{7}U_0$$

$$I_1=\frac{U_{R1}}{10}-\frac{U_{R3}}{6}=\frac{U_0}{42}=\frac{24U}{42}=\frac{4}{7}U$$

U 单独作用时 $$I_2=-\frac{U}{10\,/\!/\,6+10\,/\!/\,3}=-\frac{52}{315}U$$

因此 $$I=I_1+I_2=\left(\frac{4}{7}-\frac{52}{315}\right)U=\frac{128}{315}U$$

$$R=\frac{U}{I}=\frac{315}{128}=2.46\,\Omega$$

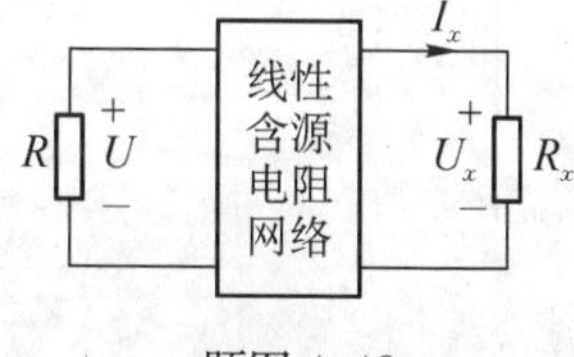

题图 4.48

4.48 如题图 4.48 所示电路,已知当 $R_x=0$ 时,$I_x=8$ A, $U=12$ V;当 $R_x\to\infty$ 时,$U_x=36$ V, $U=6$ V,试求当 $R_x=9\,\Omega$ 时的 U_x 和 U。

解

首先将电阻 R_x 左边电路用戴维南电路替代,如题图 4.48.1(a)所示,其中

$$U_{OC}=U_x\,|_{R_x\to\infty}=36\text{ V}$$

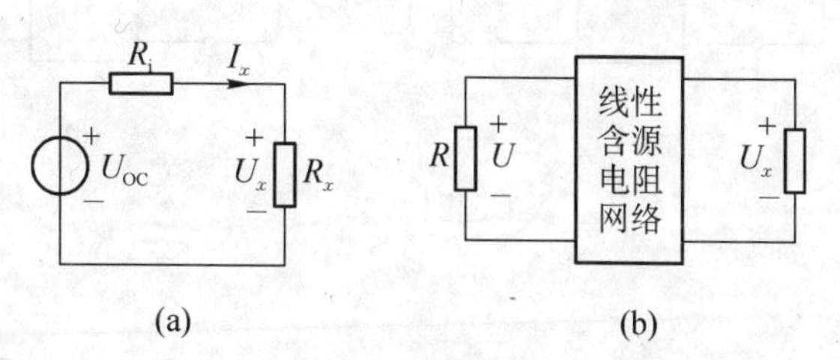

题图 4.48.1

$$R_{eq}=\frac{U_{OC}}{I_{SC}}=\frac{36}{I_x\,|_{R_x=0}}=\frac{36}{8}\,\Omega=4.5\,\Omega$$

所以当 $R_x=9\,\Omega$ 时,

$$U_x=\frac{R_x}{R_{eq}+R_x}U_{OC}=\frac{9}{4.5+9}\times 36\text{ V}=24\text{ V}$$

利用替代定理，用理想电压源 U_x 替代题图 4.48 中的 R_x，如题图 4.48.1(b)所示，再由叠加定理和齐次定理得

$$U = U^{(1)} + U^{(3)} = U^{(1)} + kU_x$$

式中：$U^{(1)}$ 为线性含源网络中独立源所引起的响应。

根据已知条件得

$$\begin{cases} 12 = U^{(1)} + k \times 0 \\ 6 = U^{(1)} + k \times 36 \end{cases}$$

解得

$$U^{(1)} = 12\ \text{V},\ k = -\frac{1}{6}$$

所以当 $R_x = 9\ \Omega$ 时，有

$$U = U^{(1)} + kU_x = \left[12 + \left(-\frac{1}{6}\right) \times 24\right]\ \text{V} = 8\ \text{V}$$

4.49 已知题图 4.49 所示电路中 N 为互易电路，如果在端口 11′施加理想电压源激励或理想电流源激励，在端口 22′得到电压响应或电流响应，分别如题图 4.49(a)～(d)所示。试证明在电路具有唯一解的情况下，有

$$\frac{u_{S1}}{u_2} \cdot \frac{i_{S1}}{i_2} - \frac{u'_{S1}}{i'_2} \cdot \frac{i'_{S1}}{u'_2} = 1$$

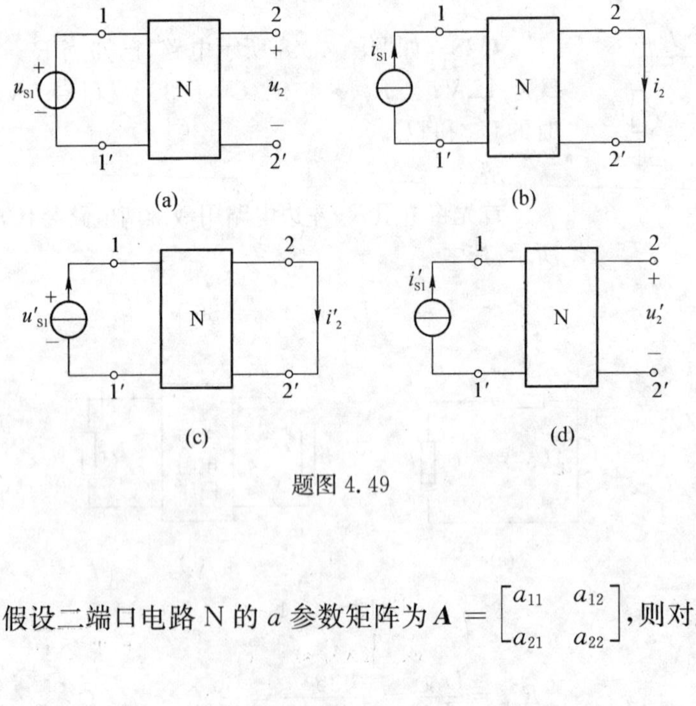

题图 4.49

证明

不失一般性，假设二端口电路 N 的 a 参数矩阵为 $\mathbf{A} = \begin{bmatrix} a_{11} & a_{12} \\ a_{21} & a_{22} \end{bmatrix}$，则对题图 4.49(a) 电路，有

$$u_{S1} = a_{11} u_2 + a_{12} \times (-0)$$

由上式可得

$$\frac{u_{S1}}{u_2} = a_{11}$$

同理,由题图 4.49(b)电路,有

$$i_{S1}=a_{21}\times 0+a_{22}i_2$$

由上式可得

$$\frac{i_{S1}}{i_2}=a_{22}$$

类似地,由题图 4.49(c)、(d)可得到如下关系式

$$\frac{u'_{S1}}{i'_2}=a_{12}$$

$$\frac{i'_{S1}}{u'_2}=a_{21}$$

由于N为互易电路,因此 $\Delta_a=a_{11}a_{22}-a_{12}a_{21}=1$,由上面有关式子代入,即可得到所要证明的结果。

4.50 等比例步进衰减电路 如题图 4.50 所示电路可实现对输入信号进行任意等比例步进衰减。现要求从理想电压源 u_S 两端看出去的等效电阻为 $R_i=500\ \Omega$,步进衰减比例为 $k=1/3$,试求电阻 R_1、R_2、R_3。

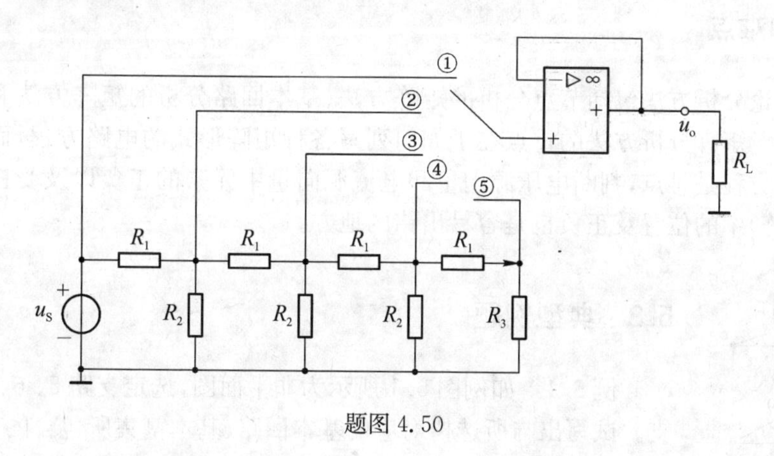

题图 4.50

解

如果电阻 R_1、R_2、R_3 满足

$$\begin{cases}R_1+R_3=R_i=500\\ R_2\ /\!/\ (R_1+R_3)=R_3\end{cases}$$

则从理想电压源 u_S 两端看出去的等效电阻为 R_i。步进衰减比例为

$$\frac{R_3}{R_1+R_3}=k=\frac{1}{3}$$

解得

$$R_1=\frac{1\,000}{3}\ \Omega,\ R_2=250\ \Omega,\ R_3=\frac{500}{3}\ \Omega$$

用倒推法不难验证结果正确。

5 电路图论分析

5.1 教学要求

(1) 了解电路图论的基础知识,掌握基本回路和基本割集的概念。

(2) 掌握关联矩阵、基本回路矩阵、基本割集矩阵的含义及其列写方法,理解三者之间的关系。

(3) 掌握一般支路 VCR 的矩阵形式,掌握节点方程、基本回路方程和基本割集方程矩阵形式的列写步骤。

5.2 重点和难点

电路的图论分析方法包括节点分析的矩阵方法、基本回路分析的矩阵方法和基本割集分析的矩阵方法。矩阵分析方法的重点在于如何列写各种矩阵形式的电路方程,而列写含受控源电路的矩阵方程是难点,判断电压源向量和电流源向量中元素的正负以及受控源在电阻矩阵(或电导矩阵)中的位置及正负也是容易出错的地方。

5.3 典型例题

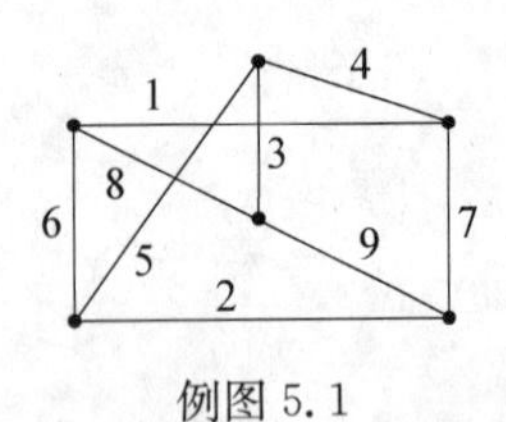

例图 5.1

例 5.1 如例图 5.1 所示为非平面图,选定支路 5、6、7、8、9 为树支。试写出与所选树对应的基本回路、基本割集所包含的支路。

【分析】 本题考查图论的基本知识。注意到基本回路也是单连支回路,基本割集也是单树支割集。据此可写出答案。

【解】 基本回路:{1, 7, 8, 9}、{2, 6, 8, 9}、{3, 5, 6, 8}、{4, 5, 6, 7, 8, 9}。

基本割集:{5, 3, 4}、{6, 2, 3, 4}、{7, 1, 4}、{8, 1, 2, 3, 4}、{9, 1, 2, 4}。

例 5.2 已知某电路图的降阶关联矩阵 $\boldsymbol{A}=\begin{matrix} ① \\ ② \\ ③ \end{matrix}\overset{\begin{matrix} 1 & 2 & 3 & 4 & 5 & 6 \end{matrix}}{\begin{bmatrix} -1 & 1 & -1 & 0 & 0 & 0 \\ 0 & 0 & 1 & -1 & 0 & 1 \\ 1 & 0 & 0 & 1 & 1 & 0 \end{bmatrix}}$,选支路 1、2、3 为树,写出对应于该树的基本割集矩阵 $\boldsymbol{Q}$ 和基本回路矩阵 $\boldsymbol{B}$。

【分析】 由于电路的有向图与关联矩阵 $\boldsymbol{A}_a$ 具有一一对应的关系,故可先由降阶关联矩阵 $\boldsymbol{A}$ 写出关联矩阵 $\boldsymbol{A}_a$,并由此矩阵画出电路的有向图,再列写对应树{1, 2, 3}的基本割集矩阵 $\boldsymbol{Q}$ 和基本回路矩阵 $\boldsymbol{B}$。

【解】 降阶关联矩阵 $\boldsymbol{A}$ 所对应的关联矩阵 $\boldsymbol{A}_a$ 为

$$
\boldsymbol{A}_a = \begin{array}{c} \\ ① \\ ② \\ ③ \\ ④ \end{array}
\begin{array}{c} \begin{matrix} 1 & 2 & 3 & 4 & 5 & 6 \end{matrix} \\
\begin{bmatrix} -1 & 1 & -1 & 0 & 0 & 0 \\ 0 & 0 & 1 & -1 & 0 & 1 \\ 1 & 0 & 0 & 1 & 1 & 0 \\ 0 & -1 & 0 & 0 & -1 & -1 \end{bmatrix} \end{array}
$$

则对应的有向图如例图 5.2(a)所示。

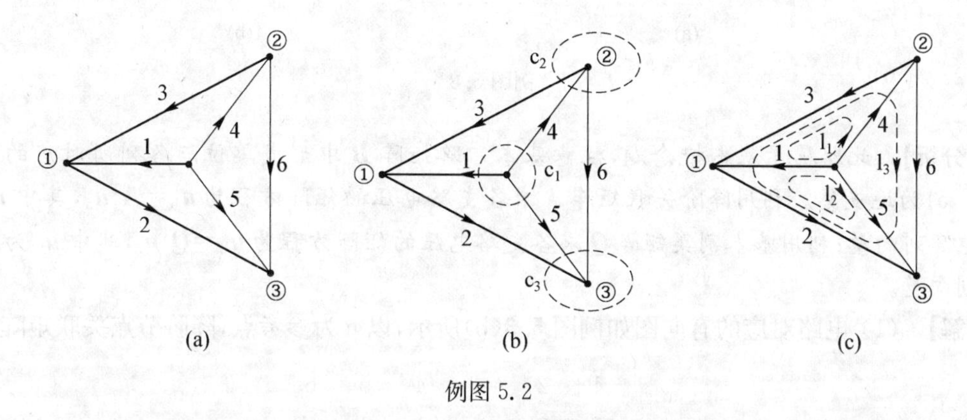

例图 5.2

对应于树{1, 2, 3}的基本割集 c_1、c_2、c_3 如例图 5.2(b)所示，得到基本割集矩阵为

$$
\boldsymbol{Q} = \begin{array}{c} \\ c_1 \\ c_2 \\ c_3 \end{array}
\begin{array}{c} \begin{matrix} 1 & 2 & 3 & 4 & 5 & 6 \end{matrix} \\
\begin{bmatrix} 1 & 0 & 0 & 1 & 1 & 0 \\ 0 & 1 & 0 & 0 & 1 & 1 \\ 0 & 0 & 1 & -1 & 0 & 1 \end{bmatrix} \end{array}
$$

对应于连支集{4, 5, 6}的基本回路 l_1、l_2、l_3 如例图 5.2(c)所示，得到基本回路矩阵为

$$
\boldsymbol{B} = \begin{array}{c} \\ l_1 \\ l_2 \\ l_3 \end{array}
\begin{array}{c} \begin{matrix} 1 & 2 & 3 & 4 & 5 & 6 \end{matrix} \\
\begin{bmatrix} -1 & 0 & 1 & 1 & 0 & 0 \\ -1 & -1 & 0 & 0 & 1 & 0 \\ 0 & -1 & -1 & 0 & 0 & 1 \end{bmatrix} \end{array}
$$

例 5.3 如例图 5.3(a)所示电路。(1)画出其有向图，并以节点 c 为参考点，写出其降阶关联矩阵 $\boldsymbol{A}$；(2)已知按此例图的某个树列写的基本回路矩阵为

$$
\boldsymbol{B} = \begin{array}{c} \begin{matrix} 1 & 2 & 3 & 4 & 5 & 6 \end{matrix} \\
\begin{bmatrix} 1 & 0 & 0 & -1 & 0 & 0 \\ 0 & 1 & 1 & -1 & 0 & 1 \\ 0 & 0 & -1 & 1 & 1 & -1 \end{bmatrix} \end{array}
$$

试求此树，并按此树写出基本割集矩阵 $\boldsymbol{Q}$；(3)若节点电压 $U_a = 5\text{ V}$，$U_b = 2\text{ V}$，$U_d = 4\text{ V}$ 时，分别利用 $\boldsymbol{A}$ 矩阵和 $\boldsymbol{Q}$ 矩阵求各支路电压。

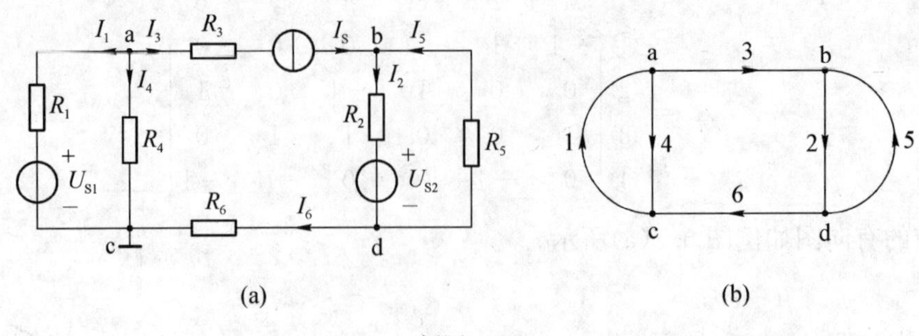

(a) (b)

例图 5.3

【分析】 此题属于基本概念题,注意基本回路矩阵 $\boldsymbol{B}$ 中形成单位阵各列所对应的支路{1, 2, 5}为连支集。利用降阶关联矩阵 $\boldsymbol{A}$ 求各支路电压的矩阵方程为 $\boldsymbol{u}_{\mathrm{b}}=\boldsymbol{A}^{\mathrm{T}}\boldsymbol{u}_{\mathrm{n}}$,其中 $\boldsymbol{u}_{\mathrm{n}}$ 为节点电压列向量;利用基本割集矩阵 $\boldsymbol{Q}$ 求各支路电压的矩阵方程为 $\boldsymbol{u}_{\mathrm{b}}=\boldsymbol{Q}^{\mathrm{T}}\boldsymbol{u}_{\mathrm{t}}$,其中 $\boldsymbol{u}_{\mathrm{t}}$ 为树支电压列向量。

【解】 (1) 电路对应的有向图如例图 5.3(b)所示,以 c 为参考点,降阶节点关联矩阵为

$$\boldsymbol{A}=\begin{array}{c} \\ \mathrm{a} \\ \mathrm{b} \\ \mathrm{d}\end{array}\begin{array}{c}\begin{array}{cccccc}1 & 2 & 3 & 4 & 5 & 6\end{array}\\ \begin{bmatrix}1 & 0 & 1 & 1 & 0 & 0\\ 0 & 1 & -1 & 0 & -1 & 0\\ 0 & -1 & 0 & 0 & 1 & 1\end{bmatrix}\end{array}$$

(2) 由 $\boldsymbol{B}$ 中形成单位阵各列所对应的支路{1, 2, 5}为连支集可知,$\boldsymbol{B}$ 对应的树枝集为{3, 4, 6},则利用 $\boldsymbol{B}$ 与 $\boldsymbol{Q}$ 的关系,有

$$\boldsymbol{Q}_{\mathrm{l}}=-\boldsymbol{B}_{\mathrm{t}}^{\mathrm{T}}=\begin{bmatrix}0 & -1 & 1\\ 1 & 1 & -1\\ 0 & -1 & 1\end{bmatrix}$$

可写出基本割集矩阵为

$$\boldsymbol{Q}=[\boldsymbol{Q}_{\mathrm{l}} \mid \boldsymbol{1}_{\mathrm{t}}]=\begin{array}{c}\begin{array}{cccccc}1 & 2 & 5 & 3 & 4 & 6\end{array}\\ \begin{bmatrix}0 & -1 & 1 & 1 & 0 & 0\\ 1 & 1 & -1 & 0 & 1 & 0\\ 0 & -1 & 1 & 0 & 0 & 1\end{bmatrix}\end{array}$$

(3) 若节点电压 $U_{\mathrm{a}}=5\ \mathrm{V}$, $U_{\mathrm{b}}=2\ \mathrm{V}$, $U_{\mathrm{d}}=4\ \mathrm{V}$ 时,则利用 $\boldsymbol{A}$ 矩阵求得各支路电压为

$$\boldsymbol{u}_{\mathrm{b}}=\boldsymbol{A}^{\mathrm{T}}\boldsymbol{u}_{\mathrm{n}}=\begin{bmatrix}1 & 0 & 0\\ 0 & 1 & -1\\ 1 & -1 & 0\\ 1 & 0 & 0\\ 0 & -1 & 1\\ 0 & 0 & 1\end{bmatrix}\begin{bmatrix}5\\ 2\\ 4\end{bmatrix}\mathrm{V}=\begin{bmatrix}5\\ -2\\ 3\\ 5\\ 2\\ 4\end{bmatrix}\mathrm{V}$$

也可利用 $\boldsymbol{Q}$ 矩阵求得各支路电压为

$$\boldsymbol{u}_{\mathrm{b}}=\boldsymbol{Q}^{\mathrm{T}}\boldsymbol{u}_{\mathrm{t}}=\begin{bmatrix}0&1&0\\-1&1&-1\\1&0&0\\0&1&0\\1&-1&1\\0&0&1\end{bmatrix}\begin{bmatrix}u_3\\u_4\\u_6\end{bmatrix}=\begin{bmatrix}0&1&0\\-1&1&-1\\1&0&0\\0&1&0\\1&-1&1\\0&0&1\end{bmatrix}\begin{bmatrix}5-2\\5\\4\end{bmatrix}\mathrm{V}=\begin{bmatrix}5\\-2\\3\\5\\2\\4\end{bmatrix}\mathrm{V}$$

5.4　习题选解

图论的基本概念

5.1　对题图 5.1 所示的图,试问下列支路集哪些是树？哪些不是树？哪些是割集？哪些不是割集？为什么？

$\{b_1, b_3, b_5, b_6\}$, $\{b_1, b_2, b_3, b_8\}$, $\{b_2, b_3, b_5, b_6, b_8\}$, $\{b_4, b_5, b_6, b_8\}$

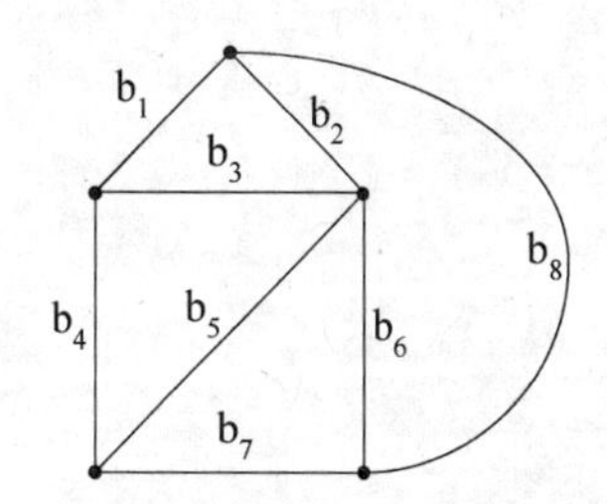

题图 5.1

解

$\{b_1, b_3, b_5, b_6\}$、$\{b_4, b_5, b_6, b_8\}$是树,其余不是,因为它们不满足树的定义。

$\{b_4, b_5, b_6, b_8\}$是割集,其余不是,因为它们不符合割集的定义。

5.2　有向图如题图 5.2 所示,选定树支集{4, 5, 6},试确定基本回路和基本割集。

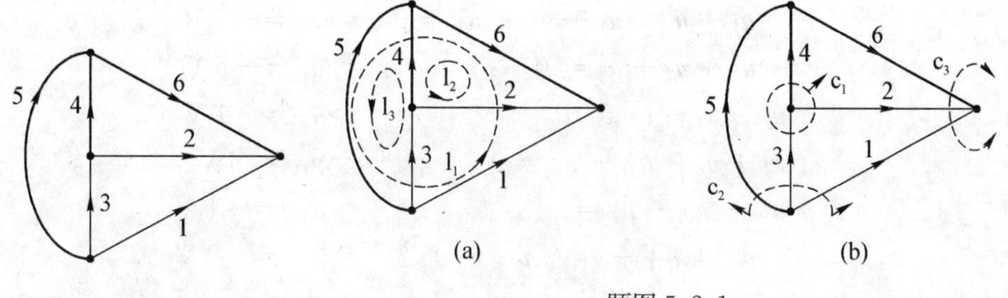

题图 5.2　　题图 5.2.1

解

基本回路和基本割集分别如题图 5.2.1(a)、(b)所示。

5.3　有向图如题图 5.3 所示,选定树支集{5, 6, 7},试确定基本回路和基本割集。

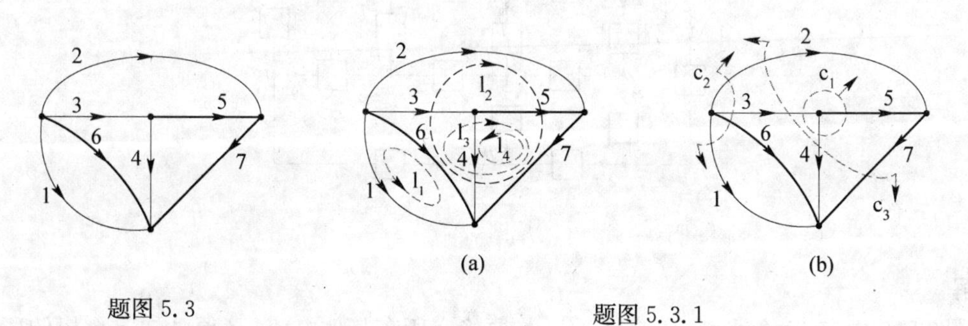

题图 5.3　　题图 5.3.1

解

基本回路和基本割集分别如题图 5.3.1(a)、(b)所示。

5.4 在题图 5.4 所示电路中,已知 $u_2=3\,\text{V}$, $u_4=1\,\text{V}$, $u_5=2\,\text{V}$, $u_6=-3\,\text{V}$, $u_7=4\,\text{V}$, $u_9=-1\,\text{V}$, $u_{10}=2\,\text{V}$, $u_{13}=-2\,\text{V}$。试问能否确定其他电压的大小?如能,试确定它们。如不能,说明原因。

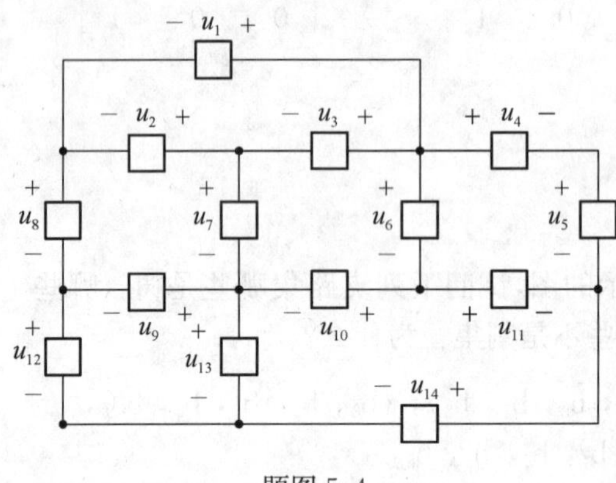

题图 5.4

解

题图 5.4 中有 9 个节点,14 条支路。如要确定所有其他电压,必须已知一个树的所有树支的支路电压。由已知条件,支路{2, 4, 5, 6, 7, 9, 10, 13}正好构成一个树,各树支电压已知,因此可以确定所有其他电压。即

$$-u_1+u_6+u_{10}-u_7+u_2=0 \quad \Rightarrow u_1=-2\,\text{V}$$
$$-u_1+u_2+u_3=0 \quad \Rightarrow u_3=-5\,\text{V}$$
$$u_2-u_7-u_8=0 \quad \Rightarrow u_8=-1\,\text{V}$$
$$u_4+u_5-u_{11}-u_6=0 \quad \Rightarrow u_{11}=6\,\text{V}$$
$$u_{13}-u_{12}-u_9=0 \quad \Rightarrow u_{12}=-1\,\text{V}$$
$$-u_{10}+u_{11}+u_{14}-u_{13}=0 \quad \Rightarrow u_{14}=-9\,\text{V}$$

5.5 在题图 5.5 所示电路中,已标示部分支路电流。试问能否确定其他电流的大小? 如能,试确定它们。如不能,说明原因。

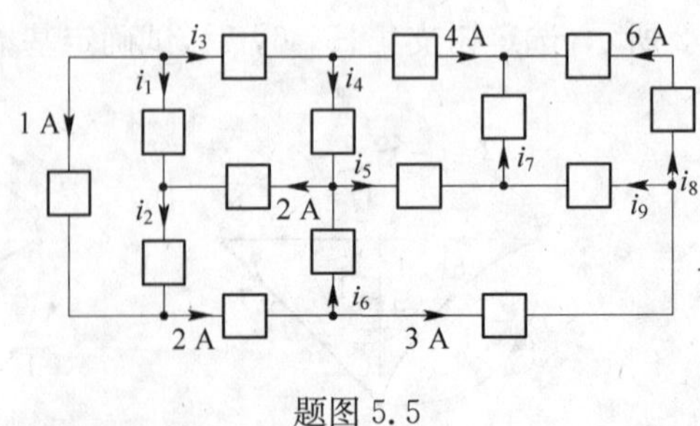

题图 5.5

解

题图 5.5 中有 10 个节点,15 条支路。如要确定所有其他电流,必须已知一个树的所有连

支的支路电流。由已知条件，支路 1～9 正好构成一个树，各连支电流已知，因此可以确定所有其他电流。各节点标示如题图 5.5.1 所示，对节点列写 KCL 方程，得

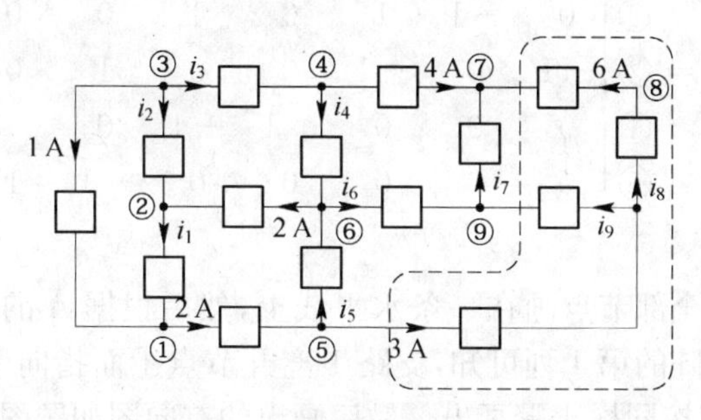

题图 5.5.1

①：　$-1+2-i_1=0$　　解得　$i_1=1\text{ A}$

②：　$i_1-2-i_2=0$　　解得　$i_2=-1\text{ A}$

③：　$1+i_2+i_3=0$　　解得　$i_3=0$

④：　$-i_3+i_4+4=0$　　解得　$i_4=-4\text{ A}$

⑤：　$-2+i_5+3=0$　　解得　$i_5=-1\text{ A}$

⑥：　$2+i_6-i_4-i_5=0$　　解得　$i_6=-7\text{ A}$

⑦：　$-4-6-i_7=0$　　解得　$i_7=-10\text{ A}$

⑧：　$6-i_8=0$　　解得　$i_8=-8\text{ A}$

⑨：　$-i_6+i_7-i_9=0$　　解得　$i_9=-3\text{ A}$

对上述计算结果可选取其他闭合面列写 KCL 方程加以验证。如对题图 5.5.1 中的闭合面，有 KCL 方程

$$6+i_9-3=0$$

解得

$$i_9=-3\text{ A}$$

与上面计算结果相同。

关联矩阵与基尔霍夫定律

5.6　有向图如题图 5.6 所示，试以节点⑤为参考节点，写出该有向图的关联矩阵 $\boldsymbol{A}$。

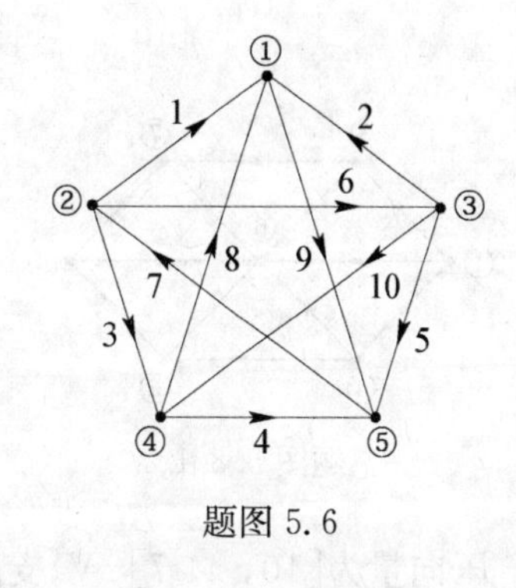

题图 5.6

解

有向图的关联矩阵为

$$\boldsymbol{A}=\begin{matrix} ① \\ ② \\ ③ \\ ④ \end{matrix}\overset{\begin{matrix}1 & 2 & 3 & 4 & 5 & 6 & 7 & 8 & 9 & 10\end{matrix}}{\begin{bmatrix} -1 & -1 & 0 & 0 & 0 & 0 & 0 & -1 & 1 & 0 \\ 1 & 0 & 1 & 0 & 0 & 1 & -1 & 0 & 0 & 0 \\ 0 & 1 & 0 & 0 & 1 & -1 & 0 & 0 & 0 & 1 \\ 0 & 0 & -1 & 1 & 0 & 0 & 0 & 1 & 0 & -1 \end{bmatrix}}$$

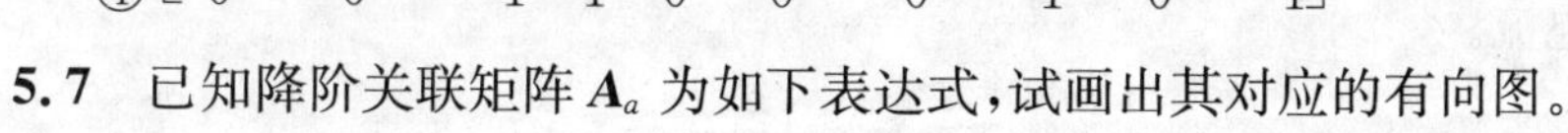

5.7　已知降阶关联矩阵 $\boldsymbol{A}_a$ 为如下表达式，试画出其对应的有向图。

$$
\boldsymbol{A}_a = \begin{matrix} \\ ① \\ ② \\ ③ \\ ④ \\ ⑤ \end{matrix}
\begin{matrix} \begin{matrix} 1 & 2 & 3 & 4 & 5 & 6 & 7 \end{matrix} \\
\begin{bmatrix} 1 & 1 & 0 & 1 & 0 & 0 & 0 \\ 0 & -1 & 1 & 0 & 1 & 0 & 0 \\ -1 & 0 & -1 & 0 & 0 & 1 & 0 \\ 0 & 0 & 0 & -1 & -1 & 0 & -1 \\ 0 & 0 & 0 & 0 & 0 & -1 & 1 \end{bmatrix} \end{matrix}
$$

解

画有向图时，可以将全部节点画在一条水平线上，然后根据 $\boldsymbol{A}$ 的表达式画出节点间的相关支路。例如，从关联矩阵的第 1 列可知，支路 1 离开节点①而指向节点③，因此可以画出有向支路 1。其余支路可以按同样步骤画出。最后画出的有向图如题图 5.7.1(a)所示。再将节点的位置加以调整，改画得到如题图 5.7.1(b)所示的有向图。

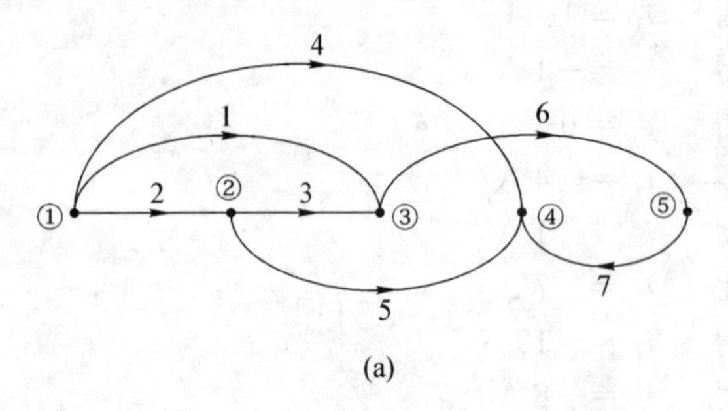

(a)

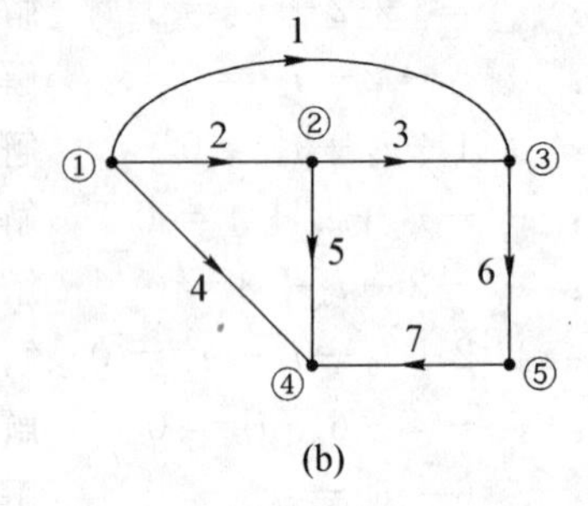

(b)

题图 5.7.1

5.8 已知关联矩阵 $\boldsymbol{A}$ 为

$$
\boldsymbol{A} = \begin{bmatrix} 1 & 1 & -1 & 0 & 0 & 0 & 0 & 0 & 0 & 0 & 0 \\ 0 & 0 & 0 & 0 & -1 & -1 & 1 & 0 & 0 & 0 & 0 \\ -1 & 0 & 0 & 0 & 0 & 0 & 0 & 0 & -1 & 1 & 0 \\ 0 & 0 & 1 & 1 & 1 & 0 & 0 & 0 & 0 & 0 & 0 \\ 0 & 0 & 0 & 0 & 0 & 0 & -1 & 1 & 0 & 0 & -1 \\ 0 & -1 & 0 & -1 & 0 & 1 & 0 & -1 & 1 & 0 & 1 \end{bmatrix}
$$

试画出其对应的有向图。

解

对应的有向图如题图 5.8.1 所示

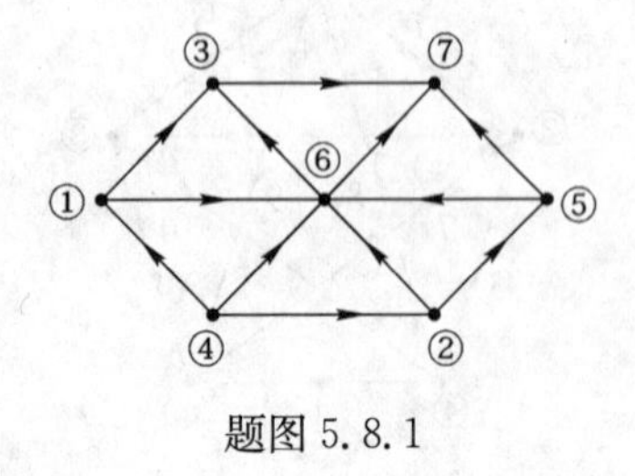

题图 5.8.1

5.9 已知某电路包含 6 条支路，降阶关联矩阵为 $\boldsymbol{A} = \begin{bmatrix} 1 & 1 & 0 & 0 & 0 & 1 \\ 0 & -1 & 1 & 1 & 0 & 0 \\ 0 & 0 & -1 & 0 & 1 & -1 \end{bmatrix}$，矩阵中的列按序编号，已知节点电压向量为$[10,\ 4,\ 7]^{\mathrm{T}}$ V。支路 1、2、3 为电阻支路，其电阻分别为 2 Ω、6 Ω、3 Ω。试求各支路电压及支路 1、2、3 的电流。

解

由关联矩阵形式的 KVL 得支路电压为

$$
\boldsymbol{u}_{\mathrm{b}} = \boldsymbol{A}^{\mathrm{T}}\boldsymbol{u}_{\mathrm{n}} = [10,\ 6,\ -3,\ 4,\ 7,\ 3]^{\mathrm{T}}\ \mathrm{V}
$$

支路 1、2、3 的支路电流为

$$[i_1,\ i_2,\ i_3]^{\mathrm{T}} = \left[\frac{u_1}{R_1},\ \frac{u_2}{R_2},\ \frac{u_3}{R_3}\right]^{\mathrm{T}} = \left[\frac{10}{2},\ \frac{6}{6},\ \frac{-3}{3}\right]^{\mathrm{T}} \mathrm{A} = [5,\ 1,\ -1]^{\mathrm{T}}\ \mathrm{A}$$

基本回路矩阵与基尔霍夫定律

5.10　对题图 5.6 所示的有向图，取支路{1, 2, 8, 9}为树，试求其基本回路。

解

基本回路为单连支回路，连支为{3, 4, 5, 6, 7, 10}，共有 6 个基本回路，即

{1, 3, 8}，{4, 8, 9}，{2, 5, 9}，{1, 2, 6}，{1, 7, 9}，{2, 8, 10}

5.11　已知一个有向图的基本回路矩阵为 $\boldsymbol{B} = \begin{bmatrix} 1 & 0 & 0 & -1 & 0 & 1 \\ 0 & 1 & 0 & -1 & -1 & 0 \\ 0 & 0 & 1 & 0 & 1 & 1 \end{bmatrix}$，试画出相应的有向图及其树。

解

由基本回路矩阵可知，有向图由题图 5.11.1(a)所示三个基本回路构成。由这三个基本回路可画出如题图 5.11.1(b)所示的有向图，其树支集为{4, 5, 6}。

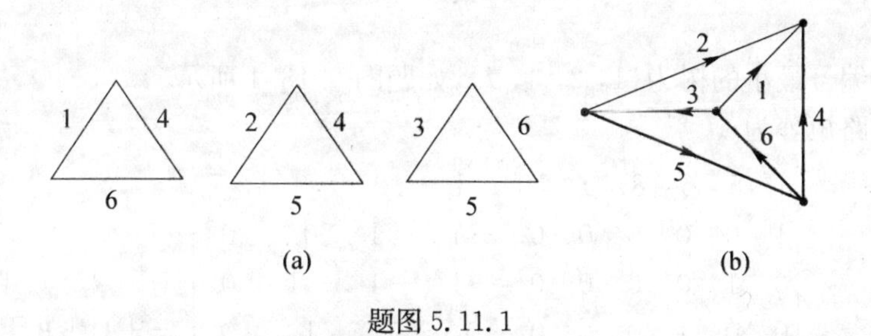

题图 5.11.1

5.12　已知某电路包含 6 条支路，基本回路矩阵为 $\boldsymbol{B} = \begin{bmatrix} 1 & 0 & 0 & 1 & 0 & 1 \\ 0 & 1 & 0 & -1 & -1 & -1 \\ 0 & 0 & 1 & 0 & -1 & -1 \end{bmatrix}$，支路 1、2、3 为电阻支路，其电阻分别为 20 Ω、5 Ω、10 Ω；支路 4、5、6 的电压分别为 4 V、6 V、−24 V。试求该电路的支路电流向量。

解

由基本回路矩阵可知，支路 1、2、3 为连支，支路 4、5、6 为树支，已知树支电压向量为

$$\boldsymbol{u}_{\mathrm{t}} = [4,\ 6,\ -24]^{\mathrm{T}}\ \mathrm{V}$$

于是连支电压向量为

$$\boldsymbol{u}_{\mathrm{l}} = -\boldsymbol{B}_{\mathrm{t}}\boldsymbol{u}_{\mathrm{t}} = -\begin{bmatrix} 1 & 0 & 1 \\ -1 & -1 & -1 \\ 0 & -1 & -1 \end{bmatrix}\begin{bmatrix} 4 \\ 6 \\ -24 \end{bmatrix}\ \mathrm{V} = \begin{bmatrix} 20 \\ -14 \\ -18 \end{bmatrix}\ \mathrm{V}$$

连支电流向量为

$$\boldsymbol{i}_{\mathrm{l}} = \left[\frac{u_1}{R_1},\ \frac{u_2}{R_2},\ \frac{u_3}{R_3}\right]^{\mathrm{T}} = \left[\frac{4}{20},\ \frac{6}{5},\ \frac{-24}{10}\right]^{\mathrm{T}} \mathrm{A} = [0.2,\ 1.2,\ -2.4]^{\mathrm{T}}\ \mathrm{A}$$

最后求得支路电流向量为

$$\boldsymbol{i}_{\mathrm{b}}=\boldsymbol{B}^{\mathrm{T}}\boldsymbol{i}_{\mathrm{l}}=\begin{bmatrix}1 & 0 & 0 & 1 & 0 & 1\\ 0 & 1 & 0 & -1 & -1 & -1\\ 0 & 0 & 1 & 0 & -1 & -1\end{bmatrix}^{\mathrm{T}}\begin{bmatrix}0.2\\ 1.2\\ -2.4\end{bmatrix}\mathrm{A}=[0.2,\ 1.2,\ -2.4,\ -1,\ 1.2,\ 1.4]^{\mathrm{T}}\ \mathrm{A}$$

基本割集矩阵与基尔霍夫定律

5.13 如题图 5.13 所示的定向图,试求:(1)选出一树,使树支编号最小;(2)在所选树的基础上,写出相应的基本回路矩阵和基本割集矩阵。

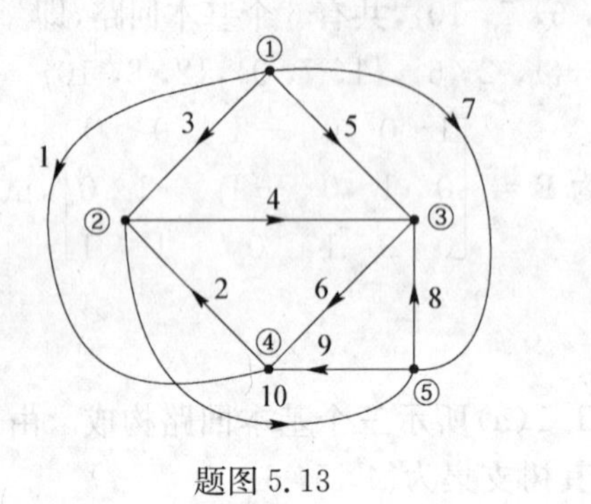

题图 5.13

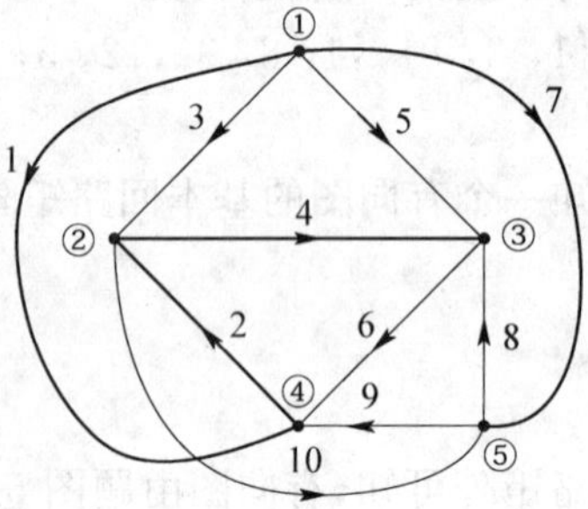

题图 5.13.1

解

(1) 使树枝编号最小的树为{1, 2, 4, 7},如题图 5.13.1 所示。

(2) 基本回路矩阵为

$$\boldsymbol{B}=\begin{array}{c} \begin{matrix}3 & 5 & 6 & 8 & 9 & 10 & 1 & 2 & 4 & 7\end{matrix}\\ \begin{bmatrix}1 & 0 & 0 & 0 & 0 & 0 & -1 & -1 & 0 & 0\\ 0 & 1 & 0 & 0 & 0 & 0 & -1 & -1 & -1 & 0\\ 0 & 0 & 1 & 0 & 0 & 0 & 0 & 1 & 1 & 0\\ 0 & 0 & 0 & 1 & 0 & 0 & -1 & -1 & -1 & 1\\ 0 & 0 & 0 & 0 & 1 & 0 & -1 & 0 & 0 & 1\\ 0 & 0 & 0 & 0 & 0 & 1 & 1 & 1 & 0 & -1\end{bmatrix}\end{array}=[\boldsymbol{1}_{\mathrm{l}}\mid\boldsymbol{B}_{\mathrm{t}}]$$

因此

$$\boldsymbol{B}_{\mathrm{t}}=\begin{bmatrix}-1 & -1 & 0 & 0\\ -1 & -1 & -1 & 0\\ 0 & 1 & 1 & 0\\ -1 & -1 & -1 & 1\\ -1 & 0 & 0 & 1\\ 1 & 1 & 0 & -1\end{bmatrix}$$

得到基本割集矩阵为

$$\boldsymbol{Q}=[-\boldsymbol{B}_{\mathrm{t}}^{\mathrm{T}}\mid\boldsymbol{1}_{\mathrm{l}}]=\begin{bmatrix}1 & 1 & 0 & 1 & 1 & -1 & 1 & 0 & 0 & 0\\ 1 & 1 & -1 & 1 & 0 & -1 & 0 & 1 & 0 & 0\\ 0 & 1 & -1 & 1 & 0 & 0 & 0 & 0 & 1 & 0\\ 0 & 0 & 0 & -1 & -1 & 1 & 0 & 0 & 0 & 1\end{bmatrix}$$

5.14 已知一个有向图的基本割集矩阵为 $\boldsymbol{Q}=\begin{bmatrix}-1 & 0 & -1 & 1 & 0 & 0\\ -1 & -1 & 0 & 0 & 1 & 0\\ 0 & -1 & 1 & 0 & 0 & 1\end{bmatrix}$,试画出相应的有向图及其树。

解

可先由基本割集矩阵求得基本回路矩阵,然后由基本回路矩阵画出有向图。基本回路矩阵为

$$\boldsymbol{B}=\begin{bmatrix}1 & 0 & 0 & 1 & 1 & 0\\ 0 & 1 & 0 & 0 & 1 & 1\\ 0 & 0 & 1 & 1 & 0 & -1\end{bmatrix}$$

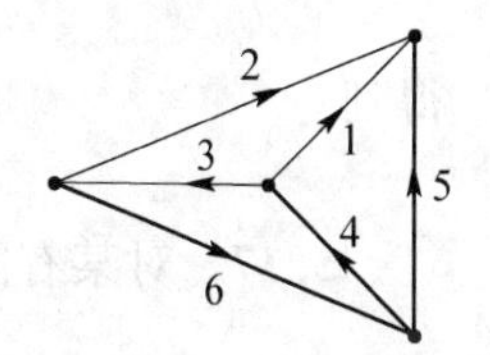

题图 5.14.1

有向图如题图 5.14.1 所示,其树支集为{4, 5, 6}。

5.15 已知某电路包含 6 条支路,基本割集矩阵为 $\boldsymbol{Q}=\begin{bmatrix}1 & 0 & 1 & 1 & 0 & 0\\ 1 & -1 & 1 & 0 & 1 & 0\\ 0 & -1 & 1 & 0 & 0 & 1\end{bmatrix}$,支路 1、2、3 的电流分别为 1 A、2 A、−2 A;支路 4、5、6 为电阻支路,其电阻分别为 2 Ω、5 Ω、10 Ω。试求该电路的各支路电压。

解

由基本割集矩阵可知,支路 1、2、3 为连支,支路 4、5、6 为树支,已知连支电流为

$$\boldsymbol{i}_{\mathrm{l}}=[1,\ 2,\ -2]^{\mathrm{T}}\ \mathrm{A}$$

于是树支电流为

$$\boldsymbol{i}_{\mathrm{t}}=-\boldsymbol{Q}_{\mathrm{l}}\boldsymbol{i}_{\mathrm{l}}=-\begin{bmatrix}1 & 0 & 1\\ 1 & -1 & 1\\ 0 & -1 & 1\end{bmatrix}\begin{bmatrix}1\\ 2\\ -2\end{bmatrix}\mathrm{A}=\begin{bmatrix}1\\ 3\\ 4\end{bmatrix}\mathrm{A}$$

树支电压为

$$\boldsymbol{u}_{\mathrm{t}}=[R_4 i_4,\ R_5 i_5,\ R_6 i_6]^{\mathrm{T}}=[2,\ 5,\ 40]^{\mathrm{T}}\ \mathrm{V}$$

最后求得支路电压为

$$\boldsymbol{u}_{\mathrm{b}}=\boldsymbol{Q}^{\mathrm{T}}\boldsymbol{u}_{\mathrm{t}}=\begin{bmatrix}1 & 0 & 1 & 1 & 0 & 0\\ 1 & -1 & 1 & 0 & 1 & 0\\ 0 & -1 & 1 & 0 & 0 & 1\end{bmatrix}^{\mathrm{T}}\begin{bmatrix}2\\ 5\\ 40\end{bmatrix}\mathrm{V}=[17,\ -55,\ 57,\ 5,\ 40]^{\mathrm{T}}\ \mathrm{V}$$

5.16 对某有向图 G 进行先连支后树支编号,得到该图的基本割集矩阵为

$$\boldsymbol{Q}=\begin{bmatrix}-1 & 0 & 1 & 1 & 0 & 0\\ 0 & 1 & -1 & 0 & 1 & 0\\ 1 & -1 & 0 & 0 & 0 & 1\end{bmatrix}$$

试确定该有向图 G 对于同一个树的基本回路矩阵 $\boldsymbol{B}$。

解

将基本割集矩阵写成分块矩阵 $\boldsymbol{Q}=[\boldsymbol{Q}_{\mathrm{l}}\mid \boldsymbol{1}_{\mathrm{t}}]$,其中

$$\boldsymbol{Q}_l = \begin{bmatrix} -1 & 0 & 1 \\ 0 & 1 & -1 \\ 1 & -1 & 0 \end{bmatrix}, \boldsymbol{1}_t = \begin{bmatrix} 1 & 0 & 0 \\ 0 & 1 & 0 \\ 0 & 0 & 1 \end{bmatrix}$$

而

$$\boldsymbol{B}_t = -\boldsymbol{Q}_l^{\mathrm{T}} = \begin{bmatrix} 1 & 0 & -1 \\ 0 & -1 & 1 \\ -1 & 1 & 0 \end{bmatrix}$$

得到

$$\boldsymbol{B} = [\boldsymbol{1}_l \mid \boldsymbol{B}_t] = \begin{bmatrix} 1 & 0 & 0 & 1 & 0 & -1 \\ 0 & 1 & 0 & 0 & -1 & 1 \\ 0 & 0 & 1 & -1 & 1 & 0 \end{bmatrix}$$

5.17 对某有向图 G 进行先连支后树支编号，得到该图的基本回路矩阵为

$$\boldsymbol{B} = \begin{bmatrix} 1 & 0 & 0 & -1 & 1 & -1 \\ 0 & 1 & 0 & 1 & -1 & 0 \\ 0 & 0 & 1 & 0 & 1 & -1 \end{bmatrix}$$

试确定该有向图 G 对于同一个树的基本割集矩 $\boldsymbol{Q}$。

解

将基本割集矩阵写成分块矩阵 $\boldsymbol{B} = [\boldsymbol{1}_l \mid \boldsymbol{B}_t]$，其中

$$\boldsymbol{1}_l = \begin{bmatrix} 1 & 0 & 0 \\ 0 & 1 & 0 \\ 0 & 0 & 1 \end{bmatrix}, \boldsymbol{B}_t = \begin{bmatrix} -1 & 1 & -1 \\ 1 & -1 & 0 \\ 0 & 1 & -1 \end{bmatrix}$$

而

$$\boldsymbol{Q}_l = -\boldsymbol{B}_t^{\mathrm{T}} = \begin{bmatrix} 1 & -1 & 0 \\ -1 & 1 & -1 \\ 1 & 0 & 1 \end{bmatrix}$$

得到

$$\boldsymbol{Q} = [\boldsymbol{Q}_l \mid \boldsymbol{1}_t] = \begin{bmatrix} 1 & -1 & 0 & 1 & 0 & 0 \\ -1 & 1 & -1 & 0 & 1 & 0 \\ 1 & 0 & 1 & 0 & 0 & 1 \end{bmatrix}$$

5.18 已知电路的图的关联矩阵为 $\boldsymbol{A} = \begin{bmatrix} 1 & 0 & 0 & -1 & -1 & 0 \\ 0 & 0 & -1 & 0 & 1 & 1 \\ 0 & -1 & 1 & 1 & 0 & 0 \end{bmatrix}$，已知支路编号次序为先连支后树支，试求基本回路矩阵和基本割集矩阵。

解

将关联矩阵写成如下分块矩阵形式

$$\boldsymbol{A} = [\underbrace{\boldsymbol{A}_l}_{b-(n-1)\text{列}} \quad \underbrace{\boldsymbol{A}_t}_{(n-1)\text{列}}]$$

有

$$\boldsymbol{A}_l = \begin{bmatrix} 1 & 0 & 0 \\ 0 & 0 & -1 \\ 0 & -1 & 1 \end{bmatrix}, \boldsymbol{A}_t = \begin{bmatrix} -1 & -1 & 0 \\ 0 & 1 & 1 \\ 1 & 0 & 0 \end{bmatrix}$$

$$\boldsymbol{B}_t = -(\boldsymbol{A}_t^{-1}\boldsymbol{A}_l)^{\mathrm{T}} = -\left(\begin{bmatrix} -1 & -1 & 0 \\ 0 & 1 & 1 \\ 1 & 0 & 0 \end{bmatrix}^{-1} \begin{bmatrix} 1 & 0 & 0 \\ 0 & 0 & -1 \\ 0 & -1 & 1 \end{bmatrix}\right)^{\mathrm{T}} = \begin{bmatrix} 0 & 1 & -1 \\ 1 & -1 & 1 \\ -1 & 1 & 0 \end{bmatrix}$$

写出基本回路矩阵的完整形式为

$$\boldsymbol{B}=[\boldsymbol{1}_l \mid \boldsymbol{B}_t]=\begin{bmatrix}1&0&0&0&1&-1\\0&1&0&1&-1&1\\0&0&1&-1&1&0\end{bmatrix}$$

$$\boldsymbol{Q}_l=-\boldsymbol{B}_t^{\mathrm{T}}=\begin{bmatrix}0&-1&1\\-1&1&-1\\1&-1&0\end{bmatrix}$$

写出基本割集矩阵的完整形式为

$$\boldsymbol{Q}=\begin{bmatrix}0&-1&1&1&0&0\\-1&1&-1&0&1&0\\1&-1&0&0&0&1\end{bmatrix}$$

广义支路及其 VCR 的矩阵形式

5.19 试列写题图 5.19 所示电路的广义支路方程。

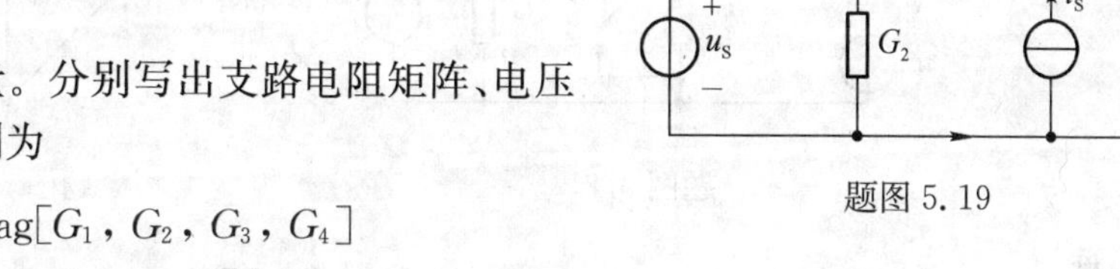

题图 5.19

解

以支路电压为自变量。分别写出支路电阻矩阵、电压源向量和电流源向量分别为

$$\boldsymbol{G}_b=\mathrm{diag}[G_1, G_2, G_3, G_4]$$
$$\boldsymbol{u}_S=[-u_S, 0, 0, 0]^{\mathrm{T}}$$
$$\boldsymbol{i}_S=[0, 0, 0, i_S]^{\mathrm{T}}$$

列写广义支路特性方程为

$$\begin{bmatrix}i_1\\i_2\\i_3\\i_4\end{bmatrix}=\begin{bmatrix}G_1&0&0&0\\0&G_2&0&0\\0&0&G_3&0\\0&0&0&G_4\end{bmatrix}\begin{bmatrix}u_1\\u_2\\u_3\\u_4\end{bmatrix}-\begin{bmatrix}G_1&0&0&0\\0&G_2&0&0\\0&0&G_3&0\\0&0&0&G_4\end{bmatrix}\begin{bmatrix}-u_S\\0\\0\\0\end{bmatrix}+\begin{bmatrix}0\\0\\0\\i_S\end{bmatrix}$$

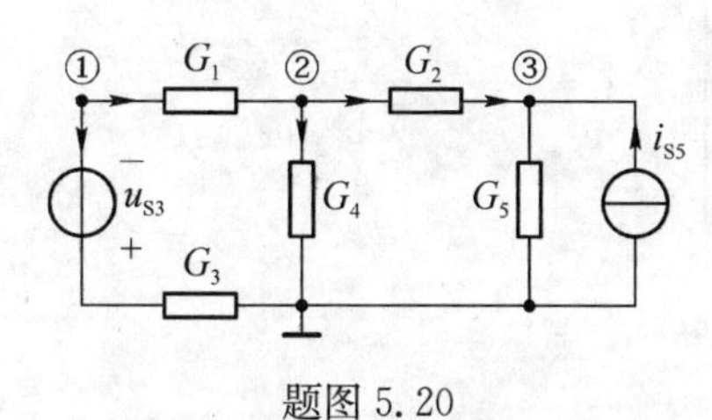

题图 5.20

电路分析的矩阵方法

5.20 试用矩阵方法列写题图 5.20 所示电路的节点矩阵方程。

解

写出关联矩阵为

$$\boldsymbol{A}=\begin{bmatrix}1&0&1&0&0\\-1&1&0&1&0\\0&-1&0&0&1\end{bmatrix}$$

根据电路及其图写出：

支路电导矩阵 $\boldsymbol{G}_b=\mathrm{diag}[G_1, G_2, G_3, G_4, G_5]$

电压源向量 $\boldsymbol{u}_S=[0, 0, -u_{S3}, 0, 0]^{\mathrm{T}}$

电流源向量 $\boldsymbol{i}_S=[0, 0, 0, 0, -i_{S5}]^{\mathrm{T}}$

节点电导矩阵 $\boldsymbol{G}_{\text{n}} = \boldsymbol{A}\boldsymbol{G}_{\text{b}}\boldsymbol{A}^{\text{T}} = \begin{bmatrix} G_1+G_3 & -G_1 & 0 \\ -G_1 & G_1+G_2+G_4 & -G_2 \\ 0 & -G_2 & G_2+G_5 \end{bmatrix}$

节点源电流向量 $\boldsymbol{i}_{\text{Sn}} = \boldsymbol{A}\boldsymbol{G}_{\text{b}}\boldsymbol{u}_{\text{S}} - \boldsymbol{A}\boldsymbol{i}_{\text{S}} = \begin{bmatrix} -G_3 u_{\text{S3}} \\ 0 \\ i_{\text{S5}} \end{bmatrix}$

列出节点电压矩阵方程

$$\begin{bmatrix} G_1+G_3 & -G_1 & 0 \\ -G_1 & G_1+G_2+G_4 & -G_2 \\ 0 & -G_2 & G_2+G_5 \end{bmatrix} \begin{bmatrix} u_{n1} \\ u_{n2} \\ u_{n3} \end{bmatrix} = \begin{bmatrix} -G_3 u_{\text{S3}} \\ 0 \\ i_{\text{S5}} \end{bmatrix}$$

5.21 试用矩阵方法列写题图 5.21 所示电路的节点矩阵方程。

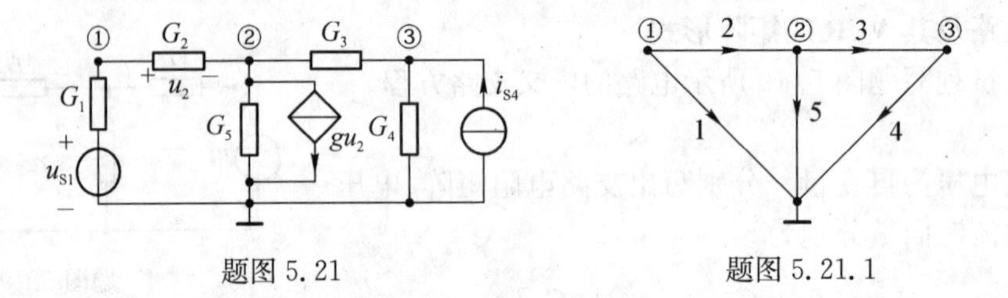

题图 5.21　　　　题图 5.21.1

解

题图 5.21 所示电路包含受控源，在用矩阵方法列写节点方程时，可先将受控源当作独立源处理，列出节点电压方程后，再将控制量用节点电压表示。

作出有向图如题图 5.21.1 所示。写出关联矩阵为

$$\boldsymbol{A} = \begin{bmatrix} 1 & 1 & 0 & 0 & 0 \\ 0 & -1 & 1 & 0 & 1 \\ 0 & 0 & -1 & 1 & 0 \end{bmatrix}$$

根据电路及其图写出：

支路电导矩阵 $\boldsymbol{G}_{\text{b}} = \begin{bmatrix} G_1 & 0 & 0 & 0 & 0 \\ 0 & G_2 & 0 & 0 & 0 \\ 0 & 0 & G_3 & 0 & 0 \\ 0 & 0 & 0 & G_4 & 0 \\ 0 & g & 0 & 0 & G_5 \end{bmatrix}$

电压源向量 $\boldsymbol{u}_{\text{S}} = [u_{\text{S1}}, 0, 0, 0, 0]^{\text{T}}$

电流源向量 $\boldsymbol{i}_{\text{S}} = [0, 0, 0, -i_{\text{S4}}, 0]^{\text{T}}$

节点电导矩阵 $\boldsymbol{G}_{\text{n}} = \boldsymbol{A}\boldsymbol{G}_{\text{b}}\boldsymbol{A}^{\text{T}} = \begin{bmatrix} G_1+G_2 & -G_2 & 0 \\ -G_2+g & G_2+G_3+G_5-g & -G_3 \\ 0 & -G_3 & G_3+G_4 \end{bmatrix}$

节点源电流向量 $\boldsymbol{i}_{\text{Sn}} = \boldsymbol{A}\boldsymbol{G}_{\text{b}}\boldsymbol{u}_{\text{S}} - \boldsymbol{A}\boldsymbol{i}_{\text{S}} = \begin{bmatrix} G_1 u_{\text{S1}} \\ 0 \\ i_{\text{S4}} \end{bmatrix}$

得到节点电压矩阵方程

$$\begin{bmatrix} G_1+G_2 & -G_2 & 0 \\ -G_2+g & G_2+G_3+G_5-g & -G_3 \\ 0 & -G_3 & G_3+G_4 \end{bmatrix}\begin{bmatrix} u_{n1} \\ u_{n2} \\ u_{n3} \end{bmatrix}=\begin{bmatrix} G_1 u_{S1} \\ 0 \\ i_{S4} \end{bmatrix}$$

5.22　试用矩阵方法列写题图 5.22 所示电路的节点矩阵方程。

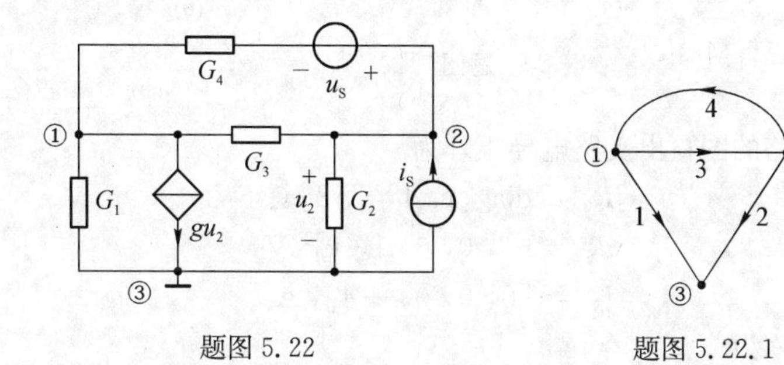

题图 5.22　　　　题图 5.22.1

解

作出电路的有向图，如题图 5.22.1 所示，写出关联矩阵为

$$\boldsymbol{A}=\begin{bmatrix} 1 & 0 & 1 & -1 \\ 0 & 1 & -1 & 1 \end{bmatrix}$$

根据电路及其图写出：

支路电导矩阵　　$\boldsymbol{G}_b=\mathrm{diag}[G_1, G_2, G_3, G_4]$

电压源向量　　$\boldsymbol{u}_S=[0, 0, 0, u_S]^T$

电流源向量　　$\boldsymbol{i}_S=[gu_2, -i_S, 0, 0]^T$

节点电导矩阵　　$\boldsymbol{G}_n=\boldsymbol{A}\boldsymbol{G}_b\boldsymbol{A}^T=\begin{bmatrix} G_1+G_3+G_4 & -G_3-G_4 \\ -G_3-G_4 & G_2+G_3+G_4 \end{bmatrix}$

节点电流源向量　　$\boldsymbol{i}_{Sn}=\boldsymbol{A}\boldsymbol{G}_b\boldsymbol{u}_S-\boldsymbol{A}\boldsymbol{i}_S=\begin{bmatrix} -G_4 u_S-gu_2 \\ G_4 u_S+i_S \end{bmatrix}$

列出节点矩阵方程

$$\begin{bmatrix} G_1+G_3+G_4 & -G_3-G_4 \\ -G_3-G_4 & G_2+G_3+G_4 \end{bmatrix}\begin{bmatrix} u_{n1} \\ u_{n2} \end{bmatrix}=\begin{bmatrix} -G_4 u_S-gu_2 \\ G_4 u_S+i_S \end{bmatrix}$$

用节点电压表示控制电压 $u_2=u_{n2}$，得到所求的节点矩阵方程为

$$\begin{bmatrix} G_1+G_3+G_4 & -G_3-G_4+g \\ -G_3-G_4 & G_2+G_3+G_4 \end{bmatrix}\begin{bmatrix} u_{n1} \\ u_{n2} \end{bmatrix}=\begin{bmatrix} -G_4 u_S \\ G_4 u_S+i_S \end{bmatrix}$$

5.23　如题图 5.23(a)所示电路，其有向图如题图 5.23(b)所示，选支路集{3, 4}为树，试写出基本回路矩阵方程，并求各广义支路的电压和电流。

解

(1) 根据有向图写出基本回路矩阵为

$$\boldsymbol{B}=\begin{bmatrix} 1 & 0 & -1 & 0 \\ 0 & 1 & -1 & 1 \end{bmatrix}$$

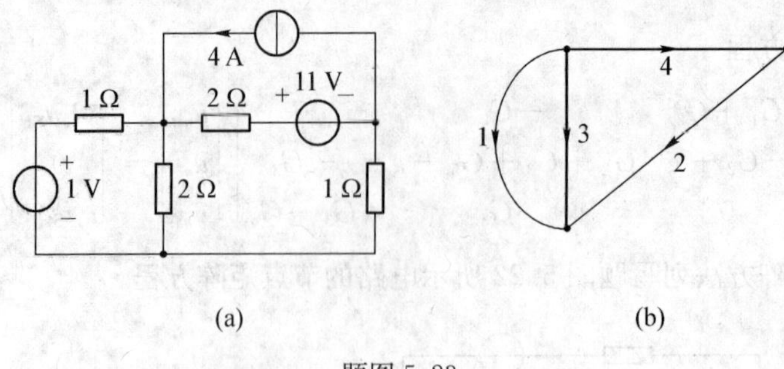

题图 5.23

(2) 由电路及电路的图写出支路电导矩阵为

$$\boldsymbol{R}_{\mathrm{b}}=\mathrm{diag}[1,\ 1,\ 2,\ 2]\ \Omega$$

电压源向量为 $\boldsymbol{u}_{\mathrm{S}}=[1,\ 0,\ 0,\ 1,\ 1]^{\mathrm{T}}\ \mathrm{V}$

电流源向量为 $\boldsymbol{i}_{\mathrm{S}}=[0,\ 0,\ 0,\ -4]^{\mathrm{T}}\ \mathrm{A}$

(3) 回路电阻矩阵为

$$\boldsymbol{R}_{\mathrm{l}}=\boldsymbol{B}\boldsymbol{R}_{\mathrm{b}}\boldsymbol{B}^{\mathrm{T}}=\begin{bmatrix}3 & 2\\ 2 & 5\end{bmatrix}$$

(4) 回路电压源向量为

$$\boldsymbol{u}_{\mathrm{Sl}}=\boldsymbol{B}\boldsymbol{R}_{\mathrm{b}}\boldsymbol{i}_{\mathrm{S}}-\boldsymbol{B}\boldsymbol{u}_{\mathrm{S}}=\begin{bmatrix}-1\\ -19\end{bmatrix}\mathrm{V}$$

(5) 基本回路矩阵方程为

$$\begin{bmatrix}3 & 2\\ 2 & 5\end{bmatrix}\begin{bmatrix}i_{l1}\\ i_{l2}\end{bmatrix}=\begin{bmatrix}-1\\ -19\end{bmatrix}$$

(6) 求解上述方程得到基本回路电流向量为

$$\begin{bmatrix}i_{l1}\\ i_{l2}\end{bmatrix}=\begin{bmatrix}3\\ -5\end{bmatrix}\mathrm{A}$$

(7) 求取广义支路电流向量和电压向量分别为

$$\boldsymbol{i}_{\mathrm{b}}=[i_1,\ i_2,\ i_3,\ i_4]^{\mathrm{T}}=\boldsymbol{B}^{\mathrm{T}}\boldsymbol{i}_{\mathrm{l}}=[3,\ -5,\ 2,\ -5]^{\mathrm{T}}\ \mathrm{A}$$

$$\boldsymbol{u}_{\mathrm{b}}=[u_1,\ u_2,\ u_3,\ u_4]^{\mathrm{T}}=\boldsymbol{R}_{\mathrm{b}}\boldsymbol{i}_{\mathrm{b}}-\boldsymbol{R}_{\mathrm{b}}\boldsymbol{i}_{\mathrm{S}}+\boldsymbol{u}_{\mathrm{S}}=[4,\ -5,\ 4,\ 9]^{\mathrm{T}}\ \mathrm{V}$$

5.24 如题图 5.24(a)所示电路,其有向图如题图 5.24(b)所示,选{1, 2, 6, 7}为树,试写出基本回路矩阵方程。

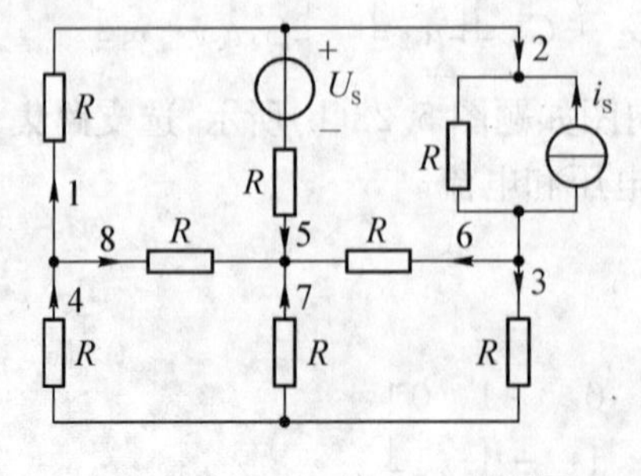

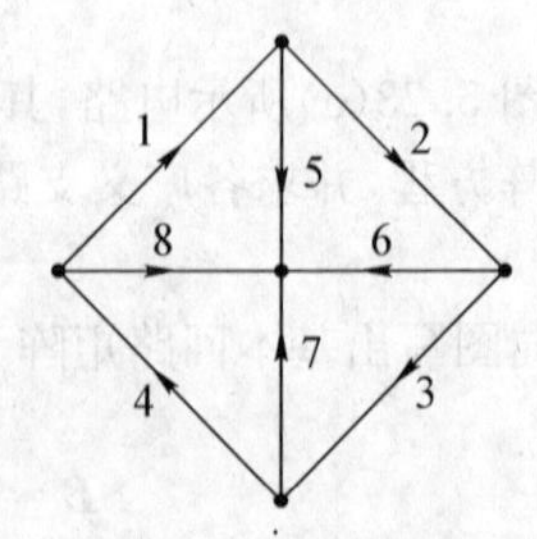

题图 5.24

解

基本回路如题图 5.24.1 所示，因此有

$$
\boldsymbol{B}=\begin{array}{c} \begin{matrix} 3 & 4 & 5 & 8 & 1 & 2 & 6 & 7 \end{matrix} \\ \begin{bmatrix} 1 & 0 & 0 & 0 & 0 & 0 & -1 & 1 \\ 0 & 1 & 0 & 0 & 1 & 1 & 1 & -1 \\ 0 & 0 & 1 & 0 & 0 & -1 & -1 & 0 \\ 0 & 0 & 0 & 1 & -1 & -1 & -1 & 0 \end{bmatrix} \end{array}
$$

$$
\boldsymbol{R}_{\mathrm{b}}=\operatorname{diag}[R,R,R,R,R,R,R,R]
$$

$$
\boldsymbol{B}\boldsymbol{R}_{\mathrm{b}}\boldsymbol{B}^{\mathrm{T}}=\begin{bmatrix} 3R & -2R & R & R \\ -2R & 5R & -2R & -3R \\ R & -2R & 3R & 2R \\ R & -3R & 2R & 4R \end{bmatrix}
$$

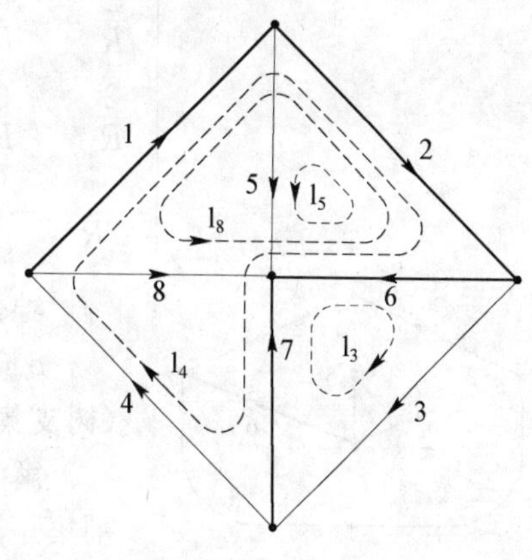

题图 5.24.1

所以基本回路方程为

$$
\begin{bmatrix} 3R & -2R & R & R \\ -2R & 5R & -2R & -3R \\ R & -2R & 3R & 2R \\ R & -3R & 2R & 4R \end{bmatrix}\begin{bmatrix} i_1 \\ i_2 \\ i_3 \\ i_4 \end{bmatrix}=\begin{bmatrix} 0 \\ -Ri_{\mathrm{S}} \\ Ri_{\mathrm{S}}-U_{\mathrm{S}} \\ Ri_{\mathrm{S}} \end{bmatrix}
$$

5.25 如题图 5.24(a)所示电路，选{1, 2, 6, 7}为树，试写出基本割集矩阵方程。

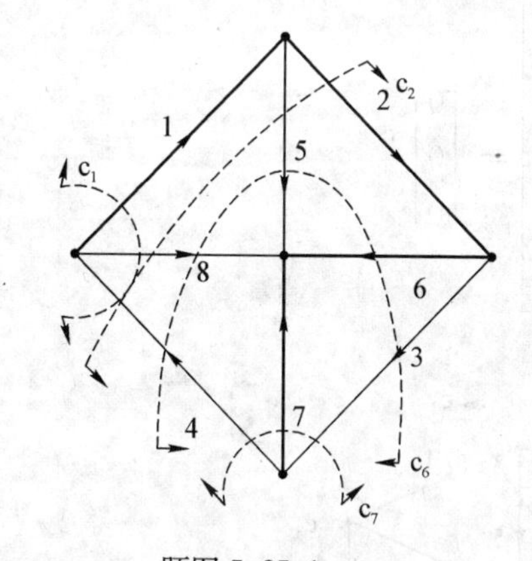

题图 5.25.1

解

基本割集如题图 5.25.1 所示，因此有

$$
\boldsymbol{Q}=[\boldsymbol{Q}_{\mathrm{l}}\mid \boldsymbol{1}_{\mathrm{t}}]=\begin{array}{c} \begin{matrix} 3 & 4 & 5 & 8 & 1 & 2 & 6 & 7 \end{matrix} \\ \begin{bmatrix} 0 & -1 & 0 & 1 & 1 & 0 & 0 & 0 \\ 0 & -1 & 1 & 1 & 0 & 1 & 0 & 0 \\ 1 & -1 & 1 & 1 & 0 & 0 & 1 & 0 \\ -1 & 1 & 0 & 0 & 0 & 0 & 0 & 1 \end{bmatrix} \end{array}
$$

$$
\boldsymbol{G}_{\mathrm{b}}=\operatorname{diag}[1/R,1/R,1/R,1/R,1/R,1/R,1/R,1/R]
$$

$$
\boldsymbol{Q}\boldsymbol{G}_{\mathrm{b}}\boldsymbol{Q}^{\mathrm{T}}=\begin{bmatrix} \frac{3}{R} & \frac{2}{R} & \frac{2}{R} & -\frac{1}{R} \\ \frac{2}{R} & \frac{4}{R} & \frac{3}{R} & -\frac{1}{R} \\ \frac{2}{R} & \frac{3}{R} & \frac{5}{R} & -\frac{2}{R} \\ -\frac{1}{R} & -\frac{1}{R} & -\frac{2}{R} & \frac{3}{R} \end{bmatrix}
$$

所以基本割集方程为

$$\begin{bmatrix} \frac{3}{R} & \frac{2}{R} & \frac{2}{R} & -\frac{1}{R} \\ \frac{2}{R} & \frac{4}{R} & \frac{3}{R} & -\frac{1}{R} \\ \frac{2}{R} & \frac{3}{R} & \frac{5}{R} & -\frac{2}{R} \\ -\frac{1}{R} & -\frac{1}{R} & -\frac{2}{R} & \frac{3}{R} \end{bmatrix} \begin{bmatrix} U_1 \\ U_2 \\ U_3 \\ U_4 \end{bmatrix} = \begin{bmatrix} 0 \\ i_S + \frac{U_S}{R} \\ \frac{U_S}{R} \\ 0 \end{bmatrix}$$

综合

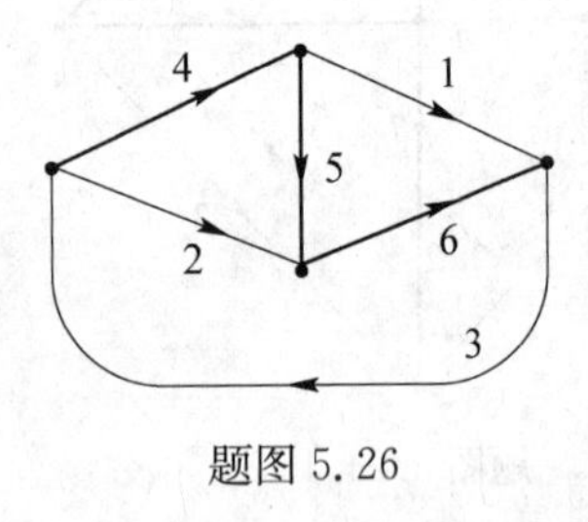

题图 5.26

5.26 已知电路的有向图如题图 5.26 所示,试根据给定的树(树支集{4, 5, 6})列写独立的 KCL、KVL 矩阵方程。

解 利用基本回路矩阵可以表示独立的 KVL 方程;利用基本割集矩阵可以表示独立的 KCL 方程。根据给定的树,作出基本回路如题图 5.26.1(a)所示,写出基本回路矩阵为

$$\boldsymbol{B} = \begin{matrix} l_1 \\ l_2 \\ l_3 \end{matrix} \begin{bmatrix} 1 & 0 & 0 & 0 & -1 & -1 \\ 0 & 1 & 0 & -1 & -1 & 0 \\ 0 & 0 & 1 & 1 & 1 & 1 \end{bmatrix}$$

因此 KVL 可表示为

$$\begin{bmatrix} 1 & 0 & 0 & 0 & -1 & -1 \\ 0 & 1 & 0 & -1 & -1 & 0 \\ 0 & 0 & 1 & 1 & 1 & 1 \end{bmatrix} \begin{bmatrix} u_1 \\ u_2 \\ u_3 \\ u_4 \\ u_5 \\ u_6 \end{bmatrix} = \begin{bmatrix} 0 \\ 0 \\ 0 \end{bmatrix}$$

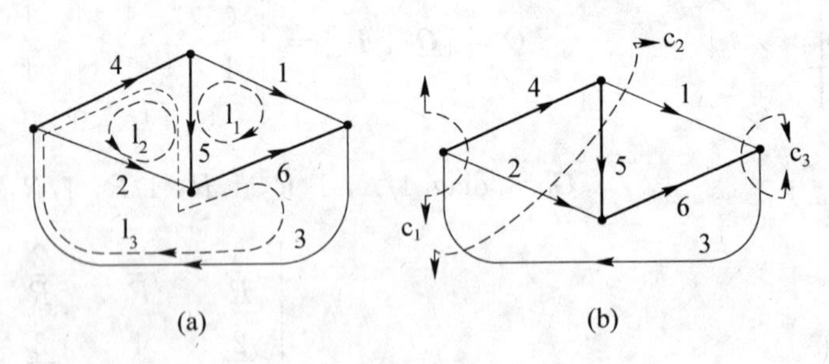

题图 5.26.1

根据给定的树,作出基本割集如题图 5.26.1(b)所示,写出基本割集矩阵为

$$\boldsymbol{Q} = \begin{matrix} c_1 \\ c_2 \\ c_3 \end{matrix} \begin{bmatrix} 0 & 1 & -1 & 1 & 0 & 0 \\ 1 & 1 & -1 & 0 & 1 & 0 \\ 1 & 0 & -1 & 0 & 0 & 1 \end{bmatrix}$$

因此 KCL 可表示为

$$\begin{bmatrix}0 & 1 & -1 & 1 & 0 & 0\\1 & 1 & -1 & 0 & 1 & 0\\1 & 0 & -1 & 0 & 0 & 1\end{bmatrix}\begin{bmatrix}i_1\\i_2\\i_3\\i_4\\i_5\\i_6\end{bmatrix}=\begin{bmatrix}0\\0\\0\end{bmatrix}$$

5.27 对于具有 n 个节点和 b 条支路的两个集中参数电路 N 和 $\hat{\mathrm{N}}$,它们可以由不同的元件构成,但却有相同的有向图。若两者的支路电压向量和支路电流向量分别用 $\boldsymbol{u}_{\mathrm{b}}=[u_1, u_2, \cdots, u_b]^{\mathrm{T}}$、$\boldsymbol{i}_{\mathrm{b}}=[i_1, i_2, \cdots, i_b]^{\mathrm{T}}$ 及 $\hat{\boldsymbol{u}}_{\mathrm{b}}=[\hat{u}_1, \hat{u}_2, \cdots, \hat{u}_b]^{\mathrm{T}}$、$\hat{\boldsymbol{i}}_{\mathrm{b}}=[\hat{i}_1, \hat{i}_2, \cdots, \hat{i}_b]^{\mathrm{T}}$ 表示,支路电压、电流取一致参考方向,选定电路的图的一个树,得到基本回路矩阵和基本割集矩阵分别为 $\boldsymbol{B}$ 和 $\boldsymbol{Q}$,两个电路的树支电压向量分别为 $\boldsymbol{u}_{\mathrm{t}}=[u_{\mathrm{t1}}, u_{\mathrm{t2}}, \cdots, u_{\mathrm{t}(n-1)}]^{\mathrm{T}}$,$\hat{\boldsymbol{u}}_{\mathrm{t}}=[\hat{u}_{\mathrm{t1}}, \hat{u}_{\mathrm{t2}}, \cdots, \hat{u}_{\mathrm{t}(n-1)}]^{\mathrm{T}}$,连支电流向量分别为 $\boldsymbol{i}_{\mathrm{l}}=[i_{\mathrm{l1}}, i_{\mathrm{l2}}, \cdots, i_{\mathrm{l}(b-n+1)}]^{\mathrm{T}}$,$\hat{\boldsymbol{i}}_{\mathrm{l}}=[\hat{i}_{\mathrm{l1}}, \hat{i}_{\mathrm{l2}}, \cdots, \hat{i}_{\mathrm{l}(b-n+1)}]^{\mathrm{T}}$。试证明

$$\boldsymbol{u}_{\mathrm{t}}^{\mathrm{T}}\boldsymbol{Q}\hat{\boldsymbol{i}}_{\mathrm{b}}+\hat{\boldsymbol{i}}_{\mathrm{c}}^{\mathrm{T}}\boldsymbol{B}\boldsymbol{u}_{\mathrm{b}}=\boldsymbol{u}_{\mathrm{b}}^{\mathrm{T}}\hat{\boldsymbol{i}}_{\mathrm{b}}$$
$$\hat{\boldsymbol{u}}_{\mathrm{t}}^{\mathrm{T}}\boldsymbol{Q}\boldsymbol{i}_{\mathrm{b}}+\boldsymbol{i}_{\mathrm{c}}^{\mathrm{T}}\boldsymbol{B}\hat{\boldsymbol{u}}_{\mathrm{b}}=\hat{\boldsymbol{u}}_{\mathrm{b}}^{\mathrm{T}}\boldsymbol{i}_{\mathrm{b}}$$

证明

$$\begin{aligned}\boldsymbol{u}_{\mathrm{t}}^{\mathrm{T}}\boldsymbol{Q}\hat{\boldsymbol{i}}_{\mathrm{b}}+\hat{\boldsymbol{i}}_{\mathrm{c}}^{\mathrm{T}}\boldsymbol{B}\boldsymbol{u}_{\mathrm{b}}&=\boldsymbol{u}_{\mathrm{t}}^{\mathrm{T}}[\boldsymbol{Q}_{\mathrm{l}}\quad \boldsymbol{1}_{\mathrm{t}}]\begin{bmatrix}\hat{\boldsymbol{i}}_{\mathrm{l}}\\\hat{\boldsymbol{i}}_{\mathrm{t}}\end{bmatrix}+\hat{\boldsymbol{i}}_{\mathrm{l}}^{\mathrm{T}}[\boldsymbol{1}_{\mathrm{l}}\quad \boldsymbol{B}_{\mathrm{t}}]\begin{bmatrix}\boldsymbol{u}_{\mathrm{l}}\\\boldsymbol{u}_{\mathrm{t}}\end{bmatrix}\\&=\boldsymbol{u}_{\mathrm{t}}^{\mathrm{T}}\boldsymbol{Q}_{\mathrm{l}}\hat{\boldsymbol{i}}_{\mathrm{l}}+\boldsymbol{u}_{\mathrm{t}}^{\mathrm{T}}\hat{\boldsymbol{i}}_{\mathrm{t}}+\hat{\boldsymbol{i}}_{\mathrm{l}}^{\mathrm{T}}\boldsymbol{u}_{\mathrm{l}}+\hat{\boldsymbol{i}}_{\mathrm{l}}^{\mathrm{T}}\boldsymbol{B}_{\mathrm{t}}\boldsymbol{u}_{\mathrm{t}}\\&=\boldsymbol{u}_{\mathrm{t}}^{\mathrm{T}}\boldsymbol{Q}_{\mathrm{l}}\hat{\boldsymbol{i}}_{\mathrm{l}}+\boldsymbol{u}_{\mathrm{t}}^{\mathrm{T}}\hat{\boldsymbol{i}}_{\mathrm{t}}+\hat{\boldsymbol{i}}_{\mathrm{l}}^{\mathrm{T}}\boldsymbol{u}_{\mathrm{l}}-\hat{\boldsymbol{i}}_{\mathrm{l}}^{\mathrm{T}}\boldsymbol{Q}_{\mathrm{l}}^{\mathrm{T}}\boldsymbol{u}_{\mathrm{t}}\\&=\boldsymbol{u}_{\mathrm{t}}^{\mathrm{T}}\hat{\boldsymbol{i}}_{\mathrm{t}}+\hat{\boldsymbol{i}}_{\mathrm{l}}^{\mathrm{T}}\boldsymbol{u}_{\mathrm{l}}=\boldsymbol{u}_{\mathrm{b}}^{\mathrm{T}}\hat{\boldsymbol{i}}_{\mathrm{b}}\end{aligned}$$

类似地,可证第二式。

6 非线性电阻电路

6.1 教学要求

(1) 理解单调型、压控型、流控型及既非压控又非流控型等非线性电阻的概念及特性表达式。

(2) 熟练掌握含一个非线性电阻电路的计算方法；掌握含压控型或流控型非线性电阻电路的分析方法。

(3) 熟练掌握图解分析法、分段线性化方法、小信号分析法的原理，并能用它们分析简单的非线性电阻电路。

(4) 掌握数值分析法等分析方法的基本原理，能够用数值分析法分析简单的非线性电阻电路。

6.2 重点和难点

非线性电路的分析要比线性电路的分析复杂，其难点在于非线性电路方程的列写和求解。由于非线性方程求解的复杂性，所得到的解一般为近似解。本章的重点是熟练运用图解分析法、分段线性化方法、小信号分析法等方法分析非线性电阻电路，而难点是含有多个非线性电阻电路的分析与求解。在分析非线性电阻电路时应注意以下几点：

(1) 将非线性电阻分为单调型、流控型、压控型等不同类型，有助于在分析含非线性电阻的电路时选用不同的非线性电阻描述形式来列写电路方程，即在建立非线性电阻电路方程时，可将非线性电阻看作非线性受控源，这样用电路分析的一般方法建立电路方程就比较容易理解。

(2) 由于非线性电阻电路方程是非线性的代数方程，因此第 3 章介绍的齐次定理和叠加定理、戴维南定理和诺顿定理、互易定理等均不适用于非线性电阻电路。但替代定理仍可用于非线性电阻电路的分析。

(3) 分段线性化方法的特点是将非线性电路元件的特性曲线进行分段线性化处理。对每一个线性区段，确定对应的等效电路，然后就可应用线性电路的分析方法求解，由于区段是有限的，因此解中可能会出现虚假解，应注意鉴别与剔除。

6.3 典型例题

例 6.1 试求例图 6.1 所示电路中通过理想二极管 D 的电流 I_D 和通过电阻 R_L 的电

流 I_L。

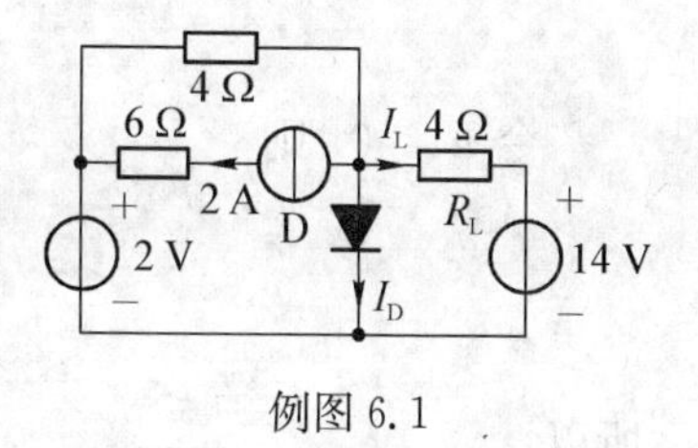

例图 6.1

【分析】 本题中理想二极管 D 要么导通，要么截止，因此可采用假设法，设定 D 导通时，如果流经其中的电流 I_D 大于零，则假设正确；设定 D 截止时，如果其正向电压小于零，则假设正确。

【解】 假设理想二极管 D 截止，电路如例图 6.1.1(a)所示，经等效变换，有如例图 6.1.1(b)所示电路，且

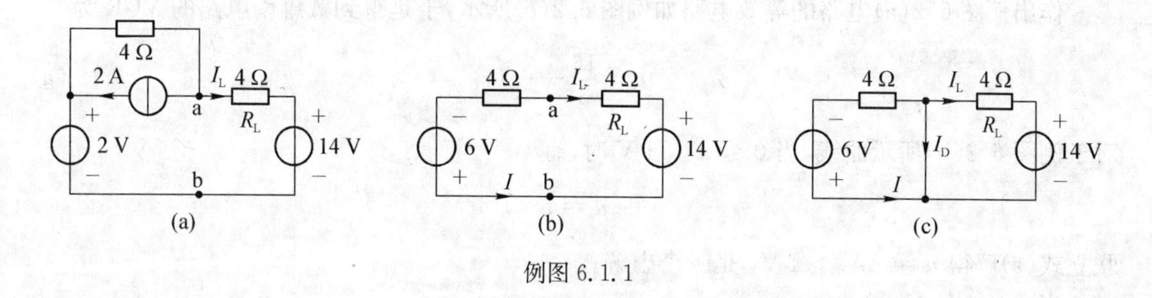

例图 6.1.1

$$U_{ab}=\left(14-4\times\frac{14+6}{4+4}\right)\text{V}>0$$

说明假设不成立，理想二极管 D 应导通。

理想二极管 D 导通时电路如例图 6.1.1(c)所示，于是有

$$I=\frac{6}{4}\text{ A}=1.5\text{ A},\ I_L=-\frac{14}{4}\text{ A}=-3.5\text{ A},\ I_D=-I-I_L=2\text{ A}.$$

例 6.2 如例图 6.2(a)所示电路，二端口 N 的传输矩阵 $\boldsymbol{A}=\begin{bmatrix}1.5 & 2.5\ \Omega\\ 0.5\ \text{S} & 1.5\end{bmatrix}$，负载电阻 R 为非线性电阻，其伏安特性曲线如例图 6.2(b) 所示。试求非线性电阻 R 的电压和电流。

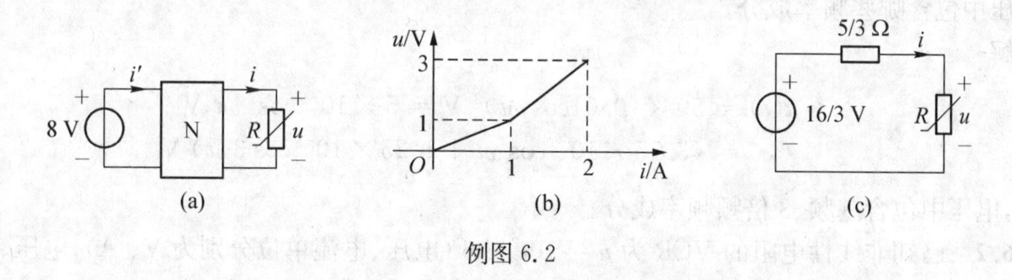

例图 6.2

【分析】 本题电路含一个非线性电阻，可以分成线性部分和非线性部分，其中线性部分可等效为戴维南电路或诺顿电路，然后再予以分析。

【解】 先求出非线性电阻 R 左边电路的戴维南电路。由 $\boldsymbol{A}$ 参数可得

$$\begin{cases}8=1.5u+2.5i\\ i'=1.5u+1.5i\end{cases}$$

令 $i=0$，则

$$U_{OC}=u|_{i=0}=\frac{8}{1.5}\text{ V}=\frac{16}{3}\text{ V}$$

令 $u=0$，则

$$I_{SC}=i|_{u=0}=\frac{8}{2.5}\text{ A}=3.2\text{ A}$$

所以
$$R_{eq}=\frac{U_{OC}}{I_{SC}}=\frac{16/3}{3.2}\ \Omega=\frac{5}{3}\ \Omega$$

作出例图 6.2(a)电路的等效电路如例图 6.2(c)所示，于是得到戴维南电路的 VCR 为

$$u=\frac{16}{3}-\frac{5}{3}i \tag{a}$$

对于例图 6.2(b)所示曲线，当 $0\leqslant u\leqslant 1$ V 时，有

$$u=i$$

联立式(a)解得 $u=2\text{ V}>1\text{ V}$，是一个虚解。

当 $u\geqslant 1$ V 时，有

$$u=2i-1$$

联立式(a)解得 $i=\frac{19}{11}$ A，于是 $u=2i-1=\frac{27}{11}\text{ V}>1\text{ V}$，为合理解。

本题也可采用图解法。请读者用图解法再求解此题，并比较这两种方法。

6.4 习题选解

非线性电阻电路的方程

6.1 若非线性电阻的 VCR 为 $u=50i^3$，试计算当 $i=0.01\cos\omega t$ A 时的电压 $u(t)$，并说明电压中包含哪些频率成分。

解

$$\begin{aligned}u(t)&=50\times(0.01\cos\omega t)^3\text{ V}=5\times10^{-5}\cos^3\omega t\text{ V}\\&=(3.75\times10^{-5}\cos\omega t+1.25\times10^{-5}\cos 3\omega t)\text{ V}\end{aligned}$$

可见，电压中包含基频、3 倍频频率成分。

6.2 已知非线性电阻的 VCR 为 $u=10i^2-6$（电压、电流单位分别为 V、A），电压、电流取一致参考方向，试求 $i=1$ A 时的静态电阻和动态电阻值。

解

当 $i=1$ A 时，有
$$u=(10\times1^2-6)\text{ V}=4\text{ V}$$

此时静态电阻为
$$R=\frac{4}{1}\ \Omega=4\ \Omega$$

动态电阻为
$$R_d=\left.\frac{du}{di}\right|_{i=1}=20i|_{i=1}=20\ \Omega$$

6.3 电压、电流取一致参考方向，某非线性电阻的 u-i 关系如题图 6.3 所示。试求以下两种工作点处的静态电阻和动态电阻。(1)工作点电压 $u_1=0.2$ V；(2)工作点电压 $u_2=0.5$ V。

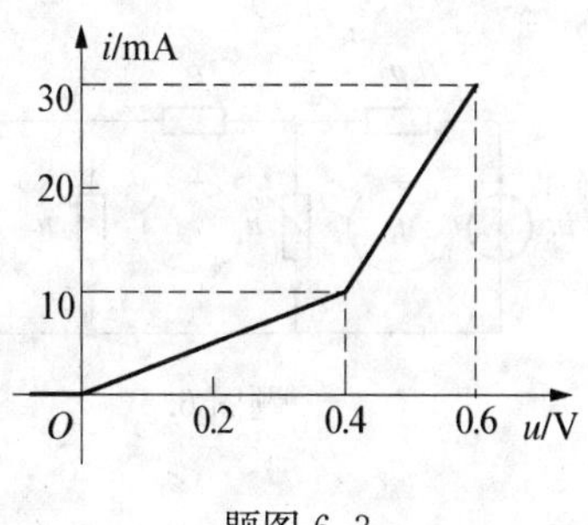

题图 6.3

解

(1) 工作点电压 $u_1 = 0.2\text{V}$ 时，由题图 6.3 可知电流 $i_1 = 5\text{ mA}$，因此静态电阻 $R = \frac{u_1}{i_1} = \frac{0.2}{0.005}\Omega = 40\Omega$。动态电阻为题图 6.3 所示曲线在工作点处特性曲线斜率的倒数，即 $R_d = \frac{0.4}{0.01}\Omega = 40\Omega$。

(2) 同理，可得 $R = \frac{u_2}{i_2} = \frac{0.5}{0.02}\Omega = 25\Omega$，$R_d = \frac{0.6-0.4}{0.03-0.01}\Omega = 10\Omega$。

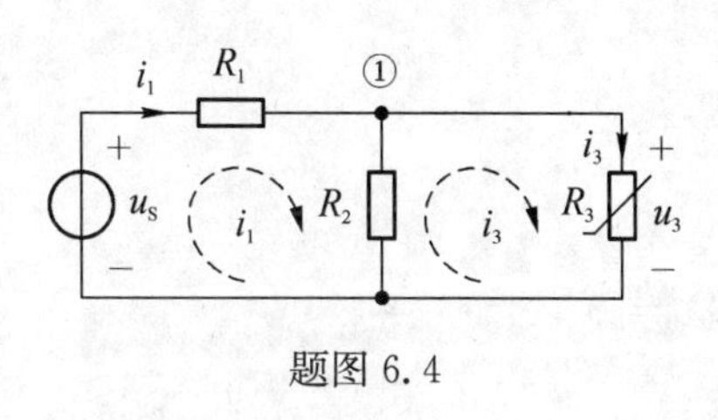

题图 6.4

6.4 如题图 6.4 所示为一非线性电阻电路，其中 R_1、R_2 为线性电阻，R_3 为非线性电阻，其 VCR 为 $u_3 = 50\sqrt{i_3}$。试列写其电路方程。

解

如果将题图中的 R_3 视为电流控制型非线性电阻，则采用网孔法分析比较简单。网孔电流为 i_1、i_3，列网孔方程时可将非线性电阻 R_3 看作电流控制电压源，相应的网孔方程为

$$\begin{cases}(R_1+R_2)i_1 - R_2 i_3 = u_S \\ -R_2 i_1 + R_2 i_3 = -u_3\end{cases}$$

非线性电阻 R_3 两端的电压 u_3 与网孔电流 i_3 之间的关系就是 R_3 的 VCR：

$$u_3 = 50\sqrt{i_3}$$

消去 i_1、u_3，可得

$$i_3 = \frac{u_S}{R_1} - \frac{R_1+R_2}{R_1 R_2} \times 50\sqrt{i_3}$$

如果将题图中的 R_3 视作电压控制型非线性电阻，即 $i_3 = \frac{u_3^2}{2\,500}$，则采用节点法分析较为简单。节点 ① 的电压为 u_3，列节点方程时可将非线性电阻 R_3 看作电压控制电压源，相应的节点方程为

$$\left(\frac{1}{R_1} + \frac{1}{R_2}\right)u_3 = \frac{u_S}{R_1} - i_3$$

流经非线性电阻 R_3 的电流 i_3 与节点电压 u_3 之间的关系就是 R_3 的 VCR

$$i_3 = \frac{u_3^2}{2\,500}$$

消去 i_3，可得

$$u_3 = \frac{R_2}{R_1+R_2}u_S - \frac{R_1 R_2}{R_1+R_2} \times \frac{u_3^2}{2\,500}$$

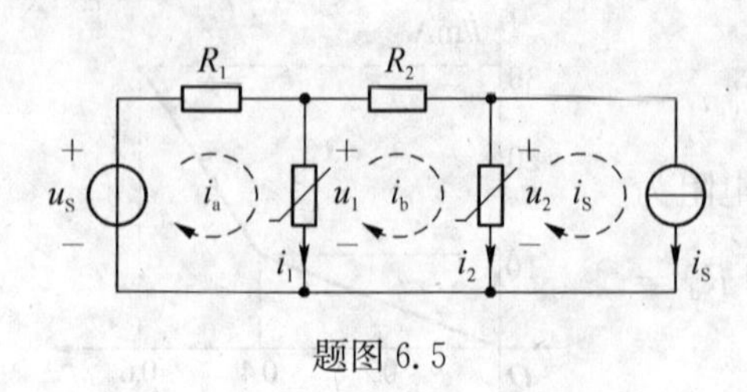

题图 6.5

6.5 在题图 6.5 所示电路中，非线性电阻均为流控型元件，即 $u_1 = f_1(i_1)$，$u_2 = f_2(i_2)$。试列写回路方程。

解

回路电流方向如题图 6.5 所示。回路方程为

$$\begin{cases} R_1 i_a + u_1 = R_1 i_a + f_1(i_1) = u_S \\ -u_1 + R_2 i_b + u_2 = -f_1(i_1) + R_2 i_b + f_2(i_2) = 0 \end{cases}$$

用回路电流表示支路电流 i_1、i_2，得

$$\begin{cases} i_1 = i_a - i_b \\ i_2 = i_b - i_S \end{cases}$$

消去 i_1、i_2，得所求回路方程

$$\begin{cases} R_1 i_a + f_1(i_a - i_b) = u_S \\ -f_1(i_a - i_b) + R_2 i_b + f_2(i_b - i_S) = 0 \end{cases}$$

6.6 题图 6.6 所示电路，已知 $u_S = 10\sin t$ V，$R = 2\,\Omega$，二极管的 u-i 关系为 $i_d = I_S(e^{u_d/U_T} - 1)$（其中 I_S 和 U_T 为已知常数），试列出求解 u_d 的方程。

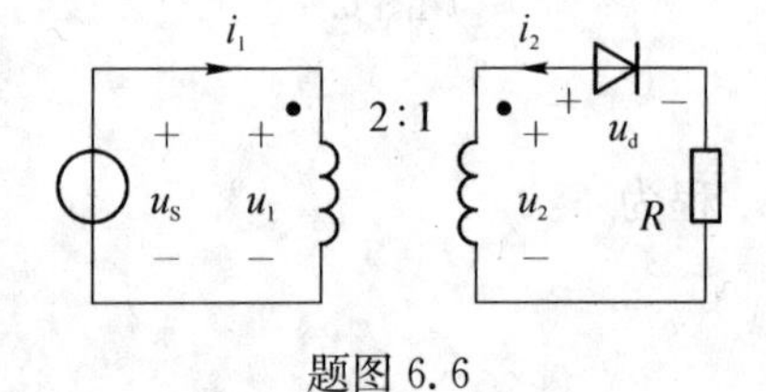

题图 6.6

解

理想变压器特性方程为 $u_1/u_2 = 2,\ i_1/i_2 = -1/2$

由 KVL 有 $u_1 = u_S = 10\sin t,\ u_2 = u_d - 2i_2$

又

$$i_d = -i_2$$

与已知的二极管特性方程联立，得求解 u_d 的方程为

$$5\sin t = u_d + 2I_S(e^{u_d/U_T} - 1)$$

6.7 试判断题图 6.7 所示电路中两个理想二极管是否导通。

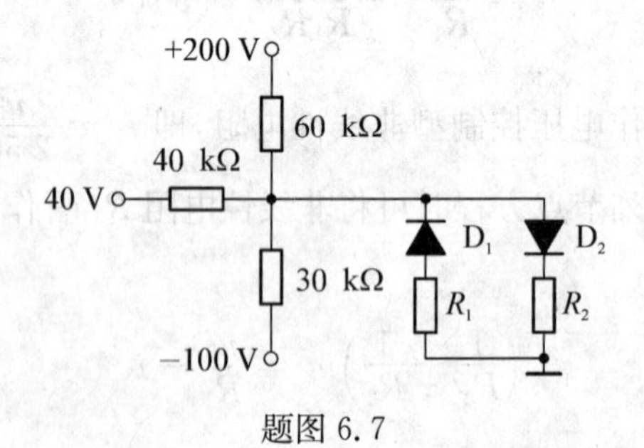

题图 6.7

解

先将题图 6.7.1(a)所示虚线框内电路等效为戴维南电路，开路电压 U_{OC} 和等效电阻 R_o 分别为

$$U_{OC} = \frac{\dfrac{40}{40} + \dfrac{200}{60} - \dfrac{100}{30}}{\dfrac{1}{40} + \dfrac{1}{60} + \dfrac{1}{30}}\ \text{V} = \frac{40}{3}\ \text{V},\ R_o = 40 \mathbin{/\mkern-6mu/} 30 \mathbin{/\mkern-6mu/} 60 = \frac{40 \times 20}{40 + 20}\ \text{k}\Omega = \frac{40}{3}\ \text{k}\Omega$$

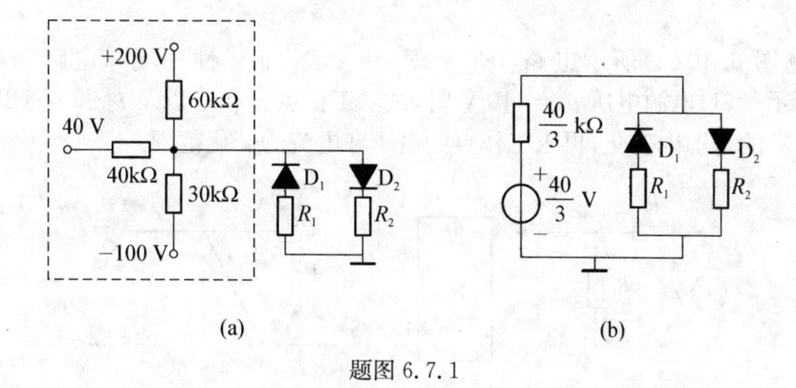

题图 6.7.1

于是题图 6.7 电路的等效电路如题图 6.7.1(b)所示。由于理想二极管 D_1 是反向接入电路的,所以它不导通。理想二极管 D_2 是正向接入电路的,所以它导通。

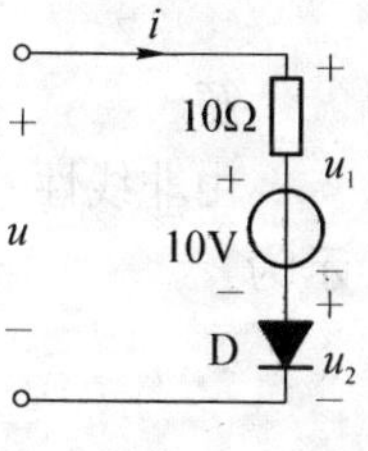

图解分析法

6.8 试用图解法求题图 6.8 所示含理想二极管电路的端口 VCR。

解

画出 u_1-i、u_2-i 的伏安特性如题图 6.8.1 所示。题图 6.8.1 所示两条曲线在电压方向上相加,得题图 6.8.2 所示的端口 VCR 曲线。

题图 6.8

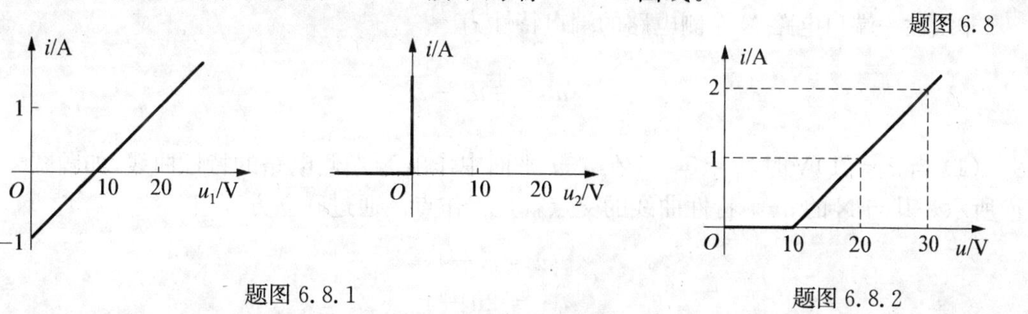

题图 6.8.1

题图 6.8.2

本题也可采用解析法求解。当 $u<10\text{ V}$ 时,理想二极管截止,有 $i=0$;当 $u>10\text{ V}$ 时,理想二极管导通,有 $i=\dfrac{u-10}{R}=\dfrac{u}{10}-1$。

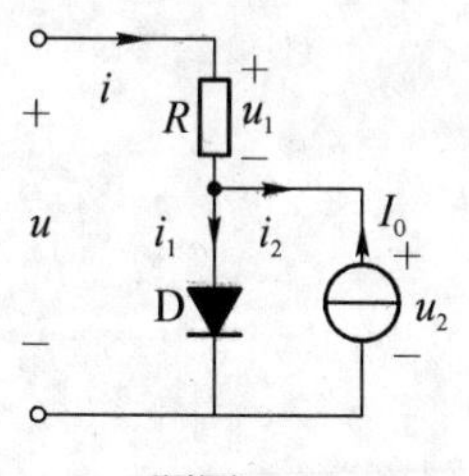

题图 6.9

6.9 试用图解法求题图 6.9 所示含理想二极管电路的端口 VCR。

解

绘出理想二极管、理想电流源和电阻的端口特性曲线分别如题图 6.9.1(a)、(b)、(c)所示。由于理想二极管和理想电流源并联,因此将题图 6.9.1(a)、(b)在电流方向上相加,可得到并联电路的端口特性如题图 6.9.1(d)所示。又由于该并联电路与电阻串联,因此将题图 6.9.1(d)、(c)在电压方向上相加,可得到整个电路的端口特性如题图 6.9.1(e)所示。

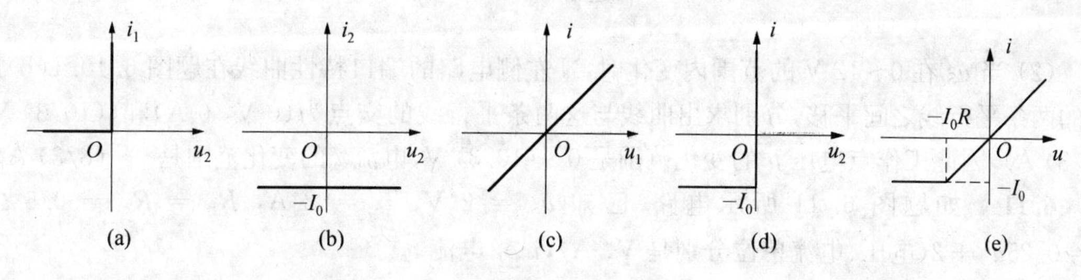

题图 6.9.1

6.10 题图 6.10(a)所示电路，$R_1=R_2=2\ \Omega$，非线性一端口电路 N 的特性如题图 6.10(b)所示。(1)电源电压 $u_S=10\ \text{V}$ 时，试求工作点 u 和 i，以及 i_1 和 i_2；(2)若电源电压 u_S 在 $0\sim12\ \text{V}$ 的范围内变化，再求工作点的电压和电流的变化范围。

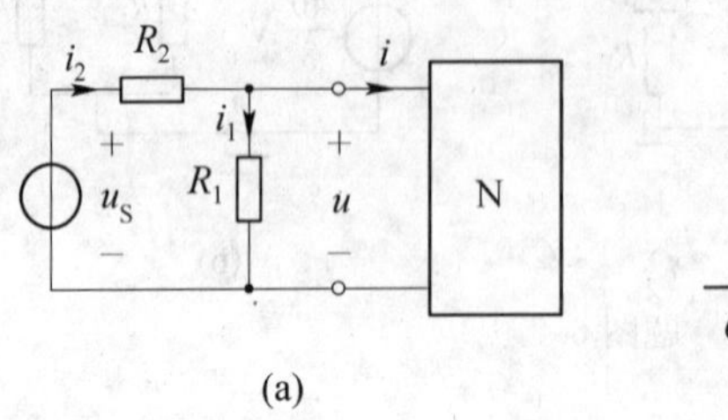

(a)

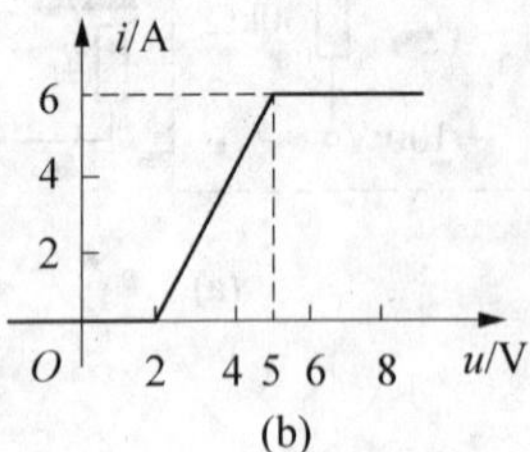

(b)

题图 6.10

解

由非线性一端口电路 N 的 VCR 曲线可知，在(2 V, 0 A)与(5 V, 6 A)之间，VCR 可表示为

$$i=2u-4$$

非线性一端口电路 N 左侧电路的端口特性为

$$u=\frac{1}{2}u_s-i$$

(1) 当 $u_S=10\text{V}$时，$u=5-i$，在 u-i 平面中作出 N 左侧电路的特性曲线，如题图6.10.1(a)所示。其与 N 的 u-i 特性曲线的交点就是工作点。通过联立方程组

$$\begin{cases}u=5-i\\ i=2u-4\end{cases}$$

可求得工作点 $u=3\ \text{V},\ i=2\ \text{A}$

此时 $i_1=\dfrac{u}{2}=1.5\ \text{A},\ i_2=i_1+i=3.5\ \text{A}$

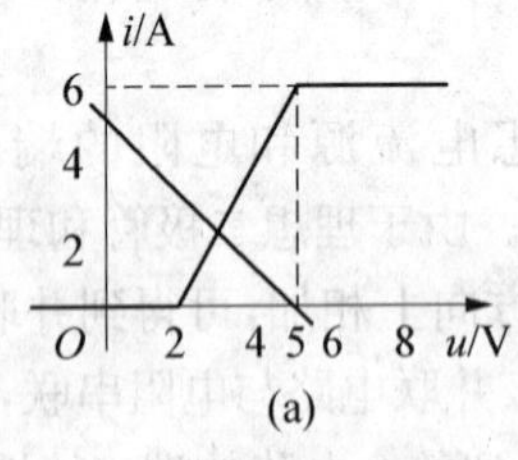

(a)

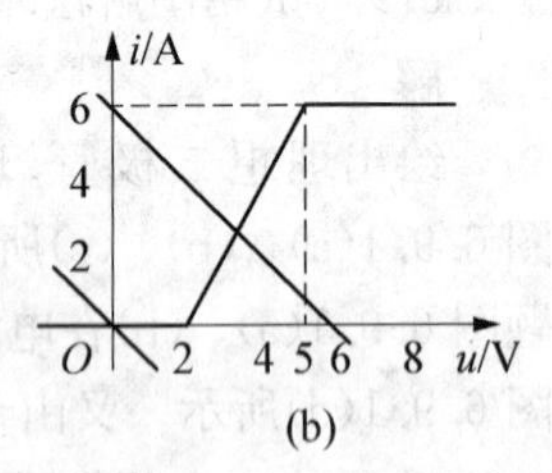

(b)

题图 6.10.1

(2) 当 u_S 在 0～12 V 的范围内变化时，N 左侧电路的端口特性曲线在题图 6.10.1(b)所示的两条平行线之间平移，分别求出曲线与这两条平行线的交点为(0 V, 0 A)和((10/3) V, (8/3) A)，因此工作点电压 u 的变化范围是 0～(10/3) V，电流 i 的变化范围是 0～(8/3) A。

6.11 如题图 6.11 所示电路，已知 $u_S=2\ \text{V}$，$i_S=2\ \text{A}$，$R_1=R_2=0.5\ \Omega$，$i=0.25u^2+2$(电压、电流单位分别是 V、A)，试求电流 i。

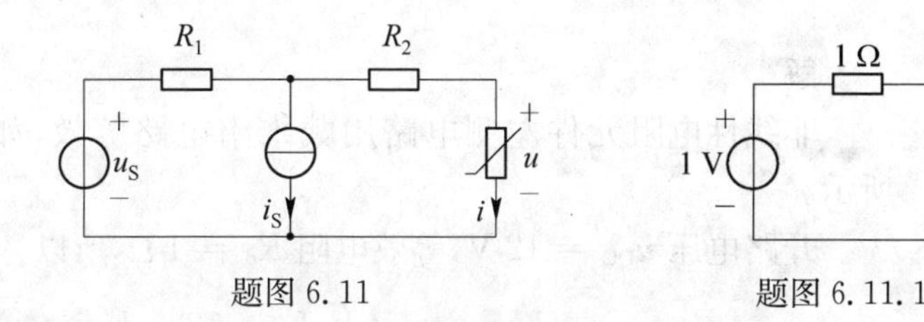

题图 6.11　　题图 6.11.1

解　将非线性电阻左侧电路用戴维南定理等效简化,如题图 6.11.1 所示。有回路方程

$$i \times 1 + u = 1$$

将非线性电阻的特性方程 $i = 0.25u^2 + 2$ 代入上式,得

$$0.25u^2 + u + 2 = 1$$

解得 $u = -2$ V,代入回路方程,求得

$$i = 3 \text{ A}$$

对于含有一个非线性电阻元件的非线性电阻电路,一般把非线性电阻以外的电路等效为戴维南电路,通过联立求解戴维南电路的端口方程和非线性电阻的特性方程,可求得电路的工作点。

6.12　如题图 6.12 所示电路,已知 $u_S = 20$ V, $i_S = 5$ A, $R_1 = 0.4\ \Omega$, $R_2 = 0.6\ \Omega$, $u = i^2 + i + 3$(电压、电流单位分别是 V、A)。试求电压 u。

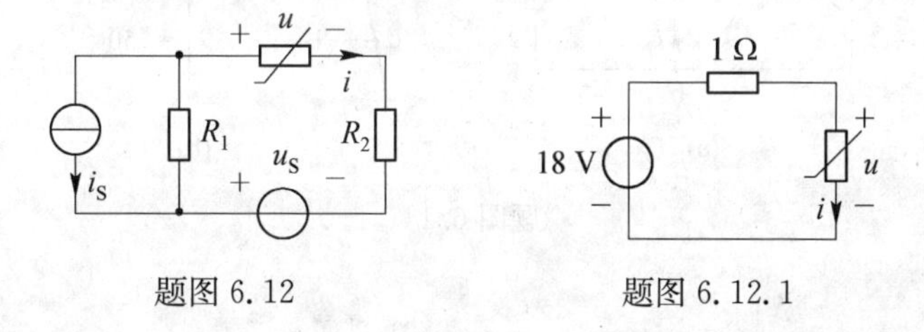

题图 6.12　　题图 6.12.1

解

将非线性电阻之外的电路等效化简,得题图 6.12.1 所示电路。列 KVL 方程,得

$$1 \times i + u - 18 = 0$$

将 $u = i^2 + i + 3$ 代入上式,得　$i^2 + 2i - 15 = 0$

解得

$$i_1 = 3 \text{ A},\ i_2 = -5 \text{ A}$$

将 i_1、i_2 代入 KVL 方程,求得 $u_1 = 15$ V, $u_2 = 23$ V

6.13　如题图 6.13(a)所示电路, $i_S = 6$ A, $R_1 = 3\ \Omega$, $R_2 = 2\ \Omega$, $R_3 = 1\ \Omega$,非线性电阻的伏安特性曲线如题图 6.13(b) 所示。试求电压 U_1 和电流 I_1。

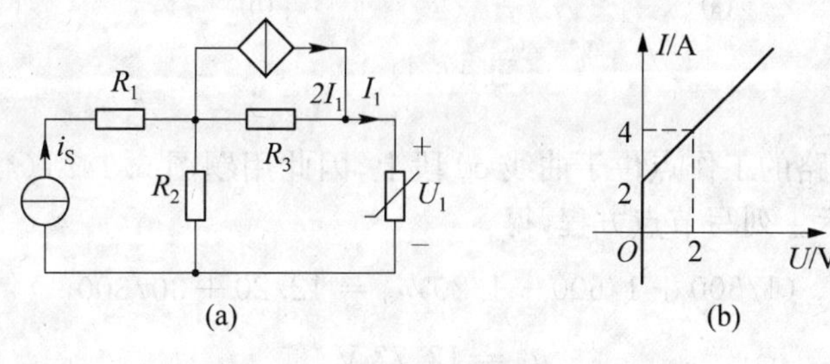

题图 6.13

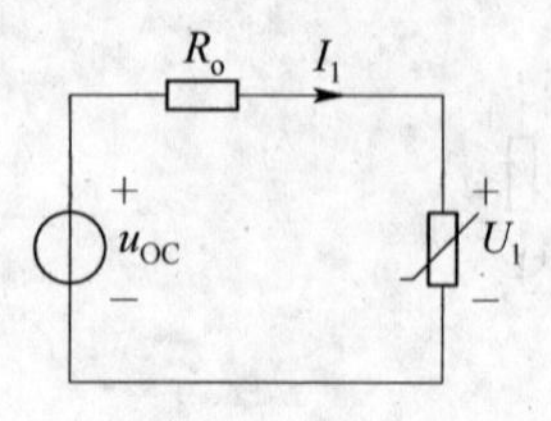

题图 6.13.1

解

非线性电阻元件左侧电路用戴维南电路等效，如题图 6.13.1 所示。

开路电压 $u_{OC}=12\ \text{V}$，等效电阻 $R_o=1\ \Omega$，所以

$$U_1=u_{OC}-R_oI_1=12-I_1$$

非线性电阻的电压-电流关系为 $I_1=2+U_1$

由联立方程组

$$\begin{cases}U_1=12-I_1\\ I_1=2+U_1\end{cases}$$

解得

$$U_1=5\ \text{V},\ I_1=7\ \text{A}$$

分段线性化分析法

6.14　稳压电路　稳压电路的作用是获取稳定不变的电压。某稳压电路如题图 6.14(a)所示，稳压管的分段线性化 VCR 曲线如题图 6.14(b)所示。试求稳压管 VCR 曲线 cd 段的等效电路以及输出电压 u_o。

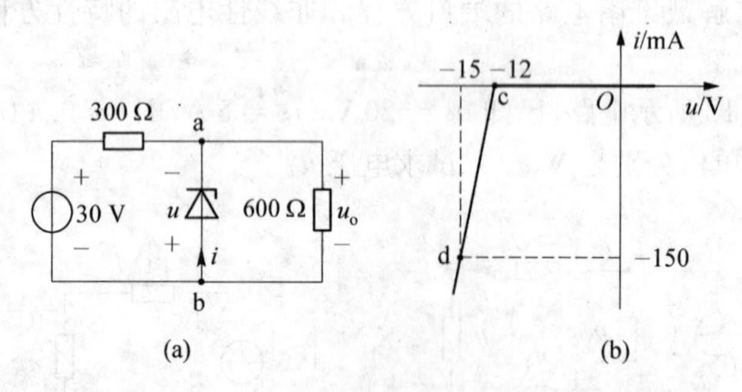

题图 6.14

解

(1) 写出 VCR 曲线 cd 段的方程为

$$u=20i-12$$

其等效电路如题图 6.14.1(a)所示。

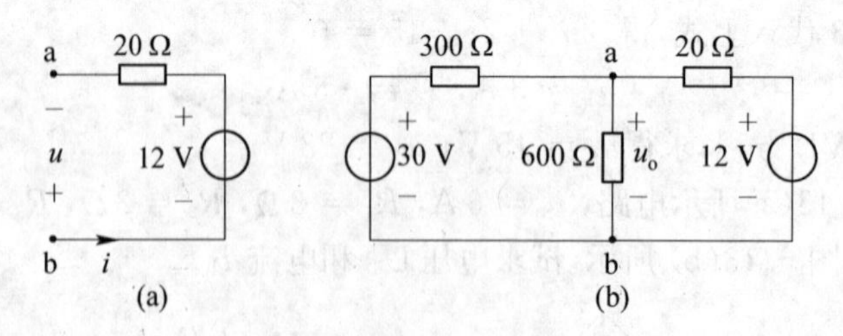

题图 6.14.1

(2) 不难验证，电路的工作点位于曲线 cd 段上，因此用题图 6.14.1(a)电路替代稳压管，如题图 6.14.1(b)所示。列写节点方程，得

$$(1/300+1/600+1/20)u_o=12/20+30/300$$

解得

$$u_o=12.73\ \text{V}$$

6.15 整流电路 整流电路的作用是将交流电压或电流调整为单边变化(或正或负)的电压或电流。如题图 6.15(a)所示整流电路,已知 $u_i = 2\sin\omega t$ V,假设(1)二极管为理想二极管;(2)二极管的分段线性模型如题图 6.15(b)所示。试画出输出电压 u_o 的波形。

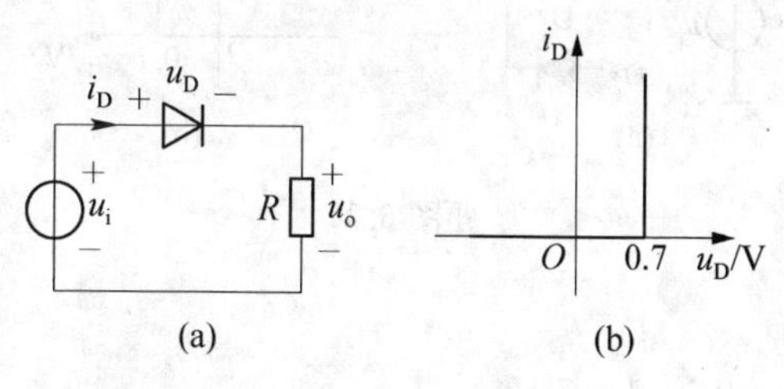

题图 6.15

解

(1) 二极管为理想二极管,显然,当 $u_i > 0$ 时,二极管导通;当 $u_i < 0$ 时,二极管截止。因此,$u_o = |u_i|$。波形如题图 6.15.1(a)所示。

(2) 由二极管的 VCR 可知,当 $u_i > 0.7$ V 时,二极管导通,$u_o = u_i$;当 $u_i < 0.7$ V 时,二极管截止,$u_o = 0$。波形如题图 6.15.1(b)所示。

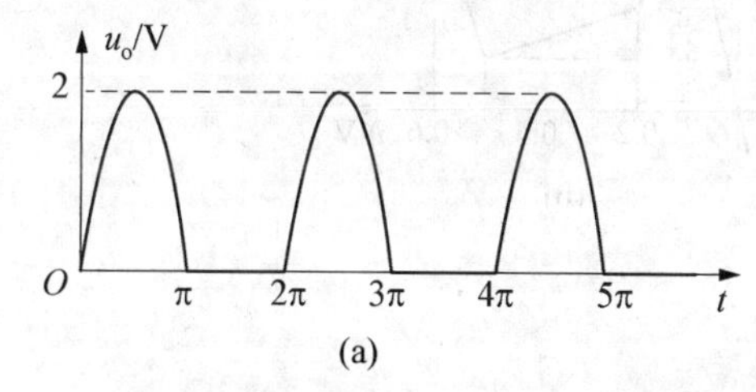

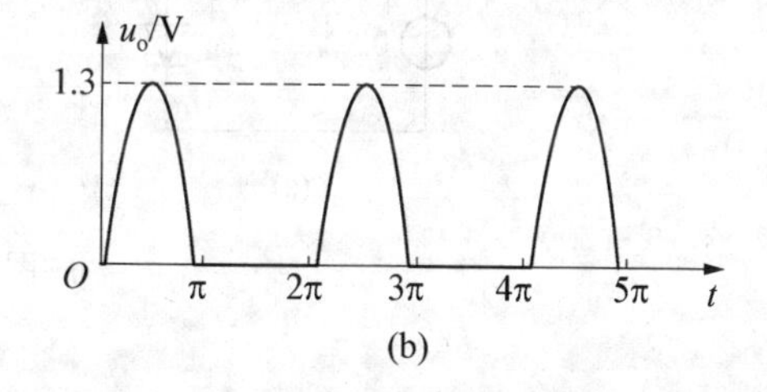

题图 6.15.1

6.16 限幅电路 限幅电路的作用是将信号限制在一定的范围之内。如题图 6.16 所示限幅电路,已知 $u_i = 10\sin\omega t$ V, $U = 5$ V。试画出输出电压 u_o 的波形。

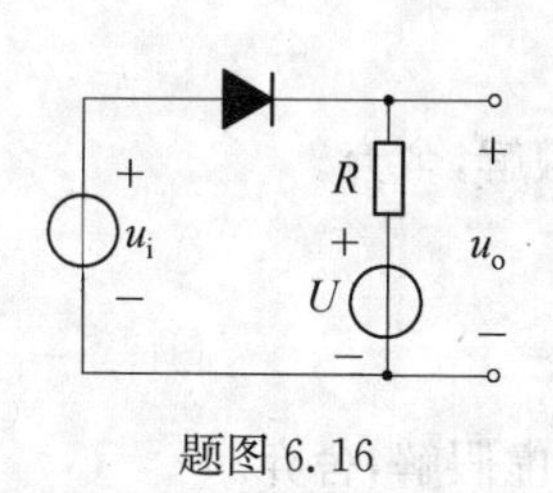

题图 6.16

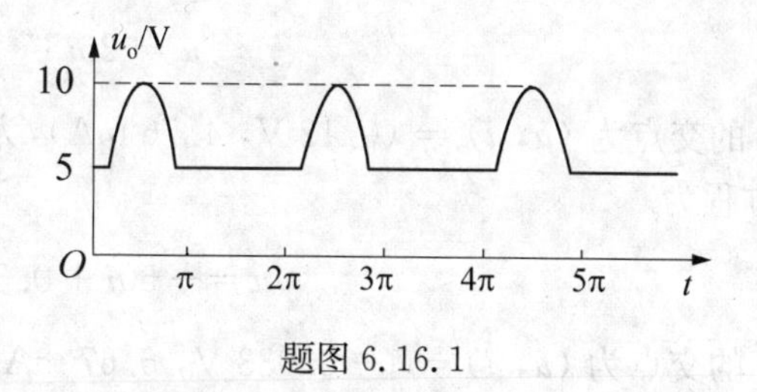

题图 6.16.1

解

二极管为理想二极管,显然,当 $u_i > U$ 时,二极管导通,$u_o = u_i$;当 $u_i < 0$ 时,二极管截止,$u_o = U$。波形如题图 6.16.1 所示。

6.17 箝位电路 箝位电路的作用是将电路中某一节点的电压限制在一定的范围之内。如题图 6.17(a)所示箝位电路,已知 $U_1 = -15$ V, $U_2 = 15$ V, D_1 为理想二极管,D_2 的 VCR 曲线如题图 6.17(b)所示。试问电压 u_o 的变化范围。

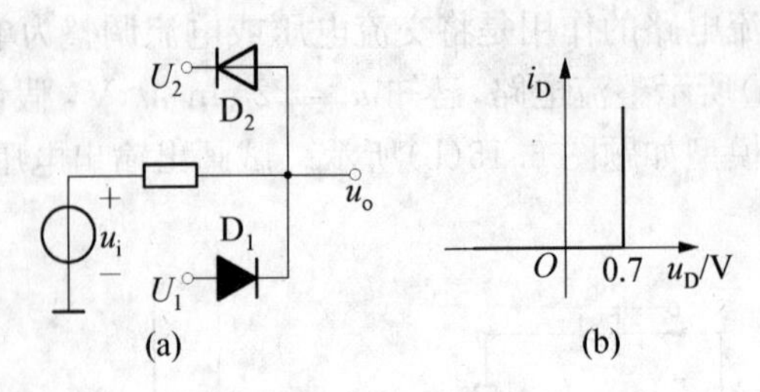

题图 6.17

解

电压 u_o 的变化范围为 $-15 \sim 15.7$ V。

6.18　隧道二极管　隧道二极管是以隧道效应电流为主要电流分量的晶体二极管，一般应用于某些开关电路或高频振荡等电路中。如题图 6.18(a)所示电路中隧道二极管的分段线性化 VCR 曲线如题图 6.18(b)所示。试求电路的静态工作点。

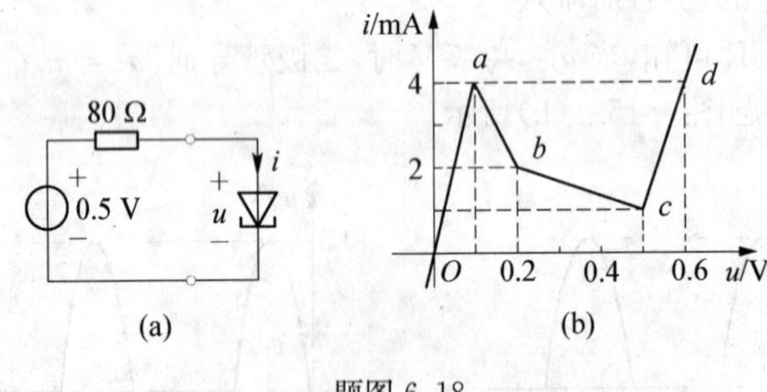

题图 6.18

解

隧道二极管左边电路的端口 VCR 为

$$u = -80i + 0.5 \tag{a}$$

隧道二极管分段线性化 VCR 的 Oa 段方程为

$$u = 25i$$

它与曲线 a 的交点为 $(u, i) = (0.12\text{ V}, 4.76\text{ mA})$，为虚假解，舍弃。

ab 段方程为

$$u = -50i + 0.3$$

它与曲线 a 的交点为 $(u, i) = (-0.033\text{ V}, 6.67\text{ mA})$，为虚假解，舍弃。

bc 段方程为

$$u = -300i + 0.8$$

它与曲线 a 的交点为 $(u, i) = (0.39\text{ V}, 1.36\text{ mA})$，为合理解，保留。

cd 段方程为

$$u = (100/3)i + 1.4/3$$

它与曲线 a 的交点为 $(u, i) = (0.48\text{ V}, 0.29\text{ mA})$，为虚假解，舍弃。

电路的静态工作点为 $(u, i) = (0.39\ \text{V}, 1.36\ \text{mA})$。

小信号分析法

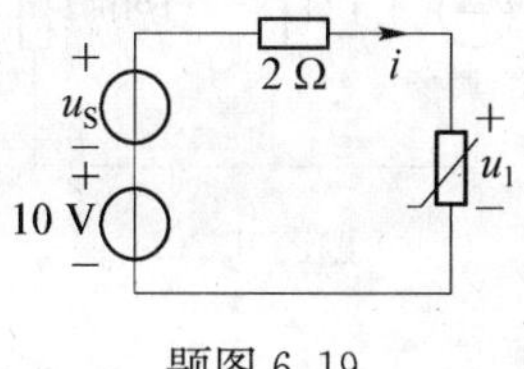

题图 6.19

6.19 如题图 6.19 所示非线性电阻电路,非线性电阻的伏安特性为 $u = i + i^2$, $u_S = 0.5\sin\omega t$ V,试求回路中的电流 i。

解

先求静态工作点。令 $u_S = 0$,则静态工作电流 I 满足

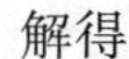

$$10 = 2I + u = 2I + I + I^2 = 3I + I^2$$

解得 $$I = 2\ \text{A} \text{ 或 } I = -5\ \text{A}$$

由题图 6.19 可知,$I > 0$,因此取 $I = 2$ A。

静态工作点处的动态电阻为

$$R_d = \left.\frac{du}{di}\right|_{i=I} = 1 + 2i\,|_{i=2} = 5\ \Omega$$

作出小信号等效电路题图 6.19.1,则

$$i_1 = \frac{u_S}{2+5} = \frac{1}{7} \times 0.5\sin\omega t\ \text{A} = \frac{1}{14}\sin\omega t\ \text{A}$$

故总电流为

$$i = \left(2 + \frac{1}{14}\sin\omega t\right)\text{A}$$

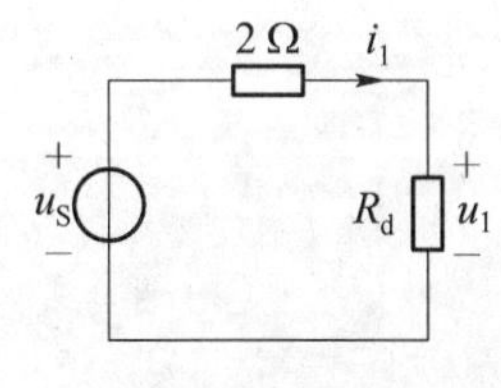

题图 6.19.1

应用小信号分析法的前提是电路中的时变电源比直流电源在数值上小得多。小信号分析法的实质是一种应用工作点附近局部线性化的概念分析由小信号引起的电流增量或电压增量的一种方法。小信号分析法的具体做法是先确定工作点,然后围绕工作点建立一个线性电路模型,即用工作点的动态电阻代替非线性电阻,这样就可以用线性电路的分析方法求解电流增量或电压增量。

6.20 如题图 6.20 所示电路,非线性电阻的伏安特性为 $i = 2u^2 (u > 0)$,其中 i、u 的单位分别为 A、V,$i_S = \cos t$ A,试求 u 和 i。

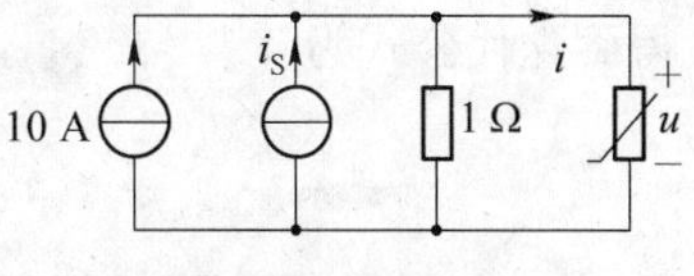

题图 6.20

解

先求静态工作点。令 $i_S = 0$,则静态工作点满足

$$\begin{cases} \dfrac{U}{1} + I = 10 \\ I = 2U^2 \end{cases}$$

解得 $$U = 2\ \text{V},\ I = 8\ \text{A}$$

静态工作点处的动态电导为

$$G_d = \left.\frac{di}{du}\right|_{u=U} = 4U = 8\ \text{S}$$

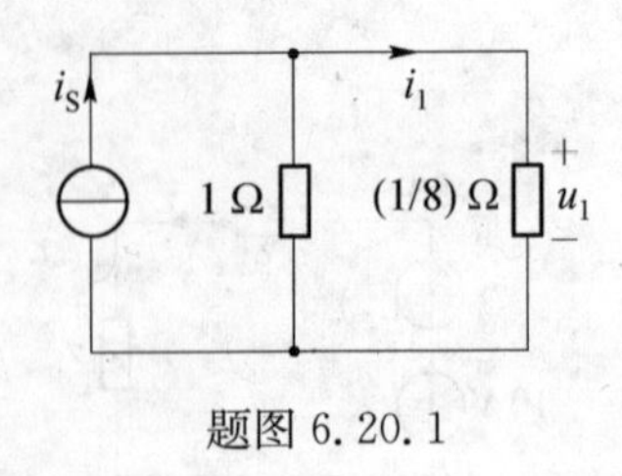

题图 6.20.1

作出小信号等效电路题图 6.20.1，则

$$i_1=\frac{1}{1+1/8}\cos t\ \mathrm{A}=0.89\cos t\ \mathrm{A}$$

$$u_1=\frac{1}{8}i_1=0.11\cos t\ \mathrm{V}$$

最后得到 u 和 i 为

$$u=U+u_1=(2+0.11\cos t)\ \mathrm{V}$$
$$i=I+i_1=(8+0.89\cos t)\ \mathrm{A}$$

数值分析法

6.21 如题图 6.21 所示电路，已知 $u_S=20\ \mathrm{V}$，$u_1=0.1\sqrt{i_1}$（单位：V）$(i_1\geqslant 0)$，$i_2=0.05\sqrt{u_2}$（单位：A）$(u_2\geqslant 0)$。试求 i_2 和 u_2。

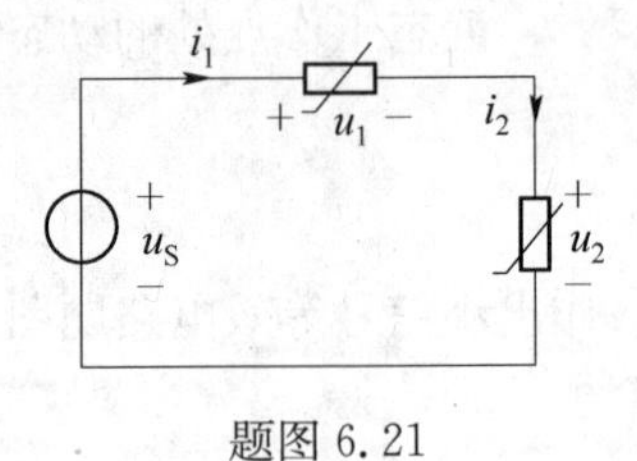

题图 6.21

解

由非线性电阻的电压-电流关系 $i_2=0.05\sqrt{u_2}$，有 $u_2=400i_2^2$。

对题图 6.21 所示电路列写 KVL 方程，有

$$u_1+u_2=20$$

于是有

$$0.1\sqrt{i_1}+400i_2^2=20$$

由 KCL 可知

$$i_1=i_2$$

令 $x=\sqrt{i_1}$，则得到非线性方程

$$f(x)=400x^4+0.1x-20=0$$

又

$$\mathrm{d}f(x)/\mathrm{d}x=1\,600x^3+0.1$$

得到迭代公式为

$$x^{(k+1)}=x^{(k)}-\frac{400x^{(k)4}+0.1x^{(k)}-20}{1\,600x^{(k)3}+0.1}$$

取 $x^{(0)}=0$，对上式进行迭代，解得 $x=0.472\,6$，从而得到

$$i_1=i_2=x^2=0.223\ \mathrm{A}$$

因此

$$u_2=400i_2^2=19.95\ \mathrm{V}$$

对非线性方程求数值解时应取不同初始值进行迭代，以防止多解的遗漏。此外还应注意剔除虚假解。

6.22 对数、指数运算电路 在题图 6.22 所示电路中，$R=10\ \Omega$，二极管的 VCR 为 $i=10^{-5}\mathrm{e}^{40u}$（电压、电流单位分别是 V、A）。(1)试求题图 6.22(a)中 u_1 和 u_2 的关系；(2)电阻与二极管交换位置，如题图 6.22(b)所示，再求 u_1 和 u_2 的关系。

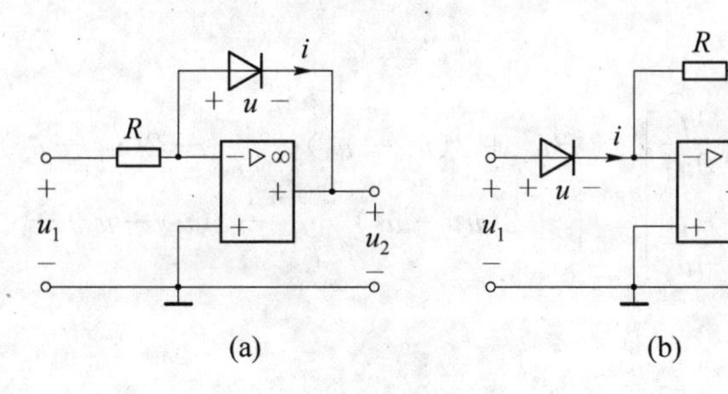

题图 6.22

解

(1) 根据理想运算放大器"虚短"特性，得

$$u_2 + u = 0$$

由二极管特性有
$$u = \frac{1}{40}\ln(10^5 i)$$

再由理想运算放大器"虚断"特性，得

$$i = \frac{u_1}{R} = \frac{u_1}{10}$$

对上述方程联立求解，得

$$u_2 = -0.025\ln(10^4 u_1)$$

上式表明，题图 6.22(a)所示电路具有对数运算功能。

(2) 电路方程为

$$-u_2 = 10i,\ u_1 = u$$

将二极管电压-电流特性 $i = 10^{-5}\mathrm{e}^{40u}$ 代入电路方程，解得

$$u_2 = -10^{-4}\mathrm{e}^{40u_1}$$

上式表明，题图 6.22(b)所示电路具有指数运算功能。

6.23　试用牛顿法求解题图 6.23 所示电路各支路电流。电路中各非线性电阻的电压-电流关系分别为 $i_1 = u_1^3$，$i_2 = u_2^2$，$i_3 = u_3^{3/2}$。

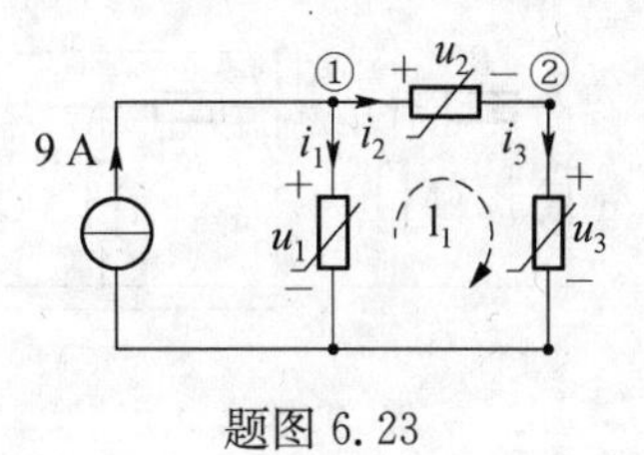

题图 6.23

解　列节点①、②的 KCL 方程得

$$i_1 + i_2 = 9,\ i_2 = i_3$$

代入非线性电阻的电压-电流关系，得到

$$u_1^3 + u_2^2 = 9,\ u_2^2 = u_3^{3/2}$$

列出回路 l_1 的 KVL 方程得

$$u_2 = u_1 - u_3$$

将上式代入前面两式中，得到

$$u_1^3 + (u_1 - u_3)^2 = 9,\ u_3^{3/2} = (u_1 - u_3)^2$$

由上式得到关于 u_1、u_3 的非线性电路方程组

$$\begin{cases} f_1(u_1, u_3) = u_1^3 + (u_1 - u_3)^2 - 9 = 0 \\ f_2(u_1, u_3) = (u_1 - u_3)^2 - u_3^{3/2} = 0 \end{cases}$$

得到雅可比矩阵为

$$f'(x)=\begin{bmatrix}\dfrac{\partial f_1}{\partial u_1} & \dfrac{\partial f_1}{\partial u_3}\\ \dfrac{\partial f_2}{\partial u_1} & \dfrac{\partial f_2}{\partial u_3}\end{bmatrix}=\begin{bmatrix}3u_1^2+2(u_1-u_3) & -2(u_1-u_3)\\ 2(u_1-u_3) & -2(u_1-u_3)-\dfrac{3}{2}u_3^{1/2}\end{bmatrix}$$

迭代公式为

$$\begin{bmatrix}u_1^{(k+1)}\\ u_3^{(k+1)}\end{bmatrix}=\begin{bmatrix}u_1^{(k)}\\ u_3^{(k)}\end{bmatrix}-\begin{bmatrix}3u_1^2+2(u_1-u_3) & 2(u_1-u_3)\\ -2(u_1-u_3) & -2(u_1-u_3)-\dfrac{3}{2}u_3^{1/2}\end{bmatrix}^{-1}_{\begin{bmatrix}u_1^{(k)}\\ u_3^{(k)}\end{bmatrix}}\times$$

$$\begin{bmatrix}u_1^3+(u_1-u_3)^2-9\\ (u_1-u_3)^2-u_3^{3/2}\end{bmatrix}_{\begin{bmatrix}u_1^{(k)}\\ u_3^{(k)}\end{bmatrix}}$$

对非线性方程组，可能会出现许多组解的情况，必须取不同的初始值进行迭代试运算。通过不同初始值的迭代运算，得到两组结果

$$\begin{bmatrix}u_1\\ u_3\end{bmatrix}=\begin{bmatrix}2.0000\\ 1.0000\end{bmatrix}\text{V}$$

和

$$\begin{bmatrix}u_1\\ u_3\end{bmatrix}=\begin{bmatrix}1.1124\\ 3.8735\end{bmatrix}\text{V}$$

经过验算，它们都是电路方程的解。由第一组解，得到 $u_2=u_1-u_3=1\text{ V}$，从而各支路电流为

$$i_1=u_1^3=8\text{ A},\ i_2=u_2^2=1\text{ A},\ i_3=u_3^{3/2}=1\text{ A}$$

由第二组解，得到 $u_2=u_1-u_3=-2.7611\text{ V}$，从而各支路电流为

$$i_1=u_1^3=1.3765\text{ A},\ i_2=u_2^2=7.6237\text{ A},\ i_3=u_3^{3/2}=7.6237\text{ A}$$

综合

6.24 如题图 6.24 所示电路，$u_S=3\text{ V}$，$R=1\ \Omega$，虚线框所示的一端口电路 N 内非线性电阻 $i_R=f(u_R)=-3u_R+1$（电压、电流单位分别是 V、A）。试求：(1)一端口电路 N 的 VCR；(2)工作点的 u、i 值。

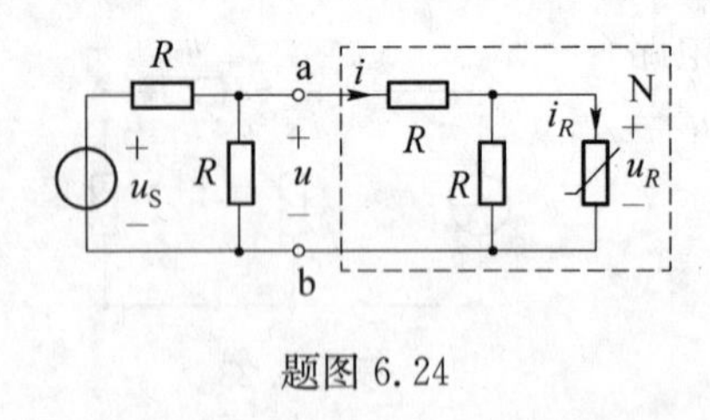

题图 6.24

解

(1) 由 KVL 得 $\quad u=u_R+iR=u_R+i$

由 KCL 得 $\quad i=\dfrac{u_R}{R}+i_R=\dfrac{u_R}{1}+i_R=u_R+i_R$

非线性电阻的电压-电流关系为 $\quad i_R=-3u_R+1$

由上面三式消去 u_R、i_R 得一端口电路的 u - i 特性关系式为

$$i=2u-1$$

(2) 题图 6.24 所示电路 a、b 端左侧一端口电路的端口特性为 $u=3-\left(i+\dfrac{u}{1}\right)\times 1$ 即 $i=3-2u$。联立求解

$$\begin{cases} i = 2u - 1 \\ i = 3 - 2u \end{cases}$$

可得工作点 $$i = 1\ \text{A},\ u = 1\ \text{V}$$

本题电路从 a、b 端可拆分为两个一端口电路，在求端口特性关系式时，应保证两个一端口电路的端口电压、电流的参考方向不变。

6.25 非线性电阻电路与非线性电阻的 VCR 分别如题图 6.25(a)、(b)所示，已知二端口电路 N 的开路阻抗矩阵为 $\boldsymbol{Z} = \begin{bmatrix} 7 & 3 \\ 3 & 4 \end{bmatrix} \Omega$，试求电流 I 和 I_1。

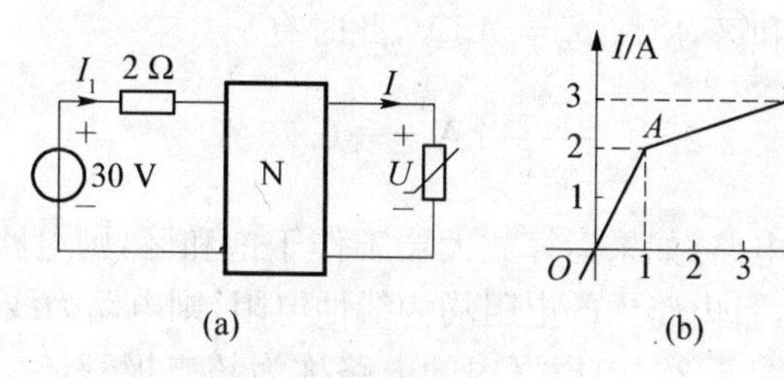

题图 6.25

解

将二端口电路 N 用 T 形电路等效后，再求出非线性元件左端电路的戴维南等效电路。由电路可得

$$U_{\text{OC}} = 10\ \text{V},\quad R_{\text{eq}} = 3\ \Omega$$

则戴维南等效电路的伏安关系为 $U = U_{\text{OC}} - IR_{\text{eq}} = 10 - 3I$

由非线性电阻的伏安关系可得，OA 直线方程为 $U = \frac{1}{2}I$，AB 直线方程为 $U = -5 + 3I$，线性电路和非线性电路伏安关系曲线有交点，解得交点为 $U = 2.5\ \text{V}$，$I = 2.5\ \text{A}$，再由二端口电路 N 的开路阻抗矩阵可知

$$I_1 = \frac{12.5}{3}\ \text{A} = 4.167\ \text{A}$$

也可用图解法在 $u - i$ 平面上画出戴维南电路的 $u - i$ 关系，其交点即为所要求的解。

6.26 如题图 6.26(a)所示电路，运放的 $u_{\text{i}} - u_{\text{o}}$ 特性曲线如题图 6.26(b)所示，已知 $R = 5\ \Omega$，$R_{\text{L}} = 15\ \Omega$，$u_{\text{S}} = 5\ \text{V}$，试求负载电阻 R_{L} 中的电流 i。

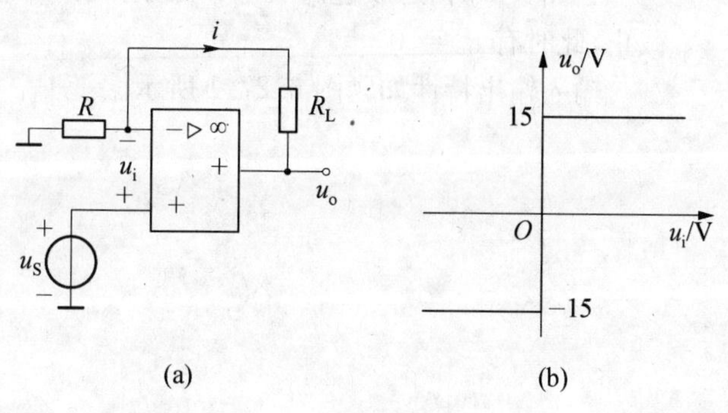

题图 6.26

解

由于电路采用负反馈接法,可先假设运算放大器工作在线性区,然后计算运算放大器输出电压是否满足$-15\ \text{V}\leqslant u_o\leqslant 15\ \text{V}$,若是,则假设正确;若否,则运算放大器工作在饱和区,此时要么$u_o=15\ \text{V}$(正饱和区),要么$u_o=-15\ \text{V}$(负饱和区)。

假设运算放大器工作在线性区,由运算放大器的"虚短"、"虚断"特性可知

$$i=-\frac{5\ \text{V}}{5\ \Omega}=-1\ \text{A}$$

因此

$$u_o=[-15\times(-1)+5]\ \text{V}=20\ \text{V}>15\ \text{V}$$

说明运算放大器工作在正饱和区,应取$u_o=15\ \text{V}$,此时有

$$i=-\frac{15-5}{15}\ \text{A}=-0.75\ \text{A}$$

对含运算放大器的电阻电路,如果运算放大器工作于饱和区,则电路必为非线性电路;如果运算放大器工作于线性区,且电路中的电阻均为线性电阻,则电路为线性电路。

6.27　超二极管　如题图6.27(a)虚框内的电路称为超二极管,它具有理想二极管的特性,应用于精密整流场合。已知二极管的VCR曲线如题图6.27(b)所示,运放的VCR曲线如题图6.27(c)所示,试分析电路的输入输出特性。

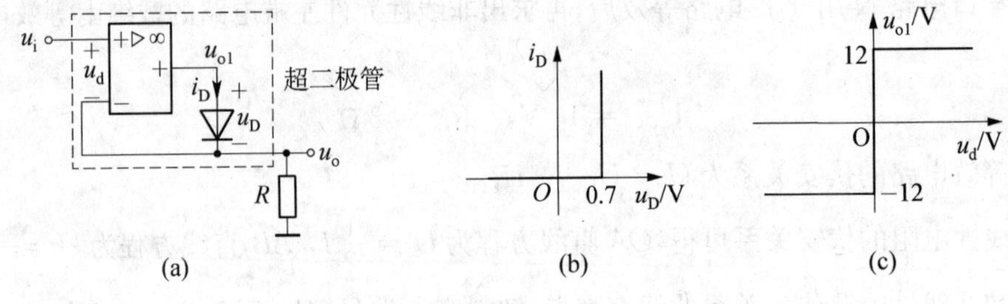

题图6.27

解

当$(12-0.7)\ \text{V}>u_i>0$时,二极管导通,由于电路采用负反馈接法,因此运放"虚短"特性成立,有$u_o=u_i$。

当$u_i>(12-0.7)\ \text{V}$时,运放进入正饱和区,运放输出电压为12 V,此时有$u_o=(12-0.7)\ \text{V}=11.3\ \text{V}$。

当$u_i<0$时,运放进入负饱和区,运放输出电压为−12 V,二极管截止,此时有$u_o=0$。

输入输出特性如题图6.27.1所示。

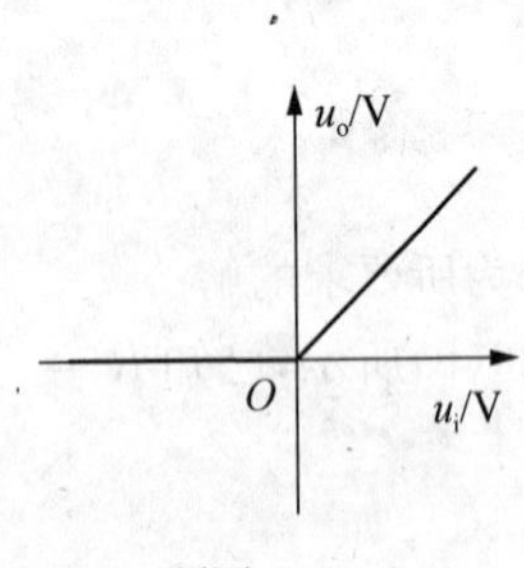

题图6.27.1

7 一阶电路的时域分析

7.1 教学要求

(1) 熟练掌握一阶动态电路方程的列写方法及其初始状态和变量初始值的计算方法。

(2) 理解时间常数的概念及其计算，熟练应用三要素法计算一阶电路的全响应。

(3) 掌握一阶动态电路的零输入响应的含义、特点及计算方法。

(4) 掌握一阶动态电路的零状态响应特点及瞬态分量和稳态分量的含义。

(5) 掌握零输入响应、零状态响应和全响应之间的关系；理解瞬态响应和稳态响应、自由响应和强制响应的含义。

(6) 掌握阶跃响应和冲激响应的定义及其关系，一阶电路在正弦、阶跃、冲激激励作用下的零状态响应计算方法。

(7) 理解电路的零状态响应与单位冲激响应之间的关系，了解卷积积分的概念并用卷积积分求任意输入的零状态响应。

7.2 重点和难点

本章主要在时域讨论动态电路的响应过程。对于一阶电路，重点是运用三要素法求解电路的全响应，难点是含受控源一阶电路响应的求解以及对任意输入下的一阶电路零状态响应的求解。

1) 全响应的分解

(1) 一阶线性动态电路的全响应可分解为零输入响应与零状态响应之和。这可由叠加定理来予以解释，即电路的全响应是由独立源和储能元件的原始状态共同引起的。仅由电路中储能元件的原始状态引起的响应，称为零输入响应；仅由独立源引起的响应，称为零状态响应。

(2) 一阶线性动态电路在直流或正弦激励下，其全响应还可表示为瞬态(自由)响应与稳态(强迫)响应之和。随着时间的推移瞬态响应逐渐衰减为零，全响应将趋于稳态响应。因此，这种分解方法的数学表达式与电路现象一致，有助于理解动态电路中出现的过渡过程。

2) 三要素法

运用三要素法求解直流激励下一阶电路的全响应时应注意以下几点：

(1) 初始值 $y(0_+)$　如果待求电路响应为电容电压 u_C 或电感电流 i_L，那么在确定初始值时可根据 $t=0_-$ 时刻的电路(电容 C 等效为开路，电感 L 等效为短路)求得电容电压 $u_C(0_-)$ 或电感电流 $i_L(0_-)$，再根据换路定律得到初始值 $u_C(0_+)=u_C(0_-)$，$i_L(0_+)=i_L(0_-)$；如果待求电路响应为电容电压 u_C 或电感电流 i_L 以外的电压或电流 y，那么在确定初始值时可根据

$t=0_+$ 时刻的电路(电容 C 用电压为 $u_C(0_+)$ 的理想电压源替代,电感 L 用电流为 $i_L(0_+)$ 的理想电流源替代)求得待求电路响应的初始值 $y(0_+)$。

(2) 稳态值 $y(\infty)$　作出 $t=\infty$ 时的电路(电容 C 等效为开路,电感 L 等效为短路),应用电阻电路的分析方法可求得稳态值 $y(\infty)$。

(3) 时间常数 τ　对 RC 电路,$\tau=RC$;对 RL 电路,$\tau=L/R$;对其他一阶电路,应先求出从电容 C 或电感 L 看进去的电路的戴维南等效电阻 R_{eq},再计算时间常数 $\tau=R_{eq}C$ 或 $\tau=L/R_{eq}$。

也可运用三要素法求解正弦激励下一阶电路的全响应,其表达式为

$$y(t)=[y(0_+)-y_{稳态}(0_+)]e^{-t/\tau}+y_{稳态}(t)$$

式中:$y(t)$ 表示电路的正弦响应;$y_{稳态}(t)$ 表示电路的正弦稳态响应;τ 为时间常数。

7.3 典型例题

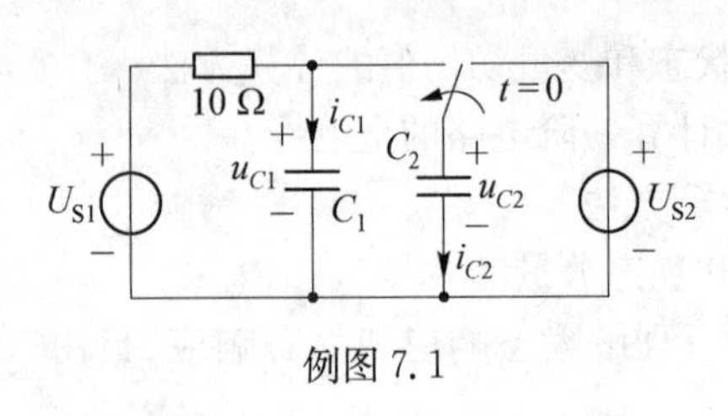

例图 7.1

例 7.1　如例图 7.1 所示电路,设换路前电路处于稳态,$U_{S1}=10\ \text{V}$,$U_{S2}=1\ \text{V}$,$C_1=0.6\ \mu\text{F}$,$C_2=0.4\ \mu\text{F}$。试求电路在换路瞬间的电容电压 $u_{C1}(0_+)$、$u_{C2}(0_+)$。

【分析】　本例电路在换路后,C_1、C_2 组成纯电容回路,发生“强迫跃变”,电容有冲激电流流过,但其两端电压要受到 KVL 的约束,由此可得到所谓的电荷守恒原理。

【解】

由 $t=0_-$ 时电路可得

$$u_{C1}(0_-)=U_{S1}=10\ \text{V},\ u_{C2}(0_-)=U_{S2}=1\ \text{V}$$

换路后,C_1、C_2 组成纯电容回路,由电容的 VCR,可得

$$\begin{cases}u_{C1}(0_+)=u_{C1}(0_-)+\dfrac{1}{C_1}\displaystyle\int_{0_-}^{0_+}i_{C1}(\tau)\mathrm{d}\tau\\ u_{C2}(0_+)=u_{C2}(0_-)+\dfrac{1}{C_2}\displaystyle\int_{0_-}^{0_+}i_{C2}(\tau)\mathrm{d}\tau=u_{C2}(0_-)+\dfrac{1}{C_2}\displaystyle\int_{0_-}^{0_+}[-i_{C1}(\tau)]\mathrm{d}\tau\end{cases}$$

由上式可求得

$$C_1u_{C1}(0_-)+C_2u_{C2}(0_-)=C_1u_{C1}(0_+)+C_2u_{C2}(0_+)$$

此即为电荷守恒原理。

再由 KVL 得　　$u_{C1}(0_+)=u_{C2}(0_+)$

联立求解得

$$u_{C1}(0_+)=u_{C2}(0_+)=\frac{C_1u_{C1}(0_-)+C_2u_{C2}(0_-)}{C_1+C_2}=6.4\ \text{V}$$

例 7.2　在例图 7.2 所示电路中,$R=1\ \Omega$,$C_1=2\ \text{F}$,$C_2=1\ \text{F}$,$u_{C1}(0_-)=5\ \text{V}$,$u_{C2}(0_-)=0$,$t=0$ 时开关 S 闭合,试求 $t\geqslant 0_+$ 时的 u_{C1} 和 u_{C2}。

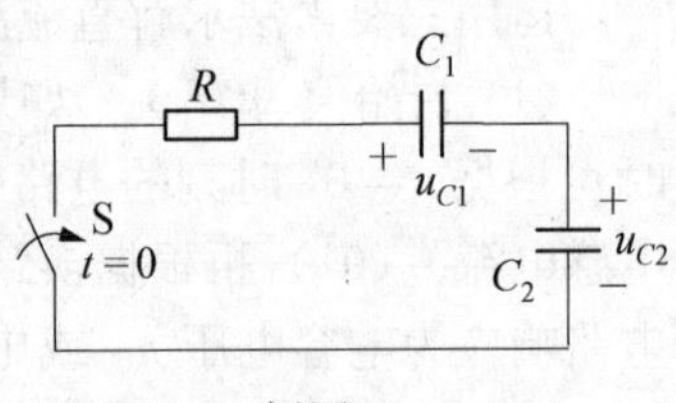

例图 7.2

【分析】　本例包含 C_1、C_2 组成的串联支路,仍然构成一

阶电路，电路的时间常数应为其等效电容与电阻之积。当电路处于过渡过程时，由KCL可知，流经两电容的电流相等；当电路达到稳态时，回路电流为零，因此由KVL可知两电容电压之和为零。

【解】 用三要素法求解。

(1) 换路时，由于回路中存在电阻，因此流经电容的电流是有限的，根据换路定理，得

$$u_{C1}(0_+) = u_{C1}(0_-) = 5\ \text{V},\ u_{C2}(0_+) = u_{C2}(0_-) = 0$$

(2) 时间常数为 $$\tau = RC_{\text{eq}} = R \times \frac{C_1C_2}{C_1+C_2} = \frac{2}{3}\ \text{s}$$

(3) 当 $t \geqslant 0$ 时由KCL得

$$C_1\frac{\mathrm{d}u_{C1}}{\mathrm{d}t} = C_2\frac{\mathrm{d}u_{C2}}{\mathrm{d}t}$$

两边从 $0_+ \sim \infty$ 积分得

$$C_1u_{C1}(\infty) - C_1u_{C1}(0_+) = C_2u_{C2}(\infty) - C_2u_{C2}(0_+)$$

又由KVL得 $$u_{C1}(\infty) + u_{C2}(\infty) = 0$$

联立上述两式可解得

$$u_{C1}(\infty) = (10/3)\ \text{V},\ u_{C2}(\infty) = -(10/3)\ \text{V}$$

根据三要素法公式直接写出

$$u_{C1} = u_{C1}(\infty) + [u_{C1}(0_+) - u_{C1}(\infty)]\mathrm{e}^{-t/\tau} = [10/3 + (5/3)\mathrm{e}^{-3t/2}]\ \text{V} \quad (t \geqslant 0_+)$$
$$u_{C2} = u_{C2}(\infty) + [u_{C2}(0_+) - u_{C2}(\infty)]\mathrm{e}^{-t/\tau} = [-10/3 - (10/3)\mathrm{e}^{-3t/2}]\ \text{V} \quad (t \geqslant 0_+)$$

例7.3 电路如例图7.3所示，$t=0$ 时开关S闭合，闭合前电路已达稳态，试求S闭合后的电感电流 i_L、电容电压 u_C 和电流 i。

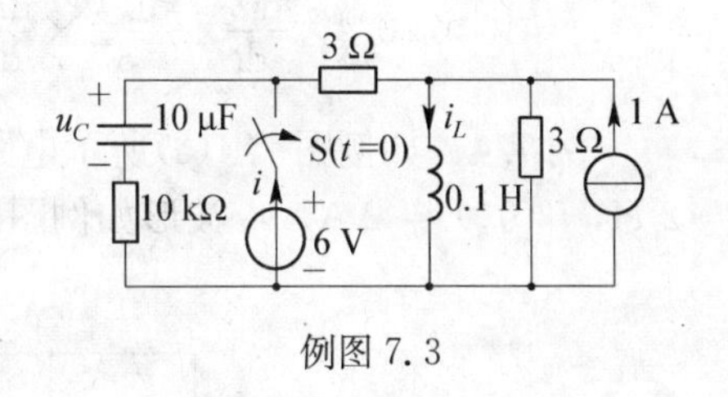

例图7.3

【分析】 此题对于开关S支路电流来说需求解二阶动态电路。而由于开关支路上6 V电压源是直流电压源，故可以先将电路分为左、右两个一阶动态电路分别求解 u_C 和 i_L，然后根据KVL和KCL求得 i。

【解】

利用三要素法分别计算 i_L 和 u_C。在 $t \leqslant 0_-$ 时的稳态电路中电容相当于开路，电感相当于短路，此时

$$u_C(0_-) = 0\ \text{V},\ i_L(0_-) = 1\ \text{A}$$

由换路定律可得初始值为

$$u_C(0_+) = u_C(0_-) = 0\ \text{V},\ i_L(0_+) = i_L(0_-) = 1\ \text{A}$$

在 $t \geqslant 0_+$ 时，开关S闭合，电路变成两个一阶电路，如例图7.3.1所示。对例图7.3.1(a)所示的 RC 电路有

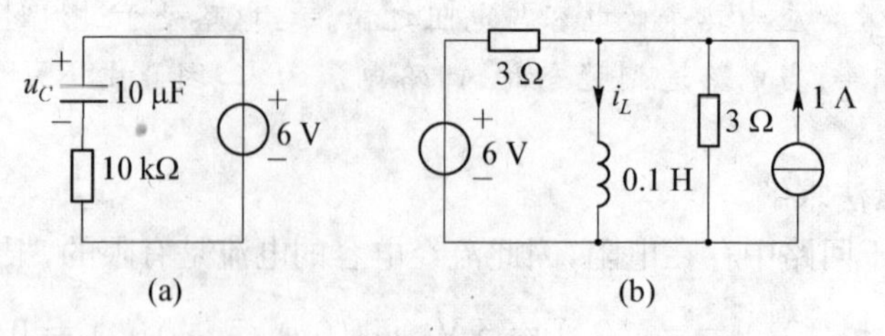

例图 7.3.1

$$u_C(\infty) = 6\ \text{V}$$
$$\tau_1 = R_1C = 10\times10^3\times10\times10^{-6}\ \text{s} = 0.1\ \text{s}$$

由三要素法公式可得 RC 电路中 u_C 为

$$u_C = 6(1-\text{e}^{-10t})\ \text{V}\quad(t\geqslant 0_+)$$

对例图 7.3.1(b)所示 RL 电路有

$$i_L(\infty) = \left(1+\frac{6}{3}\right)\text{A} = 3\ \text{A}$$
$$\tau_2 = \frac{L}{R_2} = \frac{0.1}{3\ /\!/\ 3}\ \text{s} = \frac{1}{15}\ \text{s}$$

由三要素法公式可得 RL 电路中 i_L 为

$$i_L = [3+(1-3)\text{e}^{-15t}]\ \text{A} = [3-2\text{e}^{-15t}]\ \text{A}\quad(t\geqslant 0_+)$$

最后,由 KCL 可得

$$i = 10\times10^{-6}\times\frac{\text{d}u_C}{\text{d}t}+\frac{0.1}{3}\times\frac{\text{d}i_L}{\text{d}t}+i_L-1 = [6\times10^{-6}\text{e}^{-10t}-\text{e}^{-15t}+2]\ \text{A}\quad(t\geqslant 0_+)$$

例 7.4 如例图 7.4(a)所示电路中,已知 $R_1=5\,\Omega$, $R_2=10\,\Omega$, $R_3=2\,\Omega$, $r=1\,\Omega$, $L=2\ \text{H}$, $i_1(0_-)=2\ \text{A}$, u_S 波形如例图 7.4(b) 所示。试求电流 i_1。

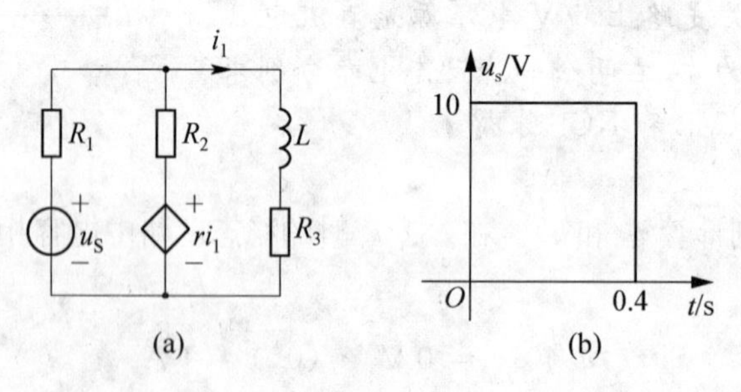

例图 7.4

【分析】 此题是求全响应。可将全响应分解为零输入响应和零状态响应之和。求零状态响应时,先求阶跃响应,再利用非时变特性和叠加定理来得到结果。

【解】 将 u_S 表示为

$$u_S = [10\varepsilon(t)-10\varepsilon(t-0.4)]\ \text{V}$$

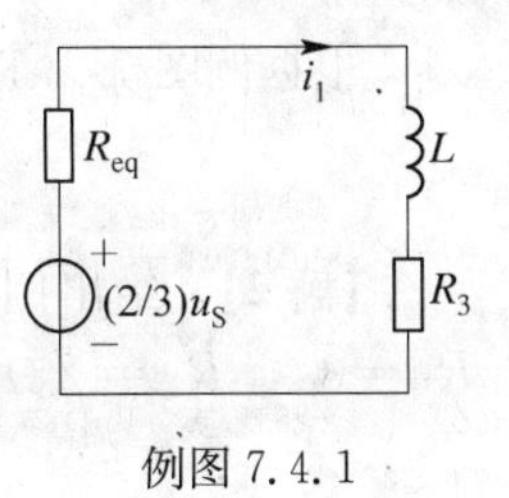

例图 7.4.1

(1) 首先应用三要素法求 $10\varepsilon(t)$ V 单独作用时的零状态响应 i'_1，为此将例图 7.4(a) 等效为例图 7.4.1，图中 $R_{eq}=3\ \Omega$。由例图 7.4.1 可得

$$i'_1(0_+)=0,\ i'_1(\infty)=\frac{\frac{2}{3}u'_S(\infty)}{R_{eq}+R_3}=\frac{4}{3}\text{ A},\tau=\frac{L}{R_{eq}+R_3}=0.4\text{ s}$$

所以 $$i'_1=i'_1(\infty)(1-e^{-t/\tau})\varepsilon(t)=\frac{4}{3}(1-e^{-2.5t})\varepsilon(t)\text{ A}$$

(2) 根据 i'_1 的结果可求得当 $10\varepsilon(t-0.4)$ V 单独作用时的零状态响应

$$i''_1=-i'_1(t-0.4)=-\frac{4}{3}[1-e^{-2.5(t-0.4)}]\varepsilon(t-0.4)\text{ A}$$

(3) 计算零输入响应

$$i'''_1=i_1(0_+)e^{-t/\tau}\varepsilon(t)=i_1(0_-)e^{-t/\tau}\varepsilon(t)=2e^{-2.5t}\varepsilon(t)\text{ A}$$

将上述三步结果叠加得

$$i_1=i'_1+i''_1+i'''_1=\left[\left(\frac{4}{3}+\frac{2}{3}e^{-2.5t}\right)\varepsilon(t)-\frac{4}{3}(1-e^{-2.5(t-0.4)})\varepsilon(t-0.4)\right]\text{ A}$$

例 7.5 一线性无源电阻电路 N_0，引出两对端子测量，如果在输入端 11′加接 5 A 电流源时，输入端电压为 25 V，输出端电压为 10 V。若 $t=0$ 时，把理想电流源接在输出端 22′，同时在输入端 11′跨接一个没有储能的 0.2 F 电容元件 C，试求 $t\geqslant 0_+$ 时该电容元件两端的电压和流经它的电流。

【分析】 由于为 N_0 未知拓扑结构的网络，因此可利用电路定理(互易定理)求出从端口看进去的戴维南等效电路，再根据三要素法求解。也可假设 N_0 的一种拓扑结构，然后求出其中的参数再求解。

【解 1】 根据题意可得例图 7.5.1(a) 所示电路，可得 11′ 端的等效电阻 $R_{eq}=25/5\ \Omega=5\ \Omega$。当理想电流源移接到输出端 22′ 后，得例图 7.5.1(b) 所示电路(没接入 0.2 F 电容时)。根据互易定理，例图 7.5.1(b) 所示电路端口 11′ 的开路电压 $U_{OC}=10$ V。于是有例图 7.5.1(c) 所示戴维南电路，或例图 7.5.1(d) 所示诺顿电路。

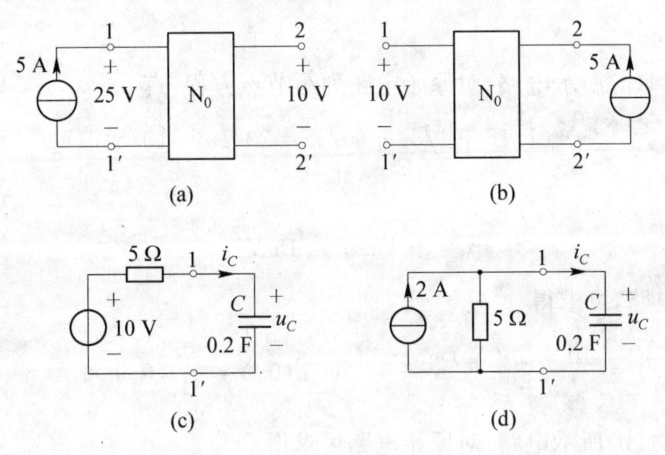

例图 7.5.1

根据例图 7.5.1(c)所示戴维南电路，或例图 7.5.1(d)所示诺顿电路可求得

$$u_C = 10(1-e^{-t})\varepsilon(t)\ \text{V},\ i_C = 2e^{-t}\varepsilon(t)\ \text{A}$$

【解 2】 给出例图 7.5.1(a)所示电路的一种等效电路如例图 7.5.2(a)所示。可解得 $R_1 = 3\ \Omega$, $R_2 = 2\ \Omega$。接电容后的电路如例图 7.5.2(b) 所示。可求得

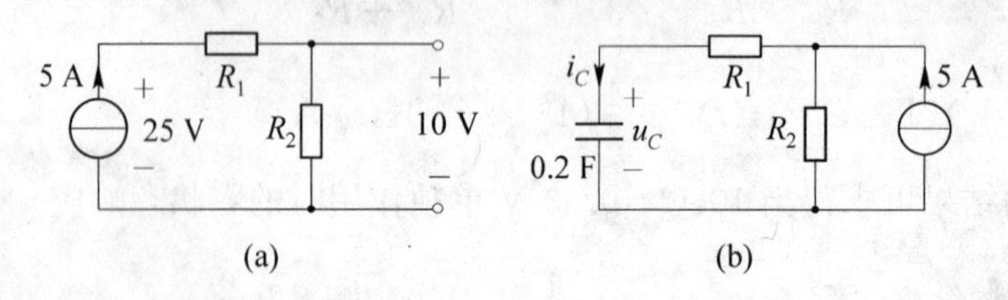

例图 7.5.2

$$u_C(0_+) = 0,\ u_C(\infty) = 10\ \text{V},\ \tau = RC = (2+3)\ \Omega \times 0.2\ \text{F} = 1\ \text{s}$$

根据三要素法有

$$u_C = 10(1-e^{-t})\varepsilon(t)\ \text{V},\ i_C = 2e^{-t}\varepsilon(t)\ \text{A}$$

7.4 习题选解

动态电路的方程及其初始条件

7.1 如题图 7.1 所示电路，开关 S 在 $t=0$ 时动作，试求 $u(0_+)$、$i(0_+)$。

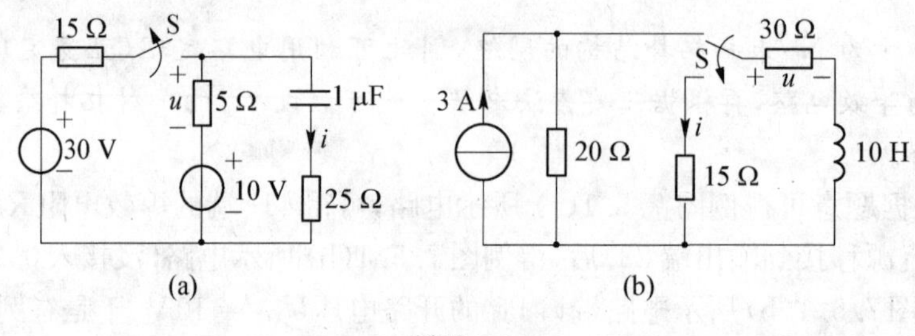

题图 7.1

解

(1) 对题图 7.1(a)所示电路，对原始电路列写节点方程，有

$$(1/15+1/5)u_C(0_-) = 30/15+10/5$$

解得

$$u_C(0_-) = 15\ \text{V}$$

由 $t=0_+$ 时电路，可求得

$$i(0_+) = \frac{10-u_C(0_+)}{5+25} = -\frac{1}{6}\ \text{A},\ u(0_+) = -i(0_+)\times 5 = \frac{5}{6}\ \text{V}$$

(2) 对题图 7.1(b)所示电路，对原始电路可求得

$$i_L(0_-)=\frac{20}{30+20}\times 3\ \text{A}=1.2\ \text{A}$$

由 $t=0_+$ 时电路,可求得

$$i(0_+)=-i_L(0_+)=-1.2\ \text{A},\ u(0_+)=30i_L(0_+)=36\ \text{V}$$

7.2 如题图 7.2 所示电路,开关 S 在 $t=0$ 时动作,试求 $u(0_+)$、$i(0_+)$。

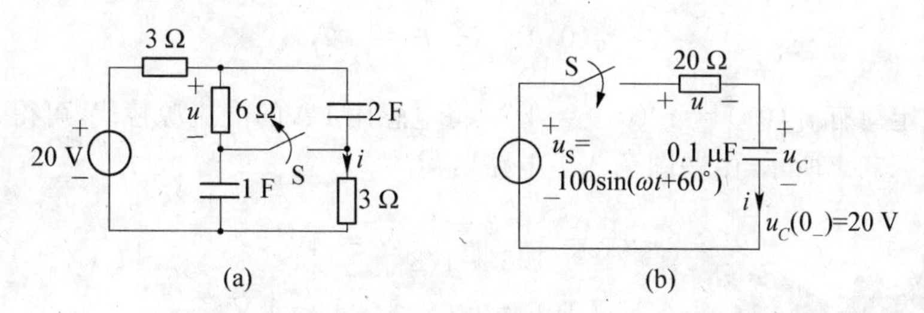

题图 7.2

解

(1) 如题图 7.2.1(a)所示,根据换路定律

$$u_{C1}(0_+)=u_{C1}(0_-)=\frac{20}{3+3+6}\times 6\ \text{V}=10\ \text{V},\ u_{C2}(0_+)=u_{C2}(0_-)=\frac{20}{3+3+6}\times 3\ \text{V}=5\ \text{V}$$

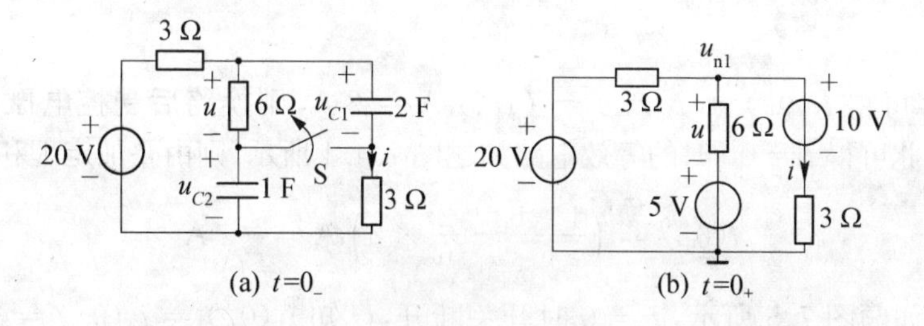

题图 7.2.1

应用替代定理,有 $t=0_+$ 时刻等效电路如题图 7.2.1(b) 所示,并求得

$$u_{n1}(0_+)=\frac{20/3+5/6+10/3}{1/6+1/3+1/3}\ \text{V}=13\ \text{V}$$

$$u(0_+)=u_{n1}(0_+)-5=8\ \text{V},\ i(0_+)=\frac{u_{n1}(0_+)-u_{C1}(0_+)}{3}\ \text{V}=1\ \text{A}$$

(2) 对题图 7.2(b)所示电路,在 $t=0_+$ 时有

$$u_S(0_+)=100\sin(\omega t+60^\circ)\big|_{t=0_+}=100\sin 60^\circ\ \text{V}=50\sqrt{3}\ \text{V}$$

$$u(0_+)=u_S(0_+)-u_C(0_+)=50\sqrt{3}-20\ \text{V}=66.6\ \text{V},\ i(0_+)=\frac{u(0_+)}{20}=3.33\ \text{A}$$

7.3 题图 7.3 所示电路在开关 S 闭合前已达稳态。$t=0$ 时 S 闭合,试求初始值 $u_{ab}(0_+)$。

解

S 闭合前电路已达稳态,在直流激励下,电感相当于短路,可得

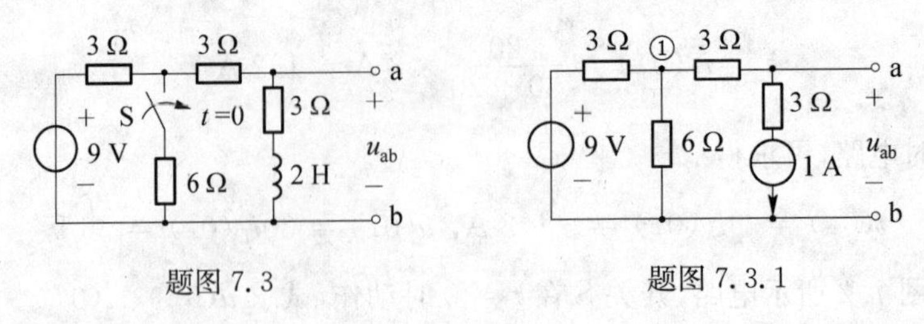

题图 7.3　　　　题图 7.3.1

$$i_L(0_-) = \frac{9}{9}\text{ A} = 1\text{ A}$$

根据换路定律有 $i_L(0_+) = i_L(0_-) = 1\text{ A}$，将电感用 1 A 的电流源替代，可得 $t = 0_+$ 时的等效电路如题图 7.3.1 所示。由题图 7.3.1 电路可得

$$u_{n1} = \frac{9/3 - 1}{1/6 + 1/3}\text{ V} = 4\text{ V}$$

$$u_{ab}(0_+) = u_{n1} - 3 \times 1 = 1\text{ V}$$

7.4　题图 7.4 所示电路原已处于稳态。在 $t = 0$ 时，开关 S 闭合，试求 $i(0_+)$。

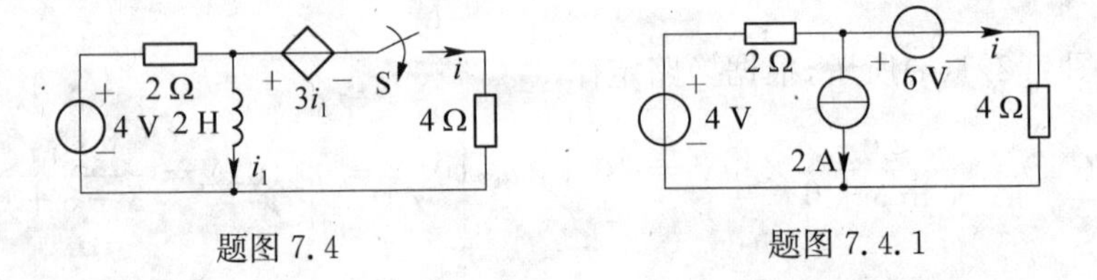

题图 7.4　　　　题图 7.4.1

解

由换路定律可得 $i_1(0_+) = i_1(0_-) = (4/2)\text{ A} = 2\text{ A}$，则换路后受控电压源的电压为 $3i_1(0_+) = 6\text{ V}$。由此可得 $t = 0_+$ 时的等效电路如题图 7.4.1 所示，则由叠加定理和分流公式可得

$$i(0_+) = \left(\frac{4-6}{6} - \frac{2}{6} \times 2\right)\text{ A} = -1\text{ A}$$

7.5　电路如题图 7.5 所示，$t = 0$ 时开关断开，已知 $i_1(0_-) = i_2(0_-) = 0$，试求 $i_1(0_+)$、$i_2(0_+)$、$u(0_+)$。

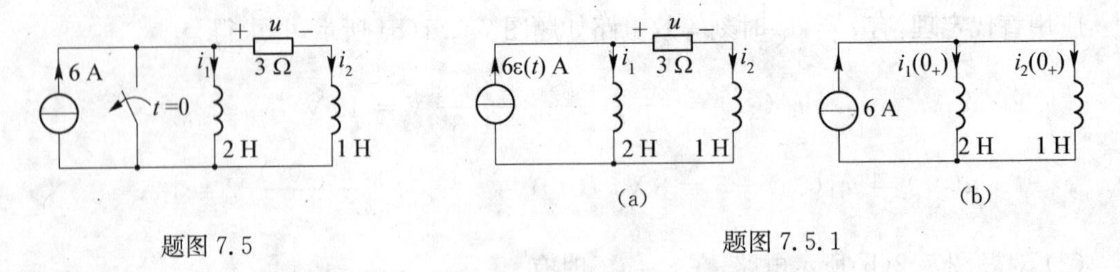

题图 7.5　　　　题图 7.5.1

解 1

换路前 $i_1(0_-) = i_2(0_-) = 0$，换路后电路如题图 7.5.1(a) 所示，根据 KVL 有 $u_{L1} = 3i_2 + u_{L2}$，即

$$L_1\frac{di_1}{dt} = 3i_2 + L_2\frac{di_2}{dt}$$

将上式从 $0_- \sim 0_+$ 积分，$L_1\int_{0_-}^{0_+}\frac{di_1}{dt}dt = \int_{0_-}^{0_+}3i_2\,dt + L_2\int_{0_-}^{0_+}\frac{di_2}{dt}dt$，注意 i_1、i_2 在 $t = 0$ 时都为

有限值,有

$$L_1[i_1(0_+)-i_1(0_-)]=L_2[i_2(0_+)-L_2i_2(0_-)](\text{磁链守恒定律})$$

代入已知数据得

$$2i_1(0_+)=i_2(0_+)$$

再根据换路后的 KCL 可得

$$i_1(0_+)+i_2(0_+)=6$$

解得 $$i_1(0_+)=2\ \text{A},\ i_2(0_+)=4\ \text{A},\ u(0_+)=3i_2(0_+)=12\ \text{V}$$

解 2

当电感电流在换路时产生有限跳变,电感电压中应含有冲激成分,因此可忽略与电感串联的电阻电压(有限值),即将与电感串联的电阻短路,可得题图 7.5.1(b)所示的等效电路。由电感的分流公式可得

$$i_1(0_+)=\frac{L_2}{L_1+L_2}\times 6=\frac{1}{3}\times 6\ \text{A}=2\ \text{A},\ i_2(0_+)=\frac{L_1}{L_1+L_2}\times 6=\frac{2}{3}\times 6\ \text{A}=4\ \text{A}$$

而 $$u(0_+)=3i_2(0_+)=12\ \text{V}$$

零输入响应

7.6 试计算题图 7.6 所示电路的时间常数 τ。已知 $R=1\ \text{k}\Omega$, $C=0.01\ \mu\text{F}$。

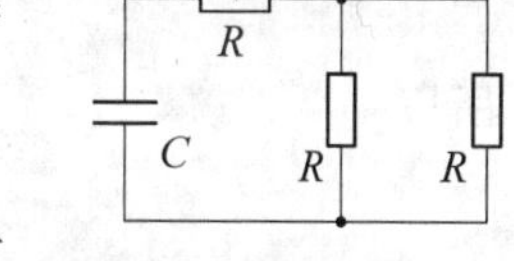

题图 7.6

解

在题图 7.6 所示的电路中,电路的电阻部分可等效为一个电阻,其电阻值

$$R_{\text{eq}}=10^3+\frac{10^3+10^3}{2\times 10^3}\ \Omega=1\ 500\ \Omega$$

因而,电路的时间常数

$$\tau=R_{\text{eq}}C=1\ 500\times 10^{-8}\ \text{s}=15\ \mu\text{s}$$

对含一个电容的一阶电路,时间常数 $\tau=R_{\text{eq}}C$,其中 R_{eq} 为从电容 C 两端看进去的电路的等效电阻。

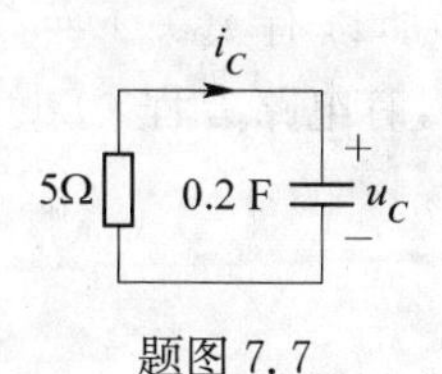

题图 7.7

7.7 如题图 7.7 所示 RC 电路,$u_C(0_-)=10\ \text{V}$。计算当 $t\geqslant 0_+$ 时的 u_C 和 i_C。

解

列写电路方程,得

$$u_C=-RC\frac{\text{d}u_C}{\text{d}t}$$

其解为 $$u_C=u_C(0_+)\text{e}^{-t/(RC)}$$

由于 $u_C(0_+)=u_C(0_-)=10\ \text{V}$,而 $RC=5\times 0.2\ \text{s}=1\ \text{s}$,因此

$$u_C=10\text{e}^{-t}\varepsilon(t)\ \text{V}$$

$$i_C = C\frac{\mathrm{d}u_C}{\mathrm{d}t} = 0.2\times\frac{\mathrm{d}[10\mathrm{e}^{-t}\varepsilon(t)]}{\mathrm{d}t} = -5\mathrm{e}^{-t}\varepsilon(t)\ \mathrm{A}$$

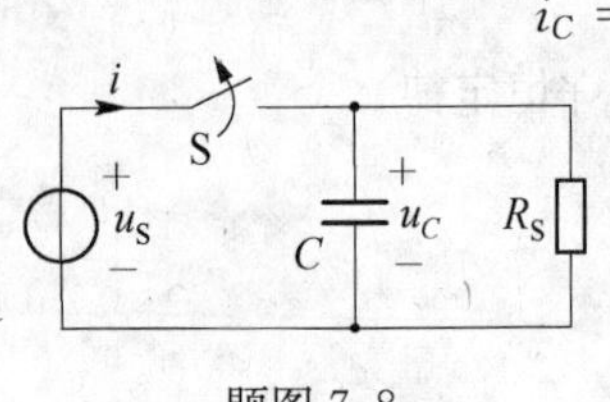

题图 7.8

7.8 如题图 7.8 所示，高压设备检修时，一个 40 μF 的电容器从高压电网上切除，切除瞬间电容两端的电压为 4.5 kV。切除后，电容经本身的漏电电阻 R_S 放电。现测得 $R_S=175\ \mathrm{M\Omega}$，试求电容电压下降到 1 kV 所需要的时间。

解

设在 $t=0$ 时电容器从高压电网上切除，电路时间常数为

$$\tau = R_S C = 175\times10^6\times40\times10^{-6}\ \mathrm{s} = 7\,000\ \mathrm{s}$$

电容电压 u_C 的零输入响应为

$$u_C = 4.5\times10^3\mathrm{e}^{-t/\tau}\ \mathrm{V}$$

如果在 $t=t_1$ 时 u_C 下降到 1 000 V，则有

$$1\,000 = 4.5\times10^3\mathrm{e}^{-t_1/\tau}$$

或

$$\frac{t_1}{7\,000} = \ln 4.5 = 1.5$$

所以

$$t_1 = 1.5\times7\,000\ \mathrm{s} = 10\,500\ \mathrm{s}$$

从计算结果可知，电容器与电源虽然已断开将近 3 个小时，但还保持高达 1 000 V 的电压。这样高的电压足以造成人身安全事故。因此，在检修具有大电容设备时，事先必须经过充分放电。

7.9 如题图 7.9 所示电路，开关 S 在 $t=0$ 时打开，开关打开前电路在直流电压源 U_S 作用下已稳定。若已知 $U_S=220\ \mathrm{V}$，$L=0.1\ \mathrm{H}$，$R_1=50\ \mathrm{k\Omega}$，$R_2=5\ \Omega$，试求开关打开瞬间其两端的电压 $u_K(0_+)$ 以及 R_1 上的电压 u_{R1}。

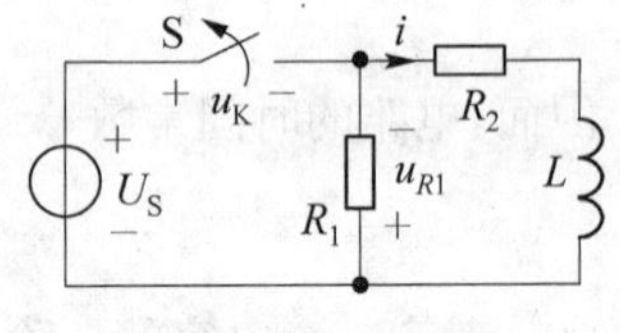

题图 7.9

解

开关打开前电路在直流电源 U_S 作用下处稳定状态，电感等效于短路，所以有 $i(0_-)=U_S/R_2$，应用换路定律得 $i(0_+)=i(0_-)$。根据基尔霍夫定律和电路元件 VCR，有电路方程

$$\begin{cases} L\dfrac{\mathrm{d}i}{\mathrm{d}t}+(R_1+R_2)i=0 \\ i(0_+)=\dfrac{U_S}{R_2} \end{cases}$$

解得

$$i = \frac{U_S}{R_2}\mathrm{e}^{-\frac{R_1+R_2}{L}t} = \frac{U_S}{R_2}\mathrm{e}^{-\frac{t}{\tau}}\quad(t\geqslant0_+)$$

电阻 R_1 上的电压

$$u_{R1} = R_1 i = \frac{R_1}{R_2} U_S e^{-t/\tau} \quad (t \geqslant 0_+)$$

代入具体参数可求得

$$u_{R1} \approx 2.2 \times 10^6 e^{-5\times10^5 t} \text{ V} \quad (t \geqslant 0_+)$$

开关S两端的电压

$$u_K = U_S + u_{R1} = U_S\left(1 + \frac{R_1}{R_2} e^{-t/\tau}\right) \quad (t \geqslant 0_+)$$

所以开关刚打开瞬间 $t = 0_+$ 时，开关两端的电压为

$$u_K(0_+) = \left(1 + \frac{R_1}{R_2}\right) U_S \approx 2.2 \times 10^6 \text{ V}$$

由结果可知，开关S在打开的瞬间，其两端电压会高出电源电压约 R_1/R_2 倍，开关将承受一个很高的冲击电压，会引起强烈的电弧。

7.10 如题图 7.10 所示电路，已知开关S在位置1已久，$t=0$ 时合向位置2，$R_1 = 6\,\Omega$，$R_2 = 1\,\Omega$，$R_3 = 4\,\Omega$，$L = 1$ H，$u_S = 10$ V。试求换路后的 i 和 u_L。

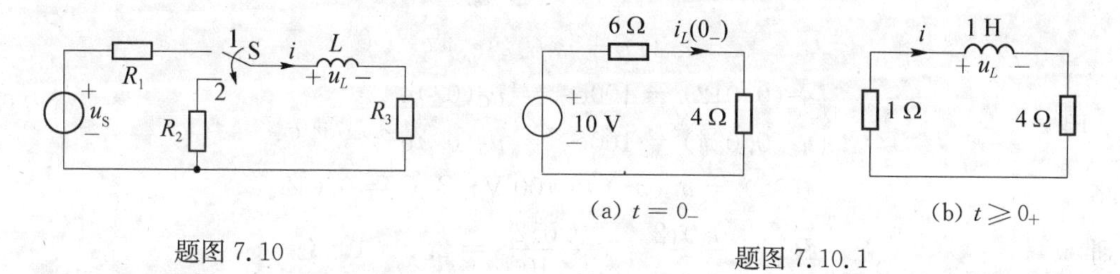

题图 7.10　　　　题图 7.10.1

解

$t = 0_-$ 时的电路如题图 7.10.1(a)所示，根据换路定律有电感电流初始值

$$i_L(0_+) = i_L(0_-) = 1 \text{ A}$$

$t \geqslant 0_+$ 时的电路如题图 7.10.1(b)所示，为一阶 RL 电路。其时间常数为 $\tau = L/(R_2 + R_3) = (1/5)$ s。故电感的电流和电压分别为

$$i = i_L = i_L(0_+) e^{-t/\tau} = e^{-5t} \varepsilon(t) \text{ A}$$

$$u_L = L \frac{di_L}{dt} = (-5e^{-5t}) \varepsilon(t) \text{ V}$$

也可根据 KVL 计算 u_L，即

$$u_L = -(R_2 + R_3) i_L = (-5e^{-5t}) \varepsilon(t) \text{ V}$$

7.11 如题图 7.11 所示电路，$R_1 = 90\,\Omega$，$R_2 = 70\,\Omega$，$C = 1$ F。设 $u_C(0_+)$ 已知，试计算 $t \geqslant 0_+$ 时的 u_C 和 i_x。

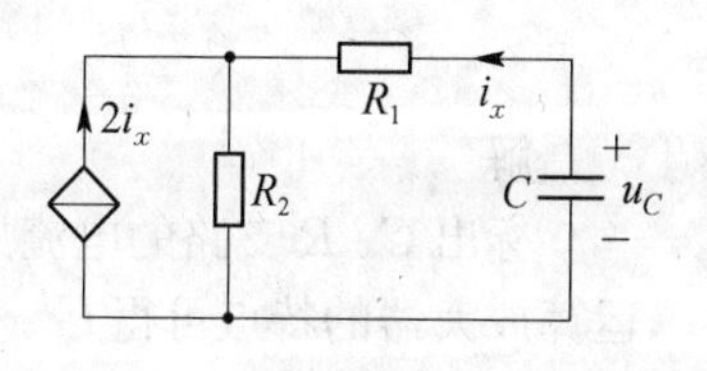

题图 7.11

解

由 KVL 得

$$\begin{aligned} u_C &= i_x R_1 + (2i_x + i_x) R_2 = i_x R_1 + 3 i_x R_2 \\ &= 90 i_x + 210 i_x = 300 i_x \end{aligned}$$

因此 $$i_x = \frac{1}{300}u_C$$

由电容的 VCR 得 $$i_x = -C\frac{\mathrm{d}u_C}{\mathrm{d}t}$$

由上述电路方程得到 $$\frac{\mathrm{d}u_C}{\mathrm{d}t} = -\frac{1}{300}u_C$$

其解为 $$u_C = u_C(0_+)\mathrm{e}^{-\frac{t}{300}}\varepsilon(t)\ \mathrm{V}$$

$$i_x = \frac{u_C(0_+)}{300}\mathrm{e}^{-\frac{t}{300}}\varepsilon(t)\ \mathrm{A}$$

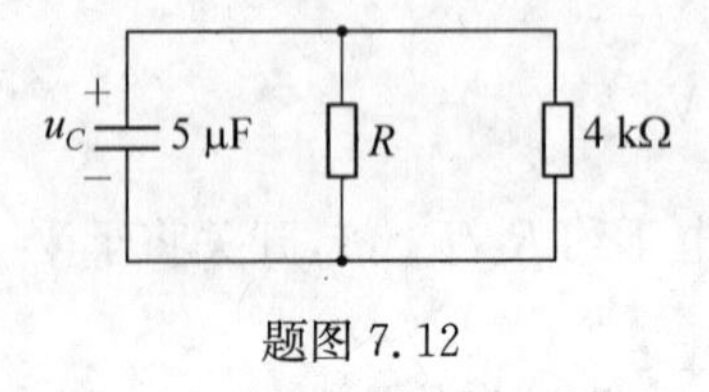

题图 7.12

7.12 如题图 7.12 所示电路，已知电路在 $t=0$ 时换路，$u_C(0.012)=100\mathrm{e}^{-1}$ V，$u_C(0.024)=100\mathrm{e}^{-2}$ V，试计算 R 的值和原始值 $u_C(0_-)$。

解

从电容两端看去的等效电阻为

$$R_{\mathrm{eq}} = R\ /\!/\ 4\,000 = \frac{4\,000R}{R+4\,000}$$

而 $$u_C(t) = u_C(0_+)\mathrm{e}^{-\frac{t}{R_{\mathrm{eq}}C}}$$

由于 $$\begin{cases} u_C(0.012) = 100\mathrm{e}^{-1} = u_C(0_+)\mathrm{e}^{-0.012/(R_{\mathrm{eq}}C)} \\ u_C(0.024) = 100\mathrm{e}^{-2} = u_C(0_+)\mathrm{e}^{-0.024/(R_{\mathrm{eq}}C)} \end{cases}$$

因此 $$u_C(0_-) = u_C(0_+) = 100\ \mathrm{V},\ R_{\mathrm{eq}}C = 0.012$$

得到 $$R_{\mathrm{eq}} = \frac{0.012}{C} = \frac{0.012}{5\times10^{-6}} = 2.4\times10^3\ \Omega$$

解得 $$R = 6\ \mathrm{k}\Omega$$

7.13 含理想运算放大器的电路如题图 7.13(a)所示，已知 $u_C(0_-)=0$，u_1 的波形如题图 7.13(b) 所示，试求输出电压 u_2。

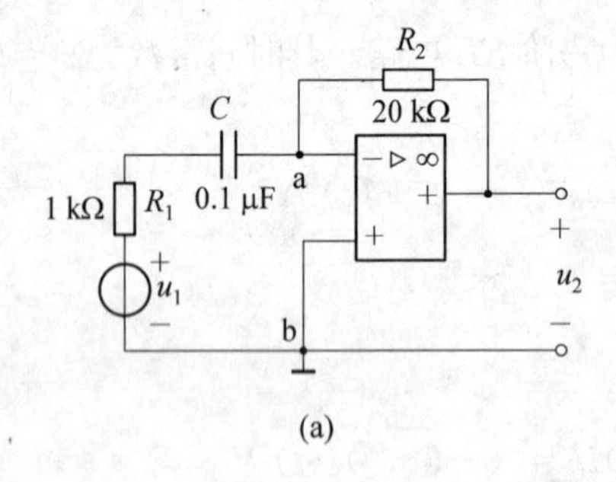

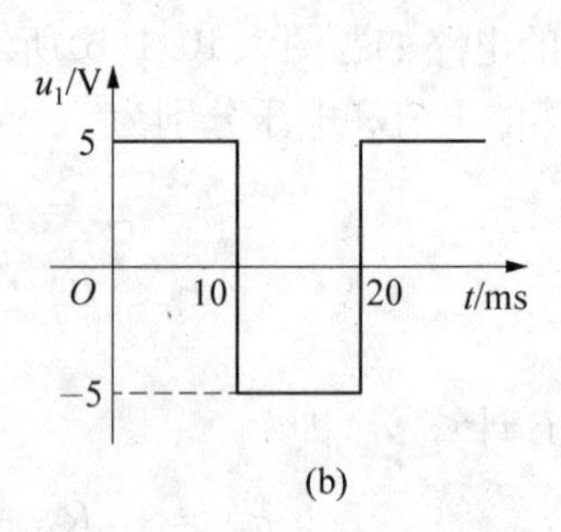

题图 7.13

解

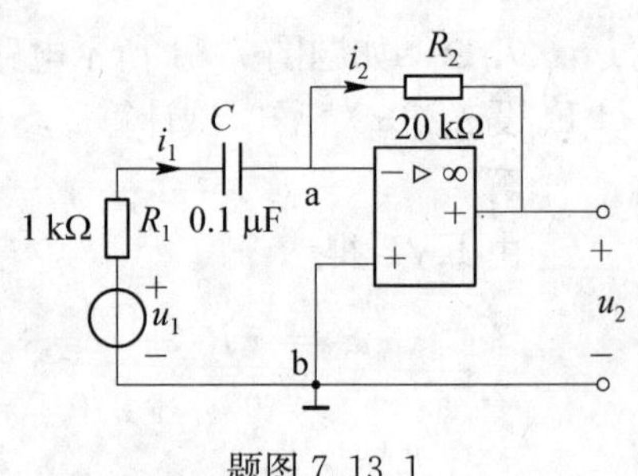

题图 7.13.1

标出 C、R 支路的电流如题图 7.13.1 所示。由理想运算放大器的特点可得

$$i_1 = i_2,\quad u_{\mathrm{a}} = u_{\mathrm{b}} = 0$$

因此 $$u_2 = -R_2 i_2 = -R_2 i_1$$

对于输入回路，利用三要素求出 $i_1(t)$ 在单位阶跃 $u_1(t)=\varepsilon(t)$ 激励下的响应。因为

$$u_C(0_+)=u_C(0_-)=0\ \text{V}$$

$$i_1(0_+)=\frac{u_1(0_+)-u_C(0_+)-u_a(0_+)}{R_1}=\frac{1-0}{10^3}\ \text{A}=10^{-3}\ \text{A}$$

$$\tau=R_1C=10^3\times10^{-7}\ \text{s}=10^{-4}\ \text{s}$$

$$i_1(\infty)=0\ \text{A}$$

i_1 在单位阶跃激励下的响应为 $i_1=10^{-3}\mathrm{e}^{-10^4t}\varepsilon(t)$ A，因此输出电压的单位阶跃响应 $s_{u2}(t)$ 为

$$s_{u2}(t)=-R_2i_1=-20\times10^3\times10^{-3}\mathrm{e}^{-10^4t}\varepsilon(t)\ \text{V}=-20\mathrm{e}^{-10^4t}\varepsilon(t)\ \text{V}$$

由输入电压波形可知，输入电压 u_1 可表示为

$$u_1=[5\varepsilon(t)-10\varepsilon(t-10)+10\varepsilon(t-20)]\ \text{V}$$

根据线性电路的齐次性，叠加性和非时变性，可得电路的响应为

$$u_2=[-100\mathrm{e}^{-10^4t}\varepsilon(t)+200\mathrm{e}^{-10^4(t-10)}\varepsilon(t-10)-200\mathrm{e}^{-10^4(t-20)}\varepsilon(t-20)]\ \text{V}$$

零状态响应

7.14　在题图7.14所示电路中，假设开关S打开之前电容元件没有充电，直流电流源 $i_S=I$。开关S在 $t=0$ 时打开，S打开前电路处于稳态，试求电路的零状态响应 u_C。

解

$\tau=RC$，$u_C(\infty)=RI$。直接写出电路的零状态响应

$$u_C=RI(1-\mathrm{e}^{-t/\tau})\varepsilon(t)$$

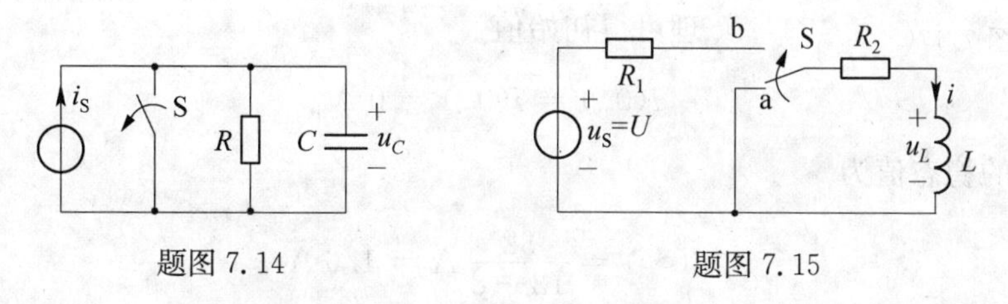

题图7.14　　　　题图7.15

7.15　在题图7.15的电路中，开关S一直闭合在位置a上。一旦电路达到稳态，开关立即闭合到位置b，假设开关闭合到位置b的时间发生在 $t=0$，试求零状态响应 i 和 u_L。

解

题图7.15所示为具有直流电压输入的 RL 电路，所求为零状态响应。先求响应 i。

$$i(\infty)=\frac{U}{R_1+R_2},\ \tau=\frac{L}{R_1+R_2}$$

因此
$$i=i(\infty)(1-\mathrm{e}^{-t/\tau})\varepsilon(t)=\frac{U}{R_1+R_2}(1-\mathrm{e}^{-\frac{R_1+R_2}{L}t})\varepsilon(t)$$

根据电感元件的VCR，求得零状态响应电感电压为

$$u_L=L\frac{\mathrm{d}i}{\mathrm{d}t}=L\left[\frac{U}{L}(\mathrm{e}^{-\frac{R_1+R_2}{L}t})\right]\varepsilon(t)+\frac{U}{R_1+R_2}(1-\mathrm{e}^{-\frac{R_1+R_2}{L}\times0})\delta(t)=U\mathrm{e}^{-\frac{R_1+R_2}{L}t}\varepsilon(t)$$

7.16　题图7.16所示电路，开关S在 $t=0$ 时闭合，S闭合前电路处于零状态。已知 $u_S=$

12 V, $R_1=20\ \text{k}\Omega$, $R_2=4\ \text{k}\Omega$, $R_3=16\ \text{k}\Omega$, $L=80\ \text{mH}$。试求 S 闭合后的 i_L 和 u_L。

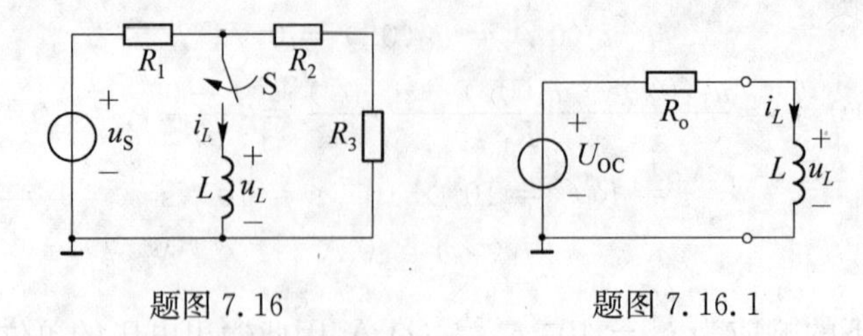

题图 7.16　　题图 7.16.1

解

(1) 求题图 7.16 电路中从电感元件两端看进去的戴维南电路，如题图 7.16.1 所示，其中

$$U_{\text{OC}}=\frac{(R_2+R_3)u_{\text{S}}}{R_1+R_2+R_3}=6\ \text{V},\ R_{\text{o}}=10\ \text{k}\Omega$$

又 $i_L(0)=0$, $\tau=L/R_{\text{o}}=8\times10^{-6}\ \text{s}$, $i_L(\infty)=U_{\text{OC}}/R_{\text{o}}=0.6\times10^{-3}\ \text{A}$，由三要素法得

$$i_L=0.6[1-\mathrm{e}^{-t/(8\times10^{-6})}]\varepsilon(t)\ \text{mA}$$

$$u_L=L\frac{\mathrm{d}i_L}{\mathrm{d}t}=6\mathrm{e}^{-t/(8\times10^{-6})}\varepsilon(t)\ \text{V}$$

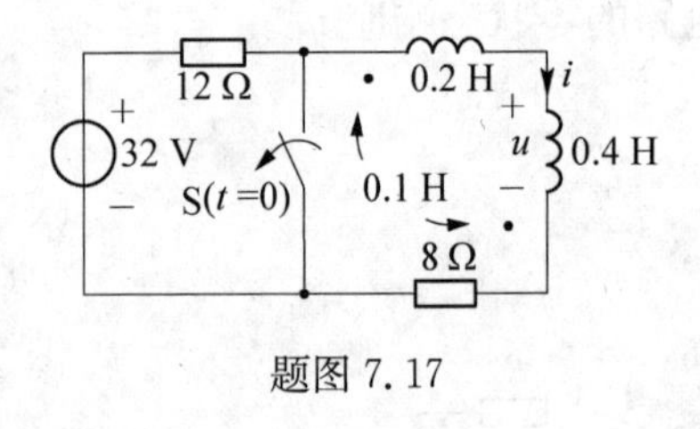

题图 7.17

7.17　如题图 7.17 所示电路，$t<0$ 时处于稳态，$t=0$ 时开关断开。试求 $t\geqslant0_+$ 时的电压 u。

解

根据题图 7.17 可知，在 $t<0$ 时，$i(0_-)=0\ \text{A}$。由换路定理可得初始值

$$i(0_+)=i(0_-)=0\ \text{A}$$

在 $t\geqslant0_+$ 后的稳态值为

$$i(\infty)=\frac{32}{12+8}\ \text{A}=1.6\ \text{A}$$

串联等效电感为　$L=L_1+L_2-2M=(0.2+0.4-2\times0.1)\ \text{H}=0.4\ \text{H}$

等效电阻为　$R=(12+8)\ \Omega=20\ \Omega$

电路的时间常数　$\tau=\dfrac{L}{R}=\dfrac{0.4}{20}\ \text{s}=\dfrac{1}{50}\ \text{s}$

由三要素法公式得　$i=1.6(1-\mathrm{e}^{-50t})\varepsilon(t)\ \text{A}$

故　$u=(0.4-0.1)\dfrac{\mathrm{d}i}{\mathrm{d}t}=0.3\times1.6\times50\mathrm{e}^{-50t}\varepsilon(t)\ \text{V}=24\mathrm{e}^{-50t}\varepsilon(t)\ \text{V}$

7.18　如题图 7.18 所示电路，试用 u_{i} 表示 $t>0$ 时刻的 u_{o}。

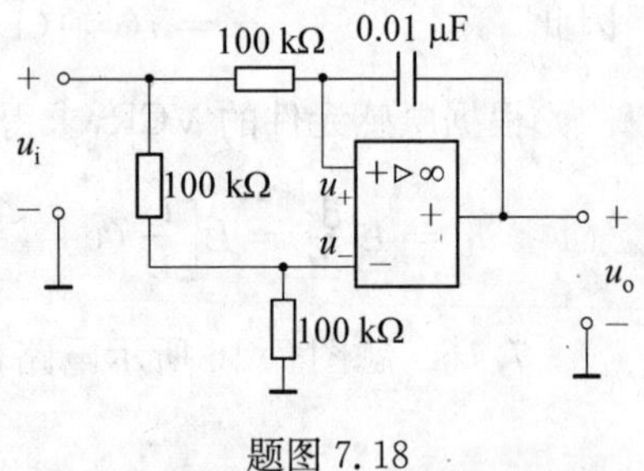

题图 7.18

解

由运算放大器的“虚短”、“虚断”特性及 KCL，列写电路方程

$$
\begin{cases}
u_- = u_+ \\
u_- = \dfrac{100}{100+100}u_\mathrm{i} \\
\dfrac{u_\mathrm{i}-u_+}{100\times 10^3} = 0.01\times 10^{-6}\times \dfrac{\mathrm{d}(u_+-u_\mathrm{o})}{\mathrm{d}t}
\end{cases}
$$

得到

$$
\frac{\mathrm{d}u_\mathrm{o}}{\mathrm{d}t} = 0.5\frac{\mathrm{d}u_\mathrm{i}}{\mathrm{d}t} - 500u_\mathrm{i}
$$

即

$$
u_\mathrm{o} = 0.5u_\mathrm{i} - \int_0^t 500u_\mathrm{i}\mathrm{d}t
$$

7.19　*RC* 微分电路和 *RL* 微分电路　如题图 7.19 所示电路，试问电路参数满足什么条件时输出电压 u_o 对输入电压 u_i 产生微分运算功能？

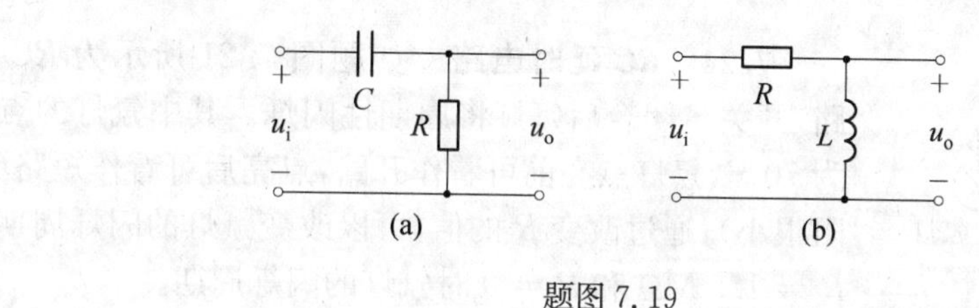

题图 7.19

解

对题图 7.19(a)电路以电容电压 u_C（左正右负）变量列写电路方程，得

$$
RC\frac{\mathrm{d}u_C}{\mathrm{d}t} + u_C = u_\mathrm{i}
$$

如果 $RC \ll 1$，则有 $u_C \approx u_\mathrm{i}$，此时输出电压为

$$
u_\mathrm{o} = RC\frac{\mathrm{d}u_C}{\mathrm{d}t} \approx RC\frac{\mathrm{d}u_\mathrm{i}}{\mathrm{d}t}
$$

亦即时间常数 $RC \ll 1$ 时，输出电压 u_o 对输入电压 u_i 产生微分运算功能。

同理，对题图 7.19(b)电路，时间常数 $L/R \ll 1$ 时，输出电压 u_o 对输入电压 u_i 产生微分运算功能。

7.20　*RC* 积分电路和 *RL* 积分电路　如题图 7.20 所示电路，试问电路参数满足什么条件时输出电压 u_o 对输入电压 u_i 产生积分运算功能？

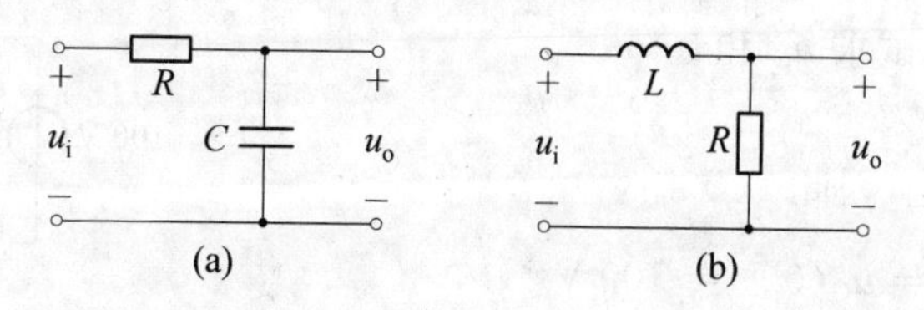

题图 7.20

解

对题图 7.20(a)电路以电容电压 u_C（上正下负）变量列写电路方程，得

$$RC\frac{\mathrm{d}u_C}{\mathrm{d}t}+u_C=u_\mathrm{i}$$

如果 $RC\gg 1$，则有 $RC\frac{\mathrm{d}u_C}{\mathrm{d}t}\approx u_\mathrm{i}$，此时输出电压满足

$$RC\frac{\mathrm{d}u_\mathrm{o}}{\mathrm{d}t}\approx u_\mathrm{i}$$

亦即

$$u_\mathrm{o}\approx\frac{1}{RC}\int_{-\infty}^{t}u_\mathrm{i}\mathrm{d}t$$

因此，当时间常数 $RC\gg 1$ 时，输出电压 u_o 对输入电压 u_i 产生积分运算功能。

同理，对题图 7.20(b)电路，时间常数 $L/R\gg 1$ 时，输出电压 u_o 对输入电压 u_i 产生积分运算功能。

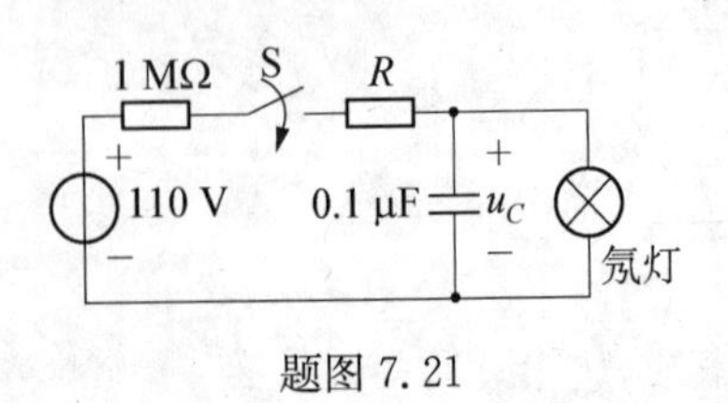

题图 7.21

7.21 *RC* 延时电路 如题图 7.21 所示为 RC 延时电路，开关 S 闭合后氖灯将周期性闪烁。其中氖灯的点亮电压为 70 V，氖灯点亮前可看作开路，点亮后可看作短路(导通电阻很小)，通过改变 R 的值，可以改变氖灯的闪烁周期。试求 $R=1.5\ \mathrm{M\Omega}$ 和 $R=0$ 时氖灯的闪烁周期。

解

(1) 当 $R=1.5\ \mathrm{M\Omega}$ 时，有

$$u_C(0_+)=0,\ \tau=(1+1.5)\times10^6\times0.1\times10^{-6}\ \mathrm{s}=0.25\ \mathrm{s},\ u_C(\infty)=110\ \mathrm{V}$$

因此

$$u_C=u_C(\infty)(1-\mathrm{e}^{-t/\tau})=110(1-\mathrm{e}^{-4t})\ \mathrm{V}$$

令 $u_C=70\ \mathrm{V}$，得闪烁周期为 $T=0.25\ \mathrm{s}$。

(2) 当 $R=0$ 时，有 $\tau=1\times10^6\times0.1\times10^{-6}\ \mathrm{s}=0.1\ \mathrm{s}$

$$u_C=u_C(\infty)(1-\mathrm{e}^{-t/\tau})=110(1-\mathrm{e}^{-10t})\ \mathrm{V}$$

令 $u_C=70\ \mathrm{V}$，得闪烁周期为 $T=0.1\ \mathrm{s}$。

全响应

7.22 如题图 7.22 所示电路，在 $t=0$ 时开关 S 闭合，闭合前电路已达到稳态，试求 u_C 和 i。

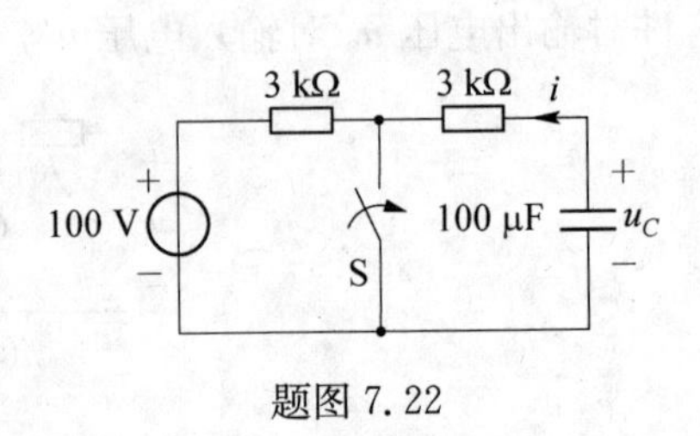

题图 7.22

解

S 在闭合前电路稳定，因此

$$u_C(0_+)=u_C(0_-)=100\ \mathrm{V}$$

在 $t\geqslant 0_+$ 时，右边回路为 RC 放电电路

$$\tau=RC=3\times10^3\times100\times10^{-6}\ \mathrm{s}=0.3\ \mathrm{s}$$

零输入响应 $u_C = U_0 e^{-t/\tau} = 100e^{-3.33t}$ V $(t \geqslant 0_+)$

$$i = \frac{u_C}{3\times 10^3} = 33.3e^{-3.33t}\ \text{mA} \quad (t \geqslant 0_+)$$

7.23 如题图 7.23 所示电路中的开关动作前电路处于稳态，试求 i_C、u_C。

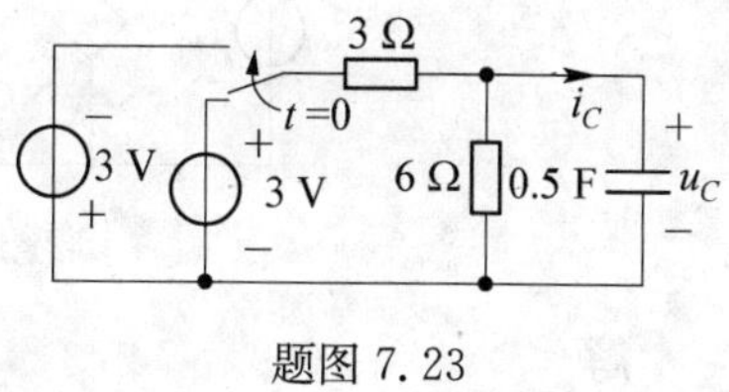

题图 7.23

解

本题是求一阶电路的全响应。

$$u_C(0_+) = u_C(0_-) = \frac{6\times 3}{6+3}\ \text{V} = 2\ \text{V},\ \tau = RC = 6 \mathbin{/\!/} 3 \times 0.5 = 1\ \text{s},$$

$$u_C(\infty) = \frac{6\times(-3)}{6+3}\ \text{V} = -2\ \text{V}$$

电路的全响应为

$$u_C(t) = u_C(\infty) + [u_C(0_+) - u_C(\infty)]e^{-t/\tau} = (-2+4e^{-t})\ \text{V} \quad (t \geqslant 0_+)$$

$$i_C = C\frac{du_C}{dt} = \frac{1}{2}\frac{d}{dt}(-2+4e^{-t})\ \text{A} = -2e^{-t}\ \text{A} \quad (t \geqslant 0_+)$$

7.24 题图 7.24 所示电路已达稳态，在 $t=0$ 时将开关 S 闭合。试求 $t \geqslant 0_+$ 时的 u_C 和 i_1。

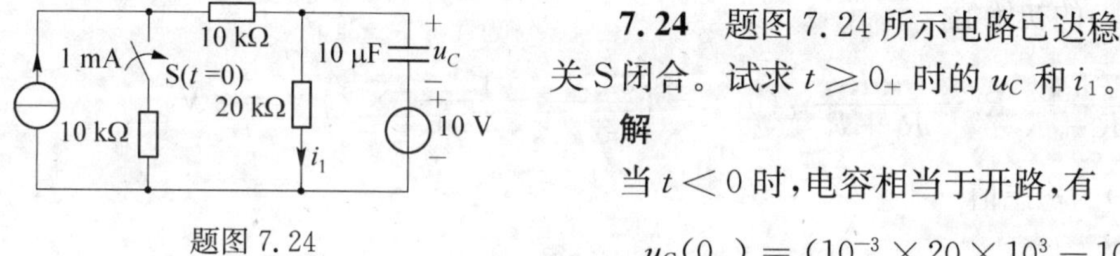

题图 7.24

解

当 $t<0$ 时，电容相当于开路，有

$$u_C(0_-) = (10^{-3}\times 20\times 10^3 - 10)\ \text{V} = 10\ \text{V}$$

根据换路定律，有

$$u_C(0_+) = u_C(0_-) = 10\ \text{V}$$

在 $t\to\infty$ 时，电容相当于开路，这时 $u_C(t)$ 的稳态值为

$$u_C(\infty) = \left(10^{-3}\times\frac{10\times 10^3\times 20\times 10^3}{10^4+30\times 10^3} - 10\right)\ \text{V} = -5\ \text{V}$$

再求时间常数 τ。将独立源置零，则等效电阻

$$R = (10+10)\times 10^3 \mathbin{/\!/} (20\times 10^3)\ \Omega = 10\ \text{k}\Omega$$

有

$$\tau = RC = 10^4\times 10\times 10^{-6}\ \text{s} = 0.1\ \text{s}$$

因此

$$\begin{aligned} u_C(t) &= u_C(\infty) + [u_C(0_+) - u_C(\infty)]e^{-t/\tau} \\ &= \{-5 + [10-(-5)]e^{-t/0.1}\}\ \text{V} = (-5+15e^{-10t})\ \text{V} \quad (t \geqslant 0_+) \end{aligned}$$

$$i_1(t) = \frac{u_C+10}{20\times 10^3} = \frac{-5+15e^{-10t}+10}{20\times 10^3}\ \text{A} = (0.25+0.75e^{-10t})\ \text{mA} \quad (t \geqslant 0_+)$$

7.25 题图 7.25 所示电路中开关 S 在 $t=0$ 时闭合，闭合前电路已处于稳态。已知 $R_1 = R_2 = R_3 = 4\ \Omega$，$L = 0.5$ H，$U_S = 32$ V，试求开关闭合后的电压 u。

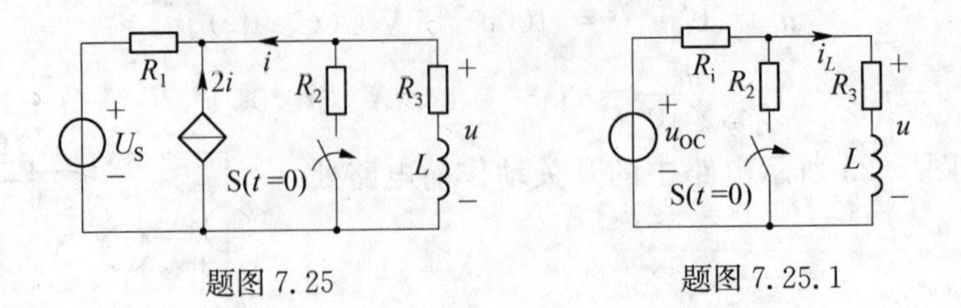

题图 7.25　　　　题图 7.25.1

解

首先用戴维南定理将题图 7.25 开关左边的电路进行等效。等效电路如题图 7.25.1 所示，其中开路电压 $u_{OC} = U_S$，输入电阻 $R_i = 3R_1 = 12\ \Omega$。

由题图 7.25.1 可知

$$i_L(0_-) = \frac{u_{OC}}{R_i + R_3} = \frac{32}{12+4} = 2\ \text{A}$$

由换路定律得

$$i_L(0_+) = i_L(0_-) = 2\ \text{A}$$

故在 $t = 0_+$ 时刻 $u(t)$ 的初始值

$$u(0_+) = \frac{u_{OC}}{R_i + R_2}R_2 - \frac{R_iR_2}{R_i + R_2}i_L(0_+) = \left(\frac{32\times 4}{12+4} - \frac{12\times 4}{12+4}\times 2\right)\text{V} = 2\ \text{V}$$

在 $t\to\infty$ 时，$u(t)$ 的稳态值

$$u(\infty) = \frac{u_{OC}}{R_i + R_2 /\!/ R_3}(R_2 /\!/ R_3) = \frac{32}{12+2}\times 2\ \text{V} = 4.57\ \text{V}$$

时间常数

$$\tau = \frac{L}{R} = \frac{L}{(R_i /\!/ R_2) + R_3} = \frac{0.5}{\frac{12\times 4}{12+4}+4}\text{s} = \frac{1}{14}\text{s}$$

所以电压为

$$\begin{aligned} u &= u(\infty) + [u(0_+) - u(\infty)]e^{-t/\tau} = [4.57 + (2-4.57)e^{-14t}]\ \text{V} \\ &= (4.57 - 2.57e^{-14t})\ \text{V}\quad (t\geqslant 0_+) \end{aligned}$$

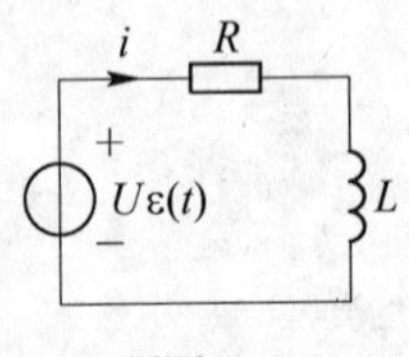

题图 7.26

7.26 在题图 7.26 所示电路中，$U = 8\ \text{V}$，$R = 500\ \Omega$，$L = 10\ \text{mH}$，$i(0) = -10\ \text{mA}$。(1)试计算 $t\geqslant 0$ 时的电流 i。(2)将 i 表示成零输入响应和零状态响应之和。(3)将 i 表示成瞬态响应和稳态响应之和。

解

(1) 用三要素法求解。

$$i(\infty) = \frac{U}{R} = 16\ \text{mA},\ i(0_+) = -10\ \text{mA},\ \tau = \frac{L}{R}$$

$$= \frac{10\times 10^{-3}}{500}\text{s} = 2\times 10^{-5}\ \text{s}$$

根据三要素法有　　$i=(16-26\mathrm{e}^{-5\times10^4 t})\ \mathrm{mA}\quad(t\geqslant 0_+)$

(2) 零状态响应为　$i=i(\infty)(1-\mathrm{e}^{-t/\tau})=16(1-\mathrm{e}^{-5\times10^4 t})\ \mathrm{mA}\quad(t\geqslant 0_+)$

零输入响应为　$i=i(0_+)\mathrm{e}^{-t/\tau}=-10\mathrm{e}^{-5\times10^4 t}\ \mathrm{mA}\quad(t\geqslant 0_+)$

(3) 稳态响应为　$i_{稳态}=16\ \mathrm{mA}(t\geqslant 0_+)$

瞬态响应为　$i_{瞬态}=-26\mathrm{e}^{-5\times10^4 t}\ \mathrm{mA}(t\geqslant 0_+)$

7.27　如题图 7.27 所示动态电路，已知 $U_{S1}=10\ \mathrm{V}$, $U_{S2}=6\ \mathrm{V}$, $I_S=4\ \mathrm{A}$, $R_1=R_2=2\ \Omega$, $R_3=6\ \Omega$, $C=5\ \mathrm{F}$, $L=6\ \mathrm{H}$。开关 S 闭合前电路已达稳态，求 S 闭合后电流 i 的变化规律。

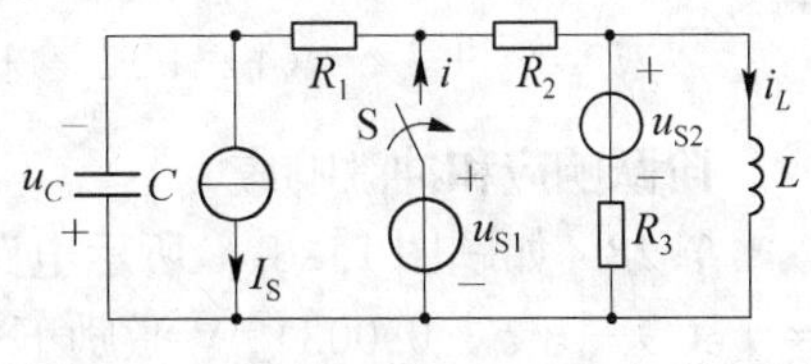

题图 7.27

解

由开关闭合前的电路可求得初始值为

$$\begin{cases}i_L(0_+)=i_L(0_-)=I_{R3}-I_S=\dfrac{U_{S2}}{R_3}-I_S=\left(\dfrac{6}{6}-4\right)\mathrm{A}=-3\ \mathrm{A}\\ u_C(0_+)=u_C(0_-)=(R_1+R_2)I_S=(2+2)\times 4\ \mathrm{V}=16\ \mathrm{V}\end{cases}$$

开关闭合后，原电路可分解成如题图 7.27.1 所示的两个电路。

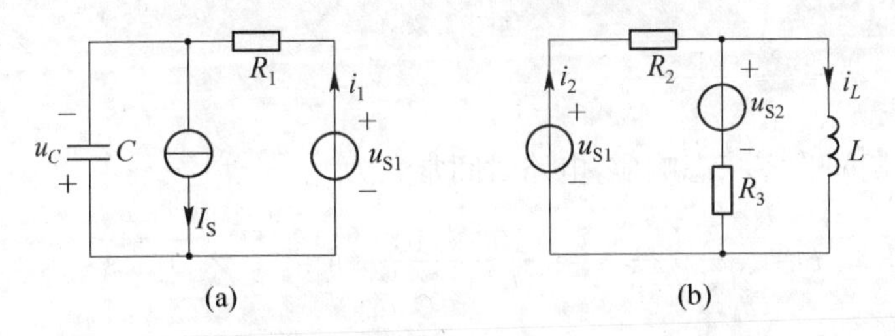

题图 7.27.1

在题图 7.27.1(a)中

$$u_C(\infty)=R_1I_S-U_{S1}=(4\times2-10)\ \mathrm{V}=-2\ \mathrm{V},\ \tau_1=R_1C=2\times5\ \mathrm{s}=10\ \mathrm{s}$$

由三要素法得

$$u_C=\{-2+[16-(-2)]\mathrm{e}^{-0.1t}\}\ \mathrm{V}=(-2+18\mathrm{e}^{-0.1t})\ \mathrm{V}$$

求得

$$i_C=C\frac{\mathrm{d}u_C}{\mathrm{d}t}=-9\mathrm{e}^{-0.1t}\ \mathrm{A}$$

$$i_1=-i_C+I_S=(9\mathrm{e}^{-0.1t}+4)\ \mathrm{A}$$

在题图 7.27.1(b)中

$$i_L(\infty)=\frac{U_{S1}}{R_2}+\frac{U_{S2}}{R_3}=\left(\frac{10}{2}+\frac{6}{6}\right)\mathrm{A}=6\ \mathrm{A},\ \tau_2=\frac{L}{R_2\ /\!/\ R_3}=\frac{6}{(2\times6)/(2+6)}\ \mathrm{s}=4\ \mathrm{s}$$

由三要素法得

$$i_L=[6+(-3-6)\mathrm{e}^{-0.25t}]\ \mathrm{A}=(6-9\mathrm{e}^{-0.25t})\ \mathrm{A}$$

求得

$$u_L = L\frac{\mathrm{d}i_L}{\mathrm{d}t} = [6\times(-0.25)\times(-9)\mathrm{e}^{-0.25t}]\ \mathrm{V} = 13.5\mathrm{e}^{-0.25t}\ \mathrm{V}$$

$$i_2 = (U_{S1} - u_L)/R_2 = [(10 - 13.5\mathrm{e}^{-0.25t})/2]\ \mathrm{A} = (5 - 6.75\mathrm{e}^{-0.25t})\ \mathrm{A}$$

最后求得

$$i = i_1 + i_2 = (4 + 9\mathrm{e}^{-0.1t} + 5 - 6.75\mathrm{e}^{-0.25t})\ \mathrm{A} = (9 + 9\mathrm{e}^{-0.1t} - 6.75\mathrm{e}^{-0.25t})\ \mathrm{A}$$

阶跃响应和冲激响应

7.28 如题图 7.28(a)所示电路中电感无初始能量，试求电路在题图 7.25(b)所示 $u_S(t) = [\varepsilon(t) - \varepsilon(t-0.003)]$ V 激励下 $i(t)$ 随时间变化的过渡过程。

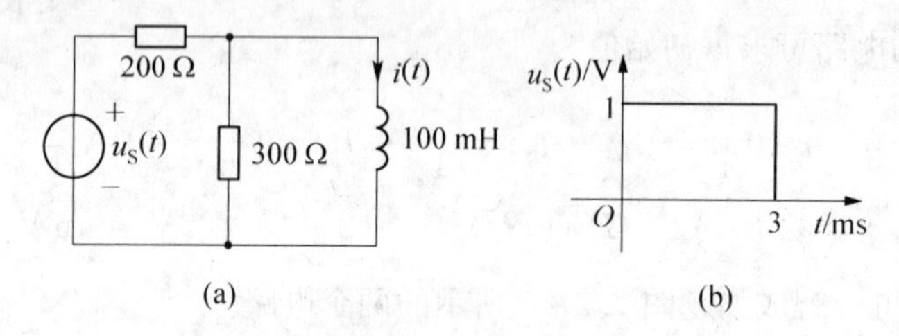

题图 7.28

解 1

先求 0～3 ms 期间为零状态响应，电路时间常数为

$$\tau = \frac{L}{200 /\!/ 300} = \frac{100\times10^{-3}}{(6/5)\times10^2}\ \mathrm{s} = \frac{5}{6}\times10^{-3}\ \mathrm{s}$$

又
$$i(\infty) = \frac{1}{200}\ \mathrm{A} = 5\times10^{-3}\ \mathrm{A}$$

因此
$$i(t) = i(\infty)(1 - \mathrm{e}^{-\frac{t}{\tau}}) = 5\times10^{-3}(1 - \mathrm{e}^{-1.2\times10^3 t})\ \mathrm{A}$$

再求 $t > 3$ ms 期间的零输入响应，时间常数为 $\tau = (5/6)\times10^{-3}$ s，而

$$i(\infty) = 0,\ i(0.003) = 5(1 - \mathrm{e}^{-1.2\times10^3\times3\times10^{-3}})\ \mathrm{A} \approx 4.9\times10^{-3}\ \mathrm{A}$$

因此
$$i(t) = i(0.003)\mathrm{e}^{-\frac{t-0.003}{\tau}} = 4.9\times10^{-3}\mathrm{e}^{-1.2\times10^3(t-0.003)}\ \mathrm{A}$$

解 2

采用时域叠加法。单位阶跃响应为 $i(t) = 5\times10^{-3}(1 - \mathrm{e}^{-1.2\times10^3 t})\varepsilon(t)$ A，单位延迟阶跃响应为 $i(t) = 5\times10^{-3}[1 - \mathrm{e}^{-1.2\times10^3(t-0.003)}]\varepsilon(t-0.003)$ A，由叠加定理得全响应为

$$i(t) = \{5\times10^{-3}(1 - \mathrm{e}^{-1.2\times10^3 t})\varepsilon(t) + 5\times10^{-3}[1 - \mathrm{e}^{-1.2\times10^3(t-0.003)}]\varepsilon(t-0.003)\}\ \mathrm{A}$$

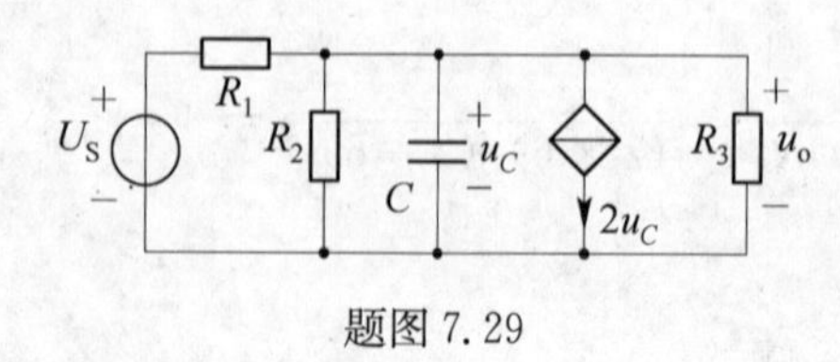

题图 7.29

7.29 在题图 7.29 所示电路中，已知 $R_1 = 6\ \Omega$，$R_2 = 3\ \Omega$，$R_3 = 15\ \Omega$，$C = 2\ \mu\mathrm{F}$，$U_S = 3\varepsilon(t)$ V，$u_C(0) = 4$ V，试求输出电压 u_o。

解

先求从电容支路两端看进去的电路的戴维南电路，

如题图 7.29.1(a)所示。再进行电源支路等效变换，如题图 7.29.1(b)所示，并列节点方程

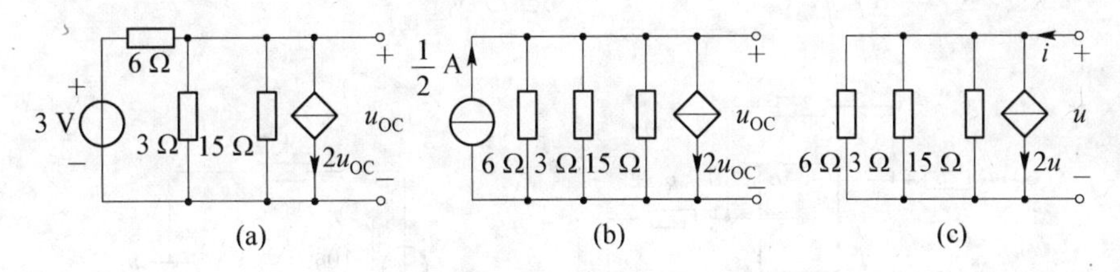

题图 7.29.1

$$u_{OC}=\frac{1/2-2u_{OC}}{1/6+1/3+1/15}=\frac{15-60u_{OC}}{17}$$

即
$$17u_{OC}=15-60u_{OC}$$

求得开路电压
$$u_{OC}=\frac{15}{77}\ \mathrm{V}$$

再求题图 7.29.1(b)所示电路的等效电阻，如题图 7.29.1(c)所示，列节点方程

$$i=u\left(\frac{1}{6}+\frac{1}{3}+\frac{1}{15}+2\right)$$

可求得
$$R_{o}=\frac{u}{i}=\frac{30}{77}\ \Omega$$

于是
$$u_{o}(0_{+})=u_{C}(0)=4\ \mathrm{V},\ u_{o}(\infty)=\frac{15}{77}\ \mathrm{V},\ \tau=R_{o}C=\frac{60}{77}\times10^{-6}\ \mathrm{s}$$

因此，输出电压为

$$u_{o}=\left[\frac{15}{77}+\left(4-\frac{15}{77}\right)\mathrm{e}^{-77\times10^{6}t/60}\right]\varepsilon(t)\ \mathrm{V}=\left(\frac{15}{77}+\frac{293}{77}\mathrm{e}^{-77\times10^{6}t/60}\right)\varepsilon(t)\ \mathrm{V}$$

7.30 在题图 7.30(a)所示电路中理想电压源 u_S 的波形如题图 7.30(b)所示，已知 $R=1\ \Omega$, $L=1$ H，试求 i 的表达式，设 $i(0_{-})=0$。

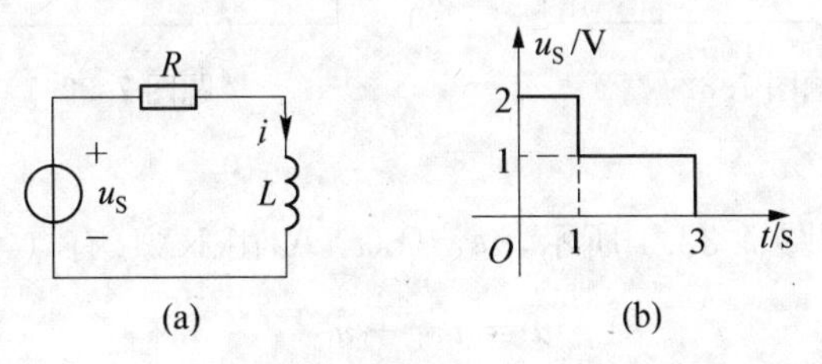

题图 7.30

解

因为 $\tau=L/R=1$，所以电路的单位阶跃响应为 $s(t)=i=\frac{1}{R}(1-\mathrm{e}^{-t})\varepsilon(t)=(1-\mathrm{e}^{-t})\varepsilon(t)$，激励为

$$u_S=2\varepsilon(t)-\varepsilon(t-1)-\varepsilon(t-3)$$

因此
$$i=\{2(1-\mathrm{e}^{-t})\varepsilon(t)-[1-\mathrm{e}^{-(t-1)}]\varepsilon(t-1)-[1-\mathrm{e}^{-(t-3)}]\varepsilon(t-3)\}\ \mathrm{A}$$

7.31 在题图7.31所示电路中含有理想运算放大器，试求零状态响应 u_C，已知 $R_1 = 1\ \text{k}\Omega$，$R_2 = 2\ \text{k}\Omega$，$R_3 = 3\ \text{k}\Omega$，$C = 1\ \text{F}$，$u_S = 5\varepsilon(t)\ \text{V}$。

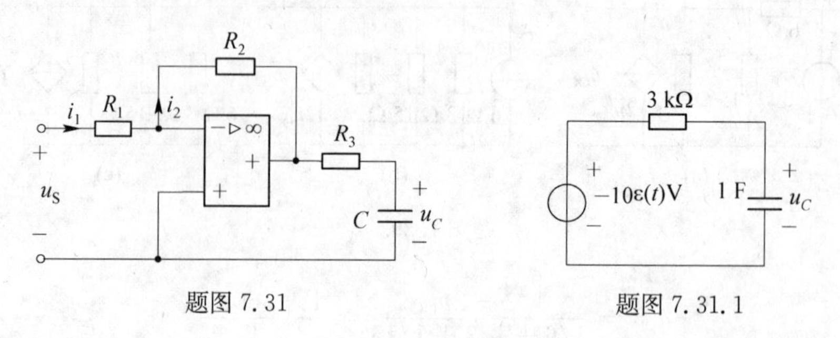

题图7.31　　题图7.31.1

解

题图7.31所示电路中含有的理想运算放大器电路为一反相放大器。电容支路开路时，即运算放大器输出端电压为

$$u_{OC} = u_o = -\frac{R_2}{R_1}u_S = -\frac{2}{1}\times 5\varepsilon(t)\ \text{V} = -10\varepsilon(t)\ \text{V}$$

将 u_S 置零，求从电容两端看进去的等效电阻。由于 u_S 置零后，运算放大器的输出端电压为零，于是等效电阻 $R = R_3 = 3\ \text{k}\Omega$，可得题图7.31电路的等效电路如题图7.31.1所示，并求得

$$u_C = u_o(1 - e^{-t/\tau})\varepsilon(t) = -10[1 - e^{-t/(RC)}]\varepsilon(t) = -10(1 - e^{-t/3\,000})\varepsilon(t)\ \text{V}$$

7.32 如题图7.32所示电路，已知 $R = 1\ \Omega$，$C = 1\ \text{F}$，试求电压 u 的阶跃响应和冲激响应。

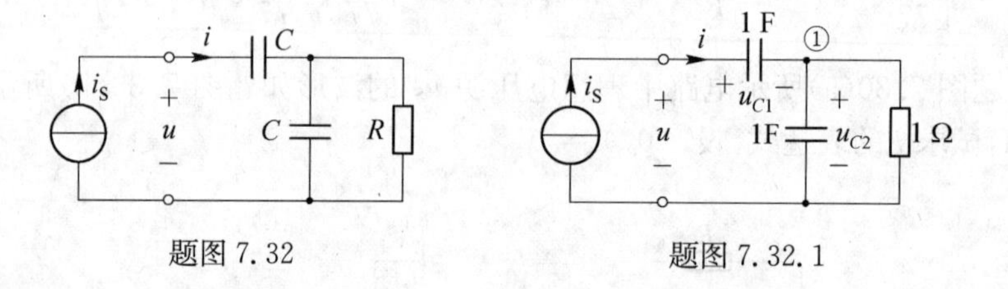

题图7.32　　题图7.32.1

解

先求阶跃响应。如题图7.32.1所示，$i_S = \varepsilon(t)\ \text{A}$，由KVL有

$$u = u_{C1} + u_{C2}$$

其中
$$u_{C1} = \frac{1}{C}\int_{-\infty}^{t} i\text{d}t = \int_{-\infty}^{t}\varepsilon(t)\text{d}t = \int_{0}^{t}1\text{d}t = t\varepsilon(t)\ \text{V}$$

又对节点①，由KCL得

$$i = C\frac{\text{d}u_{C2}}{\text{d}t} + \frac{u_{C2}}{1}$$

即
$$\frac{\text{d}u_{C2}}{\text{d}t} + u_{C2} = \varepsilon(t)$$

得 u_{C2} 的响应为

$$u_{C2} = (1 - \mathrm{e}^{-t})\varepsilon(t)\ \mathrm{V}$$

于是电压 u 的单位阶跃响应为

$$s(t) = u = u_{C1} + u_{C2} = (1 + t - \mathrm{e}^{-t})\varepsilon(t)\ \mathrm{V}$$

所以冲激响应为

$$h(t) = \frac{\mathrm{d}s(t)}{\mathrm{d}t} = \frac{\mathrm{d}u}{\mathrm{d}t} = \frac{\mathrm{d}[(1 + t - \mathrm{e}^{-t})\varepsilon(t)]}{\mathrm{d}t} = (1 + \mathrm{e}^{-t})\varepsilon(t)\ \mathrm{V}$$

本题还可采用三要素法求解。

7.33 在题图 7.33 所示电路中的电容原始值为零，$R_1 = 8\ \mathrm{k\Omega}$，$R_2 = 20\ \mathrm{k\Omega}$，$R_3 = 12\ \mathrm{k\Omega}$，$C = 5\ \mu\mathrm{F}$，试求(1)$i_S = 25\varepsilon(t)$ mA；(2)$i_S = 25\delta(t)$ mA 两种情况下的 u_C 和 i_C。

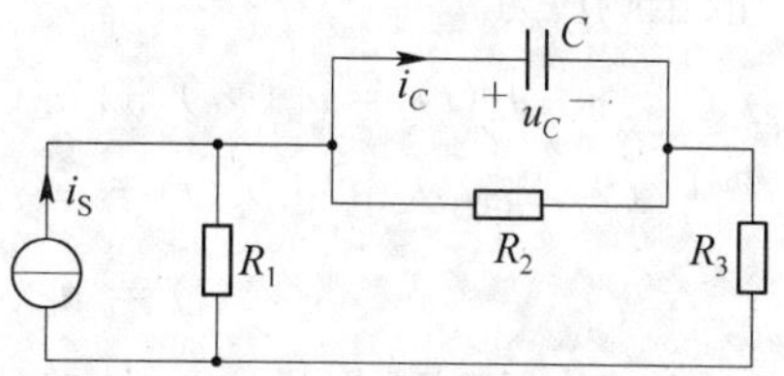

题图 7.33

解

(1) 将题图 7.33 电路进行等效变换，如题图 7.33.1 所示，由题图 7.33.1(c)得电容两端开路电压和时间常数分别为

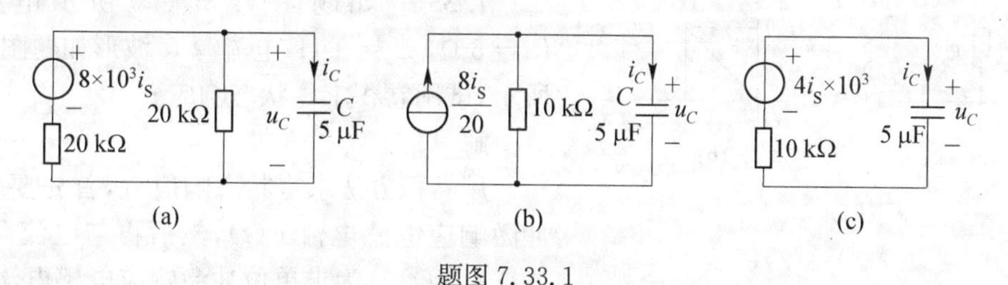

题图 7.33.1

$$u_C(\infty) = 4i_S \times 10^3 = 100\ \mathrm{V},\ \tau = RC = 50\ \mathrm{ms}$$

阶跃输入下，电容电压为 $u_C = 100(1 - \mathrm{e}^{-20t})\varepsilon(t)\ \mathrm{V}$

电容电流为 $i_C = C\dfrac{\mathrm{d}u_C}{\mathrm{d}t} = 10\mathrm{e}^{-20t}\varepsilon(t)\ \mathrm{mA}$

(2) 对阶跃响应，求导即得冲激响应

$$u_C = \frac{\mathrm{d}}{\mathrm{d}t}[100(1 - \mathrm{e}^{-20t})\varepsilon(t)] = 2\,000\mathrm{e}^{-20t}\varepsilon(t)\ \mathrm{V}$$

$$i_C = \frac{\mathrm{d}}{\mathrm{d}t}[10\mathrm{e}^{-20t}\varepsilon(t)] = [-200\mathrm{e}^{-20t}\varepsilon(t) + 10\delta(t)]\ \mathrm{mA}$$

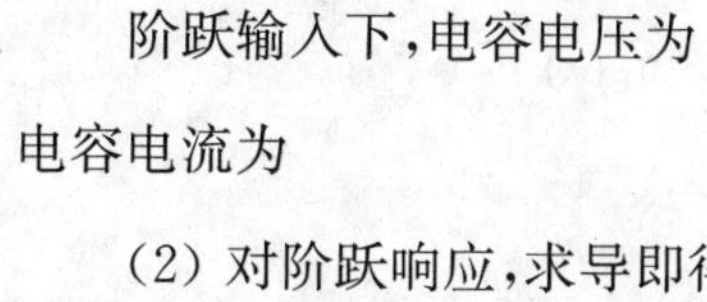

7.34 如题图 7.34 所示一阶动态电路，N 为线性无源电阻网络。当 $t = 0$ 时开关闭合，若 $u_S(t) = 10$ V，求得电容电压 $u_C(t) = 12 - 4\mathrm{e}^{-0.1t}$ V。(1)若 $u_S(t) = 20$ V，电容电压的初始值不变，试求电容电压 $u_C(t)$ 的零输入响应、零状态响应和全响应；(2) 若输入电压 $u_S(t) = \delta(t)$ V，试求单位冲激响应 $u_C(t)$。

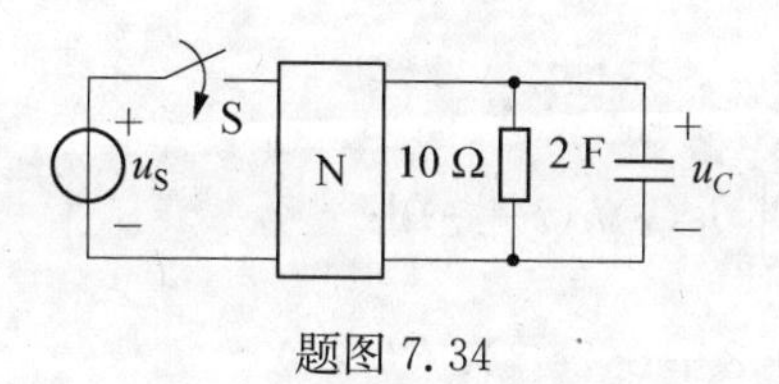

题图 7.34

解

(1) 已知当 $u_S(t)=10$ V 时，全响应 $u_C(t)=12-4e^{-0.1t}$ V，所以电容电压初始值为 $u_C(0_+)=8$ V；又知若将 u_S 改成 20 V，电容电压的初始值不变，故零输入响应为

$$u_C(t)=u_C(0_+)e^{-t/\tau}=8e^{-0.1t}\text{ V}$$

又已知当 $u_S(t)=10$ V 时，令 $t\to\infty$ 得 $u_C(\infty)=12$ V。由齐次定理可知，当 u_S 改成 20 V 时，$u_C(\infty)=24$ V；所以零状态响应为

$$u_C(t)=u_C(\infty)(1-e^{-t/\tau})=24(1-e^{-0.1t})\text{ V}$$

故全响应为

$$u_C(t)=u_C(\infty)+[u_C(0_+)-u_C(\infty)]e^{-t/\tau}=(24-16e^{-0.1t})\text{ V}\quad(t\geqslant 0_+)$$

(2) 当输入电压 $u_S(t)=\varepsilon(t)$ V 时，单位阶跃响应为

$$s(t)=u_C(\infty)(1-e^{-t/\tau})=1.2(1-e^{-0.1t})\varepsilon(t)\text{ V}$$

对上式求导数可求得 $u_C(t)$ 的单位冲激响应为

$$h(t)=0.12e^{-0.1t}\varepsilon(t)\text{ V}$$

卷积积分

7.35 如题图 7.35(a) 所示电路，已知 $R=5\ \Omega$，$L=1$ H，电流源 i_S 波形如题图 7.35(b) 所示，试用卷积求零状态响应 i_L。

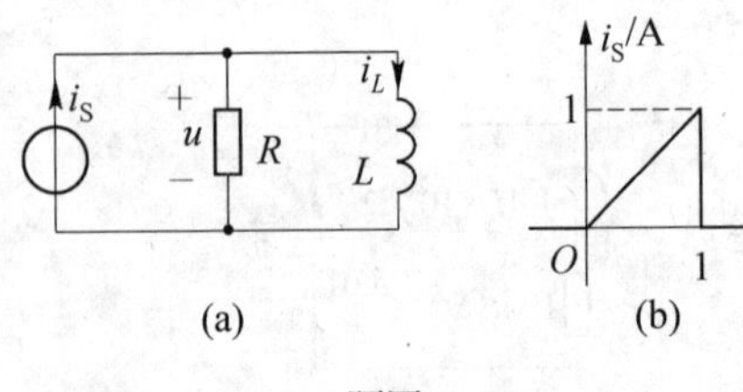

题图 7.35

解

用卷积方法求零状态响应 i_L，首先要求出单位冲激响应电感电流 $h(t)$，然后再与电流源 i_S 卷积 $h(t)*i_S(t)$。为求单位冲激响应电感电流，可先求出单位阶跃响应电感电流 $s(t)$，然后用求导的方法求取。

题图 7.35(a)电路的单位阶跃响应电感电流为

$$s(t)=i_L=[1-e^{-(R/L)t}]\varepsilon(t)=(1-e^{-5t})\varepsilon(t)$$

单位冲激响应为

$$h(t)=\frac{ds(t)}{dt}=(1-e^{-5t})\delta(t)+5e^{-5t}\varepsilon(t)=5e^{-5t}\varepsilon(t)$$

由题图 7.35(b)，在 $0\leqslant t\leqslant 1$ s 时间段里，$i_S=t$，零状态响应为

$$i_L=\int_0^t i_S(\tau)h(t-\tau)d\tau=\int_0^t \tau\times 5e^{-5(t-\tau)}d\tau=(t-0.2+0.2e^{-5t})\text{ A}$$

当 $t\geqslant 1$ s 时，$i_S=0$，可得

$$\begin{aligned}i_L&=\int_0^t i_S(\tau)h(t-\tau)d\tau=\int_0^1 i_S(\tau)h(t-\tau)d\tau+\int_1^t i_S(\tau)h(t-\tau)d\tau\\&=\int_0^1 \tau\times 5e^{-5(t-\tau)}d\tau+0=5e^{-5t}\int_0^1 \tau e^{5\tau}d\tau=(0.8+0.2e^{-5})e^{-5(t-1)}\text{ A}\end{aligned}$$

因此 $i_L=[(-0.2+t+0.2e^{-5t})\varepsilon(t)+(0.2-t+0.8e^{-5(t-1)})\varepsilon(t-1)]$ A

7.36　已知 RC 串联电路的激励为 $u(t)=\sin t$, $t\in(0, \pi/2)$,试求电容电压 u_C。已知该电路的时间常数为 1 s,电路为零状态。

解

电容电压的阶跃响应可由三要素法求得为

$$s(t)=(1-e^{-t})\varepsilon(t)$$

由此可得电容电压的冲激响应为

$$h(t)=ds(t)/dt=e^{-t}\varepsilon(t)$$

在给定激励下的响应为

$$u_C(t)=\int_0^t u(\tau)h(t-\tau)d\tau=\begin{cases}\int_0^t \sin\tau\cdot e^{-(t-\tau)}d\tau, & t\in(0, \pi/2)\\ \int_0^{\pi/2}\sin\tau\cdot e^{-(t-\tau)}d\tau, & t\in(\pi/2, \infty)\end{cases}$$

其中

$$\int_0^t \sin\tau\cdot e^{-(t-\tau)}d\tau=e^{-t}\int_0^t\sin\tau\cdot e^{\tau}d\tau=\frac{1}{2}e^{-t}e^{\tau}(\sin\tau-\cos\tau)\Big|_0^t=\frac{1}{2}(e^{-t}+\sin t-\cos t)$$

$$\int_0^{\pi/2}\sin\tau\cdot e^{-(t-\tau)}d\tau=\frac{1}{2}e^{-t}(e^{\pi/2}+1)$$

故得

$$u_C(t)=\begin{cases}0, & t\in(-\infty, 0)\\ (e^{-t}+\sin t-\cos t)/2, & t\in[0, \pi/2)\\ e^{-t}(e^{\pi/2}+1)/2, & t\in[\pi/2, \infty)\end{cases}$$

7.37　线性非时变电路的激励 i_S 和冲激响应 $h(t)$ 如题图 7.37 所示,试求零状态响应 y。

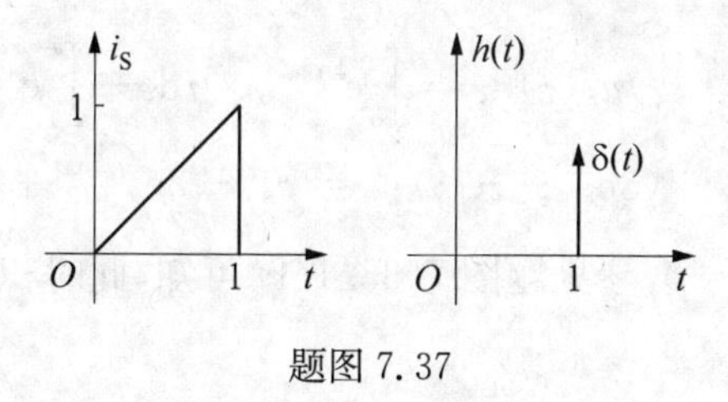

题图 7.37

解

由于 $h(t)=\delta(t-1)$,因此

$$y=i_S(t)*h(t)=i_S(t)*\delta(t-1)=i_S(t-1)$$

零状态响应为

$$y=\begin{cases}0, & t<1\\ t-1, & 1\leqslant t\leqslant 2\\ 0, & t\geqslant 2\end{cases}$$

7.38 在题图 7.38(a)电路中，$R=1\,\Omega$，$L=1\,\mathrm{H}$，理想电压源 u_S 波形如题图 7.38(b) 所示，试用卷积求零状态响应 i_L。

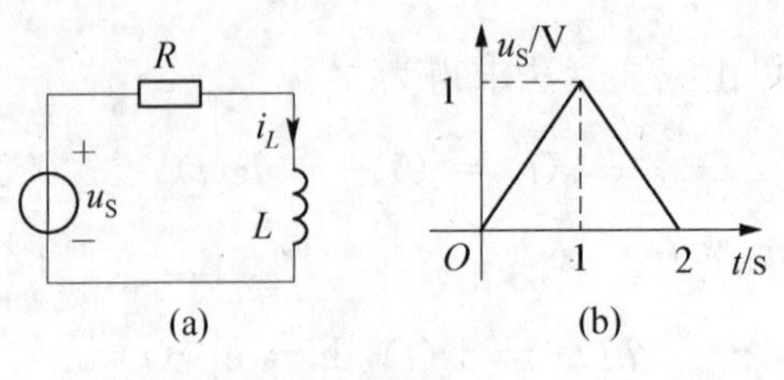

题图 7.38

解

用卷积方法求零状态响应 i_L。题图 7.38(a)电路中 i_L 的单位阶跃响应 $s(t)$ 为

$$s(t)=\frac{1}{R}(1-\mathrm{e}^{-tR/L})\varepsilon(t)\ \mathrm{A}=(1-\mathrm{e}^{-t})\varepsilon(t)\ \mathrm{A}$$

单位冲激响应为

$$h(t)=\frac{\mathrm{d}s(t)}{\mathrm{d}t}=\mathrm{e}^{-t}\varepsilon(t)\ \mathrm{A}$$

$h(t)$ 的图形如题图 7.38.1(a) 所示。为求卷积，可先作出 $h(-\tau)$ 的图形，如题图 7.38.1(b)所示，再作出 $h(t-\tau)$ 的图形，如题图 7.38.1(c)所示。

当 $0\leqslant t<1\,\mathrm{s}$ 时，由题图 7.38(b) 可知 $u_S=t$，参见题图 7.38.1(d)，零状态响应为

$$i_L=\int_0^t h(t-\tau)u_S(\tau)\mathrm{d}\tau=\int_0^t \mathrm{e}^{-(t-\tau)}\times\tau\mathrm{d}\tau=\mathrm{e}^{-t}(\tau\mathrm{e}^{\tau}-\mathrm{e}^{\tau})\big|_0^t=\mathrm{e}^{-t}+t-1$$

当 $1\,\mathrm{s}\leqslant t<2\,\mathrm{s}$ 时，$u_S=2-t$，参见题图 7.38.1(e) 可知，此时积分限要分为[0, 1) 和[1, t) 两段，零状态响应为

$$\begin{aligned}i_L&=\int_0^t h(t-\tau)u_S(\tau)\mathrm{d}\tau=\int_0^1 \mathrm{e}^{-(t-\tau)}\times\tau\mathrm{d}\tau+\int_1^t \mathrm{e}^{-(t-\tau)}\times(2-\tau)\mathrm{d}\tau\\&=\mathrm{e}^{-t}+\mathrm{e}^{-t}(3\mathrm{e}^{-\tau}-\tau\mathrm{e}^{-\tau})\big|_1^t=\mathrm{e}^{-t}-2\mathrm{e}^{-(t-1)}+3-t\end{aligned}$$

当 $2\,\mathrm{s}\leqslant t<\infty$ 时，$u_S=0$，参见题图 7.38.1(f) 可知，此时积分限仅为[0, 1) 和[1, 2) 两段，零状态响应为

$$\begin{aligned}i_L&=\int_0^t h(t-\tau)u_S(\tau)\mathrm{d}\tau=\int_0^1 \mathrm{e}^{-(t-\tau)}\times\tau\mathrm{d}\tau+\int_1^2 \mathrm{e}^{-(t-\tau)}\times(2-\tau)\mathrm{d}\tau\\&=\mathrm{e}^{-t}+\mathrm{e}^{-t}(3\mathrm{e}^{-\tau}-\tau\mathrm{e}^{-\tau})\big|_1^2=\mathrm{e}^{-t}-2\mathrm{e}^{-(t-1)}+\mathrm{e}^{-(t-2)}\end{aligned}$$

将上述响应用阶跃函数表示，可得

$$\begin{aligned}i_L&=\{(\mathrm{e}^{-t}+t-1)[\varepsilon(t)-\varepsilon(t-1)]+[\mathrm{e}^{-t}-2\mathrm{e}^{-(t-1)}+3-t][\varepsilon(t-1)-\varepsilon(t-2)]\\&\quad+[\mathrm{e}^{-t}-2\mathrm{e}^{-(t-1)}+\mathrm{e}^{-(t-2)}]\varepsilon(t-2)\}\ \mathrm{A}\\&=[(\mathrm{e}^{-t}+t-1)\varepsilon(t)-(\mathrm{e}^{1-t}+t-2)\varepsilon(t-1)+(\mathrm{e}^{2-t}+t-3)\varepsilon(t-2)]\ \mathrm{A}\end{aligned}$$

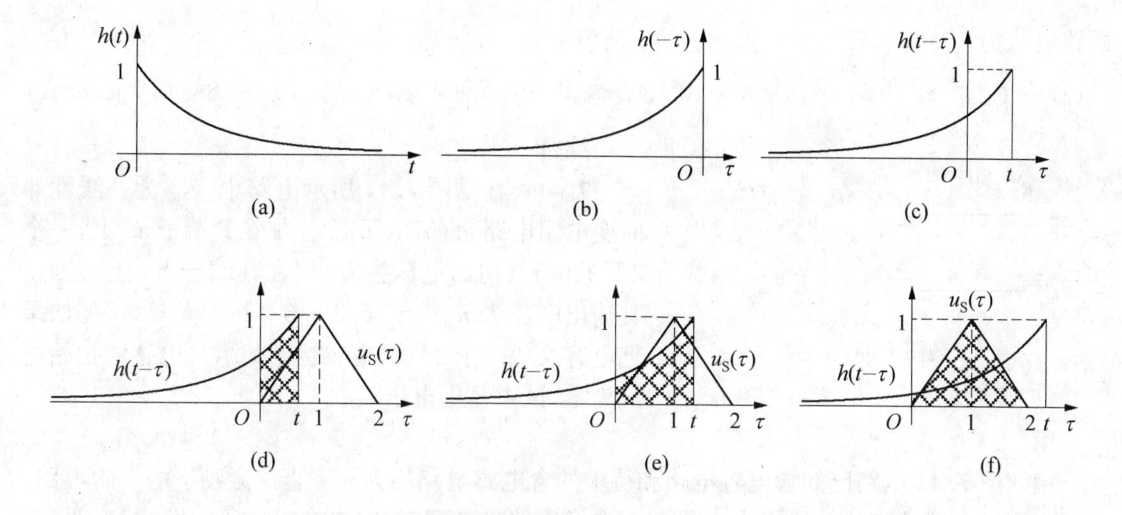

题图 7.38.1

正弦电源激励下的过渡过程和稳态

7.39 已知 RL 串联电路的激励为 $u_S(t)=10\cos t\cdot\varepsilon(t)$ V，试求 $t\geqslant 0_+$ 时回路电流 $i(t)$。已知该电路的时间常数为 1 s，电路为零状态。

解

利用卷积积分计算。回路电流的阶跃响应可由三要素法求得为

$$s(t)=(1-e^{-t})\varepsilon(t)$$

由此可得回路电流的冲激响应为

$$h(t)=ds(t)/dt=e^{-t}\varepsilon(t)$$

在给定激励下的响应为

$$\begin{aligned}u_C(t)&=\int_0^t u_S(\tau)h(t-\tau)d\tau=\int_0^t 10\cos\tau\cdot e^{-(t-\tau)}d\tau\\&=\frac{10}{2}e^{-t}e^{\tau}(\sin\tau+\cos\tau)\Big|_0^t=4(-e^{-t}+\sin t+\cos t)\varepsilon(t)\ \text{A}\end{aligned}$$

7.40 已知 RC 串联电路 $R=2\text{ k}\Omega$，$C=1\ \mu\text{F}$，外施激励为 $u_S(t)=30\cos(2\pi\times10^3t)\varepsilon(t)$ V，$u_C(0_+)=1$ V。试求 $t\geqslant 0_+$ 时回路电流 $i(t)$。

解

直接利用教材中式(7.7.12)来计算。

$$\begin{cases}U_{Cm}=\dfrac{U_{Sm}}{\sqrt{1+R^2\omega^2C^2}}=\dfrac{30}{\sqrt{1+(2\times10^3\times2\pi\times10^3\times10^{-6})^2}}=2.380\text{ V}\\\psi=\varphi-\arctan(\omega CR)=0-\arctan(2\times10^3\times2\pi\times10^3\times10^{-6})=-85.45^\circ\end{cases}$$

由此可得电容电压为

$$\begin{aligned}u_C&=[U_{C0}-U_{Cm}\cos\psi]e^{-t/(RC)}+U_{Cm}\cos(\omega t+\psi)\\&=[1-2.380\cos(-85.45^\circ)]e^{-t/(2\times10^3\times10^{-6})}+2.380\cos(2\pi\times10^3t-85.45^\circ)\\&=0.811e^{-500t}+2.380\cos(2\pi\times10^3t-85.45^\circ)\varepsilon(t)\ \text{V}\end{aligned}$$

回路电流为

$$i(t)=C\mathrm{d}u_C(t)/\mathrm{d}t=[-4.06\times10^{-4}\mathrm{e}^{-500t}+1.495\times10^{-2}\cos(2\pi\times10^3t-85.45^\circ)]\varepsilon(t)\ \mathrm{A}$$

综合

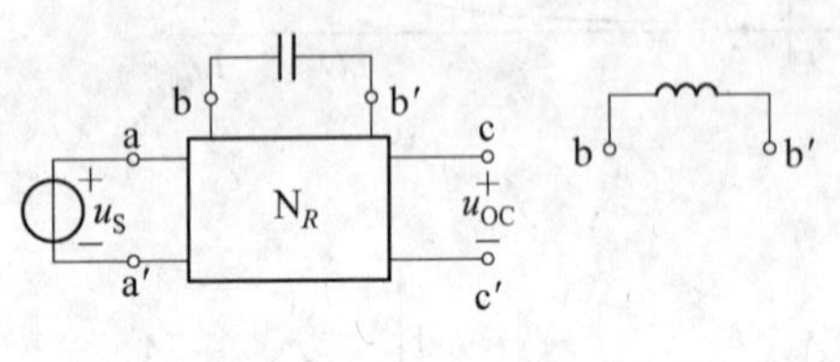

题图 7.41

7.41 在题图 7.41 所示电路中，N_R 为一线性非时变电阻电路，直流电压源 u_S 加在其端子 aa′上，一个 2 F 的电容(初始电压为零)接在其端子 bb′上。测得其输出电压为 $u_{OC}=(0.5+0.125\mathrm{e}^{-t/4})\varepsilon(t)$ V。如果把电容换成一个 2 H 的电感接到 bb′，且电感的初始电流为零，试求输出电压 u_{OC}。

解

由题图 7.41 电路已知含电容电路和待求的含电感电路均为同一直流激励下的一阶电路。由于电容和电感的初始储能均为 0，即对于电容电路来说，初始时电容等效于短路，稳态时，电容等效于开路。而对于电感电路来说，初始时等效于开路，稳态时等效于短路。所以

$$u_{OCC}(0_+)=u_{OCL}(\infty)=(5/8)\ \mathrm{V},\ u_{OCC}(\infty)=u_{OCL}(0_+)=0.5\ \mathrm{V}$$

又两个电路从储能元件看进去的戴维南等效电阻一样，所以

$$\tau_C=R_{eq}C=4\ \mathrm{s},\ \tau_L=\frac{L}{R_{eq}}=\frac{LC}{\tau_C}=\frac{2\times2}{4}\ \mathrm{s}=1\ \mathrm{s}$$

根据三要素法，得

$$u_{OCL}=\left(\frac{5}{8}-\frac{1}{8}\mathrm{e}^{-t}\right)\varepsilon(t)\ \mathrm{V}$$

本题求解有两个关键点：①由题给条件判断电路为一阶电路；②在直流电源作用的电路中，电容在初始时刻的特性(短路)与电感在稳态时的特性相同，而电容在稳态时的特性(开路)与电感在初始时刻的特性相同。

7.42 如题图 7.42 所示电路，当电路为零初始状态，$u_S=4\varepsilon(t)$ V 时，$i_L=(2-2\mathrm{e}^{-t})\varepsilon(t)$ A。试求当 $u_S=2\varepsilon(t)$ V，且 $i_L(0_-)=2$ A 时的 i_L。

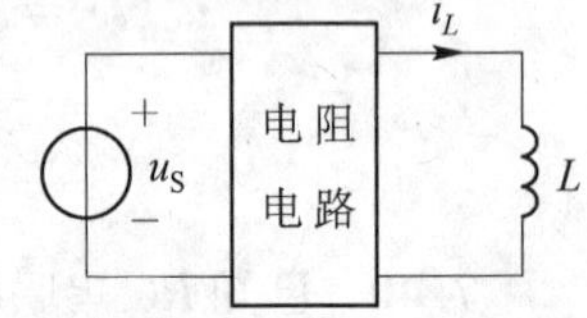

题图 7.42

解

根据线性动态电路中零输入响应是初始值的线性函数，零状态响应是激励的线性函数的性质，分别求取零输入响应、零状态响应，然后叠加得到全响应。因为电路为一阶线性电路，当 $i_L(0_+)=i_L(0_-)=2$ A 时，零输入响应为 $i_L'=2\mathrm{e}^{-t}$ A；当电路为零初始状态，$u_S=2\varepsilon(t)$ V 时，零状态响应为 $i_L''=(1-\mathrm{e}^{-t})$ A。则全响应为

$$i=i_L'+i_L''=(1+\mathrm{e}^{-t})\ \mathrm{A}$$

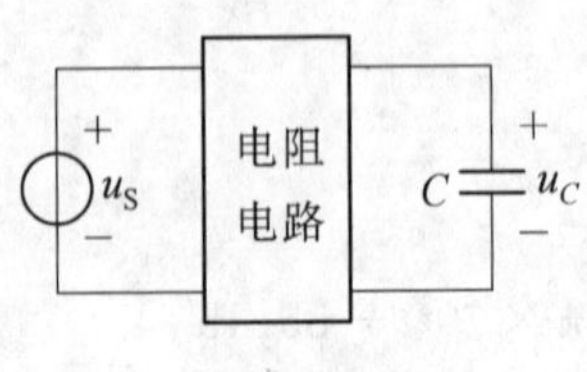

题图 7.43

7.43 如题图 7.43 所示电路，电容的初始储能不为零。若 $u_S=(1+2\cos t)\varepsilon(t)$ V 时，$u_C=[1-\mathrm{e}^{-t}+\sqrt{2}\cos(t-\pi/4)]\varepsilon(t)$ V。若 $u_S=(\cos t)\varepsilon(t)$ V，且电容初始储能不变，试求 $t\geqslant0$ 时的 u_C。

解

$$u_C = u_{Ct} + u_{Cs}$$

根据已知条件可知，在 $u_S = (\cos t)\varepsilon(t)$ V 作用下，可得其稳态响应为

$$u_{Cs} = \frac{1}{2}\sqrt{2}\cos\left(t - \frac{\pi}{4}\right)\varepsilon(t)\ \text{V}$$

得到
$$u_{Cs}(0_+) = \frac{1}{2}\ \text{V}$$

由三要素法求得在 $u_S = (\cos t)\varepsilon(t)$ V 作用下的全响应为

$$u_C = [u_C(0_+) - u_{Cs}(0_+)]e^{-t} + u_{Cs}$$

根据 $u_S = (1 + 2\cos t)\varepsilon(t)$ V 时，$u_C = [1 - e^{-t} + \sqrt{2}\cos(t - \pi/4)]\varepsilon(t)$ V，可知 $u_C(0_+) = 1$ V，于是

$$u_C = [u_C(0_+) - u_{Cs}(0_+)]e^{-t} + u_{Cs} = \left[\frac{1}{2}e^{-t} + \frac{\sqrt{2}}{2}\cos\left(t - \frac{\pi}{4}\right)\right]\varepsilon(t)\ \text{V}$$

7.44 如题图 7.44(a)所示电路，输入电压波形如题图 7.44(b)所示，试证明稳态电容电压的最大值和最小值分别为 $U_{C\max} = \dfrac{U_S}{1 + e^{-T/\tau}}$ 和 $U_{C\min} = \dfrac{U_S e^{-T/\tau}}{1 + e^{-T/\tau}}$，其中 $\tau = RC$。

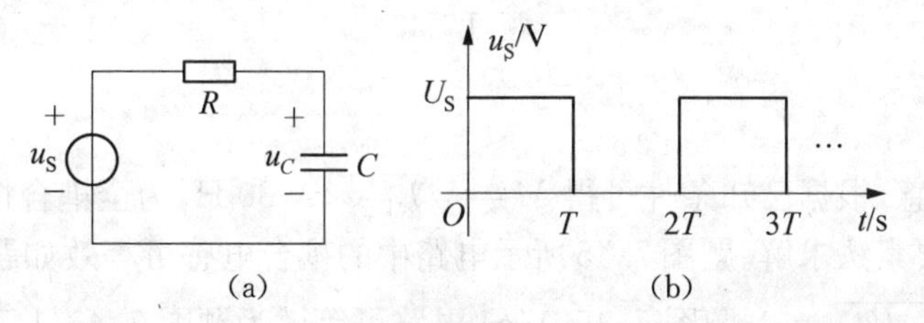

题图 7.44

解

由于激励具有周期性，故只需分析一个周期即可，前半个周期电容充电，后半个周期电容放电。$u_C(t)$在稳定状态下的波形如题图 7.44.1 所示。

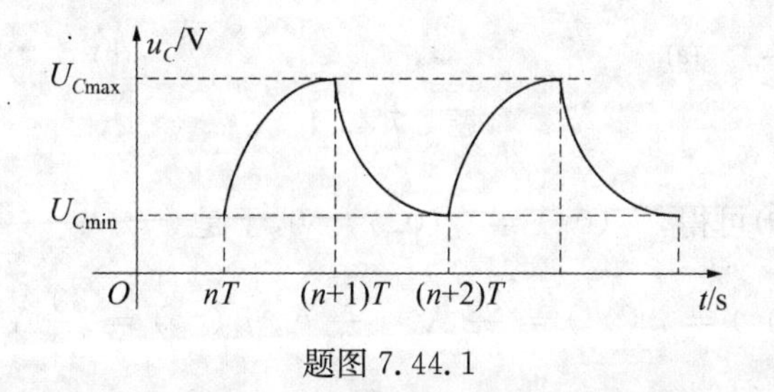

题图 7.44.1

当 $t = nT \sim (n+1)T$ 时，有

$$U_C(t) = U_S + (U_{C\min} - U_S)e^{-(t-nT)/\tau}$$

当 $t = (n+1)T$ 时，有

$$U_{Cmax} = U_S + (U_{Cmin} - U_S)e^{-T/\tau}$$

当 $t = (n+1)T \sim (n+2)T$ 时,有

$$U_C(t) = U_{Cmax}e^{-[t-(n+1)T]/\tau}$$

当 $t = (n+2)T$ 时,有

$$U_{Cmin} = U_{Cmax}e^{-T/\tau}$$

联立上式可解得

$$U_{Cmax} = \frac{U_S(1-e^{-T/\tau})}{1-e^{-2T/\tau}} = \frac{U_S}{1+e^{-T/\tau}}$$

$$U_{Cmin} = U_{Cmax}e^{-T/\tau} = \frac{U_S e^{-T/\tau}}{1+e^{-T/\tau}}$$

7.45 如题图 7.45 所示含耦合电感电路,互感 $M = 30\,\text{H}$, $t = 0$ 时S闭合,试求 $t \geqslant 0_+$ 时的初级电流 i_1 和次级电流 i_2。

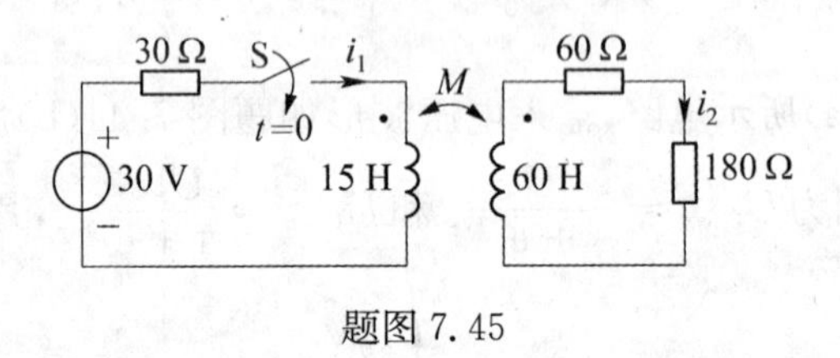

题图 7.45

解

电路中含有互感,根据已知条件可得 $M = \sqrt{L_1L_2} = 30\,\text{H}$,为全耦合情况,电路可等效为一阶电路,采用三要素法求解。题图 7.45 所示电路中的耦合电感可等效如题图 7.45.1(a) 所示电路,其中 $n = \sqrt{L_2/L_1} = 2$。题图 7.45.1(a) 电路可等效为题图 7.45.1(b) 所示电路。

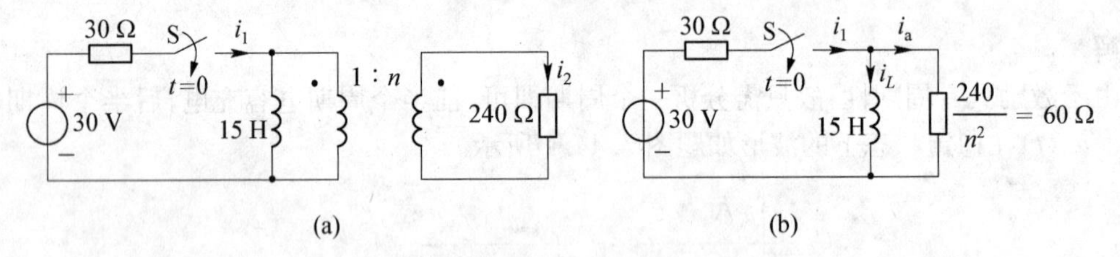

题图 7.45.1

根据题图 7.45.1(b)可得, $i_L(0_+) = i_L(0_-) = 0$,于是

$$i_1(0_+) = i_a(0_+) = \frac{30}{90}\,\text{A} = \frac{1}{3}\,\text{A},\ i_1(\infty) = \frac{30}{30}\,\text{A} = 1\,\text{A},$$

$$i_a(\infty) = 0,\ \tau = \frac{L}{R_{eq}} = \frac{15}{30\,/\!/\,60}\,\text{s} = \frac{3}{4}\,\text{s}$$

根据三要素法公式可得 $i_a = \frac{1}{3}e^{-\frac{4}{3}t}\varepsilon(t)\,\text{A}$, $i_1 = \left(1 - \frac{2}{3}e^{-\frac{4}{3}t}\right)\varepsilon(t)\,\text{A}$

根据理想变压器的电流变换关系有 $i_2 = \frac{1}{n} i_a = \frac{1}{6} e^{-\frac{4}{3}t} \varepsilon(t)$ A

7.46 如题图 7.46 所示电路，设电容 C 未经充电，在 $t=0$ 时开关 S 闭合与电压源 U 连接，则电容电压应为 $U_C = U\varepsilon(t)$，流经电容的电流应为

$$i = C\frac{\mathrm{d}U_C}{\mathrm{d}t} = CU\delta(t)$$

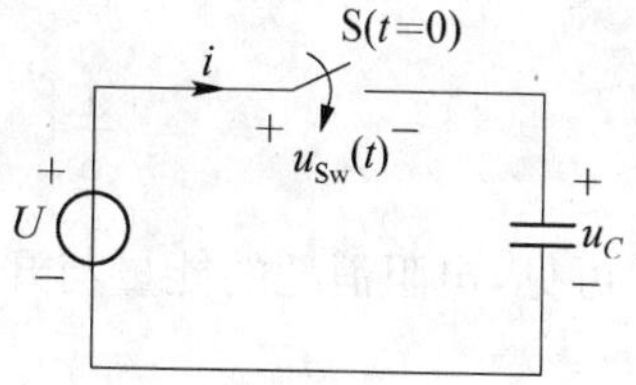

题图 7.46

显然，电容的最终储能为 $CU^2/2$，此能量应由电源供给。但是电源提供的能量为

$$\int_{-\infty}^{\infty} Ui\,\mathrm{d}t = U^2\int_{-\infty}^{\infty} C\delta(t)\,\mathrm{d}t = CU^2$$

试解释另一半能量的去向。

解

对于题图 7.46 所示的电路，当 $t<0$ 时，由 KVL 得，$u_{\mathrm{Sw}}(t)=U$；当 $t>0$ 时，$u_C(t)=U$，由 KVL 得，$u_{\mathrm{Sw}}(t)=0$。于是得到

$$u_{\mathrm{Sw}}(t) = U[1-\varepsilon(t)]$$

因此开关消耗的能量为

$$w_{\mathrm{Sw}} = \int_{-\infty}^{\infty} u_{\mathrm{Sw}}(t)i(t)\,\mathrm{d}t = U^2\int_{-\infty}^{\infty} C[1-\varepsilon(t)]\delta(t)\,\mathrm{d}t = CU^2/2$$

上式的推导利用了下述积分关系式：

$$\int_{-\infty}^{\infty}\varepsilon(t)\delta(t)\,\mathrm{d}t = \int_{-\infty}^{\infty}\varepsilon(t)\,\mathrm{d}\varepsilon(t) = \frac{1}{2}\int_{-\infty}^{\infty}\mathrm{d}\varepsilon^2(t) = \frac{1}{2}$$

由上面分析可以看出，开关元件也消耗了能量！电容的储能与开关消耗的能量之和正好为电源提供的能量。当然，由于开关元件消耗能量的时间极短，因此这部分以电磁波的形式向空中辐射。

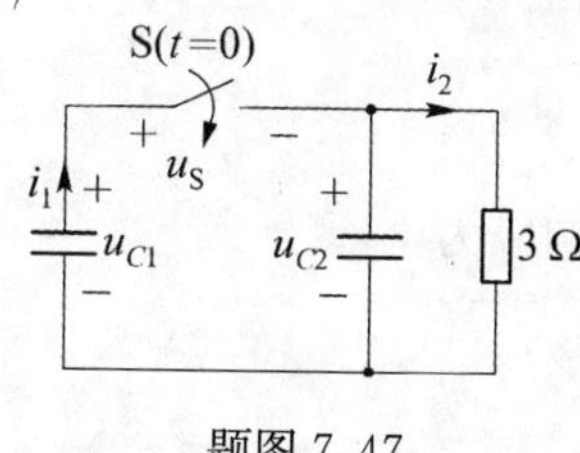

题图 7.47

7.47 试解释题图 7.47 所示电路在 $t>0$ 时能量变化关系。已知 $u_{C1}(0_+)=3$ V，$u_{C2}(0_+)=0$ V，$C_1=1$ F，$C_2=2$ F。

解

在题图 7.47 所示电路中，C_1 的初始电压为 3 V，C_2 的初始电压为零，$t=0$ 时刻开关闭合。整个电路的初始储能为 $\frac{1}{2}C_1u_{C1}^2(0) = \frac{1}{2}\times1\times3^2$ J $=\frac{9}{2}$ J。由电路分析，可得出 i_1、i_2 为

$$i_1 = \left[2\delta(t)+\frac{1}{9}e^{-\frac{t}{9}}\varepsilon(t)\right]\text{A},\ i_2 = \frac{1}{3}e^{-\frac{t}{9}}\varepsilon(t)\text{ A}$$

当电路达到稳态时，两个电容的储能均为零，3 Ω 电阻消耗的能量为

$$w_R = \int_{-\infty}^{\infty} 3\times i_2^2(t)\,\mathrm{d}t = \frac{1}{3}\int_0^{\infty} e^{-\frac{2t}{9}}\,\mathrm{d}t = \frac{3}{2}\text{ J}$$

开关S两端的电压可表示为 $u_S(t)=3[1-\varepsilon(t)]$ V，其消耗的能量为

$$w_S=\int_{-\infty}^{\infty}u_S i_1\mathrm{d}t=\int_{-\infty}^{\infty}3[1-\varepsilon(t)][2\delta(t)+\frac{1}{9}\mathrm{e}^{-\frac{t}{9}}\varepsilon(t)]\mathrm{d}t$$

$$=\frac{1}{3}\int_{-\infty}^{\infty}[1-\varepsilon(t)]\mathrm{e}^{-\frac{t}{9}}\mathrm{d}t+\int_{-\infty}^{\infty}6\delta(t)\mathrm{d}t-\int_{-\infty}^{\infty}6\varepsilon(t)\delta(t)\mathrm{d}t=3\ \mathrm{J}$$

可见，电阻消耗的能量与开关消耗的能量之和正好为电容的初始储能。

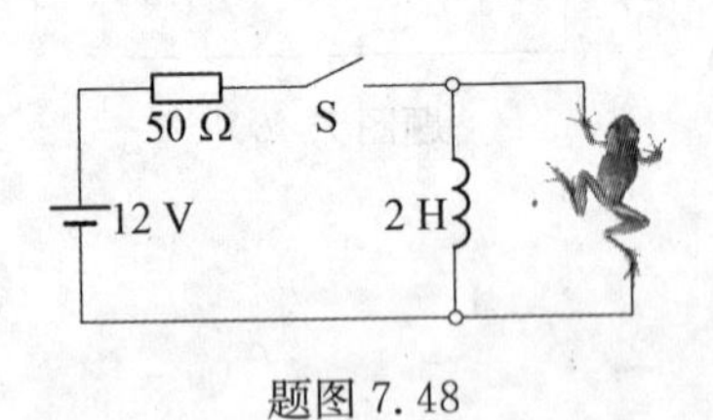

题图 7.48

7.48 "蛙式蹬腿"实验电路 如题图 7.48 所示电路用于研究"蛙式蹬腿"的实验，其中青蛙可等效为一个电阻。实验时，先合上开关S，等待电路达到稳态，然后打开开关S，观察青蛙的蹬腿动作。当流经青蛙的电流超过 10 mA 时，青蛙会快速地蹬腿，现观察到当开关S打开后青蛙快速蹬腿的时间为 5 s，试求青蛙的等效电阻。

解

当开关S断开后，流经青蛙的电流为

$$i=i(0_+)\mathrm{e}^{-t/\tau}$$

其中，$i(0_+)=i(0_-)=(12/50)\ \mathrm{A}=240\ \mathrm{mA}$，$\tau=L/R=2/R$。由题意，有

$$10=240\mathrm{e}^{-5/\tau}$$

解得 $\tau=1.573\ \mathrm{s}=2/R$，因此青蛙的等效电阻为 $R=2/1.573\ \Omega=1.27\ \Omega$。

7.49 微处理器复位电路 计算机系统的核心器件——微处理器芯片在进入工作状态之前必须复位。所谓复位，是指芯片中的电路进入规定的初始工作状态。如题图 7.49 所示电路为某微处理器芯片的上电(指系统开机后加载工作电源)复位电路，芯片的供电电压为 $U_{DD}=3.3$ V。该芯片的使用手册复位要求指出：当芯片复位引脚 $\overline{\mathrm{RST}}$ 的电压低于 3.0 V 时进入复位状态，上电时，要求 $\overline{\mathrm{RST}}$ 从 0～3 V 升速时间不能大于 10 ms，从 2～3 V 的升速时间不能大于 6 ms，最小复位时间为 2 μs。现取 $R=10\ \mathrm{k\Omega}$，$C=10\ \mathrm{nF}$，试问该电路是否能够可靠地上电复位?

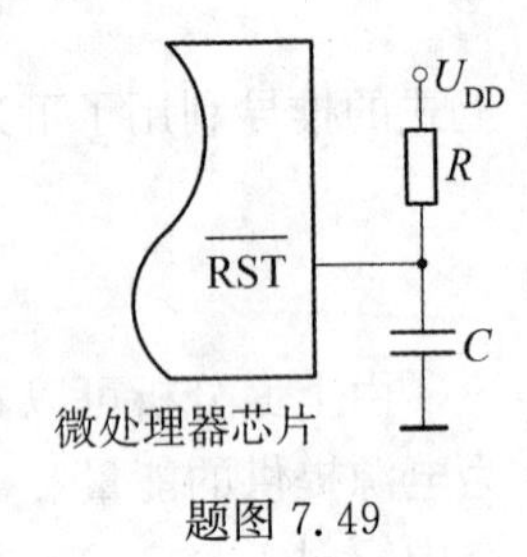

题图 7.49

解

时间常数 $\tau=RC=10^4\times10^{-8}\ \mathrm{s}=10^{-4}\ \mathrm{s}$，上电后复位端的电压响应为

$$u_{RST}=U_{DD}(1-\mathrm{e}^{-t/\tau})=3.3(1-\mathrm{e}^{-10^4t})\ \mathrm{V}$$

令 $u_{RST}=2$ V，解得 $t_2=93\ \mu\mathrm{s}$；令 $u_{RST}=3$ V，解得 $t_3=2.4\ \mathrm{ms}<10\ \mathrm{ms}$。又 $t_3-t_2<6\ \mathrm{ms}$，$t_3>2\ \mu\mathrm{s}$。因此电路能够可靠地上电复位。

8 二阶电路的时域分析

8.1 教学要求

(1) 掌握二阶电路零输入响应、零状态响应的计算方法，电路变量初始值及其一阶导数初始值的计算方法；二阶 RLC 电路在过阻尼、临界阻尼、欠阻尼及无阻尼情况下响应的特点；电路方程特征根与电路响应特性之间的关系。

(2) 掌握用观察方法或替代方法列写简单非时变电路的状态方程和输出方程。

8.2 重点和难点

1) 二阶电路的时域分析

对二阶电路的时域分析，重点是掌握暂态响应的四种状态(过阻尼、临界阻尼、欠阻尼、无阻尼)与响应过程(非振荡、临界非振荡、减幅振荡、等幅振荡)之间的关系，难点是灵活运用 KCL、KVL 及元件的 VCR 列写以电容电压或电感电流为变量的二阶微分方程。

对二阶电路，应注意理解电路的结构和参数决定电路的特征根(固有频率)，而电路的特征根决定了二阶电路的响应形式，即电路过渡过程的性质。初始值虽然与二阶电路的响应性质无关，但其大小决定了二阶电路响应解中的待定系数。

2) 动态电路的状态变量分析

采用状态变量分析动态电路的响应过程，其重点是状态和状态变量的概念，用观察方法或替代方法列写标准形式的状态方程和输出方程。

列写状态方程时，应首先正确确定状态变量。如果电路中不存在由电容 C 与理想电压源 u_S 组成的回路以及由电感 L 与理想电流源 i_S 组成的割集，则状态变量就是电容电压(或电荷)和电感电流(或磁链)；如果电路中存在由电容 C 与理想电压源 u_S 组成的回路以及由电感 L 与理想电流源 i_S 组成的割集，则必须选取独立的电容电压(或电荷)和电感电流(或磁链)为状态变量。然后根据 KCL、KVL 及元件的 VCR 列写电路方程，消去其中的非状态变量。最后将电路方程整理成状态方程的标准形式。

8.3 典型例题

例 8.1 如例图 8.1(a)所示电路处于稳态，当 $t=0$ 时开关 S 闭合，试求 $i_C(0_+)$ 和 $u_L(0_+)$。

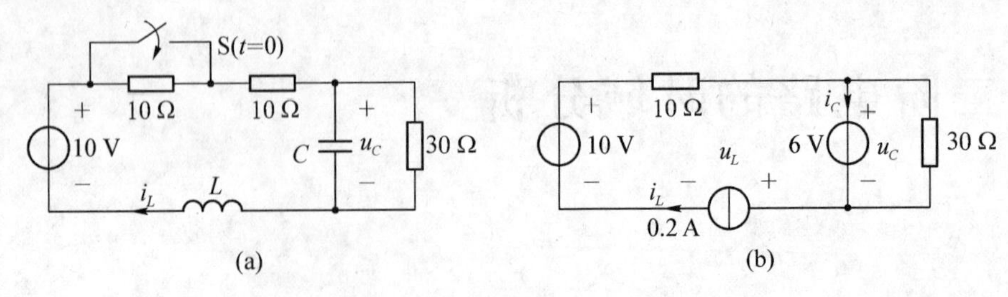

例图 8.1

【分析】 先求出 $u_C(0_-)$ 和 $i_L(0_-)$，由换路定律确定电容电压和电感电流的初始值，然后由替代定理作出 $t=0_+$ 时的等效电路求解 $i_C(0_+)$ 和 $u_L(0_+)$。在电容电流或电感电压为有限量的条件下，电容电压和电感电流不能跳变，但电容电流和电感电压或电阻电压、电流都可能会跳变。

【解】 S闭合前电路已达稳态，在直流激励下，电容相当于开路，电感相当于短路，可得 $i_L(0_-)=0.2\text{ A}$，$u_C(0_-)=6\text{ V}$。根据换路定律有 $u_C(0_+)=u_C(0_-)=6\text{ V}$，$i_L(0_+)=i_L(0_-)=0.2\text{ A}$。将电容用理想电压源替代，电感用理想电流源替代，得到 $t=0_+$ 时的等效电路如例图 8.1(b) 所示，可求得 $i_C(0_+)=0$，$u_L(0_+)=2\text{ V}$。

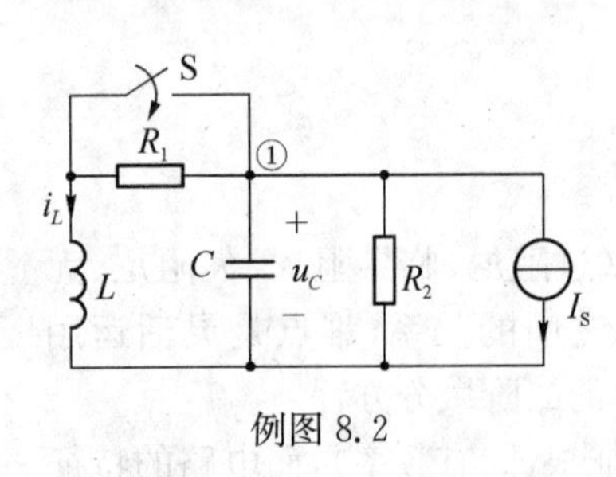

例图 8.2

例 8.2 如例图 8.2 所示动态电路，已知 $R_1=3\ \Omega$，$R_2=2\ \Omega$，$C=0.2\text{ F}$，$L=5\text{ H}$，$I_S=5\text{ A}$。开关S闭合前电路已达稳态。在 $t=0$ 时将开关S闭合，试求开关S闭合后的电容电压 u_C 和电感电流 i_L。

【分析】 本例电路是二阶动态电路，按照求初始状态、求稳态值、列写电路方程、求解微分方程的步骤求解。

【解】 (1) 先求解 u_C。由于开关S闭合前电路已达稳态，故电容电压和电感电流的初值分别为

$$u_C(0_+)=u_C(0_-)=-I_S\frac{R_1R_2}{R_1+R_2}=-5\times\frac{3\times2}{3+2}\text{ V}=-6\text{ V}$$

$$i_L(0_+)=i_L(0_-)=-I_S\frac{R_2}{R_1+R_2}=-2\text{ A}$$

对节点①列写 $t\geqslant0_+$ 时的节点方程，得

$$i_L+C\frac{\mathrm{d}u_C}{\mathrm{d}t}+\frac{u_C}{R_2}+I_S=0 \tag{1}$$

由上式得

$$\left.\frac{\mathrm{d}u_C}{\mathrm{d}t}\right|_{0+}=-\frac{u_C(0_+)}{R_2C}-\frac{I_S}{C}-\frac{i_L(0_+)}{C}=\frac{6}{2\times0.2}-\frac{5}{0.2}-\frac{-2}{0.2}=0$$

(2) $t\to\infty$时，电感相当于短路，因此 $u_C(\infty)=0$

(3) 对式(1)两边求导，并利用 $u_C=u_L=L\dfrac{\mathrm{d}i_L}{\mathrm{d}t}$ 进行整理，得

$$\frac{\mathrm{d}^2u_C}{\mathrm{d}t^2}+\frac{1}{R_2C}\frac{\mathrm{d}u_C}{\mathrm{d}t}+\frac{1}{LC}u_C=0$$

代入元件参数，得

$$\frac{d^2u_C}{dt^2}+2.5\frac{du_C}{dt}+u_C=0$$

对应特征方程的根为

$$s_1=-0.5,\ s_2=-2$$

(4) 响应 u_C 可设为

$$u_C=K_1e^{-2t}+K_2e^{-0.5t}$$

由初始条件，得

$$\begin{cases}K_1+K_2=-6\\-2K_1-0.5K_2=0\end{cases}$$

解得

$$K_1=2,\ K_2=-6$$

因此

$$u_C(t)=(2e^{-2t}-6e^{-0.5t})\ \text{V}$$

由式(1)，得

$$i_L=-C\frac{du_C}{dt}-\frac{u_C}{R_2}-I_S=(-5+3.2e^{-0.5t}-0.2e^{-2t})\ \text{A}$$

例 8.3　试写出例图 8.3 所示电路的标准形式状态方程。

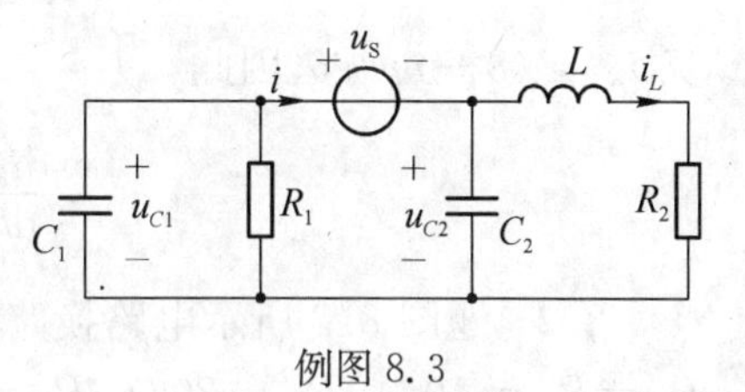

例图 8.3

【分析】　电路包含由 C_1、C_2、u_S 构成的回路，所以只有一个电容变量是独立的，选 u_{C1}、i_L 为状态变量。

【解】　列写 KCL 方程

$$C_1\frac{du_{C1}}{dt}=-\frac{u_{C1}}{R_1}-i=-\frac{u_{C1}}{R_1}-i_L-C_2\frac{du_{C2}}{dt}$$

根据 KVL 有 $u_{C2}=u_{C1}-u_S$ 代入上式可得

$$(C_1+C_2)\frac{du_{C1}}{dt}=-\frac{u_{C1}}{R_1}-i_L+C_2\frac{du_S}{dt}$$

对电感 L 支路列回路方程

$$L\frac{di_L}{dt}=u_{C2}-i_LR_2=u_{C1}-i_LR_2-u_S$$

整理可得

$$\begin{bmatrix}\dfrac{du_{C1}}{dt}\\\dfrac{di_L}{dt}\end{bmatrix}=\begin{bmatrix}-\dfrac{1}{R_1(C_1+C_2)} & -\dfrac{1}{C_1+C_2}\\\dfrac{1}{L} & \dfrac{-R_2}{L}\end{bmatrix}\begin{bmatrix}u_{C1}\\i_L\end{bmatrix}+\begin{bmatrix}0\\-\dfrac{1}{L}\end{bmatrix}u_S+\begin{bmatrix}\dfrac{C_2}{C_1+C_2}\\0\end{bmatrix}\frac{du_S}{dt}$$

8.4 习题选解

RLC 电路的零输入响应

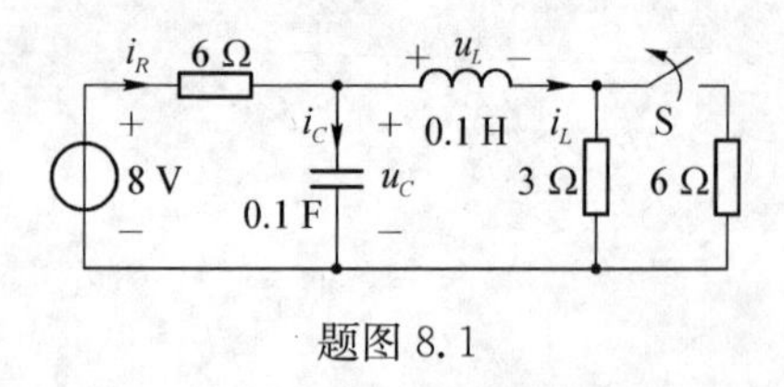

题图 8.1

8.1 如题图 8.1 所示，开关 S 动作前电路已达稳态，$t=0$ 时开关 S 打开。试求 $u_C(0_+)$、$i_L(0_+)$、$i_R(0_+)$、$\left.\dfrac{\mathrm{d}u_C}{\mathrm{d}t}\right|_{t=0_+}$、$\left.\dfrac{\mathrm{d}i_L}{\mathrm{d}t}\right|_{t=0_+}$、$\left.\dfrac{\mathrm{d}i_R}{\mathrm{d}t}\right|_{t=0_+}$。

解

在 $t=0_-$ 时，电路已处于稳态，在直流电源作用下，电路中的电容等效为开路，电感等效为短路，据此可得

$$i_L(0_+)=i_L(0_-)=\frac{8}{6+3\,/\!/\,6}\,\mathrm{A}=1\,\mathrm{A}$$

$$u_C(0_+)=u_C(0_-)=\frac{3\,/\!/\,6}{6+3\,/\!/\,6}\times 8\,\mathrm{V}=2\,\mathrm{V}$$

$$i_R(0_+)=\frac{8-u_C(0_+)}{6}=1\,\mathrm{A}$$

在 $t=0_+$ 时，有

$$\left.\frac{\mathrm{d}i_L}{\mathrm{d}t}\right|_{t=0_+}=\frac{1}{L}[u_C(0_+)-3i_L(0_+)]=10(2-3\times 1)\,\mathrm{A/s}=-10\,\mathrm{A/s}$$

$$\left.\frac{\mathrm{d}u_C}{\mathrm{d}t}\right|_{t=0_+}=\frac{1}{C}[i_R(0_+)-i_L(0_+)]=0$$

又 $i_R=(8-u_C)/6$，因此

$$\left.\frac{\mathrm{d}i_R}{\mathrm{d}t}\right|_{t=0_+}=-\frac{1}{6}\left.\frac{\mathrm{d}u_C}{\mathrm{d}t}\right|_{t=0_+}=0$$

8.2 题图 8.2 所示电路换路前接于触点 1，且处于稳态，已知 $R_1=60\,\Omega$，$R_2=15\,\Omega$，$R_3=R_4=10\,\Omega$，$R_5=20\,\Omega$，$R_6=30\,\Omega$，$C=0.5\,\mu\mathrm{F}$，$L=1\,\mathrm{H}$，$i_\mathrm{S}=3\,\mathrm{A}$，$u_\mathrm{S}=10\,\mathrm{V}$。试求换路后电流 i 的初值 $i(0_+)$。

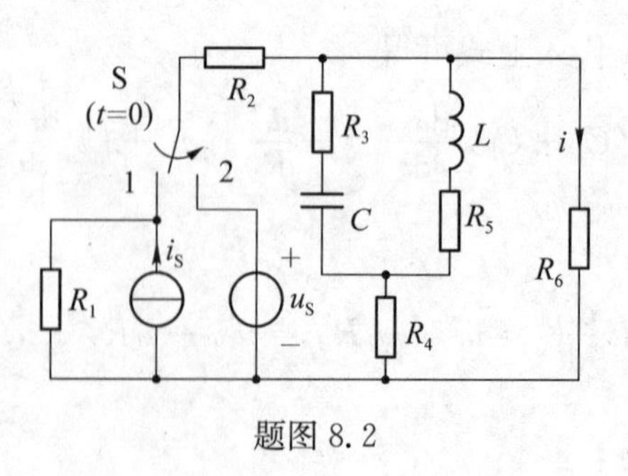

题图 8.2

解

在 $t=0_-$ 时，电路已处于稳态，在直流电源作用下，电路中的电容等效为开路，电感等效为短路，题图 8.2 电路等效为题图 8.2.1(a)所示电路，其中

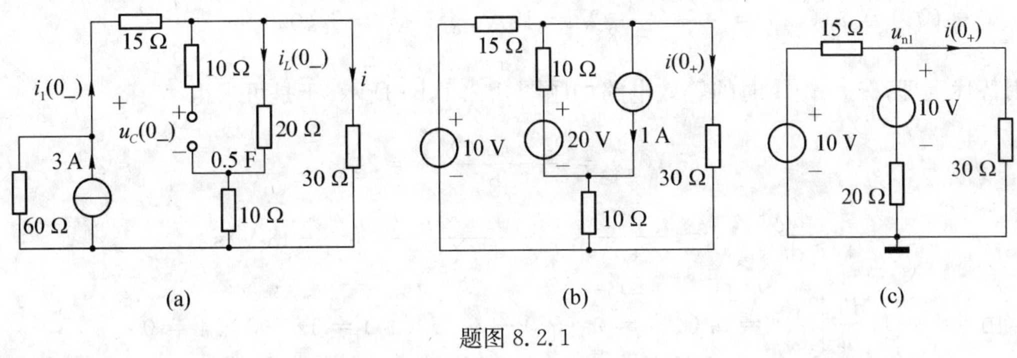

题图 8.2.1

(a) $t=0_-$；(b) $t=0_+$；(c) $t=0_+$

$$i_1(0_-)=2i_L(0_-)=3\times\frac{60}{60+30}\text{ A}=2\text{ A},\ i_L(0_-)=1\text{ A},\ u_C(0_-)=i_L(0_-)\times 20=20\text{ V}$$

由换路定律和替代定理作出 $t=0_+$ 时的等效电路如题图 8.2.1(b) 所示。运用含源支路的等效变换，得到题图8.2.1(c) 所示等效电路，并有

$$u_{n1}=\frac{\dfrac{10}{15}+\dfrac{10}{20}}{\dfrac{1}{15}+\dfrac{1}{20}+\dfrac{1}{30}}\text{ V}=\frac{70}{9}\text{ V}$$

于是求得

$$i(0_+)=\frac{u_{n1}}{30}=0.26\text{ A}$$

8.3　如题图 8.3 所示电路，开关未动作前电路已达到稳态，$t=0$ 时开关 S 打开。已知 $R_1=R_2=6\ \Omega$，$R_3=3\ \Omega$，$C=(1/24)$ F，$L=0.1$ H，$u_S=24$ V，试求 $\left.\dfrac{\mathrm{d}u_C}{\mathrm{d}t}\right|_{t=0_+}$、$\left.\dfrac{\mathrm{d}i_L}{\mathrm{d}t}\right|_{t=0_+}$、$\left.\dfrac{\mathrm{d}i_R}{\mathrm{d}t}\right|_{t=0_+}$。

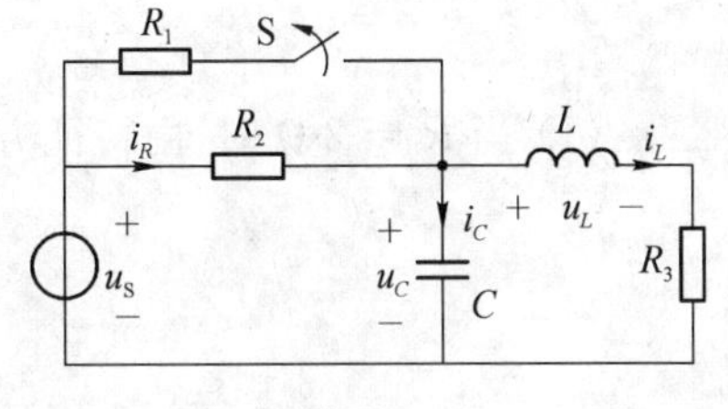

题图 8.3

解

这是一个求二阶电路初始值的问题，求法与一阶电路类似。

先求 $u_C(0_-)$ 和 $i_L(0_-)$。在 $t=0_-$ 时，电路处于稳态，电容等效为开路，电感等效为短路，如题图 8.3.1(a) 所示电路，并根据换路定律，求得

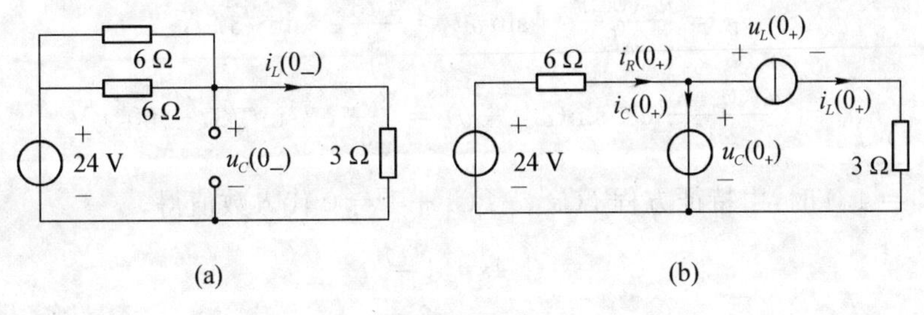

题图 8.3.1

(a) $t=0_-$；(b) $t=0_+$

$$u_C(0_+)=u_C(0_-)=\frac{24\times 3}{6\,/\!/\,6+3}\ \text{V}=12\ \text{V},\ i_L(0_+)=i_L(0_-)=\frac{u_C(0_-)}{3}=4\ \text{A}$$

应用替代定理,有 $t=0_+$ 时的等效电路如题图 8.3.1(b) 所示。于是可求得

$$i_R(0_+)=\frac{24-u_C(0_+)}{6}=2\ \text{A}$$

$$\left.\frac{\mathrm{d}u_C}{\mathrm{d}t}\right|_{t=0_+}=\frac{i_C(0_+)}{C}=\frac{i_R(0_+)-i_L(0_+)}{C}=-48\ \text{V/s}$$

由
$$L\left.\frac{\mathrm{d}i_L}{\mathrm{d}t}\right|_{t=0_+}=u_L(0_+)=u_C(0_+)-3\times i_L(0_+)=12-3\times 4=0$$

有
$$\left.\frac{\mathrm{d}i_L}{\mathrm{d}t}\right|_{t=0_+}=\frac{u_L(0_+)}{L}=0$$

又有
$$\left.\frac{\mathrm{d}i_R}{\mathrm{d}t}\right|_{t=0_+}=\left.\frac{\mathrm{d}}{\mathrm{d}t}\left(\frac{u_S-u_C}{6}\right)\right|_{t=0_+}=-\frac{1}{6}\left.\frac{\mathrm{d}u_C}{\mathrm{d}t}\right|_{t=0_+}=8\ \text{A/s}$$

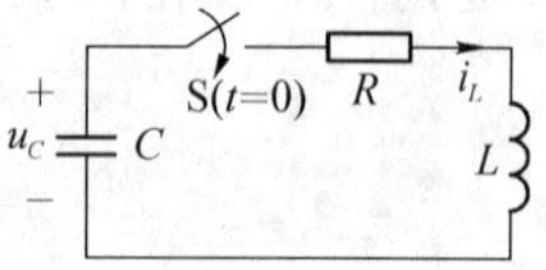

8.4 如题图 8.4 所示电路,$t=0$ 时开关 S 闭合,设 $u_C(0_-)=4\ \text{V}$,$i_L(0_-)=0\ \text{A}$,$L=1\ \text{H}$,$C=0.25\ \text{F}$。试求电阻 R 分别为 $2\ \Omega$、$4\ \Omega$、$5\ \Omega$ 时电路中的电流 i_L 和电压 u_C。

题图 8.4

解

列写电路方程

$$LC\frac{\mathrm{d}^2u_C}{\mathrm{d}t^2}+RC\frac{\mathrm{d}u_C}{\mathrm{d}t}+u_C=0$$

$$u_C(0_+)=4\ \text{V}$$

$$u'_C(0_+)=-\frac{1}{C}i_L(0_+)=0$$

(1) 当 $R=2\ \Omega$ 时,由特征方程 $LCs^2+RCs+1=0$ 代入数值得

$$\frac{1}{4}s^2+2\times\frac{1}{4}s+1=0$$

$$s_{1,\,2}=-1\pm \mathrm{j}\sqrt{3}$$

因此 $\alpha=1\ \text{s}^{-1}$,$\omega_\mathrm{d}=\sqrt{3}\ \text{rad/s}$,$\omega_0=\dfrac{1}{\sqrt{LC}}=2\ \text{rad/s}$,$\theta=\arctan(\omega_\mathrm{d}/\alpha)=60°$。特征根为共轭复数,属于欠阻尼放电,所以有

$$i_L=\frac{u_C(0_+)}{\omega_\mathrm{d}L}\mathrm{e}^{-\alpha t}\sin\omega t=\frac{4\sqrt{3}}{3}\mathrm{e}^{-t}\sin\sqrt{3}t\ \text{A}$$

$$u_C=\frac{u_C(0_+)\omega_0}{\omega_\mathrm{d}}\mathrm{e}^{-\alpha t}\sin(\omega_\mathrm{d}t+\theta)=\frac{8\sqrt{3}}{3}\mathrm{e}^{-t}\sin(\sqrt{3}t+60°)\ \text{V}$$

(2) 当 $R=4\ \Omega$ 时,由特征方程 $LCs^2+RCs+1=0$ 代入数值得

$$s^2+4s+4=0$$

$$s_1=s_2=-2=-\alpha$$

特征根为相等实根,属于临界阻尼放电,所以有

$$u_C = u_C(0_+)(1-\alpha t)\mathrm{e}^{-\alpha t} = 4(1+2t)\mathrm{e}^{-2t}\ \mathrm{V}$$

$$i_L = \frac{u_C(0_+)}{L} t\mathrm{e}^{-\alpha t} = 4t\mathrm{e}^{-2t}\ \mathrm{A}$$

(3) 当 $R = 5\ \Omega$ 时，由特征方程 $LCs^2 + RCs + 1 = 0$ 代入数值得

$$s^2 + 5s + 4 = 0$$

$$s_1 = -4,\ s_2 = -1$$

特征根为不相等的实根，属于过阻尼放电，所以有

$$u_C = \frac{u_C(0_+)}{s_2 - s_1}(s_2\mathrm{e}^{s_1 t} - s_1\mathrm{e}^{s_2 t}) = \frac{4}{3}(4\mathrm{e}^{-t} - \mathrm{e}^{-4t})\ \mathrm{V}$$

$$i_L = \frac{u_C(0_+)}{L(s_2 - s_1)}(\mathrm{e}^{s_1 t} - \mathrm{e}^{s_2 t}) = \frac{4}{3}(\mathrm{e}^{-t} - \mathrm{e}^{-4t})\ \mathrm{A}$$

8.5　如题图 8.5 所示电路在开关打开前已处于稳态，试求开关打开后的电感电流 i_L 和电容电压 u_C。

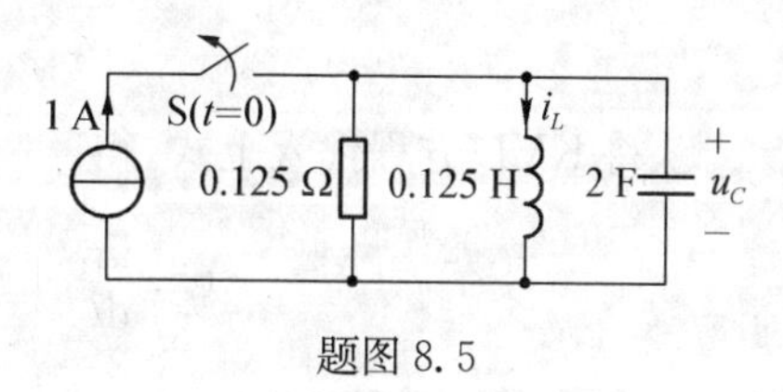

题图 8.5

解

由题意 $t = 0_-$ 时电路稳定，电感相当于短路，电容相当于开路，故有

$$i_L(0_+) = i_L(0_-) = 1\ \mathrm{A}$$

$$u_C(0_+) = u_C(0_-) = 0\ \mathrm{V}$$

根据 KCL 可得换路后电路方程为

$$\frac{\mathrm{d}^2 u_C}{\mathrm{d}t^2} + 4\frac{\mathrm{d}u_C}{\mathrm{d}t} + 4u_C = 0$$

$$u_C(0_+) = 0$$

由于 $i_L(0_+) = 1\ \mathrm{A}$，所以 $i_C(0_+) = -i_L(0_+) = -1\ \mathrm{A}$。由特征方程 $s^2 + 4s + 1 = 0$ 解得特征方程根为

$$s_1 = s_2 = -2$$

特征根为相等实根，属于临界阻尼放电，所以有

$$u_C(t) = (K_1 + K_2 t)\mathrm{e}^{-2t}$$

由初始条件得　$$(K_1 + K_2 \times 0)\mathrm{e}^{-2\times 0} = 0$$

解得　$$K_1 = 0$$

又　$$i_C(0_+) = C\frac{\mathrm{d}u_C}{\mathrm{d}t}\bigg|_{t=0_+} = [2K_2\mathrm{e}^{-2t} - 4(K_1 + K_2 t)\mathrm{e}^{-2t}]_{t=0_+} = 2K_2 - 4K_1 = -1$$

解得　$$K_2 = -0.5$$

故有　$$u_C = -0.5t\mathrm{e}^{-2t}\ \mathrm{V}\quad (t \geqslant 0_+)$$

而　$$i_C = C\frac{\mathrm{d}u_C}{\mathrm{d}t} = (2t - 1)\mathrm{e}^{-2t}\ \mathrm{A}\quad (t \geqslant 0_+)$$

得电感电流　$$i_L = -\left(i_C + \frac{u_C}{0.125}\right) = (2t + 1)\mathrm{e}^{-2t}\ \mathrm{A}\quad (t \geqslant 0_+)$$

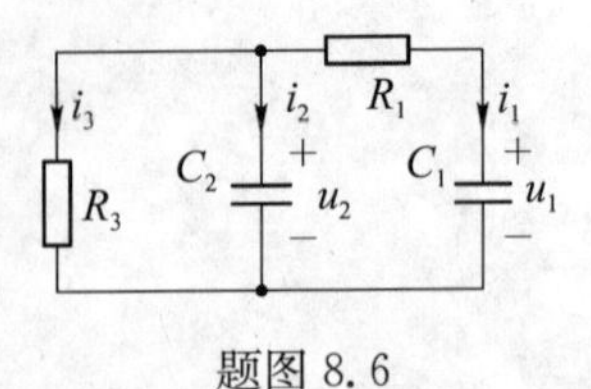

题图 8.6

8.6 如题图 8.6 所示电路，试求：(1)以 u_1 为变量，试列出电路方程；(2)若 $R_1 = R_3 = 1\,\Omega$，$C_1 = C_2 = 1\,\text{F}$，$u_1(0_-) = 1\,\text{V}$，$u_2(0_-) = 1\,\text{V}$，试用时域分析方法求 $t \geqslant 0_+$ 的响应 u_1；(3)指出(2)中 u_1 的零状态响应分量和零输入响应分量，并指出它的暂态分量和稳态分量。

解

(1) 设各支路电流参考方向如题图 8.6 所示，列 KCL、KVL 方程

$$\begin{cases} i_1 + i_2 + i_3 = 0 \\ u_2 = R_1 i_1 + u_1 \end{cases}$$

将元件特性代入 KCL 方程，得

$$C_1 \frac{\mathrm{d}u_1}{\mathrm{d}t} + C_2 \frac{\mathrm{d}u_2}{\mathrm{d}t} + \frac{u_2}{R_3} = 0$$

将 KVL 方程代入上式，得

$$C_1 \frac{\mathrm{d}u_1}{\mathrm{d}t} + C_2 \frac{\mathrm{d}}{\mathrm{d}t}(R_1 i_1 + u_1) + \frac{R_1 i_1 + u_1}{R_3} = 0$$

将 $i_1 = C_1 \dfrac{\mathrm{d}u_1}{\mathrm{d}t}$ 代入上式并整理，可得以 $u_1(t)$ 为变量的微分方程

$$R_1 C_1 C_2 \frac{\mathrm{d}^2 u_1}{\mathrm{d}t^2} + \left(C_1 + C_2 + \frac{C_1 R_1}{R_3}\right)\frac{\mathrm{d}u_1}{\mathrm{d}t} + \frac{1}{R_3} u_1 = 0$$

(2) 为求 u_1，将元件参数代入(1)所得的微分方程中，并化简得

$$\frac{\mathrm{d}^2 u_1}{\mathrm{d}t^2} + 3\frac{\mathrm{d}u_1}{\mathrm{d}t} + u_1 = 0$$

由其特征方程为 $s^2 + 3s + 1 = 0$ 可得特征根为

$$s_1 = -0.382,\ s_2 = -2.62$$

由于特征根 s_1 和 s_2 为两个不相等的负实根，所以其通解为

$$u_1 = A_1 \mathrm{e}^{-0.382t} + A_2 \mathrm{e}^{-2.62t}$$

由初始条件确定待定常数 A_1 和 A_2，即

$$\begin{cases} u_1(0_+) = u_1(0_1) = A_1 + A_2 = 1 \\ u_2(0_+) = u_2(0_-) = R_1 C_1 \dfrac{\mathrm{d}u_1}{\mathrm{d}t}\bigg|_{0_+} + u_1(0_+) = (-0.382\mathrm{A}_1 - 2.62\mathrm{A}_2) + 1 = 1 \end{cases}$$

解得
$$A_1 = 1.17,\ A_2 = -0.17$$
则
$$u_1 = (1.17\mathrm{e}^{-0.382t} - 0.17\mathrm{e}^{-2.62t})\ \text{V} \quad (t \geqslant 0)$$

(3) 由于本题中的电路无独立源，其响应 u_1 仅由电容初始储能引起，因此 u_1 只有零输入响应分量，无零状态响应分量；又因为稳态时，$u_1(\infty) = 0$，即 u_1 只有暂态分量，而无稳态分量。

8.7　题图 8.7 所示电路在开关 S 打开之前已达到稳态。$t=0$ 时，开关 S 打开，$R_1=R_3=5\,\Omega$，$R_2=20\,\Omega$，$C=100\,\mu\text{F}$，$L=0.5\,\text{H}$，$u_S=100\,\text{V}$，试求 $t\geqslant 0_+$ 时的 u_C。

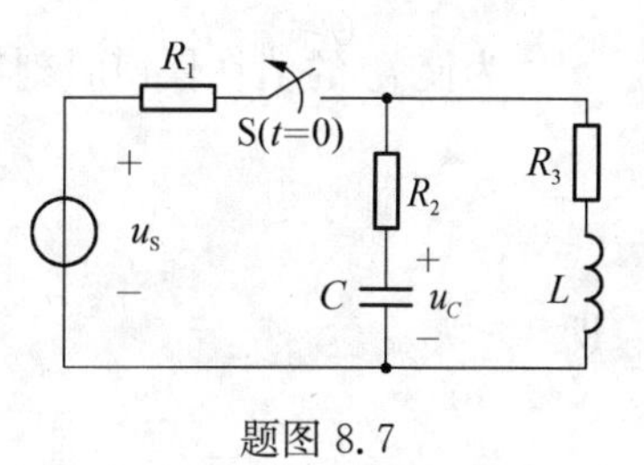

题图 8.7

解

根据 $t=0_-$ 时题图 8.7 所示电路，有原始状态

$$i_L(0_-)=\frac{u_S}{R_1+R_3}=10\,\text{A},\ u_C(0_-)=i_L(0_-)R_3=50\,\text{V}$$

根据换路定律求得初始值

$$u_C(0_+)=u_C(0_-)=50\,\text{V},\ i_L(0_+)=i_L(0_-)=10\,\text{A}$$

$t\geqslant 0_+$ 时的电路方程为

$$LC\frac{\mathrm{d}^2u_C}{\mathrm{d}t^2}+(R_2+R_3)C\frac{\mathrm{d}u_C}{\mathrm{d}t}+u_C=0$$

其特征根为

$$s=-\left(\frac{R_2+R_3}{2L}\right)\pm\sqrt{\left(\frac{R_2+R_3}{2L}\right)^2-\frac{1}{LC}}=-25\pm \mathrm{j}139.19$$

特征根为一对共轭复根，电路的过渡过程属欠阻尼情况，为减幅振荡。电容电压为

$$u_C=K\mathrm{e}^{-\alpha t}\sin(\omega_\mathrm{d}t+\theta)$$

式中：$\alpha=25$，$\omega_\mathrm{d}=139.19$。根据初始条件，可得

$$u_C(0_+)=K\sin\theta=50$$

$$i_L(0_+)=-C\frac{\mathrm{d}u_C}{\mathrm{d}t}\bigg|_{t=0_+}=-C(-\alpha K\sin\theta+\omega_\mathrm{d}K\cos\theta)=10$$

从中解得

$$\theta=\arctan\frac{\omega_\mathrm{d}}{\alpha}=-4.03^\circ,\ K=\frac{50}{\sin\theta}=\frac{50}{\sin 4.03^\circ}=-710.81$$

故电容电压为　　$u_C=-710.81\mathrm{e}^{-25t}\sin(139.19t-4.03^\circ)\,\text{V}\quad(t\geqslant 0_+)$

RLC 电路的零状态响应

8.8　在题图 8.8 所示电路中，$L=0.5\,\text{H}$，$C=2\,\text{F}$，$I_S=10\,\text{A}$，开关 S 长时间断开，电路处于零状态。$t=0$ 时 S 闭合，为了使 i_L 的值在任何时候都不超过它的终值，试问电阻 R 最大可取什么值，在这种情况下，i_L 何时达到其终值的 80%。

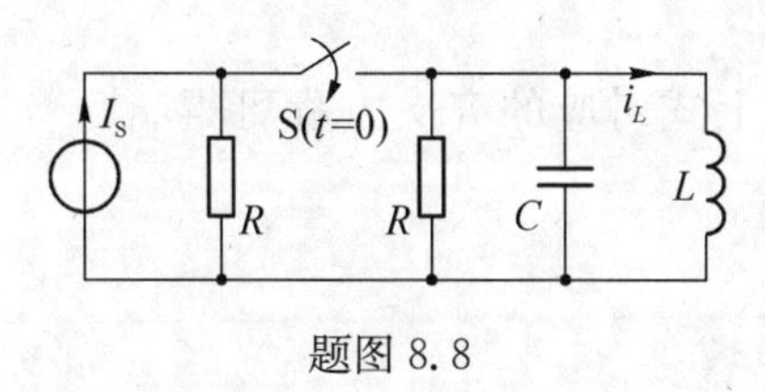

题图 8.8

解

开关 S 闭合后，电路方程为

$$LC\frac{\mathrm{d}^2i_L}{\mathrm{d}t^2}+2\frac{L}{R}\frac{\mathrm{d}i_L}{\mathrm{d}t}+i_L=10$$

代入参数有

$$\frac{\mathrm{d}^2i_L}{\mathrm{d}t^2}+\frac{1}{R}\frac{\mathrm{d}i_L}{\mathrm{d}t}+i_L=10$$

为使 i_L 的值在任何时刻都不超过它的终值，电路的响应处于过阻尼或临界阻尼情况，即

$$\frac{1}{R^2}-4\geqslant 0$$

即

$$R\leqslant\frac{1}{2}\,\Omega$$

当 $R=R_{\max}=\frac{1}{2}\,\Omega$ 时，方程为

$$\frac{\mathrm{d}^2 i_L}{\mathrm{d}t^2}+2\frac{\mathrm{d}i_L}{\mathrm{d}t}+i_L=10$$

其解为

$$i_L=[(K_1+K_2t)\mathrm{e}^{-t}+10]\varepsilon(t)$$

由电路的初始值 $i_L(0_+)=i_L(0_-)=0$，$\left.\frac{\mathrm{d}i_L}{\mathrm{d}t}\right|_{t=0_+}=\frac{u_C(0_+)}{L}=\frac{u_C(0_-)}{L}=0$

求得待定系数 $$K_1=-10,\ K_2=-10$$

得到电感电流为 $$i_L=[10-10(1+t)\mathrm{e}^{-t}]\varepsilon(t)\ \mathrm{A}$$

令 $$10-10(1+t)\mathrm{e}^{-t}=8$$

解得 $$t=3.0\ \mathrm{s}$$

8.9 试求如题图 8.9 所示电路的冲激响应 i_L。

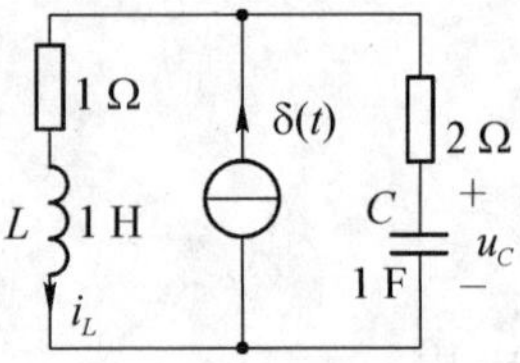

题图 8.9

解 1

根据 KVL 和 KCL 及元件的特性列出微分方程，直接求解微分方程。由 KVL，有

$$u_L+i_L-2i_C-u_C=0$$

由 KCL，有

$$i_C=\delta(t)-i_L$$

可求得电路微分方程

$$\frac{\mathrm{d}^2 i_L}{\mathrm{d}t^2}+3\frac{\mathrm{d}i_L}{\mathrm{d}t}+i_L=2\delta'(t)+\delta(t)$$

对于冲激响应，$t=0_-$ 时 $i_L(0_-)=\frac{\mathrm{d}i_L(0_-)}{\mathrm{d}t}=0$，且由上式对应的齐次方程可得 $s_1=-0.38$，$s_2=-2.62$，所以有通解

$$i_L=(K_1\mathrm{e}^{-0.38t}+K_2\mathrm{e}^{-2.62t})\varepsilon(t)$$

求初始值可对电路方程两边从 0_- 到 t 进行积分

$$\int_{0_-}^{t}\left(\frac{\mathrm{d}^2 i_L}{\mathrm{d}t^2}+3\frac{\mathrm{d}i_L}{\mathrm{d}t}+i_L\right)\mathrm{d}t=\int_{0_-}^{t}\left[2\frac{\mathrm{d}\delta(t)}{\mathrm{d}t}+\delta(t)\right]\mathrm{d}t$$

得

$$\frac{\mathrm{d}i_L}{\mathrm{d}t}+3i_L+\int_{0_-}^{t}i_L\mathrm{d}t=2\delta(t)+\varepsilon(t)$$

对上式再次从 0_- 到 t 积分，有

$$i_L+3\int_{0_-}^{t}i_L\mathrm{d}t+\int_{0_-}^{t}\int_{0_-}^{t}i_L\mathrm{d}t\mathrm{d}t=2\varepsilon(t)+t$$

令 $t=0_+$，有

$$\frac{\mathrm{d}i_L(0_+)}{\mathrm{d}t}+3i_L(0_+)=1\ 和\ i_L(0_+)=2$$

解得初始条件　　$i_L(0_+)=2,\ \dfrac{\mathrm{d}i_L(0_+)}{\mathrm{d}t}=-5$

由通解表达式和初始条件有方程组

$$\begin{cases}i_L(0_+)=K_1+K_2=2\\ \dfrac{\mathrm{d}i_L(0_+)}{\mathrm{d}t}=-0.38K_1-2.62K_2=-5\end{cases}$$

求得待定常数　　$K_1=0.107,\ K_2=1.893$

因此，冲激响应为　　$i_L=(0.107\mathrm{e}^{-0.38t}+1.893\mathrm{e}^{-2.62t})\varepsilon(t)\ \mathrm{A}$

解 2

先求出电感电流和电容电压的初始值，再求 $t\geqslant 0_+$ 时电路的零输入响应 i_L。$t=0_-$ 时 $i_L(0_-)=0,\ u_C(0_-)=0$，所以电感相当于开路，电容相当于短路，根据题图 8.9 有

$$i_L(0_+)=i_L(0_-)+\frac{1}{L}\int_{0_-}^{0_+}u_L\mathrm{d}t=\int_{0_-}^{0_+}2\delta(t)\mathrm{d}t=2\ \mathrm{A}$$

$$u_C(0_+)=u_C(0_-)+\frac{1}{C}\int_{0_-}^{0_+}i_C\mathrm{d}t=\int_{0_-}^{0_+}\delta(t)\mathrm{d}t=1\ \mathrm{V}$$

可得 $t=0_+$ 时的等效电路如题图 8.9.1 所示。

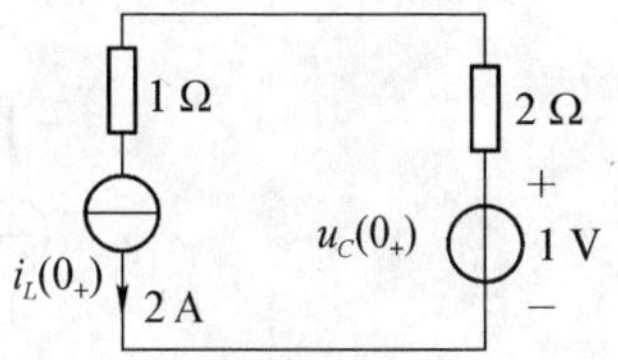

由题图 8.9.1 可得　　$u_L(0_+)=-5\ \mathrm{V}$

$t\geqslant 0_+$ 时，根据题图 8.9 可得电路方程为

$$\frac{\mathrm{d}^2i_L}{\mathrm{d}t^2}+3\frac{\mathrm{d}i_L}{\mathrm{d}t}+i_L=0$$

题图 8.9.1

可得特征根为　　$s_1=-0.38,\ s_2=-2.62$

通解为　　$i_L=K_1\mathrm{e}^{-0.38t}+K_2\mathrm{e}^{-2.62t}$

根据初始条件可得　$\begin{cases}i_L(0_+)=K_1+K_2=2\\ \dfrac{\mathrm{d}i_L}{\mathrm{d}t}=\dfrac{1}{L}u_L(0_+)=-0.38K_1-2.62K_2=-5\ \mathrm{V}\end{cases}$

解得　　$K_1=0.107,\ K_2=1.89$

因此，冲激响应为　　$h(t)=i_L=(0.107\mathrm{e}^{-0.38t}+1.893\mathrm{e}^{-2.62t})\varepsilon(t)\ \mathrm{A}$

8.10　如题图 8.10 所示电路，已知 $R=0.025\ \Omega,\ L=5\ \mathrm{mH},\ C=2\ \mathrm{F}$，试求 u_C 的阶跃响应与冲激响应。

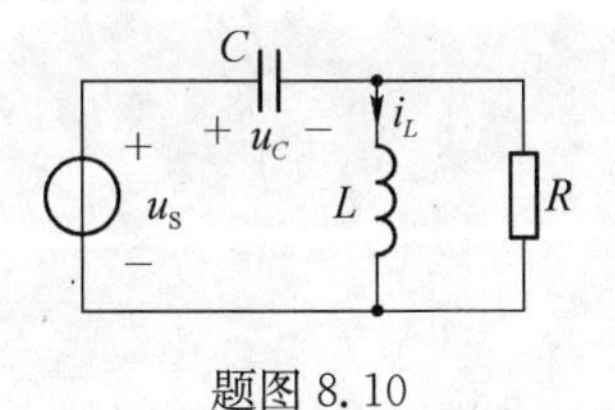

题图 8.10

解

根据 KVL、KCL 及元件的 VCR 可得

$$u_C + u_L = u_S,\ i_C = i_L + i_R$$

$$u_C + L\frac{\mathrm{d}i_L}{\mathrm{d}t} = u_S,\ u_C + L\frac{\mathrm{d}(i_C - i_R)}{\mathrm{d}t} = u_S$$

$$u_C + LC\frac{\mathrm{d}^2 u_C}{\mathrm{d}t^2} - \frac{L}{R}\frac{\mathrm{d}(u_S - u_C)}{\mathrm{d}t} = u_S$$

$$LC\frac{\mathrm{d}^2 u_C}{\mathrm{d}t^2} + \frac{L}{R}\frac{\mathrm{d}u_C}{\mathrm{d}t} + u_C = \frac{L}{R}\frac{\mathrm{d}u_S}{\mathrm{d}t} + u_S = \frac{L}{R}\delta(t) + \varepsilon(t)$$

取 $t \geqslant 0_+$ 时的方程，则单位阶跃响应方程为

$$\begin{cases} 10^{-2}\dfrac{\mathrm{d}^2 u_C}{\mathrm{d}t^2} + 2\times 10^{-1}\dfrac{\mathrm{d}u_C}{\mathrm{d}t} + u_C = 1 \\ u_C(0_+) = 0 \\ \left.\dfrac{\mathrm{d}u_C}{\mathrm{d}t}\right|_{t=0_+} = \dfrac{i_C(0_+)}{C} = \dfrac{1/R}{C} = 20 \end{cases}$$

$$s_{1,2} = \frac{-2\times 10^{-1} \pm \sqrt{4\times 10^{-2} - 4\times 10^{-2}}}{2\times 10^{-2}} = -10$$

$$u_h = K_1 e^{-10t} + K_2 t e^{-10t},\ u_p = 1,\ u_C = K_1 e^{-10t} + K_2 t e^{-10t} + 1$$

$$u_C(0_+) = K_1 + 1 = 0,\ K_1 = -1$$

$$\left.\frac{\mathrm{d}u_C}{\mathrm{d}t}\right|_{t=0_+} = -10K_1 + K_2 = 20,\ K_2 = 10$$

单位阶跃响应 $\qquad s(t) = u_C = (-e^{-10t} + 10te^{-10t} + 1)\varepsilon(t)\ \mathrm{V}$

单位冲激响应 $\qquad h(t) = \dfrac{\mathrm{d}s(t)}{\mathrm{d}t} = u_C = (20e^{-10t} - 100te^{-10t})\varepsilon(t)\ \mathrm{V}$

8.11 为使题图 8.11 所示电路产生振荡性的响应，试求电路中元件参数应满足的条件。

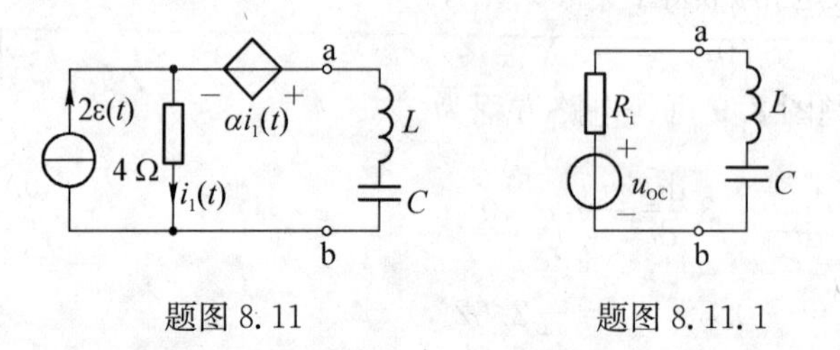

题图 8.11　　　　题图 8.11.1

解

应用戴维南定理将原电路等效变换为题图 8.11.1 所示电路，其中开路电压

$$u_{OC} = \alpha i_1(t) + 4i_1(t) = (\alpha + 4)\times 2 = (2\alpha + 8)\ \mathrm{V}$$

利用开路电压、短路电流法求输入电阻 R_i，其中短路电流 i_{SC} 可利用 KVL 方程进行求解，将 ab 端短路，这时 KVL 方程为

$$\alpha i_1(t) + 4i_1(t) = 0$$

有 $i_1(t) = 0$，$i_{SC} = 2$ A。所以输入电阻

$$R_i = \frac{u_{OC}}{i_{SC}} = \frac{2\alpha + 8}{2} = (\alpha + 4)\ \Omega$$

若使电路响应为振荡性质，则应使参数满足

$$\alpha + 4 < 2\sqrt{\frac{L}{C}}$$

8.12 如题图 8.12 所示电路在 $t=0$ 时开关 S 闭合，$R_1 = R_2 = R_3 = 1\,\Omega$，$L_1 = 1\,\text{H}$，$L_2 = 2\,\text{H}$，$U_\text{S} = 10\,\text{V}$，试求 $t \geqslant 0_+$ 时的 i。

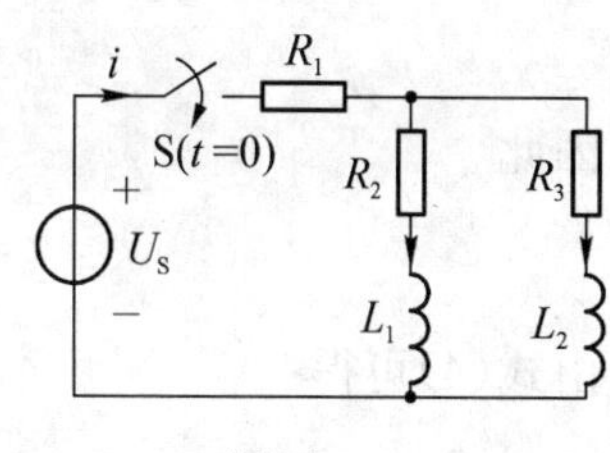

题图 8.12

解

题图 8.12 所示电路的原始状态为零，因此 $i_{L1}(0_+) = i_{L1}(0_-) = 0$，$i_{L2}(0_+) = i_{L2}(0_-) = 0$。列写 $t \geqslant 0_+$ 时的 KVL 方程

$$R_1 i + R_2 i_{L1} + L_1 \frac{\mathrm{d}i_{L1}}{\mathrm{d}t} = U_\text{S} \tag{1}$$

$$R_1 i + R_3 i_{L2} + L_2 \frac{\mathrm{d}i_{L2}}{\mathrm{d}t} = U_\text{S} \tag{2}$$

列写 KCL 方程

$$i = i_{L1} + i_{L2} \tag{3}$$

由式 (3) 可得 $i(0_+) = i_{L1}(0_+) + i_{L2}(0_+) = 0$，又由式(1) 可得

$$\left.\frac{\mathrm{d}i_{L1}}{\mathrm{d}t}\right|_{0_+} = \frac{U_\text{S}}{L_1} - \frac{1}{L_1}[R_1 i(0_+) + R_2 i_{L1}(0_+)] = 10\ \text{A/s}$$

由式(1)可得

$$i = \frac{1}{R_1}\left(U_\text{S} - R_2 i_{L1} - L_1 \frac{\mathrm{d}i_{L1}}{\mathrm{d}t}\right) \tag{4}$$

由式(2)、式(3)消去 i_{L2} 可得

$$L_2 \frac{\mathrm{d}i}{\mathrm{d}t} + (R_1 + R_3)i - L_2 \frac{\mathrm{d}i_{L1}}{\mathrm{d}t} - R_3 i_{L1} = U_\text{S} \tag{5}$$

由式(4)、式(5)消去 i 可得

$$\frac{L_1 L_2}{R_1} \frac{\mathrm{d}^2 i_{L1}}{\mathrm{d}t^2} + \left[\frac{R_2 L_2}{R_1} + \frac{L_1(R_1 + R_3)}{R_1} + L_2\right]\frac{\mathrm{d}i_{L1}}{\mathrm{d}t} + \left[\frac{R_2(R_1 + R_3)}{R_1} + R_3\right]i_{L1} = \frac{R_3}{R_1}U_\text{S}$$

代入元件参数，得

$$\frac{\mathrm{d}^2 i_{L1}}{\mathrm{d}t^2} + 3\frac{\mathrm{d}i_{L1}}{\mathrm{d}t} + 1.5 i_{L1} = 5$$

其固有频率为

$$s_1 = -0.634,\ s_2 = -2.366$$

解可设为

$$i_{L1} = 10/3 + K_1 \mathrm{e}^{-0.634t} + K_2 \mathrm{e}^{-2.366t}$$

由初始条件可得

$$10/3+K_1+K_2=0,\ -0.634K_1-2.366K_2=10/3$$

解得

$$K_1=1.22,\ K_2=-4.554$$

因此

$$i_{L1}=(3.333+1.22\mathrm{e}^{-0.634t}-4.554\mathrm{e}^{-2.366t})\varepsilon(t)\ \mathrm{A}$$

由式(4)可得

$$i=U_S-i_{L1}-\frac{\mathrm{d}i_{L1}}{\mathrm{d}t}=(6.667+0.447\mathrm{e}^{-0.634t}-6.221\mathrm{e}^{-2.366t})\varepsilon(t)\ \mathrm{A}$$

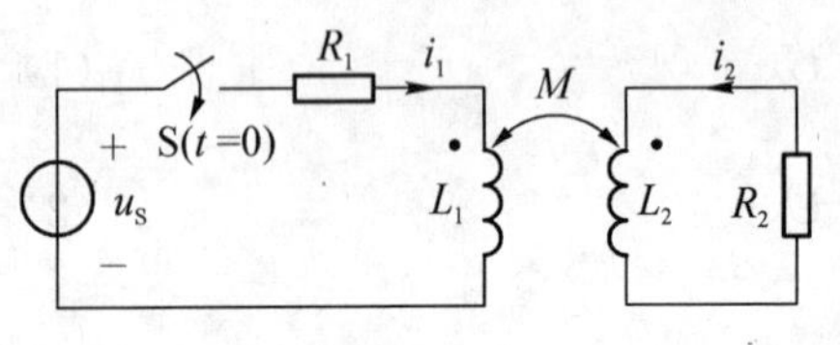

题图 8.13

8.13 如题图 8.13 所示电路，开关 S 接通前处于稳态，已知 $u_S=1\ \mathrm{V}$，$R_1=R_2=1\ \Omega$，$L_1=L_2=0.1\ \mathrm{H}$，$M=0.05\ \mathrm{H}$。试求 S 接通后的响应 i_1 和 i_2。

解

题图 8.13 所示电路开关接通前 $i_1(0_-)=i_2(0_-)=0$，因此 $i_1(0_+)=i_2(0_+)=0$。列写网孔方程

$$0.1\frac{\mathrm{d}i_1}{\mathrm{d}t}+0.05\frac{\mathrm{d}i_2}{\mathrm{d}t}+i_1=1 \tag{1}$$

$$0.05\frac{\mathrm{d}i_1}{\mathrm{d}t}+0.1\frac{\mathrm{d}i_2}{\mathrm{d}t}+i_2=0 \tag{2}$$

由上面两式求得

$$\frac{\mathrm{d}i_1}{\mathrm{d}t}=40/3-(40/3)i_1+(20/3)i_2 \tag{3}$$

或者

$$i_2=0.15\frac{\mathrm{d}i_1}{\mathrm{d}t}+2i_1-2 \tag{4}$$

由式(3)可得

$$\left.\frac{\mathrm{d}i_1}{\mathrm{d}t}\right|_{0_+}=40/3-(40/3)i_1(0_+)+(20/3)i_2(0_+)=40/3$$

将式(4)代入式(1)，整理得

$$7.5\times10^{-3}\frac{\mathrm{d}^2i_1}{\mathrm{d}t^2}+0.2\frac{\mathrm{d}i_1}{\mathrm{d}t}+i_1=1$$

求得固有频率为

$$s_1=-20/3,\ s_2=-20$$

可设解为

$$i_1=(1+K_1\mathrm{e}^{-20t/3}+K_2\mathrm{e}^{-20t})\varepsilon(t)\ \mathrm{A}$$

由初始条件可解得

$$K_1 = K_2 = -0.5$$

因此

$$i_1 = (1 - 0.5e^{-20t/3} - 0.5e^{-20t})\varepsilon(t)\ \mathrm{A}$$

由式(4)可得

$$i_2 = (-0.5e^{-20t/3} + 0.5e^{-20t})\varepsilon(t)\ \mathrm{A}$$

8.14　如题图 8.14 所示电路，已知 $u_i = \varepsilon(t)$，$R_1 = R_2 = 10\ \mathrm{k\Omega}$，$C_1 = C_2 = 100\ \mu\mathrm{F}$，试求 u_o。

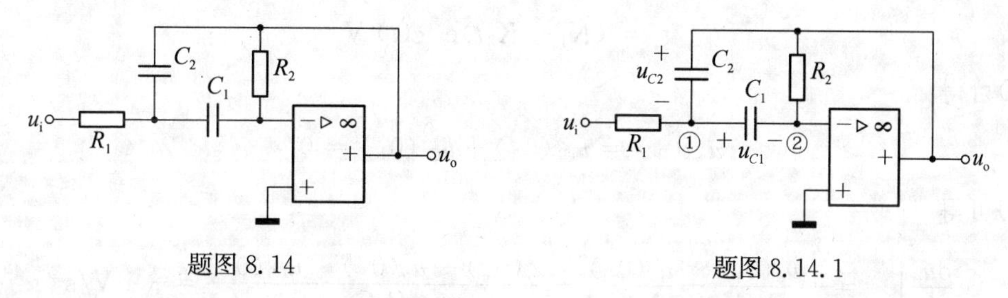

题图 8.14　　　　题图 8.14.1

解

(1) 电容电压及节点标示如题图 8.14.1 所示，电路为零状态，因此 $u_{C1}(0_+) = u_{C2}(0_+) = 0$。列写节点 ①、② 的 KCL 方程得

$$\frac{u_i - u_{C1}}{R_1} - C_1\frac{du_{C1}}{dt} + C_2\frac{du_{C2}}{dt} = 0 \tag{1}$$

$$C_1\frac{du_{C1}}{dt} + \frac{u_o}{R_2} = 0 \tag{2}$$

又有 KVL 方程

$$u_o = u_{C1} + u_{C2} \tag{3}$$

由式(1)、式(2)消去 du_{C1}/dt 得

$$\frac{u_i - u_{C1}}{R_1} + \frac{u_o}{R_2} + C_2\frac{du_{C2}}{dt} = 0 \tag{4}$$

由式(3)、式(4)消去 u_{C1} 得

$$\frac{u_i - u_o + u_{C2}}{R_1} + \frac{u_o}{R_2} + C_2\frac{du_{C2}}{dt} = 0 \tag{5}$$

由式(2)、式(3)消去 u_{C1} 得

$$\frac{du_{C2}}{dt} = \frac{du_o}{dt} + \frac{u_o}{R_2C_1} \tag{6}$$

由式(5)、式(6)消去 du_{C2}/dt 得

$$\frac{du_o}{dt} = -\frac{u_o}{R_2C_1} - \frac{u_o}{R_2C_2} - \frac{u_i - u_o + u_{C2}}{R_1C_2} \tag{7}$$

将式(7)两边求得、再将式(6)代入消去u_{C2}得

$$\frac{\mathrm{d}^2 u_o}{\mathrm{d}t^2}+\left(\frac{1}{R_2C_1}+\frac{1}{R_2C_2}\right)\frac{\mathrm{d}u_o}{\mathrm{d}t}+\frac{u_o}{R_1R_2C_1C_2}=0$$

代入参数,得到

$$\frac{\mathrm{d}^2 u_o}{\mathrm{d}t^2}+2\frac{\mathrm{d}u_o}{\mathrm{d}t}+u_o=0$$

求得固有频率为

$$s_1=-1,\ s_2=-1$$

可设解为

$$u_o=(K_1+K_2t)\mathrm{e}^{-t}\varepsilon(t)\ \mathrm{V}$$

由式(3)可得

$$u_o(0_+)=u_{C1}(0_+)+u_{C2}(0_+)=0$$

由式(7)可得

$$\left.\frac{\mathrm{d}u_o}{\mathrm{d}t}\right|_{0_+}=-\frac{u_o(0_+)}{R_2C_1}-\frac{u_o(0_+)}{R_2C_2}-\frac{u_i(0_+)-u_o(0_+)+u_{C2}(0_+)}{R_1C_2}=-1\ \mathrm{V/s}$$

由初始条件可解得

$$K_1=0,\ K_2=-1$$

因此

$$u_o=-t\mathrm{e}^{-t}\varepsilon(t)\ \mathrm{V}$$

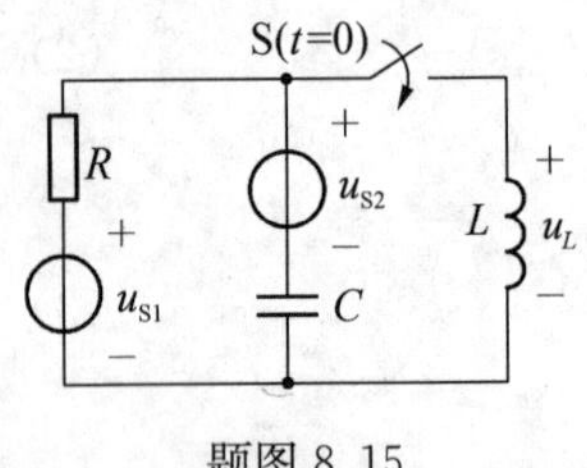

题图 8.15

RLC 电路的全响应

8.15 电路如题图 8.15 所示,在开关 S 闭合前已达稳态,$R=0.1\ \Omega$, $L=0.1\ \mathrm{H}$, $C=1\ \mathrm{F}$, $u_{S1}=10\ \mathrm{V}$, $u_{S2}=5\ \mathrm{V}$。试求 S 在 $t=0$ 瞬时闭合后,电感支路上的电压 u_L。

解 采用经典法求解。作出 $t=0_-$ 时的电路如题图 8.15.1(a)所示,得

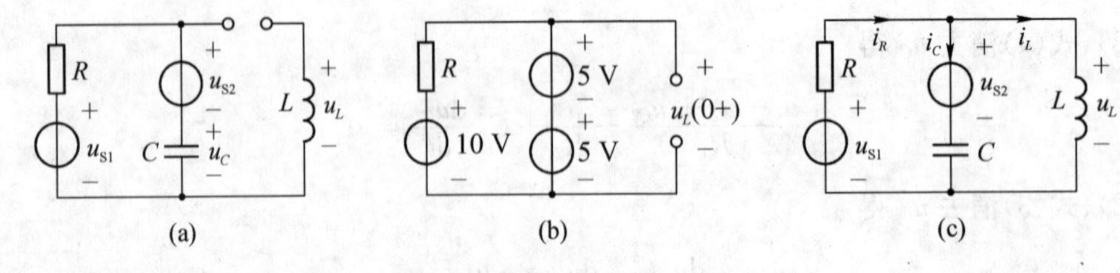

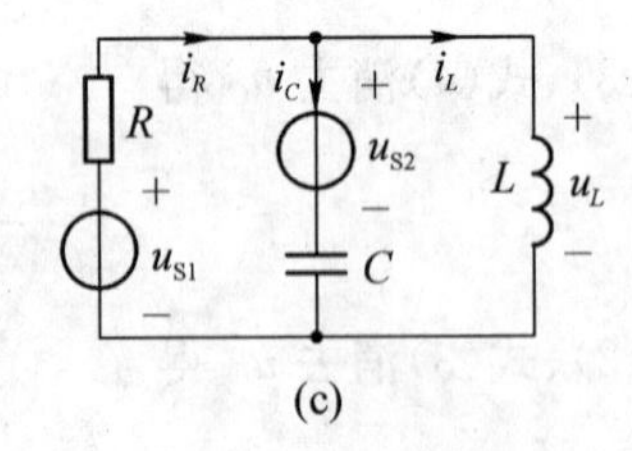

题图 8.15.1

$$u_C(0_-)=u_{S1}(0_-)-u_{S2}(0_-)=10-5\ \mathrm{V}=5\ \mathrm{V},\ i_L(0_-)=0$$

由换路定律有 $u_C(0_+)=u_C(0_-)=5\ \mathrm{V},\ i_L(0_+)=i_L(0_-)=0$

作出 $t\mathrm{V}=0_+$ 时的电路如题图 8.15.1(b)所示,有

$$u_L(0_+) = 5 + 5\ \mathrm{V} = 10\ \mathrm{V},\ \left.\frac{\mathrm{d}i_L}{\mathrm{d}t}\right|_{t=0_+} = \frac{u_L(0_+)}{L} = \frac{10\ \mathrm{V}}{0.1\ \mathrm{H}} = 100\ \mathrm{A/s}$$

作出 $t \geqslant 0$ 时的电路如题图 8.15.1(c)所示，由 KVL 可得

$$i_L + i_C - i_R = 0$$

由 KVL 及元件 VCR，得

$$\begin{cases} i_R = \dfrac{u_{S1} - u_L}{R} = \dfrac{u_{S1}}{R} - \dfrac{L}{R}\dfrac{\mathrm{d}i_L}{\mathrm{d}t} \\ i_C = C\dfrac{\mathrm{d}u_C}{\mathrm{d}t} = C\dfrac{\mathrm{d}(u_L - u_{S2})}{\mathrm{d}t} = LC\dfrac{\mathrm{d}^2 i_L}{\mathrm{d}t^2} \end{cases}$$

将上式代入 KCL 方程，并代入参数整理得

$$\frac{\mathrm{d}^2 i_L}{\mathrm{d}t^2} + 10\frac{\mathrm{d}i_L}{\mathrm{d}t} + 10 i_L = 1\,000$$

求得特征根为　　$s_1 = -8.87,\ s_2 = -1.13$

于是可写出齐次方程的通解为

$$i_{Lh} = K_1 \mathrm{e}^{-8.87t} + K_2 \mathrm{e}^{-1.13t}$$

而特解可取　　$i_{Lp} = \dfrac{1\,000}{10}\ \mathrm{A} = 100\ \mathrm{A}$

因此　　$i_L = K_1 \mathrm{e}^{-8.87t} + K_2 \mathrm{e}^{-1.13t} + 100$

由初始条件求得待定常数 $K_1 = 1.679,\ K_2 = -101.679$

于是　　$i_L = (1.679\mathrm{e}^{-8.87t} - 101.679\mathrm{e}^{-1.13t} + 100)\ \mathrm{A}$

求得　　$u_L = L\dfrac{\mathrm{d}i_L}{\mathrm{d}t} = (11.49\mathrm{e}^{-1.13t} - 1.489\mathrm{e}^{-8.87t})\ \mathrm{V}\quad (t \geqslant 0_+)$

8.16　如题图 8.16 所示电路，已知 $u_S = 12\varepsilon(t)\ \mathrm{V}$，$u_C(0) = 1\ \mathrm{V}$，$i_L(0) = 2\ \mathrm{A}$，试求 u_C，并写出 u_C 的自由分量和强制分量。

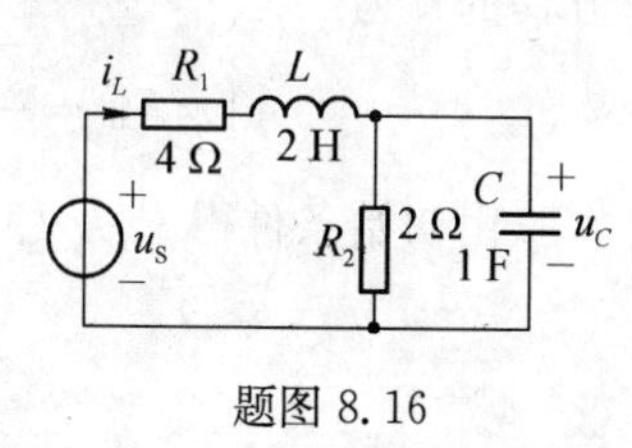

题图 8.16

解

列写以 u_C 为变量的二阶微分方程

由 KCL 得　$i_L = i_{R2} + i_C = \dfrac{u_C}{R_2} + C\dfrac{\mathrm{d}u_C}{\mathrm{d}t}$

由 KVL 得　$i_L R_1 + L\dfrac{\mathrm{d}i_L}{\mathrm{d}t} + u_C = u_S$

由以上两式得　$LC\dfrac{\mathrm{d}^2 u_C}{\mathrm{d}t^2} + \left(R_1 C + \dfrac{L}{R_2}\right)\dfrac{\mathrm{d}u_C}{\mathrm{d}t} + \left(1 + \dfrac{R_1}{R_2}\right)u_C = u_S$

代入数值得　$2\dfrac{\mathrm{d}^2 u_C}{\mathrm{d}t^2} + 5\dfrac{\mathrm{d}u_C}{\mathrm{d}t} + 3u_C = 12$

$$u_C(0_+) = u_C(0_-) = 1\ \mathrm{V}$$

$$\left.\frac{\mathrm{d}u_C}{\mathrm{d}t}\right|_{0_+} = \frac{1}{C}i_C(0_+)\ \frac{1}{C}\left[i_L(0_+) - \frac{1}{R_2}u_C(0_+)\right] = 1.5\ \mathrm{V/s}$$

由特征方程 $2s^2 + 5s + 3 = 0$ 解得特征根为

$$s_1 = -1,\ s_2 = -1.5$$

二阶微分方程非齐次特解为一常量，即 $u_{Cp} = \dfrac{12}{3}\,\mathrm{V} = 4\,\mathrm{V}$，非齐次方程通解为

$$u_{Ch} = 4 + A\mathrm{e}^{-t} + B\mathrm{e}^{-1.5t}$$

由初始条件求得待定系数 $A = -6,\ B = 3$

故待求响应为 $u_C = (4 - 6\mathrm{e}^{-t} + 3\mathrm{e}^{-1.5t})\varepsilon(t)\ \mathrm{V}$

自由分量为 $u_{Ch} = (-6\mathrm{e}^{-t} + 3\mathrm{e}^{-1.5t})\varepsilon(t)\ \mathrm{V}$

强制分量为 $u_{Cp} = 4\ \mathrm{V}$

8.17 如题图 8.17 所示电路在开关 S 动作前已达稳态，试求 $t \geqslant 0_+$ 时 u_C 和 u_L。

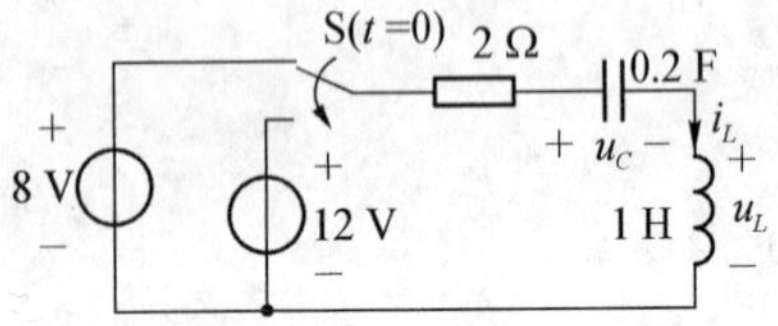

题图 8.17

解

由题意 $t = 0_-$ 时电路已处于稳态，电容 C 相当于开路，电感 L 相当于短路。故有

$$u_C(0_-) = 8\ \mathrm{V},\ i_L(0_-) = 0$$

根据 KVL 可得换路后电路的输入-输出方程为

$$0.2\frac{\mathrm{d}^2 u_C}{\mathrm{d}t^2} + 0.4\frac{\mathrm{d}u_C}{\mathrm{d}t} + u_C = 12$$

初始条件为 $u_C(0_+) = 8\ \mathrm{V},\ \left.\dfrac{\mathrm{d}u_C(t)}{\mathrm{d}t}\right|_{t=0_+} = \dfrac{1}{C}i_L(0_+) = 0$

由特征方程 $0.2s^2 + 0.4s + 1 = 0$ 解得特征根为

$$s_{1,2} = -1 \pm 2\mathrm{j}$$

方程的解为 $u_C = 12 + (a\cos 2t + b\sin 2t)\mathrm{e}^{-t}$

$$\mathrm{d}u_C/\mathrm{d}t = -(a\cos 2t + b\sin 2t)\mathrm{e}^{-t} + (-2a\sin 2t + 2b\cos 2t)\mathrm{e}^{-t}$$

由初始条件得 $u_C(0) = 12 + a = 8$

$$\left.\frac{\mathrm{d}u_C(t)}{\mathrm{d}t}\right|_{t=0_+} = -a + 2b = 0$$

解得 $a = -4,\ b = -2$

因此 $u_C = [12 - (4\cos 2t + 2\sin 2t)\mathrm{e}^{-t}]\varepsilon(t)\ \mathrm{V}$

又 $i_L = i_C = C\dfrac{\mathrm{d}u_C}{\mathrm{d}t} = 2\mathrm{e}^{-t}\sin 2t\varepsilon(t)\ \mathrm{A}$

故 $u_L = L\dfrac{\mathrm{d}i_L}{\mathrm{d}t} = \mathrm{e}^{-t}(4\cos 2t - 2\sin 2t)\varepsilon(t)\ \mathrm{V}$

8.18 如题图 8.18 所示电路，已知 $R_1 = 3\ \Omega,\ R_2 = 1\ \Omega,\ L = 1\ \mathrm{H},\ C = 1\ \mathrm{F}$，开关 S 原在位置 1，电路处于稳态。$t = 0$ 时开关打向位置 2，试求 $t \geqslant 0_+$ 时的电流 i_L。

解

换路前，电路已处稳态，可求得 $i_L(0_-) = 1\ \mathrm{A},\ u_C(0_-) =$

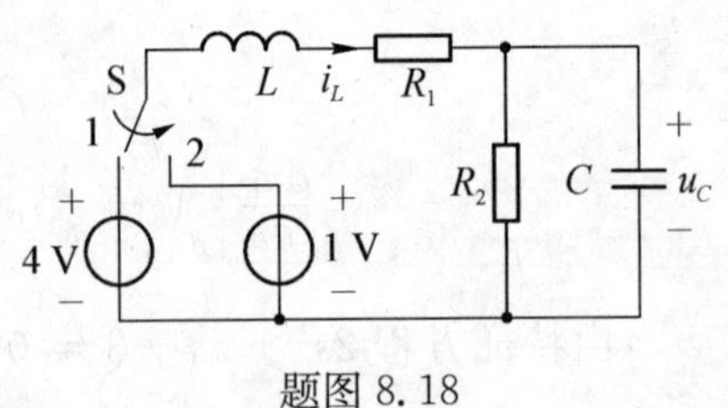

题图 8.18

1 V。根据换路定律有

$$i_L(0_+)=i_L(0_-)=1\ \text{A},\ u_C(0_+)=u_C(0_-)=1\ \text{V}$$

根据换路后的电路，依据 KVL 有

$$u_L+u_{R1}+u_C=1\Rightarrow L\frac{\mathrm{d}i_L}{\mathrm{d}t}+R_1i_L+u_C=1$$

依据 KCL 有
$$i_L=i_{R2}+i_C=\frac{u_C}{R_2}+C\frac{\mathrm{d}u_C}{\mathrm{d}t}$$

可得
$$LC\frac{\mathrm{d}^2u_C}{\mathrm{d}t^2}+\left(\frac{L}{R_2}+R_1C\right)\frac{\mathrm{d}u_C}{\mathrm{d}t}+\frac{R_1}{R_2}u_C+u_C=1$$

代入参数后的电路方程为
$$\frac{\mathrm{d}^2u_C}{\mathrm{d}t^2}+4\frac{\mathrm{d}u_C}{\mathrm{d}t}+4u_C=1$$

由特征方程 $s^2+4s+4=0$，求得特征根为 $s_1=s_2=-2$。特征根为两个相等的负实根，设瞬态响应为 $u_\mathrm{h}=k_1\mathrm{e}^{-2t}+k_2t\mathrm{e}^{-2t}$，稳态响应为 $u_\mathrm{p}=1/4$，则

$$u_C=1/4+k_1\mathrm{e}^{-2t}+k_2t\mathrm{e}^{-2t}$$

由初始条件 $u_C(0)=\dfrac{1}{4}+k_1+0=1,\ \left.\dfrac{\mathrm{d}u_C}{\mathrm{d}t}\right|_{0_+}=-2k_1+k_2=0$，求得待定系数 $k_1=\dfrac{3}{4}$，$k_2=\dfrac{3}{2}$。于是

$$u_C=(0.25+0.75\mathrm{e}^{-2t}+1.5t\mathrm{e}^{-2t})\varepsilon(t)\ \text{V}$$

$$i_L=i_{R2}+i_C=\frac{u_C}{R_2}+C\frac{\mathrm{d}u_C}{\mathrm{d}t}=(0.25-1.5t\mathrm{e}^{-2t}+0.75\mathrm{e}^{-2t})\varepsilon(t)\ \text{A}$$

动态电路的状态变量分析

8.19 如题图 8.19 所示电路，已知 $R_1=5\ \Omega$，$R_2=1\ \Omega$，$L=1\ \text{H}$，$C=1\ \text{F}$，若以 u_C、i_L 为状态变量，u_1、i_2 为输出量，试列写标准形式的状态方程和输出方程。

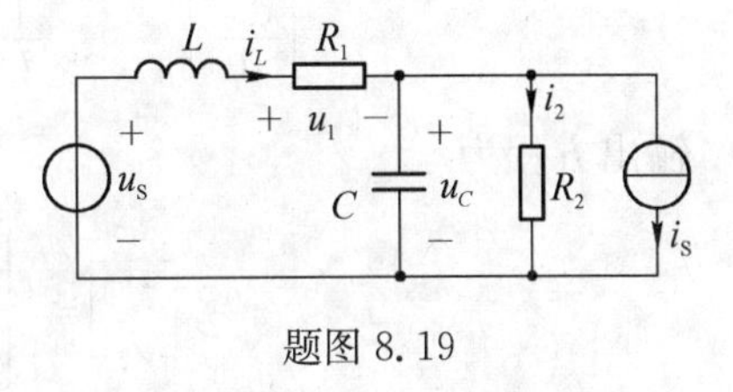

题图 8.19

解

对题图 8.19 电路，用理想电压源 u_C 替代电容，用理想电流源 i_L 替代电感，由 KCL 可得

$$i_C=-\frac{u_C}{R_2}+i_L-i_\mathrm{S}$$

由 KVL 可得

$$u_L=-u_C-i_LR_1+u_\mathrm{S}$$

整理可得状态方程为

$$\begin{bmatrix}\dfrac{\mathrm{d}u_C}{\mathrm{d}t}\\[2mm]\dfrac{\mathrm{d}i_L}{\mathrm{d}t}\end{bmatrix}=\begin{bmatrix}-1 & 1\\-1 & -5\end{bmatrix}\begin{bmatrix}u_C\\i_L\end{bmatrix}+\begin{bmatrix}-i_\mathrm{S}\\u_\mathrm{S}\end{bmatrix}$$

又有

$$u_1 = 5i_L,\ i_2 = \frac{u_C}{R_2} = u_C$$

整理可得输出方程为

$$\begin{bmatrix} u_1 \\ i_2 \end{bmatrix} = \begin{bmatrix} 0 & 5 \\ 1 & 0 \end{bmatrix}\begin{bmatrix} u_C \\ i_L \end{bmatrix}$$

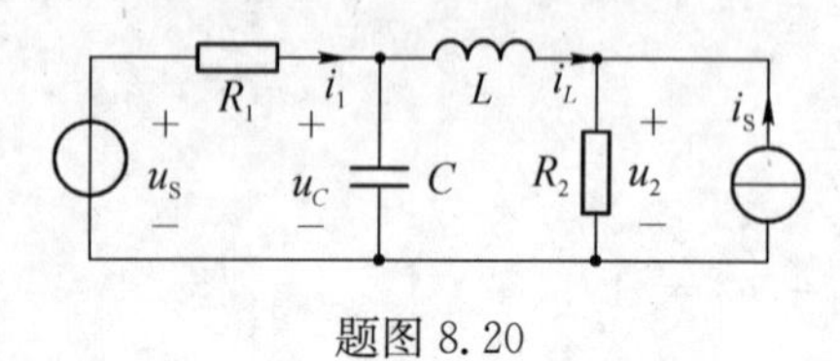

题图 8.20

8.20 试列写题图 8.20 所示电路的标准形式状态方程和以 i_1、u_2 为输出的标准形式输出方程。已知 $R_1 = R_2 = 1\ \Omega$, $L = 1\ \text{H}$, $C = 1\ \text{F}$。

解

以 u_C 和 i_L 为状态变量,对电容支路列写 KCL,得

$$C\frac{\mathrm{d}u_C}{\mathrm{d}t} = i_1 - i_L$$

对电感支路列写 KVL,得

$$L\frac{\mathrm{d}i_L}{\mathrm{d}t} = u_C - u_2$$

将非状态变量用状态变量和输入表示,即

$$i_1 = \frac{u_S - u_C}{R_1},\ u_2 = R_2(i_L + i_S)$$

代入并整理成标准形式的状态方程为

$$\begin{bmatrix} \dfrac{\mathrm{d}u_C}{\mathrm{d}t} \\ \dfrac{\mathrm{d}i_L}{\mathrm{d}t} \end{bmatrix} = \begin{bmatrix} -\dfrac{1}{CR_1} & -\dfrac{1}{C} \\ \dfrac{1}{L} & -\dfrac{R_2}{L} \end{bmatrix}\begin{bmatrix} u_C \\ i_L \end{bmatrix} + \begin{bmatrix} -\dfrac{1}{CR_1} & 0 \\ 0 & -\dfrac{R_2}{L} \end{bmatrix}\begin{bmatrix} u_S \\ i_S \end{bmatrix}$$

输出方程为

$$\begin{bmatrix} i_1 \\ u_2 \end{bmatrix} = \begin{bmatrix} -\dfrac{1}{R_1} & 0 \\ 0 & R_2 \end{bmatrix}\begin{bmatrix} u_C \\ i_L \end{bmatrix} + \begin{bmatrix} \dfrac{1}{R_1} & 0 \\ 0 & R_2 \end{bmatrix}\begin{bmatrix} u_S \\ i_S \end{bmatrix}$$

代入具体参数得

$$\begin{bmatrix} \dfrac{\mathrm{d}u_C}{\mathrm{d}t} \\ \dfrac{\mathrm{d}i_L}{\mathrm{d}t} \end{bmatrix} = \begin{bmatrix} -1 & -1 \\ 1 & -1 \end{bmatrix}\begin{bmatrix} u_C \\ i_L \end{bmatrix} + \begin{bmatrix} -1 & 0 \\ 0 & -1 \end{bmatrix}\begin{bmatrix} u_S \\ i_S \end{bmatrix}$$

$$\begin{bmatrix} i_1 \\ u_2 \end{bmatrix} = \begin{bmatrix} -1 & 0 \\ 0 & 1 \end{bmatrix}\begin{bmatrix} u_C \\ i_L \end{bmatrix} + \begin{bmatrix} 1 & 0 \\ 0 & 1 \end{bmatrix}\begin{bmatrix} u_S \\ i_S \end{bmatrix}$$

8.21 试写出题图 8.21 所示电路的标准形式状态方程。

解

选 u_{C1} 和 u_{C3} 为状态变量。有 KCL 方程

$$C_1\frac{\mathrm{d}u_{C1}}{\mathrm{d}t} = \frac{u_4}{R_4},\ C_3\frac{\mathrm{d}u_{C3}}{\mathrm{d}t} = \frac{u_5}{R_5}$$

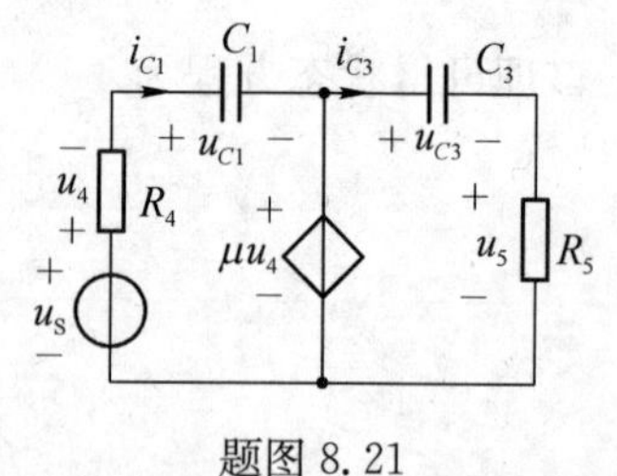

题图 8.21

和 KVL 方程

$$u_{C3}=\mu u_4-u_5,\ u_4=u-u_{C1}-\mu u_4$$

由 KVL 方程得到

$$\begin{cases}u_4=-\dfrac{1}{1+\mu}u_{C1}+\dfrac{1}{1+\mu}u_S\\ u_5=-\dfrac{\mu}{1+\mu}u_{C1}-u_{C3}+\dfrac{\mu}{1+\mu}u_S\end{cases}$$

将 u_4、u_5 代入 KCL 方程，整理成标准形式的状态方程

$$\begin{bmatrix}\dfrac{du_{C1}}{dt}\\ \dfrac{du_{C3}}{dt}\end{bmatrix}=\begin{bmatrix}-\dfrac{1}{C_1R_4(1+\mu)} & 0\\ -\dfrac{\mu}{C_3R_5(1+\mu)} & -\dfrac{1}{C_3R_5}\end{bmatrix}\begin{bmatrix}u_{C1}\\ u_{C3}\end{bmatrix}+\begin{bmatrix}\dfrac{1}{C_1R_4(1+\mu)}\\ \dfrac{\mu}{C_3R_5(1+\mu)}\end{bmatrix}u_S$$

当系数 $\mu=-1$ 时，因为 $u_{C1}=u$，状态方程将变成

$$\frac{du_{C3}}{dt}=\frac{R_4C_1}{R_5C_3}\frac{du}{dt}-\frac{1}{R_5C_3}u_{C3}$$

8.22　试列写题图 8.22 所示电路的状态方程。

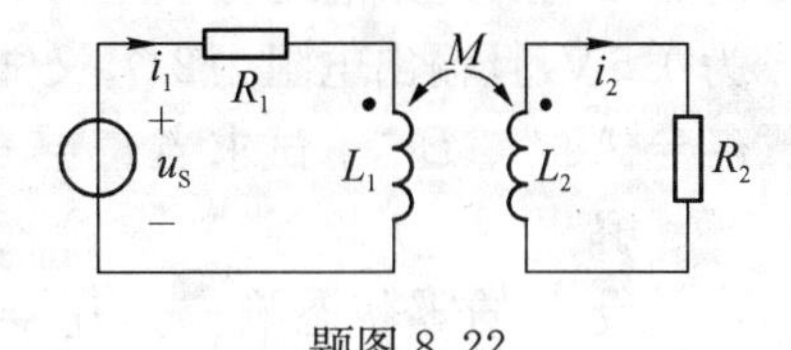

题图 8.22

解

列写 KVL 方程得到

$$\begin{cases}R_1i_1+L_1\dfrac{di_1}{dt}-M\dfrac{di_2}{dt}=u_S\\ M\dfrac{di_1}{dt}-L_2\dfrac{di_2}{dt}-R_2i_2=0\end{cases}$$

整理得

$$\begin{bmatrix}L_1 & -M\\ -M & L_2\end{bmatrix}\begin{bmatrix}\dfrac{di_1}{dt}\\ \dfrac{di_2}{dt}\end{bmatrix}=\begin{bmatrix}-R_1 & 0\\ 0 & -R_2\end{bmatrix}\begin{bmatrix}i_1\\ i_2\end{bmatrix}+\begin{bmatrix}1\\ 0\end{bmatrix}u_S$$

因此

$$\begin{bmatrix}\dfrac{di_1}{dt}\\ \dfrac{di_2}{dt}\end{bmatrix}=\begin{bmatrix}L_1 & -M\\ -M & L_2\end{bmatrix}^{-1}\begin{bmatrix}-R_1 & 0\\ 0 & -R_2\end{bmatrix}\begin{bmatrix}i_1\\ i_2\end{bmatrix}+\begin{bmatrix}L_1 & -M\\ -M & L_2\end{bmatrix}^{-1}\begin{bmatrix}1\\ 0\end{bmatrix}u_S$$

求得状态方程
$$\begin{bmatrix}\dfrac{di_1}{dt}\\ \dfrac{di_2}{dt}\end{bmatrix}=\begin{bmatrix}\dfrac{-R_1L_2}{L_1L_2-M^2} & \dfrac{-R_2M}{L_1L_2-M^2}\\ \dfrac{-R_1M}{L_1L_2-M^2} & \dfrac{-R_2L_1}{L_1L_2-M^2}\end{bmatrix}\begin{bmatrix}i_1\\ i_2\end{bmatrix}+\begin{bmatrix}\dfrac{L_2}{L_1L_2-M^2}\\ \dfrac{M}{L_1L_2-M^2}\end{bmatrix}u_S$$

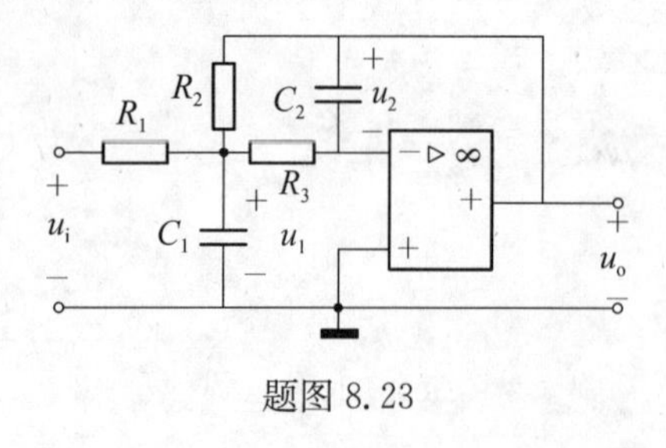

题图 8.23

8.23 试写出题图 8.23 所示电路的标准形式状态方程。

解

根据“虚短”和“虚断”可得 $u_2=u_o$。列写 KCL 方程

$$C_1\frac{\mathrm{d}u_1}{\mathrm{d}t}=\frac{1}{R_1}(u_i-u_1)+\frac{1}{R_2}(u_2-u_1)-\frac{1}{R_3}u_1,$$

$$C_2\frac{\mathrm{d}u_2}{\mathrm{d}t}=-\frac{1}{R_3}u_1$$

整理可得标准形式状态方程

$$\begin{bmatrix}\dfrac{\mathrm{d}u_1}{\mathrm{d}t}\\ \dfrac{\mathrm{d}u_2}{\mathrm{d}t}\end{bmatrix}=\begin{bmatrix}-\dfrac{1}{C_1}\left(\dfrac{1}{R_1}+\dfrac{1}{R_2}+\dfrac{1}{R_3}\right) & \dfrac{1}{C_1R_2}\\ -\dfrac{1}{C_2R_3} & 0\end{bmatrix}\begin{bmatrix}u_1\\ u_2\end{bmatrix}+\begin{bmatrix}\dfrac{1}{C_1R_1}\\ 0\end{bmatrix}u_i$$

综合

8.24 如题图 8.24 所示电路，若 $i_S=1\,\text{A}$，当 $22'$ 端短路时，$33'$ 端的开路电压为零；当 $22'$ 端开路时，$33'$ 端的开路电压为 0.5 V，且输出电阻为 2 Ω。又知此电路的零输入响应形式为 $i_L=A\mathrm{e}^{-t}+B\mathrm{e}^{-2t}$，试求当 $i_S=\varepsilon(t)\,\text{A}$ 时的零状态响应 i_L。

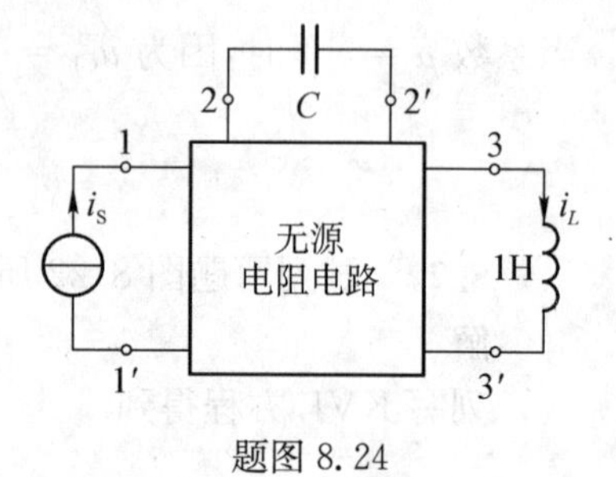

题图 8.24

解

设 i_L 的零状态响应为 $i_L=K_1+K_2\mathrm{e}^{-t}+K_3\mathrm{e}^{-2t}$，$K_1$、$K_2$、$K_3$ 根据初始条件确定。由零状态，有 $u_C(0_+)=0$，$i_L(0_+)=0$。由题意知当 $22'$ 端短路时，$33'$ 端的开路电压为零，有 $u_L(0_+)=0$，于是可得

$$\begin{cases}i_L(0_+)=K_1+K_2+K_3=0\\ \left.\dfrac{\mathrm{d}i_L}{\mathrm{d}t}\right|_{t=0_+}=\dfrac{u_L(0_+)}{L}=-K_2-2K_3=0\end{cases}$$

又当 $22'$ 端开路时（即 $t\to\infty$ 时），$i_L(\infty)=K_1$。根据题意，可得到 $t\to\infty$ 时 $33'$ 端左侧的戴维南等效电路如题图 8.24.1 所示，因此

$$i_L(\infty)=\frac{0.5}{2}=0.25=K_1$$

由上述方程解得

$$K_2=-0.5,\ K_3=0.25$$

因此

$$i_L=(-0.5\mathrm{e}^{-t}+0.25\mathrm{e}^{-2t}+0.25)\varepsilon(t)\,\text{A}$$

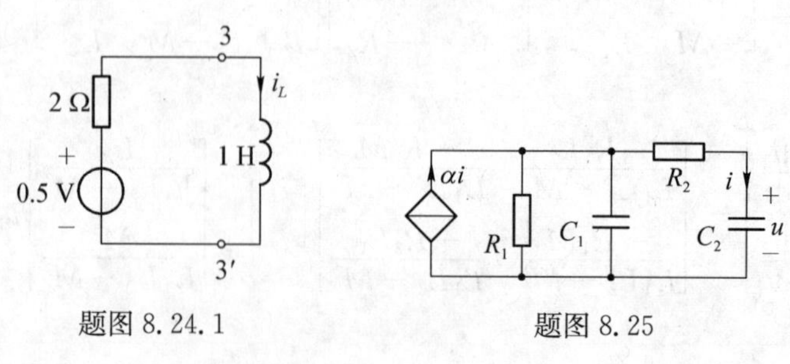

题图 8.24.1　　题图 8.25

8.25 如题图 8.25 所示电路，已知 $R_1/R_2=C_2/C_1=K$。为使此电路有等幅振荡响应，试

求受控源的转移电流比 α。

解

当电路响应为等幅振荡时，其特征根应为共轭虚根。设 C_1 端电压 u_1，方向为上正下负，有电路方程

$$\begin{cases} C_2\dfrac{\mathrm{d}u}{\mathrm{d}t}=i \\ u_1=R_2i+u \\ (\alpha-1)i=\dfrac{u_1}{R_1}+C_1\dfrac{\mathrm{d}u_1}{\mathrm{d}t} \end{cases}$$

由上述方程消去 u_1、i 得

$$(\alpha-1)C_2\frac{\mathrm{d}u}{\mathrm{d}t}=\frac{R_2}{R_1}C_2\frac{\mathrm{d}u}{\mathrm{d}t}+\frac{u}{R_1}+R_2C_1C_2\frac{\mathrm{d}^2u}{\mathrm{d}t^2}+C_1\frac{\mathrm{d}u}{\mathrm{d}t}$$

代入已知条件并整理可得

$$R_2C_1\frac{\mathrm{d}^2u}{\mathrm{d}t^2}+\left(\frac{2}{K}-\alpha+1\right)\frac{\mathrm{d}u}{\mathrm{d}t}+\frac{u}{C_2R_1}=0$$

要使此电路有等幅振荡响应，则 $\alpha-1-\dfrac{2}{K}=0$，即 $\alpha=1+\dfrac{2}{K}$。

8.26 如题图 8.26 所示电路，开关 S 原位于 1，处于稳定状态。$t=0$ 时，S 从端子 1 接到端子 2；在 $t=1\ \mathrm{s}$ 时，S 又从端子 2 接到端子 1。试求电压 u_{C1}，并绘出其波形图。

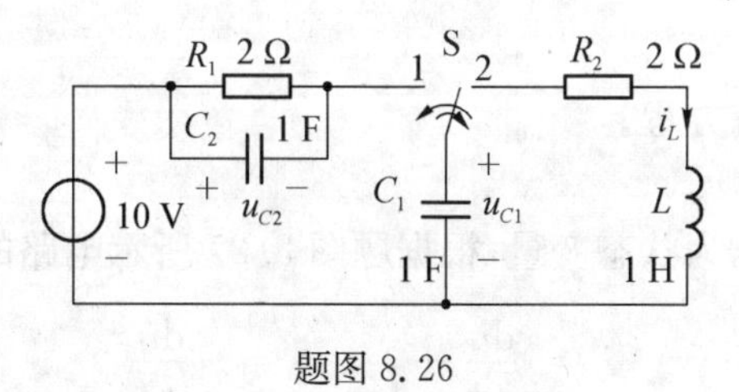

题图 8.26

解

电路中出现二次换路的情况，根据二次换路的时间段分别对相应的电路进行求解。

(1) 电路的原始状态为 $u_{C1}(0_-)=10\ \mathrm{V}$，$u_{C2}(0_-)=0$，$i_L(0_-)=0$。根据换路定律，$u_{C1}(0_+)=u_{C1}(0_-)=10\ \mathrm{V}$，$u_{C2}(0_+)=u_{C2}(0_-)=0$，$i_L(0_+)=i_L(0_-)=0$。

(2) 当 $0_+\leqslant t\leqslant 1_-$ 时，S 接到端子 2，电路等效为由 $u_{C1}(0_+)$ 引起的 RLC 的零输入响应。根据 KVL 有

$$u_{C1}=R_2i_L+\frac{\mathrm{d}i_L}{\mathrm{d}t}$$

根据支路 VCR
$$i_L=-C_1\frac{\mathrm{d}u_{C1}}{\mathrm{d}t}$$

得电路方程
$$\frac{\mathrm{d}^2u_{C1}}{\mathrm{d}t^2}+2\frac{\mathrm{d}u_{C1}}{\mathrm{d}t}+u_{C1}=0$$

初始条件为 $u_{C1}(0_+)=10\ \mathrm{V}$，$\left.\dfrac{\mathrm{d}u_{C1}}{\mathrm{d}t}\right|_{t=0_+}=-i_L(0_+)=0$，特征根为两个相等的负实根 $s_1=$

$s_2 = -1$。

解得零输入响应为 $u_{C1} = (10 + 10t)\mathrm{e}^{-t}[\varepsilon(t) - \varepsilon(t-1)]$ V

当 $t = 1_-$ 时 $u_{C1}(1_-) = 20\mathrm{e}^{-1}$ V

(3) 当 $t \geqslant 1_+$ 时,电路为一阶电路。由于存在纯电容与理想电压源构成的回路,电容电压发生跳变,即 $t = 1_+$ 时刻, $u_{C1}(1_+) + u_{C2}(1_+) = 10$ V,且根据电荷守恒,有

$$C_1 u_{C1}(1_+) - C_2 u_{C2}(1_+) = C_1 u_{C1}(1_-)$$

解得 $u_{C1}(1_+) = (5 + 10\mathrm{e}^{-1})\ \mathrm{V} = 8.68\ \mathrm{V}$, $u_{C2}(1_+) = (5 - 10\mathrm{e}^{-1})\ \mathrm{V} = 1.32\ \mathrm{V}$

当 $t \to \infty$ 时,$u_{C1}(\infty) = 10$ V,电路时间常数 $\tau = (C_1 + C_2)R_1 = 4$ s。

根据三要素法得 $u_{C1} = [10 + (10\mathrm{e}^{-1} - 5)\mathrm{e}^{-\frac{t-1}{4}}]\varepsilon(t-1)$ V

u_{C1}的波形图如题图 8.26.1 所示。

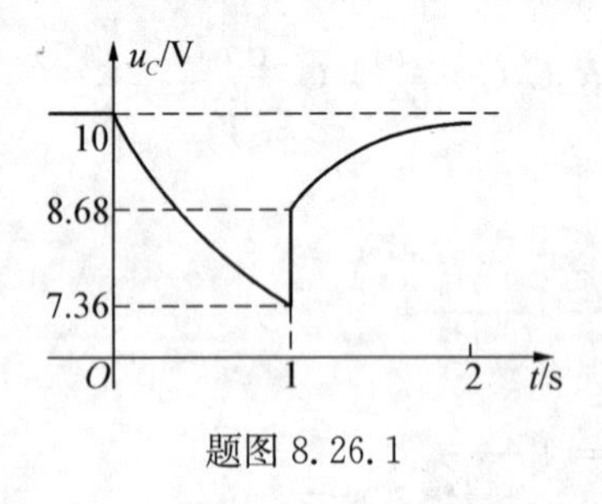

题图 8.26.1

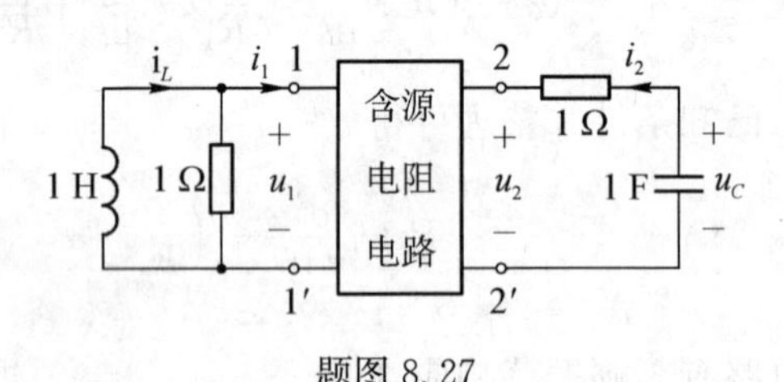

题图 8.27

8.27 如题图 8.27 所示电路,已知二端口电路的 r 参数方程为 $\begin{cases} u_1 = \dfrac{2}{3}i_1 + \dfrac{1}{3}i_2 + \dfrac{1}{3} \\ u_2 = \dfrac{1}{3}i_1 + \dfrac{2}{3}i_2 - \dfrac{1}{3} \end{cases}$。试列写电路的标准形式状态方程。

解

取电感电流和电容电压为状态变量,根据题图 8.27 所示电路的参考方向,对 11′端口有

$$i_1 = \frac{\mathrm{d}i_L}{\mathrm{d}t} + i_L,\ u_1 = -\frac{\mathrm{d}i_L}{\mathrm{d}t}$$

对 22′端口有

$$u_2 = \frac{\mathrm{d}u_C}{\mathrm{d}t} + u_C,\ i_2 = -\frac{\mathrm{d}u_C}{\mathrm{d}t}$$

将上述方程代入 r 参数方程,整理可得

$$\begin{bmatrix} 1 & -5 \\ 5 & -1 \end{bmatrix}\begin{bmatrix} \dfrac{\mathrm{d}u_C}{\mathrm{d}t} \\ \dfrac{\mathrm{d}i_L}{\mathrm{d}t} \end{bmatrix} = \begin{bmatrix} 0 & 2 \\ -3 & 1 \end{bmatrix}\begin{bmatrix} u_C \\ i_L \end{bmatrix} + \begin{bmatrix} 1 \\ -1 \end{bmatrix}$$

标准形式状态方程为

$$\begin{bmatrix} \dfrac{\mathrm{d}u_C}{\mathrm{d}t} \\ \dfrac{\mathrm{d}i_L}{\mathrm{d}t} \end{bmatrix} = \begin{bmatrix} -5/8 & 1/8 \\ -1/8 & -3/8 \end{bmatrix}\begin{bmatrix} u_C \\ i_L \end{bmatrix} + \begin{bmatrix} -1/4 \\ -1/4 \end{bmatrix}$$

8.28 已知题图 8.28 所示电路的标准形式状态方程为

$$\begin{bmatrix}\dfrac{du_{C1}}{dt}\\ \dfrac{du_{C2}}{dt}\end{bmatrix}=\begin{bmatrix}-1 & -1\\ -0.5 & -1.5\end{bmatrix}\begin{bmatrix}u_{C1}\\ u_{C2}\end{bmatrix}+\begin{bmatrix}1\\ 0.5\end{bmatrix}u_S$$

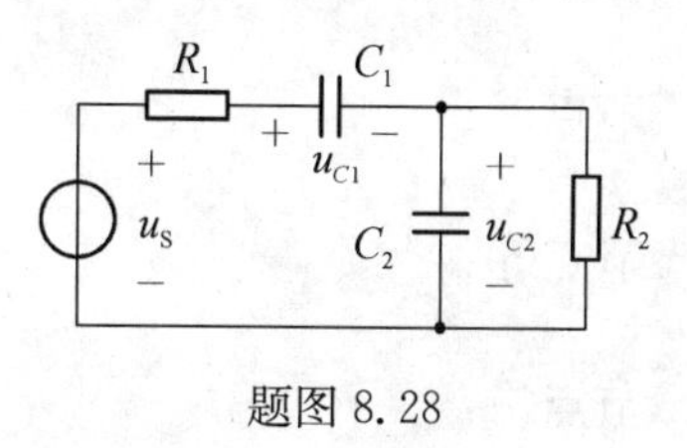

题图 8.28

其中 $R_1=1\,\Omega$，$C_1=1\,\text{F}$，$C_2=2\,\text{F}$。试确定电路中的电阻 R_2。

解

根据题图 8.28 有 KCL 方程

$$\begin{cases}i_{C1}=\dfrac{u_S-u_{C1}-u_{C2}}{R_1}=-u_{C1}-u_{C2}+u_S\\ i_{C2}=i_{C1}-\dfrac{u_{C2}}{R_2}=-u_{C1}-\left(1+\dfrac{1}{R_2}\right)u_{C2}+u_S\end{cases}$$

即

$$\begin{cases}\dfrac{du_{C1}}{dt}=\dfrac{1}{C_1}(-u_{C1}-u_{C2}+u_S)\\ \dfrac{du_{C2}}{dt}=\dfrac{1}{C_2}\left[-u_{C1}-\left(1+\dfrac{1}{R_2}\right)u_{C2}+u_S\right]\end{cases}$$

表示成矩阵方程

$$\begin{bmatrix}\dfrac{du_{C1}}{dt}\\ \dfrac{du_{C2}}{dt}\end{bmatrix}=\begin{bmatrix}-1 & -1\\ -0.5 & -0.5\left(1+\dfrac{1}{R_2}\right)\end{bmatrix}\begin{bmatrix}u_{C1}\\ u_{C2}\end{bmatrix}+\begin{bmatrix}1\\ 0.5\end{bmatrix}u_S$$

与已知标准形式状态方程比较可得　　$R_2=0.5\,\Omega$

8.29 **解微分方程电路** 利用电路元件可以设计出求解微分方程的电路。如题图 8.29 所示为由 4 个运放构成的求解微分方程电路。已知 $C_1=C_2=C$，$RC=1$。试列写以 $y(t)$ 为变量的电路方程。

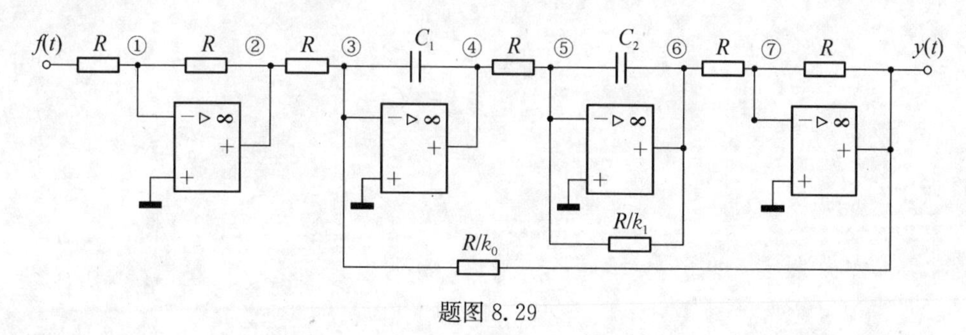

题图 8.29

解

首先，利用"虚短"的特性，可知节点①、③、⑤、⑦的节点电压为零；令 $u_4=u_{C1}$，$u_6=u_{C2}$，再利用"虚断"的特性，列出节点①、③、⑤、⑦的节点电压方程为

节点①：
$$\frac{f(t)}{R}+\frac{u_2}{R}=0$$

节点③：
$$\frac{u_2}{R}+\frac{y(t)}{R/k_0}+C\frac{\mathrm{d}u_{C1}}{\mathrm{d}t}=0$$

节点⑤：
$$\frac{u_{C1}}{R}+\frac{u_{C2}}{R/k_1}+C\frac{\mathrm{d}u_{C2}}{\mathrm{d}t}=0$$

节点⑦：
$$\frac{u_{C2}}{R}+\frac{y(t)}{R}=0$$

由上述方程消去 u_2 后，可以得到状态方程和输出方程分别为

$$\begin{bmatrix}\frac{\mathrm{d}u_{C1}}{\mathrm{d}t}\\ \frac{\mathrm{d}u_{C2}}{\mathrm{d}t}\end{bmatrix}=\begin{bmatrix}0 & \frac{k_0}{RC}\\ -\frac{1}{RC} & -\frac{k_1}{RC}\end{bmatrix}\begin{bmatrix}u_{C1}\\ u_{C2}\end{bmatrix}+\begin{bmatrix}\frac{1}{RC}\\ 0\end{bmatrix}f(t)$$

$$y(t)=-u_{C2}$$

从上述状态方程和输出方程得到输入输出方程为

$$R^2C^2\frac{\mathrm{d}^2y(t)}{\mathrm{d}t^2}+k_1RC\frac{\mathrm{d}y(t)}{\mathrm{d}t}+k_0y(t)=f(t)$$

将 $RC=1$ 代入上式，得

$$\frac{\mathrm{d}^2y(t)}{\mathrm{d}t^2}+k_1\frac{\mathrm{d}y(t)}{\mathrm{d}t}+k_0y(t)=f(t)$$

由上式可见，如果电路的输入端加入电压为 $f(t)$ 的激励，那么电路的输出端电压 $y(t)$ 满足上式所表示的微分方程，这是一个二阶微分方程。

9 正弦稳态电路的相量分析

9.1 教学要求

(1) 理解正弦量的有效值和平均值含义；深刻理解正弦稳态响应的概念；熟练掌握正弦量的相量表示以及相量变换的性质。

(2) 熟练掌握基尔霍夫定律及元件 VCR 的相量形式，理解阻抗与导纳的概念。

(3) 熟练掌握运用相量分析法分析正弦稳态电路。理解相量图与复数运算在正弦稳态分析中的特殊作用。

(4) 掌握正弦稳态电路的网络函数的含义及电路的频率特性。

(5) 理解电路谐振的概念，熟练掌握电路串联谐振与并联谐振的条件、特点，品质因数与谐振特性的关系。

(6) 掌握瞬时功率和能量的概念及其计算方法；掌握有功功率、无功功率、功率因数、视在功率的概念和计算方法。

(7) 掌握复功率的概念以及利用复功率守恒求解电路的有功功率和无功功率。

(8) 理解功率传输中共轭匹配和模匹配的概念，掌握实现共轭匹配和模匹配的条件。

9.2 重点和难点

本章的重点是相量变换及其在正弦稳态电路分析中的应用、*RLC* 串联电路频率特性的分析、谐振电路的谐振形式判断及谐振频率计算、正弦稳态功率的概念及计算。难点是用相量图分析正弦稳态电路、含有耦合电感正弦稳态电路的分析、正弦稳态功率的计算。

相量图有助于各相量幅值和相位的比较，绘制相量图时应注意以下几点：

(1) 合理选择参考相量，一般来说，对串联电路，宜选串联电流为参考相量；对并联电路，宜选并联电压为参考相量。

(2) 绘出所有必要的电压、电流相量。

(3) 相量图应由一些有向多边形组成，每个多边形应能反映电路的 KCL 和 KVL。

本章所涉及的电路分析包含大量复数运算，应注意培养计算能力。

9.3 典型例题

例 9.1 如例图 9.1(a)所示正弦稳态电路的相量模型，已知电源电压有效值 $U = 10\,\text{V}$，电源角频率 $\omega = 10\,000\,\text{rad/s}$，电阻 $R = 3\,\text{k}\Omega$，调节电位器 r 使电压表示数最小，这时 $r_1 = 900\,\Omega$，

$r_2 = 1\,600\ \Omega$,求电压表示数和电容 C 值。

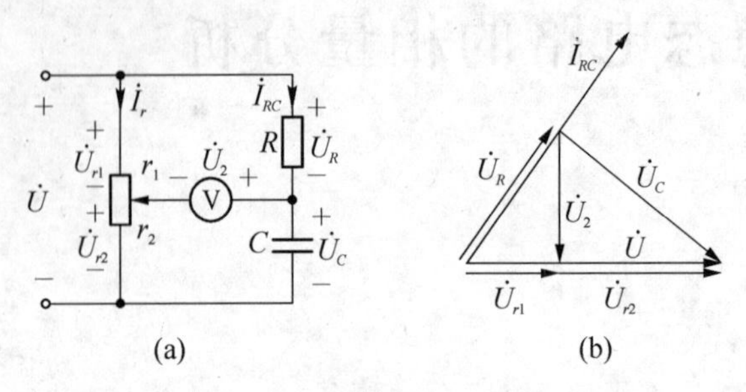

例图 9.1

【分析】 此题可分别用相量图分析法和相量解析法求解。相量图分析法需根据题意画出相量图后由几何关系求解;相量解析法需根据相量形式的 KVL、KCL 和元件 VCR 列写相量方程后依题意分析参数关系求解。

【解 1】 用相量图分析法求解。设各元件电压相量和电流相量的参考方向如例图 9.1(a)所示,画出如例图 9.1(b)所示相量图。由相量图可知当 $\dot{U}_2 \perp \dot{U}$ 时,电压表的示数 U_2 最小,且

$$U_{r1} = \frac{r_1}{r_1 + r_2}U = \frac{900}{900 + 1\,600} \times 10\ \text{V} = 3.6\ \text{V}$$

$$U_{r2} = \frac{r_2}{r_1 + r_2}U = \frac{1\,600}{900 + 1\,600} \times 10\ \text{V} = 6.4\ \text{V}$$

由相似直角三角形关系有

$$\frac{U_2}{U_{r1}} = \frac{U_{r2}}{U_2} \Rightarrow U_2 = \sqrt{U_{r1}U_{r2}} = 4.8\ \text{V}$$

由勾股定理有

$$U_R = \sqrt{U_{r1}^2 + U_2^2} = \sqrt{3.6^2 + 4.8^2}\ \text{V} = 6\ \text{V}$$

$$U_C = \sqrt{U_{r2}^2 + U_2^2} = \sqrt{6.4^2 + 4.8^2}\ \text{V} = 8\ \text{V}$$

又
$$I_{RC} = U_R/R = U_C/X_C \Rightarrow X_C = \frac{U_C R}{U_R} = \frac{8 \times 3}{6}\ \text{k}\Omega = 4\,000\ \Omega$$

因此
$$C = \frac{1}{\omega X_C} = \frac{1}{10^4 \times 4 \times 10^3}\ \text{F} = 0.025\ \mu\text{F}$$

【解 2】 用相量解析法求解。设电源相量 $\dot{U} = 10\angle 0°\ \text{V}$,则可列写相量方程为

$$\begin{aligned}
\dot{U}_2 &= \frac{r_1\dot{U}}{r_1 + r_2} - \frac{R\dot{U}}{R - \text{j}(1/\omega C)} \\
&= \frac{900 \times 10\angle 0°}{900 + 1\,600} - \frac{R[R + \text{j}(1/\omega C)] \times 10\angle 0°}{R^2 + (1/\omega C)^2} \\
&= \frac{18}{5} - \frac{10R[R + \text{j}(1/\omega C)]}{R^2 + (1/\omega C)^2} \\
&= \frac{18[R^2 + (1/\omega C)^2] - 50R^2}{5[R^2 + (1/\omega C)^2]} - \text{j}\,\frac{50R/\omega C}{5[R^2 + (1/\omega C)^2]}
\end{aligned}$$

由上式可知，欲使 $\dot{U}_2$ 最小，则应使其模最小。其中虚部不可能为零，只有当实部为零时 $\dot{U}_2$ 最小，即

$$18[R^2+(1/\omega C)^2]-50R^2=0\Rightarrow -32R^2+18(1/\omega C)^2=0$$

代入参数解得

$$X_C=1/\omega C=\sqrt{32R^2/18}$$
$$=\sqrt{32\times(3\times10^3)^2/18}\,\Omega=4\,000\,\Omega$$

可得

$$C=1/\omega X_C=1/(10^4\times4\times10^3)F=0.025\,\mu F$$

此时

$$\dot{U}_2=-\mathrm{j}\frac{50R/\omega C}{5[R^2+(1/\omega C)^2]}=\frac{-\mathrm{j}10\times3\times10^3\times4\times10^3}{5\times[(10\times10^3)^2+(4\times10^3)^2]}$$
$$=4.8\angle-90^\circ\,\mathrm{V}$$

即

$$U_2=4.8\,\mathrm{V}$$

例 9.2 如例图 9.2(a)所示电路，u_S 为正弦电压源，$\omega=2000\,\mathrm{rad/s}$。试问电容 C 等于多少才能使电流 i 的有效值达到最大？

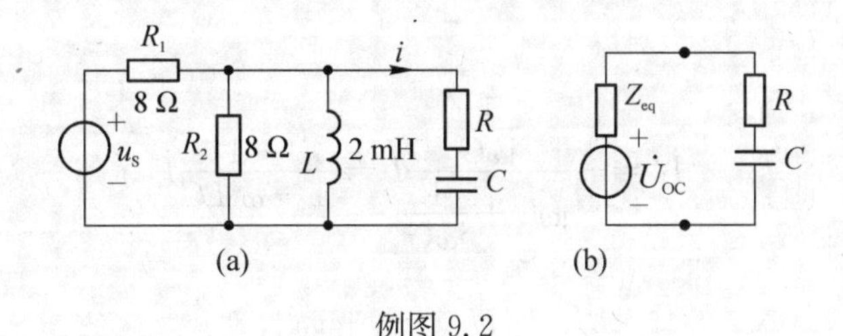

例图 9.2

【分析】 应用戴维南定理，可将 RC 串联支路以外的电路用开路电压和等效阻抗的串联替代以简化求解过程。

【解】 应用戴维南定理，将例图 9.2(a)等效变换为例图 9.2(b)，其中

$$\dot{U}_{OC}=\frac{R_2\,/\!/\,\mathrm{j}\omega L}{R_1+(R_2\,/\!/\,\mathrm{j}\omega L)}\dot{U}_S=\frac{1+\mathrm{j}}{4}\dot{U}_S$$

$$Z_{eq}=R_1\,/\!/\,R_2\,/\!/\,\mathrm{j}\omega L=2(1+\mathrm{j})\,\Omega$$

当电路的总阻抗模最小时，电流 i 的有效值可以达到最大，故电路总阻抗虚部为零时，即可满足条件。

$$Z=Z_{eq}+R-\mathrm{j}\frac{1}{\omega C}=\left[2(1+\mathrm{j})+R-\mathrm{j}\frac{1}{2\,000C}\right]\Omega$$

令 $\mathrm{Im}[Z]=0$，得

$$\frac{1}{2\,000C}=2$$

求得

$$C=\frac{1}{2\times2\,000}\,\mathrm{F}=250\,\mu\mathrm{F}$$

例 9.3 电路如例图 9.3 所示，其中 $u_S=220\sqrt{2}\cos(314t-45^\circ)\,\mathrm{V}$，当 $|Z_L|$ 为任意有限值时，欲使电流 $\dot{I}$ 始终等于 $1.4\angle-135^\circ\,\mathrm{A}$，试求 L、C、α 的值。

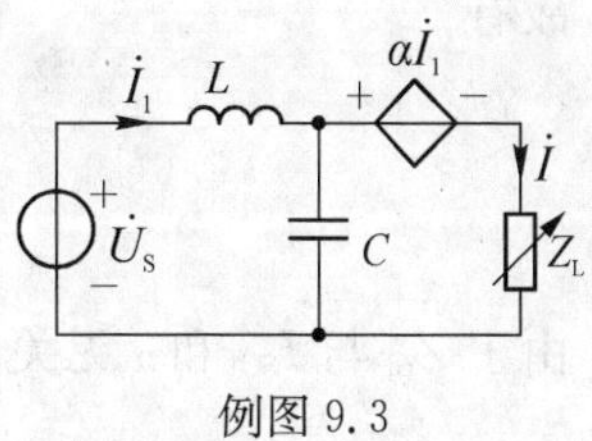

例图 9.3

【分析】 要使 $\dot{I}$ 不受 Z_L 的影响，电流始终保持不变，则 Z_L 两

端左边的一端口网络必须等效为理想电流源，且理想电流源的电流为 $1.4\angle -135^\circ$ A。由诺顿定理知，当有源一端口的等效阻抗为无穷大时，可等效为理想电流源。

【解】 为求 Z_L 两端左边电路的诺顿等效电路，先求 Z_{eq}。采用外加电流源法，如例图 9.3.1(a)所示。根据KVL，有

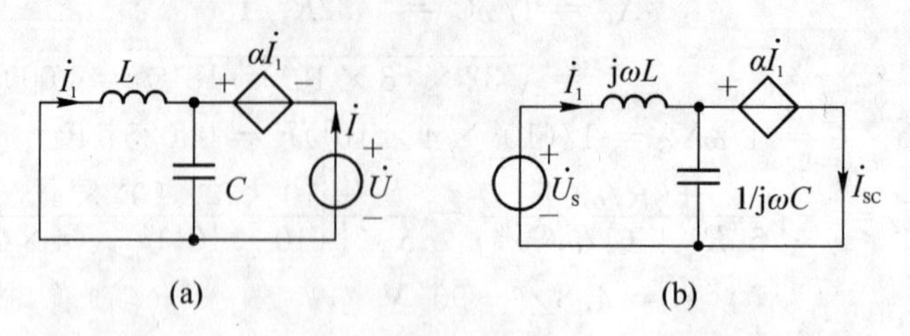

例图 9.3.1

$$\dot{U} = -\alpha\dot{I}_1 - j\omega L\dot{I}_1 = -(\alpha + j\omega L)\dot{I}_1$$

根据分流公式有

$$\dot{I}_1 = -\frac{\frac{1}{j\omega C}}{j\omega L + \frac{1}{j\omega C}}\dot{I} = \frac{-1}{1-\omega^2 LC}\dot{I}$$

得到
$$Z_{eq} = \frac{\dot{U}}{\dot{I}} = \frac{\alpha + j\omega L}{1-\omega^2 LC}$$

要使 $Z_{eq} \to \infty$，则须使 Z_{eq} 的分母为零，即

$$\omega^2 LC = 1，即\ \omega L = \frac{1}{\omega C}$$

再求 $\dot{I}_{SC}$。电路的相量模型如例图 9.3.1(b) 所示。

$$\dot{U}_S = \left(j\omega L + \frac{1}{j\omega C}\right)\dot{I}_1 - \frac{1}{j\omega C}\dot{I}_{SC}$$

将 $\omega L = \frac{1}{\omega C}$ 代入上式，得

$$\dot{I}_{SC} = -j\omega C\dot{U}_S$$

代入数据，得

$$1.4\angle -135^\circ = -j314C \times 220\angle -45^\circ$$

故有
$$C = \frac{1.4\angle -135^\circ}{314 \times 220\angle -135^\circ}\ \text{F} = 20.3\ \mu\text{F}$$

$$L = \frac{1}{\omega^2 C} = \frac{1}{314^2 \times 20.3 \times 10^{-6}}\ \text{H} = 0.5\ \text{H}$$

由于 Z_{eq} 与 $\dot{I}_{SC}$ 和 α 无关，因此 α 可取任何实数。

例 9.4 如例图 9.4 所示电路工作在正弦稳态，已知输入为 $u_i = U_m\cos\omega t$ V。如果输出电压 $u_o = -(R_1/R_2)u_i$，试求角频率 ω。

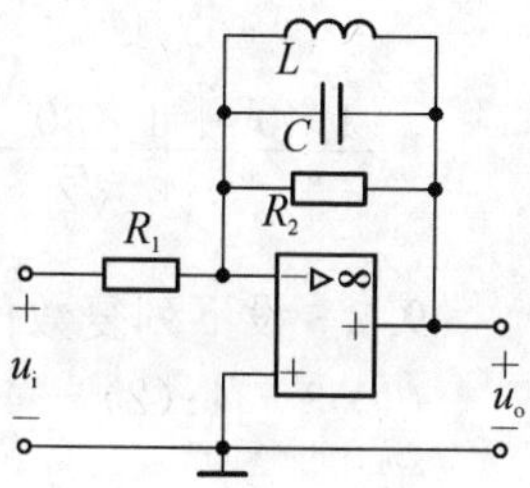

例图 9.4

【分析】 由于输入、输出电压间呈比例关系，因此转移电压比 $\dot{U}_o/\dot{U}_i$ 应为实数。如果从电路谐振的角度看，如果 L、C 并联支路发生谐振，则转移电压比也为实数。

【解 1】 设输入电压相量为 $\dot{U}_i = U_m\angle 0°$。由 KCL 得

$$\frac{\dot{U}_i}{R_1} + \left(\frac{1}{R_2} + j\omega C + \frac{1}{j\omega L}\right)\dot{U}_o = 0$$

解得

$$\dot{U}_o = \frac{-1/R_1}{1/R_2 + j\omega C + 1/(j\omega L)}\dot{U}_i$$

如果 $u_o(t) = -(R_1/R_2)u_i$，则有 $\dot{U}_o = -(R_1/R_2)\dot{U}_i$，因此

$$\frac{-1/R_1}{1/R_2 + j\omega C + 1/(j\omega L)} = -\frac{R_2}{R_1}$$

即

$$j\omega C + 1/(j\omega L) = 0$$

解得

$$\omega = 1/\sqrt{LC}$$

【解 2】 如果 L、C 并联支路发生谐振，则该支路等效于开路，此时输入、输出电压间呈比例关系。而 L、C 并联支路发生谐振时，有 $\omega = 1/\sqrt{LC}$。

9.4 习题选解

相量及其基本性质

9.1 试用有效值相量表示下列正弦量。

(1) $50\sqrt{2}\sin(\omega t + 60°)$　　(2) $10\cos(2t + 30°) + 5\sin 2t$

(3) $\sin(3t - 90°) + \cos(3t + 45°)$　　(4) $\cos t + \cos(t + 30°) + \cos(t + 60°)$

解

(1) 由于 $50\sqrt{2}\sin(\omega t + 60°) = 50\sqrt{2}\cos(\omega t - 30°)$，所以其对应的有效值相量为 $50\angle -30°$。

(2) $10\cos(2t + 30°) + 5\sin 2t = 10\cos(2t + 30°) + 5\cos(2t - 90°)$，有效值相量为

$$\frac{10\angle 30° + 5\angle -90°}{\sqrt{2}} = \frac{10 \times \frac{\sqrt{3}}{2} + j \times 10 \times \frac{1}{2} - j5}{\sqrt{2}} = 2.5\sqrt{6}\angle 0°$$

(3) $\sin(3t - 90°) + \cos(3t + 45°) = -\cos 3t + \cos(3t + 45°)$，有效值相量为

$$\frac{1\angle 180° + 1\angle 45°}{\sqrt{2}} = \frac{-1 + \frac{\sqrt{2}}{2} + j\frac{\sqrt{2}}{2}}{\sqrt{2}} = \frac{1}{\sqrt{2}} \times 0.765\angle 112.5° = 0.541\angle 112.5°$$

(4) $\cos t + \cos(t + 30°) + \cos(t + 60°)$，有效值相量为

$$\frac{1\angle 0^\circ + 1\angle 30^\circ + 1\angle 60^\circ}{\sqrt{2}} = \frac{\left(1+\frac{\sqrt{3}}{2}+\mathrm{j}\frac{1}{2}\right)+\left(\frac{1}{2}+\mathrm{j}\frac{\sqrt{3}}{2}\right)}{\sqrt{2}} = 1.92\angle 29.95^\circ$$

9.2 设下列复数代表有效值相量，试求其对应的正弦量，假设频率为 100 rad/s。

(1) $3-\mathrm{j}4$；(2) $-4+\mathrm{j}3$；(3) $\mathrm{j}3$；(4) $220\angle 60^\circ$。

解

(1) $3-\mathrm{j}4 = 5\angle -53.1^\circ$，其对应的正弦量为 $5\sqrt{2}\cos(100t-53.1^\circ)$

(2) $-4+\mathrm{j}3 = 5\angle 143.1^\circ$，其对应的正弦量为 $5\sqrt{2}\cos(100t+143.1^\circ)$

(3) $\mathrm{j}3 = 3\angle 90^\circ$，其对应的正弦量为 $3\sqrt{2}\cos(100t+90^\circ)$

(4) $220\angle 60^\circ$，其对应的正弦量为 $220\sqrt{2}\cos(100t+60^\circ)$

9.3 已知 $u_1 = 30\sqrt{2}\cos\omega t$ V，$u_2 = 40\sqrt{2}\sin(\omega t-60^\circ)$ V，试用相量法求 $u = u_1+u_2$ 及两者的相位差。

解

首先将正弦函数化为余弦函数，即

$$u_2 = 40\sqrt{2}\sin(\omega t-60^\circ)\ \mathrm{V} = 40\sqrt{2}\cos(\omega t-60^\circ-90^\circ)\ \mathrm{V} = 40\sqrt{2}\cos(\omega t-150^\circ)\ \mathrm{V}$$

则两个电压相量分别为

$$\dot{U}_1 = 30\angle 0^\circ\ \mathrm{V},\ \dot{U}_2 = 40\angle -150^\circ\ \mathrm{V}$$

因此

$$\begin{aligned}\dot{U} = \dot{U}_1+\dot{U}_2 &= (30\angle 0^\circ+40\angle -150^\circ)\ \mathrm{V} = [30+(-34.64-\mathrm{j}20)]\ \mathrm{V}\\ &= (-4.64-\mathrm{j}20)\ \mathrm{V} = 20.53\angle -103^\circ\ \mathrm{V}\end{aligned}$$

有
$$u = u_1+u_2 = 20.53\sqrt{2}\cos(\omega t-103^\circ)\ \mathrm{V}$$

相位差为
$$\varphi = \phi_{u1}-\phi_{u2} = 0-(-150^\circ) = 150^\circ$$

9.4 试求 $6\angle 15^\circ - 4\angle 40^\circ + 7\angle -60^\circ = ?$ (1) 用复数计算；(2) 用相量图计算。

解

(1)
$$\begin{aligned}&6\angle 15^\circ - 4\angle 40^\circ + 7\angle -60^\circ\\ &= 6\cos 15^\circ + \mathrm{j}6\sin 15^\circ - 4\cos 40^\circ - \mathrm{j}4\sin 40^\circ +\\ &\quad 7\cos(-60^\circ) + \mathrm{j}7\sin(-60^\circ)\\ &= 5.80+\mathrm{j}1.55-3.06-\mathrm{j}2.57+3.51-\mathrm{j}6.06\\ &= 9.43\angle -48.6^\circ\end{aligned}$$

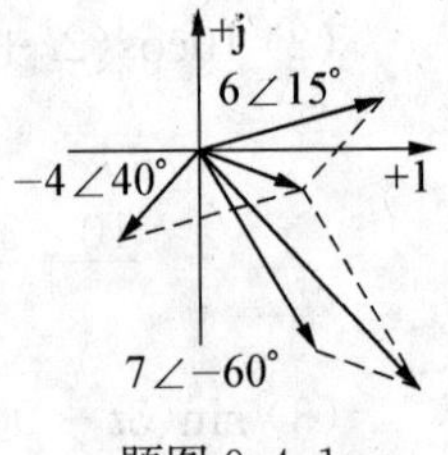

(2) 相量图如题图 9.4.1 所示。

题图 9.4.1

基尔霍夫定律的相量形式

9.5 在题图 9.5 所示电路中，$i_1 = 2\cos(\omega t+110^\circ)$ A，$i_2 = -4\cos(\omega t+200^\circ)$ A，$i_3 = 5\sin(\omega t+20^\circ)$ A，$u_1 = 10\cos(\omega t+20^\circ)$ V，$u_2 = 10\sin(\omega t+20^\circ)$ V，$u_3 = 20\cos(\omega t+120^\circ)$ V。试求 i 和 u。

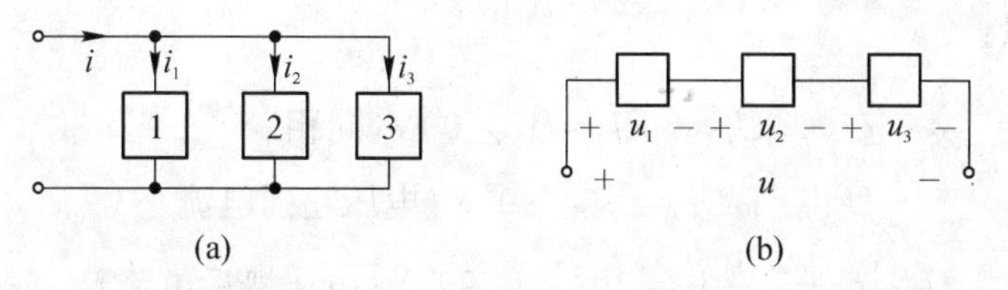

题图 9.5

解

$$\dot{I}_{1m}=2\angle 110^\circ\ \text{A},\ \dot{I}_{2m}=4\angle 20^\circ\ \text{A},\ \dot{I}_{3m}=5\angle -70^\circ\ \text{A}$$
$$\dot{U}_{1m}=10\angle 20^\circ\ \text{V},\ \dot{U}_{2m}=10\angle -70^\circ\ \text{V},\ \dot{U}_{3m}=20\angle 120^\circ\ \text{V}$$

而

$$\dot{I}_m=\dot{I}_{1m}+\dot{I}_{2m}+\dot{I}_{3m}=2\angle 110^\circ+4\angle 20^\circ+5\angle -70^\circ\ \text{A}=5.0\angle -16.9^\circ\ \text{A}$$
$$\dot{U}_m=\dot{U}_{1m}+\dot{U}_{2m}+\dot{U}_{3m}=10\angle 20^\circ+10\angle -70^\circ+20\angle 120^\circ\ \text{V}=11.69\angle 76^\circ\ \text{V}$$

因此

$$i=5.0\cos(\omega t-16.9^\circ)\ \text{A},\ u=11.69\cos(\omega t+76^\circ)\ \text{V}$$

9.6 对题图 9.6(a)所示电路，试说明 $U=U_1+U_2+U_3$ 成立的条件。对题图 9.6(b)所示电路，试说明 $I=I_1+I_2+I_3$ 成立的条件。

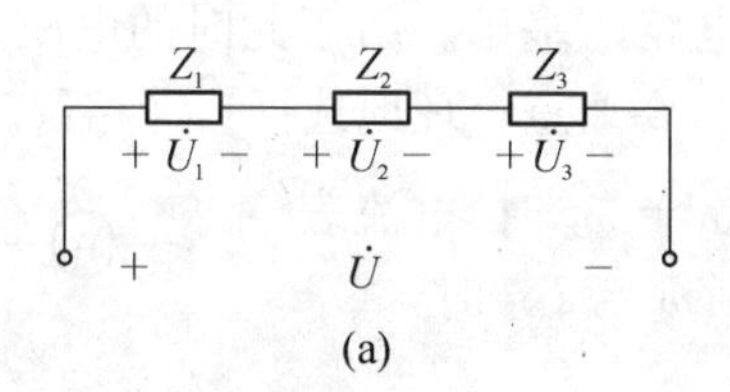

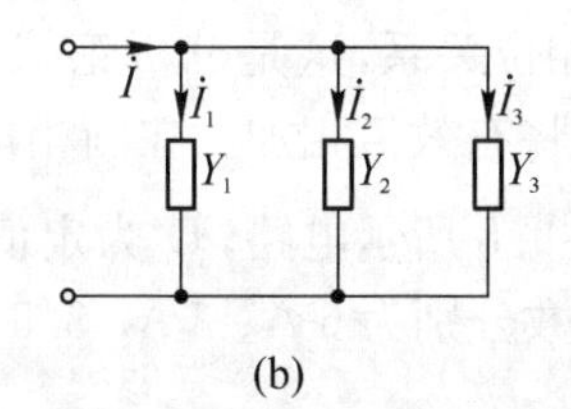

题图 9.6

解

当 Z_1、Z_2、Z_3 这三个阻抗的阻抗角相等时有 $U=U_1+U_2+U_3$

当 Y_1、Y_2、Y_3 这三个导纳的导纳角相等时有 $I=I_1+I_2+I_3$

由相量图可知，只有同相位的相量，有效值才可以相加。题图 9.6(a)电路是串联电路，电流相同，电路中所有元件的电压相量须同相位，即所有元件的电压、电流相量的相位差(即阻抗角)相等。同理题图 9.6(b)电路是并联电路，电压相同，电路中所有元件的电流相量须同相位，其有效值才可以相加，即所有元件的导纳角须相等。

电路元件 VCR 的相量形式

9.7 如题图 9.7 所示电路，电压表的示数 V_1、V_2、V_3 分别为 15 V、80 V、100 V，试求图中正弦电压 u_S 的有效值。

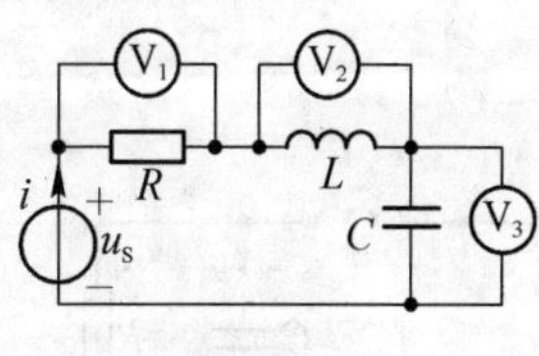

题图 9.7

解 1

设回路中电流 $\dot{I}$ 为参考相量，初相为零，即 $\dot{I}=I\angle 0^\circ$ A，参考方向如题图 9.7 所示。根据 RLC 元件电流与电压的相位关系，可得

$\dot{U}_R$、$\dot{U}_L$ 和 $\dot{U}_C$ 相量：

$$\dot{U}_R = R\dot{I} = 15\angle 0^\circ \text{ V(同相)}$$
$$\dot{U}_L = \text{j}\omega L\dot{I} = 80\angle 90^\circ \text{ V(电压超前电流)}$$
$$\dot{U}_C = -\text{j}\frac{1}{\omega C}\dot{I} = 100\angle -90^\circ \text{ V(电压滞后电流)}$$

故

$$\begin{aligned}\dot{U}_S &= \dot{U}_R + \dot{U}_L + \dot{U}_C = (15\angle 0^\circ + 80\angle 90^\circ + 100\angle -90^\circ)\text{ V}\\ &= (15 + \text{j}80 - \text{j}100)\text{ V} = (15 - \text{j}20)\text{ V} = 25\angle -53.13^\circ \text{ V}\end{aligned}$$

因此电压 u_S 的有效值为 $U_S = 25\text{ V}$

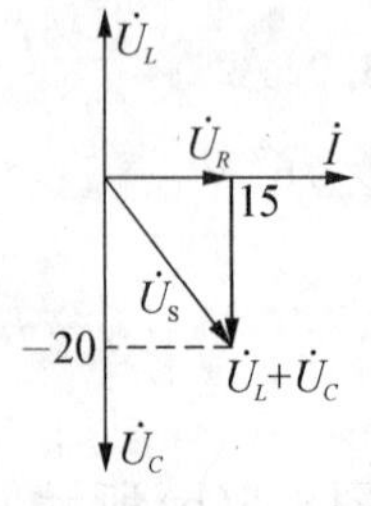

题图 9.7.1

解 2

利用相量图求解。设回路中电流 $\dot{I} = I\angle 0^\circ$ 为参考相量，由元件电压电流关系可知，在一致参考方向下，电阻的电压 $\dot{U}_R$ 与 $\dot{I}$ 同相；电感电压 $\dot{U}_L$ 超前 $\dot{I}90^\circ$，电容电压 $\dot{U}_C$ 滞后 $\dot{I}90^\circ$。因此可画出其相量图，如题图 9.7.1 所示。根据相量图可知

$$U_S = \sqrt{15^2 + (100 - 80)^2}\text{ V} = 25\text{ V}$$

求解这类电路时，要注意 RLC 元件上电压与电流之间的相量关系，包括有效值关系和相位关系，这是分析正弦稳态电路的基础。由于此时的电压、电流是复数运算，切记不可直接将有效值相加。在画相量图时，要注意合理地选择参考相量。

9.8 如题图 9.8 所示电路，$\dot{U}$ 为定值，当 $\omega = \omega_1$ 时，电流表 A_1、A_2、A_3 的示数分别为 6 A、3 A、3.5 A。则 $\omega = 2\omega_1$ 时，试求电流表 A 的示数。

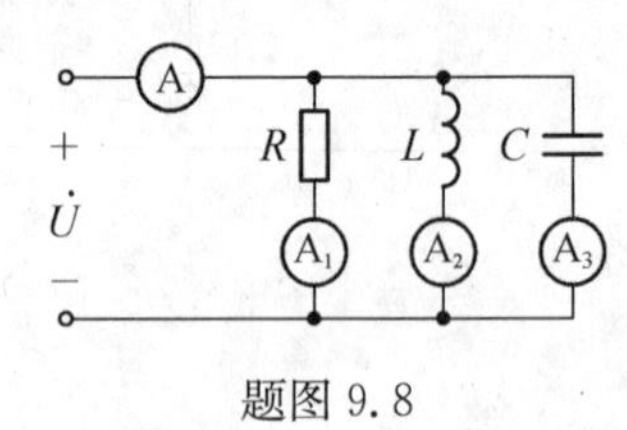

题图 9.8

解

以 $\dot{U}$ 为参考相量，$\omega = \omega_1$ 时电路的相量图如题图 9.8.1(a) 所示。则 $\omega = 2\omega_1$ 时感抗增大一倍，故 $I_2' = 1.5\text{ A}$，而容抗减小为原来的一半，故 $I_3' = 7\text{ A}$。所以此时的电路相量图如题图 9.8.1(b) 所示。

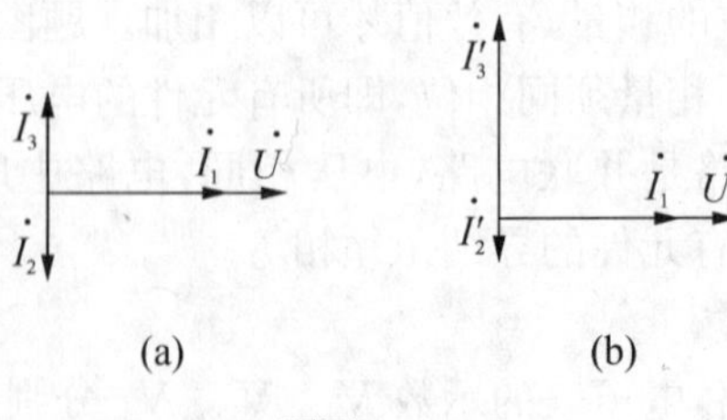

题图 9.8.1

可知电流表 A 的示数为 $I = \sqrt{6^2 + (7 - 1.5)^2}\text{ A} \approx 8.14\text{ A}$

9.9 在题图 9.9 所示电路中，已知 $R = 200\ \Omega$，$L = 100\text{ mH}$，$C = 5\ \mu\text{F}$，$i_R = 2\sqrt{2}\cos\omega t\text{ A}$，$\omega = 2\times 10^3\text{ rad/s}$。试求各元件的电压、

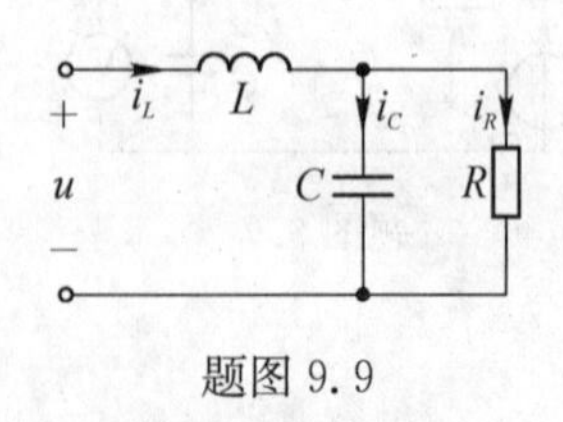

题图 9.9

电流及电源电压 u,并作各电压、电流相量图。

解

感抗 $X_L=\omega L=2\times10^3\times0.1=200\,\Omega$,容抗 $X_C=-\dfrac{1}{\omega C}=-\dfrac{1}{(2\times10^3)\times(5\times10^{-6})}=-100\,\Omega$。

题图 9.9 电路的相量模型如题图 9.9.1(a)所示。

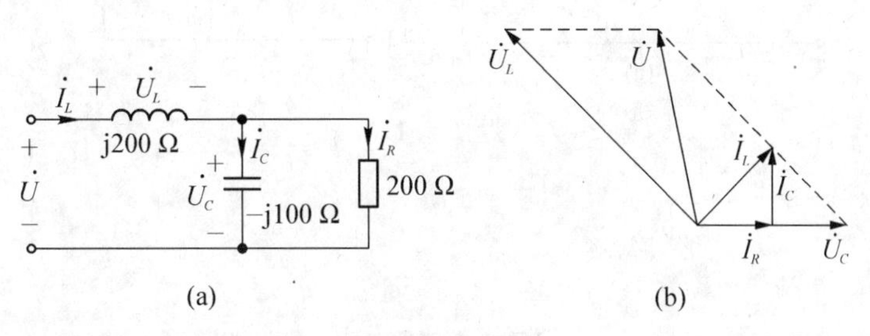

题图 9.9.1

由已知 $\dot{I}_R=2\angle0^\circ$ A,可求得各元件电压、电流相量为

$$\dot{U}_C=R\dot{I}_R=400\angle0^\circ\text{ V},\ \dot{I}_C=\frac{\dot{U}_C}{\mathrm{j}X_C}=\frac{400\angle0^\circ}{-\mathrm{j}100}\text{ A}=4\angle90^\circ\text{ A}$$

$$\dot{I}_L=\dot{I}_C+\dot{I}_R=2\angle0^\circ+4\angle90^\circ\text{ A}=(2+\mathrm{j}4)\text{A}=2\sqrt{5}\angle63.43^\circ\text{ A}$$

$$\dot{U}_L=\mathrm{j}X_L\dot{I}_L=\mathrm{j}200\times2\sqrt{5}\angle63.43^\circ=400\sqrt{5}\angle153.43^\circ\text{ V}$$

$$\dot{U}=\dot{U}_L+\dot{U}_C=(400\sqrt{5}\angle153.43^\circ+400\angle0^\circ)\text{V}=400\sqrt{2}\angle135^\circ\text{ V}$$

电压、电流相量图如题图 9.9.1(b)所示。由相量反变换求得各元件电压、电流瞬时值分别为

$$i_C=4\sqrt{2}\cos(\omega t+90^\circ)\text{ A},\ i_L=2\sqrt{10}\cos(\omega t+63.43^\circ)\text{ A},$$
$$u_R=u_C=400\sqrt{2}\cos\omega t\text{ V},\ u_L=400\sqrt{10}\cos(\omega t+153.43^\circ)\text{ V},$$
$$u=800\cos(\omega t+135^\circ)\text{ V}$$

阻抗与导纳

9.10 试写出题图 9.10 所示电路的输入阻抗 Z 与角频率 ω 的关系,并求 $\omega=0$ 时的输入阻抗值。已知 $R_1=2\,\Omega$, $R_2=1\,\Omega$, $L=2$ H, $C=1$ F。

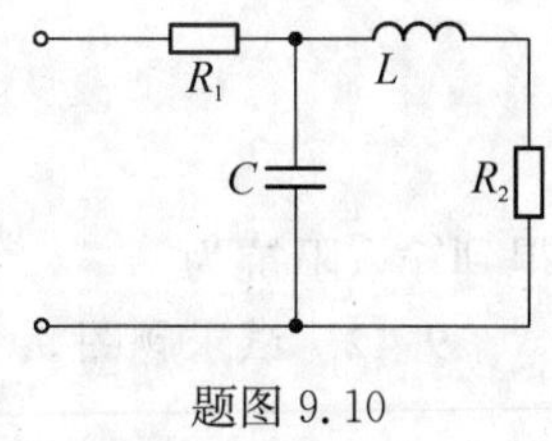

题图 9.10

解

题图 9.10 所示电路的输入阻抗 $Z=2+\dfrac{\dfrac{1}{\mathrm{j}\omega}\times(2\mathrm{j}\omega+1)}{\dfrac{1}{\mathrm{j}\omega}+2\mathrm{j}\omega+1}=2+\dfrac{2\mathrm{j}\omega+1}{1-2\omega^2+\mathrm{j}\omega}$

当 $\omega=0$ 时,输入阻抗 $\qquad Z_0=2+\dfrac{1}{1}\,\Omega=3\,\Omega$

由于当 $\omega=0$ 时电路中的电容等效为开路,电感等效为短路,因此可直接求得

$$Z_0=R_1+R_2=3\,\Omega$$

9.11 试求题图 9.11 所示一端口电路的输入阻抗 Z_{ab}。

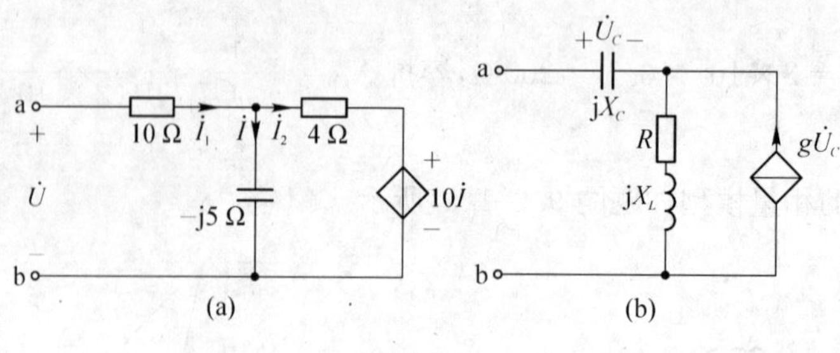

题图 9.11

解

(a)

$$\dot{U}_C = -\text{j}5 \times \dot{I}$$

$$\dot{I}_2 = \frac{1}{4} \times (\dot{U}_C - 10\dot{I}) = \frac{-\text{j}5 - 10}{4}\dot{I}$$

$$\dot{I}_1 = \dot{I} + \dot{I}_2 = \frac{-\text{j}5 - 6}{4}\dot{I}$$

$$\dot{U}_{ab} = 10\dot{I}_1 + \dot{U}_C = \frac{-60 - \text{j}70}{4}\dot{I}$$

得到
$$Z_{ab} = \frac{\dot{U}_{ab}}{\dot{I}_1} = \frac{60 + \text{j}70}{6 + \text{j}5} = (11.6 + \text{j}1.97)\ \Omega$$

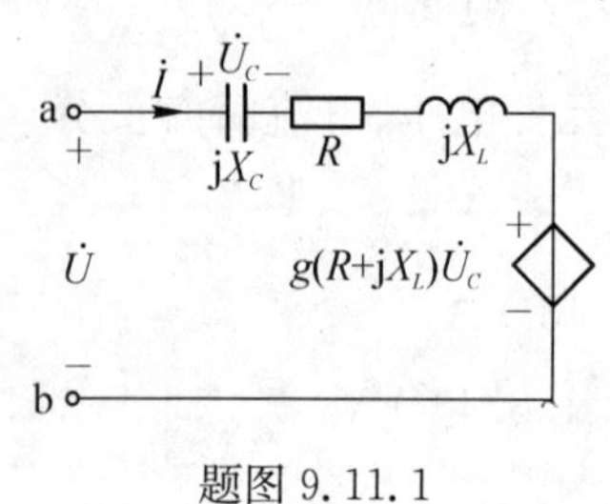

题图 9.11.1

(b) 将题图 9.11(b)电路中受控电流源与 RL 并联支路等效变换为受控电压源与阻抗串联支路，如题图 9.11.1 所示。列写 KVL 方程得

$$\dot{U} = (R + \text{j}X_C + \text{j}X_L)\dot{I} + g(R + \text{j}X_L)\dot{U}_C$$

对电容有 $\dot{U}_C = \text{j}X_C\dot{I}$，代入上式得

$$\begin{aligned}\dot{U} &= (R + \text{j}X_C + \text{j}X_L)\dot{I} + g(R + \text{j}X_L)\text{j}X_C\dot{I} \\ &= [(R - gX_CX_L) + \text{j}(X_C + X_L + gRX_C)]\dot{I}\end{aligned}$$

得到输入阻抗为
$$Z_{ab} = (R - gX_CX_L) + \text{j}(X_C + X_L + gRX_C)$$

9.12 试求题图 9.12 所示一端口电路的输入阻抗 Z_{ab}。

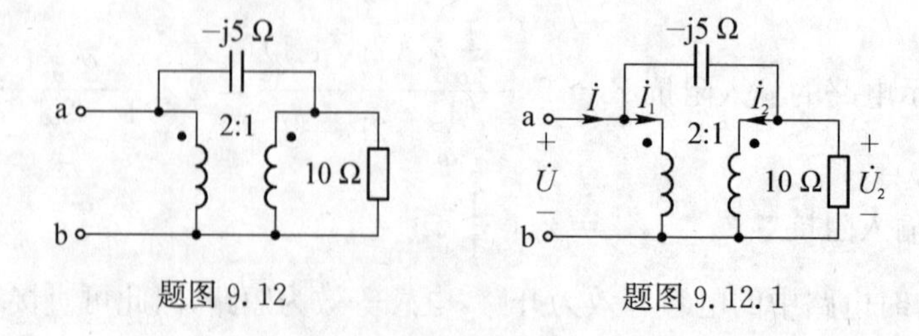

题图 9.12　　　　题图 9.12.1

解

题图 9.12 所示电路中含理想变压器，可设其电流 $\dot{I}_1$、$\dot{I}_2$ 参考方向如题图 9.12.1 所示，于是有节点方程

$$\begin{cases}\dfrac{1}{-\mathrm{j}5}\dot{U}-\dfrac{1}{-\mathrm{j}5}\dot{U}_2+\dot{I}_1=\dot{I}\\ -\dfrac{1}{-\mathrm{j}5}\dot{U}+\left(\dfrac{1}{10}+\dfrac{1}{-\mathrm{j}5}\right)\dot{U}_2+\dot{I}_2=0\end{cases}$$

将理想变压器特性方程

$$\begin{cases}\dot{U}=2\dot{U}_2\\ \dot{I}_1=-\dfrac{1}{2}\dot{I}_2\end{cases}$$

代入节点方程，可求得　　　$\dot{U}=(8-\mathrm{j}16)\dot{I}$

于是一端口电路的输入阻抗　　$Z_{ab}=\dot{U}/\dot{I}=(8-\mathrm{j}16)\ \Omega$

9.13　通用阻抗转换器　如题图 9.13 所示电路为通用阻抗转换器，它可以用来实现电感元件或与频率有关的电阻。(1)试求端口等效阻抗 Z；(2)假设 Z_2（或 Z_4）为电容，其余阻抗为电阻，试问端口阻抗等效为何种元件？(3)假设 Z_1 和 Z_5 为电容，其余阻抗为电阻，试问端口特性是什么？

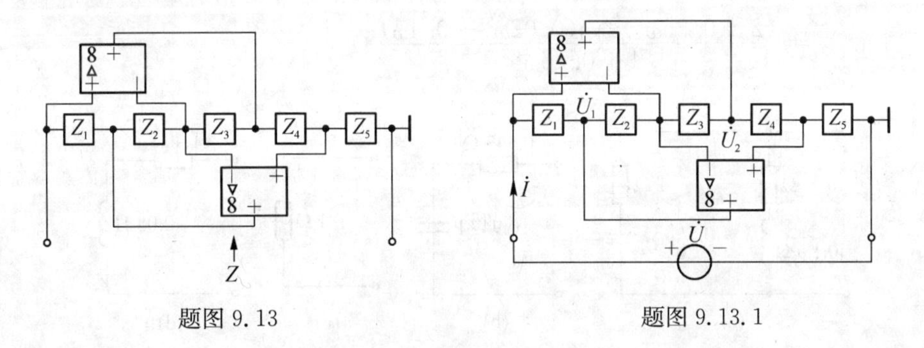

题图 9.13　　　　　　题图 9.13.1

解

(1) 采用外加电压源求等效阻抗。如题图 9.13.1 所示，由运放的虚断特性，可得

$$\dot{I}=\frac{\dot{U}-\dot{U}_1}{Z_1}$$

又由运放的虚短特性，列写 KCL 方程

$$\begin{cases}\dfrac{\dot{U}_1-\dot{U}}{Z_2}+\dfrac{\dot{U}_2-\dot{U}}{Z_3}=0\\ \dfrac{\dot{U}_2-\dot{U}}{Z_4}+\dfrac{0-\dot{U}}{Z_5}=0\end{cases}$$

由上述三个方程消去 $\dot{U}_1$、$\dot{U}_2$ 得

$$Z=\frac{\dot{U}}{\dot{I}}=\frac{Z_1Z_3Z_5}{Z_2Z_4}$$

(2) 假设 Z_2 为电容,其余阻抗为电阻,则 $Z_2=1/(\mathrm{j}\omega C_2)$,可得

$$Z=\frac{R_1R_3R_5}{[1/(\mathrm{j}\omega C_2)]R_4}=\mathrm{j}\omega\frac{R_1R_3R_5C_2}{R_4}=\mathrm{j}\omega L$$

可见,端口阻抗等效为一个电感元件。

(3) 假设 Z_1 和 Z_5 为电容,其余阻抗为电阻,则有

$$Z=\frac{[1/(\mathrm{j}\omega C_1)]R_3[1/(\mathrm{j}\omega C_5)]}{R_2R_4}=-\frac{R_3}{\omega^2R_2R_4C_1C_5}$$

可见,端口阻抗等效为一个随频率变化的负电阻。

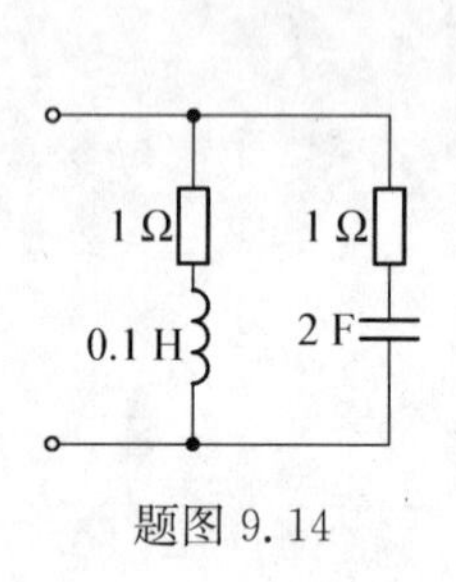

题图 9.14

9.14 如题图 9.14 所示电路,试求 ω 分别为 1 rad/s、$2\sqrt{5}$ rad/s、10 rad/s 时的串联等效时域模型的参数。

解

作出相量模型如题图 9.14.1(a)所示,其输入阻抗为

$$\begin{aligned}Z&=(1+\mathrm{j}0.1\omega)\ //\ (1-\mathrm{j}0.5\omega)\ \Omega=\frac{(1+\mathrm{j}0.1\omega)(1-\mathrm{j}0.5\omega)}{1+\mathrm{j}0.1\omega+1-\mathrm{j}0.5\omega}\ \Omega\\&=\frac{1+0.05\omega^2-\mathrm{j}0.4\omega}{2-\mathrm{j}0.4\omega}\ \Omega=\frac{(1+0.05\omega^2-\mathrm{j}0.4\omega)(2+\mathrm{j}0.4\omega)}{(2+\mathrm{j}0.4\omega)(2-\mathrm{j}0.4\omega)}\ \Omega\\&=\frac{(2+0.26\omega^2)+\mathrm{j}(0.02\omega^3-0.4\omega)}{4+0.16\omega^2}\ \Omega\end{aligned}$$

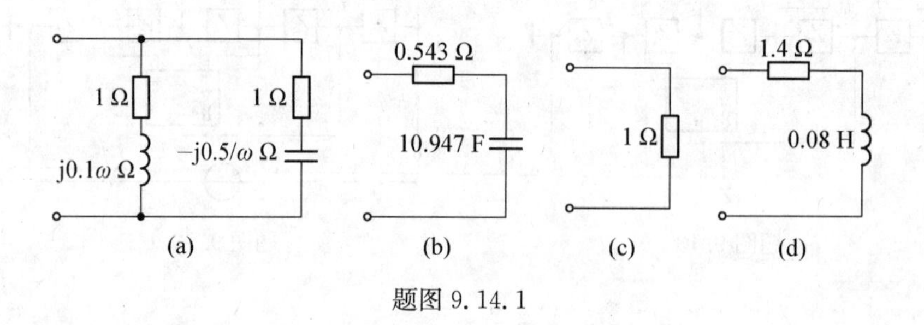

题图 9.14.1

(1) 当 $\omega=1$ rad/s 时

$$Z=(0.543-\mathrm{j}0.0913)\ \Omega$$

阻抗 Z 的虚部为负,其串联等效时域模型由电阻和电容组成,如题图 9.14.1(b)所示。其中等效电容为

$$C=-\frac{1}{\omega X_C}=\frac{1}{1\times0.0913}\ \mathrm{F}=10.947\ \mathrm{F}$$

(2) 当 $\omega=2\sqrt{5}$ rad/s 时

$$Z=1\ \Omega$$

阻抗 Z 为一电阻,其串联等效时域模型如题图 9.14.1(c)所示。

(3) 当 $\omega=10$ rad/s 时

$$Z = (1.4 + \mathrm{j}0.8)\ \Omega$$

阻抗 Z 的虚部为正，其串联等效时域模型由电阻和电感组成，如题图 9.14.1(d)所示。其中等效电感为

$$L = \frac{X_L}{\omega} = \frac{0.8}{10}\ \mathrm{H} = 0.08\ \mathrm{H}$$

由上面的计算可知，一个实际电路在不同频率下的等效电路，不仅其电路参数不同，甚至连元件类型也可能发生变化。这说明经过等效变换得到的等效电路只是在一定频率下才与变换前的电路等效。

正弦稳态电路的分析

9.15 如题图 9.15 所示电路，试列出其相量形式的网孔方程和节点方程。

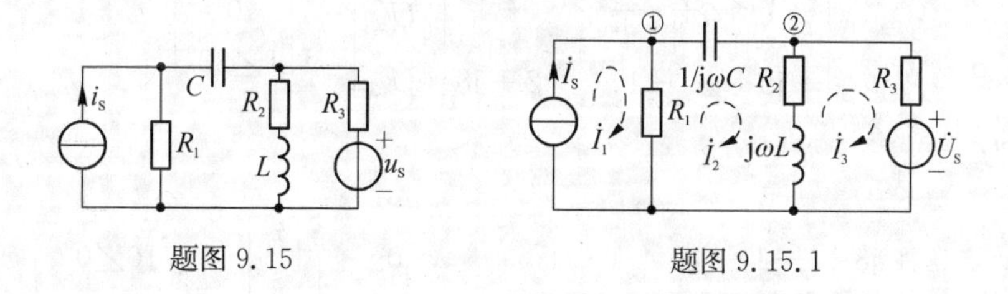

题图 9.15　　题图 9.15.1

解

电路的相量模型如题图 9.15.1 所示，图中标出了网孔及独立节点。

(1) 网孔方程为

$$\begin{cases} \dot{I}_1 = \dot{I}_S \\ -R_1\dot{I}_1 + \left(R_1 + R_2 + \mathrm{j}\omega L + \dfrac{1}{\mathrm{j}\omega C}\right)\dot{I}_2 - (R_2 + \mathrm{j}\omega L)\dot{I}_3 = 0 \\ -(R_2 + \mathrm{j}\omega L)\dot{I}_2 + (R_2 + R_3 + \mathrm{j}\omega L)\dot{I}_3 = -\dot{U}_S \end{cases}$$

(2) 节点方程为

$$\begin{cases} \left(\dfrac{1}{R_1} + \mathrm{j}\omega C\right)\dot{U}_{n1} - \mathrm{j}\omega C\dot{U}_{n2} = \dot{I}_S \\ -\mathrm{j}\omega C\dot{U}_{n1} + \left(R_3 + \mathrm{j}\omega C + \dfrac{1}{R_2 + \mathrm{j}\omega L}\right)\dot{U}_{n2} = \dfrac{\dot{U}_S}{R_3} \end{cases}$$

在列写方程时，要注意合理地选择独立回路及电压参考点，这样可使所列方程数尽可能地少，其列写方法与直流电阻电路的方程列写方法一样，含有受控源时，列写方程时，先将受控源看作是独立源，然后找出受控源的控制量与变量之间的关系，列写辅助方程。

9.16 试列出题图 9.16 所示电路的回路方程和节点方程。已知 $R_1 = R_2 = R_3 = R_4 = 1\ \Omega$，$L = 4\ \mathrm{H}$，$C = 4\ \mathrm{F}$，$u_S = 14.14\cos 2t\ \mathrm{V}$，$i_S = 1.414\cos(2t + 30^\circ)\ \mathrm{A}$。

解

把题图 9.16 所示时域电路变换为相量模型图，如题图 9.16.1 所示。有

$$\dot{U}_S = 10\angle 0^\circ\ \mathrm{V},\ \dot{I}_S = 1\angle 30^\circ\ \mathrm{A},\ \omega L = 8\ \Omega,\ 1/\omega C = 0.125\ \Omega$$

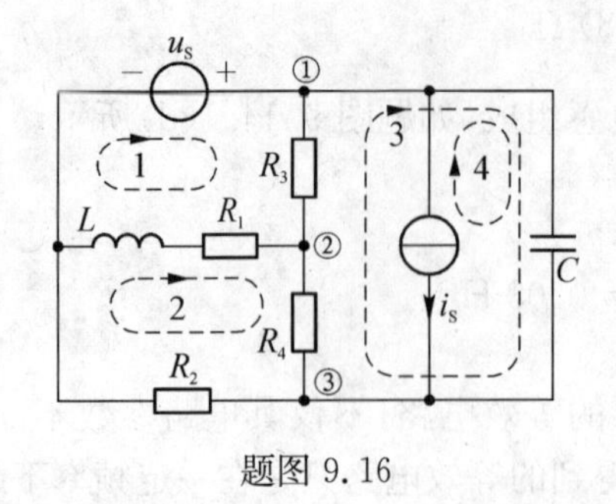

题图 9.16

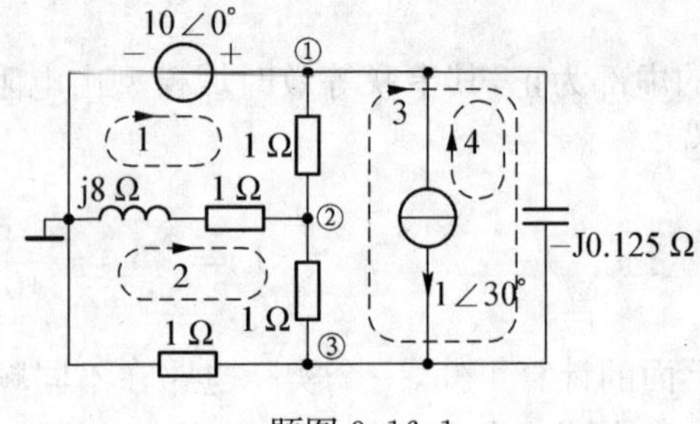

题图 9.16.1

列节点方程为

$$\begin{bmatrix} 1 & 0 & 0 \\ -1 & 2+\dfrac{1}{1+\mathrm{j}8} & -1 \\ -\mathrm{j}8 & -1 & 2+\mathrm{j}8 \end{bmatrix}\begin{bmatrix} \dot{U}_{n1} \\ \dot{U}_{n2} \\ \dot{U}_{n3} \end{bmatrix}=\begin{bmatrix} 10\angle 0^\circ \\ 0 \\ 1\angle 30^\circ \end{bmatrix}$$

列回路方程为

$$\begin{bmatrix} 2+\mathrm{j}8 & -1-\mathrm{j}8 & -1 & 0 \\ -1-\mathrm{j}8 & 3+\mathrm{j}8 & -1 & 0 \\ -1 & -1 & 2-\mathrm{j}0.125 & -\mathrm{j}0.125 \\ 0 & 0 & 0 & 1 \end{bmatrix}\begin{bmatrix} \dot{I}_1 \\ \dot{I}_2 \\ \dot{I}_3 \\ \dot{I}_4 \end{bmatrix}=\begin{bmatrix} 10\angle 0^\circ \\ 0 \\ 0 \\ -1\angle 30^\circ \end{bmatrix}$$

9.17 如题图 9.17 所示电路，其中 $u_S = 9\sqrt{2}\cos 5t$ V，试求 u。

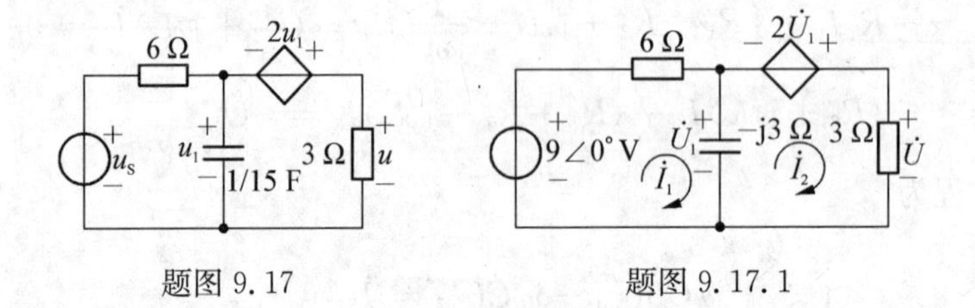

题图 9.17　　　　题图 9.17.1

解

电路相量模型如题图 9.17.1 所示。列网孔方程

$$\begin{cases} (6-\mathrm{j}3)\dot{I}_1+\mathrm{j}3\dot{I}_2=9 \\ \mathrm{j}3\dot{I}_1+(3-\mathrm{j}3)\dot{I}_2=2\dot{U}_1 \end{cases}$$

辅助方程为

$$\dot{U}_1=-\mathrm{j}3(\dot{I}_1-\dot{I}_2)$$

解方程组得

$$\dot{I}_2=1.236\angle -15.95^\circ\ \mathrm{A},\ \dot{U}=3\dot{I}_2=3.71\angle -15.95^\circ\ \mathrm{V}$$

于是

$$u(t)=3.71\sqrt{2}\cos(5t-15.95^\circ)\ \mathrm{V}$$

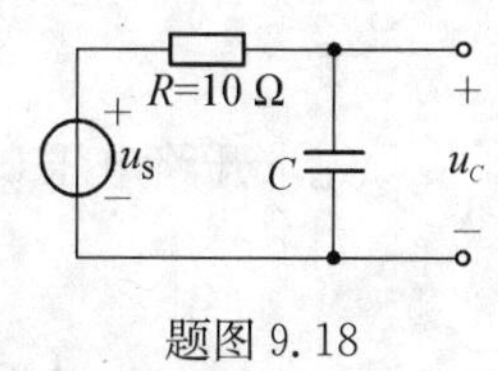

题图 9.18

9.18 在如题图 9.18 所示的 RC 电路中，理想电压源为 $u_S = 14.14\cos 10t$ V，稳态响应为 $u_C = 10\cos(10t - 45°)$ V。试计算满足条件的电容 C 的值。

解

$$\dot{U}_S = 14.14\angle 0°\ \text{V},\ \omega = 10\ \text{rad/s},\ \dot{U}_C = 10\angle -45°\ \text{V}$$

$$\dot{U}_C = \frac{1/(\mathrm{j}\omega C)}{R + 1/(\mathrm{j}\omega C)}\dot{U}_S$$

$$\frac{\dot{U}_S}{\dot{U}_C} = 1 + \mathrm{j}\omega RC = \frac{14.14\angle 0°}{10\angle -45°} = 1.414\angle 45°$$

因此

$$\omega RC = 1$$

解得

$$C = \frac{1}{\omega R} = \frac{1}{100}\ \text{F} = 0.01\ \text{F}$$

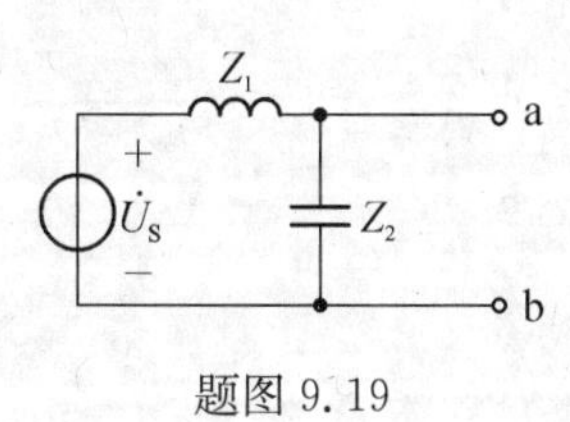

题图 9.19

9.19 试求题图 9.19 所示一端口电路的戴维南(或诺顿)电路。已知题图 9.19 中 $\dot{U}_S = 20\angle 0°$ V，$Z_1 = \mathrm{j}10\ \Omega$，$Z_2 = -\mathrm{j}10\ \Omega$。

解

先求短路电流。把题图 9.19 电路中 a、b 短路如题图9.19.1(a)所示，有

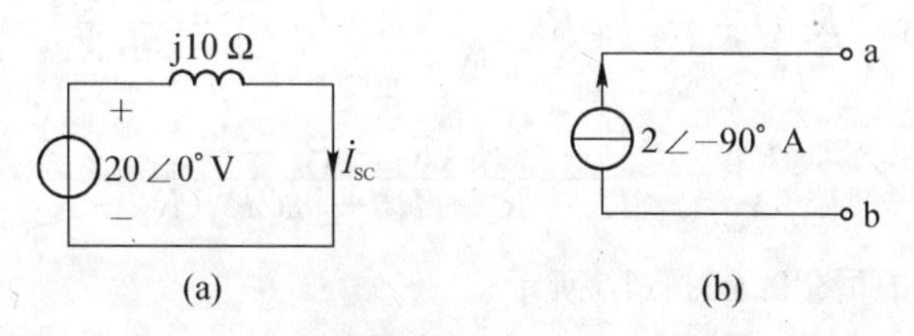

题图 9.19.1

$$\dot{I}_{SC} = \frac{20\angle 0°}{\mathrm{j}10}\ \text{A} = -\mathrm{j}2\ \text{A} = 2\angle -90°\ \text{A}$$

再把题图 9.19 电路中理想电压源短路，求 a、b 端看进去的等效导纳，有

$$Y_{eq} = \frac{1}{\mathrm{j}10} - \frac{1}{\mathrm{j}10} = 0$$

于是题图 9.19 所示一端口电路等效电路为一理想电流源，如题图 9.19.1(b)所示。

9.20 试求题图 9.20 所示一端口电路的戴维南电路。

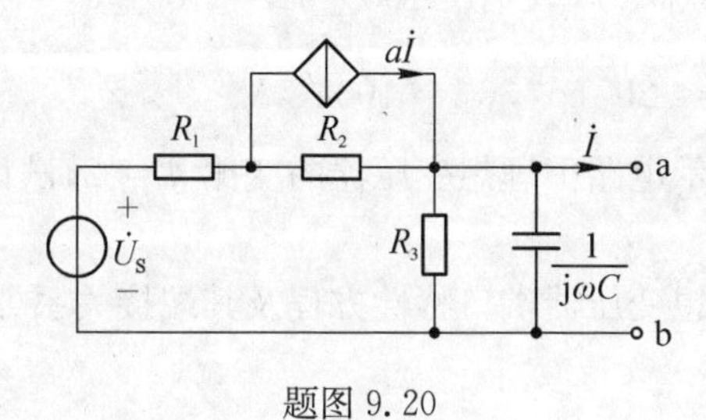

题图 9.20

解

先求开路电压 $\dot{U}_{OC}$。由于开路，$\dot{I}=0$，故受控电流源 $a\dot{I}=0$，所以有

$$\dot{U}_{OC}=\frac{\dot{U}_S Z}{R_1+R_2+Z},\quad 其中 Z=\frac{R_3\times\frac{1}{j\omega C}}{R_3+\frac{1}{j\omega C}}=\frac{R_3}{j\omega CR_3+1}$$

所以
$$\dot{U}_{OC}=\frac{\dot{U}_S\frac{R_3}{j\omega CR_3+1}}{R_1+R_2+\frac{R_3}{j\omega CR_3+1}}=\frac{\dot{U}_S R_3}{R_1+R_2+R_3+j\omega CR_3(R_1+R_2)}$$

再求短路电流。把题图 9.20 电路 a、b 端短路，如题图 9.20.1(a)所示，由 KVL，可得

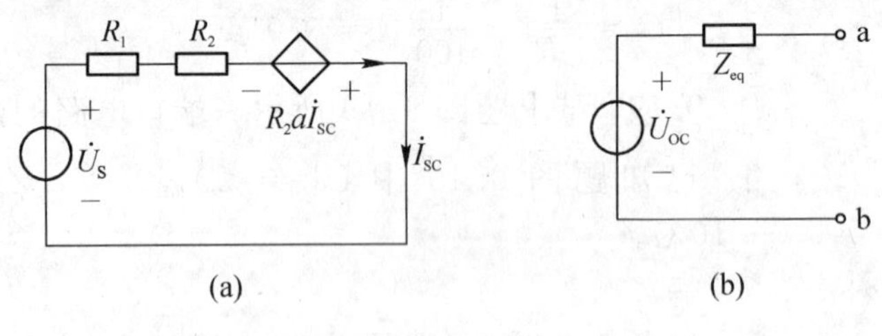

题图 9.20.1

$$(R_1+R_2)\dot{I}_{SC}-a\dot{I}_{SC}R_2=\dot{U}_S，即\ \dot{I}_{SC}=\frac{\dot{U}_S}{R_1+R_2-aR_2}$$

电路的等效阻抗为
$$Z_{eq}=\frac{\dot{U}_{OC}}{\dot{I}_{SC}}=\frac{R_3(R_1+R_2-aR_2)}{R_1+R_2+R_3+j\omega CR_3(R_1+R_2)}$$

戴维南等效电路如题图 9.20.1(b)所示。

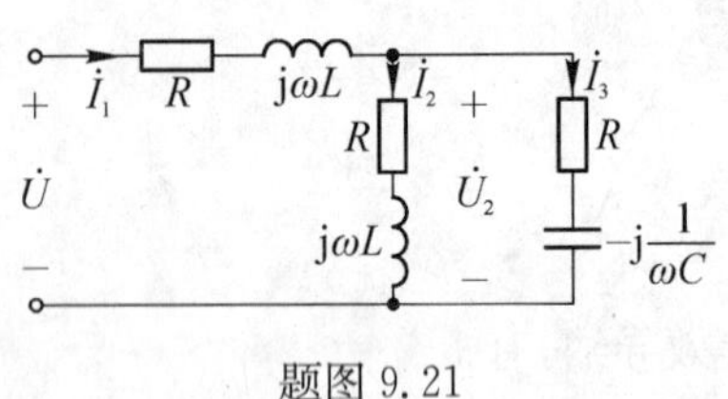

题图 9.21

9.21 如题图 9.21 所示正弦稳态电路，已知 $R=10\ \Omega$，$\omega L=1/(\omega C)=10\sqrt{3}\ \Omega$，$I_2=5$ A，试计算 U_2、I_3、I_1 和 U。

解

利用相量图辅助求解。因为 $\omega L=1/(\omega C)$，所以 $I_3=I_2=5$ A，$I_1=2I_2\cos 60°=I_2=5$ A，相量图如题图9.21.1 所示。有

$$U_2=I_2\sqrt{R^2+(\omega L)^2}=5\times\sqrt{10^2+(10\sqrt{3})^2}\ \text{V}=100\ \text{V}$$

$$\dot{U}=\dot{I}_1(R+j\omega L)+\dot{U}_2=100\angle 60°+100\angle 0°$$

所以
$$U=2U_2\cos 30°=100\sqrt{3}\ \text{V}$$

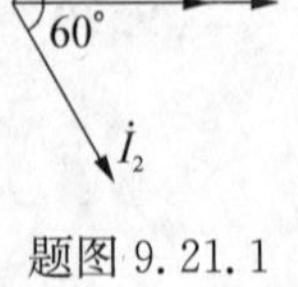

题图 9.21.1

9.22 如题图 9.22 所示电路中理想变压器的变比 $n=2$，试计算 $\dot{I}_1$、$\dot{I}_2$。

解

由题图 9.22 电路有理想变压器端口特性方程及其端接关系方程

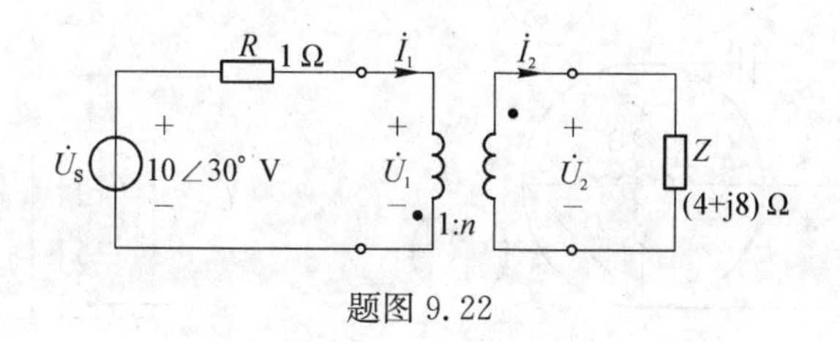

题图 9.22

$$\dot{U}_{\mathrm{S}}=R\dot{I}_1+\dot{U}_1,\ \dot{U}_2=Z\dot{I}_2,\ \frac{\dot{U}_1}{\dot{U}_2}=-\frac{1}{n},\ \frac{\dot{I}_1}{-\dot{I}_2}=n$$

联立解得
$$\dot{I}_1=\frac{\dot{U}_{\mathrm{S}}}{R+\dfrac{Z}{n^2}}=\frac{10\angle 30^\circ}{1+1+\mathrm{j}2}=\frac{5\sqrt{2}}{2}\angle-15^\circ\ \mathrm{A}$$

$$\dot{I}_2=-\frac{\dot{I}_1}{n}=-\frac{5\sqrt{2}}{4}\angle-15^\circ\ \mathrm{A}$$

9.23　如题图 9.23 所示电路，要求在任意频率下，电流 i 与输入电压 u_{S} 始终同相，试求各参数应满足的关系及电流 i 的有效值表达式。

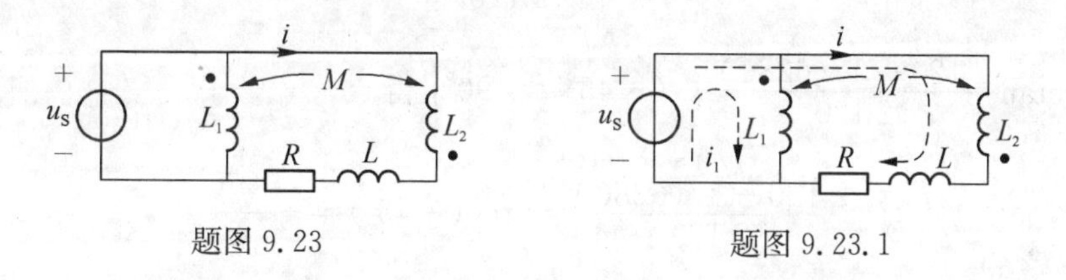

题图 9.23　　　　题图 9.23.1

解

对题图 9.23 电路设回路电流，如题图 9.23.1 所示，有回路方程

$$\begin{cases}-\mathrm{j}\omega M\dot{I}+\mathrm{j}\omega L_1\dot{I}_1=\dot{U}_{\mathrm{S}}\\-\mathrm{j}\omega M\dot{I}_1+\mathrm{j}\omega L_2\dot{I}+(R+\mathrm{j}\omega L)\dot{I}=\dot{U}_{\mathrm{S}}\end{cases}$$

得电流 $\dot{I}$ 与输入电压 $\dot{U}_{\mathrm{S}}$ 的关系表达式

$$\dot{I}=\frac{(L_1+M)\dot{U}_{\mathrm{S}}}{RL_1+\mathrm{j}\omega[L_1(L_2+L)-M^2]}$$

由上式可知，只有当 $L=0$，且 $M=\sqrt{L_1L_2}$，即互感为全耦合时 $\dot{I}=\dfrac{L_1+M}{RL_1}\dot{U}_{\mathrm{S}}$，$\dot{I}$ 与 $\dot{U}_{\mathrm{S}}$ 同相且与频率无关。此时 i 的有效值为 $I=U_{\mathrm{S}}(L_1+M)/(RL_1)$。

9.24　**单相异步电动机电路**　单相异步电动机电路常用于功率不大的电动工具（如电钻）和家用电器（如洗衣机、电风扇）。如题图 9.24(a)所示为电容分相式异步电动机的原理，工作绕组 A 与启动绕组 B 在空间上相隔 90°，绕组 B 与电容 C 串联，使得两个绕组中的电流在相位上相差约 90°，这就是分相。电动机的电路如题图 9.24(b)所示，假设绕组的电阻为 $R=2\,120\ \Omega$，感抗 $X_L=2\,120\ \Omega$，工作频率 $f=50\ \mathrm{Hz}$，试问电容取何值时两绕组电流的相位相差 90°？

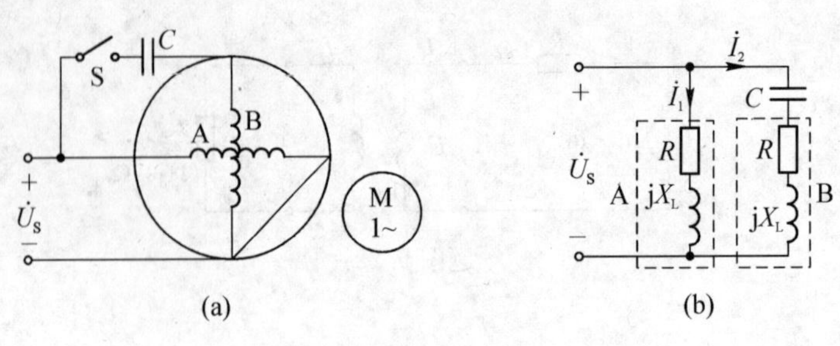

题图 9.24

解

设 $\dot{U}_S = U\angle 0°$,则有

$$\dot{I}_1 = \frac{U}{R + jX_L} = \frac{U}{2\,120 + j2\,120} = \frac{U}{2\,120\sqrt{2}}\angle -45°$$

$$\dot{I}_2 = \frac{U}{R + j[X_L - 1/(\omega C)]} = \frac{U}{2\,120 + j[2\,120 - 1/(628C)]}$$

$$= I_2\angle -\arctan\frac{2\,120 - 1/(628C)}{2\,120}$$

令 $-\arctan\dfrac{2\,120 - 1/(628C)}{2\,120} - (-45°) = 90°$, 得

$$\frac{2\,120 - 1/(628C)}{2\,120} = \tan(-45°) = -\frac{\sqrt{2}}{2}$$

解得

$$C = 0.44\,\mu\text{F}$$

9.25 如题图 9.25 所示补偿分压电路,设 R_1、R_2 已知,试分析 C_1 和 C_2 在何种条件下输出电压相量 $\dot{U}_2$ 总是与输入电压相量 $\dot{U}_1$ 同相位,在此条件下,求电压比 $\dot{U}_2/\dot{U}_1$。

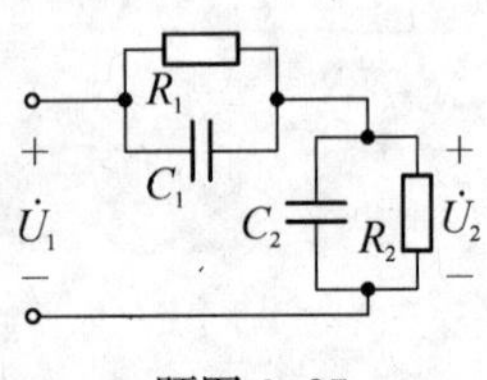

题图 9.25

解

令 $Z_1 = R_1 \,//\, \dfrac{1}{j\omega C_1}$, $Z_2 = R_2 \,//\, \dfrac{1}{j\omega C_2}$,则有

$$\frac{\dot{U}_2}{\dot{U}_1} = \frac{Z_2}{Z_2 + Z_1} = \frac{\dfrac{R_2}{1 + j\omega R_2 C_2}}{\dfrac{R_1}{1 + j\omega R_1 C_1} + \dfrac{R_2}{1 + j\omega R_2 C_2}} = \frac{R_2}{R_1 + R_2}\,\frac{1 + j\omega R_1 C_1}{1 + j\omega\dfrac{R_1 R_2}{R_1 + R_2}(C_1 + C_2)}$$

若 $\dot{U}_2$ 和 $\dot{U}_1$ 同相位,则

$$\omega R_1 C_1 = \omega\frac{R_1 R_2}{R_1 + R_2}(C_1 + C_2)$$

即 $R_1 C_1 = R_2 C_2$。此时有

$$\frac{\dot{U}_2}{\dot{U}_1} = \frac{R_2}{R_2 + R_1} = \frac{C_1}{C_1 + C_2}$$

9.26　分解器移相电路　如题图 9.26 所示为雷达中所用的分解器移相电路，其中定子绕组外接频率为 ω 的正弦电压 u_S，转子由两个相互垂直并绝缘的绕组 $11'$ 和 $22'$ 组成。转子可以旋转，它们感应的电压分别为 $u_1=u_S\sin\theta$ 和 $u_2=u_S\cos\theta$，θ 为转子旋转的角度。假设 $\omega RC=1$，试证明输出电压 u_o 对 u_S 的相位差角 φ 随 θ 线性变化，其有效值为一定值，与 θ 无关。

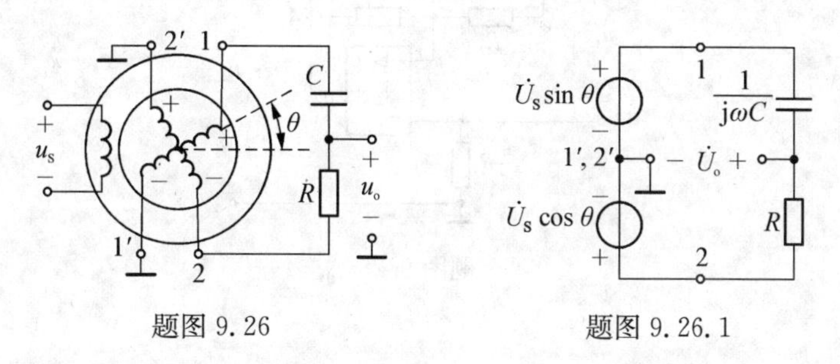

题图 9.26　　　　题图 9.26.1

证明

作出相量模型如题图 9.26.1 所示，列写节点方程，得

$$\left(\frac{1}{R}+j\omega C\right)\dot{U}_o=\frac{\dot{U}_S\cos\theta}{R}+j\omega C\dot{U}_S\sin\theta$$

解得

$$\dot{U}_o=\frac{\dfrac{\dot{U}_S\cos\theta}{R}+j\omega C\dot{U}_S\sin\theta}{\dfrac{1}{R}+j\omega C}=\frac{\dot{U}_S\cos\theta+j\omega RC\dot{U}_S\sin\theta}{1+jR\omega C}$$

将 $\omega RC=1$ 代入，得

$$\dot{U}_o=\frac{\cos\theta+j\sin\theta}{1+j}\dot{U}_S=\frac{1\angle\theta}{\sqrt{2}\angle 45^\circ}\dot{U}_S=\frac{1}{\sqrt{2}}\angle(\theta-45^\circ)\dot{U}_S=\frac{\dot{U}_S}{\sqrt{2}}\angle\varphi$$

可见，u_o 对 u_S 的相位差角 $\varphi=\theta-45^\circ$，随 θ 线性变化，其有效值为 u_S 有效值的 $1/\sqrt{2}$ 倍，为一定值。

9.27　如题图 9.27 所示正弦稳态电路，试问导纳 Y_1、Y_2、Y_3、Y_4 满足什么关系时，(1)$\dot{U}_2=\dot{U}_1$；(2)$\dot{U}_2=0$。

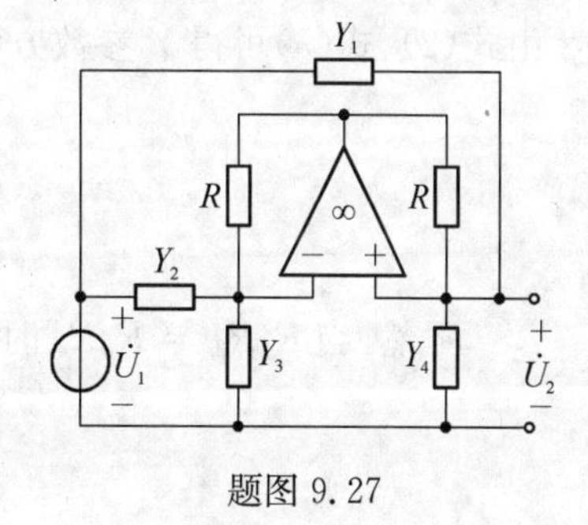

题图 9.27

解

设运算放大器输出端电压为 $\dot{U}$，有电路方程

$$\begin{cases}\left(\dfrac{1}{R}+Y_1+Y_4\right)\dot{U}_2-Y_1\dot{U}_1-\dfrac{1}{R}\dot{U}=0\\ \left(\dfrac{1}{R}+Y_2+Y_3\right)\dot{U}_2-Y_2\dot{U}_1-\dfrac{1}{R}\dot{U}=0\end{cases}$$

(1) 解得 $(Y_4+Y_1-Y_2-Y_3)\dot{U}_2=(Y_1-Y_2)\dot{U}_1$，所以 $Y_3=Y_4$。

(2) $Y_1=Y_2$。

9.28 利用运放实现回转器 一种利用运放实现回转器功能的电路如题图 9.28 所示。试推导电路的 Y 参数矩阵，并说明满足回转器功能的条件。

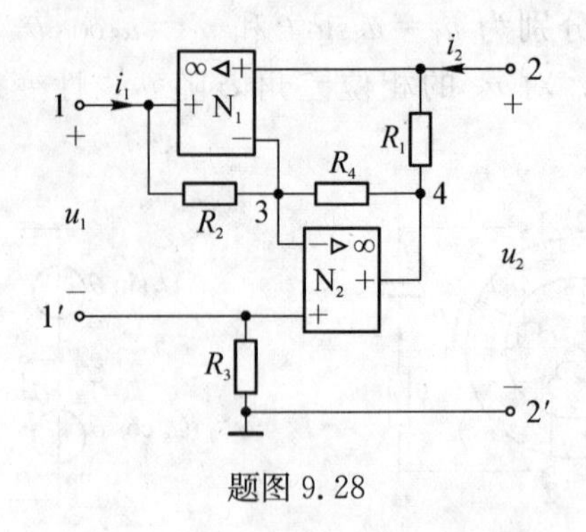

题图 9.28

解

利用运算放大器的“虚短”、“虚断”性质，对 N_1 的同相端，由 KCL 得

$$i_2 = (u_2 - u_4)/R_1 \tag{1}$$

对 N_2 的同相端，其端电压与节点 3、端子 2 的电压相同，由 KCL 得

$$i_1 = -u_2/R_3 \tag{2}$$

对节点 3，由叠加定理得

$$u_3 = u_2 = \frac{R_2}{R_2 + R_4}u_4 + \frac{R_4}{R_2 + R_4}(u_1 + u_2) \tag{3}$$

整理得

$$u_2 - u_4 = \frac{R_4}{R_2}u_1 \tag{4}$$

将式(4)代入式(1)得

$$i_2 = \frac{R_4}{R_1 R_2}u_1 \tag{5}$$

由式(2)、式(5)可得 Y 参数方程为

$$\begin{bmatrix} i_1 \\ i_2 \end{bmatrix} = \begin{bmatrix} 0 & -1/R_3 \\ \dfrac{R_4}{R_1 R_2} & 0 \end{bmatrix} \begin{bmatrix} u_1 \\ u_2 \end{bmatrix} \tag{6}$$

显然，当 $R_1 R_2 = R_3 R_4$ 时，电路具有回转器功能，此时

$$\boldsymbol{Y} = \begin{bmatrix} 0 & -1/R_3 \\ 1/R_3 & 0 \end{bmatrix}$$

频率响应与谐振电路

9.29 试求题图 9.29 所示电路的转移电压比 $\dot{U}_o/\dot{U}_i$。设电路的工作频率为 ω。

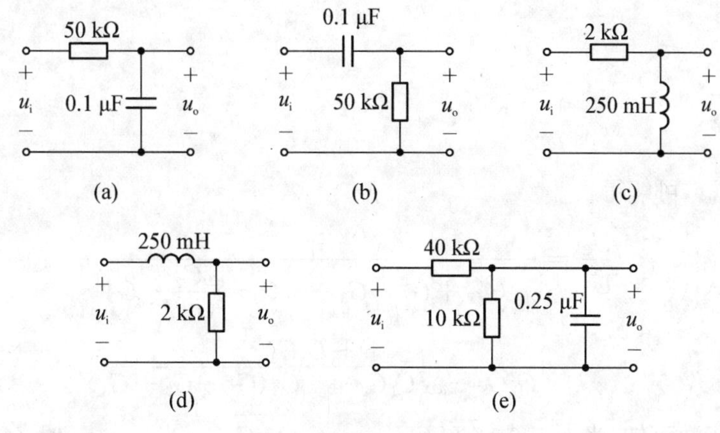

题图 9.29

解

(a) $\dfrac{\dot{U}_o}{\dot{U}_i}=\dfrac{1/(j\omega C)}{R+1/(j\omega C)}=\dfrac{1}{1+j\omega RC}=\dfrac{200}{j\omega+200}$

(b) $\dfrac{\dot{U}_o}{\dot{U}_i}=\dfrac{R}{R+1/(j\omega C)}=\dfrac{j\omega RC}{1+j\omega RC}=\dfrac{j\omega}{j\omega+200}$

(c) $\dfrac{\dot{U}_o}{\dot{U}_i}=\dfrac{j\omega L}{R+j\omega L}=\dfrac{j\omega}{j\omega+8\,000}$

(d) $\dfrac{\dot{U}_o}{\dot{U}_i}=\dfrac{R}{R+j\omega L}=\dfrac{8\,000}{j\omega+8\,000}$

(e) $\dfrac{\dot{U}_o}{\dot{U}_i}=\dfrac{40\ \text{k}\Omega\ /\!/\ [1/(j\omega\times 0.25\ \mu\text{F})]}{40\ \text{k}\Omega+40\ \text{k}\Omega\ /\!/\ [1/(j\omega\times 0.25\ \mu\text{F})]}=\dfrac{100}{j\omega+500}$

9.30 如题图 9.30 所示电路，$R=1\ \Omega$，$L_1=0.54\ \text{H}$，$L_2=0.46\ \text{H}$，$M=0.2\ \text{H}$，$C=6\times10^{-5}\ \text{F}$，试求电路的品质因数 Q。

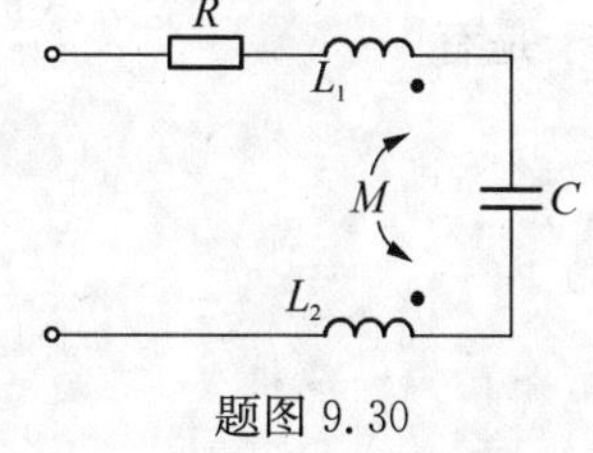

题图 9.30

解

耦合电感去耦等效为一电感元件，其等效电感为

$$L=L_1+L_2-2M=0.54+0.46-0.4\ \text{H}=0.6\ \text{H}$$

串联电路谐振时的品质因数 $Q=\dfrac{1}{R}\sqrt{\dfrac{L}{C}}=\sqrt{\dfrac{0.6}{6\times10^{-5}}}=100$

9.31 低通滤波电路 试求题图 9.31 所示电路的转移电压比 $\dot{U}_2/\dot{U}_1$，并说明电路具有低通性质。

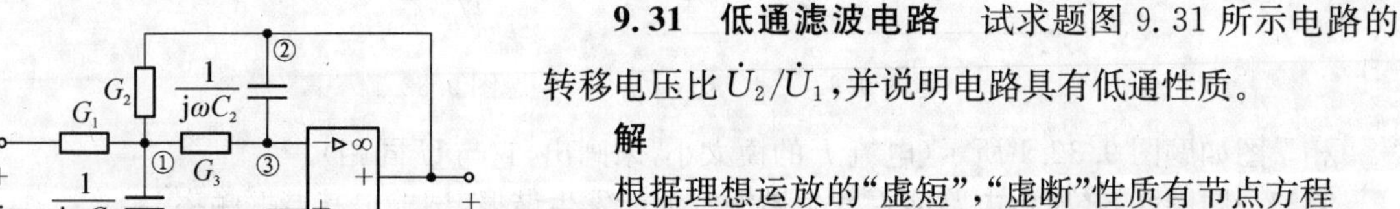

题图 9.31

解

根据理想运放的"虚短"，"虚断"性质有节点方程

$$\begin{bmatrix} G_1+G_2+G_3+j\omega C_1 & -G_2 & -G_3 \\ -G_3 & -j\omega C_2 & G_3+j\omega C_2 \\ 0 & 0 & 1 \end{bmatrix}\begin{bmatrix}\dot{U}_{n1}\\ \dot{U}_{n2}\\ \dot{U}_{n3}\end{bmatrix}$$

$$
=\begin{bmatrix} G_1\dot{U}_1 \\ 0 \\ 0 \end{bmatrix}
$$

由于$\dot{U}_2=\dot{U}_{n2}$,可解得

$$
\frac{\dot{U}_2}{\dot{U}_1}=\frac{G_1}{-(G_1+G_2+G_3+\mathrm{j}\omega C_1)\dfrac{\mathrm{j}\omega C_2}{G_3}-G_2}
$$

$$
=\frac{-G_1G_3}{G_2G_3-\omega^2C_1C_2+\mathrm{j}\omega C_2(G_1+G_2+G_3)}
$$

由上述网络函数可知,当$\omega=0$时,$\dot{U}_2/\dot{U}_1=-G_1G_3/G_2G_3$;当$\omega=\infty$时,$\dot{U}_2/\dot{U}_1=0$,说明电路具有低通性质。

9.32 试求题图 9.32 所示电路的谐振角频率,已知 $R_1=20\ \Omega$, $R_2=500\ \Omega$, $L=200\ \mathrm{mH}$, $C=4\ \mu\mathrm{F}$。若$\dot{U}=100\angle 0^\circ$,则求谐振时的$\dot{U}_2$,并作出电路的相量图。

解

$$
Z=R_1+\mathrm{j}\omega L+\frac{\dfrac{1}{\mathrm{j}\omega C}R_2}{\dfrac{1}{\mathrm{j}\omega C}+R_2}=R_1+\frac{R_2}{1+\omega^2C^2R_2^2}+\mathrm{j}\omega L-\frac{\mathrm{j}\omega CR_2^2}{1+\omega^2C^2R_2^2}
$$

谐振频率满足
$$
\omega L-\frac{\omega CR_2^2}{1+\omega^2C^2R_2^2}=0
$$

即
$$
\omega=\sqrt{\frac{CR_2^2-L}{C^2R_2^2L}}=\sqrt{\frac{4\times10^{-6}\times25\times10^4-0.2}{(4\times10^{-6}\times500)^2\times0.2}}\ \mathrm{rad/s}=10^3\ \mathrm{rad/s}
$$

谐振时
$$
Z=R_1+\frac{R_2}{1+\omega^2C^2R_2^2}=120\ \Omega,\ \dot{I}=\frac{\dot{U}}{Z}=\frac{100\angle 0^\circ}{120}\ \mathrm{A}=\frac{5}{6}\angle 0^\circ\ \mathrm{A}
$$

于是有
$$
\dot{U}_2=\dot{U}-\dot{I}(R_1+\mathrm{j}\omega L)=186.3\angle -63.45^\circ\ \mathrm{V}
$$

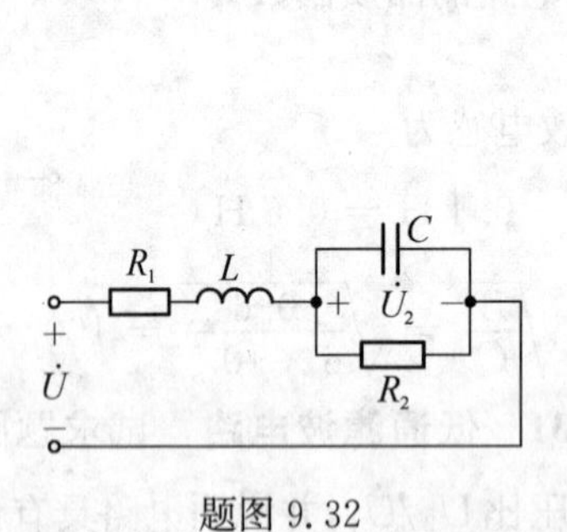

题图 9.32

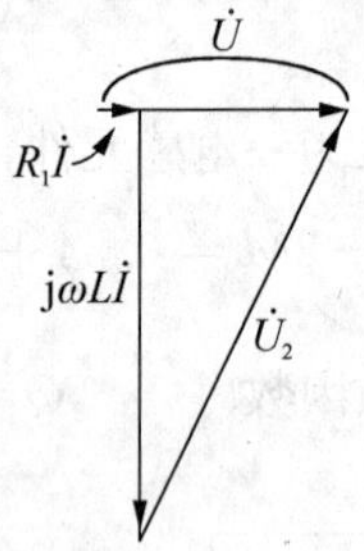

题图 9.32.1

相量图如题图 9.32.1 所示(电流 $\dot{I}$ 的模太小,未画出,它与$\dot{U}$同相)。

9.33 题图 9.33 所示电路能否发生谐振?如能发生谐振,试求出其谐振频率。

解

$$
(\mathrm{a})\ Z_{\mathrm{ab}}=\frac{\left(\mathrm{j}\omega L_1+\dfrac{1}{\mathrm{j}\omega C_1}\right)\left(\mathrm{j}\omega L_2+\dfrac{1}{\mathrm{j}\omega C_2}\right)}{\mathrm{j}\omega L_1+\dfrac{1}{\mathrm{j}\omega C_1}+\mathrm{j}\omega L_2+\dfrac{1}{\mathrm{j}\omega C_2}}=\frac{(1-\omega^2L_1C_1)(1-\omega^2L_2C_2)}{\mathrm{j}\omega(C_1+C_2)-\mathrm{j}\omega^3(L_1+L_2)C_1C_2}
$$

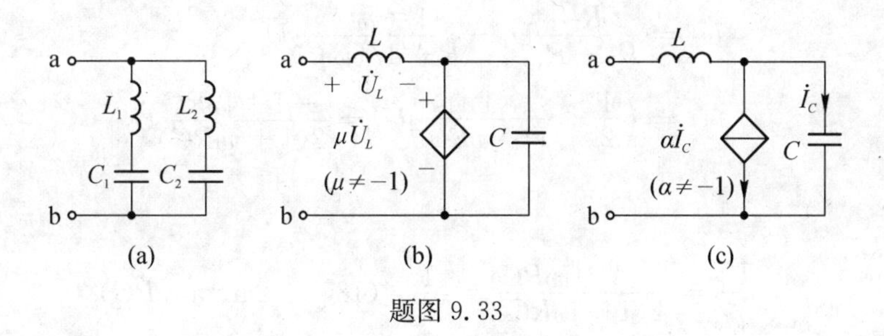

题图 9.33

可发生谐振，谐振频率满足

$$1-\omega^2L_1C_1=0 \quad 解得 \quad \omega=\sqrt{\frac{1}{L_1C_1}}$$

$$1-\omega^2L_2C_2=0 \quad 解得 \quad \omega=\sqrt{\frac{1}{L_2C_2}}$$

$$\omega(C_1+C_2)-\omega^3(L_1+L_2)C_1C_2=0 \quad 解得 \quad \omega=\sqrt{\frac{C_1+C_2}{(L_1+L_2)C_1C_2}}$$

所以本电路有三个谐振频率，分别为$\sqrt{\frac{1}{L_1C_1}}$、$\sqrt{\frac{1}{L_2C_2}}$、$\sqrt{\frac{C_1+C_2}{(L_1+L_2)C_1C_2}}$。

（b）

$$\dot{U}_{ab}=\dot{U}_L+\mu\dot{U}_L=(1+\mu)\dot{U}_L$$

$$\dot{I}_{ab}=\frac{\dot{U}_L}{j\omega L}=\frac{\dot{U}_{ab}}{j(1+\mu)\omega L}$$

$$\frac{\dot{U}_{ab}}{\dot{I}_{ab}}=j(1+\mu)\omega L$$

所以本电路无法谐振。

（c）

$$\dot{I}_{ab}=(1+\alpha)\dot{I}_C$$

$$\dot{U}_{ab}=j\omega L\dot{I}_{ab}+\frac{1}{j\omega C}\dot{I}_C=j\omega L\dot{I}_{ab}+\frac{1}{j\omega C}\frac{\dot{I}_{ab}}{1+\alpha}$$

$$Z_{ab}=\frac{\dot{U}_{ab}}{\dot{I}_{ab}}=j\omega L+\frac{1}{j\omega C}\frac{1}{1+\alpha}$$

所以本电路只有一个谐振频率，$\omega=\sqrt{\frac{1}{LC(1+\alpha)}}$。

9.34　移相电路　如题图 9.34 所示移相电路常用于闸流晶体管触发电路中。试求网络函数 $\dot{U}_o/\dot{U}_i$，当 R 取何值时，输出电压 u_o 超前输入电压 u_i 90°？

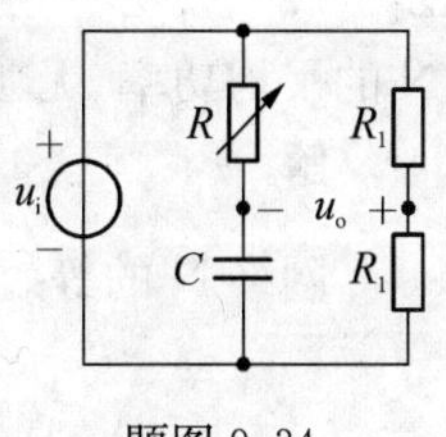

题图 9.34

解

由分压公式，得

$$\dot{U}_{\mathrm{o}}=\frac{R_1}{R_1+R_1}\dot{U}_{\mathrm{i}}-\frac{1/(\mathrm{j}\omega C)}{R+1/(\mathrm{j}\omega C)}\dot{U}_{\mathrm{i}}$$

$$=\left(\frac{1}{2}-\frac{1}{1+\mathrm{j}\omega RC}\right)\dot{U}_{\mathrm{i}}=\frac{-1+\mathrm{j}\omega RC}{2(1+\mathrm{j}\omega RC)}\dot{U}_{\mathrm{i}}$$

因此

$$\frac{\dot{U}_{\mathrm{o}}}{\dot{U}_{\mathrm{i}}}=\frac{-1+\mathrm{j}\omega RC}{2(1+\mathrm{j}\omega RC)}=\frac{1}{2}\angle(180^\circ-2\arctan\omega RC)$$

可见,输出电压幅值不变,与输入电压的相位差可在 $0\sim180^\circ$ 范围内变化。当 $180^\circ-2\arctan\omega RC=90^\circ$,亦即 $R=1/(\omega C)$ 时,输出电压 u_{o} 超前输入电压 u_{i} 90°。

正弦稳态电路的功率

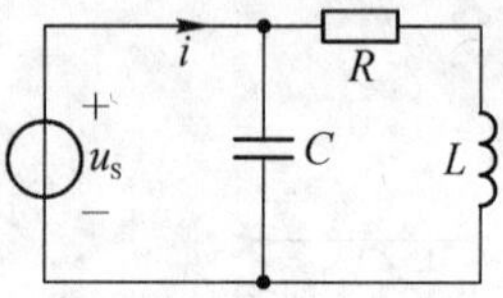

题图 9.35

9.35 题图 9.35 所示电路,已知 $u_{\mathrm{S}}=100\sin t$ V, $R=3\ \Omega$, $L=4$ H, $C=0.2$ F,试求此电路的瞬时功率 p、平均功率 P、无功功率 Q 和功率因数 $\cos\varphi$。

解

电路输入端阻抗

$$Z=\frac{\frac{1}{\mathrm{j}\omega C}(R+\mathrm{j}\omega L)}{\frac{1}{\mathrm{j}\omega C}+R+\mathrm{j}\omega L}=\frac{-\mathrm{j}5(3+\mathrm{j}4)}{-\mathrm{j}5+3+\mathrm{j}4}\ \Omega=7.91\angle-18.5^\circ\ \Omega$$

因此
$$\dot{I}_{\mathrm{m}}=\frac{\dot{U}_{\mathrm{Sm}}}{Z}=\frac{100\angle-90^\circ}{7.91\angle-18.5^\circ}\ \mathrm{A}=12.64\angle-71.5^\circ\ \mathrm{A}$$

电流 i 为

$$i=12.64\sin(t-71.5^\circ)\ \mathrm{A}$$

因此

$$p=u_{\mathrm{S}}i=100\sin t\times12.64\cos(t-71.5^\circ)$$
$$=[599-632\cos(2t+18.5^\circ)]\ \mathrm{W}$$
$$\cos\varphi=\cos[-90^\circ-(-71.5^\circ)]=\cos18.5^\circ=0.948$$
$$P=\frac{1}{2}U_{\mathrm{Sm}}I_{\mathrm{m}}\cos\varphi=599\ \mathrm{W}$$
$$Q=\frac{1}{2}U_{\mathrm{Sm}}I_{\mathrm{m}}\sin\varphi=-201\ \mathrm{var}$$

9.36 题图 9.36 所示电路,设 $\dot{U}=50\angle0^\circ$ V, $Z_1=30\ \Omega$, $Z_2=10\ \Omega$, $Z_3=-\mathrm{j}20\ \Omega$, $Z_4=\mathrm{j}10\ \Omega$,试求电路 N 的平均功率、无功功率、视在功率和功率因数。

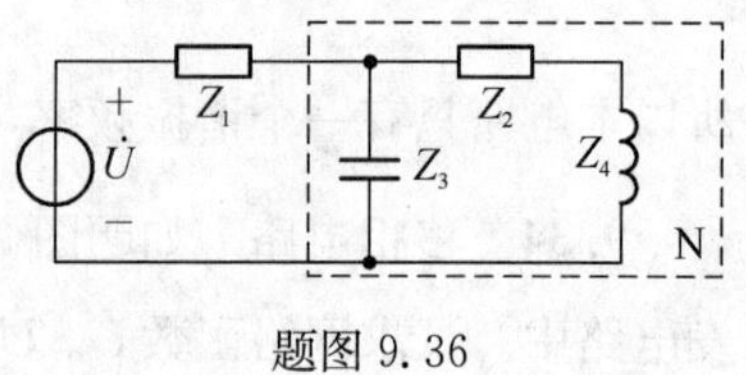

题图 9.36

解

网络 N 的等效阻抗 $Z=\dfrac{Z_3\times(Z_2+Z_4)}{Z_3+Z_2+Z_4}=\dfrac{(10+\mathrm{j}10)\times(-\mathrm{j}20)}{10+\mathrm{j}10-\mathrm{j}20}\ \Omega=20\ \Omega$

N 的输入电流 $$\dot{I}=\frac{\dot{U}}{Z_1+Z}=\frac{50\angle 0^\circ}{20+30}\text{ A}=1\angle 0^\circ\text{ A}$$

网络 N 的平均功率为 $$P=I^2\times \text{Re}[Z]=1^2\times 20\text{ W}=20\text{ W}$$

无功功率 $$Q=I^2\times \text{Im}[Z]=1^2\times 0=0$$

视在功率 $$S=P/\cos\varphi=20\text{ VA}$$

功率因数 $$\lambda=\cos\varphi=\cos 0^\circ=1$$

9.37　在题图 9.37 所示电路中，设定各个阻抗在频率 $f=50$ Hz 时分别为 $Z_1=(8+\text{j}36)\ \Omega$，$Z_2=(30-\text{j}40)\ \Omega$，$Z_3=(10+\text{j}10)\ \Omega$，$Z_4=(10+\text{j}5)\ \Omega$。电源电压（有效值）为 220 V，试计算各阻抗的有功功率和无功功率。

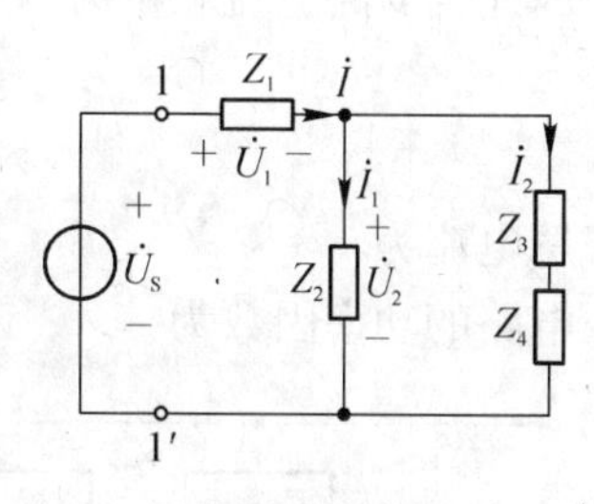

题图 9.37

解

端点 11′右侧一端口电路的入端阻抗

$$Z=Z_1+\frac{Z_2(Z_3+Z_4)}{Z_2+Z_3+Z_4}=(30+\text{j}40)\Omega=50\angle 53.1^\circ\ \Omega$$

令理想电压源有效值相量 $\dot{U}_\text{S}=220\angle 0^\circ$，则

$$\dot{I}=\frac{220\angle 0^\circ}{50\angle 53.1^\circ}\text{ A}=4.4\angle -53.1^\circ\text{ A}$$

根据分流公式，得

$$\dot{I}_1=\frac{Z_3+Z_4}{Z_2+Z_3+Z_4}\dot{I}=\frac{20+\text{j}15}{50-\text{j}25}\times 4.4\angle -53.1^\circ\text{ A}=1.97\angle 10.4^\circ\text{ A}$$

$$\dot{I}_2=\dot{I}-\dot{I}_1=(4.4\angle -53.1^\circ-1.97\angle 10.3^\circ)\text{A}=3.93\angle -79.7^\circ\text{ A}$$

根据复功率的公式可知

$$\tilde{S}_1=\dot{U}_1\dot{I}^*=Z_1\dot{I}\dot{I}^*=Z_1I^2=(8+\text{j}36)\times(4.4)^2\text{VA}=(154.9+\text{j}697)\text{ VA}$$

$$\tilde{S}_2=\dot{U}_2\dot{I}_1^*=Z_2I_1^2=(30-\text{j}40)\times(1.97)^2\text{VA}=(116.4-\text{j}155.2)\text{ VA}$$

$$\tilde{S}_3=\dot{U}_3\dot{I}_2^*=Z_3I_2^2=(10+\text{j}10)\times(3.93)^2\text{VA}=(154.4+\text{j}154.4)\text{ VA}$$

$$\tilde{S}_4=\dot{U}_4\dot{I}_2^*=Z_4I_2^2=(10+\text{j}5)\times(3.93)^2\text{VA}=(154.4+\text{j}77.2)\text{ VA}$$

于是得出

$$P_1=154.9\text{ W},\quad Q_1=697\text{ var}$$
$$P_2=116.4\text{ W},\quad Q_2=-155.2\text{ var}$$
$$P_3=154.4\text{ W},\quad Q_3=154.4\text{ var}$$
$$P_4=154.4\text{ W},\quad Q_4=77.2\text{ var}$$

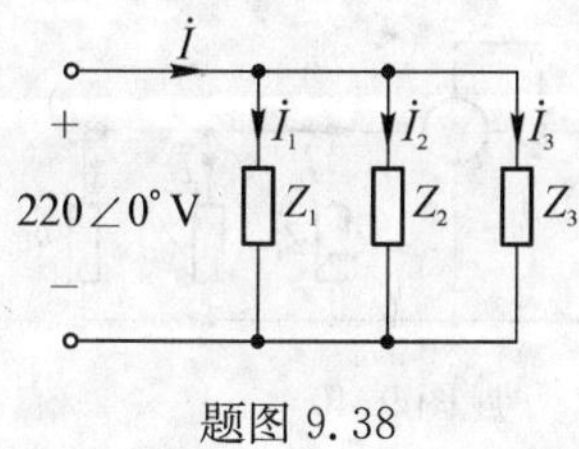

题图 9.38

9.38　如题图 9.38 所示电路，将 3 个负载并联接到 220 V 正弦电源上，各负载的功率和电流分别为：$P_1=4.4$ kW，$I_1=40$ A（容性）；$P_2=8.8$ kW，$I_2=50$ A（感性）；$P_3=6.6$ kW，$I_3=60$ A（容性）。试求电源供给的总电流和电路的功率因数。

解

设 $Z_1=|Z_1|\angle\varphi_1$，$Z_2=|Z_2|\angle\varphi_2$，$Z_3=|Z_3|\angle\varphi_3$，根据 $P=UI\cos\varphi$，有

$$\cos\varphi_1=\frac{P_1}{UI_1}=0.5,\ \cos\varphi_2=\frac{P_2}{UI_2}=0.8,\ \cos\varphi_3=\frac{P_3}{UI_3}=0.5$$

即
$$\varphi_1=-60^\circ,\ \varphi_2=36.87^\circ,\ \varphi_3=-60^\circ$$

因此各支路电流相量为

$$\dot{I}_1=40\angle 60^\circ\ \text{A},\ \dot{I}_2=50\angle-36.87^\circ\ \text{A},\ \dot{I}_3=60\angle 60^\circ\ \text{A}$$

总电流为
$$\dot{I}=\dot{I}_1+\dot{I}_2+\dot{I}_3=106.32\angle 32.17^\circ\ \text{A}$$

电路的功率因数为
$$\cos\varphi=\cos(-32.17^\circ)=0.847(\text{容性})$$

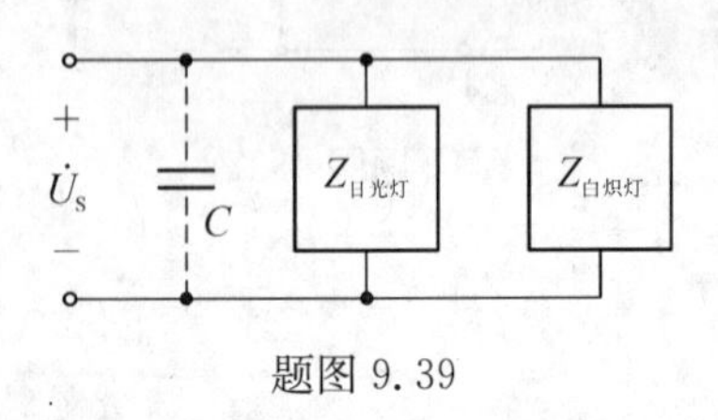

题图 9.39

9.39 如题图 9.39 所示电路，功率为 40 W、功率因数为 0.5 的日光灯(感性负载)75 只与功率为 50 W 的白炽灯 100 只并联在 220 V 的正弦电源上($f=50$ Hz)。如果要把电路的功率因数提高到 0.92(感性)，试求并联电容的大小。

解

(1) 所有日光灯吸收的有功功率：$P_{日光灯}=40\times 75\ \text{W}=3\,000\ \text{W}$

所有白炽灯吸收的有功功率：$P_{白炽灯}=100\times 50\ \text{W}=5\,000\ \text{W}$

整个电路吸收的有功功率：$P_{总}=(3\,000+5\,000)\ \text{W}=8\,000\ \text{W}$

整个电路吸收的无功功率等于所有日光灯的无功功率：

$$Q=P_{日光灯}\times\tan(\arccos 0.5)=5\,196\ \text{var}$$

(2) 如题图 9.39 所示电路并联电容后，功率因数提高到 0.92，则总电路的阻抗角变为 $\varphi'=\arccos 0.92=23.07^\circ$。并联电容前后电路吸收的有功功率不变，但无功功率变为

$$Q'=P_{总}\times\tan\varphi'=8\,000\times\tan 23.07^\circ\ \text{var}=3\,408\ \text{var}$$

并联电容前后无功功率变化量为

$$\Delta Q=Q'-Q=(3\,408-5\,196)\ \text{var}=-1\,788\ \text{var}$$

电容产生的无功功率为
$$\Delta Q=-U^2\omega C$$

联立上两式可得

$$C=\frac{-\Delta Q}{U^2\omega}=\frac{1\,788}{220^2\times 100\pi}\ \text{F}=117.7\times 10^{-6}\text{F}=117.7\ \mu\text{F}$$

即应并联 117.7 μF 电容。

9.40 在题图 9.40 所示电路中，$I_1=10$ A，$I_2=20$ A，负载 Z_1、Z_2 的功率因数分别为 $\lambda_1=\cos\varphi_1=0.8(\varphi_1<0)$，$\lambda_2=\cos\varphi_2=0.5(\varphi_2>0)$，端电压 $U=50$ V，$\omega=1\,000$ rad/s。(1)试求题图 9.40 中电流表、功率表的示数和电路的功率因数；(2)若电源的额定电流为 30 A，试问还能并联多大的电阻？求并联电阻后功率表的示数和电

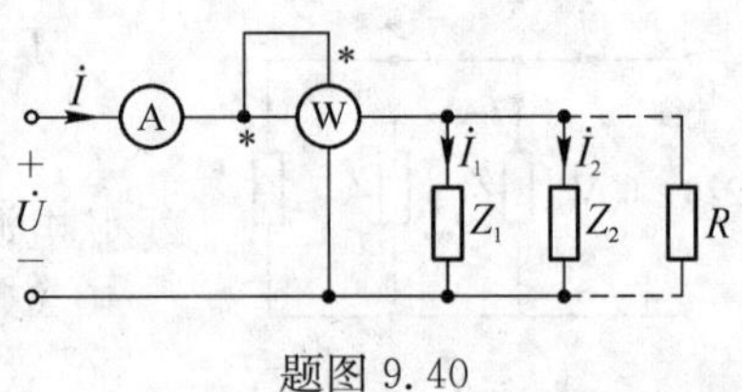

题图 9.40

路的功率因数;(3)如使原电路的功率因数提高到$\lambda=0.9$,试求对应并联的电容值。

解

(1) 令$\dot{U}=50\angle 0^\circ$ V。由题意知

$$\varphi_1=\arccos 0.8=-36.87^\circ(\text{容性}),\varphi_2=\arccos 0.5=60^\circ(\text{感性})$$

则支路电流相量为 $\dot{I}_1=10\angle 36.87^\circ$ A, $\dot{I}_2=20\angle -60^\circ$ A

总电流相量为 $\dot{I}=\dot{I}_1+\dot{I}_2=21.264\angle -32.167^\circ$ A

即电流表示数为 $I=21.264$ A

电路的功率因数 $\lambda=\cos[0^\circ-(-32.167^\circ)]=0.847$

功率表的示数为 $P_W=UI\cos\varphi=900$ W

(2) 并联电阻后总电流为

$$\dot{I}=\dot{I}_1+\dot{I}_2+\dot{I}_R=21.264\angle -32.167^\circ+\frac{50}{R}$$

根据$I=30$ A,可得 $30^2=\left(18+\frac{50}{R}\right)^2+(11.32)^2$

解得 $R=5.11\ \Omega$

则电流 $\dot{I}=30\angle -22.167^\circ$ A

功率因数为 $\lambda=\cos[0^\circ-(-22.167^\circ)]=0.926$

此时功率表的示数为 $P'_W=1\,389$ W

或 $P'_W=900+\frac{U^2}{R}=1\,389$ W

(3) 原电路的$\cos\varphi=0.847$,即$\tan\varphi=0.627$。现提高到$\cos\varphi'=0.9$,即$\tan\varphi'=0.484$,则并接电容为

$$C=\frac{P}{U^2\omega}(\tan\varphi-\tan\varphi')=5.15\ \mu\text{F}$$

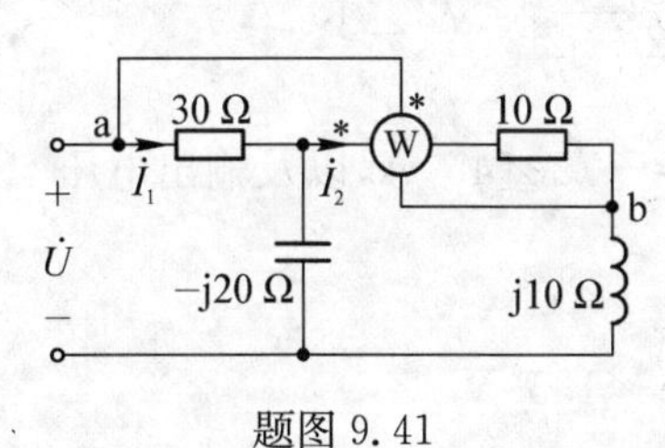

题图 9.41

9.41 在题图 9.41 所示电路中,$U=200$ V,试求功率表的示数。

解

功率表示数表达式为$P_W=\mathrm{Re}[\dot{U}_{ab}\dot{I}_2^*]$。下面分别计算$\dot{I}_2$和$\dot{U}_{ab}$。设$\dot{U}=200\angle 0^\circ$ V,端口等效阻抗

$$Z_i=30+\frac{-j20\times(10+j10)}{-j20+(10+j10)}=50\ \Omega$$

$$\dot{I}_1=\dot{U}/Z_i=4\angle 0^\circ\text{ A}$$

由分流公式得 $\dot{I}_2=\frac{-j20\dot{I}_1}{-j20+(10+j10)}=(4-j4)$ A

则 $\dot{U}_{ab}=30\times\dot{I}_1+10\times\dot{I}_2=(160-j40)$ V

得功率表的示数为

$$P_W = \text{Re}[\dot{U}_{ab}\dot{I}_2^*] = \text{Re}[(160-\text{j}40)(4+\text{j}4)] = 800\ \text{W}$$

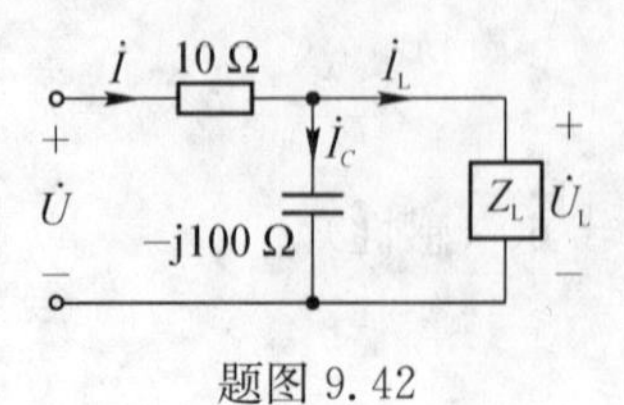

题图 9.42

9.42 在题图 9.42 所示电路中，$U_L = 100\ \text{V}$，Z_L 吸收的平均功率 $P_1 = 200\ \text{W}$，功率因数 $\lambda_1 = 0.8$(感性)。试求电压有效值 U 和电流有效值 I。

解

设 $\dot{U}_L = 100\angle 0°\ \text{V}$，则有

$$\varphi_L = \arccos 0.8 = 36.87°,\ I_L = \frac{P_1}{U_L\lambda} = 2.5\ \text{A},\ \dot{I}_L = I_L\angle -\varphi_L = 2.5\angle -36.87°\ \text{A},$$

$$\dot{I}_C = \dot{U}_L/(-\text{j}100\ \Omega) = \text{j}1\ \text{A},\ \dot{I} = \dot{I}_C + \dot{I}_L = 2-\text{j}0.5 = 2.06\angle -14.04°\ \text{A},$$

$$\dot{U} = 10\dot{I} + \dot{U}_L = (120-\text{j}5) = 120.1\angle -2.39°\ \text{V}$$

于是，电压有效值 U 和电流有效值 I 分别为

$$U = 120.1\ \text{V},\ I = 2.06\ \text{A}$$

9.43 如题图 9.43 所示正弦稳态电路，已知 $u_S = 4\sqrt{2}\sin 10^4 t\ \text{V}$，$R = 2\ \Omega$，$C = 100\ \mu\text{F}$，$L_1 = 0.2\ \text{mH}$，$M = 0.1\ \text{mH}$，试求：(1) u_{ab}；(2) 电源发出的复功率。

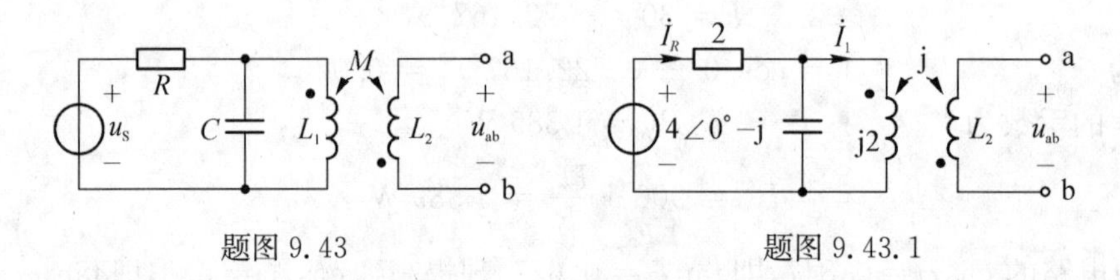

题图 9.43　　　　题图 9.43.1

解

(1) 题图 9.43 电路的相量模型如题图 9.43.1 所示。可求得输入阻抗 Z_{in} 和电流 $\dot{I}_R$ 为

$$Z_{in} = R + \frac{1}{\text{j}\omega C} // \text{j}\omega L_1 = (2-\text{j}2)\ \Omega,\ \dot{I}_R = \frac{\dot{U}_S}{Z_{in}} = \frac{4\angle 0°}{2-\text{j}2} = \sqrt{2}\angle 45°\ \text{A}$$

由分流关系有 $\dot{I}_1 = \dfrac{1/\text{j}\omega C}{(1/\text{j}\omega C) + \text{j}\omega L_1}\cdot\dot{I}_R = \dfrac{-\text{j}}{-\text{j}+\text{j}2}\times\sqrt{2}\angle 45° = -\sqrt{2}\angle 45°\ \text{A}$，以及输出电压

$$\dot{U}_{ab} = -\text{j}\omega M\dot{I}_1 = -\text{j}\times(-\sqrt{2}\angle 45°) = \sqrt{2}\angle 135°\ \text{V}$$

所以求得

$$u_{ab} = 2\sin(10^4 t + 135°)\ \text{V}$$

(2) 由复功率公式可求得 $\tilde{S} = \dot{U}_S\dot{I}_R^* = 4\angle 0°\times\sqrt{2}\angle -45° = 4\sqrt{2}\angle -45°\ \text{VA}$。

9.44 如题图 9.44 所示正弦稳态电路，$R = 8\ \Omega$，若电流 i、i_1 和 i_2 的有效值 $I = I_1 = I_2 = 10\ \text{A}$，试求电路的无功功率 Q。

解

根据元件特性，用相量图辅助解题。以题图 9.44 电路端电压为参考相量，根据题意画出电路相量图如题图 9.44.1 所示，其中 $\dot{I}_2 = 10\angle 30°$，$I_R = I\cos 30° = 10\times\dfrac{\sqrt{3}}{2} = 5\sqrt{3}\ \text{A}$，$U =$

$RI_R = 40\sqrt{3}$ V。

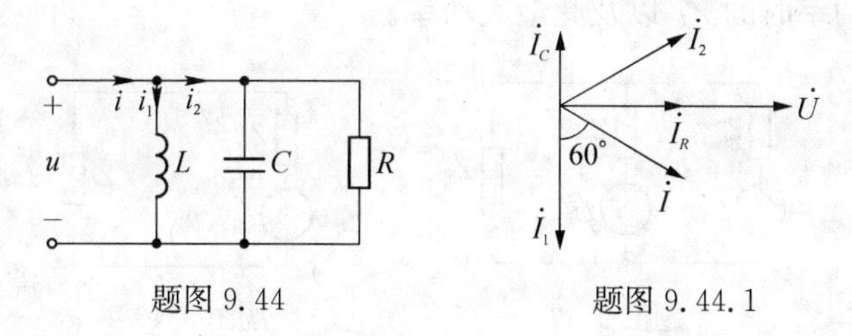

题图 9.44　　　　题图 9.44.1

所以电路无功功率 $Q = UI\sin 30° = 40\sqrt{3} \times 10 \times 0.5$ var $= 200\sqrt{3} \approx 346.4$ var

9.45 如题图 9.45 所示电路，$\dot{U}_S = 10\angle -0°$ V，为使负载获得最大功率，试求负载 Z_L 及此时的最大功率。

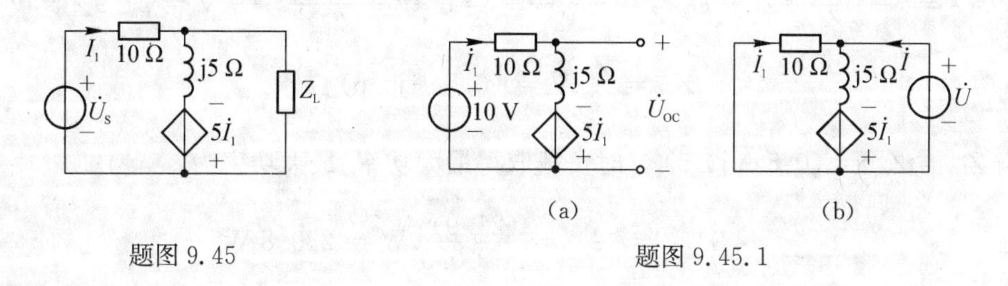

题图 9.45　　　　题图 9.45.1

解

采用戴维南等效定理求解。

(1) 开路电压 $\dot{U}_{OC}$。电路模型如题图 9.45.1(a)所示，根据 KVL，有

$$(10 + j5)\dot{I}_1 = 10 + 5\dot{I}_1$$

解得

$$\dot{I}_1 = \frac{10}{5 + j5}\text{ A} = \sqrt{2}\angle -45°\text{ A}$$

故　　$$\dot{U}_{OC} = -10\dot{I}_1 + \dot{U}_S = j10\text{ V} = 10\angle 90°\text{ V}$$

(2) 求等效阻抗 Z_{eq}。电路模型如题图 9.45.1(b)所示。

$$\begin{cases} \dot{I}_1 = -\dfrac{1}{10}\dot{U} \\ \dot{U} = j5(\dot{I} + \dot{I}_1) - 5\dot{I}_1 \end{cases}$$

解得　　$$\left(\frac{1}{2} + j\frac{1}{2}\right)\dot{U} = j5\dot{I}$$

故　　$$Z_{eq} = \frac{\dot{U}}{\dot{I}} = \frac{j5 \times 2}{1 + j}\,\Omega = (5 + j5)\,\Omega$$

当 $Z_L = Z_{eq}^* = (5 - j5)\,\Omega$ 时获得最大功率

$$P_{max} = \frac{U_{OC}^2}{4R_{eq}} = \frac{10^2}{4 \times 5}\text{ W} = 5\text{ W}$$

9.46 在题图 9.46 所示电路中，已知 $Z_0 = (1+\mathrm{j}1)\ \Omega$，$\dot{U}_{S1} = 22\angle 0°\ \mathrm{V}$，$\dot{U}_{S2} = 22\angle 10°\ \mathrm{V}$。试问负载吸收最大功率时的 Z_L 以及此最大功率。

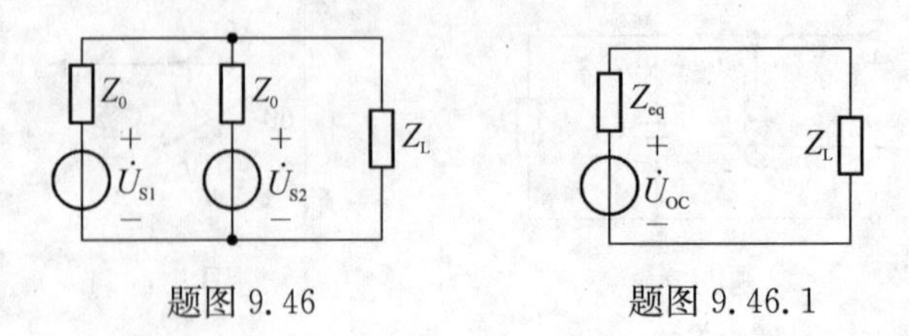

题图 9.46　　题图 9.46.1

解

题图 9.46 电路的戴维南等效电路如题图 9.46.1 所示，其开路电压和等效阻抗分别为

$$\dot{U}_{OC} = \frac{\dot{U}_{S1} - \dot{U}_{S2}}{2Z_0} Z_0 + \dot{U}_{S2} = \frac{\dot{U}_{S1} + \dot{U}_{S2}}{2} = \frac{22\angle 0° + 22\angle 10°}{2}\ \mathrm{V} = 21.9\angle 5°\ \mathrm{V}$$

$$Z_{eq} = \frac{Z_0}{2}\ \mathrm{V} = (0.5 + \mathrm{j}0.5)\ \Omega$$

因为，当 $Z_L = Z_{eq}^* = (0.5 - \mathrm{j}0.5)\ \Omega$ 时负载取得最大功率。最大功率为

$$P_{max} = \frac{U_{OC}^2}{4R_{eq}} = \frac{(21.9)^2}{4 \times 0.5}\ \mathrm{W} = 239.8\ \mathrm{W}$$

9.47 如题图 9.47 所示电路，$\dot{U}_S = 10\angle -45°\ \mathrm{V}$，$\omega = 10^3\ \mathrm{rad/s}$，$R_1 = 1\ \Omega$，$R_2 = 2\ \Omega$，$L = 0.4\ \mathrm{mH}$，$C = 10^3\ \mu\mathrm{F}$。试求 Z_L 多大时(可任意变动) 能获得的最大功率。

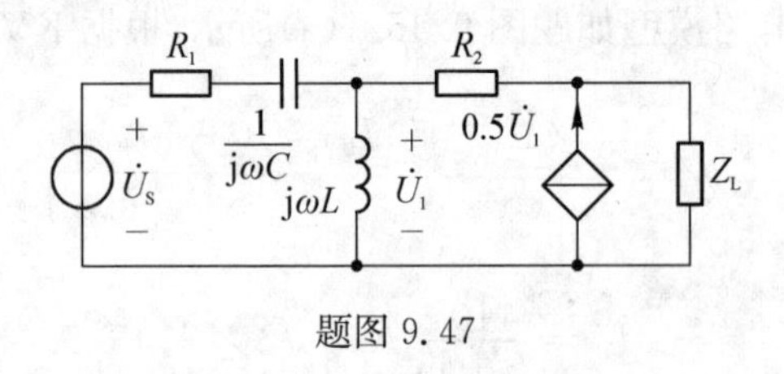

题图 9.47

解

先求题图 9.47 所示电路中 Z_L 左侧电路戴维南电路如题图 9.47.1(a)所示，其中感抗和容抗分别为

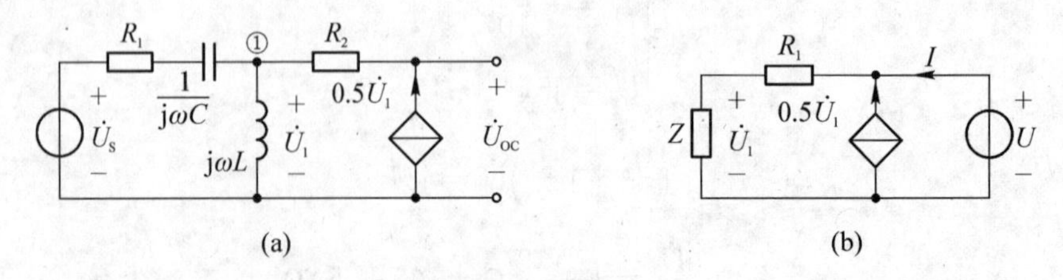

题图 9.47.1

$$X_L = \omega L = 10^3 \times 0.4 \times 10^{-3}\ \Omega = 0.4\ \Omega,\ X_C = -\frac{1}{\omega C} = -\frac{1}{10^3 \times 10^3 \times 10^{-6}}\ \Omega = -1\ \Omega$$

有节点方程

$$\left(\frac{1}{1-\mathrm{j}}-\mathrm{j}\,\frac{1}{0.4}\right)\dot{U}_1=\frac{10\angle-45^\circ}{1-\mathrm{j}}+0.5\dot{U}_1$$

解得
$$\dot{U}_1=\frac{5\sqrt{2}}{-\mathrm{j}2}=\mathrm{j}\,\frac{5\sqrt{2}}{2}\ \mathrm{V}$$

开路电压
$$\dot{U}_{\mathrm{OC}}=R_2\times0.5\dot{U}_1+\dot{U}_1=5\sqrt{2}\angle90^\circ\ \mathrm{V}$$

用外加电源法求等效阻抗，电路如题图 9.47.1(b)所示，其中

$$Z=\left(R_1+\frac{1}{\mathrm{j}\omega C}\right)/\!/\ \mathrm{j}\omega L=\frac{4+\mathrm{j}4}{10-\mathrm{j}6}$$

由 KCL，得
$$\dot{I}=\frac{\dot{U}_1}{Z}-0.5\dot{U}_1=\left(\frac{1}{Z}-0.5\right)\dot{U}_1$$

由 KVL，得
$$\dot{U}=\frac{\dot{U}_1}{Z}R_2+\dot{U}_1=\left(\frac{R_2}{Z}+1\right)\dot{U}_1$$

所以等效阻抗为
$$Z_{\mathrm{eq}}=\frac{\dot{U}}{\dot{I}}=\frac{\dfrac{R_2}{Z}+1}{\dfrac{1}{Z}-0.5}=\frac{R_2+Z}{1-0.5Z}=(2+\mathrm{j})\ \Omega$$

根据最大功率传输定理可知，当 $Z_{\mathrm{L}}=Z_{\mathrm{eq}}^{*}=(2-\mathrm{j})\ \Omega$ 时 Z_{L} 获得最大功率，最大功率为

$$P_{\max}=\frac{U_{\mathrm{OC}}^2}{4\times2}=\frac{(5\sqrt{2})^2}{8}\ \mathrm{W}=6.25\ \mathrm{W}$$

9.48　如题图 9.48 所示正弦稳态电路，其中电源电压有效值 $U_{\mathrm{S}}=1\ \mathrm{V}$，角频率 $\omega=1\ \mathrm{rad/s}$，试求负载获得最大功率时的负载值 Z_{L} 和获得的最大功率 $P_{\max}$。

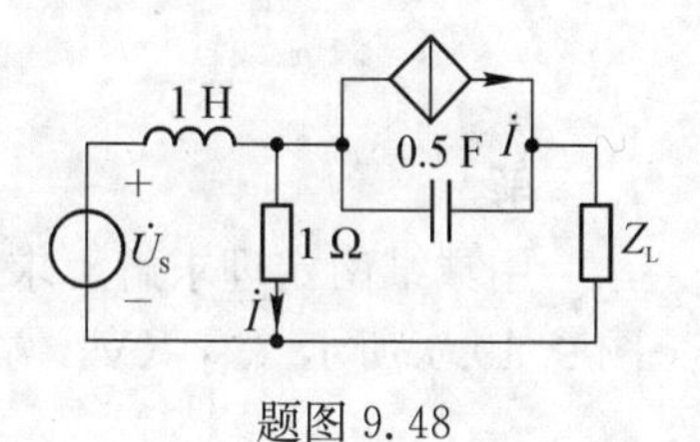

题图 9.48

解

用戴维南定理求解。设 $\dot{U}_{\mathrm{S}}=U_{\mathrm{S}}\angle0^\circ=1\angle0^\circ$，由题图9.48.1(a) 电路求开路电压 $\dot{U}_{\mathrm{OC}}$，有

$$\dot{U}_{\mathrm{OC}}=\frac{\dot{U}_{\mathrm{S}}}{1+\mathrm{j}}(-\mathrm{j}2)+1\times\frac{\dot{U}_{\mathrm{S}}}{1+\mathrm{j}}=\frac{1-\mathrm{j}2}{1+\mathrm{j}}=-\frac{1+\mathrm{j}3}{2}$$
$$=\frac{\sqrt{10}}{2}\angle-108.43^\circ\ \mathrm{V}=1.58\angle-108.43^\circ\ \mathrm{V}$$

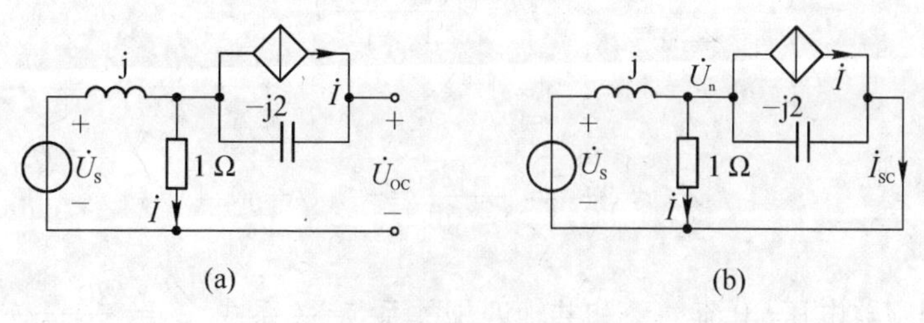

题图 9.48.1

由题图 9.48.1(b)电路求短路电流 $\dot{I}_{SC}$，有节点方程

$$\dot{U}_n = \frac{\dfrac{1\angle 0^\circ}{j} - \dfrac{\dot{U}_n}{1}}{\dfrac{1}{j} + \dfrac{1}{1} + \dfrac{1}{-j2}} = \frac{-j - \dot{U}_n}{1 - j\dfrac{1}{2}}$$

解得
$$\dot{U}_n = \frac{-j}{2 - j\dfrac{1}{2}} = \frac{-j2}{4-j}$$

于是短路电流为
$$\dot{I}_{SC} = \frac{\dot{U}_n}{1} + \frac{\dot{U}_n}{-j2} = \left(1 + \frac{1}{-j2}\right) \times \frac{-j2}{4-j} = \frac{1-j2}{4-j}$$

等效阻抗为
$$Z_{eq} = \frac{\dot{U}_{OC}}{\dot{I}_{SC}} = \frac{1-j2}{1+j} \times \frac{4-j}{1-j2} = \frac{4-j}{1+j} = \frac{3-j5}{2} = (1.5 - j2.5)\ \Omega$$

当 $Z_L = Z_{eq}^* = (1.5 + j2.5)\ \Omega$ 时，可获得最大功率，为

$$P_{max} = \frac{U_{OC}^2}{4R_L} = \frac{(1.58)^2}{4 \times 1.5}\ \text{W} = 0.416\ \text{W}$$

9.49 如题图 9.49 所示电路，负载 $Z = (20 + jX)\ \Omega$。若要使负载获得最大功率，试求此时理想变压器的变比 n 和负载的电抗 X。

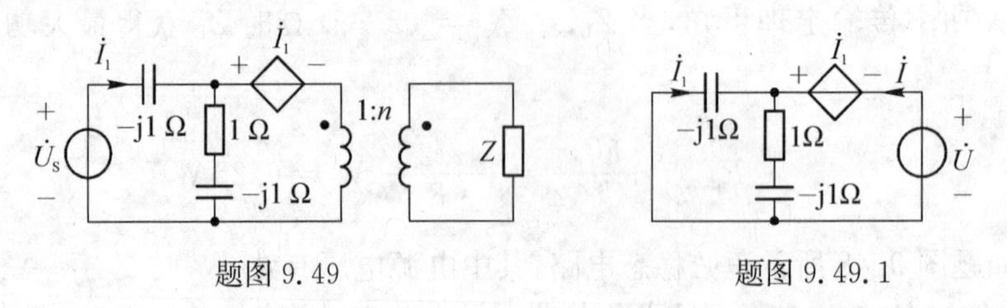

题图 9.49　　　　题图 9.49.1

解

用戴维南定理求解。求题图 9.49 电路中理想变压器左侧的戴维南等效阻抗的电路如题图 9.49.1 所示。有 KVL 方程

$$\dot{U} = j\dot{I}_1 - \dot{I}_1 = (j-1)\dot{I}_1$$

和分流方程

$$\dot{I}_1 = -\frac{1-j}{1-j2}\dot{I}$$

所以

$$\dot{U} = \frac{(1-j)^2}{1-j2}\dot{I}$$

即等效阻抗

$$Z_{eq} = \frac{\dot{U}}{\dot{I}} = \frac{-j2}{1-j2} = (0.8 - j0.4)\ \Omega$$

根据理想变压器电压-电流关系和共轭匹配关系，有关系式 $\dfrac{Z}{n^2} = \dfrac{20 + jX}{n^2} = 0.8 + j0.4$。

由 $\frac{20}{n^2}=0.8$，求得 $n=5$；则由 $\frac{X}{n^2}=0.4$，可求得 $X=10\ \Omega$。

综合

9.50　如题图 9.50 所示正弦稳态电路，$11'$端加以正弦电压 $\dot{U}_S=100\angle 0°\ \text{V}$。$22'$ 端开路时，图中电压表 V_1 和 V_2 的示数均为 50 V；当 $22'$ 端接一个 $\omega L=50\ \Omega$ 电感时，电压表 V_1 示数为 150 V，电压表 V_2 为 50 V。试求阻抗 Z_1 和 Z_2。

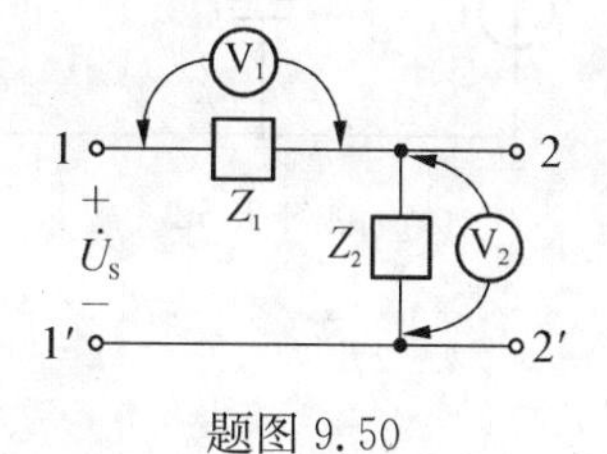

题图 9.50

解

由 $22'$开路情况可知，$|Z_1|$ 与 $|Z_2|$ 相等。又电压表 V_1 和 V_2 的示数均为 50 V，50 V＋50 V＝100 V，说明 Z_1 和 Z_2 的阻抗角也相等。因此 $Z_1=Z_2=Z$。

$22'$接电感时 $Z'_2=Z_2\ /\!/\ \text{j}\omega L$，由于此时电压表 V_1 和 V_2 的示数分别为 150 V 和 50 V，即 $U_1=150\ \text{V}$，$U'_2=50\ \text{V}$，而 $|\dot{U}_1+\dot{U}'_2|=100$，可知 $\dot{U}_1$ 与 $\dot{U}'_2$反向，即 Z_1 和 Z'_2元件性质相反，一个为容性，一个为感性，由题意可知，

$$3\times(Z\ /\!/\ \text{j}\omega L)=-Z\Rightarrow Z(Z+\text{j}200)=0$$

舍弃解 $Z=0$，得到 $Z=-\text{j}200\ \Omega$。因此 $Z_1=Z_2=-\text{j}200\ \Omega$。

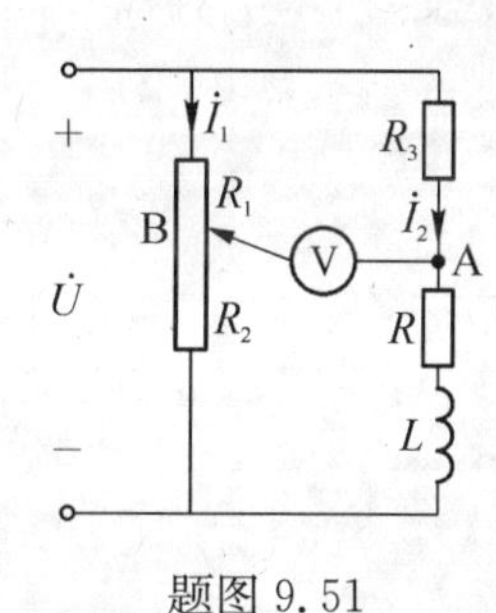

题图 9.51

9.51　如题图 9.51 所示正弦稳态电路，$U=20\ \text{V}$，$R_3=5\ \Omega$，$f=50\ \text{Hz}$，当调节变阻器，使 $R_1:R_2=2:3$ 时，电压表的示数最小为 6 V，试求 R 和 L 的值。

解

采用相量图分析。可设端口电压为参考相量，即 $\dot{U}=20\angle 0°\ \text{V}$，滑线变阻器电压、电流与端口电压同相位，电路右侧为感性支路，支路电流落后支路电压。由于 $R_1:R_2=2:3$ 时，电压表的示数最小，可在支路电压三角形中找出 B 点，再由 B 点作参考相量的垂线，与 $\dot{U}_R$ 相量的交点即为 A 点，AB 就是 A 到参考相量的最小距离，因此 AB 代表的电压即为电压表所指示的最小电压值 6 V。相量图如题图 9.51.1 所示。由相量图

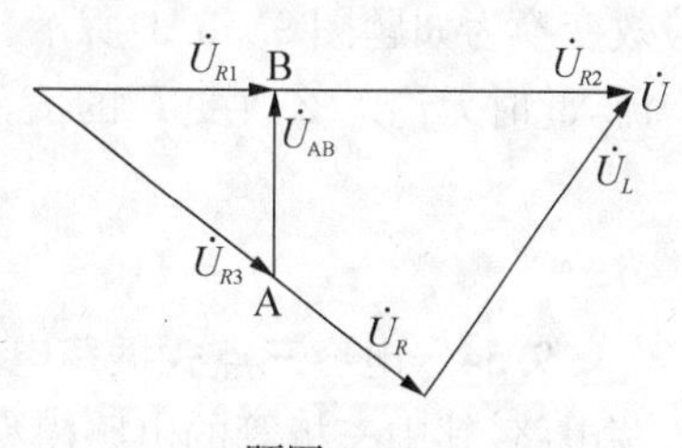

题图 9.51.1

$$\dot{U}_{R1}=\frac{\dot{U}}{R_1+R_2}\times R_1=8\angle 0°\ \text{V},$$

$$U_{R3}=\sqrt{U_{R1}^2+U_{AB}^2}=10\ \text{V},$$

$$\frac{U_{AB}}{U_{R3}}=\frac{U_L}{U}=\frac{\omega LI_2}{20}=\frac{6}{10}$$

于是得 $\omega LI_2=12$。又有 $I_2=\frac{U_{R3}}{R_3}=\frac{10}{5}\ \text{A}=2\ \text{A}$，所以求得

$$L=\frac{12}{\omega I_2}=0.0191\ \text{H}$$

由 $U_R=U\times\frac{U_{R1}}{U_{R3}}-U_{R3}=6\ \text{V}$，求得

$$R=\frac{U_R}{I_2}=\frac{6}{2}\ \Omega=3\ \Omega$$

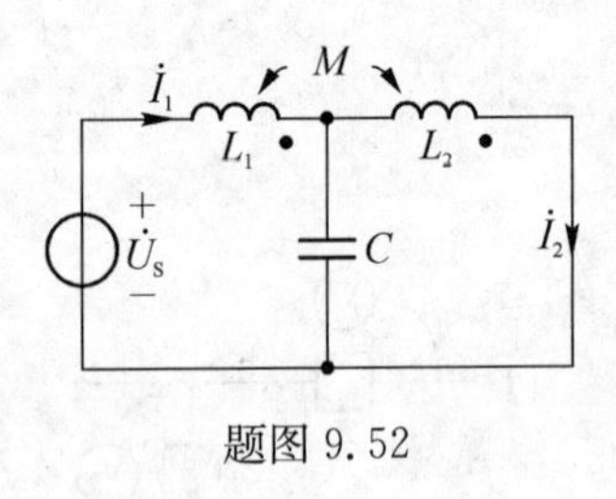

题图 9.52

9.52 如题图 9.52 所示电路，参数 L_1、L_2、M、C 都已知，欲使 $\dot{I}_1$、$\dot{I}_2$：(1)同时为零；(2)同时为无穷大，试求电源频率 f。

解

以 $\dot{I}_1$、$\dot{I}_2$ 为变量，列出题图 9.52 电路的网孔方程

$$\begin{bmatrix} j\omega L_1+\dfrac{1}{j\omega C} & j\omega M-\dfrac{1}{j\omega C} \\ j\omega M-\dfrac{1}{j\omega C} & j\omega L_2+\dfrac{1}{j\omega C}\end{bmatrix}\begin{bmatrix}\dot{I}_1\\ \dot{I}_2\end{bmatrix}=\begin{bmatrix}\dot{U}_S\\ 0\end{bmatrix}$$

求得其系数行列式 $\qquad \Delta=\omega^2L_1L_2-\omega^2M^2-(L_2+L_1+2M)/C$

(1) 若欲使 $\dot{I}_1$、$\dot{I}_2$ 同时为零，则 $\Delta\to\infty$，即当 $f\to\infty$ 时，$\dot{I}_1$、$\dot{I}_2$ 才能同时为零。

(2) 若 $\Delta=0$，即 $\omega=\sqrt{(L_2+L_1+2M)/C(L_1L_2-M^2)}$，$\dot{I}_1$、$\dot{I}_2$ 同时达到无穷大，此时电路发生串联谐振，有

$$f=\frac{1}{2\pi}\sqrt{\frac{(L_2+L_1+2M)}{C(L_1L_2-M^2)}}$$

9.53 如题图 9.53 所示电路，$u_S=10\sin 10^4t\,\text{V}$。若改变 R 值，电流 i 不变，试求电容值 C。

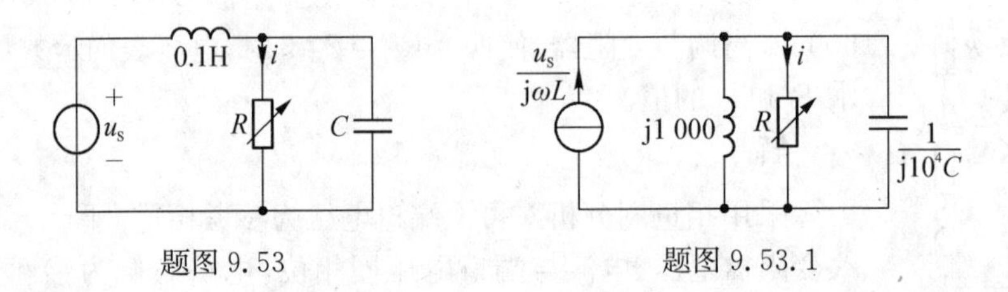

题图 9.53 题图 9.53.1

解

考虑到流经电阻的电流不随电阻的改变而变化，如果将原电路等效变换，并令电阻之外的其他支路并联谐振(相当于开路)，这样流经电阻的电流将为电流源电流。题图 9.53 电路可等效变换为如题图 9.53.1 所示。LC 发生并联谐振时，流经电阻 R 的电流即为理想电流源电流，此时无论怎么改变 R 的值，电流 i 不变，所以

$$C=\frac{1}{\omega^2L}=10^{-7}\ \text{F}$$

9.54 电容三点式振荡电路(考比兹振荡器) 如题图 9.54(a)所示电路为电容三点式振荡电路，其中三极管的电路模型如题图 9.54(b)所示。试求电路的振荡条件和振荡频率。

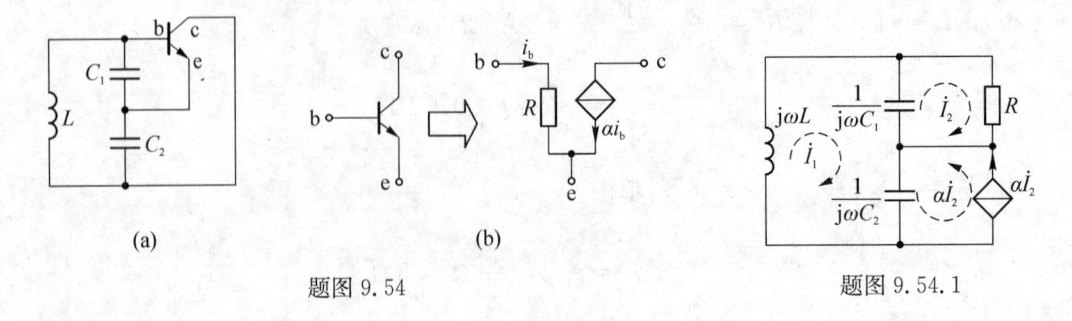

题图 9.54 题图 9.54.1

解

将题图 9.54 电路改画为题图 9.54.1 所示电路。列写网孔方程，有

$$\begin{cases}\left(\mathrm{j}\omega L+\dfrac{1}{\mathrm{j}\omega C_1}+\dfrac{1}{\mathrm{j}\omega C_2}\right)\dot{I}_1-\dfrac{1}{\mathrm{j}\omega C_1}\dot{I}_2-\dfrac{1}{\mathrm{j}\omega C_2}(-\alpha\dot{I}_2)=0\\-\dfrac{1}{\mathrm{j}\omega C_1}\dot{I}_1+\left(R+\dfrac{1}{\mathrm{j}\omega C_1}\right)\dot{I}_2=0\end{cases}$$

电路有解的条件为系数行列式为零，即

$$\Delta=-\mathrm{j}\omega^3 LRC_1C_2-\omega^2 LC_2+\mathrm{j}\omega R(C_1+C_2)+\alpha+1=0$$

$$\Rightarrow\begin{cases}-\omega^2 LC_2+\alpha+1=0\\R(C_1+C_2)-\omega^2 LRC_1C_2=0\end{cases}\quad\Rightarrow\omega=\sqrt{\frac{C_1+C_2}{LC_1C_2}},\ \alpha=\frac{C_2}{C_1}$$

即振荡条件为 $\alpha=\dfrac{C_2}{C_1}$，振荡频率为 $\omega=\sqrt{\dfrac{C_1+C_2}{LC_1C_2}}$。

9.55　压电传感器电路　压电式传感器是以某些材料受力后在其表面产生电荷的压电效应为转换原理的传感器。如题图 9.55 所示电路为压电传感器的测量电路，它由压电传感器(等效为电荷源 Q、电阻 R_a、电容 C_a)、连接电缆(等效为电容 C_c)以及处理电路(电荷放大器)组成。假设压电传感器在承受沿其敏感轴向的外力作用时，产生的电荷 Q 是角频率为 ω 的交变电荷，试求电路的网络函数 $H(\mathrm{j}\omega)=\dot{U}_o/\dot{Q}$。

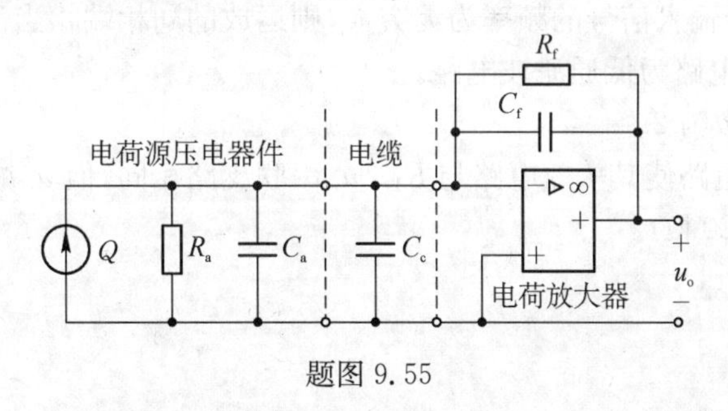

题图 9.55

解

由 $i=\mathrm{d}q/\mathrm{d}t$ 可得，$\dot{I}=\mathrm{j}\omega\dot{Q}$，作出如题图 9.55.1 所示的相量模型。由题图 9.55.1 可得

$$\dot{U}_o=-\frac{R_f\ /\!/\ \dfrac{1}{\mathrm{j}\omega C_f}}{R_a\ /\!/\ \dfrac{1}{\mathrm{j}\omega(C_a+C_c)}}\mathrm{j}\omega\dot{Q}\left[R_a\ /\!/\ \frac{1}{\mathrm{j}\omega(C_a+C_c)}\right]=-\mathrm{j}\omega\dot{Q}\left[R_f\ /\!/\ \frac{1}{\mathrm{j}\omega C_f}\right]$$

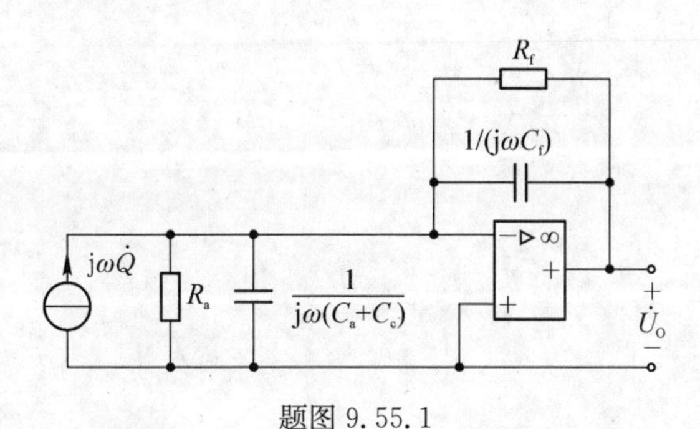

题图 9.55.1

由上式可得

$$H(\mathrm{j}\omega)=\frac{\dot{U}_{\mathrm{o}}}{\dot{Q}}=-\mathrm{j}\omega\left[R_{\mathrm{f}}\ /\!/\ \frac{1}{\mathrm{j}\omega C_{\mathrm{f}}}\right]=-\frac{\mathrm{j}\omega R_{\mathrm{f}}}{1+\mathrm{j}\omega R_{\mathrm{f}}C_{\mathrm{f}}}$$

9.56　滤波电路设计　如题图 9.56 所示电路为一滤波电路。(1)指出该滤波电路的类型;(2)试求电路的直流放大倍数;(3)如果要求将电路的电压传输特性修改为:转移电压比幅值降低为原来的 1/2,相频特性不变,给出修改方案。

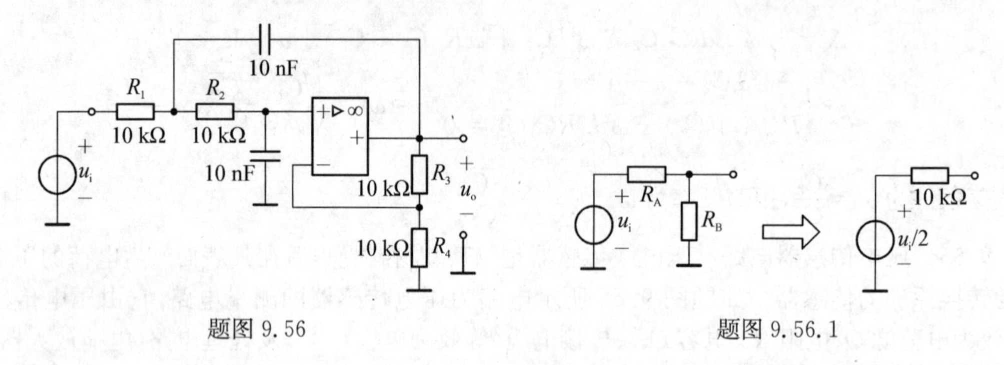

题图 9.56　　　　题图 9.56.1

解

(1) 令输入信号的频率为零,则电容等效为开路,电路为同相比例放大电路,直流放大倍数为 1+10/10=2;令输入信号的频率为无穷大,则运放的同相端相当于短路,输出电压为零。由此可知,题图 9.56 电路为低通滤波电路。

(2) 直流放大倍数为 2。

(3) 设计一端口电路使其等效电路与 R_1、u_{i} 串联支路相同,但 u_{i} 减半,如题图 9.56.1 所示,其中 $R_{\mathrm{A}}=R_{\mathrm{B}}=20\ \mathrm{k\Omega}$。

10 三 相 电 路

10.1 教学要求

(1) 理解三相电源、三相负载、相序、星形联结、三角形联结以及对称和非对称三相电路的基本概念。

(2) 熟练掌握一相计算法的基本原理及对称三相电路的分析。

(3) 了解非对称三相电路的中性点位移现象、分析方法。

(4) 熟练掌握对称三相电路功率的计算,理解对称三相电路瞬时功率平衡的概念,掌握三相电路功率测量的基本原理。

10.2 重点和难点

三相电路可看作复杂的正弦稳态电路,正弦稳态分析方法完全适合于三相电路。三相电路具有其特殊性,即特殊的电源:三相电路由三个振幅、频率相同、相位依次相差120°的正弦交流电源组成供电系统;特殊的负载:负载具有三部分,构成三相负载,每一部分称为一相负载;特殊的连接方式:三相电源和三相负载均可采用星形联结或三角形联结。因此,三相电路的分析也具有特殊性,它是本章的难点。

本章的重点是对称三相电路的分析。对称三相电路的计算可归结为一相电路的计算。三相电路功率测量的二功率表法也是本章的重点。

10.3 典型例题

例 10.1 如例图 10.1(a)所示正序三相电路,已知 $U_a = 220$ V, $\omega = 314$ rad/s, $Z_L = 100\ \Omega$, $L = 0.618$ H, $M = 0.3$ H,试求线电流相量。

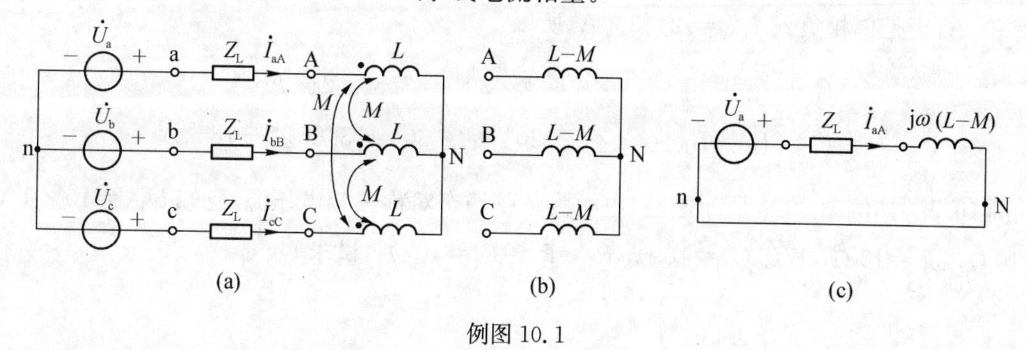

例图 10.1

【分析】 本例为对称三相电路，负载为两两相互耦合的电感，进行去耦等效时应注意同名端的位置。本例可采用一相计算法。

【解】 首先将三相负载的耦合电感进行去耦等效，其等效电路如例图 10.1(b)所示。采用一相计算法计算。为计算方便可选合适的参考相量，本例选择 a 相电压相量为参考相量，设 $\dot{U}_a = 220\angle 0^\circ$ V，由一相计算法，如例图 10.1(c) 所示，有

$$\dot{I}_{aA} = \frac{\dot{U}_a}{Z_L + j\omega(L-M)} = \frac{220\angle 0^\circ}{100 + j314 \times 0.318}\ \text{A} = 1.556\angle -45^\circ\ \text{A}$$

根据对称性可写出

$$\dot{I}_{bB} = 1.556\angle -165^\circ\ \text{A},\ \dot{I}_{cC} = 1.556\angle 75^\circ\ \text{A}$$

例 10.2 如例图 10.2(a)所示电路，两电流表的示数皆为 2 A，试求电流有效值 I'_U、I'_V 和 I_W。

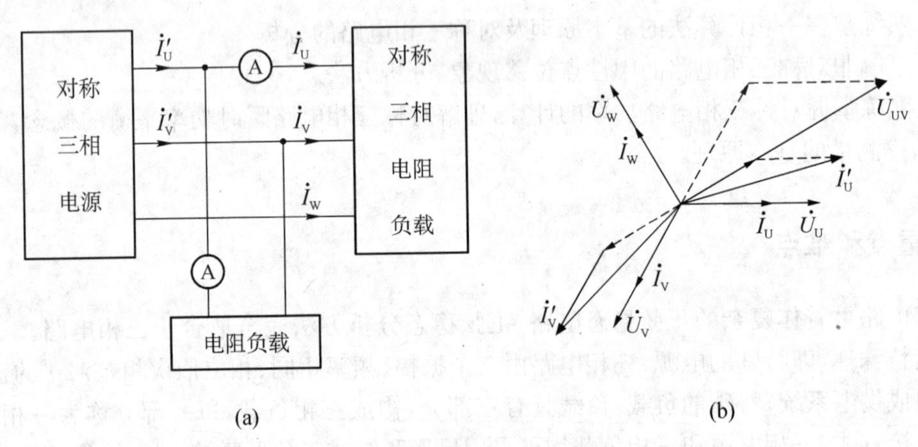

例图 10.2

【分析】 用相量图辅助求解或直接用相量法解析计算。

【解 1】 用相量图求解。对于对称三相负载有 $I_U = 2$ A，$I_V = 2$ A，$I_W = 2$ A。由于单相负载为电阻负载，流经此单相负载的电流与流经对称三相负载的电流之相量图如例图 10.2(b) 所示。于是有

$$I'_U = I'_V = 2I_V\cos 15^\circ = 4\cos 15^\circ\ \text{A} \approx 3.86\ \text{A}$$

【解 2】 用相量法解析求解。对于对称三相负载有 $I_U = 2$ A，$I_V = 2$ A，$I_W = 2$ A。设 $\dot{I}_U = 2\angle 0^\circ$ A，于是单相负载 $I_{UV} = 2\angle 30^\circ$ A。所以

$$\dot{I}'_U = \dot{I}_U + \dot{I}_{UV} = 2\angle 0^\circ + 2\angle 30^\circ = 3.86\angle 15^\circ\ \text{A}$$

$$\dot{I}'_V = \dot{I}_V - \dot{I}_{UV} = 2\angle -120^\circ - 2\angle 30^\circ = 3.86\angle -135^\circ\ \text{A}$$

例 10.3 如例图 10.3 所示电路，电源为正弦稳态对称三相电压源，已知 $\dot{U}_{UN} = 10\angle 0^\circ$V，$R = 10\ \Omega$，$\omega L = 10\ \Omega$，$1/(\omega C) = 10\ \Omega$，$R_1 = R_2 = R_3 = 10\ \Omega$。试求 $\dot{U}_{N_2N_1}$。

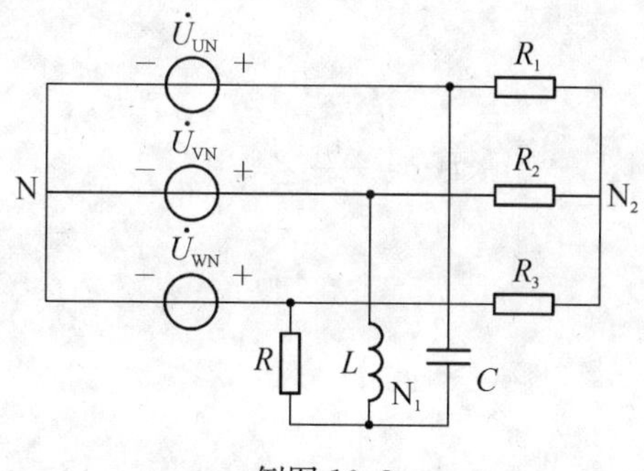

例图 10.3

【分析】 由于没有考虑传输线路阻抗,所以两组三相负载可以互不影响。对于星形联结的对称三相负载而言,其中点与三相电压源中点等电位,故待求量完全可以转化为非对称三相负载中点与电源中点的电位差,所以可以直接应用节点法求解。

【解】

$$\dot{U}_{N_1N_2}=\frac{\dfrac{\dot{U}_{UN}}{1/j\omega C}+\dfrac{\dot{U}_{VN}}{j\omega L}+\dfrac{\dot{U}_{WN}}{R}}{j\omega C+(1/j\omega L)+(1/G)}=\frac{\dfrac{10\angle 0^\circ}{-j10}+\dfrac{10\angle -120^\circ}{j10}+\dfrac{10\angle 120^\circ}{10}}{-\dfrac{1}{j10}+\dfrac{1}{j10}+\dfrac{1}{10}}$$

$$=10(-1.37+j2.37)\,V=27.3\angle -60^\circ\,V$$

$$\dot{U}_{N_2N_1}=-\dot{U}_{N_1N_2}=27.3\angle 120^\circ\,V$$

例 10.4 如例图 10.4(a)所示电路,其中电源为对称三相正序电源,已知 $\dot{U}_{UN}=10\angle 0^\circ\,V$, $R_1=2.5\,\Omega$, $Z_2=(5+j10)\,\Omega$, $Z_3=(15+j30)\,\Omega$。试求 $\dot{I}_{U1}$、$\dot{I}_{U2}$ 和 $\dot{I}_3$。

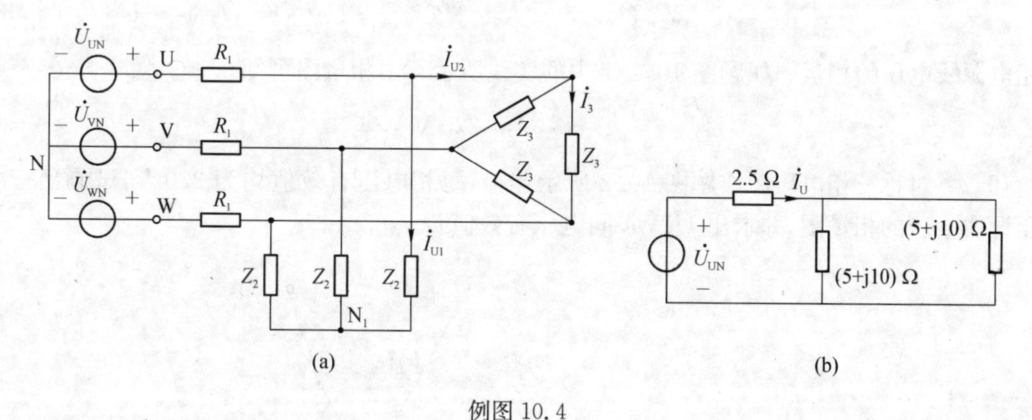

例图 10.4

【分析】 三角形联结的三相负载转换成星形联结后,用一相计算法求解。

【解】 例图 10.4(a)所示电路简化为一相电路如例图 10.4(b)所示。

$$\dot{I}_U=\frac{10\angle 0^\circ}{2.5+2.5+j5}=\sqrt{2}\angle -45^\circ\,A,\ \dot{I}_{U1}=\frac{1}{2}\dot{I}_U=\frac{\sqrt{2}}{2}\angle -45^\circ\,A$$

$$\dot{I}_{U2}=\frac{1}{2}\dot{I}_U=\frac{\sqrt{2}}{2}\angle -45^\circ\,A$$

由例图 10.4(b)可知 $\dot{I}_{U2}=\sqrt{3}\angle -30^\circ\dot{I}_3$

所以

$$\dot{I}_3 = \frac{\sqrt{6}}{6}\angle -15^\circ \text{ A}$$

10.4　习题选解

三相电的基本原理

10.1　对称三相电源为星形联结，每相电压有效值均为 220 V，但其中 V_1V_2 相位接反，如题图 10.1 所示。试画出三相电源线电压的相量图，并求出 U_1V_2 间的电压有效值。

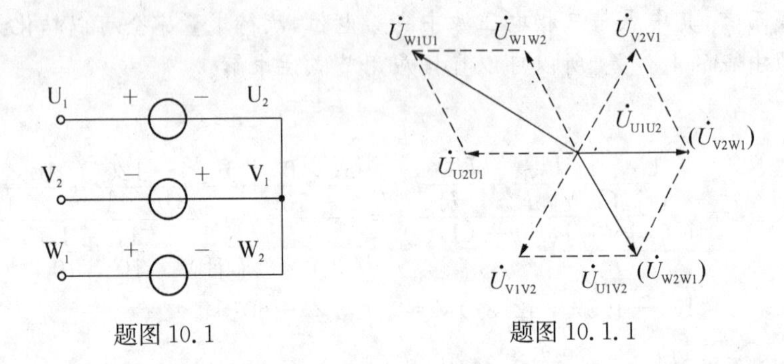

题图 10.1　　　　题图 10.1.1

解

由题图 10.1 电路可知，三相电源线电压是 $\dot{U}_{U1V2}$、$\dot{U}_{V2W1}$ 和 $\dot{U}_{W1U1}$，分别为

$$\dot{U}_{U1V2} = \dot{U}_{U1U2} + \dot{U}_{V1V2},\ \dot{U}_{V2W1} = \dot{U}_{V2V1} + \dot{U}_{W2W1},\ \dot{U}_{W1U1} = \dot{U}_{W1W2} + \dot{U}_{U2U1}$$

三相电源线电压的相量图如题图 10.1.1 中的实线所示。由相量图可知

$$U_{U1V2} = 220 \text{ V}$$

10.2　对称三相电压源按题图 10.2 所示连接，每相电压有效值均为 220 V，试画出三相电压源线电压的相量图，并求出 U1W1 间电压有效值 U_{U1W1}。

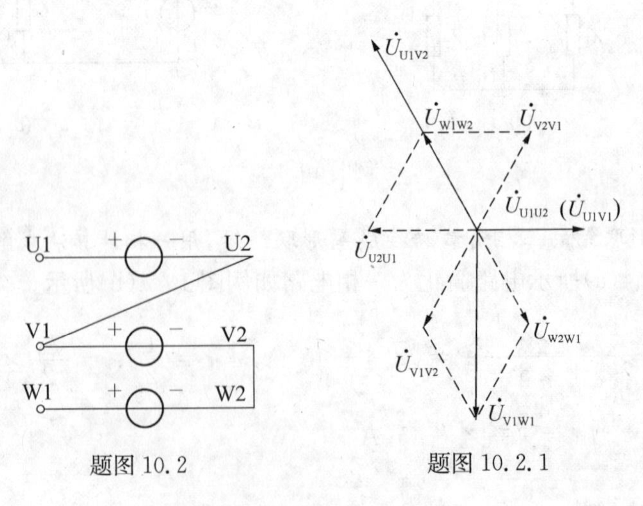

题图 10.2　　　　题图 10.2.1

解

由题图 10.2 电路可知，三相电源线电压为

$$\dot{U}_{U1V1}=\dot{U}_{U1U2},\ \dot{U}_{V1W1}=\dot{U}_{V1V2}+\dot{U}_{W2W1},\ \dot{U}_{W1U1}=\dot{U}_{W1W2}+\dot{U}_{V2V1}+\dot{U}_{U2U1}$$

三相电源线电压的相量图如题图 10.2.1 中的实线所示。由相量图可得

$$U_{U1W1}=|\dot{U}_{W1U1}|=440\ \text{V}$$

三相电路的基本接法

10.3 设逆序对称三相三线制的输电线的阻抗为 $Z_l=(1+\text{j}0.2)\ \Omega$，星形联结对称负载的每相阻抗为 $Z=10\angle-10°\ \Omega$，相电流为 10 A，试求线电流以及电源端线电压。

解

设 A 相负载电流初相为零，则

$$\dot{I}_{AN}=20\angle0°\ \text{A}$$

线电流分别为

$$\dot{I}_{aA}=\dot{I}_{AN}=20\angle0°\ \text{A},\ \dot{I}_{bB}=20\angle120°\ \text{A},\ \dot{I}_{cC}=20\angle-120°\ \text{A}$$

电源端 a 相电压为

$$\dot{U}_a=(Z+Z_L)\dot{I}_{aA}=(1+\text{j}0.2+10\angle-10°)\times20\angle0°\ \text{V}=219.13\angle-8.06°\ \text{V}$$

注意到三相电路是逆相序，线电压 $\dot{U}_{ab}$ 为

$$\dot{U}_{ab}=\sqrt{3}\angle-30°\dot{U}_a=\sqrt{3}\angle-30°\times219.13\angle-8.06°\ \text{V}=379.54\angle-38.06°\ \text{V}$$

因此

$$\dot{U}_{bc}=379.54\angle81.94°\ \text{V},\ \dot{U}_{ca}=379.54\angle-158.06°\ \text{V}$$

10.4 已知正序三相电路的负载为对称三角形联结，$\dot{U}_A=400\angle0°\ \text{V}$，$Z=10\angle45°\ \Omega$，试求负载相电流和线电流。

解

A 相负载电流为

$$\dot{I}_{AB}=\dot{U}_{AB}/Z=\sqrt{3}\angle30°\dot{U}_A/Z=\sqrt{3}\times400\angle30°/20\angle45°\ \text{A}=34.64\angle-15°\ \text{A}$$

根据相序，直接写出其他两相电流为

$$\dot{I}_{BC}=25\angle(-15°-120°)\ \text{A}=34.64\angle-135°\ \text{A}$$

$$\dot{I}_{CA}=25\angle(-15°+120°)\ \text{A}=34.64\angle105°\ \text{A}$$

根据三角形负载的线电流与相电流的关系，可知线电流为

$$\dot{I}_{aA}=\sqrt{3}\angle-30°\dot{I}_{AB}=60\angle-45°\ \text{A}$$

$$\dot{I}_{bB}=\sqrt{3}\angle-30°\dot{I}_{BC}=60\angle-165°\ \text{A}$$

$$\dot{I}_{cC}=\sqrt{3}\angle-30°\dot{I}_{CA}=60\angle75°\ \text{A}$$

对称三相电路的分析

10.5 已知对称三相电路的星形负载阻抗 $Z=(178+\mathrm{j}86)\ \Omega$，端线阻抗 $Z_L=(2+\mathrm{j}1.18)\ \Omega$，中线阻抗 $Z_N=(3+\mathrm{j}2)\ \Omega$，电源侧线电压 $U_L=380$ V，试求负载端的电流和线电压。

解

由于是对称三相电路，可以归为一相的计算，如题图 10.5.1 所示。

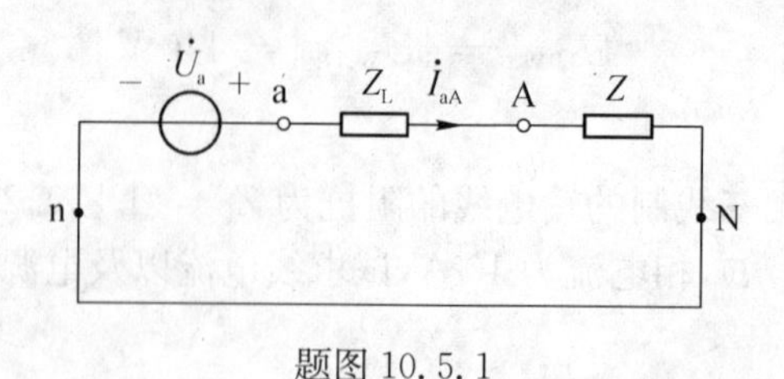

题图 10.5.1

设 $\dot{U}_a=\dfrac{U_L}{\sqrt{3}}\angle 0^\circ=\dfrac{380}{\sqrt{3}}\angle 0^\circ\ \mathrm{V}=220\angle 0^\circ\ \mathrm{V}$，据题图 10.5.1 所示电路有

$$\dot{I}_{aA}=\frac{\dot{U}_a}{Z+Z_L}=\frac{220\angle 0^\circ}{(178+\mathrm{j}86)+(2+\mathrm{j}1.18)}\ \mathrm{A}=1.1\angle -25.84^\circ\ \mathrm{A}$$

则

$$\dot{I}_{bB}=1.1\angle -145.84^\circ\ \mathrm{A},\ \dot{I}_{cC}=1.1\angle 94.16^\circ\ \mathrm{A}$$

$$\dot{U}_{AN}=Z\dot{I}_{aA}=(178+\mathrm{j}86)\times 1.1\angle -25.84^\circ\ \mathrm{V}=217.46\angle -0.05^\circ\ \mathrm{V}$$

$$\dot{U}_{AB}=\sqrt{3}\angle 30^\circ\dot{U}_{AN}=376.65\angle -29.95^\circ\ \mathrm{V}$$

则

$$\dot{U}_{BC}=376.65\angle 90.05^\circ\ \mathrm{V},\ \dot{U}_{CA}=376.65\angle -149.95^\circ\ \mathrm{V}$$

10.6 在题图 10.6 所示对称三相电路中，$\dot{U}_a=220\angle 0^\circ$ V，电源为正序，$Z=(15+\mathrm{j}12)\ \Omega$，$Z_L=(1+\mathrm{j}1)\ \Omega$。试求负载一侧的线电压、线电流、相电压与相电流。

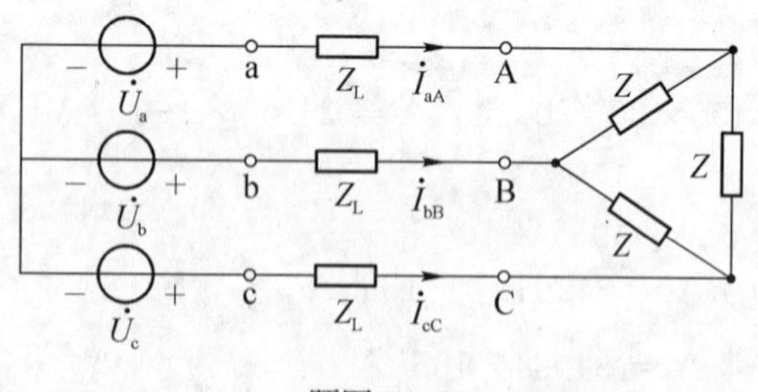

题图 10.6

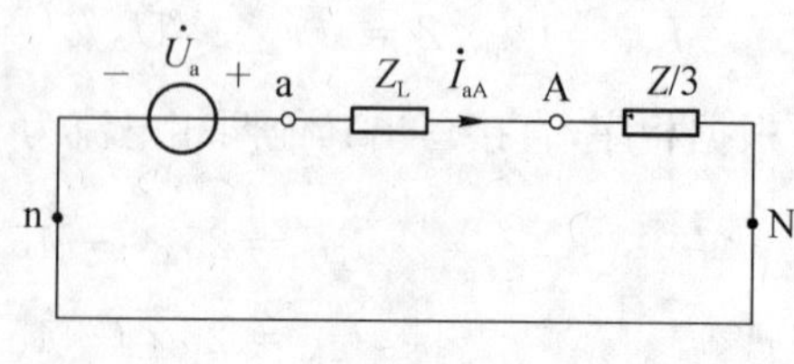

题图 10.6.1

解

三相对称三角形负载侧相电压等于负载侧线电压，线电流是负载相电流的$\sqrt{3}$倍，并滞后相电流 30°。为了便于计算，先将三角形负载变换成星形负载，A 相计算电路如题图 10.6.1 所示。据此可求得负载 A 相线电流为

$$\dot{I}_{aA}=\frac{\dot{U}_a}{Z/3+Z_L}=\frac{220\angle 0^\circ}{5+j4+1+j}\text{ A}=28.17\angle -39.8^\circ\text{ A}$$

所以有

$$\dot{I}_{AB}=\frac{\dot{I}_{aA}}{\sqrt{3}}\angle 30^\circ=16.26\angle -9.8^\circ\text{ A}$$

$$\dot{U}_{AB}=Z\dot{I}_{AB}=(15+j12)\times 16.26\angle -9.8^\circ\text{ V}=312.3\angle 28.86^\circ\text{ V}$$

由对称性,有

$$\dot{I}_{bB}=28.17\angle -159.8^\circ\text{ A},\ \dot{I}_{cC}=28.17\angle 80.2^\circ\text{ A}$$

$$\dot{I}_{BC}=16.26\angle -129.8^\circ\text{ A},\ \dot{I}_{CA}=16.26\angle 110.2^\circ\text{ A}$$

$$\dot{U}_{BC}=312.3\angle -91.14^\circ\text{ V},\ \dot{U}_{CA}=312.3\angle 148.86^\circ\text{ V}$$

10.7 如题图 10.7 所示的对称三相电路,$U_L=380$ V, $Z_1=80\ \Omega$, $Z_2=30+j40\ \Omega$,试求端线中电流的大小。

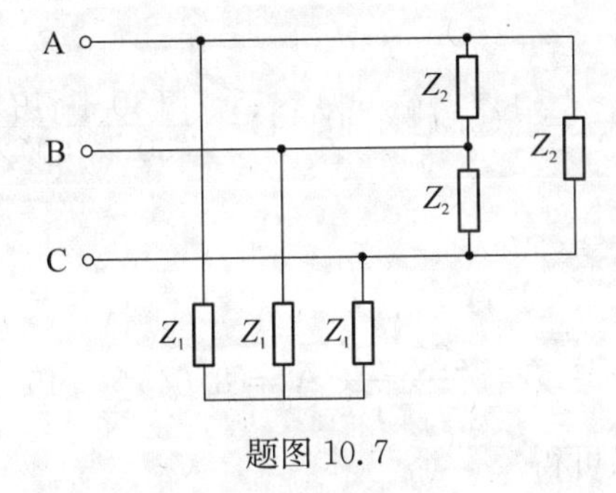

题图 10.7

解

将三角形连接的负载化为星形负载

$$Z_{2Y}=\frac{1}{3}Z_2=\frac{1}{3}(30+j40)\ \Omega=\frac{50}{3}\angle 53.1^\circ\ \Omega$$

设电源是星形连接,且 $\dot{U}_a=\frac{U_l}{\sqrt{3}}\angle 0^\circ=220\angle 0^\circ$ V,这样电路就化为星形-星形连接的对称三相电路,可归结为一相的计算,负载阻抗为

$$Z_A=\frac{Z_1Z_{2Y}}{Z_1+Z_{2Y}}=\frac{80\times\frac{50}{3}\angle 53.1^\circ}{80+\frac{1}{3}(30+j40)}\ \Omega=14.65\angle 44.7^\circ\ \Omega$$

端线中的电流为 $$I_1=\frac{U_a}{Z_A}=\frac{220}{14.65}\text{ A}=15.02\text{ A}$$

10.8 如题图 10.8 所示的对称三相电路,已知 $U_L=380$ V, $Z_1=(0.14+j0.14)\ \Omega$, $Z_2=(30+j40)\ \Omega$, $Z_3=(1+j)\ \Omega$, $Z_4=(117+j87)\ \Omega$,试求 $\dot{I}_{aA}$、$\dot{I}_{bB}$、$\dot{I}_{cC}$。

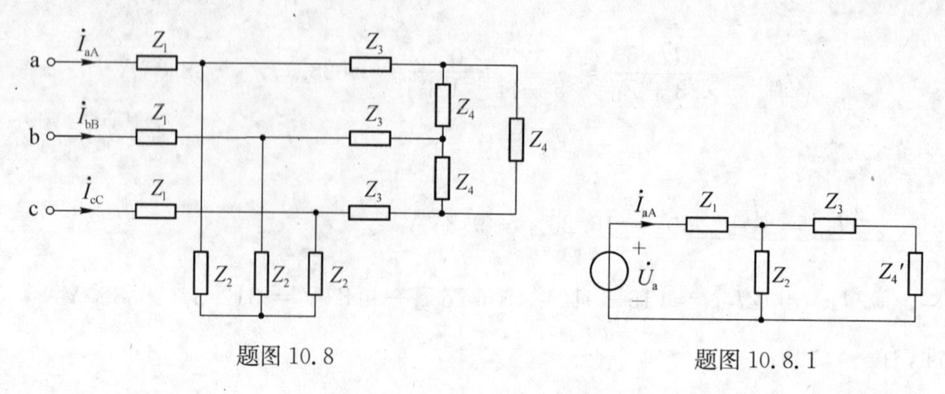

题图 10.8　　　　题图 10.8.1

解

因为电源电压都是对称的,设 $\dot{U}_a=\dfrac{U_L}{\sqrt{3}}\angle 0^\circ=220\angle 0^\circ$ V,作出一相电路如题图 10.8.1 所示,其中

$$Z_4{}'=\frac{Z_4}{3}=\frac{117+\mathrm{j}87}{3}\,\Omega=(39+\mathrm{j}29)\,\Omega$$

等效负载阻抗为

$$Z=Z_1+\frac{Z_2(Z_3+Z_4{}')}{Z_2+(Z_3+Z_4{}')}=\left\{(0.14+\mathrm{j}0.14)+\frac{(30+\mathrm{j}40)[(39+\mathrm{j}29)+(1+\mathrm{j})]}{(30+\mathrm{j}40)+[(39+\mathrm{j}29)+(1+\mathrm{j})]}\right\}\Omega$$
$$=(18+\mathrm{j}18)\,\Omega$$

A 相电流为　　$\dot{I}_{aA}=\dfrac{\dot{U}_a}{Z}=\dfrac{220\angle 0^\circ}{18+\mathrm{j}18}\text{ A}=8.64\angle -45^\circ\text{ A}$

根据对称三相电路的特点可得

$$\dot{I}_{bB}=8.64\angle -165^\circ\text{ A},\ \dot{I}_{cC}=8.64\angle 75^\circ\text{ A}$$

10.9　如题图 10.9 所示对称三相电路,已知 $\dot{I}_{aA}=2\angle 0^\circ$ A,$\dot{I}_{bB}=2\angle -120^\circ$ A,$\dot{I}_{cC}=2\angle 120^\circ$ A,$R=6\,\Omega$,$X_C=-8\,\Omega$。试求:(1)每相负载两端的电压 $\dot{U}_{AN}$、$\dot{U}_{BN}$ 和 $\dot{U}_{CN}$;(2)线电压 $\dot{U}_a$、$\dot{U}_b$ 和 $\dot{U}_c$。

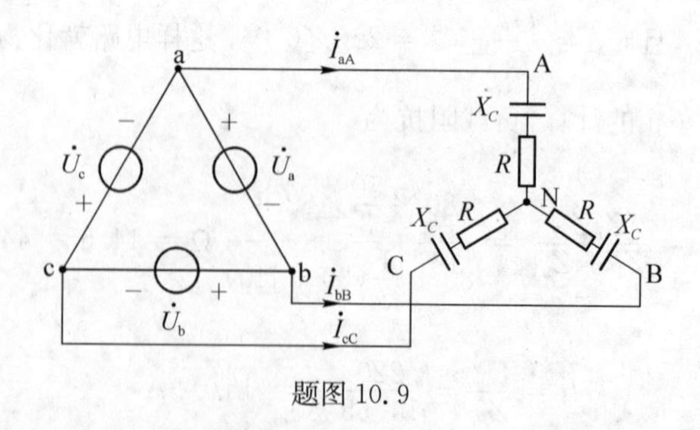

题图 10.9

解

(1) 题图 10.9 所示 Δ-Y 三相电路的线电流等于负载相电流,有

$$\dot{I}_{AN} = \dot{I}_{aA} = 2\angle 0^\circ \text{ A},\ \dot{I}_{BN} = \dot{I}_{bB} = 2\angle -120^\circ \text{ A},\ \dot{I}_{CN} = \dot{I}_{cC} = 2\angle 120^\circ \text{ A}$$

三相电压为

$$\dot{U}_{AN} = Z\dot{I}_{AN} = (6 - \text{j}8) \times (2\angle 0^\circ) = 20\angle -53.13^\circ \text{ V}$$

$$\dot{U}_{BN} = Z\dot{I}_{BN} = 20\angle -173.13^\circ \text{ V}$$

$$\dot{U}_{CN} = Z\dot{I}_{CN} = 20\angle 66.87^\circ \text{ V}$$

(2) 题图 10.9 电路中，线电压等于相电压的$\sqrt{3}$倍，相位超前 30°，因此

$$\dot{U}_a = \sqrt{3}\angle 30^\circ \dot{U}_{AN} = 34.6\angle -23.13^\circ \text{ V},\ \dot{U}_b = 34.6\angle -143.13^\circ \text{ V},$$

$$\dot{U}_c = 34.6\angle 96.87^\circ \text{ V}$$

10.10 如题图 10.10 所示对称三相电路，已知电源线电压为 380 V。图中电压表内阻可视为无穷大，试求电压表示数。

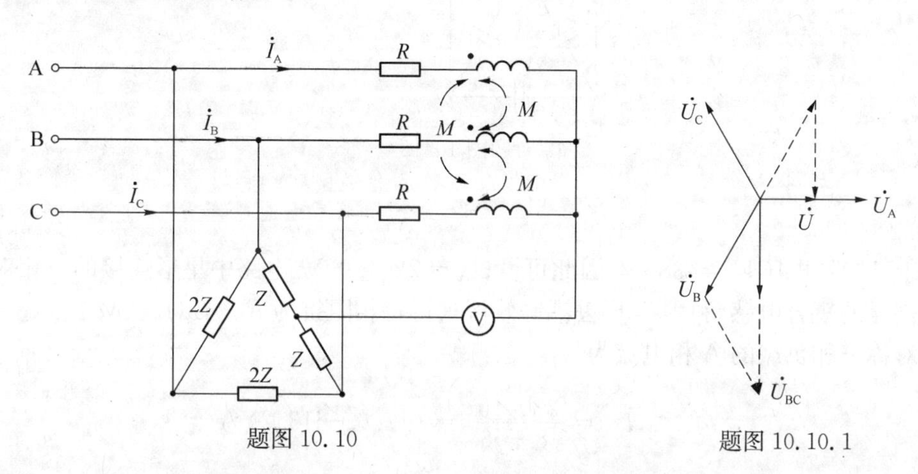

题图 10.10　　　　题图 10.10.1

解

题图 10.10 所示电路中负载端其实是对称三角形负载和对称星形负载，由于星形联结的对称负载中点和星形联结三相对称电源中点等电位，因此电压表所测电压为 $|-\dot{U}_B + \dot{U}_{BC}/2|$。用相量图求解如题图 10.10.1 所示。

由相量图可知　　　　$U = U_B/2 = 110 \text{ V}$

10.11 在题图 10.11 所示三相电路中，已知三相对称电源的线电压 $U_l = 380$ V，单相电阻负载 $R = 220\ \Omega$。试比较两电路中电流表的示数。

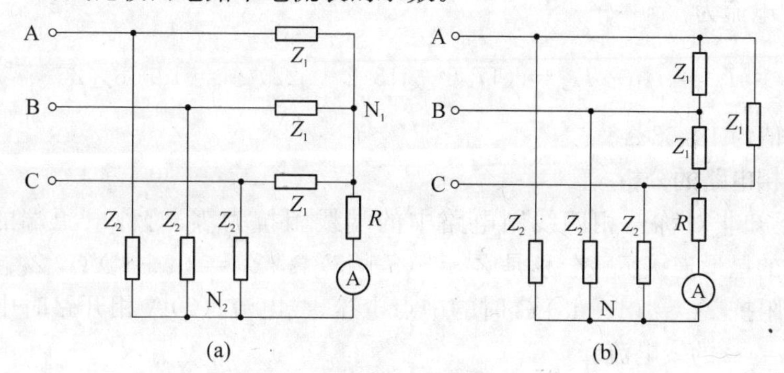

题图 10.11

解

题图 10.11(a)中 N_1 和 N_2 等电位，所以电流表示数为 0。题图 10.11(b)中电阻 R 两端电压为 u_{CN}，由于 N 点和星形联结的三相对称电源中点等电位，所以 $U_{CN} = U_L/\sqrt{3} = 220\ \text{V}$。

因此电流表示数为 $I = U_{CN}/R = 1\ \text{A}$。

10.12 在题图 10.12 所示对称三相电路中，已知电源线电压 $U_L = 380\ \text{V}$，$R = 8\ \Omega$，$\omega L = 7\ \Omega$，$\omega M = 1\ \Omega$，$1/(\omega C) = 30\ \Omega$，试求线电流有效值 I_L。

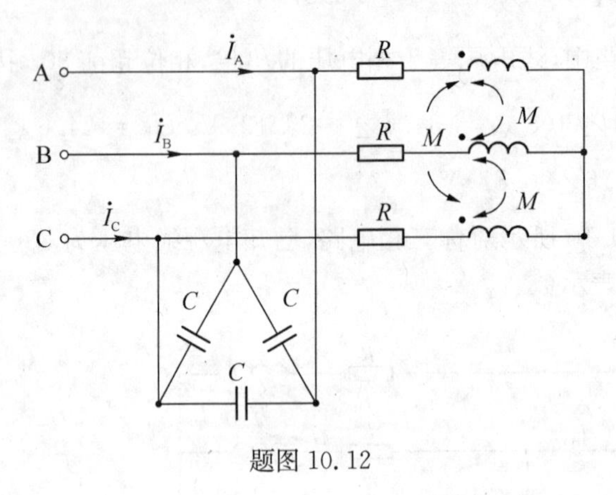

题图 10.12

解

由于已知线电压 $U_L = 380\ \text{V}$，因此可设 $\dot{U}_A = 220\angle 0°\ \text{V}$。电路中星形连接的三相对称负载是两两耦合的耦合电感，利用 T 形去耦等效可求得每相阻抗为 $R + j\omega(L - M) = (8 + j6)\ \Omega$，该星形对称三相负载的 A 相电流为

$$\dot{I}_{A1} = \frac{220\angle 0°}{8 + j6} = (17.6 - j13.2)\ \text{A}$$

将电路中三角形连接对称三相负载等效变换为星形连接，则每相等效阻抗为

$$Z_C{}' = \frac{1}{3j\omega C} = -j10\ \Omega$$

流经星形联结三相电容负载的 A 相电流为

$$\dot{I}_{A2} = \frac{220\angle 0°}{-j10} = j22\ \text{A}$$

因此 A 相的线电流为

$$\dot{I}_A = \dot{I}_{A1} + \dot{I}_{A2} = (17.6 - j13.2 + j22)\ \text{A} = 19.68\angle 26.57°\ \text{A}$$

即线电流有效值为 19.68 A。

非对称三相电路的分析

10.13 已知非对称三相四线制电路中的端线阻抗为零，对称电源端的线电压 $U_L = 380\ \text{V}$，非对称的星形连接负载分别是 $Z_A = (3 + j2)\ \Omega$，$Z_B = (4 + j4)\ \Omega$，$Z_C = (2 + j)\ \Omega$。试求：(1)当中线阻抗 $Z_N = (4 + j3)\ \Omega$ 时的中点电压、线电流；(2)A 相开路时中线阻抗分别为 $Z_N = 0$ 和 $Z_N = \infty$ 的线电流。

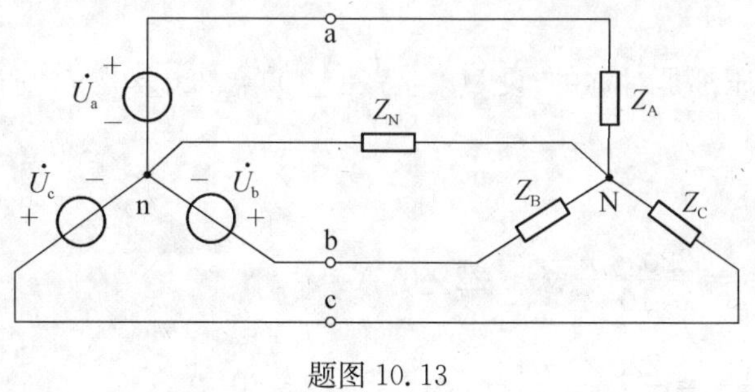

题图 10.13

解

(1) 设 $\dot{U}_a=\dfrac{U_L}{\sqrt{3}}\angle 0^\circ=220\angle 0^\circ$ V,则 $\dot{U}_b=220\angle -120^\circ$ V, $\dot{U}_c=220\angle 120^\circ$ V

$$\dot{U}_{Nn}=\frac{\dot{U}_a/Z_A+\dot{U}_b/Z_B+\dot{U}_c/Z_C}{1/Z_A+1/Z_B+1/Z_C+1/Z_N}=50.09\angle 115.52^\circ\ \text{V}$$

$$\dot{I}_A=\frac{\dot{U}_a-\dot{U}_{nN}}{Z_A}=\frac{220\angle 0^\circ-50.09\angle 115.52^\circ}{3+\text{j}2}\ \text{A}=68.17\angle -44.29^\circ\ \text{A}$$

$$\dot{I}_b=\frac{\dot{U}_b-\dot{U}_{nN}}{Z_B}=\frac{220\angle -120^\circ-50.09\angle 115.52^\circ}{4+\text{j}4}\ \text{A}=44.51\angle -155.52^\circ\ \text{A}$$

$$\dot{I}_c=\frac{\dot{U}_c-\dot{U}_{nN}}{Z_C}=\frac{220\angle 120^\circ-50.09\angle 115.52^\circ}{2+\text{j}}\ \text{A}=76.07\angle 94.76^\circ\ \text{A}$$

(2) 当 $Z_N=0$ 且 A 相开路(即 $Z_A=\infty$)时,有 $\dot{U}_{nN}=0$, $\dot{I}_A=0$,但 B 相和 C 相之间互无影响,故有

$$\dot{I}_b=\frac{\dot{U}_b}{Z_B}=\frac{220\angle -120^\circ}{4+\text{j}4}\ \text{A}=38.89\angle -165^\circ\ \text{A}$$

$$\dot{I}_c=\frac{\dot{U}_c}{Z_C}=\frac{220\angle 120^\circ}{2+\text{j}}\ \text{A}=98.39\angle 93.43^\circ\ \text{A}$$

如果无中线(即 $Z_N=\infty$) 且 A 相开路,有 $\dot{I}_{nN}=0$, $\dot{I}_A=0$,则

$$\dot{I}_b=\frac{\dot{U}_{bc}}{Z_B+Z_C}=\frac{\dot{U}_b-\dot{U}_c}{(4+\text{j}4)+(2+\text{j})}=\frac{380\angle -90^\circ}{6+\text{j}5}\ \text{A}=48.66\angle -129.81^\circ\ \text{A}$$

$$\dot{I}_c=-\dot{I}_b=-48.66\angle -129.81^\circ\ \text{A}=48.66\angle 50.19^\circ\ \text{A}$$

本题的计算说明,非对称三相电路不具有对称三相电路的特点,因而必须采用分析正弦稳态电路的方法进行。

10.14 如题图 10.14 所示电路,电源线电压 $U_L=380$ V。(1)如果图中各相负载的阻抗模都等于10 Ω,是否可以说负载是对称的? (2)试求各相电流及中性线电流。

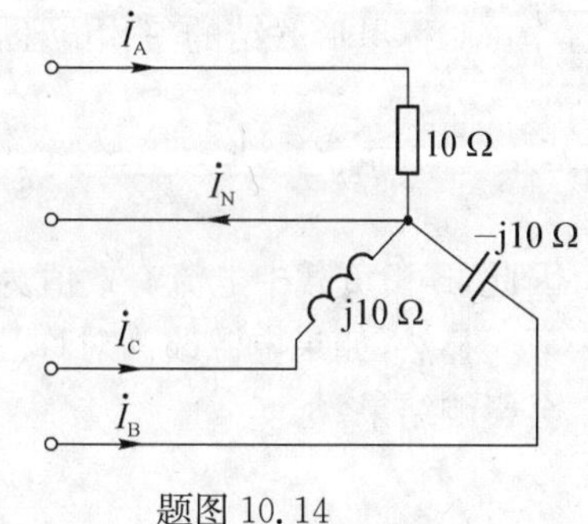

题图 10.14

解

(1) 三相阻抗都完全相等的阻抗才是对称阻抗,即对称阻抗不仅要求它们的模相等,而且要求阻抗角也相等,所以题图 10.14 所示的电路不是对称三相电路。

(2) 因为电源电压都是对称的，设$\dot{U}_A=\dfrac{U_L}{\sqrt{3}}\angle 0^\circ=220\angle 0^\circ\ \text{V}$，则$\dot{U}_B=220\angle -120^\circ\ \text{V}$，$\dot{U}_C=220\angle 120^\circ\ \text{V}$。

$$\dot{I}_A=\frac{\dot{U}_A}{10}=\frac{220\angle 0^\circ}{10}\ \text{V}=22\angle 0^\circ\ \text{A}$$

$$\dot{I}_B=\frac{\dot{U}_B}{-\text{j}10}=\frac{220\angle -120^\circ}{-\text{j}10}\ \text{A}=22\angle -30^\circ\ \text{A}$$

$$\dot{I}_C=\frac{\dot{U}_C}{\text{j}10}=\frac{220\angle 120^\circ}{\text{j}10}\ \text{A}=22\angle 30^\circ\ \text{A}$$

$$\dot{I}_N=\dot{I}_A+\dot{I}_B+\dot{I}_C=(22\angle 0^\circ+22\angle -30^\circ+22\angle 30^\circ)\ \text{A}=60.11\angle 0^\circ\ \text{A}$$

10.15 如果测得三角形联结负载的三个线电流均为 3 A，能否说线电流和相电流都是对称的？若已知负载对称，试求相电流。

解

设负载线电流分别为 $\dot{I}_A$、$\dot{I}_B$、$\dot{I}_C$，由 KCL 可得 $\dot{I}_A+\dot{I}_B+\dot{I}_C=0$。又 $I_A=I_B=I_C=3\ \text{A}$，则 $\dot{I}_A$、$\dot{I}_B$、$\dot{I}_C$ 的相位彼此相差 120°，符合电流对称条件，即线电流是对称的。而相电流不一定对称。

若已知负载对称，则相电流为

$$I_P=\frac{3}{\sqrt{3}}\ \text{A}=\sqrt{3}\ \text{A}$$

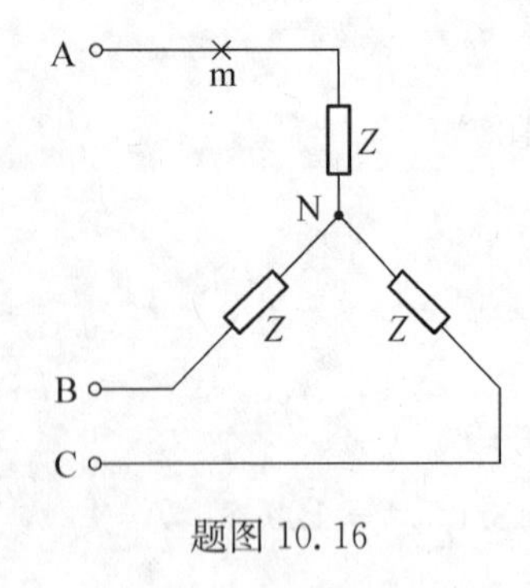

题图 10.16

10.16 在题图 10.16 所示对称星形-星形联结三相电路中，已知各相电流均为 5 A，负载 Z 的电流滞后其端电压(两者取一致参考方向)60°。若图中 m 点处发生断路，试问此时 B 相负载中电流有效值 I_{BN}为多少？若对称三相电压源的连接方式改为三角形联结，对结果有无影响？

解

各相负载为感性负载，设$\dot{U}_{AN}=U\angle 0^\circ$，则$\dot{U}_{BN}=U\angle -120^\circ$，$\dot{U}_{CN}=U\angle 120^\circ$。发生断路之前对 B 相负载端，有

$$\dot{I}_{BN}=\frac{\dot{U}_{BN}}{Z}=5\angle(-120^\circ-60^\circ)\ \text{A}=-5\ \text{A},\ \dot{I}_{CN}=5\angle(120^\circ-60^\circ)\ \text{A}=5\angle 60^\circ\ \text{A}$$

对称星形联结的三相电压源作用下，m 点断开后，负载端电压、端电流相量关系为

$$\dot{I}_{BN}{}'=\frac{\dot{U}_{BN}-\dot{U}_{CN}}{2Z}=\frac{1}{2}\left(\frac{\dot{U}_{BN}}{Z}-\frac{\dot{U}_{CN}}{Z}\right)=(-5-5\angle 60^\circ)\ \text{A}=4.33\angle -150^\circ\ \text{A}$$

因此，B 相负载中电流有效值为 4.33 A。

显然，如果电源改为对称三角形联结的三相电压源，计算结果不变。电压源的连接方式不会影响结果。

10.17 在题图10.17所示三相电路中,电源三相对称,$\dot{U}_a = 10\angle 0°$ V,$Z_A = -\mathrm{j}\ \Omega$,$Z_B = Z_C = \mathrm{j}2.5\ \Omega$。试求$\dot{U}_{Nn}$及各负载相电压。当在中点N、n间接入阻抗为0.1 Ω的中线时,再求$\dot{U}_{Nn}$及各负载相电压。

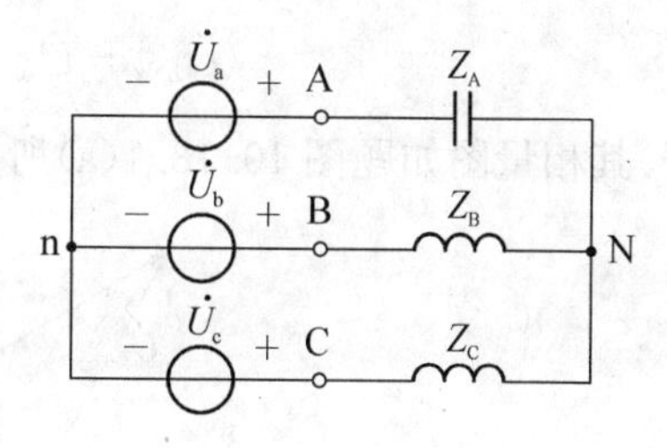

题图10.17

解

当N、n间不接中线时,可求得

$$\dot{U}_{Nn} = \frac{\dfrac{10\angle 0°}{-\mathrm{j}} + \dfrac{10\angle -120°}{\mathrm{j}2.5} + \dfrac{10\angle 120°}{\mathrm{j}2.5}}{\dfrac{1}{-\mathrm{j}} + \dfrac{1}{\mathrm{j}2.5} + \dfrac{1}{\mathrm{j}2.5}}\ \mathrm{V} = 70\angle 0°\ \mathrm{V}$$

各负载相电压为

$$\begin{cases} \dot{U}_{AN} = \dot{U}_a - \dot{U}_{Nn} = (10\angle 0° - 70\angle 0°)\mathrm{V} = 60\angle 180°\ \mathrm{V} \\ \dot{U}_{BN} = \dot{U}_b - \dot{U}_{Nn} = (10\angle -120° - 70\angle 0°)\mathrm{V} = 75.5\angle -173.4°\ \mathrm{V} \\ \dot{U}_{CN} = \dot{U}_c - \dot{U}_{Nn} = (10\angle 120° - 70\angle 0°)\mathrm{V} = 75.5\angle 173.4°\ \mathrm{V} \end{cases}$$

当N、n间接入阻抗为0.1 Ω的中线时,可得

$$\dot{U}_{Nn} = \frac{\dfrac{10\angle 0°}{-\mathrm{j}} + \dfrac{10\angle -120°}{\mathrm{j}2.5} + \dfrac{10\angle 120°}{\mathrm{j}2.5}}{\dfrac{1}{-\mathrm{j}} + \dfrac{1}{\mathrm{j}2.5} + \dfrac{1}{\mathrm{j}2.5} + \dfrac{1}{0.1}} = 1.4\angle 88.9°\ \mathrm{V}$$

各负载相电压为

$$\begin{cases} \dot{U}_{AN} = \dot{U}_a - \dot{U}_{Nn} = 10\angle 0° - 1.4\angle 88.9° = 10.07\angle -8°\ \mathrm{V} \\ \dot{U}_{BN} = \dot{U}_b - \dot{U}_{Nn} = 10\angle -120° - 1.4\angle 88.9° = 11.25\angle -11.6°\ \mathrm{V} \\ \dot{U}_{CN} = \dot{U}_c - \dot{U}_{Nn} = 10\angle 120° - 1.4\angle 88.9° = 75.5\angle 124.7°\ \mathrm{V} \end{cases}$$

10.18 在题图10.18所示对称三相电路中,$\dot{U}_a = 220\angle 0°$ V,负载阻抗$Z = (200 + \mathrm{j}100)\ \Omega$。试求以下两种情况下各相负载的电压,并画出三相负载的线电压和相电压的相量图。(1)当a相负载发生短路时;(2)当a相负载断开时。

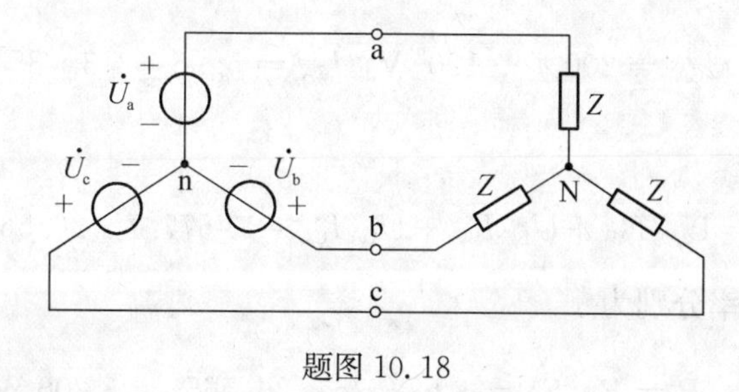

题图10.18

解

(1) A相负载发生短路时,N点与a点等电位,因此

$$\dot{U}_{\mathrm{bN}}=\dot{U}_{\mathrm{ba}}=380\angle-150^{\circ}\ \mathrm{V},\dot{U}_{\mathrm{cN}}=\dot{U}_{\mathrm{ca}}=380\angle150^{\circ}\ \mathrm{V}$$

其相量图如题图 10.18.1(a)所示。

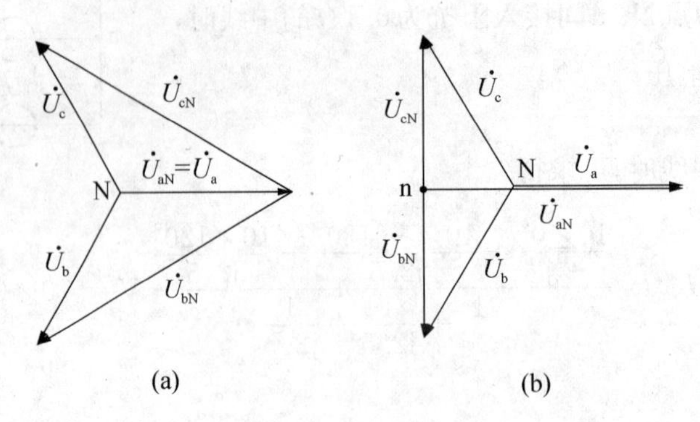

题图 10.18.1

(2) A 相负载断开时

$$\dot{U}_{\mathrm{bN}}=-\dot{U}_{\mathrm{cN}}=\frac{\dot{U}_{\mathrm{bc}}}{2}=190\angle-90^{\circ}\ \mathrm{V}$$

$$\dot{U}_{\mathrm{aN}}=\dot{U}_{\mathrm{ab}}+\dot{U}_{\mathrm{bN}}=190\sqrt{3}\angle0^{\circ}\ \mathrm{V}=329\angle0^{\circ}\ \mathrm{V}$$

其相量图如题图 10.18.1(b)所示。

三相电路的功率

10.19 在题图 10.19 所示三相电路中，$\dot{U}_{\mathrm{AB}}=200\angle0^{\circ}\ \mathrm{V}$，$\dot{U}_{\mathrm{BC}}=200\angle120^{\circ}\ \mathrm{V}$，$Z=(30+\mathrm{j}15)\ \Omega$。试计算电源发出的总平均功率和无功功率。

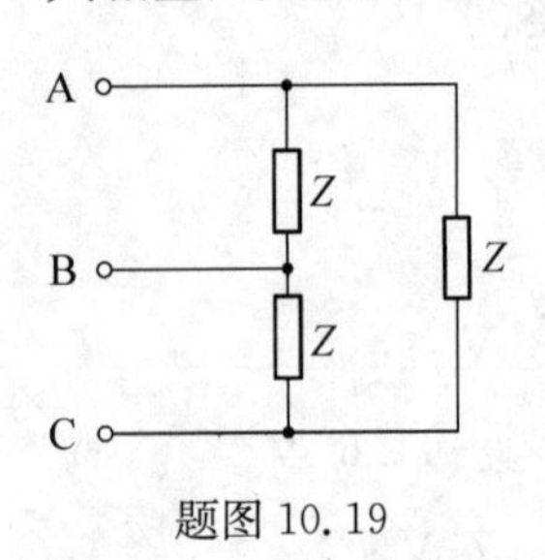

题图 10.19

解

$$\dot{I}_{\mathrm{AB}}=\frac{\dot{U}_{\mathrm{AB}}}{Z}=\frac{200\angle0^{\circ}}{30+\mathrm{j}15}\ \mathrm{A}=5.96\angle-26.565^{\circ}\ \mathrm{A}$$

$$\dot{I}_{\mathrm{BC}}=\frac{\dot{U}_{\mathrm{BC}}}{Z}=\frac{200\angle120^{\circ}}{30+\mathrm{j}15}\ \mathrm{A}=5.96\angle93.435^{\circ}\ \mathrm{A}$$

由三相电路的对称性，得

$$\dot{U}_{\mathrm{CA}}=200\angle-120^{\circ}\ \mathrm{V},\dot{I}_{\mathrm{CA}}=5.96\angle213.435^{\circ}\ \mathrm{A}$$

电源发出的复功率为

$$\tilde{S}=\dot{U}_{\mathrm{AB}}\dot{I}_{\mathrm{AB}}^{*}+\dot{U}_{\mathrm{BC}}\dot{I}_{\mathrm{BC}}^{*}+\dot{U}_{\mathrm{CA}}\dot{I}_{\mathrm{CA}}^{*}=3\,577.7\angle26.565^{\circ}\ \mathrm{VA}$$

得到平均功率和无功功率分别为

$$P=\mathrm{Re}\{\tilde{S}\}=3\,577.7\cos26.565^{\circ}=3\,200\ \mathrm{W}$$

$$Q=\mathrm{Im}\{\tilde{S}\}=3\,577.7\sin26.565^{\circ}=1\,600\ \mathrm{var}$$

10.20 对称三相电路的线电压 $U_{\mathrm{L}}=380\ \mathrm{V}$，负载阻抗 $Z=(8+\mathrm{j}6)\ \Omega$，试求：(1)负载为

星形联结时的线电流及吸收的功率;(2)负载为三角形联结时的线电流、相电流和吸收的总功率;(3)比较计算的结果能得到什么结论?

解

(1) 负载作星形联结时,把对称三相电路归结为一相的计算。设 $\dot{U}_A=\frac{380}{\sqrt{3}}\angle 0^\circ\ \mathrm{V}=220\angle 0^\circ\ \mathrm{V}$,则

$$\dot{I}_A=\frac{\dot{U}_A}{Z}=\frac{220\angle 0^\circ}{8+\mathrm{j}6}\ \mathrm{A}=22\angle -36.87^\circ\ \mathrm{A},$$

$$\dot{I}_B=22\angle -156.87^\circ\ \mathrm{A},\ \dot{I}_C=22\angle 83.13^\circ\ \mathrm{A}$$

星形连接负载吸收的总功率

$$P_Y=\sqrt{3}U_L I_L\cos\varphi_Z=\sqrt{3}\times 380\times 22\times\cos 36.87^\circ\ \mathrm{W}=11\,584\ \mathrm{W}$$

(2) 负载作三角形联结时,设 $\dot{U}_{AB}=U_L\angle 0^\circ=380\angle 0^\circ\ \mathrm{V}$,则

$$\dot{I}_{AB}=\frac{\dot{U}_{AB}}{Z}=\frac{380\angle 0^\circ}{8+\mathrm{j}6}\ \mathrm{A}=38\angle -36.87^\circ\ \mathrm{A},$$

$$\dot{I}_{BC}=38\angle -156.87^\circ\ \mathrm{A},\ \dot{I}_{CA}=38\angle 83.13^\circ\ \mathrm{A}$$

$$\dot{I}_A=\sqrt{3}\dot{I}_{AB}\angle 30^\circ=66\angle -66.87^\circ\ \mathrm{A},\ \dot{I}_B=66\angle -186.87^\circ\ \mathrm{A},$$

$$\dot{I}_C=66\angle 53.13^\circ\ \mathrm{A}$$

△形联结负载吸收的总功率

$$P_\Delta=\sqrt{3}U_L I_L\cos\varphi_Z=\sqrt{3}\times 380\times 66\times\cos 36.87^\circ\ \mathrm{W}=34\,752\ \mathrm{W}$$

(3) 比较上述计算的结果,可见在相同的电源线电压下,负载由 Y 形联结改为△形联结后,相电流增加到原来的$\sqrt{3}$倍,线电流增加到原来的 3 倍,功率也增加到原来的 3 倍。

10.21 在题图 10.21 所示三相电路中,$\dot{U}_{AB}=200\angle 0^\circ\ \mathrm{V}$,$\dot{U}_{BC}=200\angle -120^\circ\ \mathrm{V}$,$Z=(10+\mathrm{j}5)\ \Omega$。试计算电源的总平均功率和无功功率。

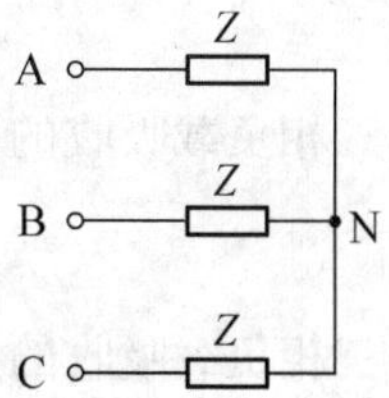

题图 10.21

解

三相电压为

$$\dot{U}_{AN}=\frac{200}{\sqrt{3}}\angle -30^\circ\ \mathrm{V},\ \dot{U}_{BN}=\frac{200}{\sqrt{3}}\angle -150^\circ\ \mathrm{V},$$

$$\dot{U}_{CN}=\frac{200}{\sqrt{3}}\angle 90^\circ\ \mathrm{V}$$

三相电流为

$$\dot{I}_A=\frac{\dot{U}_{AN}}{Z}=\frac{\frac{200}{\sqrt{3}}\angle -30^\circ}{10+\mathrm{j}5}\ \mathrm{A}=\frac{40}{\sqrt{15}}\angle\left(-30^\circ-\arctan\frac{1}{2}\right)\mathrm{A}=10.33\angle -56.565^\circ\ \mathrm{A}$$

$$\dot{I}_B=10.33\angle -176.565^\circ\ \mathrm{A},\ \dot{I}_C=10.33\angle 63.435^\circ\ \mathrm{A}$$

电源发出的复功率为

$$\tilde{S}=\dot{U}_{AN}\dot{I}_{A}^{*}+\dot{U}_{BN}\dot{I}_{B}^{*}+\dot{U}_{CN}\dot{I}_{C}^{*}=3\times\frac{200}{\sqrt{3}}\times\frac{40}{\sqrt{15}}\angle 26.565^{\circ}\ \text{VA}=3\,577.7\angle 26.565^{\circ}\ \text{VA}$$

得到平均功率和无功功率分别为

$$P=\text{Re}\{\tilde{S}\}=3\,577.7\cos 26.565^{\circ}\ \text{W}=3\,200\ \text{W}$$

$$Q=\text{Im}\{\tilde{S}\}=3\,577.7\sin 26.565^{\circ}\ \text{var}=1\,600\ \text{var}$$

或 $P=3I_{A}^{2}R=3\times\left(\frac{40}{\sqrt{15}}\right)^{2}\times 10\ \text{W}=3\,200\ \text{W},\ Q=3I_{A}^{2}X=3\times\left(\frac{40}{\sqrt{15}}\right)^{2}\times 5\ \text{var}=1\,600\ \text{var}$

10.22 在电源线电压为 380 V 的对称三相电路中，三角形联结的负载每相阻抗 $Z=(42+\text{j}54)\ \Omega$，端线阻抗 $Z_{L}=(1+\text{j}2)\ \Omega$，试求负载的相电流和相电压，三相负载吸收的平均功率、有功功率及功率因数。

解

三角形联结的负载转换成星形联结的等效负载，其每相阻抗 $Z_{P}=Z/3=(14+\text{j}18)\ \Omega$，设 a 相电源相电压为 $\dot{U}_{a}=220\angle 0^{\circ}\ \text{V}$，则线电流为

$$\dot{I}_{a}=\frac{220\angle 0^{\circ}}{Z_{P}+Z_{L}}=\frac{220\angle 0^{\circ}}{15+\text{j}20}\ \text{A}=8.8\angle -53.13^{\circ}\ \text{A}$$

流经三角形负载的相电流为

$$\dot{I}_{AB}=\frac{\dot{I}_{a}}{\sqrt{3}}\angle 30^{\circ}=5.08\angle -23.13^{\circ}\ \text{A}$$

相电压为 $\dot{U}_{AB}=Z\dot{I}_{AB}=(42+\text{j}54)\times 5.08\angle -23.13^{\circ}\ \text{V}=347.53\angle 29^{\circ}\ \text{V}$

三相对称负载的功率因数角即负载阻抗角，所以负载的功率因数为

$$\cos\varphi=\cos\left(\arctan\frac{54}{42}\right)=\cos 52.13^{\circ}=0.614$$

三相负载吸收的平均功率为

$$P=3U_{P}I_{P}\cos\varphi=3\times 347.53\times 5.08\cos\varphi=3\,251\ \text{W}$$

三相负载吸收的无功功率为

$$Q=3U_{P}I_{P}\sin\varphi=3\times 5.08\times 347.53\sin\varphi=4\,180\ \text{var}$$

也可由复功率 $\tilde{S}=P+\text{j}Q$ 求出平均功率和无功功率，即

$$\begin{aligned}\tilde{S}&=3\dot{U}_{AB}\dot{I}_{AB}^{*}=3\times 347.53\angle 29^{\circ}\times 5.08\angle 23.13^{\circ}\ \text{VA}\\&=5\,297\angle 52.13^{\circ}\ \text{VA}=(3\,251+\text{j}4\,180)\ \text{VA}\end{aligned}$$

10.23 已知对称三相电路负载端线电压为 380 V，负载从电源吸收的功率为 2.2 kW，功率因数为 $\lambda=0.85$(滞后)，端线的阻抗 $Z_{L}=(1+\text{j})\ \Omega$。试求电源端的线电压和功率因数 λ'。

解

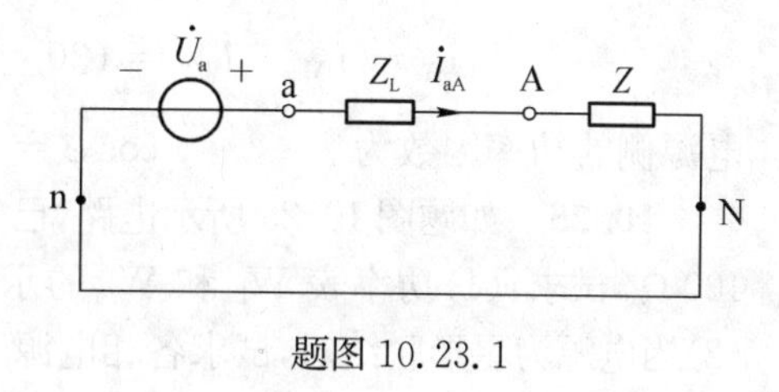

题图 10.23.1

设对称三相电路阻抗为星形联结，每相阻抗为 Z。本题的计算可归结为一相电路的计算，据题意可画出题图 10.23.1 所示的电路。设 $\dot{U}_{AN}=\frac{380}{\sqrt{3}}\angle 0^\circ\ \text{V}=220\angle 0^\circ\ \text{V}$，由已知条件求得线电流

$$I_{aA}=\frac{P}{3U_{AN}\cos\varphi}=\frac{2.2\times 1\,000}{3\times 220\times 0.85}\ \text{A}=3.92\ \text{A}$$

负载 Z 的阻抗角为

$$\varphi=\arccos 0.85=31.79^\circ$$

因此

$$\dot{I}_{aA}=3.92\angle -31.79^\circ\ \text{A}$$

根据题图 10.23.1 所示的电路图可知

$$\dot{U}_a=Z_L\dot{I}_{aA}+\dot{U}_{AN}=[(1+\text{j})\times 3.92\angle -31.79^\circ+220\angle 0^\circ]\ \text{V}=225.4\angle 0.32^\circ\ \text{V}$$

电源端线电压 $U_{ab}=\sqrt{3}U_a=390.4\ \text{V}$

电源端的功率因数角 $\varphi=\varphi_{\dot{U}_a}-\varphi_{\dot{I}_{aA}}=0.32^\circ-(-31.79^\circ)=32.11^\circ$

电源端的功率因数 $\lambda'=\cos 32.11^\circ=0.847$(滞后)

10.24 在题图 10.24 所示对称三相电路中，已知线电压为 380 V，其中方框内是一组对称三相感性负载，其功率因数为 0.866，单相功率 $P_1=5.7\ \text{kW}$。对称星形负载每相阻抗 $Z=(19-\text{j}11)\ \Omega$。试求此时的电源输出线电流 $\dot{I}_A$ 及电源侧的功率因数。

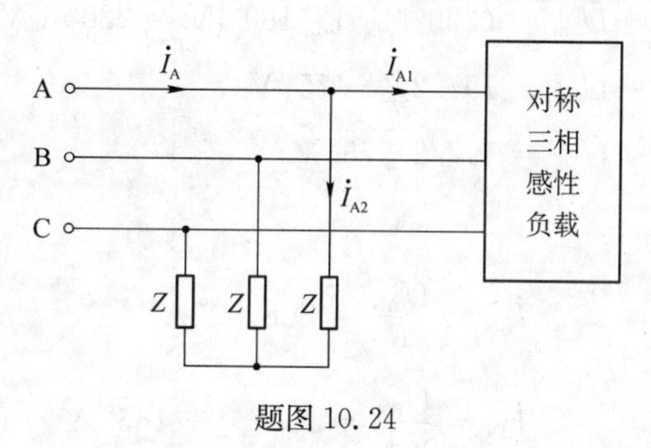

题图 10.24

解

题图 10.24 所示电源线电流 $\dot{I}_A=\dot{I}_{A1}+\dot{I}_{A2}$。感性负载线电流有效值可通过功率求解，即

$$I_{A1}=\frac{P_1}{(U_L/\sqrt{3})\cos\varphi_1}=\frac{5\,700}{(380/\sqrt{3})\times 0.866}\ \text{A}=30\ \text{A}$$

以电源 A 相相电压为参考相量，即 $\dot{U}_A=220\angle 0^\circ$，则 $\dot{U}_{AB}=380\angle 30^\circ$，于是

$$\dot{I}_{A1}=30\angle(0^\circ-\arccos 0.866)\ \text{A}=30\angle -30^\circ\ \text{A}$$

$$\dot{I}_{A2}=\frac{220\angle 0^\circ}{19-\text{j}11}\ \text{A}=\frac{220\angle 0^\circ}{22\angle -30^\circ}\ \text{A}=10\angle 30^\circ\ \text{A}$$

$$\dot{I}_A = \dot{I}_{A1} + \dot{I}_{A2} = (30\angle -30° + 10\angle 30°)\ \text{A} = 36.06\angle -16.10°\ \text{A}$$

电源侧的功率因数为 $\cos\varphi = \cos(-16.10°) = 0.96$

10.25 如题图 10.25 所示电路,已知对称三相电源的线电压为 380 V,$R=\omega L=1/(\omega C)=100\ \Omega$。试求:(1)功率表 W_1 和 W_2 的示数及 R、L、C 三元件各吸收的平均功率和无功功率;(2)当电源为星形联结时,试求各相电源所发出的复功率。

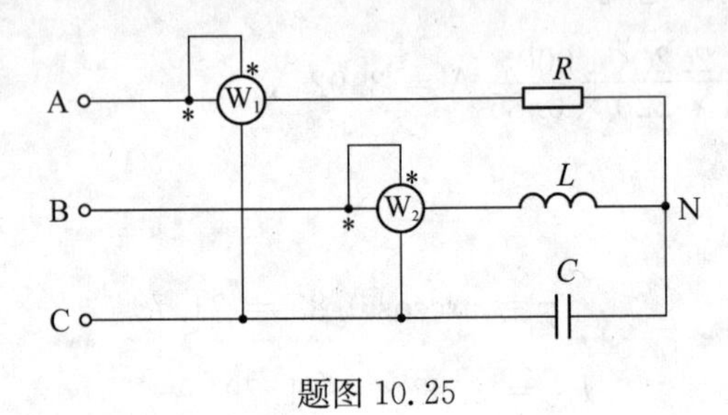

题图 10.25

解

(1) 设 $\dot{U}_a = 220\angle 0°$ V,中线点位移电压 $\dot{U}_{Nn}$ 为

$$\dot{U}_{Nn} = \frac{\frac{1}{R}\dot{U}_a + \frac{1}{j\omega L}\dot{U}_b + j\omega C\dot{U}_c}{\frac{1}{R} - j\frac{1}{\omega L} + j\omega C} = \frac{\frac{220\angle 0°}{100} + \frac{220\angle -120°}{j100} + \frac{j220\angle 120°}{100}}{\frac{1}{100} - j\frac{1}{100} + \frac{j}{100}}\ \text{V} = 161\angle 180°\ \text{V}$$

负载各相电压为

$$\dot{U}_{AN} = \dot{U}_a - \dot{U}_{Nn} = (220 + 161\angle 180°)\text{V} = 220\sqrt{3}\ \text{V} = 380\angle 0°\ \text{V}$$

$$\dot{U}_{BN} = \dot{U}_b - \dot{U}_{Nn} = 197.2\angle -75°\ \text{V}$$

$$\dot{U}_{CN} = \dot{U}_c - \dot{U}_{Nn} = 197.2\angle 75°\ \text{V}$$

各相电流为

$$\dot{I}_{AN} = \frac{\dot{U}_{AN}}{R} = 3.8\angle 0°\ \text{A}$$

$$\dot{I}_{BN} = \frac{\dot{U}_{BN}}{j\omega L} = 1.97\angle -165°\ \text{A}$$

$$\dot{I}_{CN} = j\omega C\dot{U}_{CN} = 1.97\angle 165°\ \text{A}$$

功率表示数为

$$P_1 = \text{Re}(\dot{U}_{AC}\overset{*}{I}_{AN}) = 380 \times 3.8\cos(-30° - 0°)\ \text{W} = 1\,250\ \text{W}$$

$$P_2 = \text{Re}(\dot{U}_{BC}\overset{*}{I}_{BN}) = 380 \times 1.97\cos(-90° + 165°)\ \text{W} = 194\ \text{W}$$

电阻吸收功率为 $P_R = 1\,250 + 194\ \text{W} = RI_{AN}^2 = 1\,444\ \text{W}$

电感吸收无功功率为 $Q_L = \omega L I_{BN}^2 = 388\ \text{var}$

电容吸收无功功率为 $Q_C = -\frac{1}{\omega C} I_{CN}^2 = -388\ \text{var}$

(2) 电源发出的复功率为

$$\tilde{S}_a = \dot{U}_a \dot{I}_{AN}^* = 220 \times 3.8 \text{ VA} = 836 \text{ VA}$$
$$\tilde{S}_b = \dot{U}_b \dot{I}_{BN}^* = 220\angle -120^\circ \times 1.97\angle 165^\circ \text{ VA} = (306 + \text{j}306)\text{VA}$$
$$\tilde{S}_c = \dot{U}_c \dot{I}_{CN}^* = 220\angle 120^\circ \times 1.97\angle -165^\circ \text{ VA} = (306 - \text{j}306)\text{VA}$$
$$\tilde{S}_a + \tilde{S}_b + \tilde{S}_c = P_R + \text{j}Q_L + \text{j}Q_C$$

10.26 在题图 10.26 所示对称三相电路中,电源线电压的有效值 $U = 380$ V,负载阻抗 $Z = (100\sqrt{3} + \text{j}100)$ Ω。试求三相负载吸收的功率及两个功率表的示数。

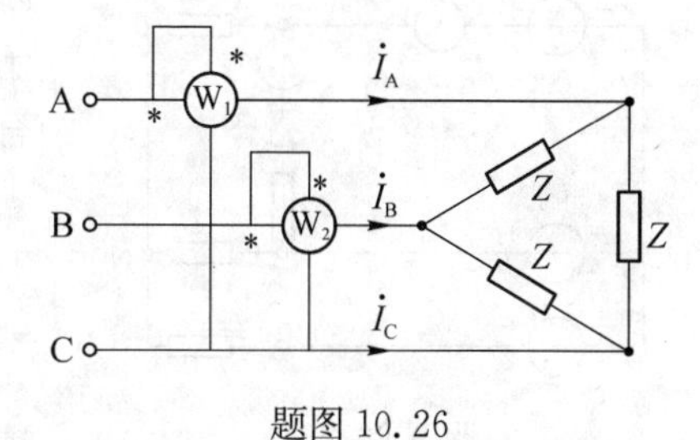

题图 10.26

解

设 $\dot{U}_{AB} = 380\angle 0^\circ$ V, $\dot{U}_{BC} = 380\angle -120^\circ$ V, $\dot{U}_{CA} = 380\angle 120^\circ$ V,负载各相电流为

$$\dot{I}_{AB} = \frac{\dot{U}_{AB}}{Z} = 1.9\angle -30^\circ \text{ A},\ \dot{I}_{BC} = 1.9\angle -150^\circ \text{ A},\ \dot{I}_{CA} = 1.9\angle 90^\circ \text{ A}$$

各线电流为

$$\dot{I}_A = \sqrt{3}\angle -30^\circ \dot{I}_{AB} = 3.3\angle -60^\circ \text{ A},\ \dot{I}_B = 3.3\angle 180^\circ \text{ A},\ \dot{I}_C = 3.3\angle 60^\circ \text{ A}$$

三相负载吸收的平均功率为

$$P = \sqrt{3}UI\cos\varphi = \sqrt{3} \times 380 \times 3.3\cos 30^\circ \text{ W} = 1\,881 \text{ W}$$

瓦特计 W_1 及 W_2 的示数分别为

$$P_1 = \text{Re}[\dot{U}_{AC}\dot{I}_A^*] = 380 \times 3.3\cos[-60^\circ - (-60^\circ)]\text{W} = 1\,254 \text{ W}$$
$$P_2 = \text{Re}[\dot{U}_{BC}\dot{I}_B^*] = 380 \times 3.3\cos[-120^\circ - 180^\circ]\text{W} = 627 \text{ W}$$
$$P_1 + P_2 = 1\,254 + 627 \text{ W} = 1\,881 \text{ W}$$

从以上计算结果可知,两个瓦特计测得的示数之和是三相吸收的功率。

综合

10.27 在题图 10.27 所示三相电路中,已知三相对称电源的 a 相电压为 $u_a = 10\sqrt{2}\cos t$ V,若电流表示数为零,试问电路参数 R、L 和 C 应满足什么关系?

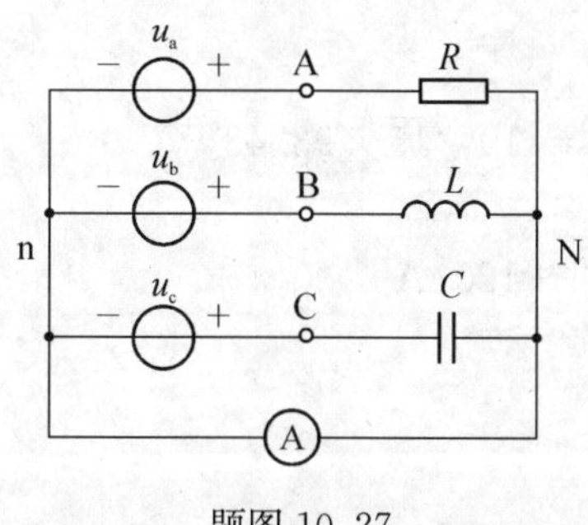

题图 10.27

解

由于 N 和 n 等电位,所以负载相电压就是对应的电源相电压,即 $\dot{U}_{AN} = 10\angle 0^\circ$ V, $\dot{U}_{BN} = 10\angle -120^\circ$ V, $\dot{U}_{CN} = 10\angle 120^\circ$ V,于是得

$$\dot{I}_{AN} = \frac{\dot{U}_{AN}}{R} = \frac{10}{R}\angle 0^\circ,\ \dot{I}_{BN} = \frac{\dot{U}_{BN}}{\text{j}\omega L} = \frac{10}{L}\angle 150^\circ,\ \dot{I}_{CN} = \text{j}\omega C\dot{U}_{CN} = 10C\angle -150^\circ$$

由 $\dot{I}_{AN} + \dot{I}_{BN} + \dot{I}_{CN} = 0$ 得

$$\begin{cases}\dfrac{10}{R}=\dfrac{10}{L}\cos 30^\circ+10C\cos 30^\circ\\[2mm]\dfrac{10}{L}\sin 30^\circ=10C\sin 30^\circ\end{cases}$$

即电路参数 R、L 和 C 应满足 $\sqrt{3}RC=1$ 和 $LC=1$。

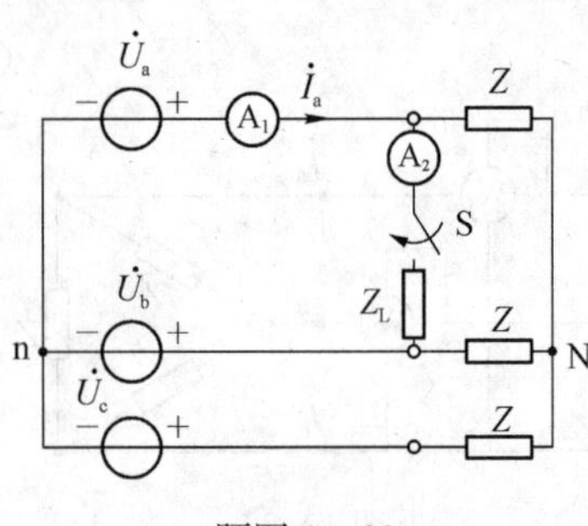

题图 10.28

10.28 在题图 10.28 所示对称三相电路中，已知开关 S 闭合前电流表 A_1 示数为 10 A，开关 S 闭合后电流表 A_1、A_2 示数均为 10 A。星形对称负载 $Z=(1+\mathrm{j}2)\,\Omega$。试计算 S 闭合接入的元件 Z_L 的值。

解

开关 S 闭合前，题图中 a 相电流为

$$\dot{I}_A=\frac{\dot{U}_a}{Z}=\frac{\dot{U}_a}{1+\mathrm{j}2}$$

开关闭合后，有节点方程

$$\left(\frac{1}{Z}+\frac{1}{Z}+\frac{1}{Z}\right)\dot{U}_{Nn}-\frac{\dot{U}_a}{Z}-\frac{\dot{U}_b}{Z}=\frac{\dot{U}_c}{Z}$$

得

$$\dot{U}_{Nn}=\frac{\dot{U}_a+\dot{U}_b+\dot{U}_c}{3}=0$$

因此

$$\dot{I}_A=\frac{\dot{U}_{ab}}{Z_L}+\frac{\dot{U}_{aN}}{Z}=\frac{\dot{U}_a-\dot{U}_b}{Z_L}+\frac{\dot{U}_a}{Z}\tag{1}$$

而流经 Z_L 的电流相量为 $\dfrac{\dot{U}_a-\dot{U}_b}{Z_L}$，因此，根据题意，$\dfrac{\dot{U}_a-\dot{U}_b}{Z_L}+\dfrac{\dot{U}_a}{Z}$、$\dfrac{\dot{U}_a-\dot{U}_b}{Z_L}$、$\dfrac{\dot{U}_a}{Z}$ 是三个有效值均为 10 A 的相量。以 $\dfrac{\dot{U}_a}{Z}$ 为参考相量，即 $\dfrac{\dot{U}_a}{Z}=10\angle 0^\circ$ A，则

$$\dot{U}_a=10\times(1+\mathrm{j}2)\ \mathrm{V}=10\sqrt{5}\angle 63.43^\circ\ \mathrm{V},\ \dot{U}_a-\dot{U}_b=10\sqrt{15}\angle 93.43^\circ\ \mathrm{V}$$

由式(1)可知，$\dfrac{\dot{U}_a-\dot{U}_b}{Z_L}=10\angle 120^\circ$ A，或者 $\dfrac{\dot{U}_a-\dot{U}_b}{Z_L}=10\angle -120^\circ$ A

当 $\dfrac{\dot{U}_a-\dot{U}_b}{Z_L}=10\angle 120^\circ$ A 时，有

$$Z_L=\frac{\dot{U}_U-\dot{U}_V}{10\angle 120^\circ}=\frac{10\sqrt{15}\angle 93.43^\circ}{10\angle 120^\circ}\ \Omega=(3.46-\mathrm{j}1.73)\ \Omega$$

当 $\dfrac{\dot{U}_a-\dot{U}_b}{Z_L}=10\angle -120^\circ$ A 时，有

$$Z_{\mathrm{L}}=\frac{\dot{U}_{\mathrm{U}}-\dot{U}_{\mathrm{V}}}{10\angle-120^{\circ}}=\frac{10\sqrt{15}\angle 93.43^{\circ}}{10\angle-120^{\circ}}\ \Omega=(-3.23-\mathrm{j}2.13)\ \Omega$$

此解电阻部分为负,不合理,应舍弃。

10.29 试证明如题图 10.29 所示三个功率表的示数之和等于三相负载的功率。

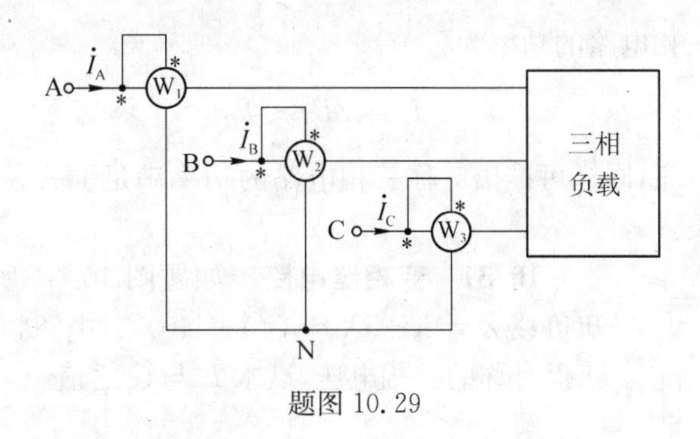

题图 10.29

证明

三相负载可等效为星形负载,假设其中点为 n。三个功率表的示数之和为

$$\begin{aligned}P_1+P_2+P_3&=\mathrm{Re}[\dot{U}_{\mathrm{AN}}\dot{I}_{\mathrm{A}}^{*}+\dot{U}_{\mathrm{BN}}\dot{I}_{\mathrm{B}}^{*}+\dot{U}_{\mathrm{CN}}\dot{I}_{\mathrm{C}}^{*}]\\&=\mathrm{Re}[(\dot{U}_{\mathrm{An}}+\dot{U}_{\mathrm{nN}})\dot{I}_{\mathrm{U}}^{*}+(\dot{U}_{\mathrm{Bn}}+\dot{U}_{\mathrm{nN}})\dot{I}_{\mathrm{V}}^{*}+(\dot{U}_{\mathrm{Cn}}+\dot{U}_{\mathrm{nN}})\dot{I}_{\mathrm{W}}^{*}]\\&=\mathrm{Re}[\dot{U}_{\mathrm{An}}\dot{I}_{\mathrm{A}}^{*}+\dot{U}_{\mathrm{Bn}}\dot{I}_{\mathrm{B}}^{*}+\dot{U}_{\mathrm{Cn}}\dot{I}_{\mathrm{C}}^{*}]+\mathrm{Re}[\dot{U}_{\mathrm{nN}}(\dot{I}_{\mathrm{U}}^{*}+\dot{I}_{\mathrm{V}}^{*}+\dot{I}_{\mathrm{W}}^{*})]\end{aligned}$$

由于 $\dot{I}_{\mathrm{U}}+\dot{I}_{\mathrm{V}}+\dot{I}_{\mathrm{W}}=0$,得到 $\dot{I}_{\mathrm{U}}^{*}+\dot{I}_{\mathrm{V}}^{*}+\dot{I}_{\mathrm{W}}^{*}=0$,因此上式可简化为

$$P_1+P_2+P_3=\mathrm{Re}[\dot{U}_{\mathrm{An}}\dot{I}_{\mathrm{A}}^{*}+\dot{U}_{\mathrm{Bn}}\dot{I}_{\mathrm{B}}^{*}+\dot{U}_{\mathrm{Cn}}\dot{I}_{\mathrm{C}}^{*}]$$

即为三相负载的功率。

10.30 题图 10.30 所示为测量对称三相电路平均功率的电路,两功率表的示数分别为 P_1、P_2,试证明三相电路的平均功率为

$$P=2P_1-P_2$$

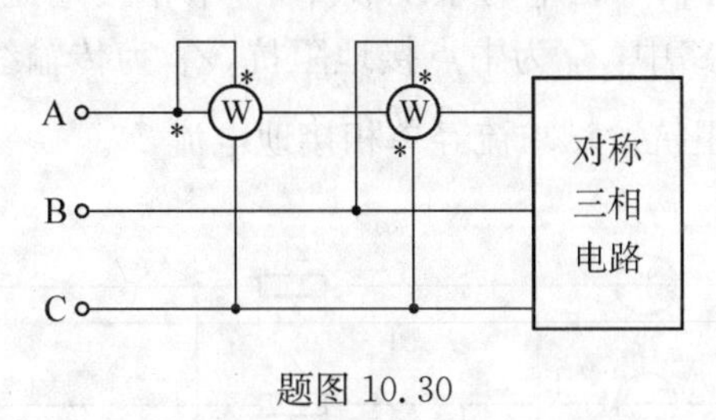

题图 10.30

证明

假设三相电路为正序,则功率表 W_1 的示数为

$$P_1=U_{\mathrm{L}}I_{\mathrm{L}}\cos(\varphi_Z-30^{\circ})=\frac{\sqrt{3}}{2}U_{\mathrm{L}}I_{\mathrm{L}}\cos\varphi_Z+\frac{1}{2}U_{\mathrm{L}}I_{\mathrm{L}}\sin\varphi_Z=\frac{1}{2}P+\frac{1}{2\sqrt{3}}Q$$

式中：P、Q 分别为三相电路的平均功率和无功功率；φ_Z 为负载的阻抗角。

功率表 W_2 的示数为

$$P_2 = U_L I_L \sin\varphi_Z = \frac{1}{\sqrt{3}} Q$$

由上面两式可得对称三相电路的功率为

$$P = 2P_1 - P_2$$

如果三相电路为负序，同样可推出对称三相电路的功率满足上式。这说明题图 10.30 所示测量方法与相序无关。

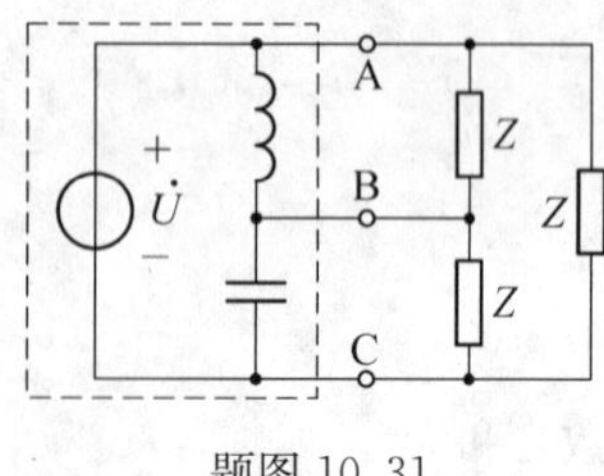

题图 10.31

10.31　变相器电路　如题图 10.31 所示的变相器电路，已知负载 $Z = R + jX = (40 + j40)\ \Omega$，电源频率为 50 Hz，为使负载获得对称的三相电压，试求 L 与 C 之值。

解

设 $\dot{U}_{AB} = U\angle 0°$，由于电感的电压超前电流、电容的电压滞后电流，因此可令 $\dot{U}_{BC} = U\angle -120°$，由 KCL 可知

$$\frac{\dot{U}_{AB}}{j\omega L} + \frac{\dot{U}_{AB}}{R + jX} = j\omega C\dot{U}_{BC} + \frac{\dot{U}_{BC}}{R + jX}$$

将 $\dot{U}_{AB}$、$\dot{U}_{BC}$ 代入，整理后令实部、虚部分别为零，解得

$$\begin{cases} L = \dfrac{R^2 + X^2}{\omega(\sqrt{3}R - X)} \\ C = \dfrac{\sqrt{3}R + X}{\omega(R^2 + X^2)} \end{cases}$$

代入具体参数，得

$$L = 0.347\,9\ \text{H},\ C = 108.7\ \mu\text{F}$$

10.32　电力系统故障分析　在电力系统故障中，单相接地短路故障率最高，约占 65%。如题图 10.32 所示的三相电路中，Z_n 为中点接地阻抗，Z_L 为传输线阻抗，Z_g 为传输线对地等效阻抗，Z_f 为单相接地短路阻抗。试求流经单相接地电流 $\dot{I}_f$。

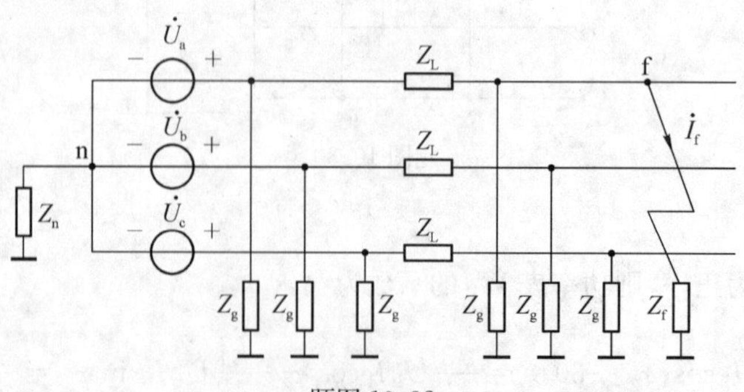

题图 10.32

解

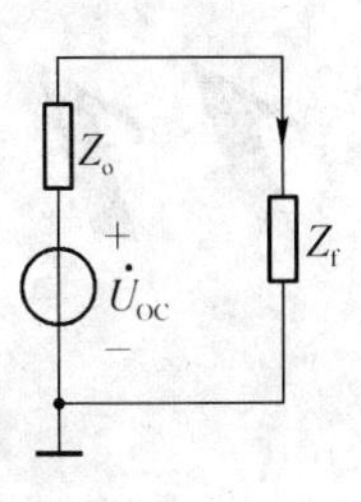

题图 10.32.1

作出戴维南等效电路如题图 10.32.1 所示，其中 $\dot{U}_{OC}$ 为 Z_f 开路时 f 点的电压，此时三相电路对称，$\dot{U}_n = 0$，因此

$$\dot{U}_{OC} = \frac{Z_g}{Z_g + Z_L}\dot{U}_a$$

$$Z_o = \left(Z_n \mathbin{/\!/} \frac{Z_g}{3} \mathbin{/\!/} \frac{Z_g + Z_L}{2} + Z_L\right) \mathbin{/\!/} Z_g$$

因此

$$\dot{I}_f = \frac{\dot{U}_{OC}}{Z_o + Z_f} = \frac{Z_g\dot{U}_a}{(Z_g + Z_L)\left[\left(Z_n \mathbin{/\!/} \frac{Z_g}{3} \mathbin{/\!/} \frac{Z_g + Z_L}{2} + Z_L\right) \mathbin{/\!/} Z_g + Z_f\right]}$$

11 非正弦周期稳态电路的分析

11.1 教学要求

（1）认识非正弦周期量的波形特点，掌握非正弦周期波形的傅里叶级数分解，以及利用波形的对称性简化傅里叶级数分解的方法。理解非正弦周期波形振幅频谱、相位频谱的含义，掌握非正弦周期波形频谱的绘制方法。

（2）熟练掌握非正弦周期波形的有效值、平均值的计算方法；熟练掌握非正弦周期稳态电路的分析方法，掌握非正弦周期稳态电路各种功率的计算方法。

11.2 重点和难点

本章的重点是应用相量法和叠加定理分析非正弦周期电源激励下电路的稳态响应以及计算非正弦周期电路的功率。难点是非正弦周期量的傅里叶级数展开。

1）非正弦周期量的傅里叶级数展开

非正弦周期量的傅里叶级数展开方法有具体公式可以依据，但计算过程涉及积分运算，比较繁复，应注意加强练习。在求非正弦周期波形的傅里叶级数时，利用波形的对称性，则可简化计算。在了解计算方法的基础上，可借助计算机软件如 Matlab 进行辅助计算，计算方法请参见附录 A.2 节。

2）分析非正弦周期电路应注意的几点

（1）将非正弦周期激励分解为傅里叶级数时，应采用直流分量与余弦谐波分量的形式，这样便于将余弦谐波分量变换为相量。

（2）应针对基波频率和谐波频率分别作出相应的相量模型，电路中电感元件所呈现出的感抗 $X_L = k\omega L$ 和电容元件所呈现出的容抗 $X_C = -1/(k\omega C)$ 皆与频率有关。

（3）用相量法求得一系列稳态响应的相量解后，不能直接相加，必须反变换为相应的时域响应后再进行叠加。

3）非正弦周期稳态电路功率的计算

非正弦周期稳态电路的平均功率等于其直流分量产生的功率与各谐波分量产生的平均功率之和。由于三角函数的正交性，不同频率的电压和电流同时作用时只产生瞬时功率，而不产生平均功率。

11.3　典型例题

例 11.1　试将例图 11.1 所示非正弦周期信号分解成傅里叶级数。已知当 $0 \leqslant t \leqslant \frac{T}{2}$ 时，$f(t) = F_{\mathrm{m}} \sin \omega t$，其中 $\omega = 2\pi / T$。

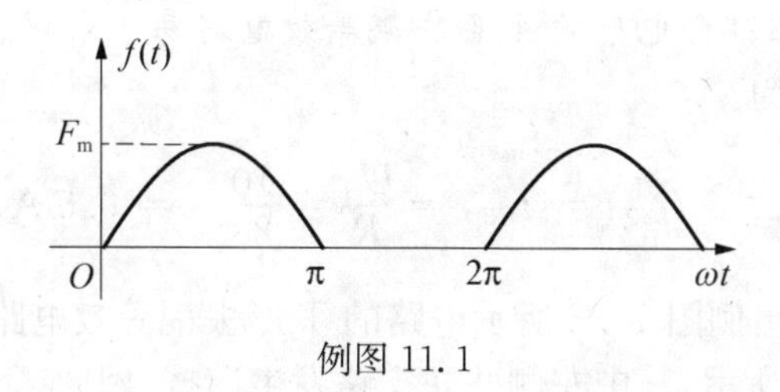

例图 11.1

【分析】　此题可以通过定义式计算傅里叶级数，但计算量较大。在求非正弦周期波形的傅里叶级数时，利用波形的对称性，则可简化计算。本题所示周期波形虽然既非奇函数，也非偶函数，但是通过坐标平移，即可得到偶函数。

【解】　将例图 11.1 波形的坐标原点右移 $T/4$，即可得到关于纵坐标对称的偶函数。例图 11.1 波形在新坐标系下的函数为

$$f(\tau) = \begin{cases} F_{\mathrm{m}} \cos \omega \tau, & -\frac{T}{4} \leqslant \tau \leqslant \frac{T}{4} \\ 0, & -\frac{T}{2} \leqslant \tau \leqslant -\frac{T}{4} \text{ 和 } \frac{T}{4} \leqslant \tau \leqslant \frac{T}{2} \end{cases}$$

$$b_{\mathrm{m}k} = 0$$

$$A_0 = \frac{1}{T} \int_0^T f(\tau) \mathrm{d}\tau = \frac{F_{\mathrm{m}}}{\pi}$$

$$a_{\mathrm{m}1} = \frac{2}{T} \int_0^T f(\tau) \cos k\omega\tau \mathrm{d}\tau = \frac{4}{T} \int_0^{\frac{T}{4}} F_{\mathrm{m}} \cos \omega\tau \cos \omega\tau \mathrm{d}\tau = \frac{F_{\mathrm{m}}}{2}$$

$$a_{\mathrm{m}k} = \frac{2}{T} \int_0^T f(\tau) \cos k\omega\tau \mathrm{d}\tau = \left[\frac{2A}{\pi(1-k^2)} \cos \frac{k\pi}{2} \right] \bigg|_{k \neq 1}$$

因此傅里叶级数为

$$f(\tau) = \frac{F_{\mathrm{m}}}{\pi} \left(1 + \frac{\pi}{2} \cos \omega\tau + \frac{2}{3} \cos 2\omega\tau - \frac{2}{15} \cos 4\omega\tau + \frac{2}{35} \cos 6\omega\tau - \cdots \right)$$

原坐标系下，所求傅里叶级数为

$$\begin{aligned} f(t) &= \frac{F_{\mathrm{m}}}{\pi} \left[1 + \frac{T}{2} \cos \omega \left(t - \frac{T}{4} \right) + \frac{2}{3} \cos 2\omega \left(t - \frac{T}{4} \right) - \frac{2}{15} \cos 4\omega \left(t - \frac{T}{4} \right) + \right. \\ &\quad \left. \frac{2}{35} \cos 6\omega \left(t - \frac{T}{4} \right) - \cdots \right] \\ &= \frac{F_{\mathrm{m}}}{\pi} \left(1 + \frac{\pi}{2} \sin \omega t - \frac{2}{3} \cos 2\omega t - \frac{2}{15} \cos 4\omega t - \frac{2}{35} \cos 6\omega t - \cdots \right) \end{aligned}$$

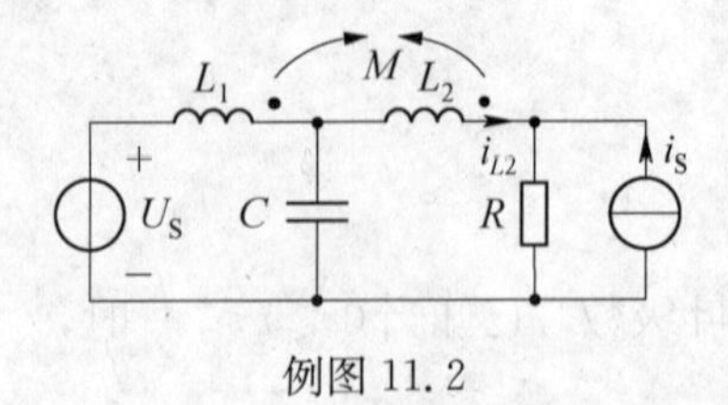

例图 11.2

例 11.2 如例图 11.2 所示电路，已知 $R=20\ \Omega$，$L_1=0.04\ \text{H}$，$L_2=0.02\ \text{H}$，$M=0.02\ \text{H}$，$C=100\ \mu\text{F}$，直流电压源 $U_S=10\ \text{V}$，非正弦电流源 $i_S(t)=[2\sin(500t-45°)+\sin(1\,000t+90°)]\ \text{A}$。试求电感 L_2 中电流的瞬时值。

【分析】 此题用非正弦周期稳态电路的分析方法时注意各次谐波分量作用下电路是否会产生谐振；求解基波响应和二次谐波响应时，先画出耦合电感的 T 形去耦等效电路易于求解。

【解】 (1) 直流响应为

$$I_{L2(0)}=I_{R(0)}=\frac{U_S}{R}=\frac{10}{20}\ \text{A}=0.5\ \text{A}$$

(2) 求基波响应。作出例图 11.2 所示电路的 T 形去耦等效电路在 $\omega=500\ \text{rad/s}$ 时的相量模型如例图 11.2.1(a) 所示，其中左侧并联支路发生谐振，因此

$$i_{L2(1)}=0$$

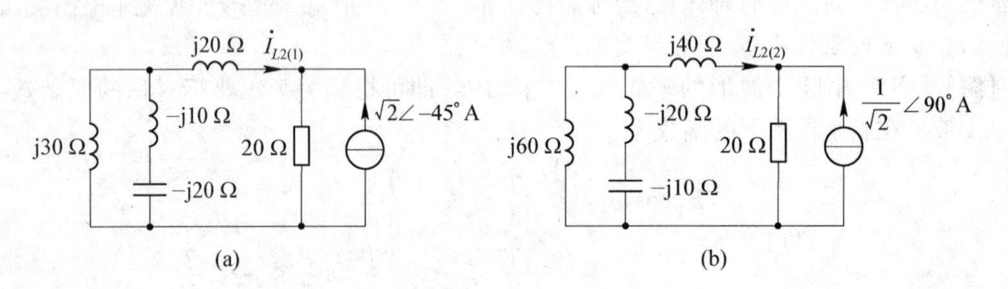

例图 11.2.1

(3) 求二次谐波响应。作出例图 11.2 所示电路的 T 形去耦等效电路在 $\omega=1\,000\ \text{rad/s}$ 时的相量模型如例图 11.2.1(b) 所示，其中左侧并联支路的等效复阻抗为

$$Z=(-\text{j}30\times \text{j}60)/(-\text{j}30+\text{j}60)\ \Omega=-\text{j}60\ \Omega$$

$$\dot{I}_{L2(2)}=-\frac{1}{\sqrt{2}}\angle 90°\times\frac{20}{20+(\text{j}40-\text{j}60)}\ \text{A}=0.5\angle-45°\ \text{A}$$

$$i_{L2(2)}=0.707\sin(1\,000t-45°)\ \text{A}$$

最后由叠加定理得

$$i_{L2}(t)=[0.5+0.707\sin(1\,000t-45°)]\ \text{A}$$

例 11.3 如例图 11.3 所示为一滤波电路，要求阻止基波到达负载 R，但能使 9 次谐波无衰减地加到负载 R 上，若 $C_1=0.04\ \mu\text{F}$，基波频率 $f=50\ \text{Hz}$，问 Z 应为何种元件？并求此元件参数值及电感 L_1。

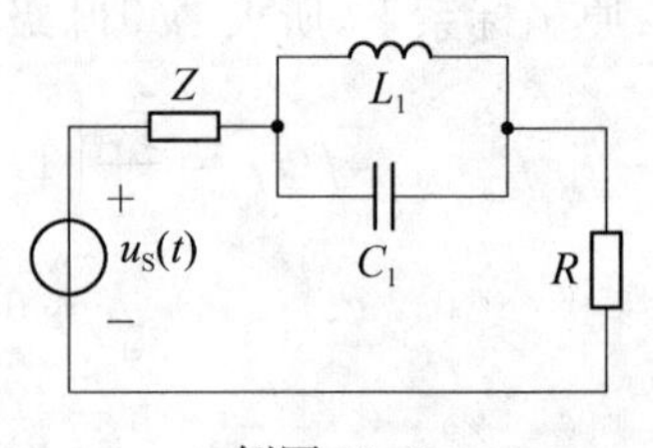

例图 11.3

【分析】 此滤波电路中 L_1、C_1 并联支路对基波发生谐振即可消除基波；而 Z 与 L_1、C_1 的相串支路对 9 次谐波发生串联谐振即可使 9 次谐波无衰减地加到负载 R 上，其中 Z 应为电抗元

件。Z 为何种电抗元件取决于 9 次谐波下 L_1、C_1 并联支路所呈现的电抗是感抗还是容抗。

【解】 为阻止基波到达负载 R，L_1、C_1 应产生并联谐振，即 $\omega=\dfrac{1}{\sqrt{L_1C_1}}$，故得

$$L_1=\frac{1}{\omega^2C_1}=\frac{1}{314^2\times 0.04\times 10^{-6}}\ \mathrm{H}=253.56\ \mathrm{H}$$

为使 9 次谐波无衰减地加到负载 R 上，Z 与 L_1、C_1 的相串支路应产生串联谐振，即

$$Z+\left(\mathrm{j}9\omega_1L_1\ /\!/\ \frac{1}{\mathrm{j}9\omega_1C_1}\right)=0$$

又由于
$$\mathrm{j}9\omega_1L_1\ /\!/\ \frac{1}{\mathrm{j}9\omega_1C_1}=-\mathrm{j}8\,957\ \Omega$$

呈容抗，故 Z 应为电感元件，即有

$$Z+\left(\mathrm{j}9\omega_1L_1\ /\!/\ \frac{1}{\mathrm{j}9\omega_1C_1}\right)=\mathrm{j}9\omega_1L_2-\mathrm{j}8\,957=0$$

故得电感元件参数值为
$$L=\frac{8\,957}{9\times 314}\ \mathrm{H}=3.17\ \mathrm{H}$$

例 11.4 如例图 11.4 所示电路中，电源为 $u_S=[30+100\sqrt{2}\sin 10^3t+30\sqrt{2}\sin(2\times 10^3t)]\ \mathrm{V}$。已知当基波分量单独作用时，输出电压 u_2 的有效值 $u_2'=80\ \mathrm{V}$；当二次谐波单独作用时，输出电压 u_2 的有效值 $u_2'=30\ \mathrm{V}$。求：(1)u_2 为多少？(2)若功率表示数为 150 W，求 R、L、C 之值。

【分析】 从题给条件可以看出：二次谐波单独作用时，电路发生并联谐振，因此基波单独作用时 L、C 并联支路应呈感性；又由于二次谐波单独作用时，电路发生并联谐振，因此只有直流分量和基波分量产生有功功率。

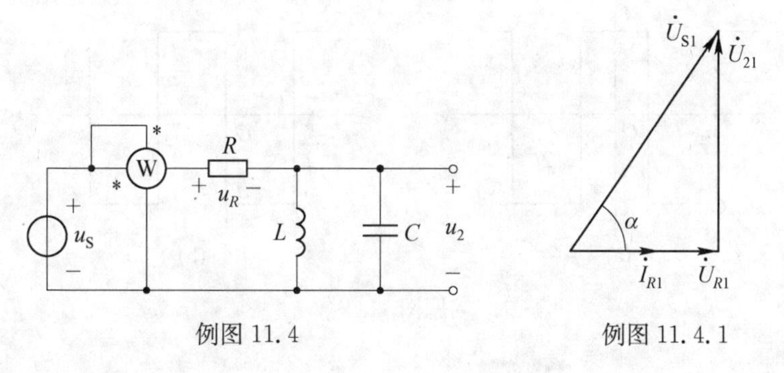

例图 11.4　　　　例图 11.4.1

【解】 (1) 基波单独作用时，因为电路的二次谐波作用时发生并联谐振，所以基波作用时，$L\ /\!/\ C$ 为感性，$\dot{U}_{21}$ 超前 $\dot{U}_{R1}$ 90°，以 $\dot{I}_{R1}$ 为参考相量作相量图如例图 11.4.1 所示，则有

$$U_{R1}=\sqrt{U_{S1}^2-U_{21}^2}=\sqrt{100^2-80^2}\ \mathrm{V}=60\ \mathrm{V}$$

$$\alpha=\arctan\frac{U_2'}{U_{R1}}=53.1^\circ$$

$$u_{21}=80\sqrt{2}\sin(10^3t+36.9^\circ)\ \mathrm{V}$$

二次谐波单独作用时，$\dot{U}_{R2}$、$\dot{U}_{22}$ 和 $\dot{U}_{S2}$ 构成直角三角形，而 $U_{S2}=U_{22}$，故 $U_{R2}=0$，L、C 发生并联谐振

$$u_{22}=30\sqrt{3}\sin(2\times10^3)t\ \mathrm{V}$$

$$u_2(t)=[80\sqrt{2}\sin(10^3t+36.9^\circ)+30\sqrt{3}\sin(2\times10^3t)]\ \mathrm{V}$$

(2) 功率表示数为 150 W,只有直流分量和基波产生有功功率

$$P=P_0+P_1,\ 150=\frac{U_{R0}^2}{R}+\frac{U_{R1}^2}{R}=\frac{30^2}{R}+\frac{60^2}{R}$$

解得

$$R=30\ \Omega$$

由于电路在二次谐振作用时发生并联谐振,则

$$\omega L=\frac{1}{4\omega C}$$

$$\frac{U_{21}}{U_{R1}}=\frac{\left|\omega L-\dfrac{1}{\omega C}\right|}{R}=\frac{80}{60}$$

联立解出

$$C=18.75\ \mu\mathrm{F},\ L=13.3\ \mathrm{mH}$$

11.4 习题选解

非正弦周期量的傅里叶级数展开

11.1 试将题图 11.1 中所示的两种方波分解成傅里叶级数。

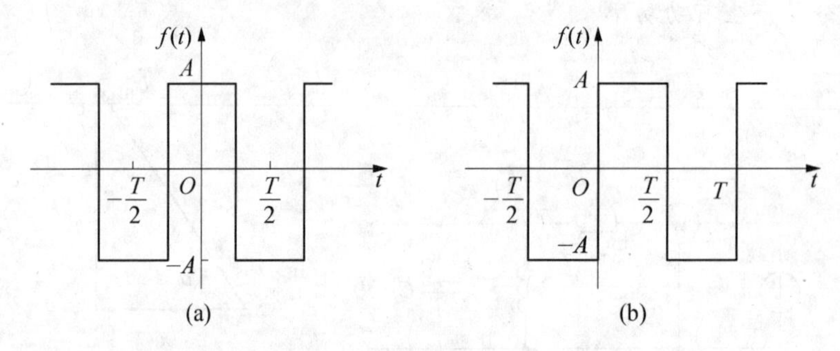

题图 11.1

解

题图 11.1(a)所示的波形为偶函数,其表达式为

$$f(t)=\begin{cases}A, & -\dfrac{T}{4}\leqslant t<\dfrac{T}{4}\\ -A, & \dfrac{T}{4}<t\leqslant\dfrac{3T}{4}\end{cases}$$

傅里叶级数的系数为

$$A_0=\frac{1}{T}\int_0^T f(t)\mathrm{d}t=0$$

$$a_k = \frac{2}{T}\int_0^T f(t)\cos k\omega t\,\mathrm{d}t = \frac{2}{T}\left(\int_{-T/4}^{T/4} A\cos k\omega t\,\mathrm{d}t - \int_{T/4}^{3T/4} A\cos k\omega t\,\mathrm{d}t\right)$$

$$= \frac{A}{k\pi}\left(\sin k\omega t\,\Big|_{-T/4}^{T/4} - \sin k\omega t\,\Big|_{T/4}^{3T/4}\right)$$

$$= \begin{cases} \dfrac{4A}{k\pi}, & k = 1,\ 5,\ 9,\ \cdots \\ -\dfrac{4A}{k\pi}, & k = 3,\ 7,\ 11,\ \cdots \end{cases}$$

$$b_k = \frac{2}{T}\int_0^T f(t)\sin k\omega t\,\mathrm{d}t = 0$$

于是,题图 11.1(a)所示波形的傅里叶级数为

$$f(t) = \frac{4A}{\pi}\left(\cos\omega t - \frac{1}{3}\cos 3\omega t + \frac{1}{5}\cos 5\omega t - \frac{1}{7}\cos 7\omega t + \cdots\right)$$

题图 11.1(b)所示方波为奇函数,其表达式为

$$f(t) = \begin{cases} A, & 0 \leqslant t < \dfrac{T}{2} \\ -A, & \dfrac{T}{2} < t \leqslant T \end{cases}$$

傅里叶级数的系数为

$$A_0 = \frac{1}{T}\int_0^T f(t)\,\mathrm{d}t = 0$$

$$a_k = \frac{2}{T}\int_0^T f(t)\cos k\omega t\,\mathrm{d}t = 0$$

$$b_k = \frac{2}{T}\int_0^T f(t)\sin k\omega t\,\mathrm{d}t = \frac{2}{T}\left(\int_0^{T/2} A\sin k\omega t\,\mathrm{d}t - \int_{T/2}^{T} A\sin k\omega t\,\mathrm{d}t\right)$$

$$= -\frac{A}{k\pi}\left(\cos k\omega t\,\Big|_0^{T/2} - \cos k\omega t\,\Big|_{T/2}^{T}\right)$$

$$= \frac{4A}{k\pi},\ k = 1,\ 3,\ 5,\ 7,\ \cdots$$

因此所求级数为

$$f(t) = \frac{4A}{\pi}\left(\sin\omega t + \frac{1}{3}\sin 3\omega t + \frac{1}{5}\sin 5\omega t + \frac{1}{7}\sin 7\omega t + \cdots\right)$$

题图 11.1(b)波形可由题图 11.1(a)波形向右平移 $T/4$ 得到,因此题图 11.1(b)波形的级数也可由题图 11.1(a)波形的级数右移 $T/4$ 得到。

11.2 试求题图 11.2 所示半波整流周期波形的傅里叶级数。

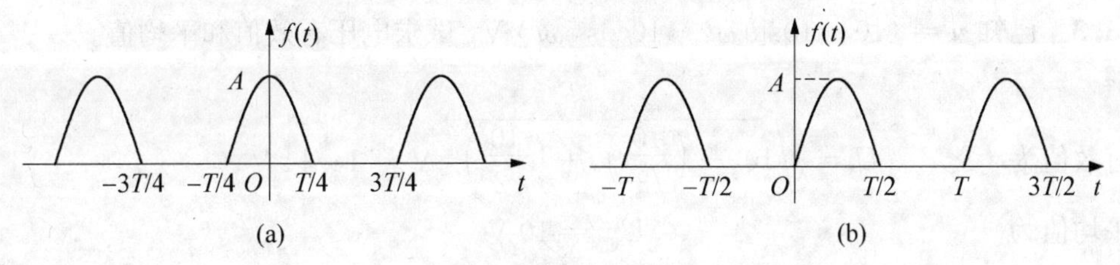

题图 11.2

解

题图 11.2(a)所示半波整流周期波形的表达式为

$$f(t)=\begin{cases}A\cos\omega t, & -\dfrac{T}{4}\leqslant t\leqslant\dfrac{T}{4}\\[2mm] 0, & -\dfrac{T}{2}\leqslant t\leqslant-\dfrac{T}{4}\text{ 和 }\dfrac{T}{4}\leqslant t\leqslant\dfrac{T}{2}\end{cases}$$

傅里叶级数的系数为

$$a_0=\frac{1}{T}\int_0^T f(t)\,\mathrm{d}t=\frac{2}{T}\int_0^{\frac{T}{4}}A\cos\omega t\,\mathrm{d}t=\frac{A}{\pi}$$

$$a_k=\frac{2}{T}\int_0^T f(t)\cos k\omega t\,\mathrm{d}t=\frac{4}{T}\int_0^{\frac{T}{4}}A\cos\omega t\cos k\omega t\,\mathrm{d}t=\left[\frac{2A}{\pi(1-k^2)}\cos\frac{k\pi}{2}\right]\Bigg|_{k\neq 1}$$

式中：$a_1=\dfrac{4}{T}\displaystyle\int_0^{\frac{T}{4}}A\cos\omega t\cos\omega t\,\mathrm{d}t=\dfrac{A}{2}$

$$a_k=\begin{cases}0, & k\text{ 为奇数},k\neq 1\\[1mm] \dfrac{A}{2}, & k=1\\[2mm] \dfrac{2A}{(k^2-1)\pi}, & k=4n+2,\ n=0,\ 1,\ 2,\ \cdots\\[2mm] -\dfrac{2A}{(k^2-1)\pi}, & k=4n,\ n=0,\ 1,\ 2,\ \cdots\end{cases}$$

$$b_k=\frac{2}{T}\int_0^T f(t)\sin k\omega t\,\mathrm{d}t=0$$

因此，傅里叶级数为

$$f(t)=\frac{A}{\pi}\left(1+\frac{\pi}{2}\cos\omega t+\frac{2}{3}\cos 2\omega t-\frac{2}{15}\cos 4\omega t+\frac{2}{35}\cos 6\omega t-\cdots\right)$$

对题图 11.2(b)所示波形，可将题图 11.2(a)在时间轴上左移或右移 $T/4$，因此所求傅里叶级数为

$$\begin{aligned}f(t)&=\frac{A}{\pi}\left[1+\frac{\pi}{2}\cos\omega\left(t-\frac{T}{4}\right)+\frac{2}{3}\cos 2\omega\left(t-\frac{T}{4}\right)-\frac{2}{15}\cos 4\omega\left(t-\frac{T}{4}\right)+\right.\\&\quad\left.\frac{2}{35}\cos 6\omega\left(t-\frac{T}{4}\right)-\cdots\right]\\&=\frac{A}{\pi}\left(1+\frac{\pi}{2}\sin\omega t-\frac{2}{3}\cos 2\omega t-\frac{2}{15}\cos 4\omega t-\frac{2}{35}\cos 6\omega t-\cdots\right)\end{aligned}$$

11.3 已知 $u=(10+10\sin\omega t+10\cos 5\omega t)$ V，试求电压有效值和平均值。

解

有效值为 $$U=\sqrt{10^2+\left(\frac{10}{\sqrt{2}}\right)^2+\left(\frac{10}{\sqrt{2}}\right)^2}\ \text{V}=14.14\ \text{V}$$

平均值为 $$U_{\text{av}}=10\ \text{V}$$

11.4　如题图 11.4 所示电路，$u_S=[10+6\sqrt{2}\sin(t+30^\circ)+2\sqrt{2}\sin(3t+45^\circ)]\ \text{V}$，$L_1=2\ \text{H}$，$L_2=4\ \text{H}$，$M=1\ \text{H}$。试求电压 u_2 的有效值。

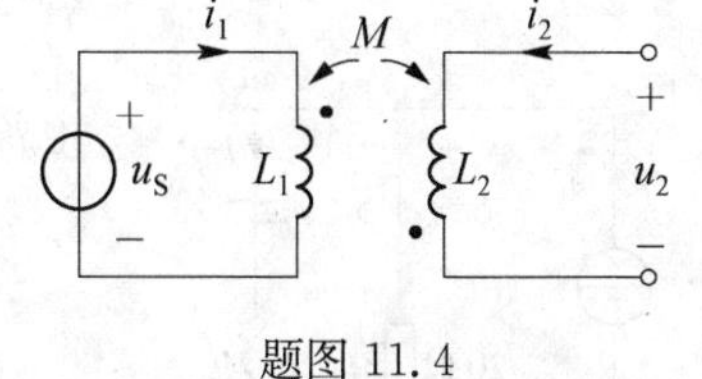

题图 11.4

解

由题图 11.4 可知

$$\begin{cases} u_S = L_1 \dfrac{di_1}{dt} \\ u_2 = -M\dfrac{di_1}{dt} \end{cases}$$

因此

$$u_2=-\frac{M}{L_1}u_S=[-5-3\sqrt{2}\sin(t+30^\circ)-\sqrt{2}\sin(3t+45^\circ)]\ \text{V}$$

u_2 的有效值为

$$U_2=\sqrt{5^2+3^2+1^2}\ \text{V}=\sqrt{35}\ \text{V}$$

11.5　如题图 11.5 所示电路，$u_S=[8+40\sqrt{2}\sin\omega t+30\sqrt{2}\sin(3\omega t-30^\circ)]\ \text{V}$，$\omega L_1=2\ \Omega$，$\omega L_2=1/(\omega C_2)=12\ \Omega$，$1/(\omega C_1)=18\ \Omega$，$R=2\ \Omega$，试求电压表和电流表的示数(有效值)。

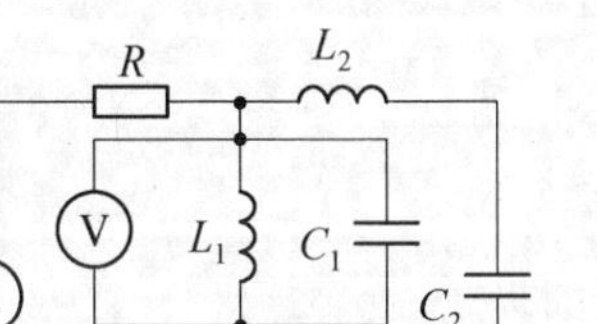

题图 11.5

解

分别作出题图 11.5 电路的直流模型及在频率为 ω、3ω 时的相量模型如题图 11.5.1 所示。由题图 11.5.1(a)可知

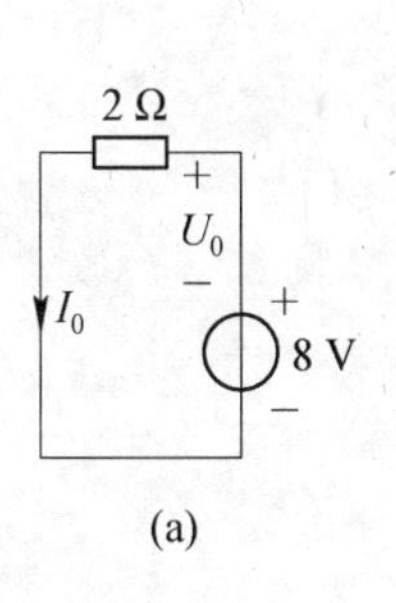

(a)

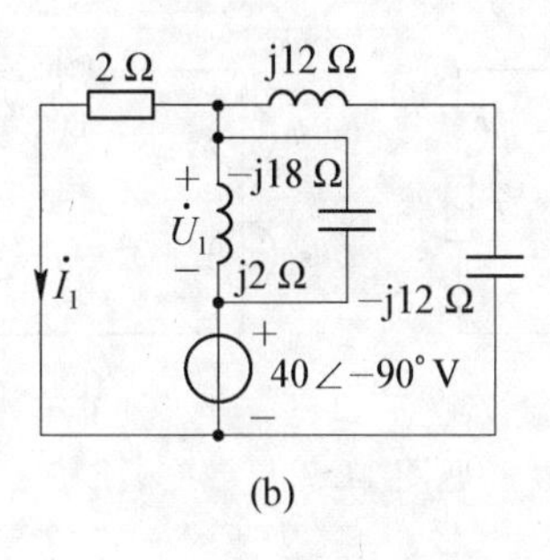

(b)

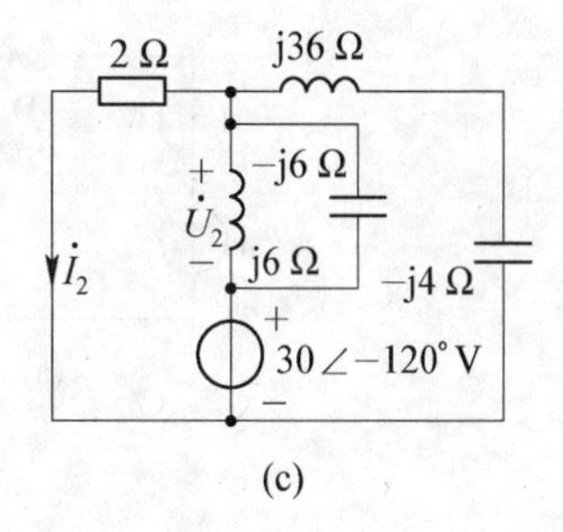

(c)

题图 11.5.1

$$I_0=4\ \text{A},\ U_0=0$$

由题图 11.5.1(b)可知，串联 LC 支路谐振，因此等效为短路，有

$$\dot{I}_1=0,\ \dot{U}_1=-40\angle-90^\circ\ \text{V}$$

由题图 11.5.1(c)可知，并联 LC 支路谐振，因此等效为开路，有

$$\dot{I}_2=0,\ \dot{U}_2=-30\angle-120^\circ\ \text{V}=30\angle60^\circ\ \text{V}$$

因此，电压表的示数为

$$U=\sqrt{U_0^2+U_1^2+U_2^2}=\sqrt{40^2+30^2}\ \text{V}=50\ \text{V}$$

电流表的示数为

$$I=\sqrt{I_0^2+I_1^2+I_2^2}=4\ \text{A}$$

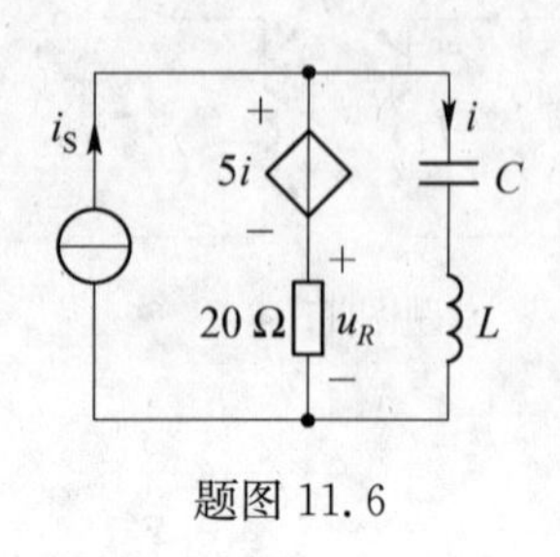

题图 11.6

11.6 如题图 11.6 所示电路处于稳态，其中 $i_S=[10+5\cos(2\omega_1 t+30^\circ)]$ A，$\omega_1 L=50\ \Omega$，$\dfrac{1}{\omega_1 C}=200\ \Omega$。试求 u_R 和有效值 U_R。

解

由题图 11.6 电路可知，直流分流激励下 $U_{R0}=200$ V，由于 L、C 对二次谐波谐振，所以有电路方程

$$\begin{cases}5i_2+u_{R2}=0\\ \dfrac{u_{R2}}{20}+i_2=5\cos(2\omega_1 t+30^\circ)\end{cases}$$

可解得
$$u_{R2}=-\frac{100}{3}\cos(2\omega_1 t+30^\circ)\ \text{V}$$

所以
$$u_R=\left[200-\frac{100}{3}\cos(2\omega_1 t+30^\circ)\right]\text{V}$$

有效值
$$U_R=\sqrt{200^2+\frac{1}{2}\times\left(\frac{100}{3}\right)^2}\ \text{V}=201.38\ \text{V}$$

11.7 如题图 11.7(a)、(b)所示电路，$u_{S0}=5$V，$u_{S1}=5\sin t$ V，$R=10\ \Omega$，D 为理想二极管。试求电流 i 的有效值。

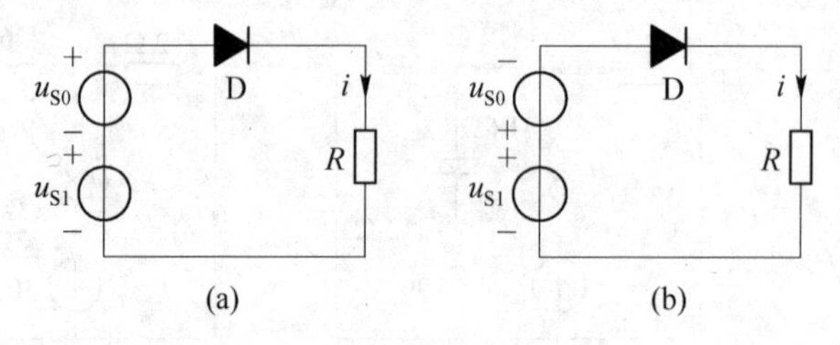

题图 11.7

解

题图 11.7(a)中 D 全导通，得 $i=(0.5+0.5\sin t)$ A，i 的有效值为

$$I=\sqrt{0.5^2+\frac{0.5^2}{2}}\ \text{A}=0.612\ \text{A}$$

题图 11.7(b)中 D 不导通，$i=0$，其有效值为零。

非正弦周期稳态电路的分析

11.8 题图 11.8 所示电路中，$R=1\ \Omega$，$C=1$ F，已知对所有的 t，$i_S=(1+2\cos 2t)$ A，试求稳态电压 u。

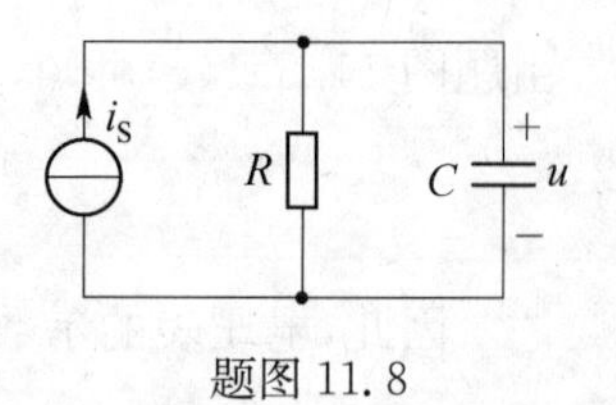

题图 11.8

解

对题图 11.8 电路有节点方程

$$C\frac{\mathrm{d}u}{\mathrm{d}t}+\frac{u}{R}=i_{\mathrm{S}}$$

即
$$\frac{\mathrm{d}u_C}{\mathrm{d}t}+u_C=1+2\cos 2t$$

由叠加定理可知，当激励中直流分量单独作用时，稳态响应为 $u_{(1)}=1\ \mathrm{V}$，当激励中 $2\cos 2t$ A 单独作用时，其响应相量 $\dot{U}_{(2)}$ 满足

$$\mathrm{j}2\dot{U}_{(2)}+\dot{U}_{(2)}=2\angle 0^\circ$$

解得 $\dot{U}_{(2)}=0.894\angle-63.4^\circ$，即

$$u_{(2)}=0.894\cos(2t-63.4^\circ)\ \mathrm{V}$$

因此稳态解为
$$u=u_{(1)}+u_{(2)}=[1+0.894\cos(2t-63.4^\circ)]\ \mathrm{V}$$

11.9　如题图 11.9 所示电路，已知理想电压源 $u_{\mathrm{S}}=(10\sin 100t+3\sin 500t)\ \mathrm{V}$，$L=1\ \mathrm{H}$，$C=100\ \mu\mathrm{F}$，试求 i_L、i_C。

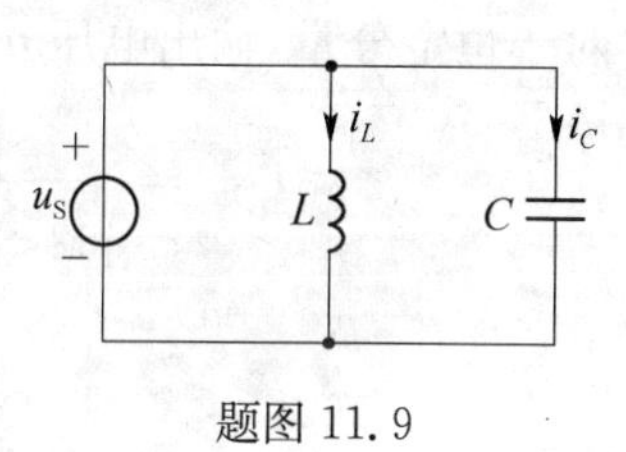

题图 11.9

解

基波分量 $u_{\mathrm{S1}}=10\sin 100t$ V 单独作用时，$\omega=100\ \mathrm{rad/s}$，有

$$\omega L=100\times 1\ \Omega=100\ \Omega,\ \frac{1}{\omega C}=\frac{1}{100\times 10^{-4}}\ \Omega=100\ \Omega$$

因为 $\omega L=\dfrac{1}{\omega C}$，所以在基波电压作用下电路并联谐振，有

$$\dot{I}_{L1\mathrm{m}}=\frac{\dot{U}_{\mathrm{S1m}}}{\mathrm{j}\omega L}=\frac{10\angle 0^\circ}{\mathrm{j}100}\ \mathrm{A}=0.1\angle-90^\circ\ \mathrm{A},\ i_{L1}=0.1\sin(100t-90^\circ)\ \mathrm{A}$$

$$\dot{I}_{C1\mathrm{m}}=\mathrm{j}\omega C\dot{U}_{\mathrm{S1m}}=\frac{10\angle 0^\circ}{-\mathrm{j}100}\ \mathrm{A}=0.1\angle 90^\circ\ \mathrm{A},\ i_{C1}=0.1\sin(100t+90^\circ)\ \mathrm{A}$$

五次谐波分量 $u_{\mathrm{S5}}=3\sin 500t$ V 单独作用时，$\omega=500\ \mathrm{rad/s}$，有

$$\omega L=500\ \Omega,\ \frac{1}{\omega C}=\frac{10^4}{500}\ \Omega=20\ \Omega$$

$$\dot{I}_{L5\mathrm{m}}=\frac{\dot{U}_{\mathrm{S5m}}}{\mathrm{j}\omega L}=\frac{3\angle 0^\circ}{\mathrm{j}500}\ \mathrm{A}=6\times 10^{-3}\angle-90^\circ\ \mathrm{A},\ i_{L5}=6\times 10^{-3}\sin(500t-90^\circ)\ \mathrm{A}$$

$$\dot{I}_{C5\mathrm{m}}=\mathrm{j}5\omega C\dot{U}_{\mathrm{S5m}}=\frac{3\angle 0^\circ}{-\mathrm{j}20}\ \mathrm{A}=0.15\angle 90^\circ\ \mathrm{A},\ i_{C1}=0.15\sin(500t+90^\circ)\ \mathrm{A}$$

故得

$$i_L=[0.1\sin(100t-90^\circ)+6\times 10^{-3}\sin(500t-90^\circ)]\ \mathrm{A}$$

$$i_C=[0.1\sin(100t+90^\circ)+0.15\sin(500t+90^\circ)]\ \mathrm{A}$$

11.10　如题图 11.10(a)所示电路，$R_{\mathrm{L}}=100\ \Omega$，$L=200\ \mathrm{mH}$，$C=200\ \mu\mathrm{F}$，端口 1、1′ 间加上波形如题图 11.10(b) 所示的电压 $f(t)$，并知 $F_{\mathrm{m}}=100\ \mathrm{V}$，$\omega=314\ \mathrm{rad/s}$，试求负载 R_{L} 两

端的电压 u。

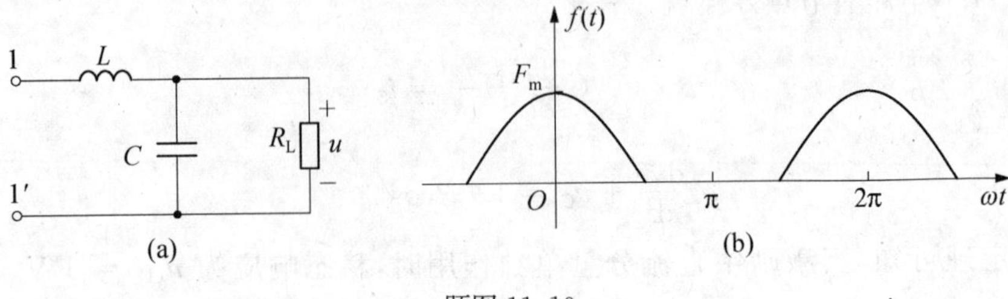

题图 11.10

解

外加电压 $f(t)$ 展开成傅里叶级数形式为

$$f(t)=\frac{F_m}{\pi}+\frac{F_m}{2}\cos\omega t+\frac{2F_m}{\pi}\left(\frac{1}{3}\cos 2\omega t-\frac{1}{15}\cos 4\omega t+\cdots\right)$$
$$=31.83+50\cos 314t+21.22\cos 628t+\cdots$$

对于恒定分量,输出电压 $u=31.83\ \text{V}$,对于基波分量,用相量法可求得

$$\dot{U}_{1m}=\frac{50\angle 0^\circ}{\text{j}62.8+\dfrac{1}{\dfrac{1}{100}+\text{j}314\times 200\times 10^{-6}}}\times\frac{1}{\dfrac{1}{100}+\text{j}314\times 200\times 10^{-6}}\ \text{V}$$

$$=\frac{50}{-2.944+\text{j}0.628}\ \text{V}=\frac{50}{3.01\angle 168^\circ}\ \text{V}=16.61\angle -168^\circ\ \text{V}$$

对于二次谐波分量有

$$\dot{U}_{2m}=\frac{21.22\angle 0^\circ}{\text{j}125.6+\dfrac{1}{\dfrac{1}{100}+\text{j}0.1256}}\times\frac{1}{\dfrac{1}{100}+\text{j}0.1256}\ \text{V}$$

$$=\frac{21.22}{-15.775+\text{j}1.256}\ \text{V}=\frac{21.22}{15.825\angle 175^\circ}\ \text{V}=1.341\angle -175^\circ\ \text{V}$$

于是负载 R_L 两端的电压为

$$u=[31.83+16.61\cos(314t-168^\circ)+1.341\cos(628t-175^\circ)+\cdots]\ \text{V}$$

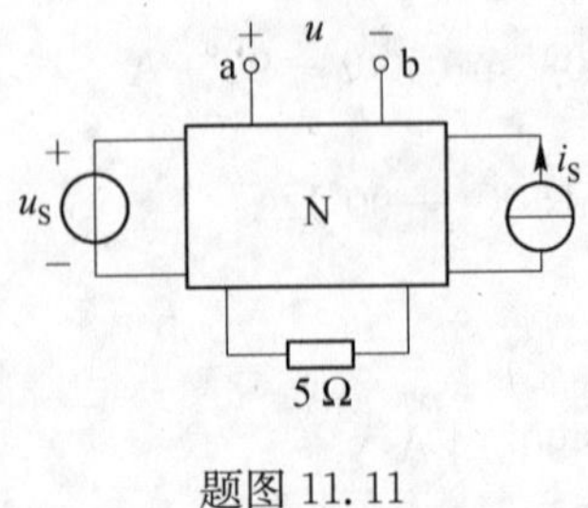

题图 11.11

11.11 在题图 11.11 所示电路中,N 不含独立源。当 $u_S=5\cos(1\,000t+40^\circ)$ V 和 $i_S=0.1\cos(500t-20^\circ)$ A 时,$u_{ab}=[2\cos(1\,000t-10^\circ)+3\cos(500t-30^\circ)]$ V;当 $u_S=5\cos(500t+40^\circ)$ V 和 $i_S=0.1\cos(1\,000t-20^\circ)$ A 时,$u_{ab}=[3\cos(1\,000t-20^\circ)+2\cos(500t-10^\circ)]$ V。若 $u_S=(20\cos 1\,000t+10\cos 500t)$ V 和 $i_S=(0.3\cos 1\,000t-0.2\cos 500t)$ A,试求 u_{ab}。

解

根据叠加定理有 $u=u'+u''=Au_S+Bi_S$,代入已知条件得

$$\begin{cases} 2\angle-10^\circ = A_{1\,000}\times 5\angle 40^\circ\ (\omega=1\,000) \\ 2\angle-10^\circ = A_{500}\times 5\angle 40^\circ\ (\omega=500) \end{cases}$$

$$\begin{cases} 3\angle-30^\circ = B_{500}\times 0.1\angle-20^\circ\ (\omega=500) \\ 3\angle-20^\circ = B_{1\,000}\times 0.1\angle-20^\circ\ (\omega=1\,000) \end{cases}$$

当 $u_S=(20\cos 1\,000t+10\cos 500t)\,\text{V}$ 和 $i_S=(0.3\cos 1\,000t-0.2\cos 500t)\,\text{A}$ 时：

对于 $\omega=1\,000$　　$\dot{U}'_{\text{abm}}=A_{1\,000}\times 20+B_{1\,000}\times 0.3$

对于 $\omega=500$　　$\dot{U}''_{\text{abm}}=A_{500}\times 10+B_{500}\times(-0.2)$

可求得

$$\dot{U}'_{\text{abm}}=\left(\frac{2\angle-10^\circ}{5\angle 40^\circ}\times 20+\frac{3\angle-20^\circ}{0.1\angle-20^\circ}\times 0.3\right)\text{V}=(14.142+\text{j}6.128)\ \text{V}$$
$$=15.413\angle-23.43^\circ\ \text{V}$$

$$\dot{U}''_{\text{abm}}=\left[\frac{2\angle-10^\circ}{5\angle 40^\circ}\times 10-\frac{3\angle-30^\circ}{0.1\angle-20^\circ}\times(-0.2)\right]\text{V}=(8.48-\text{j}4.106)\ \text{V}$$
$$=9.422\angle-25.84^\circ\ \text{V}$$

所以　$u_{\text{ab}}=[15.413\cos(1\,000t+23.43^\circ)+9.422\cos(500t-25.84^\circ)]\ \text{V}$

11.12　在题图 11.12 所示电路中，已知 $R=1\,\Omega$，$L=0.5\,\text{H}$，$C=0.25\,\text{F}$，$u_1=(2+\cos t)\,\text{V}$，$u_2=3\sin 2t\,\text{V}$，试求稳态电压 u_0。

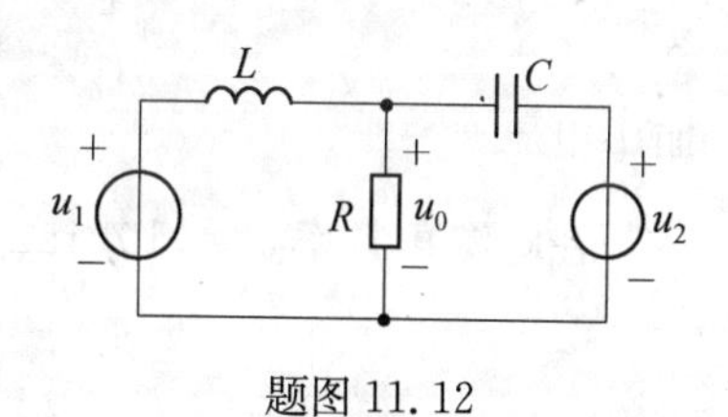

题图 11.12

解　应用叠加定理求解。

(a) u_1 的直流分量单独作用时的稳态情况，如题图 11.12.1(a)所示，有 $u_{01}=2\,\text{V}$。

(b) u_1 的交流分量单独作用时的稳态情况，如题图 11.12.1(b)所示，有

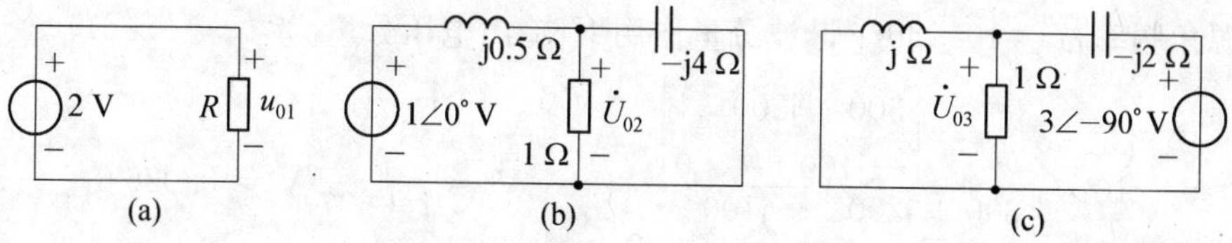

题图 11.12.1

$$\dot{U}_{02}=\frac{1\angle 0^\circ}{\text{j}0.5+\dfrac{1\times(-\text{j}4)}{1-\text{j}4}}\times\frac{-\text{j}4}{1-\text{j}4}\ \text{V}=\frac{-\text{j}4}{2-\text{j}3.5}\ \text{V}=\frac{8\sqrt{65}}{65}\angle-29.74^\circ\ \text{V}$$
$$=0.99\angle-29.74^\circ\ \text{V}$$

(c) u_2 单独作用时的稳态情况，如题图 11.12.1(c)所示，有

$$\dot{U}_{03}=\frac{3\angle-90^\circ}{-\text{j}2+\dfrac{\text{j}}{1+\text{j}}}\times\frac{\text{j}}{1+\text{j}}\ \text{V}=\frac{3}{2-\text{j}}\ \text{V}=\frac{3\sqrt{5}}{5}\angle 26.56^\circ\ \text{V}=1.34\angle 26.56^\circ\ \text{V}$$

因此稳态电压为

$$u_0=u_{01}+u_{02}+u_{03}=[2+0.99\cos(t-29.74^\circ)+1.34\cos(2t+26.56^\circ)]\ \text{V}$$

11.13 在题图 11.13 所示电路中，已知 $u_1=(1+\sin 10^4 t+\sin 10^5 t+\sin 10^6 t)$ V，$L_1=2$ mH，$L_2=1$ mH，$M=1$ mH，$C=10\ \mu\text{F}$，$R_1=300\ \Omega$，$R_2=50\ \Omega$，试求 u_2。

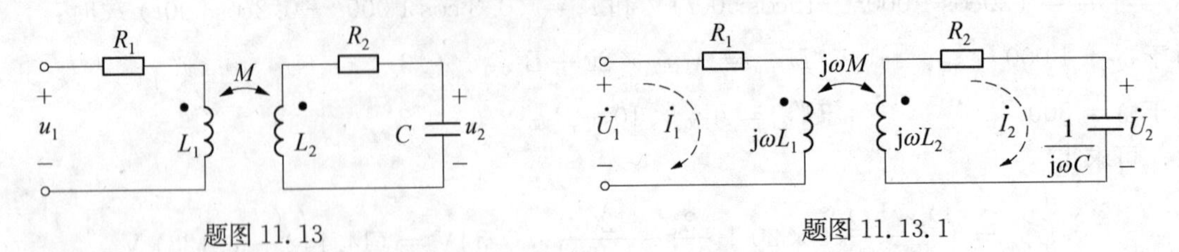

题图 11.13　　　　题图 11.13.1

解

u_1 中直流分量作用时，输出电压为零，即 $U_{20}=0$。电源角频率为 ω rad/s 时，计算输出电压的电路如题图 11.13.1 所示。应用回路分析法，有电路方程

$$\begin{bmatrix} R_1+\text{j}\omega L_1 & -\text{j}\omega M \\ -\text{j}\omega M & R_2+\text{j}\omega L_2-\text{j}\dfrac{1}{\omega C} \end{bmatrix}\begin{bmatrix}\dot{I}_1\\ \dot{I}_2\end{bmatrix}=\begin{bmatrix}\dot{U}_1\\ 0\end{bmatrix}$$

输出电压

$$\dot{U}_2=-\text{j}\frac{1}{\omega C}\dot{I}_2$$

在电源角频率 $\omega=10^4$ rad/s 谐波分量作用下，输出电压分量为

$$\dot{U}_{21m}=-\text{j}\frac{1}{10^4\times 10^{-6}}\times\frac{\begin{vmatrix}300+\text{j}20 & 1\\ -\text{j}10 & 0\end{vmatrix}}{\begin{vmatrix}300+\text{j}20 & -\text{j}10\\ -\text{j}10 & 50+\text{j}10-\text{j}100\end{vmatrix}}\ \text{V}=\frac{10}{169-\text{j}260}\ \text{V}=0.032\,26\angle 57^\circ\ \text{V}$$

在电源角频率 $\omega=10^5$ rad/s 谐波分量作用下，输出电压分量为

$$\dot{U}_{22m}=-\text{j}10\times\frac{\begin{vmatrix}300+\text{j}200 & 1\\ -\text{j}100 & 0\end{vmatrix}}{\begin{vmatrix}300+\text{j}200 & -\text{j}100\\ -\text{j}100 & 50+\text{j}100-\text{j}10\end{vmatrix}}\ \text{V}=\frac{1}{7+\text{j}37}\ \text{V}=0.026\,6\angle -79.3^\circ\ \text{V}$$

在电源角频率 $\omega=10^6$ rad/s 谐波分量作用下，输出电压分量为

$$\dot{U}_{23m}=-\text{j}\times\frac{\begin{vmatrix}300+\text{j}2\,000 & 1\\ -\text{j}1\,000 & 0\end{vmatrix}}{\begin{vmatrix}300+\text{j}2\,000 & -\text{j}1\,000\\ -\text{j}1\,000 & 50+\text{j}1\,000-\text{j}\end{vmatrix}}\ \text{V}=\frac{1\,000}{(-983+\text{j}399.7)\times 10^3}\ \text{V}$$

$$=0.000\,942\angle -157.9^\circ\ \text{V}$$

因此，输出电压为

$$u_2=[3.226\times 10^{-2}\sin(10^4 t+57^\circ)+2.66\times 10^{-2}\sin(10^5 t-79.3^\circ)+9.4\times 10^{-4}\sin(10^6 t-157.9^\circ)]\ \text{V}$$

非正弦周期稳态电路的功率

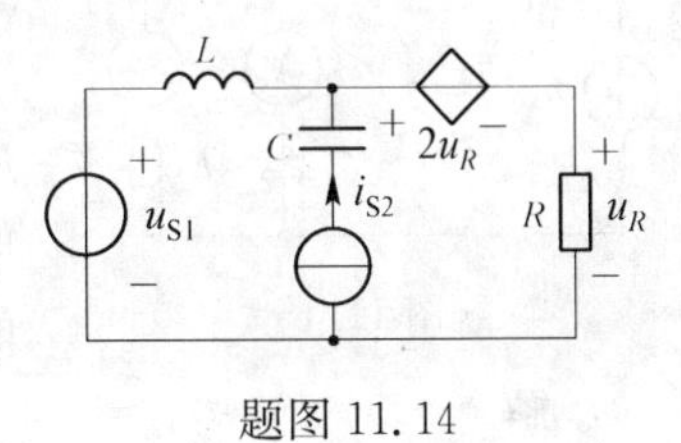

题图 11.14

11.14 如题图 11.14 所示电路，$u_{S1}=[1.5+5\sqrt{2}\sin(2t+90°)]$ V，$i_{S2}=2\sin 1.5t$ A，$R=1\ \Omega$，$L=2$ H，$C=2/3$ F。试求 u_R 及 u_{S1} 发出的功率。

解

本题有 2 个独立源作用，可以应用叠加定理。

(1) 在电源 u_{S1} 单独作用时，此时理想电流源支路开路。当 u_{S1} 中的直流分量作用时

$$u_0=1.5\ \text{V},\ u_{R_0}=u_0/3=0.5\ \text{V}$$

$$I_0=u_{R_0}/R=0.5\ \text{A},\ P_0=u_0I_0=1.5\times0.5\ \text{W}=0.75\ \text{W}$$

当 u_{S1} 中的交流分量单独作用时，电路如题图 11.14.1(a)所示，其中 $\dot{U}_{S1}=5\angle0°$ V，应用 KVL

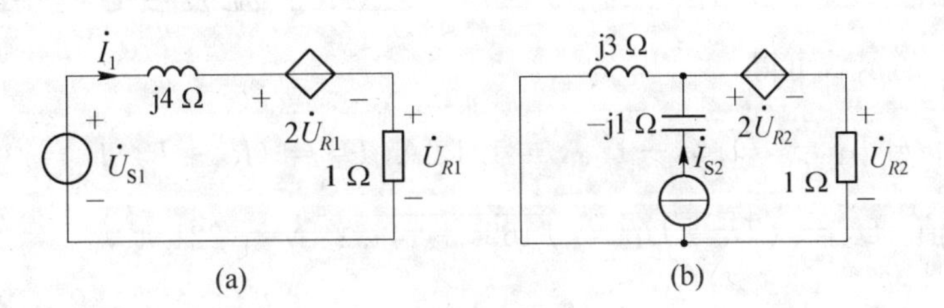

题图 11.14.1

$$\dot{U}_{S1}=3\dot{U}_R+\text{j}4\dot{I}_1=(3+\text{j}4)\dot{I}_1$$

解得
$$\dot{I}_1=\frac{5\angle0°}{3+\text{j}4}\ \text{A}=1\angle-53.13°\ \text{A}$$

所以
$$\dot{U}_{R1}=\dot{I}_1\times1=1\angle-53.13°\ \text{V}$$

则有
$$u_{R1}=\sqrt{2}\cos(2t-53.13°)\ \text{V}$$

$$P_1=U_{S1}I_1\cos[0°-(-53.13°)]=5\times1\times\cos53.13°\ \text{W}=3\ \text{W}$$

(2) 在 i_{S2} 单独作用时，理想电压源支路短路，等效相量模型图如题图 11.14.1(b)所示，其中 $\dot{I}_{S2}=2\angle-90°$ A(注意是最大值相量)，有节点方程

$$3\dot{U}_{R2}\left(\frac{1}{\text{j}3}+\frac{1}{1}\right)=\dot{I}_{S2}+2\dot{U}_{R2}/1$$

求得
$$\dot{U}_{R2}=\sqrt{2}\angle-45°\ \text{V}$$

所以
$$u_{R2}=\sqrt{2}\cos(1.5t-45°)\ \text{V}$$

(3) 进行时域形式的响应叠加

$$u_R=u_{R0}+u_{R1}+u_{R2}=[0.5+\sqrt{2}\cos(2t-51.13°)+\sqrt{2}\cos(1.5t-45°)]\ \text{V}$$

理想电压源 u_{S1} 发出的功率为

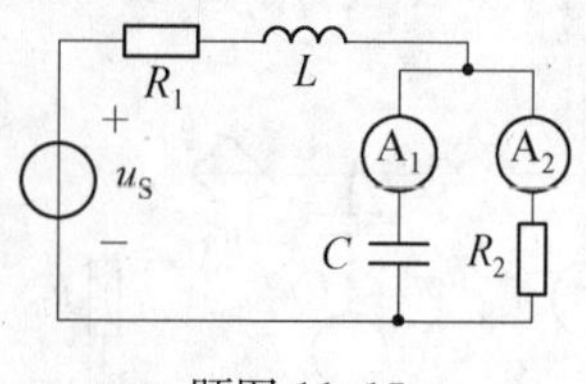

题图 11.15

$$P = P_0 + P_1 = (0.75 + 3)\ \mathrm{W} = 3.75\ \mathrm{W}$$

11.15 在题图 11.15 所示电路中，$u_S = U_0 + U_{1m}\cos\omega t$ V，$R_1 = 50\ \Omega$，$R_2 = 100\ \Omega$，$\omega L = 70\ \Omega$，$1/(\omega C) = 100\ \Omega$，在稳态下，电流表的示数分别是 A_1 为 1 A，A_2 为 1.5 A，试求理想电压源发出的有功功率。

解

在直流分量单独作用下，$I_0 = \dfrac{U_0}{R_1 + R_2} = \dfrac{U_0}{150}$。在交流分量单独作用下，由于电容电流只含有交流分量，即 $I_C = 1$ A。设 $\dot{I}_C = 1\angle 90°$ A，则

$$\dot{I}_{R2} = \frac{1/(\mathrm{j}\omega C)}{R_2}\dot{I}_C = \frac{-\mathrm{j}100 \times \mathrm{j}}{100}\ \mathrm{A} = 1\angle 0°\ \mathrm{A}$$

所以

$$\dot{I}_1 = \dot{I}_{R2} + \dot{I}_C = (1 + \mathrm{j})\ \mathrm{A} = \sqrt{2}\angle 45°\ \mathrm{A},\ \dot{U}_1 = (R_1 + \mathrm{j}\omega L)\dot{I}_1 + \dot{U}_C = 144.2\angle 56.3°\ \mathrm{V}$$

由电流表 A_2 的示数可得

$$I_0 = I_{R0} = \sqrt{1.5^2 - 1^2}\ \mathrm{A} = 1.12\ \mathrm{A},\ U_0 = (R_1 + R_2)I_0 = 168\ \mathrm{V}$$

电源电压的有效值 $U_S = \sqrt{U_0^2 + U_1^2} = \sqrt{168^2 + 144.2^2}\ \mathrm{V} = 221.4\ \mathrm{V}$

电源发出的功率

$$P = U_0 I_0 + U_1 I_1 \cos\varphi_1 = [168 \times 1.12 + 144.2 \times \sqrt{2}\cos(56.3° - 45°)]\ \mathrm{W} = 388\ \mathrm{W}$$

11.16 已知某一端口电路的电压和电流分别为 $u = (10 + 10\sin 10t + 10\sin 30t + 10\sin 50t)$ V 和 $i = [2 + 1.94\sin(10t - 14°) + 1.7\sin(50t + 32°)]$ A，试求其吸收的平均功率、无功功率和视在功率。

解

一端口电路吸收的平均功率

$$P = \left[10 \times 2 + \frac{10}{\sqrt{2}} \times \frac{1.94}{\sqrt{2}}\cos 14° + \frac{10}{\sqrt{2}} \times \frac{1.7}{\sqrt{2}}\cos(-32°)\right]\ \mathrm{W} = 36.62\ \mathrm{W}$$

无功功率 $Q = \left[\dfrac{10}{\sqrt{2}} \times \dfrac{1.94}{\sqrt{2}}\sin 14° + \dfrac{10}{\sqrt{2}} \times \dfrac{1.7}{\sqrt{2}}\sin(-32°)\right]\ \mathrm{var} = -2.158\ \mathrm{var}$

视在功率 $S = UI = \left[\sqrt{10^2 + \left(\dfrac{10}{\sqrt{2}}\right)^2 + \left(\dfrac{10}{\sqrt{2}}\right)^2 + \left(\dfrac{10}{\sqrt{2}}\right)^2}\sqrt{2^2 + \left(\dfrac{1.94}{\sqrt{2}}\right)^2 + \left(\dfrac{1.7}{\sqrt{2}}\right)^2}\right]\mathrm{VA} = 42.8\ \mathrm{VA}$

11.17 在题图 11.17 所示电路中，$u = \left[2\sqrt{2}\cos(t - 60°) + \sqrt{2}\cos(2t + 45°) + \dfrac{\sqrt{2}}{2}\cos(3t - 60°)\right]$V，$i = [10\sqrt{2}\cos t + 5\sqrt{2}\cos(2t - 45°)]$A。试求此电路对基波和二次谐波的输入阻抗，电路的端口电压有效值 U 及其吸收的有功功率。

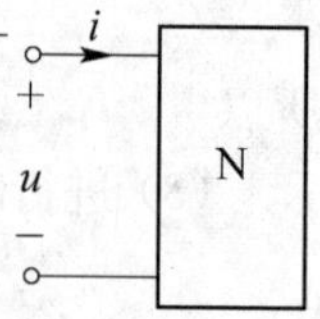

题图 11.17

解

基波分量 $u_1 = 2\sqrt{2}\cos(t-60^\circ)\text{ V}$，$i_1 = 10\sqrt{2}\cos t\text{ A}$，题图 11.17 电路对基波分量的输入阻抗$\dfrac{\dot{U}_1}{\dot{I}_1} = \dfrac{2\angle -60^\circ}{10}\ \Omega = (0.1 - \text{j}0.173\,2)\ \Omega$，为容性阻抗。

二次谐波分量 $u_2 = \sqrt{2}\cos(2t+45^\circ)\text{ V}$，$i_2 = 5\sqrt{2}\cos(2t-45^\circ)\text{ A}$，电路对二次谐波的输入阻抗$\dfrac{\dot{U}_2}{\dot{I}_2} = \dfrac{1\angle 45^\circ}{5\angle -45^\circ}\ \Omega = 0.2\angle 90^\circ\ \Omega = \text{j}0.2\ \Omega$，为电感阻抗。

端口电压有效值
$$U = \sqrt{2^2 + 1 + \frac{1}{2^2}}\ \text{V} \approx 2.29\ \text{V}$$

电路吸收的有功功率 $P = U_1 I_1 \cos(-60^\circ) + U_2 I_2 \cos(45^\circ + 45^\circ) = 10\text{ W}$

11.18　在题图 11.18 所示电路中，已知 $u_{S1} = 10\sqrt{2}\cos\omega t\text{ V}$，$R = 3\ \Omega$，$\omega L = 1/(\omega C) = 4\ \Omega$，$u_{S2} = 10\text{ V}$，试求各电表的示数。

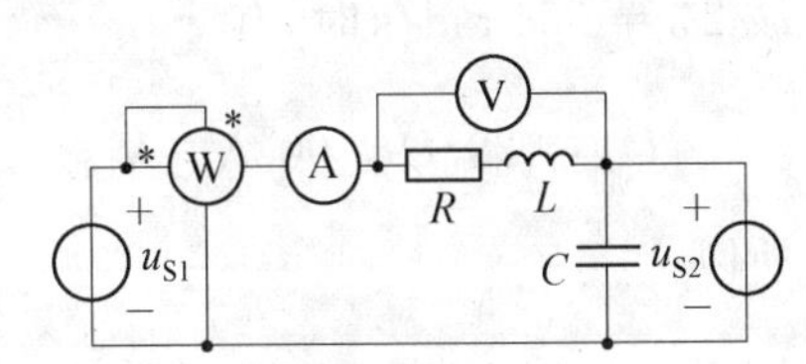

题图 11.18

解

在 u_{S2} 单独作用时，$U_0 = u_{S2} = 10\text{ V}$，$I_0 = \dfrac{U_0}{R} = \dfrac{10}{3}\text{ A}$

在 u_{S1} 单独作用时，

$$\dot{U}_1 = \dot{U}_{S1} = 10\angle 0^\circ\ \text{V},\ \dot{I}_1 = \frac{\dot{U}_1}{R + \text{j}X_L} = \frac{10\angle 0^\circ}{5\angle 53.1^\circ}\ \text{A} = 2\angle -53.1^\circ\ \text{A}$$

电流表、电压表的示数分别为

$$I = \sqrt{I_0^2 + I_1^2} = \sqrt{\left(\frac{10}{3}\right)^2 + 2^2}\ \text{A} = 3.89\ \text{A},$$
$$U = \sqrt{U_0^2 + U_1^2} = \sqrt{10^2 + 10^2}\ \text{V} = 14.14\ \text{V}$$

功率表的示数为　$P = U_{S1} I_1 \cos 53.1^\circ = 10 \times 2\cos 53.1^\circ\ \text{W} = 12\ \text{W}$

11.19　在题图 11.19 所示电路中，已知 $R = 6\ \Omega$，$L = 0.1\text{ H}$，$\omega = 377\text{ rad/s}$，输入电压为 $u_S = (0.318U_m + 0.500U_m\cos\omega t - 0.212U_m\sin 2\omega t - 0.042U_m\cos 4\omega t + \cdots)\text{ V}$，其中 $U_m = 200$。试求电路的总平均功率。

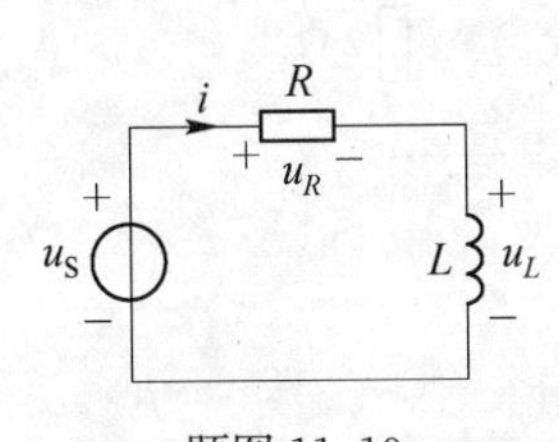

题图 11.19

解

对给定输入仅取前 3 项数据，并将正弦函数用余弦函数表示，代入 U_m 的值可得 $u_S = [63.6 + 100\cos\omega t - 42.4\cos(2\omega t - 90^\circ)]\text{ V}$。根据叠加定理，当输入为直流电压 $u_{S0} = 63.6\text{ V}$ 时，电感等效为短路，有

$$u_{R0} = 63.6\ \text{V},\ I_0 = u_{R0}/R = 10.6\ \text{A},\ u_{L0} = 0\ \text{V}$$

对应直流分量，电路吸收的平均功率为

$$P_0 = I_0^2 R = 10.6^2 \times 6\ \text{W} = 674.2\ \text{W}$$

当输入为交流电压 $u_{S1}=100\cos\omega t$ V，对应基波 $\omega=377$ rad/s 时，有

$$\dot{U}_1=70.71\angle 0^\circ\ \text{V},\ X_{L1}=\omega L=37.7\ \Omega,\ Z_1=(6+\text{j}37.7)\ \Omega=311.17\angle 80.96^\circ\ \Omega$$

所以

$$\dot{I}_1=\frac{\dot{U}_1}{Z_1}=1.85\angle -80.96^\circ\ \text{A},\ \dot{U}_{R1}=11.10\angle -80.96^\circ\ \text{V},\ \dot{U}_{L1}=69.75\angle 9.04^\circ\ \text{V}$$

对应基波分量电路吸收的平均功率为

$$P_1=I_1^2R=1.85^2\times 6\ \text{W}=20.54\ \text{W}$$

当输入为交流电压 $u_{S2}=-42.4\cos(2\omega t-90^\circ)$ V $=42.40\cos(2\omega t+90^\circ)$ V，对应二次谐波 $2\omega=754$ rad/s 时，有

$$\dot{U}_2=29.89\angle 90^\circ\ \text{V},\ X_{L2}=2\omega L=75.4\ \Omega,\ Z_2=(6+\text{j}75.4)\ \Omega=75.64\angle 85.45^\circ\ \Omega$$

所以

$$\dot{I}_2=\frac{\dot{U}_2}{Z_2}=0.396\angle 4.45^\circ\ \text{A},\ \dot{U}_{R2}=2.38\angle 4.45^\circ\ \text{V},\ \dot{U}_{L2}=29.93\angle 94.45^\circ\ \text{V}$$

对应二次谐波分量电路吸收的平均功率为

$$P_2=I_2^2R=0.396^2\times 6\ \text{W}=0.941\ \text{W}$$

电路吸收的总平均功率为

$$P=P_0+P_1+P_2=695.96\ \text{W}$$

11.20 在题图 11.20 所示电路中，$R_1=R_2=2\ \Omega$，$i_S=(5\sqrt{2}\sin 2t+3\sqrt{2}\cos t)$ A。试求功率表的示数。

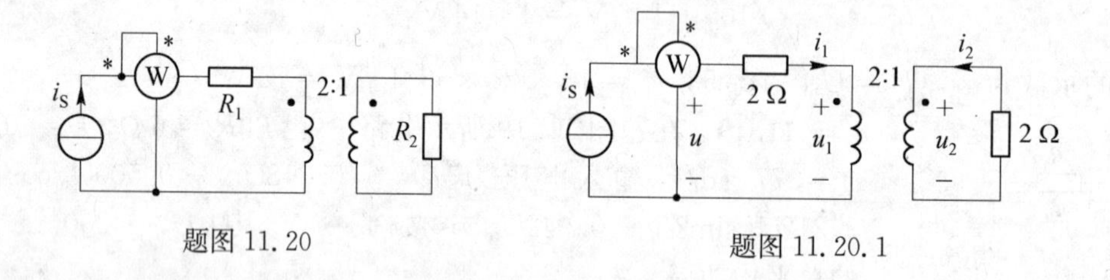

题图 11.20　　　　题图 11.20.1

解

题图 11.20 电路中标明电压电流参考方向如题图 11.20.1 所示，有

$$i_1=i_S,\ u_2=-2i_2,\ u_1=2u_2,\ i_2=-2i_1$$

所以
$$u_2=-2i_2=4i_1=4i_S=(20\sqrt{2}\sin 2t+12\sqrt{2}\cos t)\ \text{V}$$

由于 $u=2i_1+u_1=2i_S+8i_S=10i_S=(50\sqrt{2}\sin 2t+30\sqrt{2}\cos t)$ V，所以功率表的示数为

$$P=(50\times 5\times\cos 0^\circ+30\times 3\cos 0^\circ)\ \text{W}=340\ \text{W}$$

11.21 题图 11.21 所示电路中，已知 $u_{S1}=10\sqrt{2}\cos 2t$ V，$u_{S2}=5$ V，$R_1=R_2=1\ \Omega$，

$C=1\,\mathrm{F}$。试求功率表的示数。

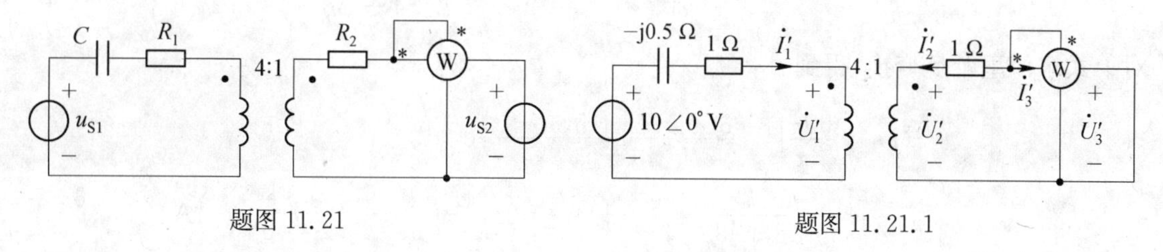

题图 11.21　　　　题图 11.21.1

解

利用叠加定理求解。u_{S1} 单独作用时的相量模型如题图 11.21.1 所示。显然 $\dot{U}_3'=0$，因此功率表测得的功率为零。

u_{S2} 单独作用时原边电容相当于开路，原边电流为零，从而副边电流也为零，因此功率表测得的功率为零。

由以上分析，可知功率表的示数为零。

傅里叶变换简介

11.22　试用傅里叶变换求题图 11.22(a)所示电路中的电流 i。其中理想电流源电流的波形如题图 11.22(b)所示。

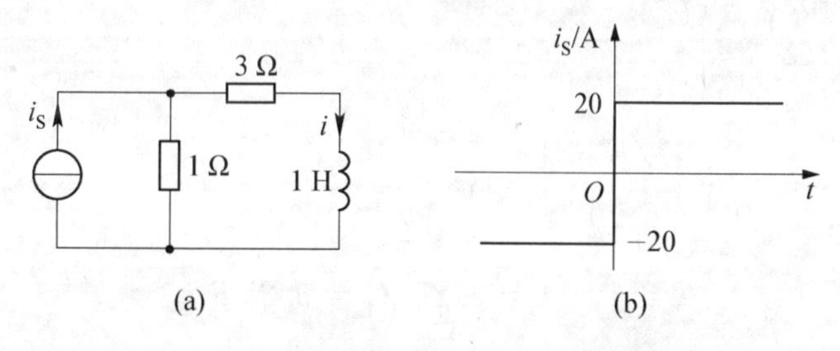

题图 11.22

解

理想电流源电流 i_S 可表示为 $i_S=[40\varepsilon(t)-20]$ A，其傅里叶变换为

$$I_S(j\omega)=\mathscr{F}[40\varepsilon(t)]-\mathscr{F}[20]=40\pi\delta(\omega)+40/(j\omega)-40\pi\delta(\omega)=40/(j\omega)$$

由分流公式可得电流 i 的频谱函数为

$$I(j\omega)=\frac{1}{1+3+j\omega}I_S(j\omega)=\frac{40}{j\omega(4+j\omega)}=\frac{10}{j\omega}-\frac{10}{4+j\omega}$$

对上式求傅里叶反变换，得到

$$i(t)=[10(1-e^{-4t})\varepsilon(t)-5]\ \mathrm{A}$$

11.23　在题图 11.22(a)所示电路中，设 $i_S=50\cos 3t$ A，试用傅里叶变换求电流 i。

解

理想电流源电流 i_S 的傅里叶变换为

$$I_S(j\omega)=50\pi[\delta(\omega-3)+\delta(\omega+3)]$$

由分流公式可得电流 i 的频谱函数为

$$I(\mathrm{j}\omega)=\frac{1}{4+\mathrm{j}\omega}I_{\mathrm{S}}(\mathrm{j}\omega)=50\pi\frac{\delta(\omega-3)+\delta(\omega+3)}{4+\mathrm{j}\omega}$$

对上式求傅里叶反变换，得到

$$\begin{aligned}i(t)&=\frac{50\pi}{2\pi}\int_{-\infty}^{\infty}\frac{\delta(\omega-3)+\delta(\omega+3)}{4+\mathrm{j}\omega}\mathrm{e}^{\mathrm{j}\omega t}\mathrm{d}\omega\\&=25\left(\frac{\mathrm{e}^{\mathrm{j}3t}}{4+\mathrm{j}3}+\frac{\mathrm{e}^{-\mathrm{j}3t}}{4-\mathrm{j}3}\right)\mathrm{A}=25\left(\frac{\mathrm{e}^{\mathrm{j}3t}\mathrm{e}^{-\mathrm{j}36.87^\circ}}{5}+\frac{\mathrm{e}^{-\mathrm{j}3t}\mathrm{e}^{\mathrm{j}36.87^\circ}}{5}\right)\mathrm{A}\\&=5[2\cos(3t-36.87^\circ)]\,\mathrm{A}=10\cos(3t-36.87^\circ)\,\mathrm{A}\end{aligned}$$

综合

11.24 已知 RLC 串联电路端口电压为 $u_{\mathrm{S}}=(40\cos 2t+40\cos 4t)$ V，电流为 $i=[10\cos 2t+8\cos(4t-\varphi)]$ A，试求 φ 的大小。

解

由题意可知，当 $\omega=2$ rad/s 时，RLC 串联电路发生谐振，且 $R=40/10\ \Omega=4\ \Omega$，$1/\sqrt{LC}=2$。由 RLC 串联电路端口 VCR 可知

$$\frac{\dot{U}_{\mathrm{S}}}{\dot{I}}=R+\mathrm{j}[\omega L-1/(\omega C)]=\sqrt{R^2+[\omega L-1/(\omega C)]^2}\angle\arctan\frac{\omega L-1/(\omega C)}{R}$$

当 $\omega=4$ rad/s 时，得到

$$\sqrt{R^2+[4L-1/(4C)]^2}=40/8=5$$

解得

$$L=1\ \mathrm{H},\ C=0.25\ \mathrm{F}$$

φ 的大小为

$$\varphi=\arctan\frac{4L-1/(4C)}{R}=\arctan\frac{3}{4}=36.9^\circ$$

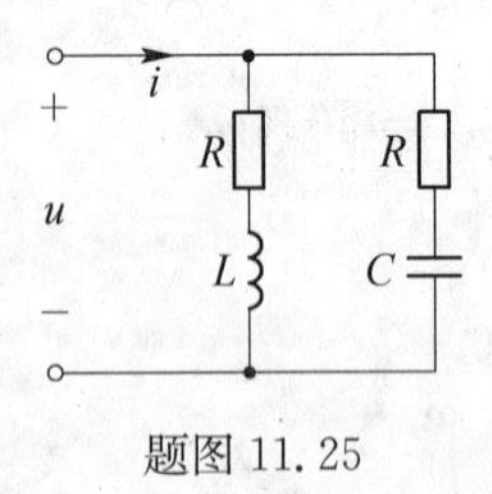

题图 11.25

11.25 如题图 11.25 所示电路，u、i 均为非正弦周期波，要求电路对各次电压、电流谐波均同相，试求电路参数应满足的关系。

解

电路端口阻抗 $Z=\dfrac{\left(R^2+\dfrac{L}{C}\right)+\mathrm{j}\left(\omega LR-\dfrac{R}{\omega C}\right)}{2R+\mathrm{j}\left(\omega L-\dfrac{1}{\omega C}\right)}$。由题意可知分母辐角和分子辐角必须相等，这两角的正切亦必相等，即

$$\frac{\left(\omega L-\frac{1}{\omega C}\right)R}{R^2+L/C}=\frac{\omega L-\frac{1}{\omega C}}{2R}$$

解得
$$R=\sqrt{L/C}$$

11.26 电源抗干扰电路 为了去除或减少干扰对电路的影响，可在电路中接入合适的抗干扰电路。如题图 11.26 所示就是一种非常实用的直流电源抗干扰电路，它可对混入电路中

的高频干扰进行抑制，从而保证电路中器件正常地工作。假设 $U_S = 15\text{ V}$，电源内阻 $R_S = 50\ \Omega$，$L_1 = L_2 = 0.1\text{ H}$，$C_1 = C_2 = 10^{-4}\text{ F}$，试画出转移电压比 $\dot{U}_o/\dot{U}_S$ 的频率响应曲线。假设在电源中混入角频率 10^4 rad/s、振幅为 300 mV 的干扰电压，试求输出电压。

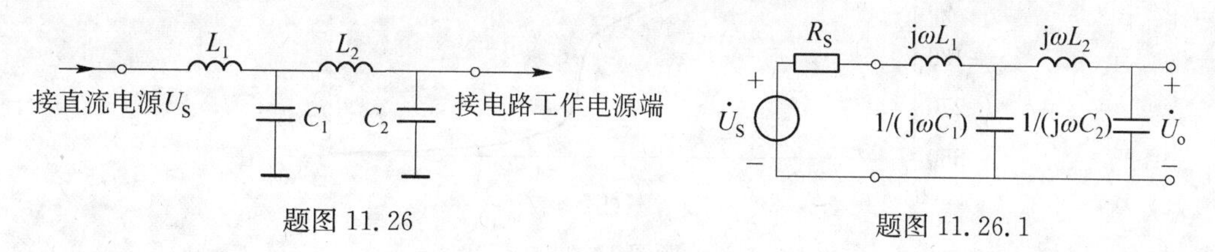

题图 11.26　　　　题图 11.26.1

解

作出如题图 11.26.1 所示的相量模型，转移电压比 $\dot{U}_o/\dot{U}_S$ 为

$$\frac{\dot{U}_o}{\dot{U}_S} = \frac{\frac{1}{j\omega C_1} \mathbin{/\!/} \left(j\omega L_2 + \frac{1}{j\omega C_2}\right)}{R_S + j\omega L_1 + \frac{1}{j\omega C_1} \mathbin{/\!/} \left(j\omega L_2 + \frac{1}{j\omega C_2}\right)} \times \frac{\frac{1}{j\omega C_2}}{j\omega L_2 + \frac{1}{j\omega C_2}}$$

$$= \frac{1}{L_1L_2C_1C_2\omega^4 - [L_1(C_1+C_2)+L_2C_2]\omega^2 + 1 + jR_S[(C_1+C_2)\omega - L_2C_1C_2\omega^3]}$$

将已知参数代入，得

$$\frac{\dot{U}_o}{\dot{U}_S} = \frac{1}{10^{-10}\omega^4 - 3\times10^{-5}\omega^2 + 1 + j(10^{-2}\omega - 5\times10^{-8}\omega^3)}$$

其幅频特性和相频特性分别可表示为

$$\begin{cases} \left|\dfrac{\dot{U}_o}{\dot{U}_S}\right| = \dfrac{1}{\sqrt{(10^{-10}\omega^4 - 3\times10^{-5}\omega^2+1)^2 + (10^{-2}\omega - 5\times10^{-8}\omega^3)^2}} \\ \angle\dfrac{\dot{U}_o}{\dot{U}_S} = -\arctan\dfrac{10^{-2}\omega - 5\times10^{-8}\omega^3}{10^{-10}\omega^4 - 3\times10^{-5}\omega^2+1} \end{cases}$$

由上式可画出频率响应曲线如题图 11.26.2 所示（Bode 图），图中横坐标频率取对数刻度，以覆盖较宽范围的频率，幅频特性采用分贝为单位。

当 U_S 取 $U_{S1} = 15\text{ V}$ 时，由上述幅频特性可知，输出电压 $u_{o1} = 15\text{ V}$。假设干扰电压可表示为

$$u_{S2} = 0.3\cos 10\,000t\ \text{V}$$

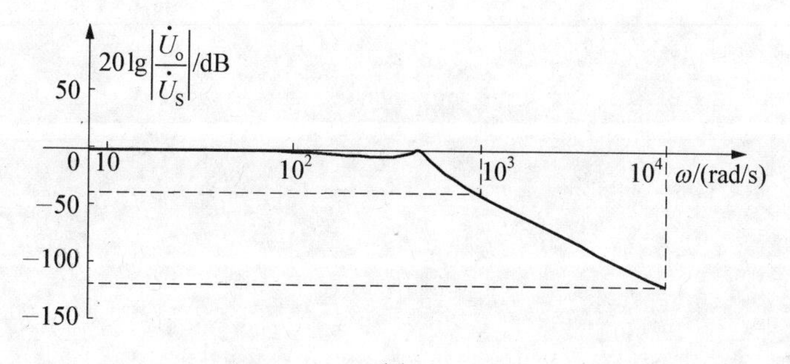

(a)

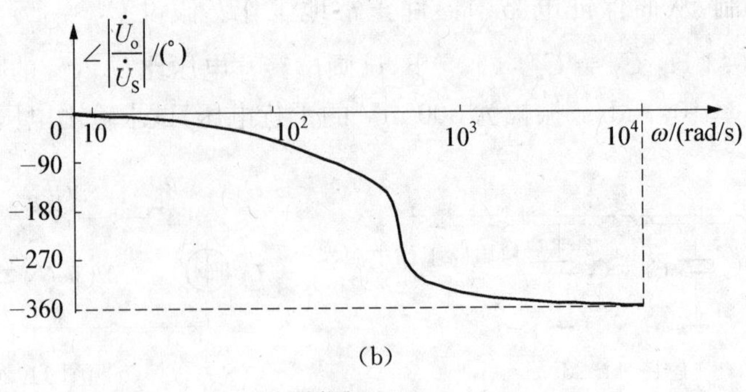

(b)

题图 11.26.2

则其在输出端的电压响应为

$$u_{o2}=0.3\left|\frac{\dot{U}_o}{\dot{U}_S}\right|_{\omega=10^4}\cos\left(10\,000t+\angle\frac{\dot{U}_o}{\dot{U}_S}\bigg|_{\omega=10^4}\right)\text{V}$$

计算得到

$$u_{o2}=3\times10^{-7}\cos(10\,000t-357.13^\circ)\ \text{V}=3\times10^{-7}\cos(10\,000t+2.87^\circ)\ \text{V}$$

运用叠加定理可得,如果在电源中混入角频率 10^4 rad/s、振幅为 300 mV 的干扰电压,则输出电压为

$$u_o=u_{o1}+u_{o2}=[15+3\times10^{-7}\cos(10\,000t+2.87^\circ)]\ \text{V}$$

由上式可见,由于对角频率 10^4 rad/s 的干扰电压衰减幅度达 120 dB,在输出端的电压分量中,完全可以忽略干扰电压所造成的影响。

12 动态电路的复频域分析

12.1 教学要求

(1) 掌握拉普拉斯变换的定义、性质。能够根据定义计算一些常用时间函数的拉氏变换。

(2) 熟练掌握拉普拉斯反变换。用部分分式展开法计算只有单极点和具有多重极点有理函数的拉普拉斯反变换。

(3) 掌握电路定律和电路元件 VCR 的复频域形式,熟练掌握运用拉氏变换分析动态电路。

(4) 掌握复频率网络函数的定义和分类、网络函数的零、极点及网络函数与冲激响应、正弦稳态响应的关系。

12.2 重点和难点

本章主要从复频域讨论动态电路的响应过程。重点是掌握利用拉氏变换分析二阶及二阶以上高阶动态电路,求解电路的网络函数。

(1) 应用复频域分析法的关键是正确画出动态电路的复频域电路。对动态元件应正确写出广义阻抗或导纳,不能遗漏动态元件原始值所对应的附加电源,且方向不能搞错。

对复频域电路模型,其电路方程为代数方程,因此可用线性电阻电路分析的一般方法进行分析,分析方法具有多样性,这使得复频域分析法也成为本章的一个难点。

(2) 网络函数是电路理论中的重要概念,应熟练掌握。计算网络函数的步骤可总结如下:①将电路的激励变换成象函数,画出复频域电路模型;②求出响应的象函数;③求响应的象函数和激励的象函数之比。

12.3 典型例题

例 12.1 如例图 12.1(a)所示电路,开关 S 在 $t=0$ 时闭合,S闭合前电路处于稳定状态。已知 $i_S=10\,\mathrm{A}$, $C_1=0.3\,\mathrm{F}$, $C_2=0.2\,\mathrm{F}$, $R_1=1/2\,\Omega$, $R_2=1/3\,\Omega$,试求 $t\geqslant 0$ 时的 u_C 和 i_{C1}、i_{C2}。

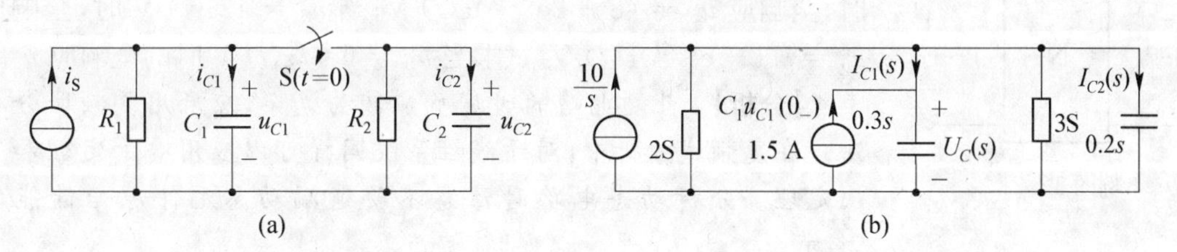

例图 12.1

【分析】 此题电路的时域响应较为复杂，应采用复频域分析法。采用复频域分析的关键是正确作出 s 域模型。

【解】 由于开关S闭合前电路处于稳定状态，可求得 $u_{C1}(0_-)=5\ \text{V}$，$u_{C2}(0_-)=0\ \text{V}$。复频域模型如例图 12.1(b)所示。根据 KCL 求得电路的节点方程

$$(5+0.5s)U_C(s)=\frac{10}{s}+1.5$$

整理成

$$U_C(s)=\frac{3s+20}{s(s+10)}=\frac{K_1}{s}+\frac{K_2}{s+10}$$

求得待定常数 $K_1=2$，$K_2=1$，解得象函数

$$U_C(s)=\frac{2}{s}+\frac{1}{s+10}$$

由电容 VCR 的复频域形式可得 i_{C1} 的象函数

$$I_{C1}(s)=sC_1U_C(s)-C_1u_{C1}(0_-)=0.3s\times\frac{3s+20}{s(s+10)}-1.5$$
$$=\frac{-0.6s^2-9s}{s(s+10)}=-0.6-\frac{3}{s+10}$$

类似地，求得 i_{C2} 的象函数

$$I_{C2}(s)=0.6-\frac{2}{s+10}$$

分别对 $U_C(s)$、$I_{C1}(s)$ 和 $I_{C2}(s)$ 进行反变换求得原函数

$$u_C=\mathscr{L}^{-1}[U_C(s)]=(2+\mathrm{e}^{-10t})\varepsilon(t)\ \text{V}$$
$$i_{C1}=\mathscr{L}^{-1}[I_{C1}(s)]=[-0.6\delta(t)-3\mathrm{e}^{-10t}\varepsilon(t)]\ \text{A}$$
$$i_{C2}=\mathscr{L}^{-1}[I_{C2}(s)]=[0.6\delta(t)-2\mathrm{e}^{-10t}\varepsilon(t)]\ \text{A}$$

本例中两电容电压在 $t=0$ 时发生强迫跳变，由 $t=0_-$ 时的 $u_{C1}(0_-)=5\ \text{V}$，$u_{C2}(0_-)=0\ \text{V}$，跳变到 $t=0_+$ 时的 $u_{C1}(0_+)=u_{C2}(0_+)=3\ \text{V}$。这是由于在 $t=0$ 时开关S的闭合，使电路结构发生突变，使电容中出现冲激电流而产生的结果。但在以上计算过程中并没有特别考虑是否发生电容电压的强迫跳变，这是因为复频域分析方法使用的是 $t=0_-$ 时刻的原始值，而不是 $t=0_+$ 时刻的初始值。因此，在分析含有电容电压和电感电流发生强迫跳变的电路时，复频域分析方法要比时域分析方法方便。

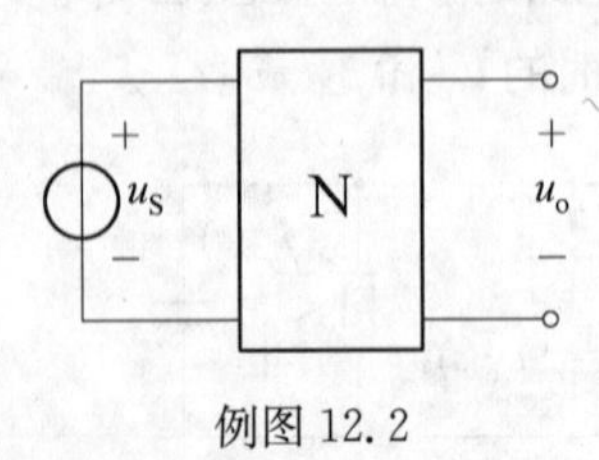

例图 12.2

例 12.2 如例图 12.2 所示二端口电路，已知当 $u_S=6\varepsilon(t)\ \text{V}$ 时，全响应 $u_o=(8+2\mathrm{e}^{-0.2t})\varepsilon(t)\ \text{V}$；当 $u_S=12\varepsilon(t)\ \text{V}$ 时，全响应 $u_o=(11-\mathrm{e}^{-0.2t})\varepsilon(t)\ \text{V}$。试求当 $u_S=6\mathrm{e}^{-5t}\varepsilon(t)\ \text{V}$ 时的全响应 u_o。

【分析】 此题电路的时域响应较为复杂，应采用复频域分析法。在复频域分析中，对于线性系统同样可以应用叠加定理和齐次定理。分析动态电路时注意不要遗漏动态元件原始储能的影响。

【解】　对例图 12.2 所示电路，在复频域中，根据叠加定理和齐次性定理，全响应的一般表达式可以写为

$$U_o(s)=U'_o(s)+U''_o(s)=U'_o(s)+H(s)U_S(s)$$

式中：$U'_o(s)$是仅由二端口电路内部电源及原始储能作用所产生的响应分量；$U''_o(s)$则是仅由$U_S(s)$单独作用，而二端口电路内部电源及原始储能都置零，即“双零”时产生的响应分量，如例图 12.2.1 所示。

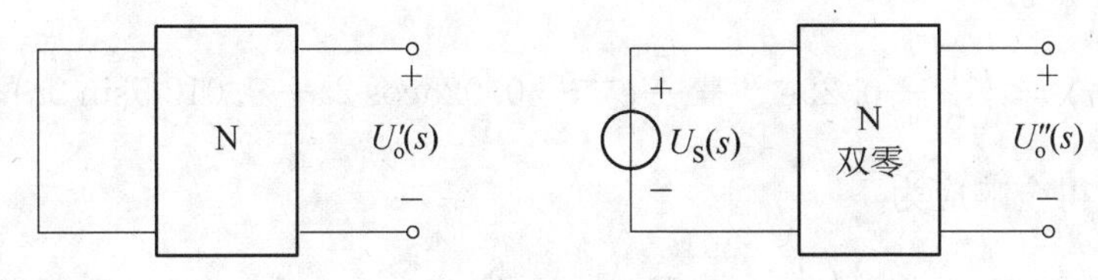

例图 12.2.1

将激励及响应的象函数代入上式得

$$\begin{cases}\dfrac{8}{s}+\dfrac{2}{s+0.2}=U'_o(s)+H(s)\times\dfrac{6}{s}\\ \dfrac{11}{s}-\dfrac{1}{s+0.2}=U'_o(s)+H(s)\times\dfrac{12}{s}\end{cases}$$

解得
$$H(s)=\frac{0.1}{s+0.2},\ U'_o(s)=\frac{10s+1}{s(s+0.2)}$$

当 $u_S=6e^{-5t}\varepsilon(t)$ V 时，即 $U_S(s)=\dfrac{6}{s+5}$ 时，响应象函数

$$U_o(s)=U'_o(s)+H(s)\times\frac{6}{s+5}=\frac{5}{s}+\frac{5.125}{s+0.2}-\frac{0.125}{s+5}$$

拉氏反变换得

$$u_o(t)=\mathscr{L}^{-1}[U_o(s)]=(5+5.125e^{-0.2t}-0.125e^{-5t})\varepsilon(t)\ \text{V}$$

例 12.3　已知例图 12.3 所示电路中 N 为线性无源网络，该网络的网络函数 $H(s)=\dfrac{U_2(s)}{U_1(s)}=\dfrac{1}{(s+2)(s+3)}$，若 $u_2(0_+)=0$，$\dfrac{du_2(t)}{dt}\Big|_{t=0_+}=1$，求 $u_1(t)=(1+\sin 2t)\varepsilon(t)$ V 时的全响应 $u_2(t)$。

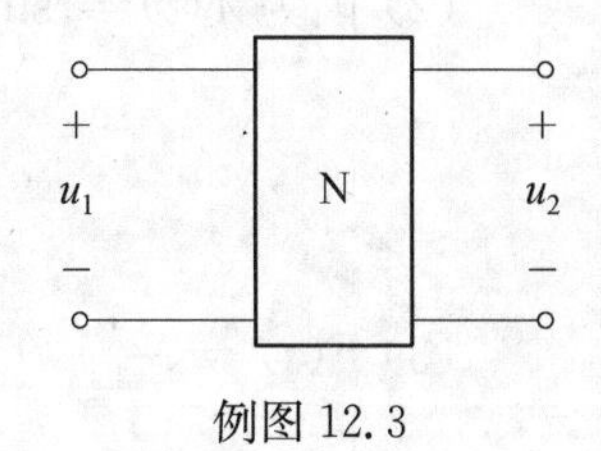

例图 12.3

【分析】　由网络函数的极点，对应网络系统的特征根 λ_1 和 λ_2，得出网络零输入响应的表达式，再由初始值定出表达式的待定常数。利用网络函数 $H(s)$和激励 $U_1(s)$的关系，求出零状态响应，最后由叠加定理得出全响应。

【解】　网络系统的特征根为 $\lambda_1=-2$，$\lambda_2=-3$，零输入响应可表示为

$$u_{zi}=A_1e^{\lambda_1 t}+A_2e^{\lambda_2 t}$$

由 $u_2(0_+)=0$，$\dfrac{du_2(t)}{dt}\Big|_{t=0_+}=1$，代入上式得出 $A_1=1$，$A_2=-1$。因此零输入响应为

$$u_{zi}(t)=(e^{-2t}-e^{-3t})\varepsilon(t)$$

而

$$U_1(s)=\frac{1}{s}+\frac{2}{s^2+4}$$

零状态响应的象函数为

$$U_{zs}(s)=U_1(s)H(s)=\frac{1}{6s}-\frac{1}{4(s+2)}+\frac{7}{39(s+3)}-\frac{s}{40(s^2+4)}+\frac{2}{80(s^2+4)}$$

求拉氏反变换，得

$$u_{zs}(t)=\left(\frac{1}{6}-0.25\mathrm{e}^{-2t}-\frac{7}{39}\mathrm{e}^{-3t}-0.025\cos 2t+0.012\,5\sin 2t\right)\varepsilon(t)\ \mathrm{V}$$

由叠加定理，得全响应为

$$u_2(t)=u_{zi}(t)+u_{zs}(t)=\left(\frac{1}{6}+0.75\mathrm{e}^{-2t}-\frac{46}{39}\mathrm{e}^{-3t}-0.025\cos 2t+0.012\,5\sin 2t\right)\varepsilon(t)\ \mathrm{V}$$

12.4 习题选解

拉普拉斯变换及其性质

12.1 试求下列各函数的象函数。

(1) $f(t)=1-\mathrm{e}^{-2t}$　　(2) $f(t)=\sin(2t+45^\circ)$

(3) $f(t)=\mathrm{e}^{-t}(1-2t)$　　(4) $f(t)=1-2t$

(5) $f(t)=t^2$　　(6) $f(t)=t+2+3\delta(t)$

(7) $f(t)=t\cos 2t$　　(8) $f(t)=\mathrm{e}^{-t}+2t-1$

解

(1) $F(s)=\dfrac{1}{s}-\dfrac{1}{s+2}=\dfrac{2}{s(s+2)}$

(2) 因为 $f(t)=\sin(2t+45^\circ)=\dfrac{\sqrt{2}}{2}(\sin 2t+\cos 2t)$，所以

$$F(s)=\frac{\sqrt{2}}{2}\left(\frac{2}{s^2+2^2}+\frac{s}{s^2+2^2}\right)=\frac{s+2}{\sqrt{2}(s^2+4)}$$

(3) $F(s)=\dfrac{1}{s+1}-\dfrac{2}{(s+1)^2}=\dfrac{s-1}{(s+1)^2}$

(4) $F(s)=\dfrac{1}{s}-\dfrac{1}{s^2}=\dfrac{s-1}{s^2}$

(5) $F(s)=\dfrac{2}{s^3}$

(6) $F(s)=\dfrac{1}{s^2}+\dfrac{2}{s}+3=\dfrac{3s^2+2s+1}{s^2}$

(7) $F(s)=\mathscr{L}[t\cos 2t]=\mathscr{L}\left[\dfrac{1}{2}t(\mathrm{e}^{\mathrm{j}2t}+\mathrm{e}^{-\mathrm{j}2t})\right]$

$$=\frac{1}{2}\left[\frac{1}{(s-\mathrm{j}2)^2}+\frac{1}{(s+\mathrm{j}2)^2}\right]=\frac{s^2-4}{(s^2+4)^2}$$

(8) $F(s)=\frac{1}{s+1}+\frac{2}{s^2}-\frac{1}{s}=\frac{s+2}{s^2(s+1)}$

12.2 $f(t)$的波形如题图 12.2 所示，试求象函数。

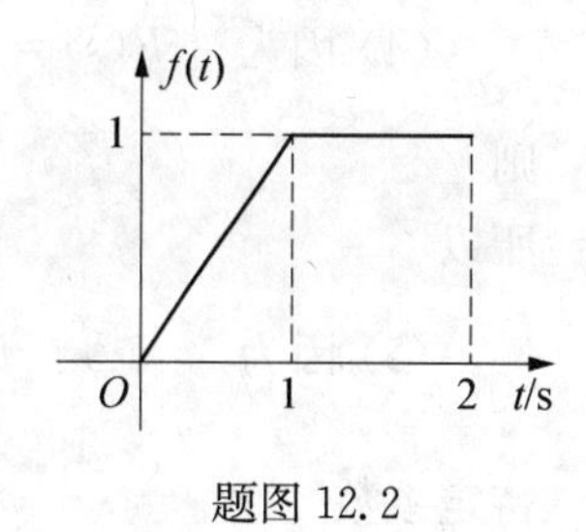

题图 12.2

解

$$
\begin{aligned}
f(t)&=t\varepsilon(t)-t\varepsilon(t-1)+\varepsilon(t-1)-\varepsilon(t-2)\\
&=t\varepsilon(t)-(t-1)\varepsilon(t-1)-\varepsilon(t-2)
\end{aligned}
$$

由拉氏变换的线性性质和时移性质，可得

$$F(s)=\frac{1}{s^2}-\frac{1}{s^2}e^{-s}-\frac{1}{s}e^{-2s}$$

拉普拉斯反变换

12.3 试求下列各象函数的原函数。

(1) $\frac{(s+1)(s+3)}{s(s+2)(s+4)}$　　(2) $\frac{2s^2+16}{(s^2+5s+6)(s+12)}$

(3) $\frac{2s^2+9s+9}{s^2+3s+2}$　　(4) $\frac{s^3}{(s^2+3s+2)s}$

(5) $\frac{4s^2+7s+1}{s(s+1)^2}$　　(6) $\frac{s+2}{s^3+2s^2+2s}$

解

(1) 由部分分式展开法

$$F(s)=\frac{(s+1)(s+3)}{s(s+2)(s+4)}=\frac{K_1}{s}+\frac{K_2}{s+2}+\frac{K_3}{s+4}$$

则待定系数为

$$K_1=[sF(s)]_{s=0}=\left.\frac{(s+1)(s+3)}{(s+2)(s+4)}\right|_{s=0}=\frac{3}{8}$$

$$K_1=[(s+2)F(s)]_{s=-2}=\left.\frac{(s+1)(s+3)}{s(s+4)}\right|_{s=-2}=\frac{1}{4}$$

$$K_1=[(s+4)F(s)]_{s=-4}=\left.\frac{(s+1)(s+3)}{s(s+2)}\right|_{s=-4}=\frac{3}{8}$$

所以，原函数为

$$f(t)=\frac{1}{8}(3+2e^{-2t}+3e^{-4t})\varepsilon(t)$$

(2) 因为　$F(s)=\frac{2s^2+16}{(s^2+5s+6)(s+12)}=\frac{K_1}{s+2}+\frac{K_2}{s+3}+\frac{K_3}{s+12}$

则　$K_1=\frac{12}{5},\ K_2=-\frac{34}{9},\ K_2=\frac{152}{45}$

所以　$f(t)=\left(\frac{12}{5}e^{-2t}-\frac{34}{9}e^{-3t}+\frac{152}{45}e^{-12t}\right)\varepsilon(t)$

(3) 因为　$F(s)=\frac{2s^2+9s+9}{s^2+3s+2}=2+\frac{3s+5}{s^2+3s+2}=2+\frac{K_1}{s+1}+\frac{K_2}{s+2}$

则　$K_1=2,\ K_2=1$

所以
$$f(t)=2\delta(t)+(2\mathrm{e}^{-t}+\mathrm{e}^{-2t})\varepsilon(t)$$

(4) 因为
$$F(s)=\frac{s^3}{(s^2+3s+2)s}=\frac{s^2}{s^2+3s+2}=1-\frac{3s+2}{(s+1)(s+2)}=1-\frac{K_1}{s+1}-\frac{K_2}{s+2}$$

则
$$K_1=-1,\ K_2=4$$

所以
$$f(t)=\delta(t)+(\mathrm{e}^{-t}-4\mathrm{e}^{-2t})\varepsilon(t)$$

(5) 因为
$$F(s)=\frac{4s^2+7s+1}{s(s+1)^2}=\frac{K_1}{s}+\frac{K_2}{s+1}+\frac{K_3}{(s+1)^2}$$

待定系数
$$K_1=s\,\frac{4s^2+7s+1}{s(s+1)^2}\bigg|_{s=0}=1,\ K_3=(s+1)^2\,\frac{4s^2+7s+1}{s(s+1)^2}\bigg|_{s=-1}=2$$

$$K_2=\frac{\mathrm{d}}{\mathrm{d}s}\left[(s+1)^2\,\frac{4s^2+7s+1}{s(s+1)^2}\right]\bigg|_{s=-1}=\frac{\mathrm{d}}{\mathrm{d}s}\left[4s+7+\frac{1}{s}\right]\bigg|_{s=-1}=\left[4-\frac{1}{s^2}\right]_{s=-1}=3$$

所以
$$f(t)=(1+3\mathrm{e}^{-t}+2t\mathrm{e}^{-t})\varepsilon(t)$$

(6)
$$F(s)=\frac{s+2}{s^3+2s^2+2s}=\frac{1}{s}-\frac{0.5}{s+1-\mathrm{j}}-\frac{0.5}{s+1+\mathrm{j}}=\frac{1}{s}-\frac{s+1}{(s+1)^2+1}$$

所以
$$f(t)=(1-\mathrm{e}^{-t}\cos t)\varepsilon(t)$$

基尔霍夫定律及电路元件 VCR 的复频域形式

12.4 如题图 12.4 所示电路，开关 S 在 $t=0$ 时打开，S 打开前电路处于稳定状态。已知 $C=0.1\ \mathrm{F}$，$G=100\ \mathrm{S}$，$i_{\mathrm{S}}=4\cos 1\,000t\ \mathrm{A}$，试作出复频域模型。

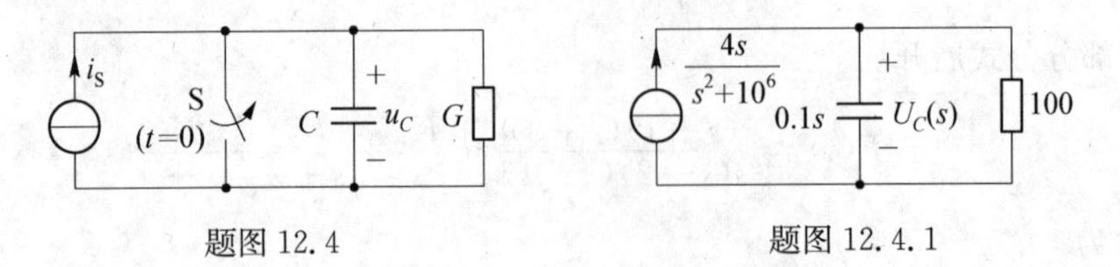

题图 12.4　　　　题图 12.4.1

解

由于开关 S 打开前电路处于稳定状态，可求得 $u_C(0_-)=0$。又 $I_{\mathrm{S}}(s)=\mathscr{L}[4\cos 1\,000t]=\frac{4s}{s^2+10^6}$。复频域模型如题图 12.4.1 所示，其中 $0.1s$ 为电容的容纳，100 为电阻电导。

12.5 在题图 12.5 所示电路中，开关 S 在 $t=0$ 时断开，S 断开前电路处稳定状态。已知 $R_1=30\ \Omega$，$R_2=5\ \Omega$，$L=0.2\ \mathrm{H}$，$C=0.1\ \mathrm{F}$，$u_{\mathrm{S}}=70\ \mathrm{V}$。试作出复频域模型。

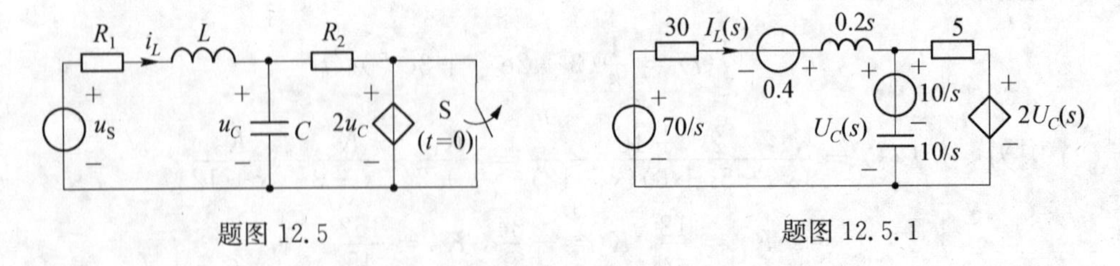

题图 12.5　　　　题图 12.5.1

解

由于开关 S 断开前电路处于稳定状态，可求得电路原始状态 $i_L(0_-)=2\ \mathrm{A}$，$u_C(0_-)=10\ \mathrm{V}$。又 $U_{\mathrm{S}}(s)=70/s$。复频域模型如题图 12.5.1 所示，其中电感、电容均采用戴维南模型，其中电感的附加理想电压源电压为 $Li_L(0_-)=0.4\ \mathrm{V}$，电容的附加理想电压源电压为 $u_C(0_-)/s=10/s$，方向如题图所示。

线性非时变动态电路的复频域分析

12.6 已知题图 12.6(a)中 $R_1=1\,\Omega$, $R_2=4\,\Omega$, $L=2\,\text{H}$, $C=3\,\text{F}$;题图 12.6(b) 中 $R=1\,\Omega$, $L=0.5\,\text{H}$, $C=1\,\text{F}$。试分别求输入端等效阻抗或等效导纳。

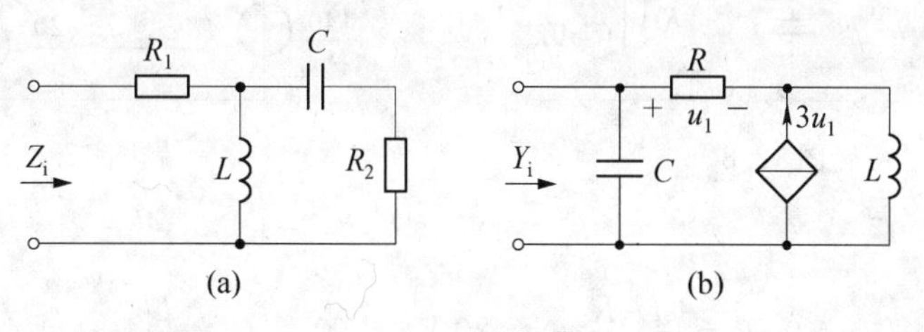

题图 12.6

解

(a) 由电路的复频域模型(略),根据串、并联等效,求得端口等效阻抗

$$Z_i(s)=1+\frac{2s[4+1/(3s)]}{2s+4+1/(3s)}=1+\frac{24s^2+2s}{6s^2+12s+1}=\frac{30s^2+14s+1}{6s^2+12s+1}$$

(b) 求题图 12.6(b)电路等效导纳的复频域模型如题图 12.6.1 所示,在端口加理想电流源,有节点方程

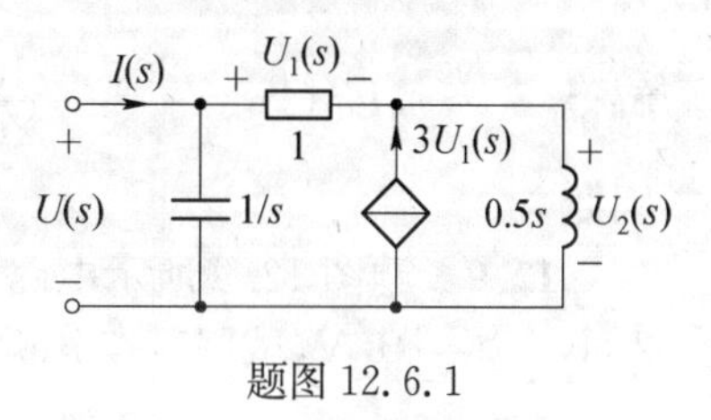

题图 12.6.1

$$\begin{cases}(1+s)U(s)-U_2(s)=I(s)\\ -U(s)+[1+1/(0.5s)]U_2(s)=3U_1(s)=\\ 3[U(s)-U_2(s)]\end{cases}$$

由第二式解得 $U_2(s)=\dfrac{2s}{2s+1}\times U(s)$,代入第一式得

$$\left(s+1-\frac{2s}{2s+1}\right)U(s)=I(s)$$

所以等效导纳为

$$Y_i(s)=\frac{I(s)}{U(s)}=\frac{2s^2+s+1}{2s+1}$$

12.7 试用阻抗(或导纳)串联或并联的方法求题图 12.7 所示电路的驱动点阻抗 $Z(s)$和驱动点导纳 $Y(s)$。

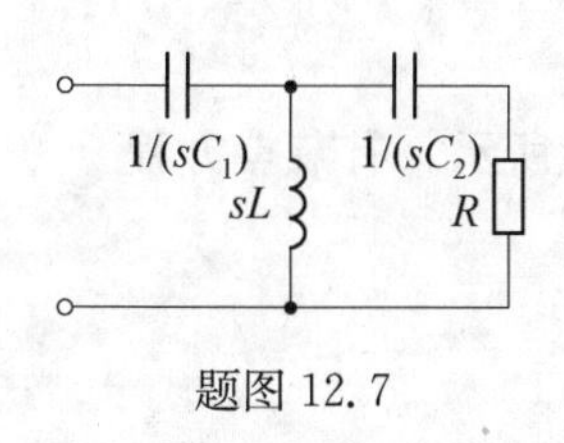

题图 12.7

解

$$Z(s)=\frac{1}{sC_1}+\cfrac{1}{\cfrac{1}{sL}+\cfrac{1}{R+\cfrac{1}{sC_2}}}$$

$$=\frac{s^3RC_1C_2L+s^2L(C_1+C_2)+sRC_2+1}{s^3C_1C_2L+s^2RC_1C_2+sC_1}$$

$$Y(s)=\frac{1}{Z(s)}=\frac{s^3C_1C_2L+s^2RC_1C_2+sC_1}{s^3RC_1C_2L+s^2L(C_1+C_2)+sRC_2+1}$$

12.8 题图 12.8 所示电路, $R_1=30\,\Omega$, $R_2=R_3=5\,\Omega$, $C=10^{-3}\,\text{F}$, $L=0.1\,\text{H}$, $U_S=140\,\text{V}$,在开关 S 动作前电路已达稳态。当 $t=0$ 时 S 断开,试求电压 u_C。

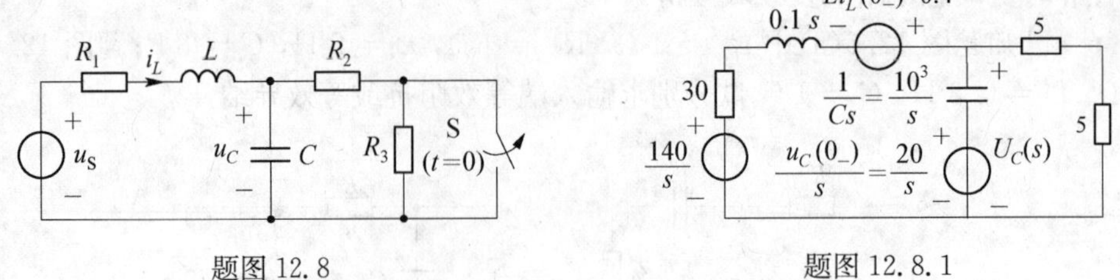

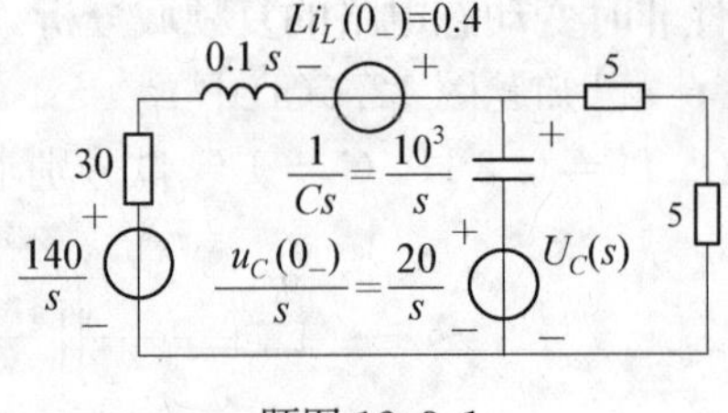

题图 12.8　　　　　　　　题图 12.8.1

解

$$u_C(0_-)=\frac{U_\mathrm{S}R_2}{R_1+R_2}=20\ \mathrm{V},\ i_L(0_-)=\frac{U_\mathrm{S}}{R_1+R_2}=4\ \mathrm{A}$$

题图 12.8 电路的复频域模型如题图 12.8.1 所示，有节点方程

$$\left(\frac{1}{0.1s+30}+\frac{s}{10^3}+\frac{1}{10}\right)U_C(s)=\frac{0.4+\frac{140}{s}}{0.1s+30}+\frac{\frac{20}{s}}{\frac{10^3}{s}}$$

解得
$$U_C(s)=\frac{20s^2+10\,000s+14\times10^5}{s(s+200)^2}=\frac{35}{s}-\frac{15}{s+200}-\frac{1\,000}{(s+200)^2}$$

因此
$$u_C=[35-(1\,000t+15)\mathrm{e}^{-200t}]\varepsilon(t)\ \mathrm{V}$$

12.9　题图 12.9 所示电路在 $t=0$ 时开关 S 闭合，$R_1=R_2=R_3=1\ \Omega$，$L_1=1\ \mathrm{H}$，$L_2=2\ \mathrm{H}$，$U_\mathrm{S}=10\ \mathrm{V}$，试用节点分析法求 i。

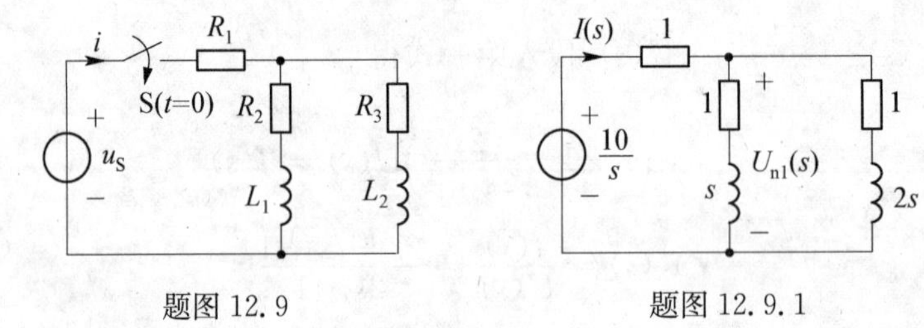

题图 12.9　　　　　　　　题图 12.9.1

解

题图 12.9 所示电路的原始状态为零，其复频域模型如题图 12.9.1 所示。有节点方程

$$\left(1+\frac{1}{s+1}+\frac{1}{2s+1}\right)U_{\mathrm{n}1}(s)=\frac{1}{s}$$

解得

$$U_{\mathrm{n}1}(s)=\frac{10(2s+1)(s+1)}{s(2s^2+6s+3)}$$

故有

$$\begin{aligned}I(s)&=\frac{1}{R_1}\times\left[\frac{10}{s}-U_{\mathrm{n}1}(s)\right]=\frac{10}{s}-U_{\mathrm{n}1}(s)=\frac{10}{s}-\frac{10(2s+1)(s+1)}{s(2s^2+6s+3)}\\&=\frac{20/3}{s}-\frac{(20/3)s+5}{s^2+3s+(3/2)}=\frac{20/3}{s}-\frac{(20/3)s+5}{\left(s+\frac{3+\sqrt{3}}{2}\right)\left(s+\frac{3-\sqrt{3}}{2}\right)}\end{aligned}$$

$$= \frac{\frac{20}{3}}{s} - \frac{\frac{10+5\sqrt{3}}{3}}{s+\frac{3+\sqrt{3}}{2}} - \frac{\frac{10-5\sqrt{3}}{3}}{s+\frac{3-\sqrt{3}}{2}}$$

拉氏反变换求得

$$i = \mathscr{L}^{-1}[I(s)] = (0.667 - 0.0446\mathrm{e}^{-6.34t} - 0.622\mathrm{e}^{-23.66t})\varepsilon(t)\ \mathrm{A}$$

12.10 如题图 12.10 所示电路，开关 S 接通前处于稳态，已知 $u_S = 1\,\mathrm{V}$，$R_1 = R_2 = 1\,\Omega$，$L_1 = L_2 = 0.1\,\mathrm{H}$，$M = 0.05\,\mathrm{H}$。试求 S 接通后的响应 i_1 和 i_2。

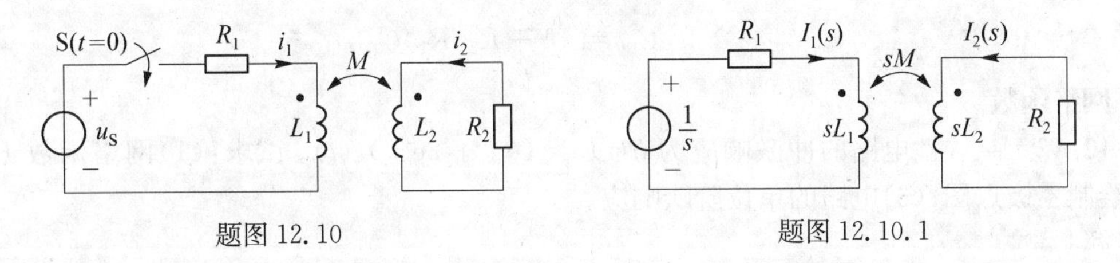

题图 12.10　　　　题图 12.10.1

解

题图 12.10 所示电路开关接通前 $i_1(0_-) = i_2(0_-)$，复频域模型如题图 12.10.1 所示。有网孔方程

$$\begin{bmatrix} R_1 + sL_1 & sM \\ sM & R_2 + sL_2 \end{bmatrix}\begin{bmatrix} I_1(s) \\ I_2(s) \end{bmatrix} = \begin{bmatrix} 1/s \\ 0 \end{bmatrix}$$

解得

$$I_1(s) = \frac{10(s+10)}{s(0.75s^2 + 20s + 100)} = \frac{1}{s} + \frac{-0.5}{s+20/3} + \frac{-0.5}{s+20}$$

$$I_2(s) = \frac{-5}{0.75s^2 + 20s + 100} = -\frac{0.5}{s+20/3} + \frac{0.5}{s+20}$$

求拉氏反变换得

$$i_1 = (1 - 0.5\mathrm{e}^{-6.67t} - 0.5\mathrm{e}^{-20t})\varepsilon(t)\ \mathrm{A}$$

$$i_2 = (-0.5\mathrm{e}^{-6.67t} + 0.5\mathrm{e}^{-20t})\varepsilon(t)\ \mathrm{A}$$

12.11 电容倍增器 如题图 12.11 所示的电容倍增器电路，可以利用小的电容来获得等效的大电容。试求从电路端口看进去的等效电容 C_{eq}。

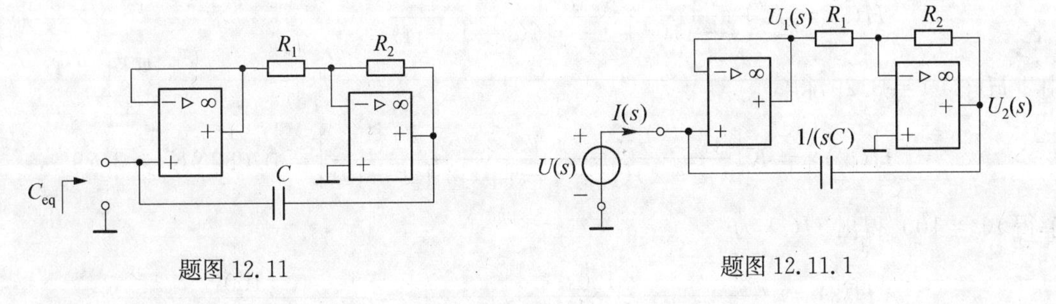

题图 12.11　　　　题图 12.11.1

解

采用外施电源求等效电容。s 域模型如题图 12.11.1 所示，有

$$\begin{cases}U_1(s)=U(s)\\U_2(s)=-\dfrac{R_2}{R_1}U_1(s)\\I(s)=sC[U(s)-U_2(s)]\end{cases}$$

得到

$$\frac{U(s)}{I(s)}=\frac{1}{s(1+R_2/R_1)C}$$

等效电容为

$$C_{eq}=(1+R_2/R_1)C$$

网络函数

12.12 某线性电路的冲激响应为 $h(t)=(e^{-t}+2e^{-2t})\varepsilon(t)$。试求:(1)网络函数 $H(s)$;(2)绘制零极点图;(3)电路的单位阶跃响应。

解

(1) 网络函数为

$$H(s)=\frac{1}{s+1}+\frac{2}{s+2}=\frac{3s+4}{(s+1)(s+2)}$$

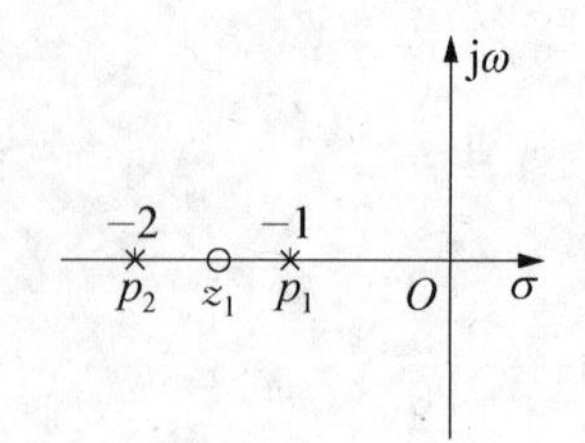

题图 12.12.1

(2) $H(s)$包含一个零极 $z_1=-4/3$;两个极点 $p_1=-1$,$p_2=-2$,零极点图如题图12.12.1 所示。

(3) 单位阶跃响应为

$$\begin{aligned}s(t)&=\mathscr{L}^{-1}\left[H(s)\frac{1}{s}\right]=\mathscr{L}^{-1}\left[\frac{3s+4}{s(s+1)(s+2)}\right]\\&=\mathscr{L}^{-1}\left[\frac{2}{s}-\frac{1}{s+1}-\frac{1}{s+2}\right]\\&=(2-e^{-t}-e^{-2t})\varepsilon(t)\end{aligned}$$

12.13 已知某网络函数 $H(s)$的零极点分布如题图 12.13 所示,且 $|H(j2)|=3.29$。试求网络函数。

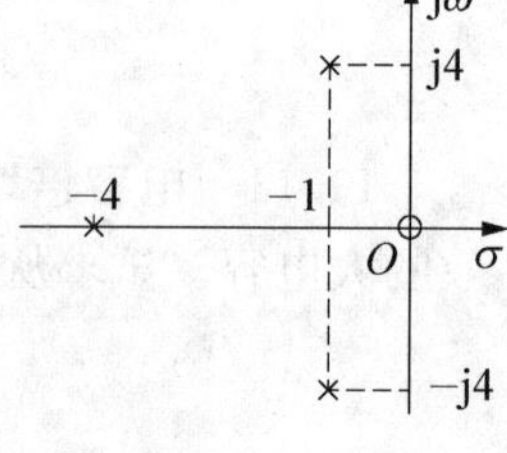

题图 12.13

解

写出网络函数 $H(s)$为

$$H(s)=K\frac{s}{(s+4)(s+1-j4)(s+1+j4)}$$

由 $|H(j2)|=3.29$,得

$$|H(j2)|=K\left|\frac{j2}{(j2+4)(j2+1-j4)(j2+1+j4)}\right|=0.032\,9K=3.29$$

解得 $K=100$。得出 $H(s)$ 为

$$H(s)=\frac{100s}{(s+4)(s+1-j4)(s+1+j4)}=\frac{100s}{(s+4)(s^2+2s+17)}$$

12.14 已知如题图 12.14(a)所示电路的驱动点阻抗 $Z(s)$的零极点分布如题

图 12.14(b)所示,且 $Z(0)=3\ \Omega$。试求参数 R、L、C 的值。

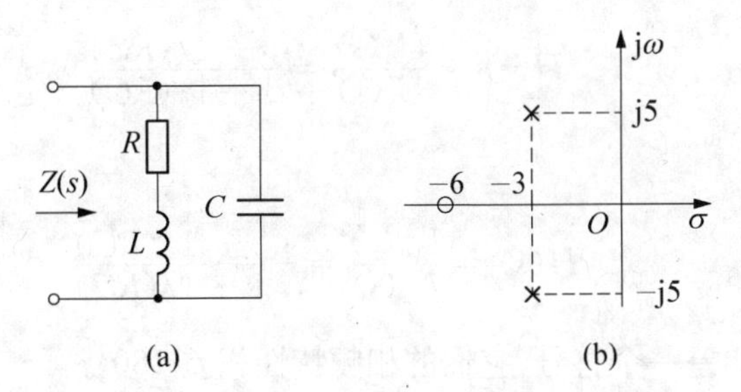

题图 12.14

解

写出驱动点阻抗 $Z(s)$ 为

$$Z(s)=K\frac{s+6}{(s+3-\mathrm{j}5)(s+3+\mathrm{j}5)}$$

由 $Z(0)=3\ \Omega$,得

$$Z(0)=K\frac{6}{(3-\mathrm{j}5)(3+\mathrm{j}5)}=\frac{6K}{34}=3$$

解得 $K=17$,即 $Z(s)$ 为

$$Z(s)=\frac{17(s+6)}{(s+3-\mathrm{j}5)(s+3+\mathrm{j}5)}=\frac{17(s+6)}{s^2+6s+34}$$

由题图 12.14(a)电路,得

$$Z(s)=\frac{(R+sL)/(sC)}{R+sL+1/(sC)}=\frac{(R+sL)}{LCs^2+RCs+1}=\frac{(1/C)(s+R/L)}{s^2+(R/L)s+1/(LC)}$$

解得

$$C=1/17\ \mathrm{F},\ L=0.5\ \mathrm{H},\ R=3\ \Omega$$

12.15 含运放全通电路 如题图 12.15 所示为全通电路,试求它们的网络函数 $H(s)=U_\mathrm{o}(s)/U_\mathrm{i}(s)$,比较两者的相频特性。

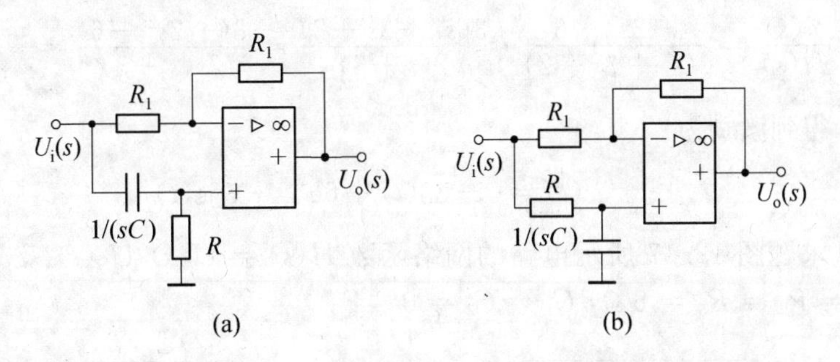

题图 12.15

解

(a) 利用运放的"虚短"特性,可得

$$\frac{U_\mathrm{i}(s)+U_\mathrm{o}(s)}{2}=\frac{R}{R+1/(sC)}U_\mathrm{i}(s)$$

得

$$H(s)=\frac{U_o(s)}{U_i(s)}=\frac{s-1/(RC)}{s+1/(RC)}$$

(b) 类似地,可得

$$H(s)=\frac{U_o(s)}{U_i(s)}=-\frac{s-1/(RC)}{s+1/(RC)}$$

可见,两者的网络函数相差一个符号,它们的相频特性相差180°。

12.16 已知电路的网络函数 $H(s)=K\frac{s+3}{s^2+3s+2}$,电路单位阶跃响应的终值为1。试求电路的零状态响应为$(3-4e^{-t}-e^{-2t})\varepsilon(t)$ 时的激励。

解

电路单位阶跃响应的拉氏变换为

$$S(s)=K\frac{s+3}{s^2+3s+2}\cdot\frac{1}{s}$$

由终值定理,得

$$\lim_{s\to 0}sS(s)=\lim_{s\to 0}K\frac{s+3}{s^2+3s+2}=\frac{3K}{2}=1$$

解得 $K=2/3$,即

$$H(s)=\frac{2(s+3)}{3(s^2+3s+2)}$$

$(3-4e^{-t}-e^{-2t})\varepsilon(t)$ 的拉氏变换为

$$Y(s)=\frac{1}{s}-\frac{4}{s+1}-\frac{1}{s+2}=\frac{-2s^2+6}{s(s^2+3s+2)}$$

得到激励的象函数

$$X(s)=\frac{Y(s)}{H(s)}=\frac{-2s^2+6}{s(s^2+3s+2)}\cdot\frac{3(s^2+3s+2)}{2(s+3)}=\frac{3(-2s^2+6)}{2s(s+3)}=-3+\frac{6}{s+3}+\frac{3}{s}$$

求拉氏反变换,得到激励为

$$x(t)=[-3\delta(t)+6e^{-3t}+3]\varepsilon(t)$$

12.17 试求题图12.17所示电路的网络函数 $H(s)=U(s)/U_S(s)$ 及其单位冲激响应 $h(t)$。已知 $R_1=R_2=R_3=5\ \Omega$, $C_1=C_2=0.1\ \text{F}$。

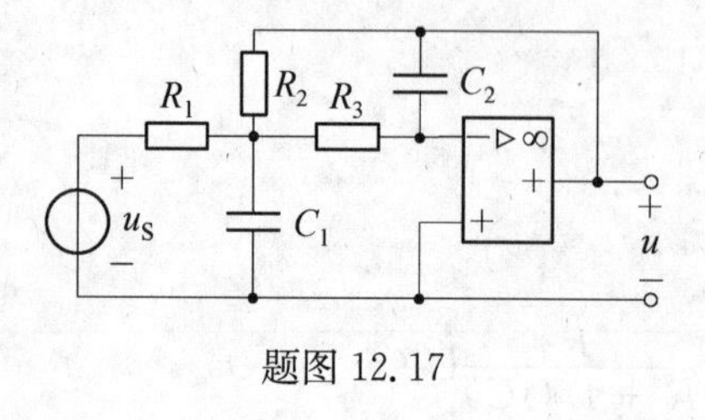

题图 12.17

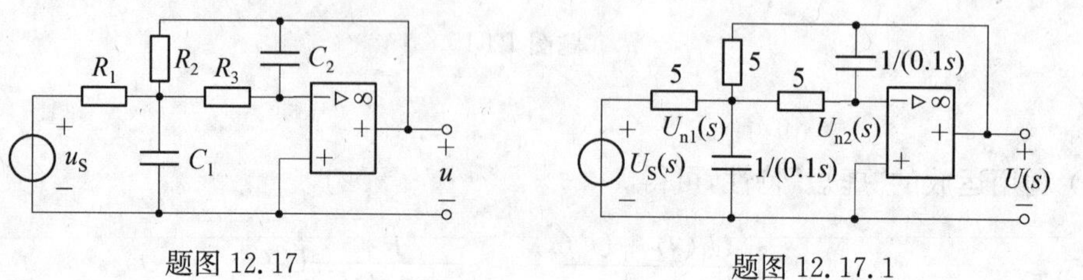

题图 12.17.1

解

作出复频域模型如题图 12.17.1 所示，列写节点方程，得

$$\begin{cases}(1/5+1/5+1/5+0.1s)U_{n1}(s)-(1/5)U_{n2}(s)-(1/5)U(s)=U_S(s)/5\\-(1/5)U_{n1}(s)+(1/5+0.1s)U_{n2}(s)-0.1sU(s)=0\\U_{n2}(s)=0\end{cases}$$

解得
$$U(s)=-\frac{4}{s^2+6s+4}U_S(s)$$

得到网络函数为
$$H(s)=\frac{U(s)}{U_S(s)}=-\frac{4}{s^2+6s+4}\approx\frac{0.89}{s+5.24}-\frac{0.89}{s+0.76}$$

逆变换得
$$h(t)=\mathscr{L}^{-1}[H(s)]=0.89(e^{-5.24t}-e^{-0.76t})\varepsilon(t)\ V$$

12.18　题图 12.18 所示电路，已知当 $R=2\ \Omega$，$C=0.5\ F$，$u_S=e^{-3t}\varepsilon(t)\ V$ 时的零状态响应 $u=(-0.1e^{-0.5t}+0.6e^{-3t})\varepsilon(t)\ V$。现将 R 换成 $1\ \Omega$ 电阻，将 C 换成 0.5 H 电感，u_S 换成冲激电压源 $u_S=2\delta(t)\ V$，试求零状态响应 u。

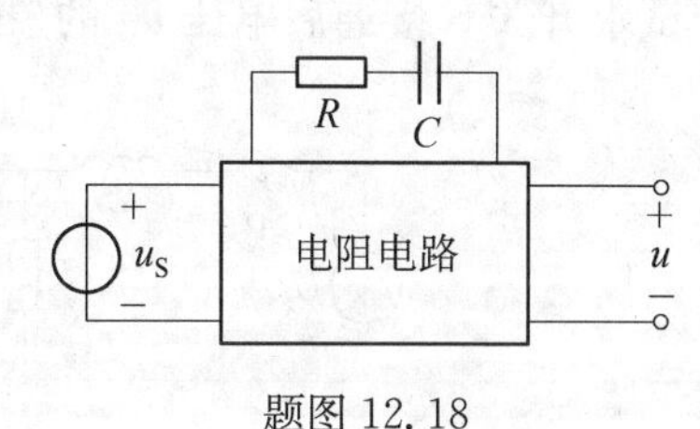

题图 12.18

解

当 $R=2\ \Omega$，$C=0.5\ F$ 时，电路的网络函数为

$$H(s)=\frac{U(s)}{U_S(s)}=\frac{0.5s}{s+0.5}=\frac{0.5}{1+0.5/s}$$

RC 支路复频域阻抗 $Z(s)=R+1/(sC)=2+2/s$，可以将上述网络函数改写成

$$H(s)=\frac{0.5}{0.25(2+2/s)+0.5}=\frac{0.5}{0.25Z(s)+0.5}$$

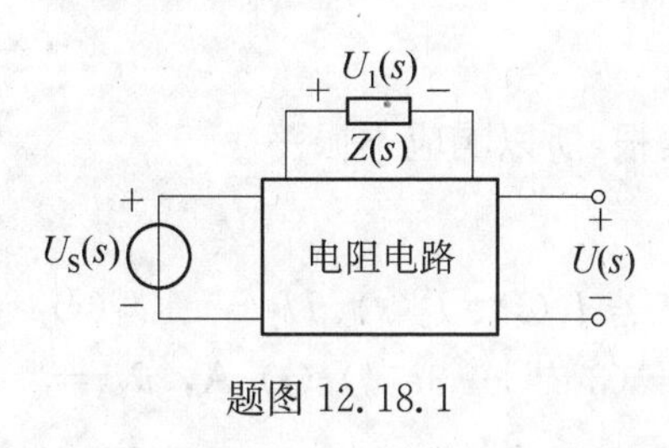

题图 12.18.1

当 RC 串联支路改为 $R=1\ \Omega$，$L=0.5\ H$ 时，如题图 12.18.1 所示。该 RL 支路的复频域阻抗 $Z(s)=1+0.5s$，改接后的电路网络函数

$$H'(s)=\frac{0.5}{0.25(0.5s+1)+0.5}=\frac{4}{s+6}$$

于是有冲激响应象函数

$$U(s)=H'(s)U_S(s)=H'(s)\times 2=\frac{8}{s+6}$$

拉氏反变换求得冲激响应（即零状态响应）

$$u=8e^{-6t}\varepsilon(t)\ V$$

12.19　题图 12.19 所示电路，试求驱动点阻抗 $Z(s)$，以及使 $Z(s)$ 的极点为复数时的 A 值范围。

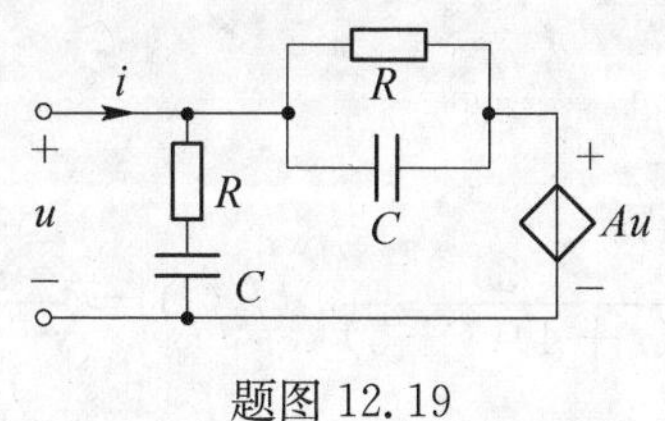

题图 12.19

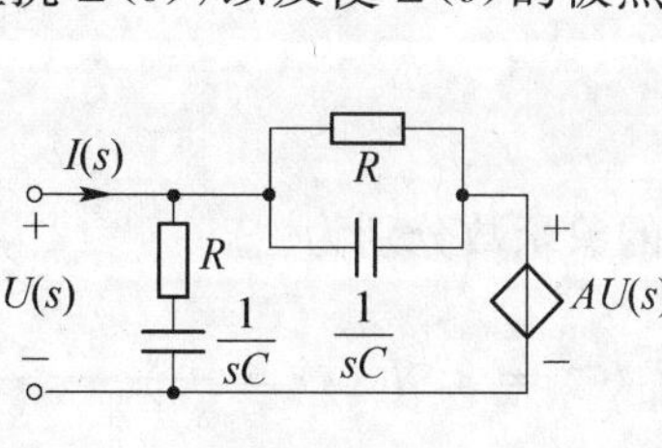

题图 12.19.1

解

题图 12.19 所示电路的复频域模型如题图 12.19.1 所示。

$$I(s)=\frac{U(s)}{R+1/(sC)}+\frac{U(s)-AU(s)}{\dfrac{R/(sC)}{R+1/(sC)}}=\frac{RsC+(1-A)(1+RsC)^2}{R(1+RsC)}U(s)$$

$$Z(s)=\frac{U(s)}{I(s)}=\frac{R(1+RsC)}{RsC+(1-A)(1+RsC)^2}=\frac{R(1+RsC)}{(1-A)(RsC)^2+(3-2A)RsC+1-A}$$

如果要使 $Z(s)$的极点为复数，则须 $[(3-2A)RC]^2-4(1-A)(1-A)(RC)^2<0$，即

$$A>1.25$$

12.20 题图 12.20 所示电路原处于稳态，$R=0.5\,\Omega$，$L=2\,\mathrm{H}$，$C=0.5\,\mathrm{F}$，$U_\mathrm{S}=10\,\mathrm{V}$，试求开关 S 接通后电压 u_C 的象函数，并判断响应是否振荡。

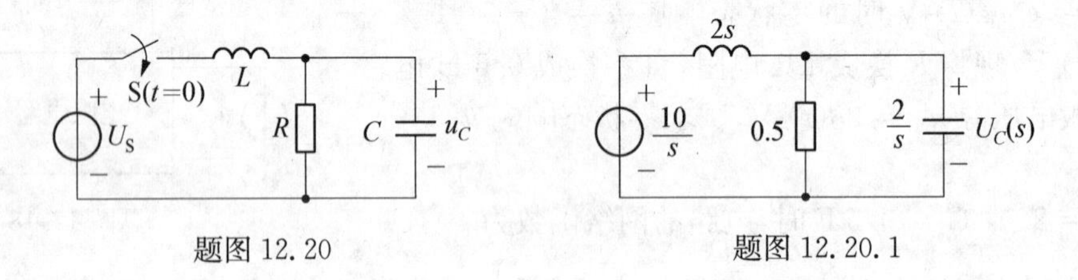

题图 12.20　　　　题图 12.20.1

解

题图 12.20 所示电路的复频域模型如题图 12.20.1 所示，列写节点方程有

$$U_C(s)\left(\frac{1}{0.5}+0.5s+\frac{1}{2s}\right)=\frac{10/s}{2s}$$

解得
$$U_C(s)=\frac{10}{s(s^2+4s+1)}$$

其极点为 $p_1=0$，$p_{2,3}=\dfrac{-4\pm\sqrt{16-4}}{2}=-2\pm\sqrt{3}$ 为负实根，所以响应不振荡。

综合

12.21 在题图 12.21 所示电路中，N 为互易二端口电路。若 $I_1(s)$、$I_2(s)$、$\hat{U}_1(s)$、$\hat{U}_2(s)$ 分别为 i_1、i_2、$\hat{u}_1$、$\hat{u}_2$ 的象函数，已知 $i_1=3\delta(t)$ A，$i_2=(3\mathrm{e}^{-4t}-3\mathrm{e}^{-5t})\varepsilon(t)$ A，$\hat{u}_2=\cos t\cdot\varepsilon(t)$ V。试求 $\hat{u}_1$。

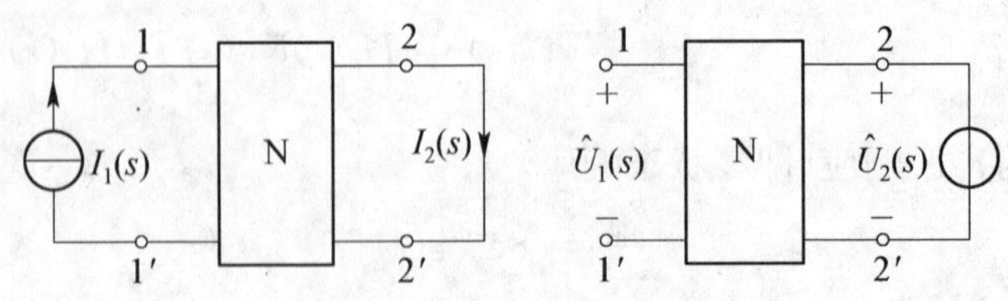

题图 12.21

解

i_1、i_2、$\hat{u}_2$ 的象函数分别为

$$I_1(s)=3,\ I_2(s)=\frac{3}{s+4}-\frac{3}{s+5}=\frac{3}{(s+4)(s+5)},\ \hat{U}_2(s)=\frac{s}{s^2+1}$$

根据互易定理可得

$$\hat{U}_1(s)=\frac{I_2(s)}{I_1(s)}\hat{U}_2(s)=\frac{s}{(s+4)(s+5)(s^2+1)}$$

由部分分式展开法

$$\hat{U}_1(s)=\frac{-\frac{4}{17}}{s+4}+\frac{\frac{5}{26}}{s+5}+\frac{\frac{19}{442}s+\frac{9}{442}}{s^2+1}$$

经拉氏反变换得到

$$\hat{u}_1=\left(-\frac{4}{17}e^{-4t}+\frac{5}{26}e^{-5t}+\frac{19}{442}\cos t+\frac{9}{442}\sin t\right)\varepsilon(t)\ \text{V}$$

12.22 如题图 12.22 所示二端口电路，N 为线性非时变含独立源二端口电路，当 $i_S=(1-e^{-2t})\varepsilon(t)$ A 时，电压 $u=(1-e^{-t})\varepsilon(t)$ V；当 $i_S=e^{-2t}\varepsilon(t)$ A 时，电压 $u=2(e^{-t}-e^{-2t})\varepsilon(t)$ V。试求当 $i_S=(1+e^{-2t})\varepsilon(t)$ A 时的电压 u。

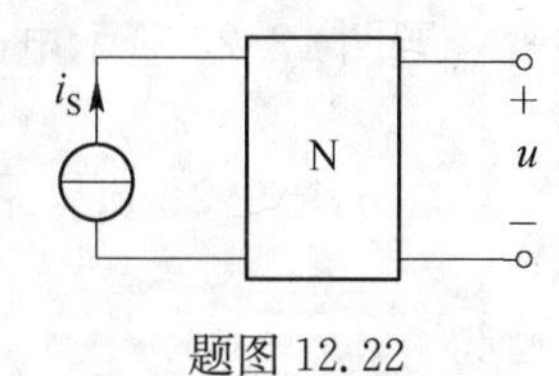

题图 12.22

解

采用 s 域变换方法求解。根据叠加定理和齐次定理，可设全响应为

$$U(s)=H_1(s)I_S(s)+H_2(s)$$

当 $i_S=(1-e^{-2t})\varepsilon(t)$ A 时，电压 $u=(1-e^{-t})\varepsilon(t)$ V，亦即 $I_S(s)=\frac{1}{s}-\frac{1}{s+2}$，$U(s)=\frac{1}{s}-\frac{1}{s+1}$，因此

$$\frac{1}{s}-\frac{1}{s+1}=H_1(s)\left(\frac{1}{s}-\frac{1}{s+2}\right)+H_2(s)\Rightarrow\frac{2}{s(s+2)}H_1(s)+H_2(s)=\frac{1}{s(s+1)}$$

同理，当 $i_S=e^{-2t}\varepsilon(t)$ A 时，电压 $u=2(e^{-t}-e^{-2t})\varepsilon(t)$ V，因此有

$$\frac{2}{s+1}-\frac{2}{s+2}=H_1(s)\frac{1}{s+2}+H_2(s)\Rightarrow\frac{1}{s+2}H_1(s)+H_2(s)=\frac{2}{(s+1)(s+2)}$$

联立上述两式解得

$$H_1(s)=\frac{1}{s+1},\ H_2(s)=\frac{1}{(s+1)(s+2)}$$

当 $i_S=(1+e^{-2t})\varepsilon(t)$ A 时，有

$$U(s)=\frac{1}{s+1}\left(\frac{1}{s}+\frac{1}{s+2}\right)+\frac{1}{(s+1)(s+2)}=\frac{3s+2}{s(s+1)(s+2)}=\frac{1}{s}+\frac{1}{s+1}-\frac{2}{s+2}$$

对上式求拉氏反变换得

$$u=(1+e^{-t}-2e^{-2t})\varepsilon(t)\ \text{V}$$

12.23 题图 12.23 所示电路原处于稳态，在 $t=0$ 时将开关 S 接通，已知 $U_S=10$ V，$R_1=1\,\Omega$，$R_2=R_3=4\,\Omega$，$L=1$ H，$C_1=0.2$ F，$C_2=0.8$ F。试求电压 u_2 的象函数 $U_2(s)$，判断此电路的暂态过程是否振荡，利用拉普拉斯变换的初值和终值定理求 u_2 的初始值和稳态值。

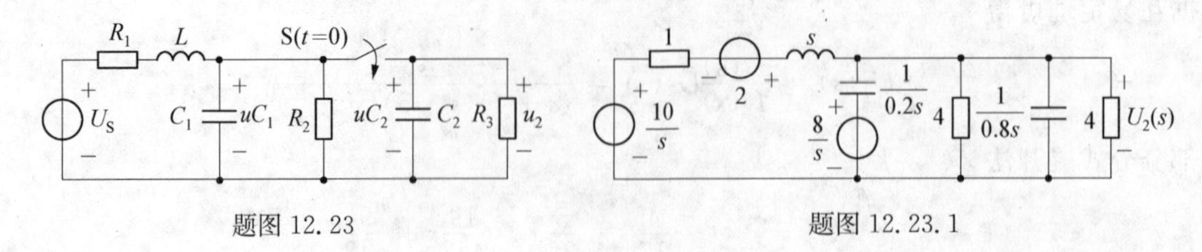

题图 12.23　　　　题图 12.23.1

解

电路原始值为

$$i_L(0_-)=\frac{10}{(4+1)}\text{ A}=2\text{ A},\ u_{C1}(0_-)=4\times i_L(0_-)=8\text{ V},\ u_{C2}(0_-)=0$$

题图 12.23 所示电路的复频域模型如题图 12.23.1 所示。有节点方程

$$\left(\frac{1}{s+1}+0.2s+0.8s+\frac{1}{4}+\frac{1}{4}\right)U_2(s)=\frac{(10/s)+2}{s+1}+\frac{8/s}{1/0.2s}$$

解得

$$U_2(s)=\frac{1.6s^2+3.6s+10}{s(s^2+1.5s+1.5)}$$

判别式为 $1.5^2-4\times1\times1.5=-3.75<0$,因此 $U_2(s)$ 存在共轭极点,瞬态过程振荡。

初始值

$$u_2(0_+)=\lim_{s\to\infty}sU_2(s)=1.6\text{ V}$$

稳态值

$$u_2(\infty)=\lim_{s\to0}sU_2(s)=20/3\text{ V}$$

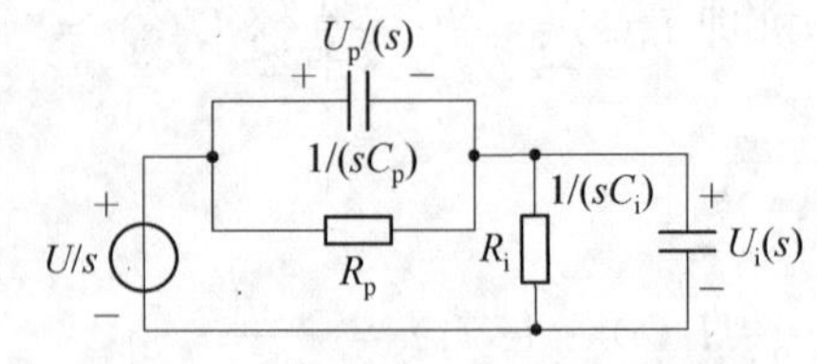

题图 12.24

12.24　补偿分压器电路　如题图 12.24 所示为补偿分压器电路,例 7.4.3 介绍的示波器探头补偿电路就是其应用之一。试用复频域分析法求解 $u_i(t)$,$t\geqslant0_+$。假设 $u_p(0_-)=u_i(0_-)=0$。

解

$$U_i(s)=\frac{R_i\ /\!/\left(\dfrac{1}{sC_i}\right)}{R_i\ /\!/\left(\dfrac{1}{sC_i}\right)+R_p\ /\!/\left(\dfrac{1}{sC_p}\right)}\frac{U}{s}=\frac{\dfrac{R_i}{sR_iC_i+1}}{\dfrac{R_i}{sR_iC_i+1}+\dfrac{R_p}{sR_pC_p+1}}\frac{U}{s}$$

$$=\frac{UR_i(sR_pC_p+1)}{s[R_i(sR_pC_p+1)+R_p(sR_iC_i+1)]}$$

$$=\frac{UR_i(sR_pC_p+1)}{s[R_iR_p(C_p+C_i)s+R_i+R_p]}=\frac{K_1}{s}+\frac{K_2}{s+(R_i+R_p)/[R_iR_p(C_p+C_i)]}$$

$$K_1=\left.\frac{UR_i(sR_pC_p+1)}{[R_iR_p(C_p+C_i)s+R_i+R_p]}\right|_{s=0}=\frac{UR_i}{R_i+R_p}$$

$$K_2=\frac{1}{R_iR_p(C_p+C_i)}\left.\frac{UR_i(sR_pC_p+1)}{s}\right|_{s=-(R_i+R_p)/[R_iR_p(C_p+C_i)]}=\frac{UC_p}{C_p+C_i}-\frac{UR_i}{R_p+R_i}$$

令 $\tau=R_p\ /\!/\ R_i\times C_p\ /\!/\ C_i=\dfrac{R_pR_i}{R_p+R_i}(C_p+C_i)$,则有

$$u_i(t)=\left[\frac{R_i}{R_p+R_i}U+\left(\frac{C_p}{C_p+C_i}-\frac{R_i}{R_p+R_i}\right)U\mathrm{e}^{-\frac{t}{\tau}}\right]\varepsilon(t)$$

此解与例 7.4.3 得到的结果一致。

附录A　MATLAB语言在电路分析中的应用

A.1　MATLAB简介

MATLAB语言是以矩阵计算为基础的程序设计语言，语法规则简单易学，用户不用花太多时间即可掌握其编程技巧。其指令格式与教科书中的数学表达式非常相近，用MATLAB编写程序犹如在便笺上列写公式和求解，因而被称为“便笺式”的编程语言。MATLAB拥有功能丰富和完备的数学函数库及工具箱，大量繁杂的数学运算和分析可通过调用MATLAB函数直接求解，大大提高了编程效率，其程序编译和执行速度远远超过了传统的C和FORTRAN语言，因而用MATLAB编写程序，往往可以达到事半功倍的效果。在图形处理方面，MATLAB可以给数据以二维、三维乃至四维的直观表现并在图形色彩、视角、品性等方面具有较强的渲染和控制能力，使科技人员对大量原始数据的分析变得轻松和得心应手。正是由于MATLAB在数值计算及符号计算等方面的强大功能，使MATLAB一路领先，成为数学类科技应用软件中的佼佼者。目前，MATLAB已成为国际上公认的最优秀的科技应用软件。MATLAB的上述特点，使它深受工程技术人员及科技专家的欢迎，并很快成为应用学科计算机辅助分析、设计、仿真、教学等领域不可缺少的基础软件。

整个MATLAB系统由两部分组成，即MATLAB内核及辅助工具箱，两者的调用构成了MATLAB的强大功能。MATLAB语言是一种以数组为基本数据单位，包括控制流语句、函数、数据结构、输入输出及面向对象等特点的高级语言，与其他程序设计语言相比，MATLAB语言具有如下优势：

(1) 语言的易学性。MATLAB语言采用非常容易理解的语法规则，使用者非常容易掌握，几乎能够把所需要解决的数学问题直接“转换”成相应的MATLAB语言。

(2) 高效的运算功能。MATLAB语言以矩阵为基本运算单元，可以直接用于矩阵运算。MATLAB运算符和库函数极其丰富，语言简洁，编程效率高，MATLAB除了提供和C语言一样的运算符号外，还提供广泛的矩阵和向量运算符。正是这种矩阵运算方式，使得MATLAB语言的运行速度非常快。利用其运算符号和库函数可使其程序相当简短，两三行语句就可实现几十行甚至几百行C或FORTRAN的程序功能。

(3) 直观的绘图功能。MATLAB语言可以用简单的语言将数据和计算结果用直观的图形显示出来，甚至还可以将难以显示出来的隐函数直接用曲线绘制出来。MATLAB语言还允许使用者采用可视的方式编写图形用户界面，这样，使用者就可以非常容易编写通用程序。

(4) 丰富的工具箱。工具箱是针对解决某一类问题的函数集，MATLAB语言除了使用其内部函数解决数学问题的能力外，它还拥有解决各类问题的工具箱，从而大大地简化了编程。工具箱可分为两类：功能性工具箱和学科性工具箱。功能性工具箱主要用来扩充其符号计算功能、图示建模仿真功能、文字处理功能以及与硬件实时交互的功能。而学科性工具箱是专业性比较强的，如优化工具箱、统计工具箱、控制工具箱、小波工具箱、图像处理工具箱、通信工具箱等。目前，几乎所有的数学和工程问题都可以用MATLAB语言编程解决。

(5) 强大的系统仿真功能。MATLAB语言中的Simulink模块具有面向框图的仿真功能，使用者可以容易地建立复杂系统模型，准确地对其进行仿真分析。Simulink的概念性仿真模块集允许用户在一个框架下对含有不同环节的混合系统进行建模和仿真，这是其他计算机语言所不具备的。

(6) 易于扩充。除内部函数外，所有MATLAB的核心文件和工具箱文件都是可读可改的源文件，用户可修改源文件和加入自己的文件，它们可以与库函数一样被调用。

下面对MATLAB语言最基础的部分一一介绍。

A.1.1 MATLAB的工作方式

MATLAB的工作方式有两种，一种是交互式的指令行操作方式，即用户在命令窗口中按MATLAB的语法规则输入命令行并按下回车键后，系统将执行该命令并即时给出运算结果。该方式简便易行，非常适合于对简单问题的数学演算、结果分析及测试。这是例A.1.1介绍的操作方式。另一种是M文件的编程工作方式。M文件的编程工作方式就是用户通过在命令窗口中调用M文件，从而实现一次执行多条MATLAB语句的方式。MATLAB是解释性的编程语言，在初次运行M文件时将M文件编成代码并装入内存中，此过程会降低程序的运行速度，但再次运行该程序时便会直接从内存取出代码运行，从而加快程序的运行。

计算机安装好MATLAB之后，双击MATLAB图标，就可以进入命令窗口。此时意味着系统处于准备接受命令的状态，可以在命令窗口中直接输入符合MATLAB语法规则的语句。

例A.1.1 已知回路电阻矩阵为 $\boldsymbol{R}=\begin{bmatrix}10.5 & -5 & -2\\ -5 & 37.5 & -2.5\\ -2 & -2.5 & 5.5\end{bmatrix}\Omega$，回路电压源向量为 $\boldsymbol{U}_{\mathrm{S}}=\begin{bmatrix}5\\ 10\\ 5\end{bmatrix}\mathrm{V}$，试求回路电流向量。

可在命令窗口输入如下命令来求解：

```
>> R=[10.5,-5,-2;-5,-37.5,-2.5;-2,-2.5,5.5];
>> US=[5;10;5];
>> I=inv(R)*US
I=
    0.4628
   -0.3884
    0.9008
```

通过等于符号将表达式的值赋予变量。当键入回车键时，该语句被执行。语句执行之后，窗口自动显示出语句执行的结果。如果希望结果不被显示，则只要在语句之后加上一个分号“;”即可。此时尽管结果没有显示，但它依然被赋值并在MATLAB工作空间中分配了内存。

MATLAB的基本数据单元既不需要指定维数，也不需要说明数据类型的矩阵（向量和标量为矩阵的特例），而且数学表达式和运算规则与通常的习惯相同。

也可以将要执行的命令以 M 文件的方式执行。M 文件是由 MATLAB 语句构成的 ASCII 码文本文件，即 M 文件中的语句应符合 MATLAB 的语法规则，且文件名必须以.m 为扩展名，如 example.m。用户可以用任何文本编辑器来对 M 文件进行编辑。M 文件的作用是：当用户在命令窗口中键入已编辑并保存的 M 文件的文件名并按下回车键后，系统将搜索该文件，若该文件存在，系统则将按 M 文件中的语句所规定的计算任务以解释方式逐一执行语句，从而实现用户要求的特定功能。M 文件又分为脚本 M 文件和函数 M 文件两大类。脚本文件与函数文件的主要区别在于：函数文件一般都要带参数，都要有返回结果（也有一些函数文件不带参数和返回结果），而且函数文件要定义函数名；而脚本文件没有参数和返回结果，也不在程序的开头定义函数名，通过生成和访问全局变量可以与外界和其他函数交换数据。脚本文件的变量在文件执行结束后仍然会保存在内存中不丢失；而函数文件的变量在函数运行期间有效，当函数运行完毕，它所定义的所有变量都会被清除。

MATLAB 为用户提供了专用的 M 文件编辑器，用来帮助用户完成 M 文件的创建、保存、编辑、调试和执行等工作。在命令窗口点击快捷键 □ 或选择 File/New 可创建新 M 文件。

A.1.2　MATLAB 变量和基本函数

MATLAB 变量的命名规则与其他计算机语言类似，变量必须以字母开头，后面可以跟字母、数字和下划线，长度不超过 63 个字符，对字母的大小写敏感。

在 MATLAB 语言中还为特定的常数保留了一些名称，尽管这些常量可重新赋值，但建议在编程时应避免对它们重新赋值。MATLAB 语言的预定义变量如表 A.1.1 所示。

表 A.1.1　预定义变量

预定义变量名	含　义
ans	计算结果的缺省赋值变量
eps	容差变量，定义为 1.0 到最近浮点数的距离。在 PC 机上，等于 2^{-52}
pi	圆周率 π 的近似值
i, j	虚数单位
inf, Inf	正无穷大，定义为(1/0)
NaN, nan	非数。在 IEEE 运算规则中，它产生于 0/0、0×∞等的结果
nargin	函数输入参数个数
nargout	函数输出参数个数
realmax	最大正实数
realmin	最小正实数
lasterr	存放最新的错误信息
lastwarn	存放最新的警告信息

例 A.1.2　预定义变量的使用。试计算 $x_1=[5+\sin(\pi/3)]/(1+\sqrt{2})$，$x_2=e^{j\pi/3}$。

可在命令窗口输入如下命令来求解：

```
>> x1=(5+sin(pi/3))/(1+sqrt(2))
x1 =
   2.4298
>> x2=exp(i*pi/3)
```

```
x2 =
    0.5000+0.8660i
```

上例中使用了特定的常数圆周率 $\pi=3.1415926\cdots$ 和虚数单位 $i=\sqrt{-1}$。该例还用到了三个函数 sin( )、sqrt( )和 exp( )，它们都是MATLAB语言的基本函数。MATLAB基本函数内嵌在 MATLAB 软件中，使用者不能修改。一些常用的 MATLAB 基本函数如表 A.1.2 所示。

表 A.1.2　MATLAB 的基本数学函数

	函数名称	功能	函数名称	功能
三角函数	sin	正弦	sec	正割
	asin	反正弦	asec	反正割
	cos	余弦	csc	余割
	acos	反余弦	acsc	反余割
	tan	正切	cot	余切
	atan	反正切	acot	反余切
	atan 2	第四象限的反正切		
指数函数	exp	以 e 为底的指数	pow 2	2 的幂次
	log	自然对数	sqrt	开平方
	log 10	以 10 为底的对数	nextpow 2	大于或等于变量的 2 的下一个幂次
	log 2	以 2 为底的对数		
复数函数	abs	绝对值或复数的模	real	复数的实部
	angle	相位角	unwrap	相位展开
	complex	由实部和虚部构造复数	isreal	是否为实数组
	conj	复数的共轭	cplxpair	整理为共轭对
	imag	复数的虚部		
取整函数	fix	朝零方向取整	mod	模数(带符号余数)
	floor	朝负无穷方向取整	rem	除后取余数
	ceil	朝正无穷方向取整	sign	符号函数
	round	四舍五入到最近的整数	gcd	最大公倍数
	lcm	最小公倍数		

A.1.3　MATLAB 函数编写

在应用 MATLAB 编程解决实际问题时，仅使用基本函数是不够的，用户往往需要编写实现特定功能的函数。函数文件是 M 文件的另一种类型，它也是由 MTALAB 语句构成的 ASCII 码文本文件，扩展名为 .m。MATLAB 自带大量的内部函数供用户调用。用户也可用前述的 M 文件的创建、保存及编辑的方法来进行函数文件的创建、保存与编辑。函数文件的格式为：

```
function [output_argument]=fun_name(input_argument)
%function's help document for lookfor command
%function's help about using
%other information
statement
……
statement
```

其中,output_argument 和 input_argument 分别为输出参量与输入参量;fun_name 为函数名。

例 A.1.3　已知串联 *RLC* 电路的元件值,编写计算谐振角频率、特性阻抗和品质因数三个参数的函数。

解　编写的函数文件如下:

```
function [w0 p Q]=rlc(R,L,C)
w0=1/sqrt(L*C);%计算谐振角频率
p=sqrt(L/C);    %计算特性阻抗
Q=p/R;          %计算品质因数
```

将文件以 rlc .m(必须与所编函数名相同,注意函数名不要与内部函数名相同)为名保存。在命令窗口输入下面的命令进行计算:

```
>> [w0 p Q]=rlc(100,1e-2,20e-6)
```

计算结果为

```
w0=
    2.2361e+003
p=
   22.3607
Q=
   0.2236
```

函数 M 文件提供了一个简单的扩展 MATLAB 功能的方法。事实上,MATLAB 本身的许多标准函数就是 M 函数文件。

A.1.4　MATLAB 的二维绘图

MATLAB 提供了丰富的绘图功能。在命令窗口输入"help graph2d"可得到所有画二维图形的命令,输入"help graph3d"可得到所有画三维图形的命令。其中最常用的二维图形命令为 plot 函数,其格式为

```
plot(x1,y1,option1,x2,y2,option2,…)
```

其中 x1、y1 给出的数据分别为 x、y 轴坐标值,option1 为选项参数,以逐点连折线的方式绘制 1 个二维图形;同时类似地绘制第二个二维图形……这是 plot 命令的完全格式,在实际应用中可以根据需要进行简化。比如:plot(x, y); plot(x, y, option)等,选项参数 option 可定义图形曲线的颜色、线型及标示符号,它由一对单引号括起来。

通过指定 plot(X1, Y1, LineSpec, …)中的线参数 LineSpec 可以规定所绘曲线的线型、点型和颜色。线型、点型和颜色的允许取值如表 A.1.3 所示。

表 A.1.3　plot(　)函数的常用调用方法

点型控制		线型控制	
符号	含义	符号	含义
d	菱形	—	实线
h	六角星	:	点线
o	圆圈	—.	点划线
p	五角星	——	虚线
s	方块	颜色控制	
x	叉号	y	黄色
.	点	k	黑色
+	十字标号	w	白色
*	星号	b	蓝色
∧	正三角形	g	绿色
<	朝左三角形	r	红色
>	朝右三角形	c	青色
∨	朝下三角形	m	洋红色

例 A.1.4　试绘制函数 $y_1=\sin t$，$y_2=\cos 3t$，$y_3=\cos(3t+1)$ 在 $t\in[0,2\pi]$ 内的曲线。

解　在命令窗口输入下面的命令：

```
>> t=0:0.1:2*pi;
>> y1=sin(t);
>> y2=cos(3*t);
>> y3=cos(3*t+1);
>> plot(t,y1,'rd:',t,y2,'b--+ ',t,y3,'*')
```

运行结果如图 A.1.1 所示。

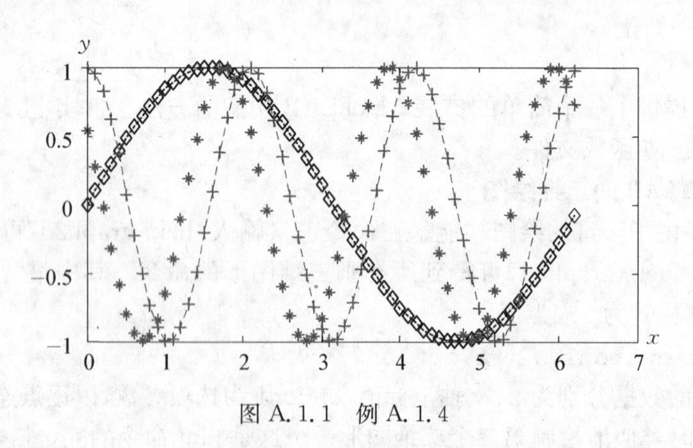

图 A.1.1　例 A.1.4

可以根据需要对图形加以控制并进行标注，这些工作可通过 MATLAB 命令来实现，一些常见命令如表 A.1.4 所示。

表 A.1.4　图形的控制与标注

图形控制	figure(n)	n 为正整数,新建句柄为 n 的图形窗口,或使句柄为 n 的图形窗口成为当前窗口
	clf/cla	清除当前窗口/清除当前坐标轴
	set(gca, …)	设置当前坐标特性
	hold on/off	为 on 时绘图命令不删除当前窗口中的线条,后续绘图命令将新的曲线加入其中,并且自动调整坐标轴的显示范围;为 off 时绘图命令删除当前窗口中的线条,后续绘图命令将重新绘图
	subplot(m, n, k)	将绘图窗口分割为 m 行 n 列个子绘图窗口,k 为当前子绘图窗口编号。子窗口按从左至右、从上至下编号
坐标控制	grid on/off	在图形窗口中绘制或清除网格线
	box on/off	使当前坐标呈封闭或开启形式
	axis(V)	V=[xmin xmax ymin ymax],设定坐标范围
	zoom on/off	对所绘图形进行放大操作
图形标注	title('text')	在图形窗口顶端输出图形标题
	xlabel('text')	对 x 轴进行标注
	ylabel('text')	对 y 轴进行标注
	legend ('string1', 'string2', …)	绘制曲线所用线型、颜色和点型图例
	text(x, y,'string')	在图形窗口坐标(x, y)处输出字符注释

A.1.5　获得有关 MATLAB 的帮助

使用 MATLAB 包括两方面:MATLAB 软件本身的使用与操作以及对实际工程问题的数学建模。MATLAB 是一个非常庞大的软件,内容非常丰富,作为一种计算机语言,它和其他计算机语言如 Basic、C、C++等有许多相通之处。此外,有关 MATLAB 语言的使用与操作还可以从以下途径获得必要的帮助:

(1) 在命令窗口输入“help 函数名或关键字”可获得文本形式的帮助信息。例如:help plot; help conv 等。

(2) 在命令窗口按 F1 键或选择 Help/MATLAB Help 进入帮助窗口,其中有丰富的帮助信息。

(3) 在命令窗口选择 Help 菜单中的帮助形式也可以获得帮助信息。

(4) 进入 Mathworks 公司的网站 http://www.mathworks.com 获取帮助。

(5) 阅读有关 MATLAB 的出版物掌握有关语法和使用方法。

A.2　MATLAB 函数编程在电路分析中的应用举例

MATLAB 包含大量的函数和工具箱,它们中的一部分可直接应用于电路的分析与计算。根据电路的特点,编写完成相应电路分析任务的函数则可极大提高电路分析和计算的效率。

A.2.1 相量表示法的互换

在稳态电路的相量分析中，常常涉及相量的直角坐标形式和极坐标形式的互换，采用函数的形式可以简化这种互换计算。

通过 MATLAB 编程实现的相量表示形式互换的函数如下：

```
function pj=zz2pj(z)
% 将复数 z 转化极坐标形式
% pj:复数的模=|z|,幅角=z 的幅角,单位为度
pj=[abs(z),angle(z)*180/pi];

function z=pj2zz(A,angle)
% 极坐标形式的复数 pj 转化直角坐标形式的复数 zz
% A 为模,phase 为幅角,单位为度; z = x+j*y
phase_pj=angle*pi/180;
z=A*cos(phase_pj)+j*A*sin(phase_pj);
```

将上述函数文件分别保存为 zz2pj.m 和 pj2zz.m，其中函数 zz2pj( )用于将直角坐标形式的相量转化为极坐标形式，pj2zz 用于将极坐标形式的相量转化为直角坐标形式。上述函数仅包含 1～2 行 MATLAB 语句，非常简单，使用也十分方便。

例 A.2.1 已知 $u_1 = 10\sqrt{2}\cos(\omega t + 30^\circ)$ V，$u_2 = 20\sqrt{2}\sin(\omega t + 60^\circ)$ V，试计算 $u_3 = u_1 + u_2$ 的有效值相量。

解 求解程序如下：

```
U1=pj2zz(10,30);         %计算 u1 的直角坐标形式相量
U2=pj2zz(20,-30);        %计算 u2 的直角坐标形式相量
U3= U1+U2;               %计算 u3 的直角坐标形式相量
U3=zz2pj(U3)             %将 u3 的直角坐标形式相量转化为极坐标形式
```

程序运行结果为

```
U3=
26.4575  -10.8934
```

因此，u_3 的有效值相量为 $\dot{U}_3 = 26.4575\angle -10.8934^\circ$ V。

A.2.2 阻抗串、并联的计算

阻抗(包括电阻)的串、并联计算是电路分析中最常用到的计算之一。通过 MATLAB 编程，可实现任意个阻抗的数值或符号计算。

计算若干阻抗串联的等效阻抗的函数 serz( )如下：

```
function z=serz(varargin)
% 计算阻抗的串联,串联阻抗的个数为任意
% 输入参数:varargin—串联阻抗值列表,可为数值型,也可为符号型
% 输出参数:z——串联等效阻抗
z=varargin{1};
for i=2:nargin
    z=z+varargin{i};
```

```
end
```

在上述程序中，varargin、varargout 和 nargin 均为 MATLAB 提供的保留变量，分别表示可变的输入变量列表、可变的输出变量列表以及输入变量的个数。

类似地，可编写计算若干阻抗并联的等效阻抗的函数 pllz(　)如下：

```
function z=pllz(varargin)
% 计算阻抗的并联，并联阻抗的个数为任意
% 输入参数：varargin——并联阻抗值列表，可为数值型，也可为符号型
% 输出参数：z——并联等效阻抗
z=1/varargin{1};
for i=2：nargin
   z= z+1/varargin{i};
end
   z=1/z;
```

利用上述函数可方便地计算阻抗串、并联及混联电路的等效阻抗。

例 A. 2. 2　图 A. 2. 1(a)所示为一无限电阻电路。其中所有电阻的阻值都为 R。试求电路的等效电阻 R_i。

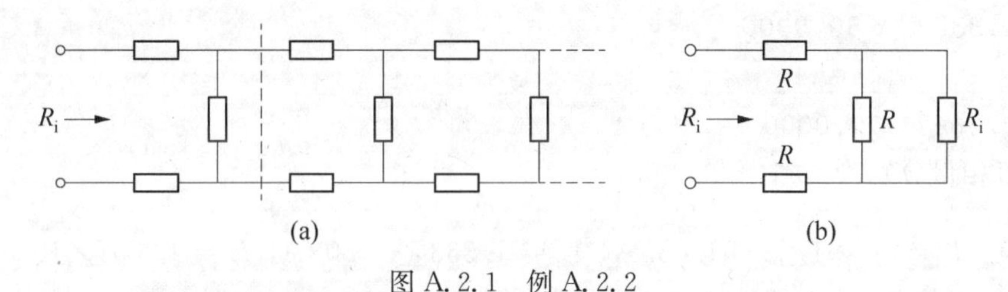

图 A. 2. 1　例 A. 2. 2

(a) 无限电阻电路；(b) 等效电路

解　图 A. 2. 1(a)电路可等效为图 A. 2. 1(b)电路，由图 A. 2. 1(b)电路可写成如下关系式：

$$R_i = R + R \mathbin{/\!/} R_i + R$$

由此可编写计算程序如下：

```
syms R Ri                                 %定义符号变量
eq=Ri-serz(R,pllz(R,Ri),R);  %定义方程，与 eq=Ri-(R+pllz(R,Ri)+R)同
Ri=solve(eq,'Ri')                         %利用函数 solve(　)求解等效电阻
```

程序运行结果为

```
Ri=
 (1+3^(1/2))*R
 (1-3^(1/2))*R
```

由于等效电阻应为正值，因此 $R_i = (1+\sqrt{3})R$。

例 A. 2. 3　如图 A. 2. 2 所示电路，试求电路中的各电流相量。

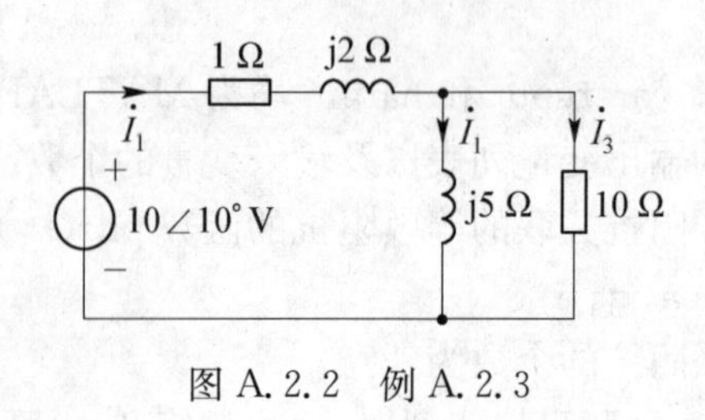

图 A. 2. 2　例 A. 2. 3

解　求解程序如下：

```
U=pj2zz(10,10);                    %将电源相量表示为直角坐标形式,便于计算
Z=serz(1,2i,pllz(5i,10));          %求从电源向右看去的等效阻抗
I1=U/Z; I2=10/(5i+10)*I1; I3=I1-I2;       %计算电流相量
I1=zz2pj(I1), I2=zz2pj(I2), I3=zz2pj(I3)%将电流相量转化为极坐标形式
```

程序运行结果为

```
I1=
    1.4907  -53.4349
I2=
    1.3333  -80.0000
I3=
    0.6667  10.0000
```

因此各电流相量分别为

$$\dot{I}_1 = 1.491\angle -54.43^\circ \text{ A},\ \dot{I}_2 = 1.333\angle -80^\circ \text{ A},\ \dot{I}_3 = 0.667\angle 10^\circ \text{ A}$$

A. 2. 3　基于 MATLAB 编程的傅里叶级数分析

1）积分函数 int(　)介绍

傅里叶级数分析中主要的运算是积分运算。MATLAB 提供了专门的符号积分函数 int(　)，其调用格式为：

$$R=\text{int}(S)\text{或 }R=\text{int}(S,v)\text{或 }R=\text{int}(S,a,b)\text{或 }R=\text{int}(S,v,a,b)$$

式中：S 为符号积分函数；v 为积分变量，如不给出积分变量，则积分变量取 S 中的自变量；a，b 为积分的下、上限；R 为积分结果。前两种调用格式计算不定积分，后两种调用格式计算定积分。

例 A. 2. 4　试编程求定积分 $y = \int_{\sin t}^{1} 2x\mathrm{d}x$。

解　MATLAB 编程如下：

```
syms x t  %定义符号变量
y=int(2*x,sin(t),1)  %求积分结果
```

程序运行结果为：

```
y=
1-sin(t)^2
```

即 $y = 1 - \sin^2 t$，与手工计算结果相同。

例 A. 2. 5 试用编程求不定积分 $y=\int \frac{-2x^2-1}{(2x^2-3x+1)^2}\mathrm{d}x$。

解 MATLAB 编程如下：

```
syms x  %定义符号变量
y=int((-2*x^2-1)/(2*x^2-3*x+1)^2)
```

程序运行结果为：

```
y=
3/(x-1)+3/(2*x-1)+ 8*log(x-1)-8*log(2*x-1)
```

即 $y=\frac{3}{x-1}+\frac{3}{2x-1}+8\ln(x-1)-8\ln(2x-1)+C$，其中 C 为积分常数。由例 A. 2. 5 可知，即使对十分复杂的被积函数，int( ) 也能得到正确解。

2) 傅里叶级数分析

MATLAB 没提供直接计算傅里叶级数的函数，但可以借助函数 int( ) 利用傅里叶级数展开公式编写相应的计算函数。为便于计算，利用周期性，将展开公式改写为

$$\begin{cases} A_0=\dfrac{1}{T}\displaystyle\int_0^T f(t)\mathrm{d}t \\ a_k=\dfrac{2}{T}\displaystyle\int_a^{a+T} f(t)\cos k\omega t\,\mathrm{d}t \\ b_k=\dfrac{2}{T}\displaystyle\int_a^{a+T} f(t)\sin k\omega t\,\mathrm{d}t \end{cases}$$

式中：a 为任意常数。编写计算傅里叶级数的函数 fouriers( ) 如下：

```
function [A,B,F]= fouriers(f,t,T,a,b,k)
%用于计算周期波形的傅里叶级数
% 输入参数:f——周期波形符号表达式
%        t——周期波形符号表达式中的自变量
%        T——周期
%        a——积分下限(起点)
%        b——积分上限(终点)
%        k——整数,如等于零,则输出 ak、bk 一般计算公式;否则输出前 k 项系数和展开式
%输出参数:A——ak 的前 k 项值(k≠0)或一般计算公式(k=0)
%       B——bk 的前 k 项值(k≠0)或一般计算公式(k=0)
%       F——前 k 项展开式(k≠0)或空值(k=0)
w=2*pi/T;     %计算频率
A=1/T*int(f,t,a,b);     %计算 a0
B=[];
F=A;
if k==0
   syms k integer;
   ak=2/T*int(f*cos(k*w*t),t,a,b);      %计算 ak 的一般公式
   bk=2/T*int(f*sin(k*w*t),t,a,b);      %计算 bk 的一般公式
```

```
        A=[A,ak];
        B=[B,bk];
        F=[ ];
    else
        for i=1:k
            ak=2/T*int(f*cos(i*w*t),t,a,b);     %计算 ak 的大小
            bk=2/T*int(f*sin(i*w*t),t,a,b);     %计算 bk 的大小
            A=[A,ak];
            B=[B,bk];
            F=F+ ak*cos(i*w*t)+ bk*sin(i*w*t);  %计算前 k 项傅里叶级数展开式
        end
    end
```

函数 fouriers( )的输入、输出参数说明见该函数头部的注释，不再赘述。

下面举例说明函数 fouriers( )在傅里叶级数分析中的应用。

例 A.2.6 如图 A.2.3 所示为全波整流波形，试求该波形的傅里叶级数展开式。

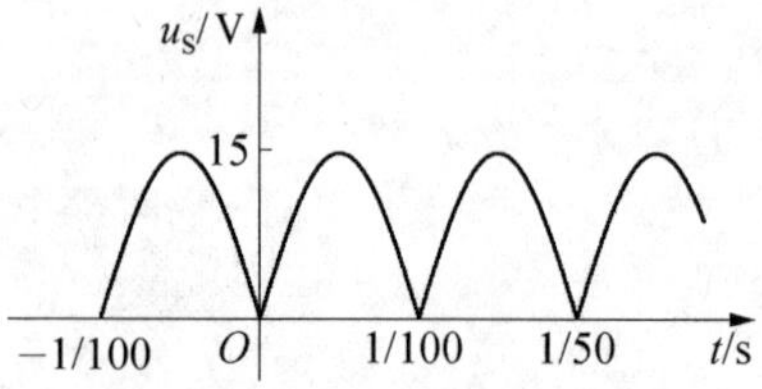

图 A.2.3 例 A.2.6

解 图 A.2.3 所示波形的一个周期的表达式为 $u_S = 15\sin 100\pi t\ \mathrm{V}(0 \leqslant t < 1/100\ \mathrm{s})$，采用函数 fouriers( )求解时，可取 $T = 1/100,\ a = 0,\ b = 1/100,\ k = 5$(前 5 次谐波)。求解程序如下：

```
clear all;close all;  % 清除工作空间、图形窗口
syms t;
uS=15*sin(100*pi*t);
T=1/100; a=0; b=1/100;
[A,B,F]=fouriers(uS,t,T,a,b,5);
F
```

程序运行结果如下：

```
F=
30/pi-20/pi*cos(200*pi*t)-4/pi*cos(400*pi*t)-12/7/pi*cos(600*pi*
t)-20/21/pi*cos(800*pi*t)-20/33/pi*cos(1000*pi*t)
```

可见，波形的傅里叶级数展开式为

$$u_S = \frac{30}{\pi} - \frac{60}{\pi}\left(\frac{1}{3}\cos\omega t + \frac{1}{15}\cos 2\omega t + \frac{1}{35}\cos 3\omega t + \frac{1}{63}\cos 4\omega t + \frac{1}{99}\cos 5\omega t + \cdots\right)$$

取函数 fouriers( )中的 k 参数为 k=0，则可求出傅里叶系数的一般表达式。继续编写程序如下：

```
[A,B,F]=fouriers(uS,t,T,a,b,0);
A,B
```

程序运行结果如下：

```
A=
```

```
[30/pi, -60*cos(k*pi)^2/pi/(-1+4*k^2)]
B=
- 60*sin(k*pi)*cos(k*pi)/pi/(-1+4*k^2)
```

对程序运行结果进行适当化简，可得傅里叶系数为

$$A_0=\frac{30}{\pi},\ a_k=\frac{60/\pi}{1-4k^2},\ b_k=0$$

上述程序计算结果与手工计算结果完全一致。由于 MATLAB 采用符号计算方式，因此得到的结果是精确的符号表达式结果。

例 A. 2. 7　试求图 A. 2. 4 所示波形的傅里叶级数展开式的前 10 阶谐波表达式。

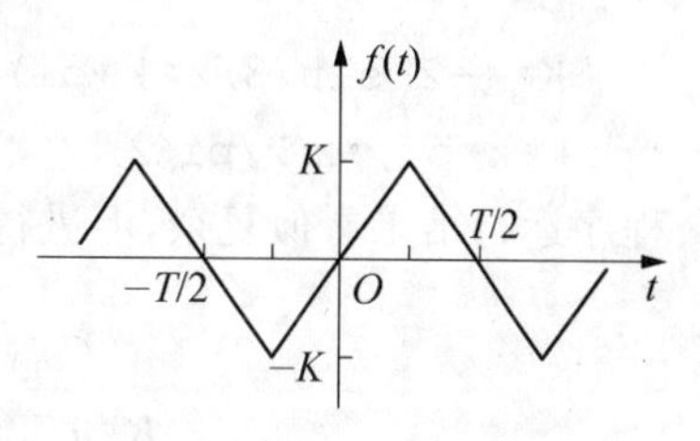

图 A. 2. 4　例 A. 2. 7

解　采用函数 fouriers(　)求解。对图 A. 2. 4 所示波形，周期为 T，为便于计算，取 $a=-T/4$，$b=3T/4$，$k=10$(前 10 次谐波)，$[a, b]$ 范围内的波形表达式可表示为

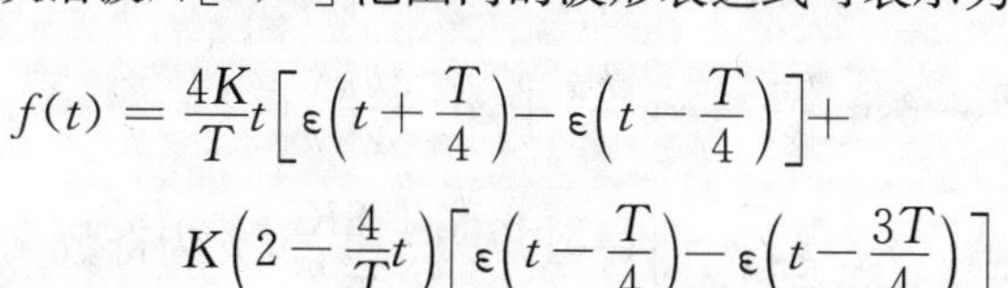

$$f(t)=\frac{4K}{T}t\left[\varepsilon\left(t+\frac{T}{4}\right)-\varepsilon\left(t-\frac{T}{4}\right)\right]+K\left(2-\frac{4}{T}t\right)\left[\varepsilon\left(t-\frac{T}{4}\right)-\varepsilon\left(t-\frac{3T}{4}\right)\right]$$

求解程序如下：

```
clear all;close all;
syms t
syms T K positive;
f=K*4/T*t*(heaviside(t+T/4)-heaviside(t-T/4))+…
K*(2-4/T*t)*(heaviside(t-T/4)-heaviside(t-3*T/4));
a=-T/4; b=3*T/4;
[A,B,F]=fouriers(f,t,T,a,b,10);
F
```

程序运行结果如下：

```
F=
8*K/pi^2*sin(2*pi/T*t)-8/9*K/pi^2*sin(6*pi/T*t)+8/25*K/pi^2*sin(10
*pi/T*t)-8/49*K/pi^2*sin(14*pi/T*t)+8/81*K/pi^2*sin(18*pi/T*t)
```

对程序运行结果进行适当整理，可得傅里叶级数展开式的前 10 阶谐波表达式为

$$f(t)=\frac{8K}{\pi^2}\left(\sin\omega t-\frac{1}{3^2}\sin 3\omega t+\frac{1}{5^2}\sin 5\omega t-\frac{1}{7^2}\sin 7\omega t+\frac{1}{9^2}\sin 9\omega t+\cdots\right)$$

式中：$\omega=2\pi/T$。由上式可归纳出傅里叶级数的一般表达式为

$$f(t)=\frac{8K}{\pi^2}\sum_{k=1}^{\infty}\left(\frac{(-1)^{k-1}}{(2k-1)^2}\sin k\omega t\right)$$

同样，取函数 fouriers(　)中的 k 参数为 $k=0$，则可求出傅里叶系数的一般表达式。继续编写程序如下：

```
[A,B,F]=fouriers(f,t,T,a,b,0);
A=simple(A)
B=simple(B)
```

程序运行结果如下：

```
A=
[ 0,
-K*(2*cos(3/2*k*pi)-2*cos(1/2*k*pi)+k*pi*sin(1/2*k*pi)+k*pi*sin
(3/2*k*pi))/k^2/pi^2]
B=
K*(-2*sin(3/2*k*pi)+ 6*sin(1/2*k*pi)-cos(1/2*k*pi)*k*pi+cos(3/2*k
*pi)*k*pi)/k^2/pi^2
```

程序运行结果看似复杂，但进行适当化简，可得到

$$A_0 = 0,\ a_k = 0$$

$$b_k = \frac{K}{\pi^2 k^2}\left(-2\sin\frac{3k\pi}{2} + 6\sin\frac{k\pi}{2} - \cos\frac{k\pi}{2} + \cos\frac{3k\pi}{2}\right)$$

$$= \frac{K}{\pi^2 k^2}\left(-2\sin\frac{3k\pi}{2} + 6\sin\frac{k\pi}{2}\right) = \begin{cases} (-1)^{(k-1)/2}\dfrac{8K}{\pi^2 k^2}, & k\text{ 为奇数} \\ 0, & k\text{ 为偶数} \end{cases}$$

附录 B　Multisim 使用简介

B.1　Multisim 简介

随着计算机技术的发展，电子设计自动化(EDA)技术成为现代电子设计的关键技术之一。对电路也可以采用 EDA 软件来进行仿真分析。比较常用的电路仿真软件包括 Multisim、OrCAD 等，其中美国国家仪器有限公司(National Instruments，NI)推出的 Multisim 软件作为 EDA 软件中的优秀代表，拥有强大的功能，可以完成以线路图绘制方式进行电路设计、对各类电路(数字、模拟和模/数混合)进行模拟仿真以及印制电路板(PCB)设计等任务。

Multisim 软件具有可应用于多种操作系统平台、完善的仿真功能、丰富的元器件库、操作简便等特点，目前已推出第 14.0 版。应用 Multisim 进行电路的计算机辅助分析有助于透彻理解电路基本概念及分析方法。在阅读本附录时，应该较熟练地掌握 Windows 及其应用软件的一般使用方法，并且在计算机中已经成功安装了 Multisim 的评估版或教育版或专业版。评估版可从网址：http://www.ni.com 下载。

Multisim 以图形界面为主，采用菜单、工具栏和热键相结合的方式，具有一般 Windows 应用软件的界面风格，用户可以根据自己的习惯和熟悉程度自如使用。本附录着重介绍 Multisim 的基本使用方法，以完成电路的模拟仿真分析。一般仿真过程包括绘制原理图、进行电路模拟仿真和查看仿真结果三个主要步骤。下面以 Multisim 13.0 版本为例加以说明。

B.2　电路图的绘制

B.2.1　Multisim 的主窗口界面

Multisim 主窗口如图 B.2.1 所示，在主窗口中可以完成原理图设计输入、电路仿真分析到电路功能测试等功能。安装后初次使用 Multisim，应该对 Multisim 基本界面进行设置。设置完成后可以将设置内容保存起来，以后再次打开软件就可以不必再作设置。基本界面设置可通过菜单中“选项”(Options)的下拉菜单来完成。

B.2.2　电路图的绘制

输入电路图是分析和设计工作的第一步，用户从元器件库中选择需要的元器件放置在电路图中并连接起来，为分析和仿真作准备。绘制电路图的基本步骤为：

1) 取用元器件

取用元器件的方法有两种：从快捷工具栏取用或从菜单取用。下面以图 B.2.1 中的电路为例加以说明。

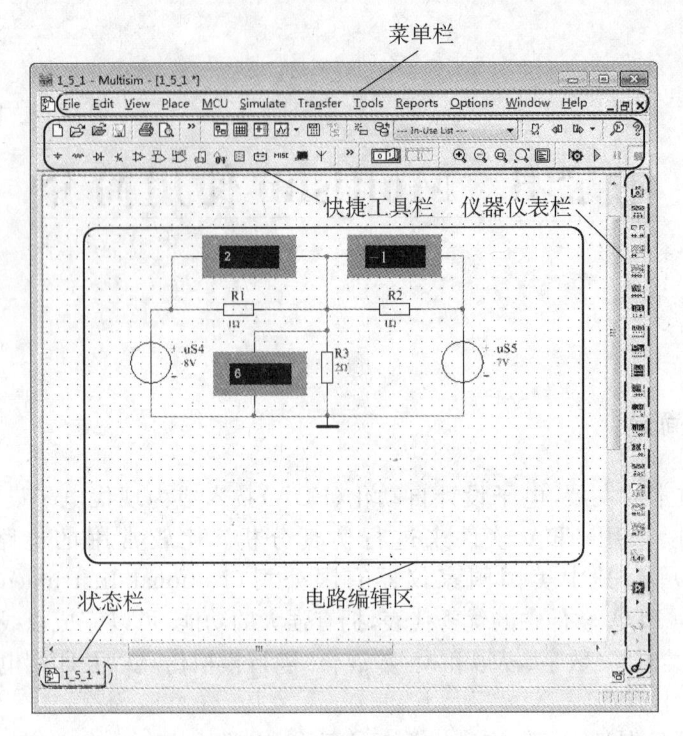

图 B.2.1　Multisim 主窗口

按快捷键 (或点击菜单栏 Place-Component，选择 Group 中的 Basic 条)，出现如图 B.2.2所示的“Select a Component”页面，点击 Family 栏中的 RESISTOR 项，从 Component 栏选取 1 Ω 电阻 R1 放置于电路编辑区。类似地，选取电阻 R2、R3。

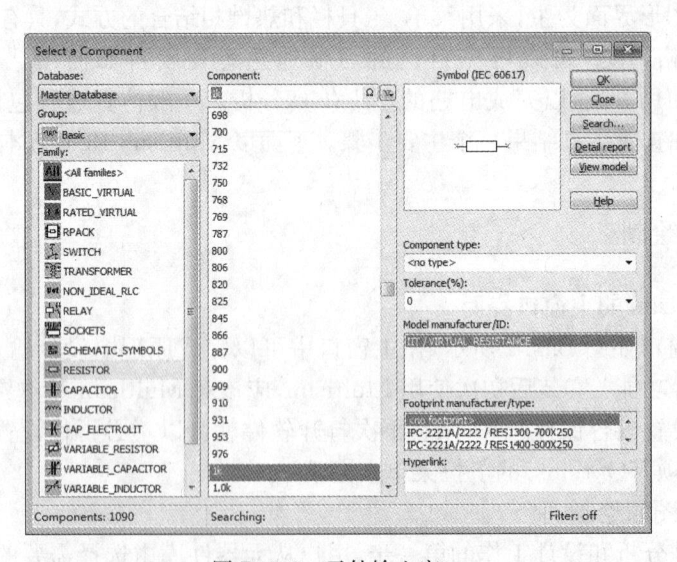

图 B.2.2　元件输入窗口

按快捷键 (或点击菜单栏 Place-Component，选择 Group 中的 Sources 条)，选取参考地、uS4、uS5 到电路编辑区。

按快捷键 (或点击菜单栏 Place-Component，选择 Group 中的 Indicators 条)，放置三个电压表到电路编辑区。所选择的元件如图 B. 2. 3 所示。

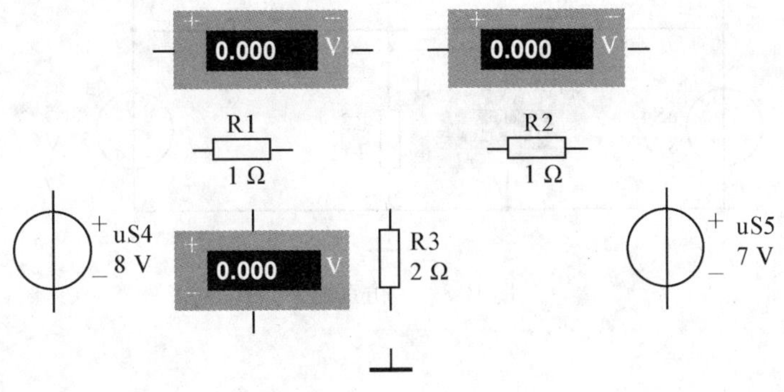

图 B. 2. 3 电路图元件

2) 将元器件连接成电路

在将电路需要的元器件放置在电路编辑窗口后，用鼠标就可以方便地将器件连接起来。方法是用鼠标单击连线的起点并拖动鼠标至连线的终点。在 Multisim 中连线的起点和终点不能悬空。连线后电路如图 B. 2. 4 所示。

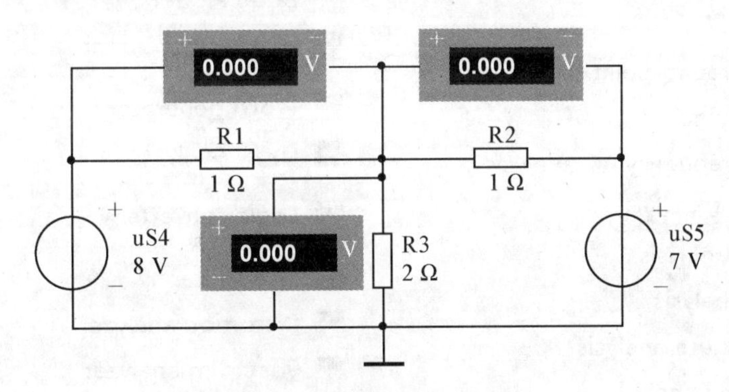

图 B. 2. 4 连线后的电路图

B.3 电路仿真分析

B. 3. 1 电路仿真分析方法

完成电路图输入后即可进行仿真分析。按快捷工具 ▷ 或 F5 开始仿真，图 B. 2. 4 电路的分析结果如图 B. 3. 1 所示。

Multisim 还提供对电路进行各种分析的方法，通过点击菜单栏 Simulate-Analyses 可以进行选择，如图 B. 3. 2 所示。

对电路进行仿真运行，通过对运行结果的分析，判断设计是否正确合理，是 EDA 软件的一项主要功能。为此，Multisim 为用户提供了类型丰富的测量仪器，可以点击菜单栏 Simulate-Instruments 进行选取，如图 B. 3. 3 所示。也可以直接从主窗口中的仪器仪表栏中直接选取。

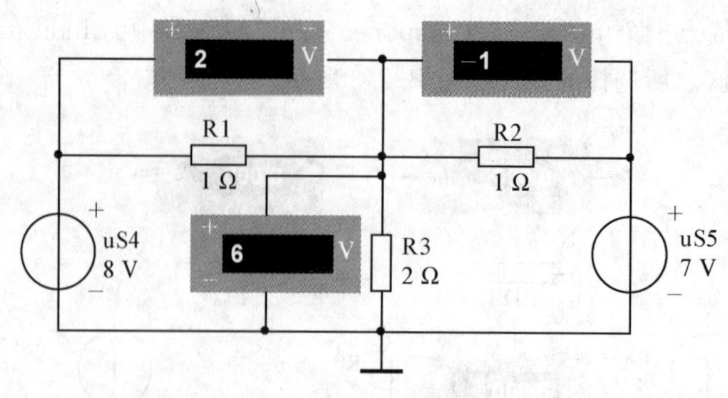

图 B. 3. 1　仿真结果

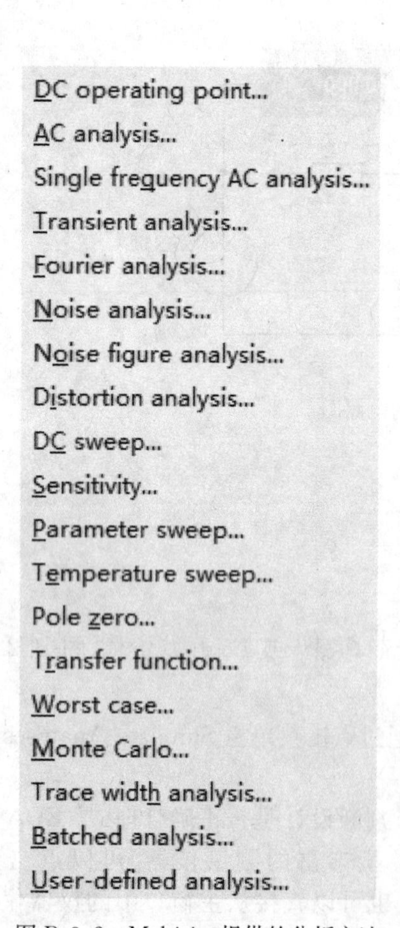

图 B. 3. 2　Multisim 提供的分析方法

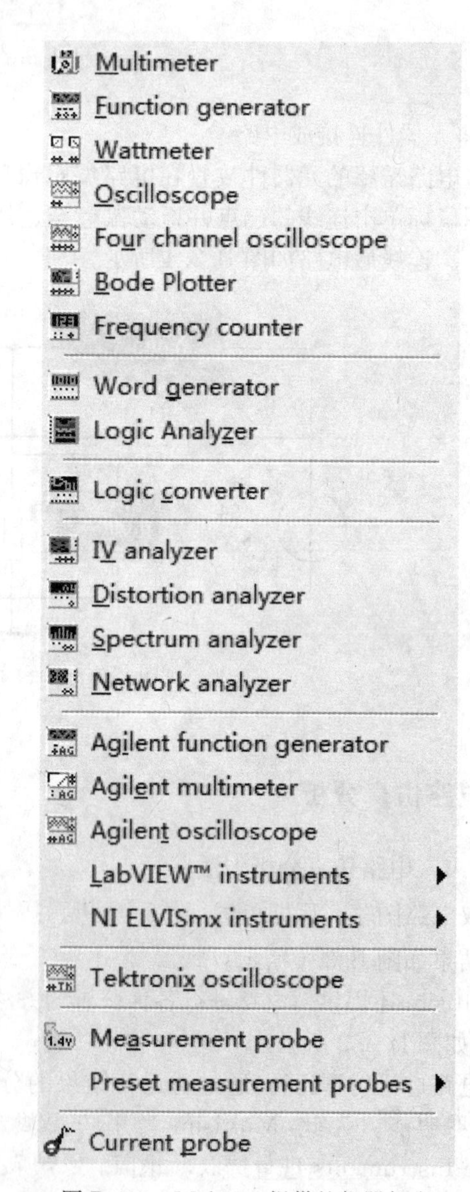

图 B. 3. 3　Multisim 提供的仪器仪表

B.3.2 电路仿真实例

下面举例说明Multisim的使用方法。

例B.3.1 试用Multisim计算《电路理论基础》中例2.2.1。

解 仿真步骤如下：

(1) 在Multisim元器件库中选取电阻、电压源、参考地放置于仿真电路工作区。

(2) 按图B.3.4连接各元件、设置各电阻和电压源参数。

(3) 设置测量探针特性：Simulate→Dynamic Probe Properties，使测量探针仅显示电流值。

(4) 按图在待测支路上放置测量探针(快捷工具 1.4V)。

(5) 按快捷工具 ▷ 或F5开始仿真，结果如图B.3.4所示。

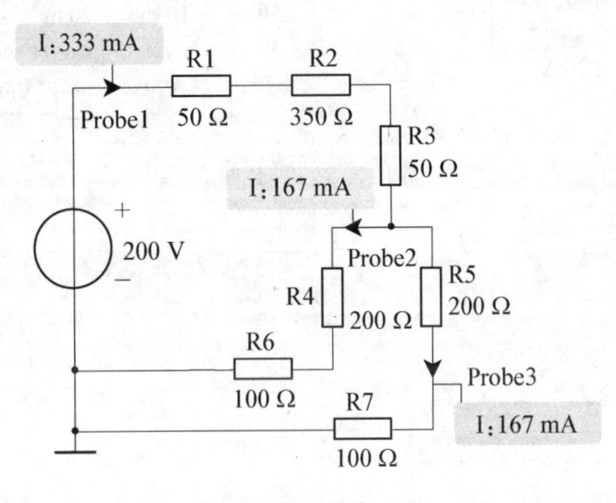

图B.3.4 例B.3.1

例B.3.2 试用Multisim分析《电路理论基础》中例10.4.2。

解 仿真步骤如下：

(1) 从Multisim元器件库中选取交流电压源、电容、虚拟灯泡("Indicators"组中的"LAMP_VIRTUAL")、参考地放置于仿真电路工作区。

(2) 三个交流电压源的电压取为150 V，频率取为50 Hz，初相位分别为0、−120°、120°；电容取1 μF。

(3) 虚拟灯泡的电阻为$R=1/(\omega C)=3.183\ \text{k}\Omega$，若取两端电压为220 V，则其功率为15 W。双击虚拟灯泡X1，在"LAMP_VIRTUAL"对话框中的"Value"页中输入最大额定电压(maximum rated voltage)为220 V，最大额定功率(maximum rated power)为15 W。

(4) 按图B.3.5(a)连接电路。

(5) 设置分析类型：Simulate→Analyses→Transient Analysis…，在"Transient Analysis"对话框中点击"Analysis parameters"页，设置分析时间为0～0.05 s；点击"Output"页，选择v(1)、v(2)、v(3)为输出变量。

(6) 按"Output"页中的快捷工具 Simulate 开始仿真，出现结果界面"Gragher View"。结果如图B.3.5(b)所示。说明图B.3.5(a)三相电路的相序为U-W-V。

(7) 按快捷工具 ▷ 或F5开始仿真，观察灯泡的亮度。

(8) 改变三相电路的相序,重复上述步骤。

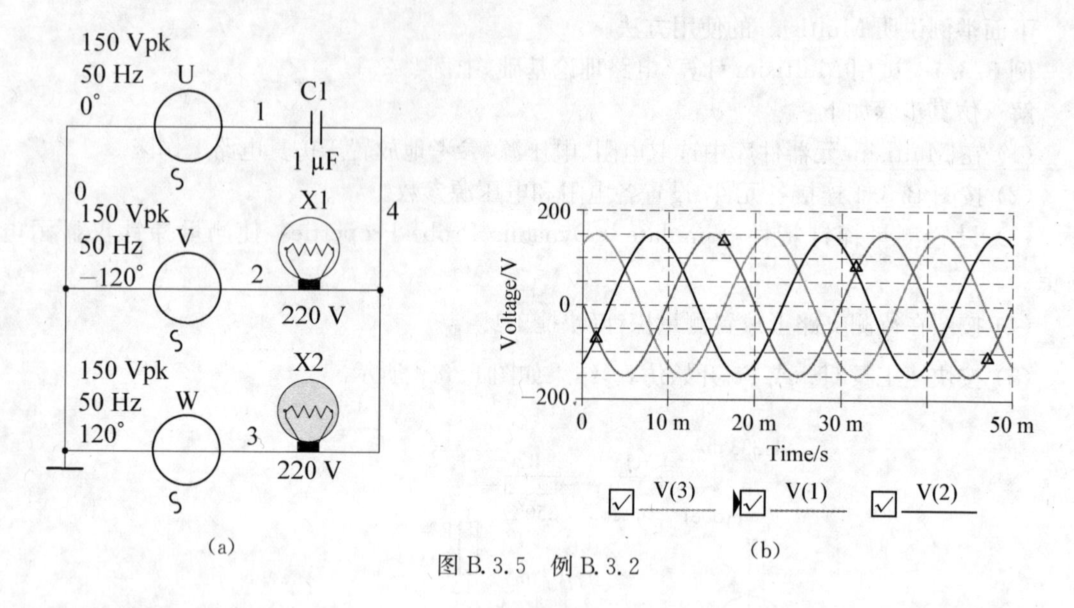

图 B.3.5 例 B.3.2

附录C 《电路理论基础》中的应用实例列表

序号	页码	图号	内 容
1	018	1.4.14	实际电路的参考地
2	037	题图 1.39	电阻测量电路
3	037	题图 1.40(a)	晶体三极管放大电路的静态工作点
4	039	2.2.1	安全用电
5	051	2.5.4	反相放大器
6	052	2.5.5	同相放大器
7	052	2.5.6	电压跟随器
8	053	2.5.8	加法器
9	053	2.5.9	差分放大器
10	056	题图 2.19	在线电阻测量电路
11	056	题图 2.23	万用表量程切换电路
12	057	题图 2.24	DAC 电路
13	057	题图 2.28	仪表放大器
14	057	题图 2.29	虚地发生器
15	062	3.2.5	负电阻电路
16	067	3.3.8	权电容网络 DAC
17	082	3.4.3	含 T 形反馈网络的反相放大器
18	091	3.5.11	负电阻变换器
19	102	题图 3.6	负电阻电路
20	104	题图 3.15	电梯呼叫按钮(电容接近开关)
21	107	题图 3.38	三极管小信号模型
22	109	题图 3.48	负反馈放大电路
23	110	题图 3.53	人体生物电阻测量电路
24	115	4.1.6	电平平移电路
25	125	4.3.8(a)	电压-电流转换电路(Howland 电流泵)
26	142	题图 4.29	采用梯形电阻电路的 DAC 电路
27	143	题图 4.31	改进的 Howland 电流泵
28	146	题图 4.50	等比例步进衰减电路
29	166	例 5.6.4	电路图论分析的计算机编程
30	174	6.2.3	运算放大器的正、负反馈解法
31	185	题图 6.14(a)	稳压电路
32	186	题图 6.15(a)	整流电路
33	186	题图 6.16	限幅电路
34	186	题图 6.17(a)	箝位电路

（续表）

序号	页码	图号	内　　容
35	186	题图 6.18(a)	隧道二极管
36	187	题图 6.22	对数、指数运算电路
37	188	题图 6.27(a)	超二极管
38	199	7.3.5(a)	理想积分电路
39	200	7.3.6(a)	理想微分电路
40	205	7.4.4(a)	示波器探头补偿电路
41	206	7.4.5	继电器电路
42	219	题图 7.19	*RC* 微分电路和 *RL* 微分电路
43	219	题图 7.20	*RC* 积分电路和 *RL* 积分电路
44	220	题图 7.21	*RC* 延时电路
45	224	题图 7.48	“蛙式蹬腿”实验电路
46	224	题图 7.49	微处理器复位电路
47	229	8.1.5	汽车气囊点火电路
48	232	8.2.3(a)	电火花加工电路
49	235	8.3.1	汽车点火电路
50	244	题图 8.29	解微分方程电路
51	265	9.5.4(a)	文氏振荡电路
52	266	9.5.5	交流电桥电路
53	266	9.5.6(a)	电感线圈测试电路
54	267	9.5.9	回转器电路
55	269	9.6.1	一阶 *RC* 低通电路
56	270	9.6.3	一阶 *RC* 高通电路
57	277	9.6.14	收音机输入调谐电路
58	279	9.6.17	电感线圈与电容并联谐振电路
59	281	9.6.20(a)	收音机输入调谐电路
60	281	9.6.21	石英晶体谐振电路
61	287	9.7.7(a)	功率因数的提高
62	294	题图 9.13	通用阻抗转换器
63	296	题图 9.24(b)	单相异步电动机电路
64	296	题图 9.26	分解器移相电路
65	297	题图 9.28	利用运放实现回转器
66	297	题图 9.31	低通滤波电路
67	298	题图 9.34	移相电路
68	300	题图 9.54(a)	电容三点式振荡电路(考比兹振荡器)
69	301	题图 9.55	压电传感器电路
70	301	题图 9.56	滤波电路设计
71	312	10.3.6	变相器(phase converter)电路
72	314	10.4.3	相序指示器电路
73	320	10.5.7	一功率表测量对称三相三线制电路功率
74	326	题图 10.31	变相器电路
75	326	题图 10.32	电力系统故障分析
76	333	11.2.2	直流稳压电源滤波电路

（续表）

序号	页码	图号	内　　容
77	342	题图 11.26	电源抗干扰电路
78	359	12.4.4(a)	电感三点式振荡电路(哈特雷振荡器)
79	361	12.5.3(a)	PID 调节器电路
80	362	12.5.5(a)	全通电路
81	368	题图 12.11	电容倍增器
82	368	题图 12.15	含运放全通电路
83	369	题图 12.24	补偿分压器电路